No limite

Nate Silver

No limite

A arte de arriscar tudo

Tradução de
Renato Marques

Copyright © 2024, Nate Silver
Todos os direitos reservados, incluindo o direito de reprodução no todo ou em parte em qualquer forma. Esta edição foi publicada mediante acordo com The Penguin Press, a member of Penguin Grop (USA) Inc.

CRÉDITO DAS IMAGENS
Página 25: arte por Zach Weinersmith, cortesia de Zach Weinersmith
Página 63: cortesia de Piotr Lopusiewicz
Página 320: cortesia de Jesse Prinz
Página 328: cortesia de xkcd

TÍTULO ORIGINAL
On The Edge: The Art of Risking Everything

PREPARAÇÃO
Ilana Goldfeld

REVISÃO
Anna Beatriz Seilhe
Juliana Souza
Rodrigo Dutra

DIAGRAMAÇÃO
Mayara Kelly

DESIGN DE CAPA
Chris Allen

CIP-BRASIL. CATALOGAÇÃO NA PUBLICAÇÃO
SINDICATO NACIONAL DOS EDITORES DE LIVROS, RJ

S592L

Silver, Nate, 1978-
    No limite : a arte de arriscar tudo / Nate Silver ; tradução Renato Marques. - 1. ed. - Rio de Janeiro : Intrínseca, 2025.

    Tradução de: On the edge
    ISBN 9788551012499

    1. Tomada de decisão - Aspectos psicológicos. 2. Administração de risco. I. Marques, Renato. II. Título.

25-98110.1   CDD: 153.75
                CDU: 159.947

Gabriela Faray Ferreira Lopes - Bibliotecária - CRB-7/6643

[2025]
Todos os direitos desta edição reservados à
EDITORA INTRÍNSECA LTDA.
Av. das Américas, 500, bloco 12, sala 303
22640-904 – Barra da Tijuca
Rio de Janeiro – RJ
Tel./Fax: (21) 3206-7400
www.intrinseca.com.br

Para Robert Gauldin

SUMÁRIO

Prólogo. Motivação   *9*
Capítulo 0. Introdução   *12*

Parte 1: *Jogatina*

Capítulo 1. Otimização   *42*
Capítulo 2. Percepção   *78*
Capítulo 3. Consumo   *124*
Capítulo 4. Competição   *160*

Intervalo de jogo

Capítulo 13. Inspiração: Treze hábitos de pessoas que correm riscos e são extremamente bem-sucedidas   *204*

Parte 2: *Risco*

Capítulo 5. Aceleração   *230*
Capítulo 6. Ilusão   *277*
Capítulo 7. Quantificação   *315*
Capítulo 8. Erro de cálculo   *353*
Capítulo ∞. Término   *372*
Capítulo 1776. Fundação   *423*

Agradecimentos, métodos e fontes   *433*
Glossário: como falar riveriano   *437*
Notas   *480*
Índice remissivo   *539*

PRÓLOGO
Motivação

Sou bastante conhecido pelas minhas análises das eleições norte-americanas, mas há algo que talvez as pessoas não saibam: sempre me senti um peixe fora d'água ao cobrir o sistema político.

Antes sequer de escrever uma palavra sobre política ou construir um modelo estatístico de previsão eleitoral, eu jogava pôquer profissionalmente. Ainda me sinto mais à vontade em um cassino do que em uma convenção política. Tenho os números de telefone de dezenas dos melhores jogadores de pôquer do mundo — mas de poucas pessoas que trabalham na política ou no governo. Na verdade, minha decisão de começar o FiveThirtyEight, site sobre política que fundei em 2008 e no qual trabalhei até 2023, foi uma consequência inesperada de uma lei aprovada pelo Congresso dos Estados Unidos que contribuiu para o fim da minha carreira de três anos como jogador profissional de pôquer.

Então, com este livro, estou voltando às minhas raízes. Passei a maior parte dos últimos três anos imerso em um mundo que chamo de River [rio, e também uma referência à última rodada de apostas no pôquer]. O River é um vasto e espraiado ecossistema de pessoas que possuem opiniões semelhantes entre si e que inclui todo tipo de gente, desde jogadores profissionais de pôquer tentando se sustentar até reis das criptomoedas e bilionários do capital de risco. É uma forma de pensar e um modo de levar a vida. As pessoas não sabem muita coisa sobre o River, mas deveriam saber. A maioria dos que pertencem ao River, os riverianos, não são ricaços e poderosos. Mas a probabilidade de ricaços e magnatas serem riverianos é desproporcionalmente maior em comparação com o restante da população.

Levando-se em conta tudo o que aconteceu enquanto eu escrevia este livro — escândalos de trapaça no universo do pôquer; a transformação de Elon Musk de um renegado lançador de foguetes espaciais em um *edgelord* controverso e provocador como dono do X (antigo Twitter); a espetacular implosão autoinduzida de Sam Bankman-Fried* —, qualquer um pensaria que o River passou por anos difíceis. Mas adivinhem só: *o River está vencendo*. O Vale do Silício e a Wall Street continuam acumulando riqueza sem fim. Las Vegas ainda recebe volumes de dinheiro cada vez mais colossais. Em um mundo forjado não pelo trabalho das mãos humanas, mas sim por processamento de dados, aqueles de nós que entendem os algoritmos têm um trunfo na manga.

Ao longo do processo de escrita deste livro, realizei cerca de duzentas entrevistas formais. A maioria delas foi com pessoas que eu descreveria como moradores do River, mas também estive com críticos dele e observadores externos. Além disso, tive inúmeras conversas informais e às vezes confidenciais em mesas de pôquer, eventos esportivos ou entre um drinque e outro... o tipo de conversa que venho tendo a vida inteira. Entre meus amigos, minhas viagens frequentes para destinos como Las Vegas, o sul da Flórida, a Califórnia e as Bahamas "para fins de pesquisa" viraram uma piada recorrente. Mas, quando se trata do River, são nesses lugares que a ação acontece — não nos corredores acadêmicos ou nas rotundas dos prédios governamentais.

Também pus a mão na massa e tive um bocado de experiências práticas. Joguei pôquer contra bilionários e obtive sucesso suficiente em torneios de pôquer para, em certo momento, figurar na lista dos "Top 300" no ranking do Global Poker Index [Índice Global de Pôquer, GPI] e terminar em 87º lugar entre mais de 10 mil jogadores no Evento Principal do World Series of Poker [ou WSOP, na sigla em inglês] de 2023. De forma autodidata, aprendi todo o necessário para me tornar um apostador esportivo moderadamente competente, apostando em torno de 2 milhões de dólares. Apesar de ter conseguido apenas um lucro modesto, foi o suficiente para que a DraftKings e várias outras grandes casas de apostas esportivas dos Estados Unidos me proibissem de fazer jogos com eles envolvendo qualquer quantia significativa de dinheiro, mesmo enquanto seus anúncios publicitários proliferavam nos estádios esportivos e nas telas de televisão do país.

Minha missão é agir como um guia turístico ou simpático, informativo e, vez por outra, provocativo do River, cujos moradores confiam em mim para contar suas histórias — porque, para falar a verdade, eu sou um deles. Na maior parte do tempo, a maneira de pensar deles é igual à minha.

Mas espero também poder lançar luz sobre algumas das falhas dessa linha de pensamento. Porque, se me perdoam o clichê, nem tudo são flores no River.

---

* Formado em física pelo Instituto de Tecnologia de Massachusetts [MIT], Fried criou a corretora de criptomoedas FTX em 2019, aos 27 anos; no embalo do sucesso de bitcoins, enriqueceu rapidamente; em 2021, já era dono de uma fortuna de 22 bilhões de dólares; em 2022, foi preso nas Bahamas, sob a acusação de desviar cerca de 8 bilhões de dólares de clientes e investidores, uma das maiores fraudes financeiras da história dos Estados Unidos. Dois anos depois, foi condenado a vinte e cinco anos de prisão. (N. T.)

As atividades que, todos classificam como Jogatina (com J maiúsculo) — *blackjack* [vinte-e-um], caça-níqueis, corridas de cavalos, loterias, pôquer e apostas esportivas — são apenas a ponta do iceberg. Em essência, elas não são tão diferentes de negociar opções de ações ou tokens criptográficos, ou de investir em novas startups de tecnologia. O River é repleto de afluentes e nichos, e nem todos os riverianos descreveriam a si mesmos como apostadores. No entanto, as várias regiões do River têm muito em comum, e há muitas conexões entre pessoas em diferentes partes desse universo: investidores de fundos *hedge* que jogam pôquer, apostadores esportivos que se tornam empreendedores, bilionários das criptomoedas que andam por aí com filósofos de Oxford e adotam um enfoque matemático para estudar a condição humana.

O River também possui um cânone de influências e ideias, desde a teoria dos jogos e o Equilíbrio de Nash até o valor esperado e a utilidade marginal, que fundamentam quase todas as atividades realizadas por seus moradores. Em sua maioria, os princípios por trás das ideias não são tão complicados, mas podem envolver um bocado de jargão e referências internas. Se você ouvir um riveriano falar sobre "atualizar as probabilidades" ou "ajustar as apostas" ou fazer uma piada sobre clipes, tudo isso se refere a partes do cânone. Se alguém não se der ao trabalho de aprender o jargão... ora, sinto muito, ainda assim os riverianos vão falar desta forma perto de vocês, igual a um casal que durante o jantar insulta a comida em uma língua estrangeira que eles sabem que o anfitrião não compreende. Vou lhes ensinar o máximo que eu conseguir sobre esse idioma.

Então, apertem o cinto, tragam dinheiro para apostar se estiverem a fim — não contem a ninguém, mas a turma do fundão do ônibus vai jogar umas partidas de pôquer — e vamos começar.

Introdução

O Seminole Hard Rock Hotel & Casino em Hollywood, Flórida, tem uma casa noturna, sete piscinas, catorze restaurantes, uma cachoeira interna com uma queda d'água de nove metros, dezenas de peças de memorabilia da história do rock, duzentas mesas de jogo, 1.275 quartos para hóspedes, 3 mil máquinas caça-níqueis e um cintilante hotel em formato de guitarra que dispara raios de luz azul neon a 6 mil metros de distância.[1]

Como a maioria dos cassinos — e como a maioria das coisas no sul da Flórida —, o Hard Rock foi projetado para estimular os sentidos das pessoas e minar suas inibições. Imagine um cassino. Se você nunca foi a um espaço como o Hard Rock ou o Wynn em Las Vegas, é provável que esteja pensando em uma espelunca, um "galpão de caça-níqueis" encardido e capenga, enevoado de fumaça de cigarro e com fileiras labirínticas de máquinas tilintantes. De fato, ambientes assim têm lugar garantido na lista dos recintos mais deprimentes do planeta. Porém, em resorts de luxo como o Hard Rock, o clima nos horários de pico é *extraordinário*. Poucos lugares atraem uma amostra tão abrangente e representativa da sociedade norte-americana. Há adultos de todas as idades, raças, classes, grupos étnicos e orientações políticas. Há idosos movidos pela esperança de ganhar uma bolada numa das máquinas caça-níqueis; grupos de machões e bandos de garotas; e participantes de conferências de associações comerciais de terceira categoria que, para compensar o constrangimento da coisa toda, entregam-se à bebedeira e ao *blackjack* como se não houvesse amanhã.

Para escrever este livro, passei *muito* tempo em cassinos. Nem preciso dizer que, depois de um tempo, até os lugares mais glamourosos acabam se tornando enfadonhos. Às vezes, eu tinha a sensação de ser um fotógrafo profissional de festas de casamento: todo mundo ao meu redor se divertia muito, curtindo seu dia *muito especial*. Só que eu conhecia todos os clichês, todos os personagens recorrentes: o cara na mesa de dados tentando esconder dos amigos o fato de que já estava duro e se endividando; as melhores amigas em uma despedida de solteira disputando a atenção de algum solteiro gostosão; o simpático casal do Nebraska tendo a melhor noite de sua vida na mesa de *blackjack* antes de devolver ao cassino todos os seus ganhos, só que em dobro.

Era abril de 2021. Eu estava na Flórida para o Seminole Hard Rock Poker Showdown, o primeiro grande torneio de pôquer dos Estados Unidos desde a pandemia. Para o bem ou para o mal, eu tinha sido bem cuidadoso em evitar espaços fechados e lotados até ser vacinado contra a covid-19. Não embarcava em um avião desde 11 de março de 2020, quando em pleno voo eu soube que Tom Hanks tinha contraído o vírus, que a NBA suspendera a temporada de basquete profissional, que o presidente Trump cancelara viagens da Europa aos Estados Unidos para conter o coronavírus, e que o avião em que meus companheiros de viagem e eu estávamos havia pousado em um universo mais arriscado.

Só que já fazia um ano, e agora era a hora de apostar. A julgar pela multidão no Hard Rock, esse era um estado de espírito do qual muitas pessoas compartilhavam. Apesar de sua reputação de tolerância aos riscos, a maioria dos cassinos fechou as portas nos primeiros dias da pandemia. Até a Las Vegas Strip* — que eu sempre presumi que continuaria em funcionamento mesmo em um apocalipse nuclear — ficou fechada por dois meses e meio. Nesse período, as receitas dos jogos de cassino nos Estados Unidos caíram 96% em comparação ao ano anterior.[2]

Mas eles se recuperaram com força total. De alguma forma, entre a ansiedade causada pelas mortes em massa e sem precedentes durante a pandemia e o tédio gerado pela inaudita falta de interação social, o apetite dos norte-americanos pelo comportamento do tipo "só se vive uma vez" explodiu — desde exibições ilegais de fogos de artifício a acidentes de trânsito[3] e bolhas de criptomoedas. (Os preços do Bitcoin aumentaram cerca de dez vezes no ano após a Organização Mundial da Saúde, OMS, declarar a covid-19 uma pandemia.) Assim, em abril de 2021 — embora as escolas ainda permanecessem fechadas em algumas partes do país —, os cassinos dos Estados Unidos faturaram impressionantes 4,6 bilhões de dólares em receitas de jogos, rapinando seus clientes em 26% *a mais* do que no mesmo mês dois anos antes, pré-pandemia.

Numa verdadeira demonstração de força, os jogadores de pôquer compareceram em peso ao Hard Rock. Em abril de 2019, a última vez que esse torneio fora realizado antes da pandemia, havia um número respeitável de 1.360 inscritos. A edição de 2021 atraiu quase o dobro de participantes (2.482), apesar de ainda

---

* Conhecida oficialmente como Las Vegas Boulevard, a Las Vegas Strip é a avenida mais famosa da cidade e concentra os mais luxuosos complexos de hotéis e cassinos e as atrações mais procuradas. Iluminada por luzes de neon, atrai o maior número de turistas por metro quadrado de Las Vegas. (N. T.)

estarmos no meio de uma pandemia e de uma proibição de viagens que afetou a maior parte dos jogadores de pôquer. A quantidade de participantes poderia ter sido muito maior: a demanda foi tão grande que muita gente encarou horas de espera para desembolsar 3.500 dólares e assegurar uma vaga. Não obstante, foi o maior número de inscritos de todos os tempos para um torneio do World Poker Tour, que patrocinou o evento. No fim das contas, nada mais adequado do que o torneio ter sido vencido por um enfermeiro de UTI da cidade de Grand Rapids, Michigan, chamado Brek Schutten,[4] que havia atendido pacientes com covid-19.

Jogamos em condições incomuns. Vigorava a obrigatoriedade do uso de máscara, imposição cujo cumprimento, eu achava, seria um desastre: jogadores de pôquer são criaturas individualistas e irascíveis, não são pessoas que seguem ordens mansamente. Mas a maioria estava tão feliz em poder voltar à ativa que o número de reclamações foi relativamente pequeno.* Uma restrição maior era que, como uma das medidas de prevenção, as mesas fossem equipadas com desajeitadas divisórias octogonais de acrílico. Isso criava uma cena divertida: toda vez que um jogador era eliminado do torneio, a equipe de apoio reforçava estridentemente essa saída ao limpar sua seção de acrílico, tal qual um enxugador de quadra da NBA entra em cena com a toalha na mão para limpar o suor debaixo do garrafão depois que algum ala infeliz levou uma enterrada do Giannis Antetokounmpo.

No entanto, o acrílico provocava um efeito de ilusão de ótica, dificultando que os participantes tivessem uma boa visão dos oponentes. Eu conseguia enxergar os outros à mesa se me concentrasse bastante, é claro. Mas, ao contrário do que se diz em relação ao pôquer, a maioria dos *tells* (as pistas ou os indícios corporais involuntários transmitidos por um jogador e que podem "entregar" informações sobre força de sua mão) não é decifrada por meio de encaradas ostensivas do adversário para "ler a alma" dele. Em vez disso, os *tells* são sutilezas no limite da observação consciente: um movimento do punho aqui, mãos suando e a respiração ofegante ali; um oponente que você espia pelo canto do olho e que parece ter se aprumado um pouco mais na cadeira depois de receber as cartas (deve estar com uma mão). O pôquer é *principalmente* um jogo matemático, mas as margens são tão mínimas que você aceita a ajuda de qualquer leitura que for capaz de obter.

Assim, com as divisórias de acrílico, as máscaras e o fato de ter ficado muito tempo sem contato com outras pessoas, tive a sensação de estar debaixo d'água. Meu corpo denunciava minha ansiedade. Eu não só sentia meu pulso acelerar a

---

* Essa paciência logo evaporaria e, meses depois, as mesas de pôquer se tornariam palco de acalorados e constantes debates sobre diretrizes de uso de máscaras e vacinas.

cada grande decisão que tomava, como também, em certos momentos, minhas mãos até tremiam quando eu apostava fichas, algo que quase nunca aconteceu comigo nem antes nem depois. Mais tarde, quando revi algumas mãos com meu treinador de pôquer (sim, eu tenho um treinador de pôquer, assim como algumas pessoas têm personal trainer), percebi que em quase todas superestimei as minhas cartas e pensei demais em diversas situações, como se estivesse compensando o ano inteiro perdido durante a pandemia. O Hendon Mob Poker Database informa que terminei em 161º lugar no torneio,[5] com um lucro de 7.465 dólares, mas a verdade é que perdi dinheiro na viagem.

Ainda assim, foi uma ótima experiência. Depois de um ano eleitoral de isolamento em 2020 — isolamento porque durante a pandemia trabalhei remotamente, e também porque, por razões que explicarei mais tarde, considero que os anos de eleição presidencial são propícios e ao distanciamento entre as pessoas —, me senti bem-vindo ao mundo do pôquer. Por meio de sua conta @WPT, o World Poker Tour chegou até a postar no X uma mensagem de parabéns para mim, algo que não é muito comum para um jogador que acabou em 161º lugar.

Não tenho certeza se tive noção disso na época, mas esse torneio foi a primeira vez que experimentei várias das percepções que me ocorreriam durante a elaboração deste livro. Uma delas foi a constatação de que *algo importante estava acontecendo*, algo que ia além do pôquer. O fato de o torneio ter atraído um número recorde de jogadores — gente "voltando ao normal" de forma tão agressiva no ambiente hiper-real e obviamente nem um pouco seguro em relação à covid-19 — parecia muito significativo. As pessoas sempre tiveram diferentes graus de tolerância aos riscos, mas em geral esse tipo de coisa não é exposto. Se o sujeito parado bem na minha frente na fila do supermercado planeja passar a noite enrolado no cobertor e maratonando séries da Netflix, e se o que está logo atrás de mim tem planos de passar a noite toda cheirando cocaína em uma boate de *striptease*, a verdade é que não tenho como saber dos planos de ambos e não dou a mínima para eles.

No entanto, a covid-19 tornou públicas essas preferências individuais em resposta ao risco, que passaram a ser indisfarçáveis e escancaradas. Para muita gente, a pandemia foi uma terra sem lei tipo o Velho Oeste, forçando cada um a enfrentar os riscos e as recompensas sem poder contar com precedentes confiáveis e dependendo de uma orientação especializada que mudava o tempo todo.[6] Minha experiência ao escrever este livro é que as pessoas estão se tornando mais bifurcadas em sua tolerância aos riscos — o que afeta todos os aspectos da vida, desde os indivíduos com quem convivemos até os candidatos em quem votamos. Talvez o cara que vai maratonar a Netflix e o cara da boate de *striptease* nem sequer estejam fazendo compras no mesmo supermercado de antes; pode ser que, uma vez que não é mais necessário cumprir expediente no escritório, o primeiro tenha se mudado de vez para o interior, e o segundo tenha zarpado para Miami... e provavelmente estava jogando contra mim no torneio de pôquer.

Quero ser cuidadoso aqui. Em qualquer distribuição estatística, encontraremos algumas pessoas em cada extremidade da curva de Gauss, e este livro tende a se concentrar em pessoas na cauda extrema direita do risco. Mas a predisposição a assumir riscos é um traço de personalidade pouco estudado, e a literatura acadêmica está dividida quanto ao grau em que algumas pessoas são mais afeitas aos riscos em termos gerais em comparação com sua tendência a se exporem aos riscos em domínios específicos.[7] Meu exemplo favorito de alguém que corre riscos em domínios específicos é o dr. Ezekiel Emanuel, que atuou no comitê consultivo da covid-19 do presidente Joe Biden. Em um artigo de opinião de maio de 2022, Emanuel afirmou que vinha evitando comer em restaurantes fechados porque estava preocupado com a covid longa, mas ao mesmo tempo se gabava de andar de motocicleta.[8] Parece um par insano e insustentável de preferências de risco. (Motocicletas são cerca de trinta vezes mais mortais do que carros por quilômetro percorrido.)[9] Por outro lado, consigo pensar em muitas áreas da minha vida em que seria difícil defender certas preferências de risco como racionais ou coerentes. As pessoas são complicadas e, mesmo entre jogadores de pôquer, há muitos *degens* (jogadores degenerados) e uma porção de *nits*.*

De fato, a maioria de nós parece em conflito no que diz respeito ao grau de risco que queremos em nossa vida. Uma das verdades mais óbvias nos estudos sobre o risco é a de que os jovens se expõem mais a riscos do que os mais velhos.[10] No entanto, pode ser que tal fenômeno esteja mudando. Nos Estados Unidos e outros países ocidentais, os adolescentes têm adotado comportamentos muito menos arriscados[11] (relativos a drogas, bebida, sexo) que os da geração anterior.

No entanto, a jogatina está em franco crescimento. Em 2022, os norte-americanos perderam cerca de 60 bilhões de dólares em apostas em cassinos licenciados e operações de jogos de azar on-line:[12] um recorde, mesmo depois de contabilizarmos a inflação. E perderam também cerca de 40 bilhões em jogos de azar não licenciados, do mercado cinza ou clandestino[13] — e cerca de 30 bilhões em loterias estaduais.[14] Para não deixar margem a dúvidas: esse é o valor que as pessoas *perderam*, não quanto *apostaram*,[15] que foi um número cerca de dez vezes maior. Somadas todas as formas de jogo, os norte-americanos provavelmente estão torrando mais de 1 trilhão de dólares em apostas por ano.

---

* Um *nit* é um jogador cauteloso demais ou extremamente conservador. Mas, fora do pôquer, o termo também pode se referir à aversão aos riscos ou à mesquinharia. Se você chega ao aeroporto três horas antes para um voo doméstico, você é um *nit*.

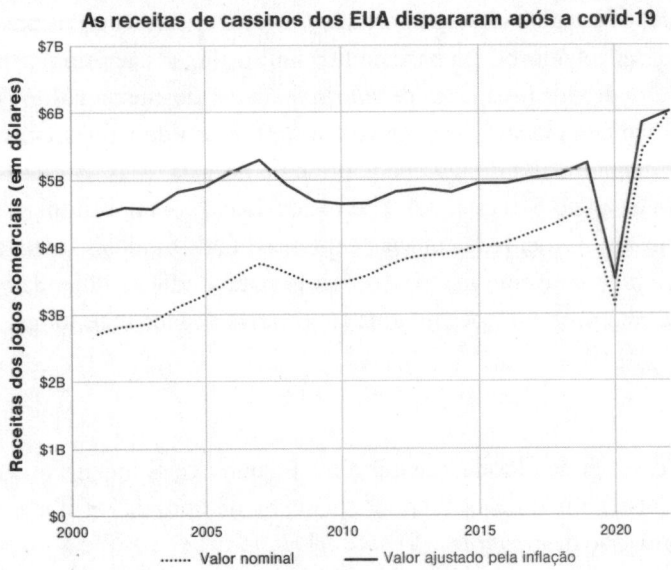

E eis uma informação que deveria nos preocupar: a expectativa de vida no país estagnou.[16] Durante a pandemia, por exemplo, ela caiu — para 76,4 anos em 2021, em comparação com 78,8 anos em 2019. Os números da expectativa de vida durante uma pandemia podem ser enganosos (basicamente presumem que manteremos o mesmo número de mortes por covid no futuro, mas é provável que isso não aconteça) — e eles começaram a se recuperar até certo ponto.[17] Mesmo antes da covid-19, no entanto, os homens norte-americanos perderam um décimo de ano de expectativa de vida entre 2014 (76,4 anos) e 2019 (76,3 anos).

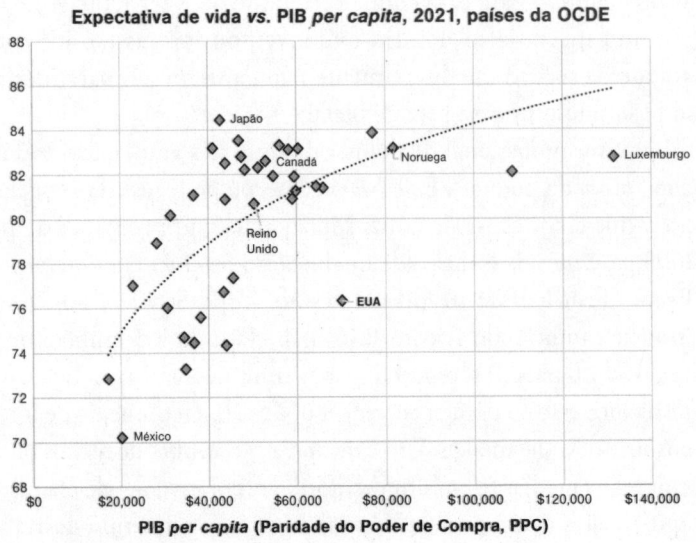

Na verdade, os Estados Unidos agora são um caso atípico entre os países extremamente desenvolvidos. Com base no PIB muito alto, seria normal presumir que a expectativa de vida fosse cerca de *cinco anos* maior do que a atual. As razões para a queda são complicadas, e envolvem uma mistura de fatores culturais e políticos, bem como a alta desigualdade presente no país. Mas, em parte, elas refletem o fato de que o país está mais aberto aos riscos[18] — também mais carros trafegando em alta velocidade em vias expressas, mais opioides, mais covid, mais armas de fogo — e com menos disposição para sacrificar a liberdade ou o crescimento econômico em troca de uma expectativa de vida mais longa.

Naquele voo de volta da Flórida, me dei conta de outra coisa importante: eu me encaixava naquele mundo de jogadores de pôquer e de tipos de jogadores de pôquer — um universo de *exposição calculada aos riscos*.

Não deveria ter me surpreendido tanto. Talvez isso até corra no meu sangue. Nem meu pai nem minha mãe são fãs de jogos de cartas ou de cassinos, mas minha avó paterna, Gladys Silver, era uma excelente jogadora de gin rummy e bridge, famosa por seu estilo punitivo: se o adversário não tomasse o cuidado de esconder suas cartas, ela tirava vantagem desse desleixo como uma forma de ensiná-lo a ser mais cuidadoso na vez seguinte. Meu bisavô, Jacob Silver, abriu uma oficina de funilaria em Waterbury, Connecticut, que organizava um jogo de pôquer no dia do pagamento do salário, sempre na segunda sexta-feira do mês... até que, segundo a lenda da família, as esposas dos mecânicos o forçaram a mudar o pagamento para cheques em vez de dinheiro vivo, porque muitos maridos estavam voltando para casa com a carteira vazia. Outro bisavô, Ferdinand Thrun,[19] era um incendiário notório que inventou formas tão inovadoras de cometer fraude de seguro que literalmente não existiam leis para incriminá-lo. Ferdinand teria sido ótimo na arte de blefar.

E eu fui jogador profissional de pôquer durante três anos, entre 2004 e 2007, no chamado "*boom* do pôquer". Esse *boom* começou por causa da crescente oferta de pôquer on-line e por causa de Chris Moneymaker, um contador de Nashville que em 2003 ganhou um torneio (de qualificação on-line) cujo prêmio era uma vaga no Evento Principal de 10 mil dólares no World Series of Poker, e, em seguida, sagrou-se campeão do Evento Principal e faturou 2,5 milhões de dólares. Se pedíssemos ao ChatGPT para conceber uma pessoa capaz de aumentar a quantidade de interesse no pôquer ao vencer o WSOP, a ferramenta de inteligência artificial cuspiria o Moneymaker. Um cara afável, gordinho, de menos de 30 anos, com um emprego entediante em um escritório corporativo — ele era exatamente o cliente que os sites de pôquer on-line miravam, um arquétipo do trabalhador acomodado que sonha em dar o fora de seu cubículo, tirar a sorte grande e ganhar uma bolada. O número de participantes no Evento Principal do WSOP explodiu, passando de 839 em 2003 para 8.773 apenas três anos depois, em 2006, número em grande parte alimentado por pessoas que conquistaram suas vagas no torneio de forma online.

Eu era uma dessas pessoas que viveu o sonho. Logo minhas atividades se tornaram mais noturnas. Por via de regra, os jogos de pôquer ficam melhores tarde da noite, quando seus oponentes estão bêbados, privados de sono ou delirantes por terem ganhado ou perdido um monte de dinheiro. Então eu chegava em casa depois de ter trabalhado no meu cubículo, tirava um cochilo e jogava pôquer on-line; às vezes varava a noite até o amanhecer, quando me arrastava para o escritório e pelejava o dia inteiro para me manter acordado. Nem preciso dizer que, como rotina, isso não era sustentável, e — ganhando consideravelmente mais dinheiro como jogador de pôquer que como consultor — dentro de seis meses eu larguei meu emprego corporativo para jogar pôquer e trabalhar para a startup de estatísticas de beisebol Baseball Prospectus.

Levei uma vida confortável por alguns anos... mas, como acontece com a maioria das vantagens na jogatina, não duraria. Em parte, era a evolução natural do jogo: o *boom* do pôquer atingiu um platô e estagnou, pois os jogadores perdedores quebravam, desistiam ou melhoravam, tirando um otário da mesa por vez.

Entretanto essa estagnação também foi, em parte, obra do Congresso dos Estados Unidos. No fim de 2006, o Congresso encabeçado pelo Partido Republicano, ávido por uma vitória junto aos eleitores da "maioria moral" antes das eleições de meio de mandato — depois que o congressista republicano Mark Foley renunciou ao cargo com a divulgação da notícia de que ele havia enviado e-mails com conteúdo sexual explícito a menores de idade[20] que trabalhavam em um projeto especial para alunos do ensino médio na Câmera dos Representantes dos Estados Unidos —, aprovou um projeto de lei chamado Unlawful Internet Gambling Enforcement Act [Lei de aplicação de normas contra o jogo ilegal na internet, UIGEA]. A UIGEA não proibiu o pôquer on-line em si, mas estabeleceu regulamentações que sufocaram os processadores de pagamento — ou seja, bancos e empresas de cartão de crédito — proibindo-os de aceitar pagamentos provenientes de jogos ilegais na internet (é difícil jogar pôquer se a pessoa não pode trocar dinheiro por fichas). Alguns sites bloquearam o acesso a jogadores dos Estados Unidos, outros permaneceram abertos; mas, entre a sombra da ilegalidade e o aumento do atrito do vaivém do dinheiro, tornou-se muito mais difícil de encontrar jogadores novos e inexperientes para disputar partidas.

Houve um aspecto positivo: a UIGEA despertou meu interesse em política. O projeto de lei foi inserido em uma parte desconexa da legislação de segurança interna e aprovado durante a última sessão antes de o Congresso entrar em recesso para as eleições de meio de mandato. Foi uma manobra astuta e evasiva e, tendo essencialmente perdido meu emprego, eu queria que as pessoas responsáveis pela artimanha também perdessem o delas. E foi o que aconteceu: os republicanos perderam a Câmara e o Senado, incluindo a cadeira do representante Jim Leach, de Iowa,[21] o principal padrinho da UIGEA, cujo mandato de trinta anos chegou ao fim em parte por causa de jogadores de pôquer que doaram para a campanha de seu oponente.

Com dificuldades para ganhar dinheiro enquanto as partidas minguavam, parei de jogar pôquer cerca de seis meses depois desse episódio. Por conta do meu então recente interesse em política e do tempo extra disponível, acabei criando o site FiveThirtyEight em 2008. Não há como dizer isso sem me gabar, mas o FiveThirtyEight meio que decolou, passando de algumas centenas de leitores por dia para centenas de milhares de leitores no dia da eleição daquele ano. Então, antes que eu percebesse, o site tinha *dezenas de milhões* de leitores; em 2016, nossa página de previsão eleitoral foi o conteúdo mais interessante e envolvente da internet de acordo com o serviço de análise Chartbeat.[22]

Valor esperado: o que separa o River do resto do mundo

Mas sabe qual é a questão sobre ter dezenas de milhões de pessoas visualizando suas previsões? Muitas delas não vão entender o que está ali. Uma previsão eleitoral probabilística (por exemplo, uma que diz que o senador democrata Mark Kelly tem 66% de chance de se reeleger no Arizona) é o resultado de uma forma extremamente específica de pensar. Para um ex-jogador profissional de pôquer como eu, é a coisa mais natural do mundo; para outras pessoas, será algo com o qual nunca tiveram contato antes.

Em 8 de novembro de 2016, o modelo estatístico que construí para o FiveThirtyEight apontou que havia 71% de chance de Hillary Clinton ganhar a presidência contra 29% de chance de Donald Trump. Para contextualizar: na época, essa estimativa das chances de Trump foi considerada alta.[23] Outros modelos estatísticos atribuíam a Trump chances entre 15% a menos de 1%.[24] E os mercados de apostas estimavam as chances de vitória de Trump em cerca de uma em seis (17%).[25] Trump venceu a eleição, como sabemos, ao ganhar em vários estados indecisos do Cinturão da Ferrugem.*

---

* O *Rust Belt* é uma região dos Estados Unidos historicamente como o coração da indústria pesada e manufatureira do país (abrange partes do Meio-Oeste e Nordeste, incluindo estados como Ohio, Michigan, Indiana, Illinois, Wisconsin, Pensilvânia e Nova York). Após o crescimento estratosférico da indústria durante os séculos XIX e XX, seguiu-se um acentuado declínio nas últimas décadas, com desemprego, redução da população e decadência urbana. O nome "cinturão da ferrugem" faz referência às fábricas hoje abandonadas na região. (N. T.)

A reação de muitas pessoas no mundo político a tal previsão foi: "Nate Silver é um idiota do caralho." Mas, do *meu* ponto de vista — e do ponto de vista das pessoas do River, o universo de jogadores hábeis e pessoas com ideias afins que apresentei no Prólogo —, era uma previsão *boa pra cacete*. E por um motivo bem simples: se alguém tivesse apostado nela, teria ganhado muito dinheiro. Se um modelo diz que as chances de Trump são de 29% e o preço de mercado é de 17%, a jogada correta é apostar em Trump... e apostar alto. Para cada 100 dólares apostado em Trump, o lucro esperado seria de 74 dólares.

Para que fique registrado, votei em Clinton. Muitas pessoas ficam felizes em dizer em quem você deveria votar. Meu trabalho é prever o resultado da disputa: dizer em quem você deveria *apostar*. Ou pelo menos avaliar as probabilidades de forma objetiva e distanciada. No River, quando isso acontece dizemos que minha previsão foi +VE, que significa "valor esperado positivo" — o resultado que se espera obter em média a longo prazo. No caso que apresento, o VE é calculado assim:

$$(0{,}71 \times -\$100) + (0{,}29 \times +\$500) = +\$74$$

Em 71% das vezes, Clinton vence e você perde sua aposta de 100 dólares, mas em 29% das vezes dá Trump e você é pago com probabilidades de 5:1,* transformando seu investimento de 100 dólares em um lucro de 500 dólares. Isso é bom. *Muito* bom. Os apostadores esportivos já ficam felizes em obter de 2% a 5% de lucro em uma aposta individual. O mercado de ações tem um lucro esperado de cerca de 8% ao ano, após o ajuste pela inflação. Com uma aposta em Trump, a expectativa seria de um lucro de 74% em cada dólar investido.

O valor esperado é um conceito tão fundamental na maneira de pensar do River que o ano de 2016 serviu como um teste decisivo para saber quais pessoas da minha vida eram membros da tribo e quais não eram. Ao mesmo tempo que pessoas com certo tipo de perfil ficavam *enfurecidas* comigo, outras ficavam *empolgadíssimas* por terem conseguido usar a previsão do FiveThirtyEight para fazer uma aposta vencedora. (Vez ou outra ainda me deparo com jogadores de pôquer pagando as contas do jantar com o dinheiro que minhas previsões lhes renderam em 2016 ou em outros anos.)

Talvez essa maneira de pensar lhe pareça incrivelmente estranha. Tudo bem. Só estamos no começo da jornada, e há algumas complicações filosóficas a resolver — por exemplo, o que um resultado "médio" significa no contexto de um evento tão singular quanto a eleição de 2016? Mas quero que você entenda que muitas pessoas e empresas poderosas pensam em termos de valor esperado — e ganham mais do

---

* Um preço de mercado mostrando uma chance de uma em seis (17%) de ganhar significa que as probabilidades são de 5 para 1 contra.

que perdem a longo prazo. Empresas como a Seminole Gaming, que administra o Hard Rock, ganham bilhões de dólares por ano,[26] e grande parte desse dinheiro vem de pessoas que não entendem de VE.

Como primeiro passo, eu gostaria de fazer você pensar em termos de probabilidades. O ponto vital do meu primeiro livro, *O sinal e o ruído*, é que previsões probabilísticas são um sinal de humildade, não de arrogância. O mundo é um lugar complicado. Perturbações menores podem ter efeitos descomunais, desde o assassinato do arquiduque Francisco Fernando a qualquer sequência de eventos na China que tenha originado a primeira versão do vírus SARS-COV-2. Às vezes, toda a trajetória da história pode girar em torno de eventos quase aleatórios, a exemplo da confusa diagramação da "cédula borboleta" utilizada no condado de Palm Beach, Flórida, cujo design infeliz confundiu muitos eleitores e fez com que votassem sem querer em Pat Buchanan, o que talvez tenha custado a Al Gore a vitória na eleição presidencial de 2000.[27] Jogue milhares de mãos de pôquer, assista a centenas de eventos esportivos em que tenha apostado ou invista em dezenas de startups, e você logo aprenderá que, entre os caprichos do destino e as incertezas do nosso conhecimento sobre o mundo, *acertar as coisas, mesmo que só um pouco*, já é bastante difícil. Em geral, as probabilidades são o melhor que podemos fazer.

Mas é mais do que isso. Na visão de apostadores, *traders* e responsáveis por construir modelos, o mundo é complicado, estocástico e contingente. Nós nos empenhamos com unhas e dentes por cada ponto-base de valor. Se nossos modelos puderem estar certos em 53,1% das vezes em vez de 52,7%, isso já conta como um grande progresso. Reconhecemos que é difícil vencer o mercado — mas não impossível —, e temos cicatrizes de batalha para provar.

Vale ressaltar uma coisa: em muitas ocasiões, pessoas comuns têm uma compreensão intuitiva das probabilidades. Elas carregam consigo um guarda-chuva quando o céu está cinzento, calculam se vale a pena pisar no acelerador e ultrapassar em mais de vinte quilômetros o limite de velocidade quando estão atrasadas para o aeroporto; em áreas conhecidas pela atuação de muitos batedores de carteira, de forma inconsciente dão tapinhas nos bolsos de trás da calça para verificar o celular e a carteira. Mesmo quando se trata de decisões médicas de alto risco potencial, tem noção das porcentagens. Por mais que tenha havido muita polêmica envolvendo as vacinas contra a covid-19 nos Estados Unidos,[28] 93% dos idosos — que, uma vez doentes, enfrentaram taxas desproporcionalmente maiores de morte e complicações graves — receberam suas duas doses iniciais, incluindo cerca de 85% mesmo em estados conservadores (com altíssimos níveis de transmissão da doença), caso de Alabama e Wyoming. De acordo com os especialistas com quem conversei para escrever este livro, nem mesmo os apostadores problemáticos são tão ingênuos quanto parecem acerca das probabilidades que enfrentam; ainda que saibam que sua aposta em uma expectativa de perda, a fazem de qualquer maneira. (Falarei mais sobre isso no Capítulo 3.)

Algo que descobri é que as pessoas ficam muito menos furiosas comigo por causa das minhas previsões esportivas — digamos, quando um time que tem 29% de chance de ganhar o Super Bowl acaba vencendo — do que em relação às minhas previsões eleitorais. (No FiveThirtyEight, também incluí previsões probabilísticas de eventos esportivos.) Isso ocorre graças aos ritmos já conhecidos e típicos dos esportes: todo fã de futebol já viu muitos pênaltis passarem por cima do gol, e todo fã de futebol americano já testemunhou muitos *field goals* baterem na trave e caírem fora para saber que nem sempre o melhor time vence. Os esportes estão mais próximos de um problema cotidiano, do tipo "será que levo guarda-chuva?".

Por outro lado, os políticos e os partidos políticos (sobretudo em um sistema bipartidário extremamente polarizado como o dos Estados Unidos) não endossam tal maneira de pensar e *de fato* não querem que se pense dessa forma sobre as eleições. Pelo contrário, eles entendem que suas vitórias são moralmente justas — sem refletir sobre eventualidades como "cédulas borboleta" ou o colégio eleitoral ou qualquer que seja a taxa de inflação;* optando por enxergá-las como a personificação do "lado certo da história" ou até da vontade de Deus.[29] Eles veem cada eleição como singular e importante em termos existenciais — não algo extraído de alguma distribuição de probabilidade de resultados possíveis, como pressupõe o valor esperado, mas seu próprio e especialíssimo "alecrim dourado". Tampouco desejam permitir muito espaço para nuances, complexidades ou pensamentos pluralistas e probabilísticos... Já é bastante difícil manter a coalizão unida, então ninguém quer que as pessoas da sua "equipe" discutam umas com as outras. Sem contar que consideram a própria ideia de *fazer apostas* no campo da política como constrangedora e moralmente suspeita.[30]

Estou cauteloso em empregar aqui o termo "racional", pois é uma palavra que precisaremos definir com maior precisão ao longo do livro. Para a maioria dos filósofos, por exemplo, "racional" não é apenas um sinônimo de "sensato". (Falaremos sobre o assunto no Capítulo 7.) Por ora, permita-me este uso informal de "racional": quando se trata de eleições, *a verdade é que as pessoas são irracionais pra cacete*. E isso é compreensível. As eleições são muito parecidas com a pandemia de covid-19: ambas são experiências de alto risco e estresse elevado sobre as quais não temos muito controle. Por outro lado, uma previsão eleitoral probabilística é o produto de uma tradição intelectual hiper-racionalista. Isso gera um estranho choque cultural.

---

* Meu trabalho sugere que condições econômicas como inflação, taxa de desemprego e mercado de ações desempenham um papel importante na reeleição de presidentes, mas via de regra os próprios presidentes têm relativamente pouco a ver com tais questões. Choques exógenos — a exemplo de abalos na cadeia de suprimentos, eventos climáticos, disputas trabalhistas e deflagração de guerras — têm grande potencial de causar efeitos substanciais na economia norte-americana.

Bem-vindo ao River

Eu sou uma daquelas pessoas com uma memória péssima para nomes (não aposte que eu vá lembrar o nome do seu cachorrinho na primeira tentativa), mas boa para lugares. Quando estou empacado em um problema complicado, preciso me levantar e dar uma volta.[31] Então, ao pensar no material para este livro, elaborei um mapa mental da paisagem do River.

Quando apresentei a ideia por trás deste projeto pela primeira vez, tinha um nome diferente para este lugar metafórico: the Pool (a Piscina). Eu achei fofo. Jogadores de pôquer e outros apostadores adoram metáforas[32] envolvendo água (um jogador ruim é chamado de *fish* ["peixe"]), e *pool* em si é um termo de jogo, usado para se referir ao total de dinheiro recolhido que será distribuído entre os competidores mais bem colocados no torneio — o *prize pool*, por exemplo, é a premiação total.

Mas "Pool" implica algum tipo de associação exclusiva, como uma piscina em uma academia ou um *country club*, quando, na verdade, o jogo é uma instituição relativamente democrática. Imagine que você e seus amigos entraram em um torneio de basquete de três contra três, e a primeira partida que disputaram foi contra o trio LeBron James, Steph Curry e Luka Dončić. Em torneios de pôquer, você pode se deparar com uma situação exatamente como essa. Pague seu *buy-in* (a quantia exigida a cada jogador para se inscrever em um torneio) e é possível jogar contra os melhores do mundo — ou contra uma celebridade que de outra forma você jamais teria a oportunidade de conhecer. Em um evento no WSOP de 2022, quem estava sentado à minha direita era o brasileiro Neymar, um dos melhores jogadores de futebol do mundo. (Neymar ficou agressivo demais com uma mão medíocre, e eu ganhei um valor considerável dele. Por outro lado, até agora ele marcou 79 gols na carreira pela seleção brasileira, e eu não marquei nenhum.)

Então, no meu mapa mental, o River não é um lugar discreto, mas sim um ecossistema de pessoas e ideias. Moradores de diferentes partes do River não necessariamente se conhecem, e muitos não se consideram parte de uma comunidade mais ampla. Mas seus vínculos são mais profundos do que eu inicialmente imaginava. Eles falam uma língua compartilhada, com termos como "valor esperado", "equilíbrios de Nash" e "Bayesian priors" (probabilidade a priori de acordo com a estatística bayesiana).

Na minha mente, o River tem várias sub-regiões. Vamos começar com aquela que exigirá uma explicação mais detalhada: **Upriver** [Rio acima]. Eu imagino o Upriver como o norte da Califórnia, com suas importantes universidades de pesquisa, colinas ondulantes e vistas para o oceano — mas também como uma área excêntrica, distante e indiferente, que não se encaixa muito bem com o restante do país. As manifestações mais evidentes do Upriver hoje se encontram em dois movimentos intelectuais correlatos: o racionalismo e o altruísmo eficaz.

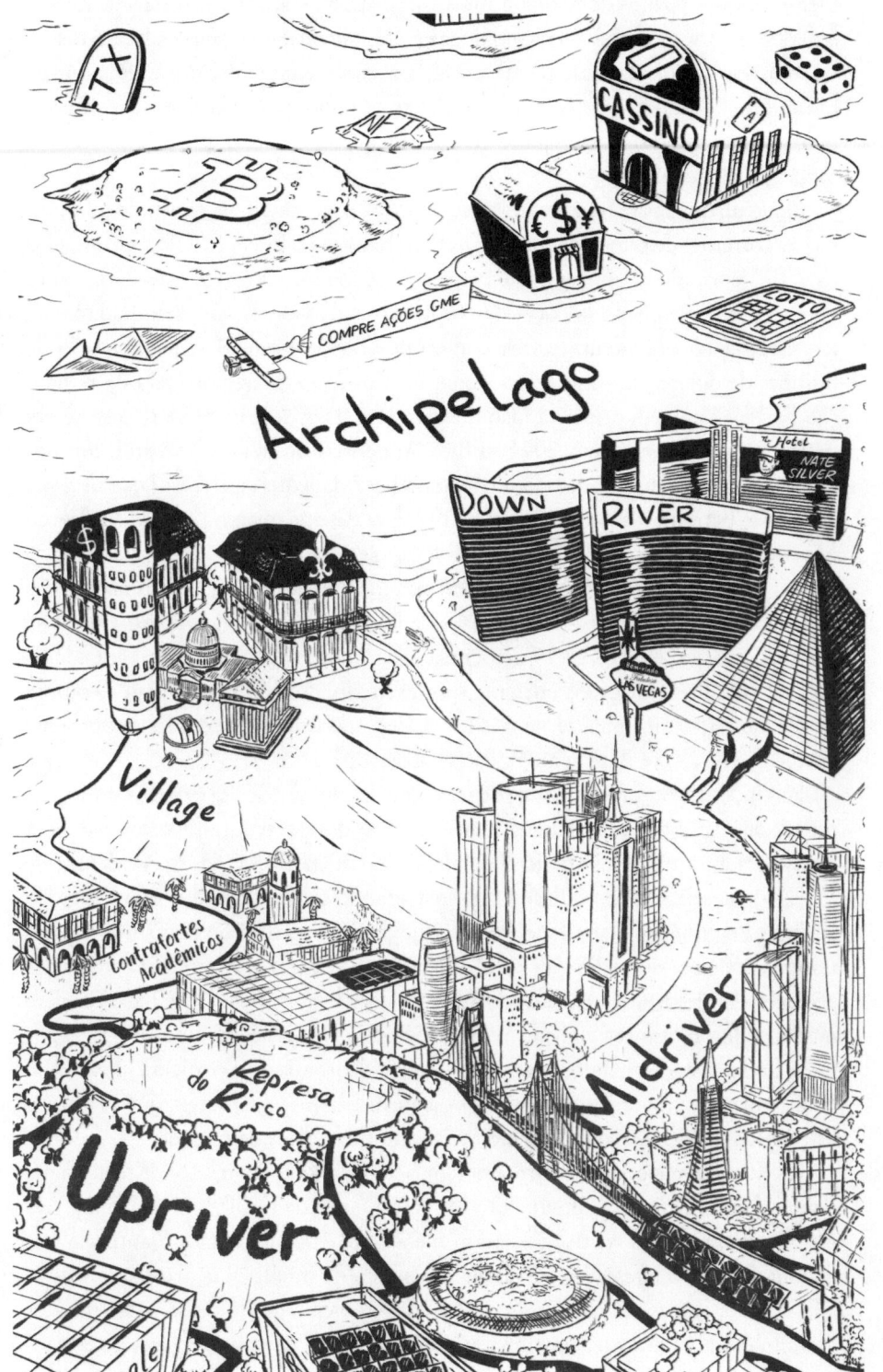

Definirei esses termos de maneira mais completa no Capítulo 7, uma vez que são tema de extensos debates — racionalistas e AEs (altruístas eficazes) adoram discutir sobre eles. Embora o altruísmo eficaz aparentemente tenha um enfoque mais limitado, abordando o altruísmo e a filantropia com base em dados, na prática tanto os AEs quanto os racionalistas têm um apetite universal por se envolver em todo tipo de polêmica.

O altruísmo eficaz foi alvo de muita controvérsia em 2022, seguindo a implosão da corretora de criptomoedas FTX. Sam Bankman-Fried, ex-CEO e fundador da FTX (com quem conversei diversas vezes enquanto escrevia este livro, tanto antes quanto depois da falência da empresa, e sobre quem falo detalhadamente nos capítulos 6 a 8), identificou-se como um AE e prometeu destinar centenas de milhões de dólares a causas relacionadas ao altruísmo eficaz por meio da Fundação FTX.[33] Eu vi em primeira mão que não se tratava de uma mera relação isenta de interesses. Quando, em 2022, o filósofo de Oxford Will MacAskill, um dos intelectuais mais destacados do altruísmo eficaz, lançou seu livro *O que devemos ao futuro*, Bankman-Fried organizou uma festa de lançamento para ele no Eleven Madison Park, o caríssimo restaurante vegano em Nova York.

Por que filósofos de Oxford estavam curtindo a companhia de bilionários das criptomoedas em um restaurante três estrelas Michelin? Vamos investigar. Uma das razões é que os AEs estão preocupados em como gastar dinheiro em causas beneficentes de forma mais eficiente (por exemplo, doando verbas para a compra de mosquiteiros antimalária na África, visto como uma intervenção de excelente custo-benefício),[34] e Bankman-Fried era abastado.

Porém, essa resposta está longe de ser completa. A outra razão é que há muita afinidade entre pessoas em diferentes partes do River, e elas naturalmente se dão bem umas com as outras. Um amigo chama esse tipo de indivíduo de "maximizador de VE"[35] — ou seja, alguém que está sempre tentando calcular o maior valor esperado em relação a um problema específico, seja jogando uma mão de pôquer ou encontrando a maneira mais eficaz de doar dinheiro para caridade. A genuína nerdice das postagens no Fórum de Altruísmo Eficaz — com títulos como "O ChatGPT deve nos fazer diminuir nossa crença na consciência de animais não humanos?"[36] e "A população dos Estados Unidos apoia a tecnologia de irradiação germicida ultravioleta para reduzir riscos de patógenos?"[37] — transmite a mesma energia que jogadores de pôquer discutindo sobre os detalhes arcanos das mãos de pôquer.

Os AEs e os racionalistas também têm laços estreitos com o setor de tecnologia, e muitos dos líderes dos movimentos estão no norte da Califórnia. Ademais, nos últimos anos, alguns AEs se tornaram menos preocupados com a filantropia tradicional e mais interessados no desenvolvimento da inteligência artificial. Muitos AEs e racionalistas acreditam que a IA é um problema de altíssimo risco, um dos desdobramentos mais importantes na história da civilização. Alguns acreditam ainda que, caso se torne poderosa o suficiente, a IA pode representar um risco existencial para a humanidade, eventualmente exterminando ou prejudicando profundamente a civilização. Então, estamos em um momento interessante para escrever sobre tais movimentos. Entre a catastrófica associação de AEs e racionalistas com Sam Bankman-Fried (SBF) por um lado, e o surpreendente progresso de ferramentas de IA como ChatGPT — progresso que foi previsto por alguns AEs[38] —, por outro, é essencial entender a mentalidade deles.

Mais a jusante, encontraremos o que chamo de **Midriver** [Meio do rio], que, tal qual Manhattan, tem muitos edifícios altos e angulares. É lá que as pessoas aplicam o conjunto de habilidades de maximizador de VE para ganhar rios de dinheiro, a exemplo dos fundos de capital de risco e investimentos em fundos *hedge*. No entanto, neste livro abordarei mais o Vale do Silício que Wall Street. Os caras do Vale do Silício adotam uma postura mais parecida com a de um livro aberto — ficam mais felizes em ostentar sua estranheza riveriana e em mostrar o dedo do meio para o establishment da Costa Leste, e estão mais explicitamente alinhados com movimentos como o racionalismo. Mas não se deixe enganar: Wall Street também está ganhando muito dinheiro com a maximização de VE.

Em seguida, há o **Downriver** [Rio abaixo], a região sobre a qual mais falamos até o momento. Imagino Downriver como uma mistura de Las Vegas com Nova Orleans: muitos turistas e muita jogatina. É de Downriver que vem o termo *"no limite"*, que significa ter uma vantagem técnica persistente no jogo — fazer, de forma consistente, apostas +VE. Contra 99,99% dos clientes que pisam em um cassino e contra a grande maioria em uma casa de apostas esportivas,* a casa tem a vantagem, mas isso não impede os moradores do River de sonharem em figurar entre os 0,01%.

No entanto, embora possam ser divertidos, jogos como o pôquer também têm um legado intelectual proveniente de ideias fundamentais da ciência, da economia e da matemática. E, em alguns casos, a jogatina *faz parte da origem* de outros avanços científicos. Blaise Pascal e Pierre de Fermat desenvolveram a teoria da probabilidade[39] em resposta à pergunta de um amigo sobre a melhor estratégia em um jogo de dados. Na década de 1950, o centro de desenvolvimento científico e tecnológico Bell Labs desenvolveu algoritmos de processamento de sinais enquanto simultaneamente desenvolvendo algoritmos que diziam quanto apostar em jogos de futebol americano universitário.[40] E há mais de cem referências ao pôquer em *Theory of Games and Economic Behavior* [Teoria dos jogos

---

* Excluindo o pôquer, no qual se joga contra os demais jogadores, não contra a casa. Os cassinos ainda têm a garantia de ganhar dinheiro com o pôquer porque pegam uma parte do pote chamada *rake* (ou *chop*, a comissão que a casa ganha em cada pote) ou cobram dos jogadores uma taxa por hora. Mas é possível ter uma vantagem grande o suficiente sobre os outros jogadores no pôquer para cobrir a parte da casa.

e comportamento econômico], o livro seminal sobre teoria dos jogos de John von Neumann e Oskar Morgenstern publicado em 1944, quando von Neumann estava trabalhando com Robert Oppenheimer no Projeto Manhattan. Como veremos no Capítulo 1, os jogadores de pôquer estão colocando a teoria dos jogos em prática, por meio de um tipo de programa de computador conhecido como *solver* ["solucionador"].

Por fim, há o **Archipelago** [Arquipélago], que imagino como uma série de ilhas ao largo da costa e adjacentes o Downriver, um paraíso fiscal de empresas *offshore* onde vale praticamente tudo. Os cassinos norte-americanos são um negócio mais formal e legítimo do que você imagina — perderam o vínculo com o crime organizado, são regidos por forte regulamentação e, em sua grande maioria, são de propriedade de grandes corporações como MGM e Caesars, com ativos incluídos no S&P 500. Mas, para quem mora no River, as tentações clandestinas do Archipelago nunca estão longe, e ainda há muita atividade de jogatina do mercado cinza por debaixo do pano em partidas de pôquer on-line, apostas esportivas e criptomoedas. Jogadores sofisticados sabem evitar o Archipelago, mas ele está à espreita para escolher os mais fracos do rebanho.

E, mesmo assim, as pessoas no River são minha tribo — e eu não as trocaria por nada. Por que minhas conversas fluíam de maneira tão natural com as pessoas no River, mesmo quando sobre assuntos que eu ainda não entendia? Acho que a questão se resume sobretudo a dois grupos de atributos que são importantes para o sucesso neste ambiente.

GRUPO COGNITIVO	GRUPO DE PERSONALIDADE
Analítico Abstrato Desacoplamento	Competitivo Crítico De mentalidade independente (contrariano, contestador) Tolerante aos riscos

Primeiro, há o que eu chamo de "grupo cognitivo". Ao pé da letra: de que maneira as pessoas no River pensam sobre o mundo? Começa com raciocínio abstrato e analítico. Esses termos são utilizados a torto e a direito, então é importante refletir sobre seu significado exato. A raiz etimológica do termo "análise" significa desligar, soltar, separar, quebrar, afrouxar, dividir ou cortar — ou seja, significa resolver algo complexo dissolvendo-o em elementos mais simples. Na análise de regressão (talvez a técnica estatística mais usada na ciência de dados), por exemplo, o objetivo é atribuir um conjunto complexo de observações a causas-raiz relativamente simples. Uma churrascaria em Austin, observando seus números de vendas, pode executar uma análise de regressão para ajustar fatores como o dia da semana, o clima e a ocorrência de um grande jogo de futebol americano na cidade.

O companheiro natural do pensamento analítico é o pensamento abstrato — ou seja, tentar derivar regras ou princípios gerais das coisas que observamos no mundo. Outra maneira de descrever isso é por meio da "construção de modelo". Os modelos podem ser formais, como em um modelo estatístico ou mesmo filosófico,* ou informais, como um modelo mental, ou um conjunto de heurísticas (regras práticas) que se adaptam bem a novas situações. No pôquer, por exemplo, uma mão específica pode se desenrolar por meio de milhões de permutações, e é impossível planejar-se para cada uma delas. Então precisamos de algumas regras generalizáveis, como "Não tente blefar com oponentes que já colocaram muito dinheiro no pote". Essas regras não serão perfeitas, mas, conforme se ganha mais experiência, é possível desenvolver outras mais sofisticadas ("Não tente blefar com oponentes que já colocaram muito dinheiro no pote, *a menos que* seja provável que estejam em um *flush draw* e o *flush* não tenha saído").**

Análise e abstração são as etapas essenciais ao tentarmos tirar conclusões a partir de dados estatísticos. O mundo real é confuso, então primeiro empregamos a análise para eliminar o ruído e decompor o problema em componentes gerenciáveis; em seguida, recorremos à abstração para recompor o mundo, no formato de um modelo que retenha as características e os relacionamentos mais essenciais. Na churrascaria, por exemplo, talvez o dono tenha aumentado os preços em agosto e queira avaliar de que forma a mudança impactou as vendas. Para sua surpresa, elas aumentaram apesar do aumento de preço. O que aconteceu? Será que tem a ver com seu novo tempero? Bem, *talvez*. Mas provavelmente foi o fato de que agosto é quando os alunos da Universidade do Texas retornam à cidade. A análise estatística sobre padrões de vendas anteriores pode explicar o fenômeno. Não é tão fácil quanto parece, e há muitas maneiras de dar errado (foi isso que abordei no meu livro *O sinal e o ruído*). Mas quase todas as profissões no River, incluindo as mais filosóficas que existem no Upriver, envolvem alguma tentativa de construção de modelo.

O último termo do grupo cognitivo, "desacoplamento",[41] provavelmente é menos conhecido. Trata-se, na verdade, do mesmo processo de pensamento aplicado a ideias filosóficas ou políticas. Na definição de Sarah Constantin,[42] desacoplamento é "a capacidade de bloquear o contexto (...), o oposto do pensamento holístico.

---

* Modelos estatísticos e filosóficos são mais parecidos do que as pessoas imaginam. Veremos mais sobre a questão no Capítulo 7.
** O *flush draw* é uma mão incompleta, que ocorre quando um jogador tem quatro cartas do mesmo naipe e precisa da próxima carta do mesmo naipe para completar um *flush*, em uma combinação de 5 cartas do mesmo naipe. (N. T.)

É a habilidade de separar, de ver as coisas no abstrato, de bancar o advogado do diabo". O psicólogo Keith Stanovich constatou que o desacoplamento tem correlação com o desempenho em testes de raciocínio lógico e estatístico, um tipo de inteligência que é valorizado no River.[43]

Eu penso no desacoplamento como a tendência de fazer declarações do tipo "Sim, mas...". Permita-me dar um exemplo um pouco polêmico. "Sim, mas...". Imagine que alguém diga o seguinte:[44]

Sim, eu discordo da posição do CEO do restaurante Chick-fil-A sobre o casamento gay,[45] mas eles fazem um sanduíche de frango danado de bom.

Isso é desacoplamento. Observe que a pessoa que está falando não vai necessariamente comer no Chick-fil-A. Ela pode até revelar na declaração seguinte que vai boicotar a rede de *fast-food*, apesar de seus saborosos sanduíches de frango. Mas sua declaração sobre a postura política do CEO não tem nada a ver com a qualidade da comida; ela está *desacoplando* uma coisa da outra. Para as pessoas que habitam o River, esse tipo de pensamento ocorre com naturalidade. No entanto, tende a ser bastante antinatural quando a maioria das pessoas discute política — sobretudo com a esquerda nos Estados Unidos, a tendência é adicionar contexto em vez de removê-lo, com base na identidade de quem fala, na origem histórica da ideia e assim por diante.[46] Da mesma forma, a tendência na mídia é de contextualizar ideias — o jornal *The New York Times* não gira mais em torno apenas de fatos, mas de uma "suculenta compilação de grandes narrativas",[47] segundo a descrição do jornalista Ben Smith. Em grande medida, esse é um dos motivos pelos quais os "tipos políticos" acham que as pessoas no River são grosseiras, e vice-versa.

Depois, há o "grupo de personalidade". São características mais autoexplicativas. As pessoas no River estão tentando derrotar o mercado. Nas apostas esportivas, o jogador médio perde dinheiro porque a casa fica com uma porção de cada aposta. Então, se seguir o consenso, acabará falindo. Investir é algo mais tolerante; o mero ato de colocar seu dinheiro em fundos indexados ainda oferece um valor esperado positivo. Ainda assim, os *traders* profissionais estão tentando se sair melhor que o retorno médio do mercado.

Então, parte do trabalho das pessoas no River envolve inerentemente ser crítico do pensamento consensual, muitas vezes a ponto de ser um contrariano, remando contra a maré. O Vale do Silício em particular se orgulha de seu "contrarianismo", prática de ter uma posição contrária à maioria, oposta ao consenso — embora, como veremos no Capítulo 5, seja conformista à sua maneira. Algumas pessoas que habitam o River podem desligar essas características em ambientes interpessoais, mas outras podem enfrentar dificuldades para fazer isso.*⁴⁷ Não é uma coincidência que muitos riverianos gostem de brigar sobre política na internet.

Da mesma forma, as pessoas no River costumam ser intensamente competitivas. Na verdade, são tão competitivas que tomam decisões que podem ser irracionais, e continuam a apostar mesmo quando já estão essencialmente com a vida ganha (pense na decisão de Elon Musk de comprar o Twitter quando ele era a pessoa mais rica do mundo e, na época, uma das mais admiradas).⁴⁸ Investigaremos o tópico mais a fundo ao longo do livro. Mas, se você nunca apostou contra outras pessoas, tenho que lhe dizer: pode ser bem estimulante. Ganhar dinheiro é bom, sentir que você foi mais esperto que um oponente é bom e, quando as duas coisas coincidem, seu cérebro é inundado com dopamina.⁴⁹ Não é surpresa alguma que as pessoas insistam em procurar essa sensação, mesmo que às vezes sejam levados à própria ruína.

Por fim, coloquei a tolerância aos riscos neste grupo porque — quer os indivíduos sejam *degens* ou *nits* em outras áreas de sua vida — estar disposto a se distanciar do rebanho e ir contra o consenso com certeza não é o caminho profissional mais seguro. Em geral, empreendedores apresentam altos níveis de tendência à abertura à experiência e baixos níveis de tendência a neuroticismo (comportamento neurótico), os dois traços de personalidade entre os "cinco grandes"** que mais se correlacionam com a tolerância aos riscos.⁵⁰

River *vs.* Village

Há também outra comunidade que compete com o River por poder e influência. Eu a chamo de Village [Vilarejo].⁵¹ Vejo o Village como uma cidade de médio porte, a exemplo de Washington ou Boston; o tipo de lugar que é tão pequeno que todos se conhecem, o que acaba por deixá-los um pouco inibidos. A população consiste em pessoas que trabalham no governo, em grande parte da imprensa e em partes do mundo universitário (excluindo alguns dos campos acadêmicos mais quantitativos, como economia). Esse lugar tem uma postura política nitidamente de centro-esquerda, associada ao Partido Democrata.

Parte do atrito é o choque de personalidades (lembre-se, os riverianos adoram o desacoplamento, ao passo que os villagianos, os moradores do Village, odeiam), mas as duas comunidades vêm divergindo cada vez mais. Hoje, a cobertura da imprensa é muito mais antagônica em relação ao setor de tecnologia⁵² e costuma

---

* Humildemente, levanto a minha mão.
** Nas últimas décadas, os psicólogos chegaram a cinco traços de personalidade que podem ser utilizados para caracterizar todos os indivíduos: abertura; conscienciosidade; extroversão; amabilidade; neuroticismo. (N. T.)

ser cética em relação a movimentos como o altruísmo eficaz[53] e o racionalismo. Porém, o rancor se manifesta em ambas as direções: as pessoas do River buscam mais influência política. Sam Bankman-Fried se tornara um grande agente político,[54] doando milhões de dólares abertamente aos democratas, e na surdina aos republicanos. Enquanto isso, a população do Village e a do River tratou a compra do Twitter por Elon Musk como uma questão de importância existencial. A meu ver, foi uma reação boba, mas reveladora sobre até que ponto as comunidades se veem como rivais e estão prontas para partir para a batalha. Em 2023, a guerra fria entre as duas tribos ganhou contornos de conflito aberto, quando bilionários de fundos *hedge* encabeçaram a acusação para expulsar presidentes da Ivy League [grupo das oito universidades de elite de maior prestígio do Nordeste dos Estados Unidos] e o jornal *The New York Times* processou a OpenAI. Incursões em território inimigo são tratadas com apreensão, a exemplo de quando o Gemini, modelo de IA generativa do Google, foi criticado pelos riverianos por refletir atitudes políticas típicas do Village.

Por ser alguém que transita entre esses dois mundos, possuo um ponto de vista singular e privilegiado. Mas que fique claro: não sou um observador imparcial. As pessoas no River são — para o bem ou para o mal — *a minha laia*. Verdade seja dita, também nunca me acostumei com o Village, e muitas vezes tive a sensação de que a cobertura da imprensa sobre mim e o FiveThirtyEight não era embasada, em especial após a eleição de 2016.

Mas ouço muitas das reclamações que ambas as comunidades têm a fazer uma sobre a outra — e nem sempre acho que sejam bem articuladas. Mesmo sendo um riveriano, tenho algumas críticas ao River, e acho que seria bom se o ecossistema recebesse críticas certeiras com mais frequência. Então, eis aqui uma breve tentativa de delinear o que, a meu ver, são versões "do homem de aço" [*steelman*, em inglês] dessas críticas. Um argumento tipo homem de aço — uma das técnicas favoritas de AEs e racionalistas — é o oposto de um argumento da falácia do espantalho [*strawman*, em inglês]. A ideia é construir uma versão robusta e bem articulada da posição do oponente, mesmo discordando dela. Vamos começar com as críticas por parte do River ao Village, já que minha tendência pessoal é simpatizar com elas.

Crítica "do homem de aço" do River ao Village

Uma reclamação frequente entre as pessoas do River é a de que os moradores do Village "politizam demais".

O que isso significa exatamente? Que os villagianos estão acoplando quando deveriam estar desacoplando. O River se preocupa que o protagonismo do Village nos campos acadêmico, científico e jornalístico está se tornando cada vez mais difícil de separar do partidarismo político democrata.[55]

De fato, os riverianos sofrem de uma desconfiança inerente de partidos políticos, sobretudo em um sistema bipartidário como o dos Estados Unidos, onde partidos formam coalizões abrangentes demais e seem uma linha ideológica definida mesmo tratando de dezenas de questões não muito relacionadas entre si. Os riverianos acreditam que a tomada de posição partidária tende a servir como um atalho para a análise mais sutil e rigorosa da qual os intelectuais públicos deveriam se ocupar. A seu ver, esses problemas ficaram muito evidentes durante a pandemia de covid-19, e o Village adotou posições escancaradamente partidárias[56] — desde estimular aglomerações públicas para os protestos pela morte de George Floyd (após semanas instruindo às pessoas a ficarem em casa), até fazer pressão para desestimular a Pfizer a divulgar qualquer anúncio sobre a eficácia de sua vacina contra a covid-19 até depois da eleição presidencial de 2020[57] —, disfarçados de conhecimento científico.

Os riverianos também creem que os villagianos são muito conformistas e não têm noção de quanto suas opiniões são influenciadas pelo viés de confirmação e por modismos políticos e sociais no âmbito de suas comunidades. No Village, ter um diploma universitário é quase um pré-requisito para os cargos mais prestigiados no mundo acadêmico, no governo e nos meios de comunicação. Todavia, conforme os eleitores se separam e se distribuem por linhas políticas e a polarização educacional aumenta, as comunidades do Village se tornam cada vez mais homogêneas em termos políticos. Em 2020, os 25 condados com os índices mais altos de educação formal dos Estados Unidos[58] votaram em Joe Biden em vez de Trump, por uma diferença média de 44 pontos — muito maior que a margem de 17 pontos[59] manifestada quando votaram em Al Gore em vez de George W. Bush em 2000. Em outras palavras, trata-se de uma mudança recente, e as instituições do Village, como as universidades e a imprensa — que tinham uma tradição histórica de não partidarismo — estão lutando para se adaptar a ela.

Além disso, lembra que mencionei o quão competitivos os riverianos são? Bom, outra preocupação que eles têm é de que os villagianos estejam sufocando a competição ao se concentrar cada vez mais na equidade de resultados em vez de na igualdade de oportunidades. Em geral, os riverianos defendem a crença capitalista clássica de que o livre mercado é muito superior a um planejamento central porque separa o joio do trigo — os vencedores e os perdedores. Também acreditam que a competição de mercado beneficia a sociedade como um todo ao fomentar inovação tecnológica, crescimento econômico e melhorias no padrão de vida. E podem citar exemplos de como o Village se afasta da meritocracia: faculdades e programas de pós-graduação de elite começaram a desvalorizar as pontuações de testes padronizados,⁶⁰ embora a maior parte das pesquisas sugira que avaliações do gênero são menos influenciadas pelo contexto social que outras maneiras de avaliar os candidatos.

Naturalmente, também acham que os villagianos são paternalistas demais, neuróticos demais e avessos demais aos riscos — a exemplo das vastas precauções contra a covid-19 impostas a estudantes de faculdades, ensino médio e ensino fundamental. Os riverianos as viram como uma falha em termos de custo-benefício, levando-se em conta que os jovens eram muito menos propensos que a população em geral de sofrer de decorrências graves da covid-19, e o fato de que as interrupções no sistema educacional causaram enormes perdas na aprendizagem.⁶¹

Por fim, os riverianos são ferrenhos defensores da liberdade de expressão, não apenas como um direito constitucional, mas como uma norma cultural. Tenha em mente que os riverianos são grandes abstracionistas e se importam muito com os princípios. E acreditam também que melhores ideias vencerão no "mercado de ideias" e que as tentativas do Village de regulação e regulamentação da liberdade de expressão são hipócritas e muitas vezes contraproducentes. Os riverianos não são necessariamente "anti-*woke*"* (bem, alguns são, como Elon Musk), mas inúmeros deles se identificam em termos políticos como progressistas⁶² — mesmo enxergando as guerras culturais como uma irritante distração das coisas com as quais de fato se importam.

Crítica "do homem de aço" do Village ao River

Por sua vez, o Village também pode fazer várias críticas veementes ao River. Uma vertente do debate gira em torno do ceticismo quanto ao capitalismo desregulado e o senso de arrogância e individualismo do River. Os riverianos podem até dizer que gostam de competição, mas o Village, não sem razão, acha que é porque as competições são frequentemente manipuladas a favor do River. A verdade é que os riverianos são quem está no poder, não os "disruptores" que às vezes alegam ser, e se beneficiam das hierarquias sociais existentes — não precisa ser *superwoke* para perceber que a maioria dos habitantes do River é muito branca,⁶³ muito masculina e muito abastada.

Além disso, os villagianos encaram com ceticismo a noção dos riverianos de que são mesmo tão afeitos aos riscos quanto afirmam ser. É evidente que talvez

---

* "Acordei", este é o significado literal da palavra *woke*, passado do verbo *wake*, "acordar, despertar". Na gíria norte-americana, ser ou estar *woke* indica posturas políticas ativamente atreladas a maior consciência social e indignação diante de injustiças raciais e de gênero. (N. T.)

jogadores de pôquer ou donos de pequenas empresas realmente estejam arriscando a própria pele. Mas, quando se trata de grandes negócios como os de capital de risco, fundadores e investidores podem fracassar repetidas vezes e ainda assim não saírem prejudicados. Um exemplo: Adam Neumann, o cofundador da WeWork,[64] passou a ser considerado um péssimo gestor após a empresa perder cerca de 90% de seu valor de mercado, e mesmo assim recebeu centenas de milhões em financiamento de capital de risco para sua nova empresa, Flow.

O Village também se preocupa com os riscos morais em uma variedade de questões — desde deixar de tomar precauções contra a covid-19 até fazer investimentos extremamente alavancados —, e questionam se as pessoas que assumem riscos arcam com as consequências de suas ações. Na crise econômica global de 2007-2008, por exemplo, a excessiva exposição a riscos no setor financeiro resultou em danos colaterais à economia, enquanto os executivos que participavam dos arriscados empreendimentos saíram relativamente ilesos. Também há um questionamento sobre se as recentes inovações tecnológicas beneficiaram de fato a sociedade — Vale do Silício pode até se gabar de enviar foguetes a Marte e desenvolver tecnologias médicas que salvam vidas, mas uma de suas maiores categorias de investimento são as redes sociais, que têm sido responsabilizadas por todo tipo de mazela, desde o ressurgimento de governos nacionalistas[65] até a depressão entre adolescentes.[66] No meio tempo, a expectativa de vida nos Estados Unidos estagnou.

Além disso, o Village acredita que os riverianos são ingênuos em relação ao funcionamento da política e que está acontecendo nos Estados Unidos. Mais especificamente, consideram que Donald Trump e o Partido Republicano reúnem características de um movimento fascista e argumentam que é hora de retidão moral[67] e unidade contra forças do tipo. Os villagianos acreditam que têm razão acerca das questões mais importantes da atualidade, desde mudanças climáticas até direitos de pessoas gays e trans. Assim, para eles, a propensão riveriana a apontar furos em argumentos e "apenas fazer perguntas" é uma perda de tempo, na melhor das hipóteses, e reflete uma postura que pode vir a fortalecer uma enxurrada de gente de má-fé, enganadores e intolerantes.

Em geral, os villagianos não compartilham do interesse do River pela filosofia moral abstrata. Eles entendem que algumas questões podem ser resolvidas pelo senso comum, que a política é inerentemente transacional e que nem tudo precisa ser colocado em debate ou submetido a uma análise de custo-benefício. Também duvidam de que os riverianos sejam de fato tão independentes e abertos a críticas quanto afirmam ser. De SBF a Elon Musk e "aceleracionistas" da IA, o River desenvolveu um punhado de cultos de personalidade.

Obrigado por sua compra! — Aqui está seu itinerário para o voo NOL001

Sinto-me tentado a revisar essas opiniões com uma caneta vermelha, para dizer com quais partes eu concordo enfaticamente e os pontos dos quais eu discordaria. Quem me dera que fosse tão simples quanto apenas calcular a média da moralidade do Village e do River. Mas às vezes o River e o Village trazem à tona o pior um do outro. Ao ler este livro, tenha em mente que ambas as comunidades consistem em um reduzido número de elites que têm pouco em comum com o eleitor norte-americano mediano. Por exemplo, uma forma de ver o fenômeno conhecido como captura regulatória é que o Village cria regras idiotas[68] para viabilizar seus compromissos políticos, que em seguida as poderosas empresas no River exploram em benefício próprio. Ambos os grupos alcançam seus objetivos, mas o impacto recai sobre cidadãos comuns e empresas emergentes.

Mas teremos tempo de sobra para falar sobre isso mais tarde. O restante deste livro é composto por nove capítulos distribuídos em duas partes principais (Jogatina e Risco), mais dois capítulos finais para concluir. A rota que escolhi para nosso passeio é rio acima, começando em Downriver no mundo da jogatina propriamente dito, e em seguida em contracorrente, em direção a ideias mais abstratas.

Parte 1: Jogatina

- O **Capítulo 1, Otimização**, é o primeiro de dois capítulos sobre pôquer. Há um bocado de pôquer neste livro, tanto porque foi meu ponto de entrada pessoal no River quanto por ser a atividade arquetípica de lá — uma aplicação bem objetiva do raciocínio riveriano, na qual algumas complicações confusas do mundo real não se aplicam. O Capítulo 1 foca na questão homem *versus* máquina e no advento dos *solvers* ou solucionadores, que revolucionaram o pôquer. A base para tais softwares (que simulam vários cenários em uma infinidade de possibilidades a fim de encontrar as melhores estratégias) é a teoria dos jogos, que discuto em detalhe — juntamente com o valor esperado, a teoria dos jogos é um dos conceitos mais importantes no River.

- No entanto, no **Capítulo 2, Percepção**, aprendemos que, no fim das contas, algumas dessas complicações confusas do mundo real se aplicam ao pôquer. Enquanto escrevia este livro, uma acusação de trapaça explodiu no mundo do pôquer profissional, e vou investigá-la a fundo. Apresentarei também alguns dos melhores jogadores de pôquer do mundo, ajudando o leitor a entender o que os motiva e usando esses exemplos para nos guiar por assuntos como o que a exposição a riscos faz com o corpo e como identificar se alguém está blefando — ou é um vigarista.

- O **Capítulo 3, Consumo**, é uma análise profunda dos cassinos modernos e de como Las Vegas evoluiu de um deserto para o epicentro de uma indústria colossal que reflete o capitalismo norte-americano em sua forma mais pura. Conheceremos alguns jogadores que derrotaram Vegas — feito que a grande maioria das pessoas não consegue. No ramo dos cassinos, a mentalidade riveriana vem *de dentro da casa*, com os cassinos usando cada vez mais algoritmos para fazer com que seus clientes joguem ainda mais.

- O **Capítulo 4, Competição**, é sobre apostas esportivas e inclui informações privilegiadas e em primeira mão sobre como elas de repente se tornaram tão onipresentes nos Estados Unidos. As apostas esportivas são o ápice do jogo de gato e rato do River, no qual apostadores e casas de apostas recorrem a uma combinação de conhecimento estatístico e malandragem para passar a perna uns nos outros — isto é, se as casas de apostas permitirem que sua aposta seja feita, para começo de conversa. Apresentarei alguns dos melhores corretores de apostas do mundo e alguns apostadores de grande quilate, que me revelaram detalhes que talvez nem fossem do interesse deles compartilhar. Também é o capítulo mais prático: aprendi as regras do setor da maneira mais difícil, a duras penas, em um experimento no qual apostei quase 2 milhões de dólares na NBA na temporada 2022-2023.

Intervalo de jogo

- O **Capítulo 13, Inspiração**, é o equivalente deste livro a um show do intervalo do Super Bowl. Não, o número do capítulo não é um erro de edição — refere-se ao que chamo de "Treze hábitos de pessoas que correm riscos e são extremamente bem-sucedidas". Essas práticas refletem a sobreposição entre as pessoas do River que se expõem a riscos quantitativos e as pessoas que, por outro lado, correm riscos físicos: mencionarei um astronauta, um explorador e um jogador da NFL, entre outros. Encontrei semelhanças até então inesperadas, reforçando minha visão de que há algo inato nas pessoas que buscam os riscos e os enfrentam com êxito.

Parte 2: Risco

- O **Capítulo 5, Aceleração**, trata da indústria de capital de risco. Apesar de suas muitas e evidentes falhas, o Vale do Silício é extraordinariamente bem-sucedido em seus próprios termos. A partir de conversas com alguns dos capitalistas de risco mais prósperos do mundo, e também com alguns de seus críticos mais severos, revelarei o que faz fundadores como Elon Musk terem esses tipos de comportamentos, por que o capital de risco e o Village são inimigos naturais e como as principais empresas de capital de risco podem garantir a si mesmas um baita lucro *sem* necessariamente se exporem a tantos riscos.

- O **Capítulo 6, Ilusão**, é o primeiro de três capítulos que podem ser considerados um livro dentro de um livro, estruturado como uma peça teatral em cinco atos. Nomeadamente, o assunto da peça é Sam Bankman-Fried. Me encontrei muitas vezes com SBF, e com muitas pessoas próximas a ele. Como também sou um riveriano, consigo enxergar a sua essência... e desmascarar suas mentiras e tentativas de manipulação. Não obstante, SBF foi um ponto focal para muitas vertentes do River, do capitalismo de risco ao cripto ao altruísmo eficaz. Como veremos, as ideias do River podem se tornar mais perigosas conforme partimos de caminhos estreitos como o pôquer rumo a problemas mais abrangentes e abertos. O programa da peça é o seguinte:

    - *Ato 1: New Providence Island, Bahamas, dezembro de 2022.* Encontro SBF em seguida a implosão da FTX e investigo sua mentalidade em uma cobertura cujo ambiente está cada vez mais sombrio, no momento em que, após estar valendo 26,5 bilhões de dólares, passa a enfrentar a possibilidade concreta de uma pena de muitos anos de prisão.

    - *Ato 2: Miami, Flórida, novembro-dezembro de 2021.* Um flashback para um fim de semana de festa em tempos mais felizes na indústria de criptomoedas, com preços próximos a seus valores máximos históricos. Explicarei a teoria dos jogos e a sociologia por trás do motivo pelo qual os investidores em criptomoedas eram propensos a ser enganados, mas também apresentarei alguns sabichões que evitaram cair em tais armadilhas.

- **Capítulo 7, Quantificação**

    - *Ato 3: Flatiron District, Nova York, Nova York, agosto de 2022.* Embora essa parte comece com o jantar no Eleven Madison Park, onde SBF brindou ao novo livro do altruísta eficaz MacAskill, o texto oferece espaço para o AE respirar. Como veremos, tenho sentimentos ambíguos em relação a isso.

- ○ *Ato 4: Berkeley, Califórnia, setembro de 2023.* Ambientado na Manifest, uma conferência sobre mercados de previsão (onde apresentarei todo mundo, desde uma ex-modelo racionalista com página no OnlyFans até um homem que ganhou centenas de milhares de dólares apostando em Biden depois que Biden já havia vencido), o ato explora o racionalismo, o primo de segundo grau do altruísmo eficaz. Traçarei a linhagem intelectual do AE e do racionalismo e explicarei por que ambos têm um interesse comum no risco existencial e na possibilidade de a civilização ser destruída por uma inteligência artificial desajustada — ainda que, de resto, também sejam aliados bem estranhos.

- **Capítulo 8, Erro de cálculo**
  - ○ *Ato 5: Lower Manhattan, outubro-novembro de 2023.* Volto a SBF enquanto ele tem seu destino revelado em um tribunal de Nova York e faz outra aposta ruim. Sem spoilers, mas o capítulo termina com um desfecho estrondoso.

- **Capítulo ∞, Término**, é a primeira conclusão. Apresentarei aos leitores um segundo Sam, o CEO da OpenAI, Sam Altman, e outras figuras por trás do desenvolvimento do ChatGPT e de outros grandes modelos de linguagem. Ao contrário do Projeto Manhattan, a investida nas fronteiras da inteligência artificial não é comandada pelo governo e está sendo encabeçada pelos "tecno-otimistas" do Vale do Silício com sua atitude riveriana em relação aos riscos e às recompensas. Mesmo que, de acordo com alguns indicadores, o mundo tenha entrado em uma era de estagnação, tanto os otimistas da IA como Altman quanto os "catastrofistas" da IA julgam que a civilização está à beira de um ponto crítico que não se vê desde a bomba atômica, e que a IA é uma aposta tecnológica feita para o capital existencial.

- Por fim, o **Capítulo 1776, Fundação**, articula um conjunto de três princípios fundamentais — agência (capacidade de agir), pluralidade e reciprocidade — que representam um casamento entre os valores mais robustos do River e as ideias nas fundações da democracia liberal e da economia de mercado que surgiram no século XVIII. Argumentarei que tais valores são essenciais para atravessar esse período perigoso para nossa civilização, um "jogo" no qual todos nós temos interesse, queiramos ou não.

Então, há... E se eu não gostar tanto assim de apostas?

Isto é o que meu editor e eu chamamos de "caixa cinza". Você as encontrará de vez em quando ao longo desta jornada. Podemos considerá-la uma vista panorâmica, uma pausa da trilha principal. Acho que alguns dos materiais mais interessantes do livro estão nelas, mas são seções que o leitor pode pular — ou às quais pode retornar mais tarde —, caso queira pegar a rota expressa. Com frequência, são destinadas a um nicho mais específico do grupo — alguns leitores que podem precisar de um pouco mais de ajuda com um conceito ou, de maneira oposta, leitores que querem um mergulho mais aprofundado e técnico em um assunto que mencionei apenas de passagem.

Esta caixa cinza específica que você está lendo é uma nota para os leitores que acham que a segunda metade do livro parece mais interessante que a primeira — leitores que se importam com o risco ou que se preocupam com o impacto que o River está tendo no mundo, mas não estão tão interessados em apostas e Jogatina (com J maiúsculo). Para eles, meu conselho seria dar uma chance à Parte 1 antes de a pularem. Este livro é cumulativo, o que significa que vai introduzindo termos e conceitos-chave para ajudar a construir seu vocabulário riveriano. Dito isso, há mais conceitos-chave no início da Parte 1 (sobretudo no Capítulo 1 sobre pôquer e teoria dos jogos) do que nos Capítulos 3 e 4. De qualquer modo, há também um glossário detalhado no fim do livro, caso você se perca.

PARTE 1
Jogatina

Otimização

Nunca existirá um computador capaz de jogar pôquer em altíssimo nível. É um jogo para pessoas.[1]

— Doyle Brunson

Super/System [Super/Sistema], um calhamaço de 608 páginas[2] que é a coisa mais próxima que o pôquer tem de uma bíblia, foi escrito em 1979 por Doyle Brunson, um jogador do Texas que foi dez vezes campeão do WSOP e ainda é considerado um dos maiores jogadores de todos os tempos. O livro estava décadas à frente de seu tempo.

A obra preconiza, por exemplo, o evangelho do que hoje chamamos de pôquer *"tight aggressive"*, o estilo conservador e agressivo que é o preferido da maioria dos melhores jogadores do mundo. O pôquer — especialmente a variante conhecida como *Texas Hold'em* sem limite que Brunson ajudou a tornar famosa — é um jogo que recompensa a agressividade. "Jogadores tímidos *não ganham* no pôquer de apostas altas",[3] escreveu o falecido Brunson. Um bom jogador é "em primeiro lugar rigoroso quanto a entrar no pote", mas "depois que entra no pote, ele se torna agressivo",[4] escolhendo suas batalhas com muito cuidado, mas disposto a lutar até o fim.

Super/System também implora aos jogadores que façam muitos blefes. "Se você nunca teve a chance de ver um jogo sem limite de verdade, ficaria muito surpreso com a quantidade de blefes",[5] escreveu Brunson. Essa dica é igualmente essencial. O blefe é intrínseco ao pôquer, é o que o separa dos demais jogos de cartas. Blefar um pouco não é opcional; contra todos os jogadores, exceto os mais fracos, é preciso fazer apostas volumosas acompanhando os blefes a fim de instigar os oponentes a fazerem o *pay off* — isto é, fazer os oponentes te pagarem quando você tiver a melhor mão.

Brunson estava certo ao julgar que o elemento humano desempenha uma importância descomunal no pôquer. Como veremos no próximo capítulo, apostar dezenas de milhares de dólares no *turn* de uma carta de baralho de 63mm x 88mm sem revelar informações que indiquem ao seu oponente a força da sua mão não é algo natural para a maioria das pessoas. Mas quanto à alegação de que um computador jamais seria capaz de jogar pôquer de altíssimo nível? Talvez tenha sido a pior aposta que Brunson fez na vida.

♠ — ♥ — ♦ — ♣

Outrora, o simples ato de jogar pôquer já exigia uma boa dose de coragem. O jogo teve origens conturbadas no sul dos Estados Unidos no início do século XIX, a bordo dos barcos fluviais do rio Mississippi e como uma variação do jogo francês *poque*,[6] do *brag* inglês e do *As-Nas* persa. Foi somente a partir das últimas décadas, com o advento dos cassinos regulamentados, que um jogador pôde ter a certeza de disputar um jogo de apostas altas razoavelmente honesto e razoavelmente seguro.

"Fui assaltado cinco vezes à mão armada e uma vez com uma faca." Brunson, na ocasião com 88 anos, me contou sobre suas experiências em jogos clandestinos do Texas nos anos 1950, quando certa tarde liguei para ele em Las Vegas. "Isso era apenas parte do cotidiano da época." De fato, o pôquer tinha uma reputação tão ruim que Brunson era cuidadoso ao escolher com quem conversava a respeito. "Eu dizia às pessoas que trabalhava em uma fábrica de aviões. Naquela época, se você dissesse a alguém que era jogador, pensavam que estava envolvido com drogas, prostituição, roubos e não sei mais o quê."

Brunson era uma figura digna do Antigo Testamento: ancião, sem papas na língua, indestrutível (sobrevivera seis vezes ao câncer),[7] enorme — pesava 180 quilos antes da cirurgia de redução de estômago.[8] Mas, durante a nossa conversa, tive a impressão de que ele sabia que em breve seria hora de aposentar o baralho e bater as botas.[9] Quando terminei a entrevista perguntando se havia mais alguma coisa sobre a qual ele queria falar, ele respondeu com uma observação solene. "Eu já vi dois caras morrerem na mesa de pôquer — foi bem estranho. Uma vez um cara me derrotou, estávamos jogando *lowball*. Colocamos todo o nosso dinheiro no pote. Eu virei minha mão primeiro com um sete-cinco. Então ele mostrou sete-quatro e caiu morto."*

Mas Brunson foi pioneiro em ter uma abordagem mais científica do jogo. Ele era único entre os jogadores de pôquer de sua época por ter uma educação universitária;

---

* No *lowball*, a mão mais baixa vence. Na ocasião, o falecido adversário de Brunson recebeu o pote — pelo que Brunson se lembrava, o dinheiro foi encaminhado ao parente mais próximo do jogador.

Brunson estudou na Universidade Hardin-Simmons em Abilene, Texas, onde foi uma estrela dos esportes e quase chegou a ser recrutado pelo Minneapolis Lakers da NBA, até sofrer um acidente bizarro descarregando placas de gesso cartonado em um galpão que destruiu seu joelho e seus sonhos de se tornar um atleta profissional.[10]

Muito antes do advento dos computadores pessoais, Brunson e outro jogador do Hall da Fama, Amarillo Slim, distribuíam a si mesmos milhares de mãos de pôquer a fim de obter uma noção mais precisa das probabilidades. Uma mão de *Hold'em* consiste em receber duas *hole cards* [ou cartas fechadas, com a face virada para baixo e que somente o jogador poderá ver] para si, e que em seguida são combinadas com cinco cartas comunitárias (compartilhadas por todos os jogadores) para formar a melhor mão de pôquer de cinco cartas.

Um guia-relâmpago do *Texas Hold'em*

Ok, pausa. Chegamos no ponto em que inevitavelmente começarei a usar mais jargões de pôquer. No fim do livro há um bom glossário de terminologia. Mas, por ora, atenha-se ao básico.

Uma partida de *Texas Hold'em* começa com dois jogadores fazendo apostas obrigatórias chamadas **blinds**, que iniciam o pote. Por exemplo, em um jogo de 5/10 dólares, 5 dólares é o **small blind** [a metade da aposta mínima da mesa] e 10 dólares é o **big blind** [a aposta inteira]. Sem **blinds** ou **ante** [soma inicial obrigatoriamente colocada no pote por cada jogador que deseja participar da mão antes mesmo de receber as cartas], não há dinheiro no pote, então não há razão para correr riscos e o pôquer vira um jogo capenga.

A princípio, os participantes recebem duas **hole cards**, viradas para baixo (as melhores **hole cards** possíveis são A♦A♣, um **pocket of aces** ou par de ases.) Em seguida, há uma rodada de apostas: isso é chamado de **pré-flop**. Então cinco cartas comunitárias e compartilhadas, chamadas de **board**, são distribuídas em etapas. As três primeiras cartas, repartidas ao mesmo tempo, são chamadas de **flop** (pense no *dealer* ou crupiê flopando três cartas: *tum!*), e há mais uma rodada de apostas. Depois revela-se a quarta carta, geralmente crucial, chamada de **turn**, intercalada com mais uma rodada de apostas. Por fim, expõe-se a última carta, conhecida no *Hold'em* como **river**.*

---

* A etimologia deste termo é um pouco obscura, embora circule uma versão que a associa às origens do pôquer no rio Mississippi: se a carta final mudasse significativamente o resultado e o crupiê fosse suspeito de trapaça, ele seria jogado no rio. Meu termo "River" é um pouco inspirado nessa ideia. Sim, conceitos vinculados ao River como a teoria dos jogos podem vir de fontes acadêmicas. Mas, quanto mais Downriver chegamos, jogando pôquer de verdade por dinheiro de verdade, mais turbulentas as coisas tendem a ser.

Depois que ela é revelada, há uma rodada final de apostas. A essa altura, é mais frequente que todos os jogadores, com exceção de um, já tenham optado pelo *fold* [ou seja, tenham abandonado suas cartas e desistido]. Se não for o caso, os jogadores mostram suas cartas no *showdown*, ao fim da partida, virando-as para cima. Vence a melhor mão de cinco cartas — feita de qualquer combinação das *hole cards* de um jogador e as cartas comunitárias. O ranking das mãos no pôquer é o seguinte:

- *Straight flush*: Sequência de cinco cartas consecutivas do mesmo naipe e valor, como 10♣9♣8♣7♣6♣. Um *straight flush* com ás alto, chamado *royal flush*, é a melhor mão no pôquer.
- *Quadra*: por exemplo em Q♣Q♥Q♦Q♠4♠.
- *Full house*: Trinca mais um par, como 10♣10♠10♦8♦8♠.
- *Flush*: Cinco cartas do mesmo naipe, como A♦T♦6♦3♦2♦.
- *Straight* [sequência]: Cinco cartas consecutivas, como 7♠6♦5♣4♠3♦.
- *Trinca*: Como K♦K♣K♠Q♥5♥. Se uma trinca for obtida usando as duas cartas fechadas do jogador — digamos, eles começam com um par de reis na mão e depois fazem três reis —, também é chamado de **set**.
- *Dois pares*: Como A♦A♣5♣5♠8♣.
- *Um par*: Como 9♣9♦A♣6♠3♦.
- *Carta alta isolada*: Significa uma mão sem nenhum par, sequência ou *flush*. As mãos mais fortes com cartas altas, como A♠Q♦10♣8♦7♣ (*ace high*, ou ás alto, uma mão de cinco cartas que contém um ás e nenhum jogo formado) ainda ganham um número significativo de potes. É difícil fazer uma mão no *Texas Hold'em*.

Vamos testar sua intuição de pôquer: quais cartas fechadas são melhores? *Ace king* (ou ás com rei, abreviado como AK) ou um par de *deuces* (par de dois), abreviado como 22)? Na maioria dos contextos de pôquer, a resposta é ás com rei, por ampla margem, já que pode formar o par mais forte possível de ases ou reis, uma mão que em geral é boa o suficiente para suportar vários aumentos e apostas.

Mas e se você puder ir *all-in* sem mais apostas? O modesto 22 na verdade vence AK em 52% das vezes.[11] Saber porcentagens como essa é trivial; a maioria dos jogadores hoje consegue citá-las com precisão de alguns pontos percentuais. Porém, quando Brunson começou a jogar, o pôquer estava tão na Idade das Trevas que os outros jogadores *nem sequer sabiam das probabilidades*.

Brunson sabia, e ele e outros jogadores de ponta eram tão melhores que os concorrentes que se entediar era um problema sério e comum. Então, encontravam outras formas de passar o tempo, desde apostas esportivas até o financiamento de expedições para encontrar a Arca de Noé. "Acho que estávamos procurando por outro tipo de emoção", disse ele em uma das nossas entrevistas. Como prova de que estava muito acima da média e à frente da concorrência, Brunson ainda era um participante habitual — e um vencedor de respeito[12] — do torneio televisionado *High Stakes Poker*, mesmo já bem depois de ter completado 80 anos de idade e apesar de nunca ter de fato usado as ferramentas modernas de software de pôquer chamadas "*solvers*",[13] que estavam prestes a virar o jogo de cabeça para baixo.

Como muitos outros aspectos da vida moderna, o pôquer passou por sua própria revolução no estilo *Moneyball*. O catalisador ocorreu em 2003 (ano em que o livro *Moneyball*, de Michael Lewis, foi publicado nos Estados Unidos), quando Chris Moneymaker, um amador que havia conquistado sua vaga jogando on-line, ganhou o Evento Principal de 10 mil dólares no WSOP. Isso desencadeou um interesse descomunal no jogo — e entre *Moneyball* e Moneymaker, o pôquer nunca mais foi o mesmo. Quando Moneymaker venceu, o Evento Principal tinha 839 participantes, então considerado um número assombrosamente alto. Mas, em 2023, o Evento Principal teve 10.043 competidores, atingindo os cinco dígitos pela primeira vez. (Tive a sorte de terminar em 87º lugar naquele ano.)

Uma consequência previsível é que o pôquer se tornou mais corporativo. No começo, o WSOP era disputado no Binion's Horseshoe, no centro de Las Vegas. A sala de pôquer do torneio parecia "um ginásio de escola de ensino fundamental, com teto baixo e duas ou três garçonetes carregando bandejas com drinques. Cartazes de papelão nas paredes. Era muito, muito primitivo", descreveu o escritor Jim McManus, que, de maneira improvável, terminou em quinto lugar no Evento Principal de 2000 enquanto escrevia uma matéria encomendada pela revista *Esquire*.

Um ano após a vitória de Moneymaker, o WSOP foi comprado pela Harrah's Entertainment (agora Caesars), que em 2005 transferiu o evento para o muito maior (porém nunca muito amado) Hotel e Casino Rio; por fim, o campeonato chegou ao Paris e ao Bally's na Las Vegas Strip em 2022. Alguns jogadores estavam cautelosos com a mudança, com medo de ter que lutar contra multidões de turistas e vendedores ambulantes com panfletos de clubes de *striptease*, mas, segundo a maioria dos relatos (incluindo o meu), foi a edição do evento mais tranquila de todos os tempos. Era a realização de um sonho: o pôquer havia saído da periferia da consciência pública para o coração da Las Vegas Strip.

Participantes do Evento Principal do WSOP

- 2023: Primeira vez com mais de 10 mil participantes
- 1977: Doyle Brunson vence o 2º Evento Principal
- 2021: Pandemia de covid-19. Todas as partidas, exceto a mesa final, são realizadas virtualmente.
- 2003: Chris Moneymaker vence, catalisando o boom do pôquer.

Com mais dinheiro no jogo, são necessárias estratégias cada vez mais sofisticadas para ganhar o bolo. Os fãs de esportes gostam de debater se os atletas de hoje se sairiam bem ou mal caso fossem transportados de volta ao passado, ou vice-versa. Um jogador dominante da NBA dos anos 1970 — digamos, Julius Erving — ainda figuraria nas listas de melhores no basquete atual? Um *quarterback* dos anos 1970 como Terry Bradshaw se garantiria contra os *pass rushers* e esquemas defensivos contemporâneos?

No pôquer, a resposta é direta. Com pouquíssimas exceções (como Brunson), a maioria dos jogadores da década de 1970 seriam *arrasados* nos jogos de hoje.

"Era muito óbvio quais cartas as pessoas tinham de acordo com aquilo que estavam apostando", disse Erik Seidel, que foi para Las Vegas por fazer parte da lendária cena de gamão de Nova York e terminou em segundo lugar no WSOP em 1988. Seidel iniciou uma carreira de pôquer extraordinariamente bem-sucedida (e que ainda está em andamento). A diferença de 31 anos entre seu primeiro bracelete do WSOP (1992) e seu mais recente (2023) está empatada com Brunson como a segunda maior na história do torneio, logo atrás do período de 34 anos de Phil Hellmuth. Tal qual Brunson, Seidel antecipou em seu jogo algumas estratégias modernas — apesar de considerar que o pôquer nas décadas de 1980 e 1990 ainda estava em sua fase incipiente. "Se você pegasse um amador de hoje e o colocasse quinze, vinte anos atrás, é provável que ele mandasse muito bem nas partidas", declarou Seidel.

A mão final do Evento Principal do WSOP de 1988, imortalizada no filme *Cartas na mesa*, não foi o momento mais brilhante de Seidel. Magro feito uma vareta e ostentando uma viseira de golfe cor de abóbora, ele jogou contra Johnny Chan, que estava buscando títulos consecutivos após ter vencido o Evento Principal de 1987. Chan fez um *straight* e Seidel a apostar todas as suas fichas com um único par. Se hoje assistirmos à filmagem do evento, fica inacreditavelmente óbvio que Chan estava fingindo, balançando a cabeça e até revirando os olhos em falsa frustração. (A regra clássica dos *tells* do pôquer é que forte significa fraco[14] e fraco significa forte: se um jogador está agindo como se tivesse uma mão ruim, como Chan estava, então ele tem uma boa mão.) Mas Seidel — que na época tinha 28 anos e, entre uma sessão de gamão e outra no Mayfair Club, trabalhava como *trader* de opções em Nova York — caiu na armadilha. "Sabe, não havia tantos blefes quanto agora", disse ele.

Em outros sentidos, porém, ser um novato no jogo rendeu dividendos a ele. "Como eu era jovem e não sabia das coisas", explicou, não sentia necessidade de imitar o estilo previsível e passivo dominante no período. "Tinha muita agressividade, e naqueles tempos isso parecia funcionar. Até que descobri outras coisas, muitas situações de blefe que as pessoas não estavam necessariamente fazendo."

Em outras palavras: até recentemente, as estratégias de pôquer eram aprendidas por tentativa e erro. A abordagem de Seidel, com muitos *raises* [aumentos da aposta] e muitos blefes, era nova em 1988, mas pelos padrões atuais seria considerada normal, ou até conservadora. Da mesma forma, vários dos conselhos que Brunson oferece em *Super/System*, como apostar de novo[15] após o *flop* ser distribuído se você aumentou de antemão, anteciparam a teoria e a prática modernas.

Mas esse ritmo de inovação estava prestes a acelerar em velocidade vertiginosa. Faz mais ou menos dois séculos que o pôquer existe, e a grande maioria das mãos de pôquer já jogadas por humanos — provavelmente pelo menos 95%, se não 99%* — foram disputadas nos últimos vinte ou 25 anos. "Mesmo antes de termos redes de computadores e redes neurais reais", disse Andrew Brokos, coapresentador do podcast *Thinking Poker* e jogador e treinador de pôquer (inclusive deste que vos escreve), "a comunidade do pôquer era como uma rede que estava atacando o problema, trabalhando em conjunto e compartilhando informações". Então, à medida que o número de jogos de pôquer foi aumentando, "o número de nódulos naquela rede explodiu".

E aí vieram os computadores.

Em 2008, um programa de computador auxiliado por IA chamado Polaris,[16] desenvolvido por uma equipe da Universidade de Alberta, venceu três de seis partidas *heads up* de *Hold'em* com limite contra um grupo de profissionais de ponta. Vale apontar algumas ressalvas: o *Hold'em* com limite, no qual o valor que o jogador pode apostar é fixo, é consideravelmente menos complexo que o *Hold'em* sem limite, no qual o jogador pode apostar qualquer valor correspondente ao número

---

* Especialmente se contarmos as mãos on-line. O ritmo do pôquer é *muito* mais rápido on-line, e um jogador pode disputar várias partidas ao mesmo tempo.

de fichas que tiver à sua frente. E o pôquer *heads up*, um jogo para apenas dois jogadores por mesa, é muito menos complexo que a versão com vários jogadores, que em geral conta com seis a dez jogadores. Porém, outro bot de pôquer alimentado por IA — um descendente do Polaris chamado Libratus[17] — venceu um desafio *heads up* sem limite em 2017. Depois, em 2019, outro irmão mais novo, chamado Pluribus,[18] venceu humanos em uma partida *multi-way* sem limite.

Quer dizer então que a declaração de Brunson — de que *nunca existirá um computador capaz de jogar pôquer de altíssimo nível* — foi desmentida? Por respeito a Brunson, que faleceu duas semanas antes do WSOP de 2023, vamos lhe oferecer uma defesa.

Uma objeção é que os computadores são projetados para vencer outros computadores em vez de seres humanos. Há alguma verdade nessa percepção: softwares do tipo são treinados essencialmente jogando contra si mesmos. E são projetados para atingir um equilíbrio de Nash ou um estilo calcado na teoria do jogo ideal [GTO, na sigla em inglês],* estratégia derivada da teoria dos jogos. O "equilíbrio de Nash" é uma homenagem ao matemático norte-americano John Nash, que acabou recebendo o Prêmio Nobel por sua descoberta. (Nash também é famoso por ter sido interpretado por Russell Crowe no filme *Uma mente brilhante*.) Terei muito mais a dizer sobre a teoria dos jogos mais adiante neste capítulo, mas o equilíbrio de Nash é uma abordagem defensiva, impossível de vencer a longo prazo porque *impede que seus oponentes tirem proveito de seus erros*. Isso não é o mesmo que maximizar seus ganhos contra um jogador humano adotando uma estratégia exploratória que tira vantagem dos erros *dele*.

No entanto, algoritmos de pôquer de computador seriam muito bons em explorar os pontos fracos dos humanos se tentassem. Tenha em mente o jogo pedra-papel-tesoura (todos conhecem as regras: pedra esmaga tesoura, tesoura corta papel, papel cobre pedra). Como nenhum movimento domina qualquer outro, a estratégia do equilíbrio de Nash para esse jogo é apenas randomizar e fazer cada uma das jogadas um terço do tempo. No entanto, os humanos são tão previsíveis e tão ruins em randomizar que um algoritmo projetado em 2001** ganhou 45% de seus jogos de pedra-papel-tesoura contra humanos em mais de 3 milhões de tentativas, muito mais que os 33% que ganharia se os humanos apenas decidissem de maneira aleatória. Tampouco é necessário dizer que os algoritmos são assustadoramente bons em prever nosso comportamento em outros contextos — seja qual vídeo do YouTube queremos assistir em seguida ou, por

---

* A sigla GTO (*Game Theory Optimal*) também costuma ser traduzida como "teoria do jogo perfeito", "teoria do jogo ótimo" e "jogo teoricamente ideal". (N. T.)
** É possível jogar contra ele em <essential.net/rsp>.

meio de grandes modelos de linguagem, quais palavras ou expressões formam uma conversa natural. Em uma luta entre seres humanos e computadores na correspondência de padrões, os humanos seriam destruídos.

Brunson poderia argumentar outra coisa:[19] ele se referiu a um computador que ficaria "cara a cara" na mesa de jogo. Será que uma máquina poderia jogar pôquer *fisicamente* — ou seja, existiria um robô capaz de lidar com fichas e cartas, acompanhar a ação e talvez até se envolver em brincadeiras na mesa de jogo e "ler" as pessoas para detectar *tells* verbais e visuais? Hoje ainda não existe nenhuma máquina pronta para uso que seja capaz de fazer isso, então parabéns, seres humanos — vocês têm alguns anos até perderem para o C-3PO. E mesmo que tal robô tenha que ser feito sob medida para o pôquer, não devem existir obstáculos insuperáveis que impeçam sua construção — e caso existam, não serão um problema por muito tempo. No fim das contas, pode ser que nosso robô (C-3-PÔquer?) também acabe ficando muito bom em ler *tells*. Em 2018, noticiou-se que um algoritmo de aprendizagem de máquina era melhor que humanos em prever a orientação sexual de uma pessoa a partir de sua expressão facial.[21] Se um computador é capaz de dizer por quem você se sente atraído, acha mesmo que ele não conseguirá dizer quando você está blefando? Boa sorte.

Mas a maioria dos profissionais de pôquer já deixou de debater essas questões: se renderam aos computadores.

Daniel Negreanu, jogador profissional canadense que em 2023 foi eleito o terceiro melhor de todos os tempos[22] (Brunson terminou em segundo na enquete, e Seidel em quinto; outro jogador norte-americano, Phil Ivey, ficou em primeiro), era conhecido principalmente por dois atributos. Primeiro, sua incessante tagarelice na mesa de jogo, um contínuo monólogo de comentários sobre pôquer e piadas impróprias e de mau gosto. E, segundo, um estilo de jogo que se afastava de forma significativa da estratégia *tight-agressive* que Brunson e a maioria dos jogadores de elite preferem. Vez por outra, Negreanu se refere a si mesmo em tom sarcástico como um *"calling station"*,[23] ou seja, um jogador que entra em muitas mãos, sempre de maneira passiva e apenas pagando as apostas, e que reluta em "foldar" (em desistir da mão). Para a maioria dos jogadores de pôquer, jogar muitas mãos é a maneira mais rápida de ir à falência. Já Negreanu conta com outra perspectiva: permanecer em uma mão lhe dá a oportunidade de superar um oponente mais tarde.

Mas essa estratégia deixou de funcionar tão bem para Negreanu, que perdeu dinheiro[24] em torneios em 2016 e 2017, e de 2015 a 2021 amargou uma longa fase ruim na qual não conseguiu terminar em primeiro lugar em torneio algum. O jogador apelidado de "Kid Poker", que abandonou o ensino médio para viver do pôquer e da sinuca, e aos 22 anos de idade se mudou para Las Vegas, estava sendo superado por concorrentes mais jovens.

Conversei com Negreanu no estúdio da plataforma de streaming PokerGO ao lado do resort e cassino Aria em Las Vegas. Esse estúdio de design elegante é o lugar favorito de muitos jogadores, incluindo este que vos escreve, para jogar pôquer. (Alguns dos melhores resultados que obtive em torneios ocorreram lá.) Há bebidas de primeira qualidade e gratuitas (embora a maioria dos jogadores não beba álcool durante as partidas), e também comida de graça do Din Tai Fung, restaurante taiwanês premiado com uma estrela Michelin. Além disso, a mesa final de cada torneio da PokerGO é transmitida ao vivo por seu canal de streaming, e a maioria dos jogadores gosta da oportunidade de se promover. Quando Negreanu começou a jogar, não existia esse refinamento. "Você via, tipo, pessoas fumando na mesa. Uísque. Donuts. A maioria dos jogadores era muito acima do peso", disse ele.

Qual é a sacada? É certo que é possível encontrar algumas dezenas dos melhores jogadores do mundo em qualquer torneio da PokerGO. Então, o estúdio serve como um campo de testes: lá ninguém sobreviverá por muito tempo com uma estratégia inferior.

"Eu estava aqui no estúdio durante o Poker Masters alguns anos atrás", comentou Negreanu comigo. "E não sabia do que diabos eles estavam falando." Por "eles", Negreanu se referia a uma série de jogadores alemães como Dominik Nitsche e Christoph Vogelsang. De certa forma condizentes com o estereótipo cultural, os jogadores alemães são conhecidos por jogarem com extrema precisão, e foram os primeiros a adotar a teoria dos jogos e soluções de computador. Na ocasião, eles usavam termos técnicos, como "*blockers*" ("bloqueadores") e "combos",* que Negreanu considerava bobagens.

"Então percebi que, jogando naquela semana, fui superado em quatro ou cinco pontos-chave — o que nunca tinha acontecido comigo. E era o tipo de problema que eu nunca tivera antes. Ficou evidente para mim que, se eu quisesse permanecer relevante, teria que começar a aprender e entender o que eles sabiam." Negreanu me contou que refez seu jogo de cima a baixo, livrando-se dos hábitos que, até então, tinham sido bons o suficiente para torná-lo um dos melhores jogadores do mundo. "É muito difícil, porque passei mais de vinte anos jogando pôquer de uma certa maneira", admitiu ele. Felizmente, as novas estratégias renderam dividendos. De julho de 2021 a janeiro de 2024, Negreanu venceu oito torneios da PokerGO, incluindo o Super High Roller Bowl de 2022, que lhe rendeu 3,3 milhões de dólares.[25]

Mas de onde exatamente vêm as novas estratégias? É hora de um pouco de teoria dos jogos.

---

* Esses são, de fato, termos de pôquer relativamente avançados. Em caso de curiosidade, é possível encontrar as definições no glossário.

O mentor da teoria dos jogos

"Gênio" talvez seja um termo empregado em excesso, mas é o único rótulo apropriado para definir John von Neumann. Nascido na Hungria, onde foi uma criança-prodígio[26] — aos 6 anos, ele já sabia ler textos em grego antigo e latim e dividir de cabeça números de oito algarismos —, von Neumann se mudou para os Estados Unidos aos 29 anos. Durante a Segunda Guerra Mundial, trabalhou no Projeto Manhattan, ajudando a desenvolver a bomba atômica. Fez parte da equipe que construiu o primeiro computador eletrônico. Desenvolveu um trabalho pioneiro em inteligência artificial e ajudou a estabelecer as bases matemáticas para a mecânica quântica. Integrou até o time de cientistas que criou o primeiro modelo computadorizado de previsão do tempo.[27]

Contudo, o aspecto mais relevante para nossos propósitos é que von Neumann foi a pessoa mais importante por trás do desenvolvimento da teoria dos jogos. Também era um integrante de boa reputação e renome do River ou qualquer equivalente que existisse à época, um homem afeito aos riscos com propensão para carros velozes, apesar de ser um péssimo motorista,[28] e um ávido participante de noitadas de "rodadas de pôquer e gloriosas discussões regadas a bebida e cigarro"[29] que o jogo costumava inspirar. De fato, apesar de ser um enxadrista prodigioso, von Neumann julgava que o pôquer era muito mais representativo da condição humana.

O xadrez não é um jogo.[30] O xadrez é uma bem definida forma de computação. A pessoa pode não ser capaz de descobrir as respostas, mas em teoria deve haver uma solução, um procedimento correto em qualquer posição. Agora, jogos de verdade não são assim. O mundo real não é assim. O mundo real consiste em blefar, em pequenas táticas de engodos, em imaginar o que a outra pessoa vai [...] fazer. E é disso que se tratam os jogos na minha teoria.

O que é a teoria dos jogos, para sermos mais exatos? Bem, o nome é a parte fácil: é inspirado no estudo de jogos, incluindo o pôquer. "O verdadeiro pôquer é de fato um assunto muito complicado", escreveram von Neumann e Oskar Morgenstern em *Theory of Games and Economic Behavior* [Teoria dos jogos e comportamento econômico], sua obra seminal de 1944. Mas o livro contém extensos exemplos de uma forma simplificada de pôquer que inclui o elemento mais essencial do jogo: o blefe. Von Neumann e Morgenstern reconheceram o que Brunson e todos os outros jogadores de pôquer fazem... a menos que você às vezes blefe, seu oponente não terá incentivos para fazer o *pay off* quando você estiver com uma mão boa.[31]

No entanto, as aplicações da teoria dos jogos vão muito além do que em geral tendemos a conceber como "jogos". De certa forma, a teoria dos jogos é o cerne da teoria econômica moderna,[32] uma vez que descreve a maneira como as pessoas escolhem a opção mais racional quando todo mundo está competindo pelos mesmos recursos escassos. Muitas vezes, me surpreendo quando vejo a frequência com que a teoria dos jogos prevê o comportamento na realidade, desde a dissuasão nuclear até os padrões de tráfego e o estabelecimento dos preços em uma economia de mercado. Permita-me tentar uma definição precisa:[33]

> A teoria dos jogos é o estudo matemático do comportamento estratégico de dois ou mais agentes ("jogadores") em situações nas quais suas ações impactam dinamicamente uns aos outros. Busca prever o resultado dessas interações e criar um modelo de qual estratégia cada jogador deverá empregar para maximizar seu valor esperado enquanto, ao mesmo tempo, leva em consideração as ações dos outros jogadores.

Na Introdução, usei a expressão "maximizador de VE" (abreviação de "maximizador de valor esperado") para descrever um tipo de personalidade comum no River: a de quem adota uma abordagem analítica e estratégica para apostas em jogatina, investimentos e outros aspectos da vida, tentando calcular a "jogada" mais adequada ou perfeita em qualquer situação. Às vezes, a vida está no modo fácil e você está tomando decisões que afetam apenas você — o que von Neumann chama de "modelo Robinson Crusoé",[34] como se cada um estivesse sozinho em uma ilha deserta. Não sei dizer se é maximizar VE quando precisamos escolher entre comer batatas fritas com um sanduíche e uma salada — pode depender da qualidade das batatas fritas —, mas sua decisão não é afetada pela decisão de mais ninguém, tampouco afeta mais ninguém.

Entretanto, na maioria dos cenários hipotéticos do mundo real estamos interagindo com 8 bilhões de outros indivíduos; as escolhas dos outros afetam as nossas, e as nossas afetam as deles. E isso é muito mais difícil. Estamos tentando levar nossa vida da melhor maneira possível para nós mesmos, mas os outros também fazem isso. Qual é o equilíbrio que surge quando *todo mundo* busca sua melhor estratégia? É disso que trata a teoria dos jogos.

A meu ver, a teoria dos jogos é fascinante porque, como outras pessoas no River, volta e meia me vejo em cenários extremamente competitivos. De que forma você deve jogar *se todas as outras pessoas também estão jogando do jeito certo?* É óbvio que as pessoas nem sempre adotam a estratégia ideal, ou mesmo racional. Mas acho que uma boa forma de encarar a vida é dar algum crédito a outras pessoas em vez de tratá-las como personagens não jogáveis, ou NPCs, os *non-playable characters*,[35] termo dos videogames para descrever personagens apenas figurativos, sem função ativa e cujo comportamento cíclico é simples e predeterminado. Penso na teoria dos jogos como Frank Sinatra pensa na cidade de Nova York: "Se eu me der bem lá, farei sucesso em qualquer lugar." Se você conseguir competir contra jogadores que estão em seu auge, será vencedor em quase qualquer jogo que disputar. Mas, se construir uma estratégia em torno de tirar vantagem da inferioridade do oponente, é improvável que seja uma abordagem vencedora fora de um cenário específico e restrito. O que funciona bem em Peoria, interior do Illinois, não necessariamente funciona bem em Nova York.

Contudo, vamos aproveitar para abordar alguns equívocos. Um deles é o de que a teoria dos jogos só se aplica a problemas de soma zero. Pelo contrário, o exemplo mais famoso da teoria dos jogos tem a ver com a incapacidade de alcançar a cooperação. O dilema do prisioneiro, descrito pela primeira vez em 1950[36] por Melvin Dresher e Merrill Flood, tradicionalmente se referia a dois membros de uma gangue criminosa que foram detidos e encarcerados. Mas eu lhes apresentarei uma versão atualizada e mais contemporânea que é matematicamente idêntica à original.

O dilema do prisioneiro, versão dos anos 2020: Dois irmãos, Isabella e Wyatt Blackwood,[37] são acusados de administrar uma bolsa fraudulenta de criptomoedas na qual bilhões de dólares em ativos de clientes foram roubados para fazer apostas arriscadas em *shitcoins* [criptomoedas inúteis, de baixa qualidade ou sem valor real]. Os irmãos Blackwood são colocados em prisão domiciliar em casas separadas à beira-mar em Santa Barbara, Califórnia, isolados um do outro e impedidos de se comunicarem.

No entanto, os detalhes do caso são vagos, e Wyatt e Isabella foram meticulosos em encobrir seus rastros. Cada irmão está em posse de informações que podem provar de forma irrefutável que o outro cometeu um crime, informações que ninguém mais tem. Sem uma confissão, o governo poderá condená-los apenas por uma acusação de menor gravidade: dois anos pela venda de títulos sem registro. Em meio a uma intensa pressão política — é ano eleitoral, e o presidente deseja encontrar um bode expiatório a quem responsabilizar, o irmão e a irmã recebem uma oferta em separado: dedure o outro e todas as acusações contra você serão abrandadas; você escapará da cadeia e receberá apenas uma punição leve, mas condenaremos seu irmão ou sua irmã a dez anos de prisão. Se *tanto Wyatt quanto Isabella* denunciarem o outro, ambos irão para a prisão, mas o governo reduzirá a sentença dos dois para sete anos por conta de sua colaboração. O que devem fazer?

Normalmente, o dilema do prisioneiro é ilustrado com uma matriz de recompensa como esta, indicando as quatro possíveis permutações de resultados com base na decisão de cada jogador.

O dilema do prisioneiro em versão moderna

	ISABELLA ACUSA O IRMÃO	ISABELLA FICA EM SILÊNCIO
WYATT ACUSA A IRMÃ	• Isabella pega sete anos de prisão • Wyatt pega sete anos de prisão	• Isabella pega dez anos de prisão • Wyatt pega zero ano de prisão
WYATT FICA EM SILÊNCIO	• Isabella pega zero ano de prisão • Wyatt pega dez anos de prisão	• Isabella pega dois anos de prisão • Wyatt pega dois anos de prisão

Nosso instinto é pensar que os irmãos mirariam na caixa inferior direita. Ambos ficariam felizes em pegar dois anos de cadeia e minimizar o estrago, em vez de decidirem às cegas quem ficaria zero ou dez anos na prisão. E, com certeza, eles prefeririam passar dois anos na prisão em vez de sete, como na caixa superior esquerda. Mas a caixa inferior direita exige que ambos permaneçam em silêncio — o que é mais difícil do que parece. Vamos ponderar sobre a decisão da perspectiva de Wyatt:

- Se Isabella ceder, Wyatt pegará dez anos de prisão se ficar em silêncio (caixa inferior esquerda). Mas ele pode reduzir a sentença para sete anos se também acusar a irmã (caixa superior esquerda). Portanto, em vez de cooperar com a irmã, ele deveria denunciá-la.

- Se Isabella ficar em silêncio, Wyatt pegará dois anos de prisão se permanecer em silêncio (caixa inferior direita). Mas ele pode escapar da cadeia com uma punição leve e continuar a curtir as caminhadas na praia e saborear tacos de peixe em Santa Barbara se optar pela delação (canto superior direito). Então, mais uma vez, sua melhor jogada é acusar a irmã!

Portanto, para Wyatt é melhor delatar a irmã, *não importa o que Isabella faça*. A isso se chama "estratégia dominante". É óbvio que você pode apenas inverter os nomes e examinar a decisão do ponto de vista de Isabella; as situações são simétricas. A estratégia dominante dela também é delatar. Contudo, veja o que acontece. Se ambos maximizarem o VE, ambos delatam e acabam na temida caixa superior esquerda — sete anos de prisão —, ao passo que, se tivessem conseguido coordenar suas ações, poderiam ter mantido suas sentenças de prisão em dois anos.

O dilema do prisioneiro é um exemplo do equilíbrio de Nash. Nenhum jogador pode melhorar sua posição mudando *unilateralmente* sua estratégia. Por exemplo: não importa o que Isabella faça, Wyatt se dará melhor dedurando a irmã.

No entanto, o termo "unilateralmente" é importante. Às vezes, o dilema do prisioneiro é descrito como um paradoxo,[38] mas não é bem assim. Em vez disso, é o que pode acontecer quando os indivíduos respondem de forma estritamente racional quando não têm capacidade de coordenar suas estratégias. Agora, até que ponto isso se sustenta em condições do mundo real são outros quinhentos: da perspectiva empírica, os seres humanos cooperam[39] mais *do que deveriam*, de acordo com o dilema do prisioneiro. De fato, o padrão rumo à cooperação é *provavelmente racional* a longo prazo. Podemos pensar nos códigos éticos que as sociedades desenvolvem (tenha em mente o contrato social de Jean-Jacques Rousseau ou o imperativo categórico de Immanuel Kant)[40] como tentativas de instigar as pessoas a cooperarem entre si e desestimulá-las a acusar uns aos outros. Guarde essa ideia; voltaremos a ela mais adiante.

No entanto, pode ser difícil de sustentar a cooperação quando há dinheiro ou outras formas de valor esperado dando sopa, disponíveis para quem estiver disposto a pegá-lo. E, vez por outra, o dilema do prisioneiro pode surgir em lugares inesperados. Tomemos o exemplo (hipotético) de duas pizzarias concorrentes, a Lupo's e a Francisco's, em esquinas próximas no Greenwich Village, em Nova York, administradas por dois irmãos rivais que alegam usar a receita original de sua *nonna*. O preço de custo de uma fatia de pizza simples é 1 dólar (para não nova-iorquinos, trata-se apenas de queijo e molho). Mas a demanda é alta no Greenwich Village, bairro repleto de estudantes universitários, bares e lojas de maconha nas proximidades. Então, as fatias são vendidas por 3 dólares, e cada loja vende 5 mil fatias por noite, garantindo um substancial lucro de 10 mil dólares (margem de lucro de 2 dólares x 5 mil fatias).

É uma excelente situação para os irmãos, mas não é um equilíbrio de Nash. Por que não? Ora, qualquer uma das duas pizzarias pode melhorar unilateralmente seu resultado se mudar de estratégia. Por exemplo: e se a Lupo's decidir vender fatias por 2,50 dólares em vez de 3 dólares? E se, com isso, ela passar a vender 12 mil fatias por noite — as 5 mil que vendia antes, as 5 mil que tirou da Francisco's, mais algum número adicional, já que as pessoas comprarão mais pizza por 2,50 dólares a fatia do que por 3 dólares —, e a Francisco's vende zero.* Agora a Lupo's está ganhando muito mais do que antes, um lucro de 18 mil dólares por noite.[41] No entanto, a Francisco's pode igualar a queda de preço e, de fato, seria sua melhor jogada mesmo. Então, as duas lojas dividem os 18 mil dólares em lucro. Mas veja o que acontece: em vez de ganhar 10 mil dólares por noite, como acontecia no começo, cada irmão ganha 9 mil dólares. Como no dilema do prisioneiro, ambos os irmãos estão em uma situação pior, apesar de seguirem sua estratégia dominante.

---

* Isso pressupõe que as fatias sejam idênticas e os clientes se importem apenas com o preço. Na Nova York real, mesmo que as fatias fossem idênticas, haveria ensaios de 5 mil palavras na revista *New York* exaltando as virtudes de cada uma. Além disso, na Lupo's seria preciso esperar um tempão na fila.

Guerra de preço nas pizzarias de Greenwich Village

	A LUPO'S REDUZ O PREÇO PARA 2,50 DÓLARES	A LUPO'S MANTÉM O PREÇO EM 3 DÓLARES
A FRANCISCO'S REDUZ O PREÇO PARA 2,50 DÓLARES	• A Lupo's lucra 9 mil dólares • A Francisco's lucra 9 mil dólares	• A Lupo's lucra zero dólares • A Francisco's lucra 18 mil dólares
A FRANCISCO'S MANTÉM O PREÇO EM 3 DÓLARES	• A Lupo's lucra 18 mil dólares • A Francisco's lucra zero dólares	• A Lupo's lucra 10 mil dólares • A Francisco's lucra 10 mil dólares

E a guerra de preços não para por aí. A Lupo's poderia responder reduzindo ainda mais seu preço, então para 2 dólares. Em seguida, a Francisco's abaixa seu preço para 1,50 dólar. O olho por olho continua até que ambas as lojas estejam vendendo fatias por um pouco mais que o preço de custo — e o resultado são dois irmãos de mau humor que mal conseguem sobreviver com seu ganha-pão e muitos maconheiros felizes matando a larica com pizza barata. Este é um equilíbrio de Nash — e, não por coincidência, um cenário parecido com a economia do mundo real, onde a média dos restaurantes tem uma margem de lucro de apenas 3% a 5%.[42]

Outro equívoco é que o dilema do prisioneiro reflete uma visão egoísta ou cínica da natureza humana. Na verdade, esse dilema aparece somente em situações que *não* são de soma zero. É o que acontece quando as pessoas não conseguem cooperar,[43] *mesmo que fossem ficar em uma situação muito melhor se cooperassem*. Tampouco a existência de tal dilema é sempre algo ruim, porque às vezes a colaboração entre os prisioneiros viria às custas do restante da sociedade. Para usar o exemplo canônico, a sociedade provavelmente não quer que os réus mantidos em prisão preventiva antes do julgamento coordenem uma estratégia jurídica conjunta. E não queremos que empresas concorrentes formem um cartel para determinar seus preços: talvez não pareça tão ruim se a Lupo's e a Francisco's cobrarem um pouco mais por cada fatia, mas sua reação seria outra se fosse a Organização dos Países Exportadores de Petróleo (OPEP) conspirando para definir o preço do petróleo.[44]

O pôquer não é sempre soma zero

E o pôquer? Pode ser que você pense que é estritamente um jogo de soma zero. Se for esse o caso, o dilema do prisioneiro não se aplica a ele. Mas há algumas situações em que os jogadores têm um incentivo para cooperar. A mais comum tem a ver com o prêmio em dinheiro em um torneio. Um torneio termina quando um jogador ganha todas as fichas e é o último que resta ainda em ação. No entanto, o vencedor não ganha o valor total; em geral, abocanha em torno de 20% dele, e os demais prêmios são distribuídos a outros 10% a 15% dos jogadores com base em quanto tempo sobreviveram. O resultado é que as fichas têm retornos decrescentes: suas primeiras 10 mil fichas valem muito mais do que suas 10 mil seguintes. Uma implicação é que, no fim de um torneio, dois participantes com grandes pilhas de fichas querem evitar confrontos entre si;[45] ao colocar suas pilhas em risco, eles têm mais a perder que a ganhar.

Conspirar ou formar uma aliança é estritamente contra as regras do pôquer. No entanto, às vezes há situações incômodas. Em 2022, participei de um torneio em Houston e fiquei entre os dez finalistas. Eu e um talentoso jogador movido pela teoria dos jogos (vamos chamá-lo de Holden)[46] tínhamos duas das três maiores pilhas de fichas. Em uma das mãos, Holden abriu a ação aumentando, e então aumentei de novo (os jogadores chamam isso de *"3-bet"*), e ele desistiu. Isso acontece com frequência. Um pouco mais tarde, durante um intervalo, Holden se aproximou de mim e falou que tinha desistido de uma mão muito boa — o que também é comum na mesa de jogo. Mas, certo ou errado, o que entendi nas entrelinhas foi: "Ei, deveríamos pegar leve um com o outro até que outros jogadores sejam eliminados e nós dois tenhamos ganhado algum dinheiro." Eu não tinha intenção de concordar com nada, dei de ombros e fiquei em silêncio.

Cerca de meia hora mais tarde, Holden aumentou e eu também aumentei, mas então ele aumentou de novo (*"4-bet"*), *all-in*. Eu tirei uma mão boa, A♦Q♦, e estava com probabilidades bem boas; não era uma situação fantástica, mas na teoria dos jogos teria sido um *call*. Porém, eu me lembrei do que ele dissera no intervalo e foldei, desisti. Depois, Holden admitiu que estava blefando com uma mão contra a qual eu teria chances fantásticas.[47] Para não deixar margem a dúvidas: eu não desisti da mão por conta de qualquer senso de reciprocidade, mas, sim, porque pensei que ele jogaria em um estilo bem mais *tight* e agressivo contra mim e só faria isso com uma mão muito forte. Mas quem sabe. Talvez Holden tivesse tentado me enganar para pensar que tínhamos um "acordo subentendido" e então tirou vantagem disso blefando. Talvez ele pensasse que *de fato* tínhamos um acordo subentendido e que *eu* o traí ao aumentar. Ou talvez ele estivesse mentindo sobre ter blefado mais cedo. A questão é que um "acordo subentendido" não vale muito quando não há confiança estabelecida ou nenhum mecanismo de execução, em um cenário onde cada jogador se beneficiaria ao ferrar o outro cara.

Só porque sou indiferente não significa que não estou nem aí

Com certa experiência em torneios de pôquer, às vezes é possível flagrar isso acontecendo. No meio de uma grande decisão, uma jogadora desviará o olhar da mesa, fitará o espaço por alguns segundos e, se recompondo como se tivesse tirado algo do éter, decidirá o que fazer em sua mão (pagar, desistir ou aumentar).

Será que a jogadora teve um momento de epifania ou iluminação súbita? Bom palpite, mas não. É provável que estivesse randomizando.

A solução de equilíbrio de Nash para o pôquer — sim, há uma *solução* para o pôquer, embora, como veremos em breve, seja excepcionalmente complicada — envolve um bocado de randomização. Randomização entre *calls* e *folds*, entre *calls* e aumentar a aposta, e, às vezes, entre todas essas opções anteriores. Não basta jogar mãos *diferentes* de maneiras diferentes; é preciso jogar a *mesma* mão de maneiras diferentes. Às vezes, se seu oponente aumentar, você deve fazer *3-bet* com A♦Q♦ e, às vezes, apenas pagar. Pelo menos é o que diz a teoria.

Então a jogadora não estava apenas fitando o espaço... ela devia estar olhando para o relógio do torneio. Por exemplo, ela poderia randomizar optando por uma ação agressiva se o último dígito fosse um número ímpar ou por uma ação passiva caso fosse par. Outros jogadores criaram métodos de randomização com base na rotação de suas fichas de pôquer.[48]

Randomizar a estratégia não é apenas parte essencial do pôquer: é essencial na teoria dos jogos em geral. Por exemplo, o conceito de destruição mutuamente assegurada — a doutrina da teoria dos jogos que postula que uma guerra entre duas potências nucleares muito bem armadas é improvável, porque elas acabariam aniquilando uma à outra — depende em parte do que o economista Thomas Schelling chamou de "a ameaça que deixa algo entregue ao acaso".[49] Em suma, na névoa da guerra nunca se sabe o que vai acontecer, então é melhor não cutucar a onça com vara curta. O artigo mais famoso de Nash,[50] de 1950, foi uma prova relativamente simples, de duas páginas, de que um equilíbrio estável existe para uma ampla variedade de jogos sujeitos a algumas outras condições.[51] A sacada é que o equilíbrio muitas vezes envolve randomização. Já apresentamos um exemplo disso: pedra-papel-tesoura. Papel vence pedra. Tesoura vence papel. Pedra vence tesoura. Continuamos andando em círculos. Então, como alcançamos o equilíbrio prometido por Nash? Por meio da randomização: cada jogador faz um dos três "lances" um terço das vezes, escolhendo a jogada por puro acaso. Isso é conhecido como "estratégia mista".

No pedra-papel-tesoura, nenhum símbolo é, em essência, mais valioso que os outros. Mas isso não precisa necessariamente ocorrer para que uma estratégia mista seja aplicada, uma vez que há muito valor em outra coisa: a enganação, a indução ao erro. Vamos nos concentrar em outro dos meus jogos favoritos, o beisebol.

Justin Verlander é um arremessador do Houston Astros (e, antes, atuou no time do meu estado natal, o Detroit Tigers). Em 2022, apesar de estar com quase 40 anos, ele tinha a terceira bola rápida mais eficaz no beisebol, de acordo com os dados Statcast da Major League Baseball. Em contrapartida, os arremessos com efeito de Verlander (*sliders* e bolas curvas) estão apenas um pouco acima da média.

No entanto, Verlander arremessa sua bola rápida em apenas cerca de 50% das vezes. Por quê? Ora, os rebatedores da liga profissional são muito bons. E, embora seja difícil rebater a bola rápida de Verlander, é mais fácil se o oponente já a espera.

Imagine que Verlander esteja enfrentando um grande rebatedor como Mookie Betts, do Los Angeles Dodgers. Antes de cada arremesso, Betts tenta prever o que Verlander lançará: uma bola rápida ou uma bola curva. (Para simplificar, limitaremos o arsenal de Verlander a dois arremessos para o restante desse exemplo.) Embora a média de rebatidas* de um jogador mediano da liga profissional contra a bola rápida de Verlander seja de apenas .200, imagine que Betts seja capaz de rebater .260 se tiver acertado a previsão de arremesso. E, se Betts adivinhar a bola curva[52] e estiver correto, ele será recompensado com uma média de rebatidas de .350. No entanto, se Betts erra na previsão, ele é punido.

Média de rebatidas na batalha entre rebatedor e arremessador

	VERLANDER LANÇA BOLA RÁPIDA	VERLANDER LANÇA BOLA CURVA
BETTS ADIVINHA BOLA RÁPIDA	.260	.240
BETTS ADIVINHA BOLA CURVA	.180	.350

Qual é o equilíbrio de Nash? Isso pode ser resolvido com um pouco de álgebra — e, como você deve ter adivinhado, envolve randomização. No fim, fica evidente que Verlander deve lançar a bola rápida em cerca de 58% das vezes e Betts deve adivinhar a bola rápida cerca de 89% das vezes. Assim, Betts acerta uma média de .252. Esse resultado é melhor do que seria com uma "estratégia pura" de sempre escolher o mesmo arremesso. Se Betts adivinhasse a bola rápida

---

* Como um cara que já gostava de estatísticas de beisebol antes de *Moneyball* virar modinha, eu sei muito bem que a média de rebatidas é uma estatística ultrapassada. Mas vamos em frente. Os princípios seriam os mesmos se você usasse OPS, WOBA ou outra métrica avançada.

em todas as vezes, a jogada de Verlander seria sempre lançar a bola curva, por exemplo. Isso é chamado de "estratégia exploratória": Verlander tirando vantagem do fato de Betts ser previsível. Uma média de rebatidas de .252 não é ótima, mas, ao deixar algo entregue ao acaso, é o melhor que Betts pode fazer.

É importante ressaltar que, se Betts estiver usando a combinação correta, ele terá a *mesma* média de rebatidas contra a bola rápida e a curva (.252). A forma certa de descrever tal fenômeno é dizendo que ele tornou Verlander "indiferente" ao que arremessa: a bola rápida e a bola curva têm o mesmo valor esperado. É por isso que os arremessadores — assim como os jogadores de pôquer — às vezes são melhores quando escolhem seus arremessos de forma aleatória. Greg Maddux, arremessador do Atlanta Braves e um dos jogadores mais inteligentes de todos os tempos, em teoria fazia exatamente isso, usando informações quase aleatórias, como o relógio do estádio, para decidir qual arremesso lançar.[53] (Pode não ser coincidência o fato de que Maddux, criado em Las Vegas, é um jogador de pôquer de alta proficiência.)[54]

Em jogos como o pôquer, em que é crucial ser imprevisível, o valor de uma opção estratégica específica é composto por uma combinação do que chamo de "valor intrínseco" e "valor de engodo", e em geral há uma troca entre os dois. Nos esportes, uma jogada como um *fake punt* (um *punt* falso) no futebol americano é terrível se o outro time souber que ela será feita, mas pode ser excelente se o adversário não a estiver esperando. O engodo e a indução ao erro são importantíssimos no pôquer; por isso, evitar revelar muitas informações sobre sua mão exige *muitas* estratégias mistas. Não se trata apenas de blefar; às vezes também é preciso jogar de forma mais branda (*"slowplaying"*, ou "jogar devagar") com uma mão boa.

Decifrando o código do pôquer

Piotr Lopusiewicz, um polonês que abandonou a faculdade para se dedicar apenas ao pôquer on-line, viu-se frustrado com a escassez de ferramentas de computador para pôquer em comparação com outros jogos que ele conhecia bem, como o xadrez e o bridge. O supercomputador Deep Blue da IBM derrotou o campeão mundial de xadrez Garry Kasparov em 1997 (uma história contada em detalhes em *O sinal e o ruído*) e, no início dos anos 2000, os mecanismos de xadrez que jogavam no nível de grandes mestres já estavam amplamente disponíveis em computadores domésticos.[55] O pôquer ficou para trás. É verdade que havia o trabalho de inteligência artificial da Universidade de Alberta,[56] mas aquilo exigia o treinamento de milhares de computadores ao longo de meses. Lopusiewicz queria algo que qualquer pessoa pudesse executar em um laptop.

Então, apesar de ser um programador mediano, ele decidiu tentar por conta própria. Lopusiewicz se esforçou para criar um *"solver"* ["solucionador", em português] de pôquer: um programa de computador focado em encontrar o equilíbrio de Nash para o jogo. Era uma meta ambiciosa; até von Neumann achava que o pôquer era complicado demais para ser resolvido a partir dos primeiros princípios. "Parecia que o problema era muito difícil do ponto de vista computacional", disse Lopusiewicz. Uma dificuldade é que a árvore de jogos do pôquer (o conjunto de todos os resultados possíveis) é grande demais. Um baralho de pôquer de 52 cartas apresenta tantas possibilidades que é provável que jamais, na história do mundo, dois baralhos tenham estado na exata mesma ordem,[57] presumindo-se um embaralhamento justo. No *Hold'em*, há 1.326 possíveis mãos iniciais de duas cartas[58] e 42.375.200 sequências possíveis[59] das cinco cartas comunitárias. Em seguida, ao longo da mão, os jogadores têm várias oportunidades de tomar decisões pagando, desistindo ou aumentando para valores diferentes. Mesmo no *Hold'em com limite* para dois jogadores, um jogo muito mais simples que o sem limite, existem 319.365.922.522.608 (319 trilhões) de combinações possíveis de cartas[60] e sequências de apostas. No *Hold'em* multijogadores sem limite, os números são exponencialmente maiores.

Acredite ou não, isso é apenas metade do problema. Os programadores podem fazer suposições simplificadoras — por exemplo, os naipes das cartas com frequência não importam. E os computadores modernos são muito rápidos, capazes de fazer trilhões de cálculos por segundo. Se você tivesse um guia de como *exatamente* seu oponente joga, então um computador poderia calcular em grande velocidade a sua melhor jogada com um alto grau de precisão em todas as situações.

O desafio é que, no pôquer do mundo real, o oponente consegue revidar. Então, os solucionadores passam por um processo de loop chamado "iteração" ou "repetição".[61] A primeira jogadora — vamos chamá-la de Alice — começa com uma estratégia literalmente aleatória. Seu oponente, Bob, escolhe uma estratégia para combater a terrível estratégia de Alice. Mas então, diante da estratégia de Bob, Alice consegue rever a própria estratégia. Ela ainda está cometendo alguns erros graves, mas é provável que tenha se livrado das piores jogadas, como desistir de ases antes de qualquer aposta ter sido feita. Bob, por sua vez, responde à nova estratégia de Alice — e assim por diante, por milhares ou até bilhões de iterações, conforme a precisão desejada. À medida que as melhorias estratégicas ficam cada vez mais refinadas — na bilionésima interação, Alice faz somente mudanças muito pequenas, como aumentar com A♦Q♦ em 77% em vez de 76% do tempo —, a solução converge para um equilíbrio de Nash, já que a definição de um equilíbrio de Nash é quando não há mais melhorias estratégicas unilaterais.

Em princípio, trata-se de uma abordagem elegante, embora eu esteja deixando de fora boa parte do sangue, suor e lágrimas que Lopusiewicz e outros sentiram na pele para tornar seus algoritmos mais eficientes, sem mencionar as empresas de semicondutores que construíram chips de computador cada vez mais velozes.

Jogadores de pôquer chamam isso de uma abordagem "GTO", ou "teoria do jogo ideal". O problema é que os dados oferecidos pelo solucionador parecem ter vindo diretamente do cérebro de John von Neumann: podem ser intimidantes de usar, mesmo para jogadores experientes. Aqui, por exemplo, está uma mão de amostra do PioSOLVER, o solucionador criado por Lopusiewicz:

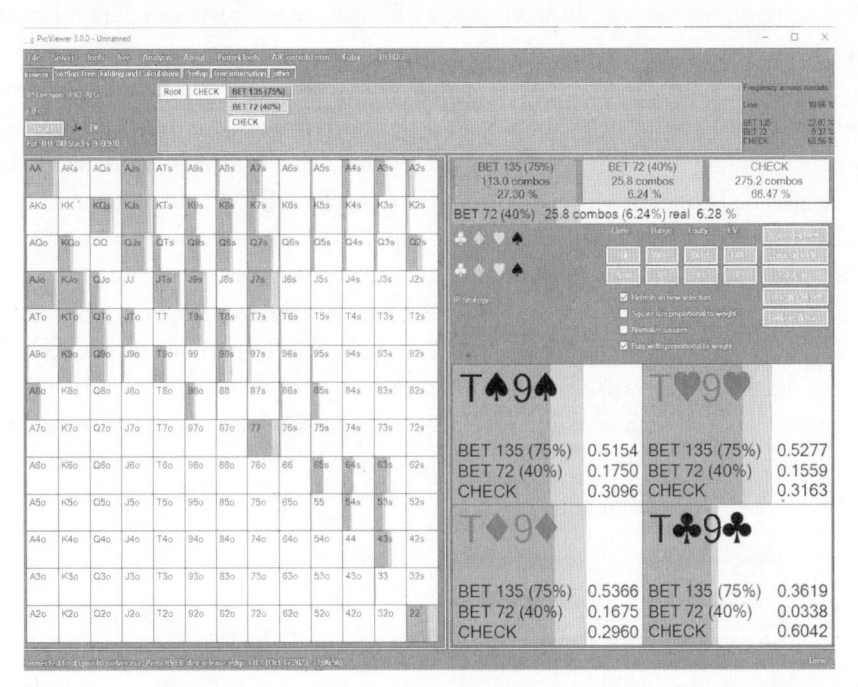

Não se preocupe se você não entender a imagem. A forma de usar um solucionador é um tópico dos mais avançados; meu intuito era só dar uma ideia do grau de complexidade dessas soluções. Porém, de maneira muito resumida: a matriz de quadrados 13 × 13 no lado esquerdo da tela representa o universo de possíveis mãos iniciais no pôquer. Nesse exemplo, o solucionador dá ao jogador uma escolha de quatro opções: ele pode dar mesa (dar *check*, que equivale a não apostar e manter a aposta mínima feita anteriormente), fazer uma aposta pequena, uma aposta média ou uma aposta grande. Por mais complicado que pareça, isso é na verdade uma simplificação: no *Hold'em* sem limite real, os participantes têm essencialmente um número infinito de tamanhos de aposta para escolher. No entanto, se examinarmos com cuidado, veremos que *quase todas as mãos do jogador partem de uma estratégia mista*. Por exemplo, a mão T9s — um dez e um nove do mesmo naipe, que tem um *inside straight draw* [uma mão com quatro cartas não consecutivas para um *straight*, com apenas uma carta possível que pode completar a sequência], mas não muito mais — às vezes checa, às vezes faz um blefe pequeno e barato, e às vezes opta por um blefe grande.

Lopusiewicz, que nunca havia estudado formalmente a teoria dos jogos, ficou surpreso ao notar quanto o computador gostava de estratégias mistas. "Eu sabia que haveria muita mistura, mas não imaginava que isso aconteceria em quase todas as mãos", comentou ele. Intuitivamente, é de se esperar que uma máquina tenha uma preferência por soluções mais determinísticas; mas a realidade é que os solucionadores gostam de randomizar. Essa tendência foi uma enorme revelação para mim em relação ao pôquer, assim como em outros aspectos da vida: *com frequência, passamos a maior parte do tempo debatendo as decisões menos importantes*. Quando eu estava na casa dos 20 anos — época em que, durante certo período, o pôquer foi meu principal ganha-pão —, passava horas por semana debatendo as complexidades das estratégias de pôquer nos fóruns de discussão Two Plus Two (ferramenta on-line de troca de ideias e opiniões então bastante popular).* Um participante postava uma mão, e logo surgiriam vinte páginas de uma inflamada guerra de sangue e fogo — *Você deveria ter foldado no turn, seu burro!* A ironia estava na grande probabilidade de ambos os lados do debate estarem certos. O engodo é tão importante no pôquer que, em qualquer decisão razoavelmente apertada, em geral a estratégia GTO é mista. As pessoas no River sabem o quanto é pequena a nossa vantagem. Mas às vezes não há vantagem alguma a ser obtida; você joga de forma indiferente e pode muito bem escolher de maneira aleatória.

Às vezes, você deveria decidir na moedinha no dia a dia

Tem dias que minha parceira fica irritada quando sugiro que deveríamos decidir onde jantar na base do cara ou coroa. Mas, por trás da minha proposta, existe uma teoria: a teoria dos jogos. Se não temos preferência entre o restaurante italiano e o indiano, não há razão para desperdiçar tempo nos torturando sobre a decisão.**

Isso é ainda mais verdadeiro quando o indivíduo está em uma situação cotidiana em que precisa competir com outras pessoas. Se você estiver tentando voltar do Aeroporto JFK para Manhattan na hora do rush, é provável que seu aplicativo de GPS sugira várias alternativas — algumas envolvendo a via expressa, outras, as ruas

---

* Esses fóruns de estratégia não chegam aos pés do que eram antes. Os jogadores se tornaram muito mais cautelosos em dar conselhos estratégicos gratuitos a seus oponentes, uma vez que hoje o grau de dificuldade dos jogos aumentou muito.
** Na prática, o cara ou coroa costuma revelar nossas preferências ocultas — a moeda aponta o restaurante indiano como vencedor e de supetão decidimos: "Sabe de uma coisa? Acho que hoje seria uma boa sair para comer uma massa."

> secundárias —, todas irritantemente lentas em igual medida. Você pode até não enxergar isso como uma competição, mas é — há milhares de outros motoristas enfrentando o mesmo problema e usando o mesmo software. O resultado é um equilíbrio de Nash em que você não tem preferência entre as diversas rotas lógicas. Então provavelmente não vale a pena se estressar muito para descobrir um atalho. Apenas relaxe e aproveite o passeio. Quer dizer, na medida do possível ao longo da via expressa Van Wyck.

Mais coisas surpreenderam Lopusiewicz quando ele construiu o primeiro protótipo do PioSOLVER em 2014,[62] a exemplo da agressividade do solucionador — ainda que diferente da manifestada pelos humanos. *Os computadores blefam quando jogam pôquer porque é isso que a teoria dos jogos os instrui a fazer.* Isso pode incluir grandes blefes — tentar aplicar um soco que resulta em nocaute. Porém, com mais frequência, eles preferem pequenos blefes táticos — digamos, apostar 20 dólares em um pote de 100 dólares —, o equivalente ao *jab* de um boxeador. O termo que Brunson usou para esse tipo de aposta pequena foi "blefe pós-carvalho", referindo-se a uma pequena espécie de carvalho, *Quercus stellata*,[63] que cresce no Texas e produz madeira barata e sem valor. Brunson considerou tais apostas como "covardes".[64] Os computadores, por sua vez, não estão tentando provar sua masculinidade — estão tentando ganhar o dinheiro de seus oponentes —, e essas pequenas apostas podem lhes trazer muitas vantagens.* Hoje em dia, quase todos os melhores jogadores as incorporam.

Assim, Lopusiewicz ajudou a começar uma revolução. Muitos jogadores de ponta passam centenas de horas ao longo de um ano estudando solucionadores. Existem limitações para solucionadores e técnicas GTO, em especial porque as estratégias são muito complexas para serem memorizadas, por isso os jogadores ainda precisam desenvolver fortes intuições relativas ao pôquer. Mas em nenhum momento da história humana os seres humanos aplicaram a teoria dos jogos de forma tão explícita quanto os jogadores de pôquer fazem hoje. Nem tudo se presta tão bem à otimização algorítmica quanto o pôquer, mas os avanços em alta velocidade no pôquer demonstram que, em geral, a teoria dos jogos se traduz razoavelmente bem na prática.

---

* Um dos aspectos vantajosos das apostas baixas é que elas evitam revelar informações sobre sua mão. É possível fazê-las com quase tudo que estiver jogando sem fechar muito suas opções futuras. (E elas não eliminam a possibilidade de fazer apostas maiores mais adiante na mesma mão, se o jogador tiver algo realmente bom.) Outro ponto positivo é que elas permitem que o participante saia sem perder muito. Ao arriscar apenas 20 dólares para ganhar um pote de 100 dólares, um blefe não precisa funcionar com muita frequência para ser +VE.

O jogo de apostas altas GTO *vs.* jogo exploratório

Explore e você corre o risco de ser explorado.

Essa talvez seja a noção mais importante da teoria dos jogos no que diz respeito ao pôquer. É possível adotar uma estratégia que busca tirar vantagem dos erros de um oponente. Em contrapartida, isso permite que seu oponente, caso perceba, tire vantagem de *você*. Por exemplo, se estiver jogando contra um velho e partir do pressuposto de que ele raramente blefa, seu adversário terá alguns blefes muito lucrativos se conseguir mudar de estratégia.

Assim, cada jogador tem seu grau de preferência por GTO ou estilos de jogo "exploratórios". Um dos mais ferrenhos adeptos da abordagem GTO é Doug Polk, que hoje mora em Austin, Texas, onde é coproprietário de um clube de pôquer chamado Lodge, mas ainda tem traços de um sotaque de surfista de sua Califórnia natal. Polk tem conquistas impressionantes como jogador de torneios, incluindo o fato de que já ganhou mais de 10 milhões de dólares em competições ao longo da vida, mas é predominantemente um jogador de *cash games** e seu melhor jogo é *Heads Up Hold'em* sem limite.

Em julho de 2020, Polk (que pode ser tão agressivo nas redes sociais quanto nas mesas de feltro de pôquer)** desafiou Negreanu, com quem tinha uma rivalidade de longa data, para uma partida *heads up* sem limite on-line.[65] Jogada com apostas altíssimas — *blinds* de 200/400 dólares —, a partida tinha o potencial de se tornar uma bolada de sete dígitos para quem ganhasse.

Negreanu concordou... uma decisão que, ele sabia, provavelmente não era +VE. Embora Negreanu tenha um currículo de pôquer mais abrangente que Polk (um dos melhores currículos de todos os tempos quando o assunto é pôquer), ele estava jogando o melhor jogo de Polk, e casas de apostas logo anunciavam Polk como um favorito de 5:1.[66] "Sem dúvida não foi algo motivado por dinheiro, porque eu sabia que era um azarão", me disse Negreanu. Mas ele esperava usar a partida para promover a si mesmo[67] e seus produtos — e, como muitas pessoas no River, ele é muitíssimo competitivo, não é de recuar diante de um desafio. "Logo depois de aceitar, eu pensei: 'Bem, que merda, agora vou ter que fazer isso.'"

Se a partida tivesse sido disputada cinco anos antes, teria sido anunciada como um épico embate de estilos: a robótica abordagem GTO de Polk contra o jogo exploratório e intuitivo de Negreanu. Entretanto, como já mencionei, Negreanu reconstruiu seu estilo de jogo para deixá-lo mais alinhado com a moderna estratégia do GTO. Ele me contou que tinha identificado algumas falhas no jogo de Polk das quais pretendia tirar

---

* Jogos em que cada mão é jogada por dinheiro real e o jogador recebe o valor instantaneamente, ao contrário de jogos de torneio, em que o jogador precisa ficar entre os melhores colocados para receber um prêmio.
** Embora eu não esteja em posição alguma de criticar alguém por conta de tuítes agressivos.

proveito — na verdade, certa vez, durante uma videochamada com Polk, Negreanu e sua equipe sem querer compartilharam um documento chamado "*Ranges*"* para usar contra Doug Polk"[68] —, mas eram apenas coisas de pouca importância.

De sua parte, Polk pretendia jogar o mais próximo possível do GTO. "Minha tática foi a seguinte: se eu jogar corretamente, e se passar todo o meu tempo memorizando as estratégias corretas e praticando-as contra um computador, eu *não* vou perder. Eu *vou* ganhar dele", contou-me Polk quando o entrevistei no Lodge. Como afirmei anteriormente, os *ranges* de pôquer GTO são muito complexos para serem memorizados. Ora, isso provavelmente é verdade 99,999% das vezes. Mas um *heads up*** *cash game* é bem mais simples que outras formas de pôquer, então há menos combinações para decorar. E talvez Polk tenha passado tanto tempo quanto qualquer jogador no mundo examinando todas as combinações de mãos possíveis que seu oponente poderia ter em um jogo de *heads up* GTO — sem dúvida ele dedicou mais tempo do que Negreanu à decoreba de jogadas. "O conjunto de habilidades do pôquer mudou de forma drástica nos últimos dez, quinze anos", me disse Polk. "Mudou muito e passou de pensamento crítico, resolução de problemas e criatividade para a memorização e a descoberta de como aplicar em tempo real essas teorias que você aprendeu." Não que Polk desrespeitasse tanto o jogo de Negreanu a ponto de essa ser sua vantagem comparativa. Em contrapartida, se Polk tivesse tentado explorar as imperfeições de seu adversário, poderia, pelo menos em teoria, sair perdendo — Negreanu sempre se destacou em disputas de pedra-papel-tesoura. "Eu basicamente não pensava nele", revelou Polk para mim.

Também ajudou o fato de a partida ter sido jogada on-line em vez de pessoalmente. As circunstâncias não só impediram Negreanu de se beneficiar de qualquer leitura de sinais físicos, como também facilitou para Polk a tarefa de randomizar. Polk me contou que às vezes ele faz jogadas que são usadas pelo solucionador em apenas 2% do tempo como parte de uma mistura de GTO. "A questão é que o *Hold'em* sem limite é um jogo muito preciso. *Muito* preciso. E às vezes você tem que estar disposto a apostar todo o seu dinheiro em situações que não parecem intuitivas", contou. Se alguém usar um gerador de números aleatórios computadorizado e ele "rolar" um número de 1 a 100, é possível fazer aquela jogada rara e contraintuitiva quando ele chegar a 99 ou 100. Mas "boa sorte ao fazer isso na mesa", completou Polk.

Assim, tudo funcionou muito bem para Polk. Ele ganhou 1,2 milhão de dólares contra Negreanu, além de outras substanciais apostas paralelas.[69] Entretanto, só porque foi a abordagem certa para aquela situação não significa que o estilo GTO seja o único que existe. As batalhas de pôquer mais emocionantes acontecem quando os participantes se inspiram na teoria dos jogos, mas a usam para explorar as deficiências dos outros — e apenas um pode estar certo.

---

* Leque de mãos.
** Um contra um.

Vanessa Selbst é um ponto fora da curva. Ela pode acabar sendo a única pessoa na história a ter um diploma da Faculdade de Direito de Yale e, em dado momento, figurar como a jogadora número 1 no Global Poker Index. Lésbica assumida, ela levava a namorada (que viria a se tornar sua esposa) Miranda Foster para os torneios, em um meio que sempre foi marcado por seu quinhão de misoginia e homofobia. Ela é de longe a jogadora de pôquer mais bem paga de todos os tempos — quase 12 milhões em ganhos em torneios ao longo da vida — e alcançou essa distinção pela primeira vez quando tinha apenas 28 anos. Em 2018, Selbst deixou o pôquer para trabalhar no fundo *hedge* Bridgewater Associates — uma guinada inesperada[70] para alguém que já tinha se autodenominado "no fundo, uma anticapitalista" — e foi uma notícia impactante o suficiente para ser publicada nas páginas do jornal *The New York Times*.

Embora os *solvers* pudessem parecer uma escolha natural para Selbst, que foi treinada pela mãe em quebra-cabeças de lógica enquanto crescia no Brooklyn, ela acredita piamente no jogo exploratório: descubra o que seus oponentes estão fazendo de errado e tire vantagem disso.

"A maioria das pessoas — exceto, tipo, as cem melhores do mundo", ela me disse um dia durante um happy hour em um bar de vinhos em Manhattan, "simplesmente não é tão incrível em teoria dos jogos". Em vez disso, Selbst acredita que os jogadores têm muita experiência em situações que surgem com frequência no pôquer. Mas a memorização tem seus limites e funciona só até certo ponto. "As pessoas são muito boas em jogar em um mesmo lugar mil vezes e saber o que fazer naquele lugar", comentou. Mas ela descobriu "que, com o tempo, sempre que eu colocava alguém em um novo lugar, eles simplesmente se ferravam".

Selbst descobriu o pôquer enquanto era estudante de graduação em Yale,[71] na esteira do boom de interesse pelo jogo resultante da vitória de Moneymaker no WSOP de 2003. Os jogos clandestinos de Yale atraíam um extraordinário número de jogadores que mais tarde alcançariam fama e fortuna,[72] como o futuro vencedor do [game show de perguntas e respostas] *Jeopardy! Tournament of Champions*, Alex Jacob. Com efeito, eram eventos tão famosos que receberam uma matéria na revista *Sports Illustrated*, na qual Selbst foi descrita como uma "jogadora de rúgbi genial e robusta [que] usa um piercing prateado na narina direita" e carregava um exemplar do ensaio "*Nationalism and Sexuality*" [Nacionalismo e sexualidade, de George L. Mosse, publicado em 1985] para ler entre uma mão de pôquer e outra.

Para Selbst, jogar um estilo exploratório de pôquer é tanto uma escolha quanto uma necessidade. É uma escolha porque ela tem um talento especial para "ler" as pessoas. Não necessariamente detectar seus *tells* físicos — trata-se de uma habilidade diferente —, mas ler suas situações de vida e como elas podem influenciar seu jogo de pôquer. "Você pode meio que agrupar e categorizar as pessoas em sua mente em quase que um conjunto de dados", me explicou. A maioria dos jogadores comete o erro de presumir que todos os demais jogam de forma idêntica a eles. Mas, no mundo real, as pessoas trazem para a mesa todos os tipos de bagagem. Selbst deu o exemplo de um jogador que aparece para o Evento Principal do WSOP e conta que a esposa economizou por dez anos para que ele pudesse fazer sua viagem dos sonhos em seu aniversário de 50 anos. Depois de ficar na dele por várias horas, de repente o sujeito vai para cima com um *all-in*. E agora?

Com certeza não é um caso para consultar algum solucionador sobre o equilíbrio de Nash. Esse jogador está fazendo tudo ao seu alcance para sinalizar que quer ficar um pouco mais, o que significa jogar suas melhores mãos agressivamente a fim de tirar todos os outros do pote e evitar o potencial de *bad beats* [perder uma mão na qual se era muito favorito]. Então, diante dele, é preciso desistir, a menos que se tenha um par de ases ou um par de reis — e até os reis podem ser arriscados. Tenha cuidado: este é um exemplo extremo, e na maioria das circunstâncias será perigoso presumir que um oponente nunca está blefando. Mas você não estaria cumprindo com seu dever se somente ignorasse a pessoa por trás da aposta.

A sensação que se tem ao passar alguns minutos com Selbst é que ela está muito confortável consigo mesma... e confortável em deixar outras pessoas desconfortáveis em situações que elas nunca esperaram encarar. Quando joga, Selbst não busca aprovação social. Pelo contrário, ela "fazia muitas jogadas que pareciam bastante burras". Ter sido muitas vezes a pessoa desajustada na sala gera certa resiliência a uma jogada ousada que deu errado.

Vez por outra, suas audaciosas jogadas davam errado de um jeito espetacular e lamentável. Já no segundo torneio que disputou, ela chegou à mesa final televisionada, um evento de *buy-in* de 2 mil dólares no WSOP de 2006. Selbst aumentou com uma mão medíocre, 5♠2♠, outro jogador chamado Willard Chang pagou e um terceiro jogador, Kevin Petersen, aumentou de novo. Selbst foi *all-in*. Chang desistiu, mas Petersen pagou para ver e venceu com ases. Sem dúvida, a jogada parece terrível. "O que ela estava pensando?", perguntou um dos locutores da ESPN, Norman Chad.[73]

Embora hoje Selbst considere a jogada ruim, acho que sei o que ela estava pensando: *Ninguém faz isso.*

Para começo de conversa, em 2006 a maioria das pessoas não costumava blefar muito, sobretudo não com apenas suas duas cartas iniciais. Como disse Seidel, as pessoas jogavam de forma simples e direta, sem rodeios. Depois que começaram a aparecer vários aumentos e apostas, eram ases, reis, rainhas, AK e não muito mais que isso. *Ninguém* fazia blefes enormes e pouco ortodoxos no segundo torneio de pôquer de que participava, muito menos quando estava em rede nacional de televisão pela primeira vez na vida. Portanto, Selbst tinha todos os motivos para pensar que seus oponentes lhe dariam crédito por uma mão forte.

Depois da mão 5♠2♠, não restava alternativa para Selbst a não ser adotar um estilo mais exploratório. Para começar, homens tendem a não dar o seu melhor ao jogarem contra mulheres, às vezes tentando intimidá-las para que saiam dos potes. Mas com certeza não iriam jogar GTO contra Selbst — presumiriam que ela era louca e estava sempre blefando. "Em suma, depois daquela mão, tipo, ninguém nunca mais foldou pra mim", contou ela. "Para falar a verdade, a quantidade de dinheiro que isso me rendeu na vida foi enorme." Então a estratégia exploratória de Selbst envolveu, sobretudo, jogar de um jeito mais *tight* que sua reputação e tentar induzir os oponentes a colocar muito dinheiro com mãos inferiores — embora ela ainda fizesse alguns blefes desvairados ao disputar partidas transmitidas pela televisão, para manter sua imagem.*

O exemplo favorito de Selbst é uma mão que ela teve em um evento para jogadores *high-roller* [que apostam altas quantias] de 25 mil dólares no torneio PokerStars Caribbean Adventure, nas Bahamas, em 2013.[74] Seu oponente era Ole Schemion, famoso jogador alemão que tinha apenas 20 anos. Enquanto outros jogadores festejavam no resort Atlantis, Selbst ficou estudando o vídeo de Schemion e seus demais oponentes na mesa final.

Selbst notou que Schemion fez uma jogada incomum duas vezes em uma situação semelhante de apostas altas. Um ponto comum no pôquer é quando um participante que aumentou antes do *flop* tem que decidir se faz mais uma aposta quando o *flop* chega. Um caso complicado envolve *flops* que são "coordenados", ou seja, três cartas que se encaixam bem, como Q♠J♦7♦. Este *flop* pode agradar todo mundo! Quaisquer duas cartas fechadas, 10 ou mais alta, faziam um *straight draw*, um par ou algo melhor. Quaisquer dois ouros faziam um *flush draw*. Ao optar por apostar nela, o jogador muitas vezes terá que encarar um aumento.

Então, o que a maioria dos envolvidos faz é apostar com suas melhores mãos (como Q♦Q♥, que forma uma trinca), com seus melhores *draws* (por exemplo, K♦T♦, que tem um *straight draw* e um *flush draw*) — e depois com *airballs* [mãos totalmente sem valor] que não têm como ganhar, exceto blefando. Por outro lado, eles vão dar *check* em mãos de força média, como um único par, esperando proteger suas apostas e jogar um pote mais barato.

É uma abordagem que não é ruim como uma estratégia de pôquer para iniciantes. Mas se você está pegando o jeito da teoria dos jogos, poderá detectar nela um problema: ela é previsível — e, portanto, *explorável*. Jogadores de pôquer quase nunca colocam seus oponentes em uma mão exata, mas, sim, em um "*range*"**

---

* Estou 100% convencido de que eram apenas "jogadas de imagem", feitas de caso pensado para induzir ação em mãos futuras? Não estou. Dá para ver que jogar de maneira agressiva e fazer grandes blefes é algo divertido para Selbst, assim como para a maioria dos jogadores. Porém, ainda é muito mais difícil encarar um jogador excessivamente agressivo que um oponente previsível e passivo.
** Leque de mãos possíveis.

probabilístico de possibilidades. No exemplo, o *range de apostas* do jogador é imprevisível e bem equilibrado, pois contém uma mistura de mãos fortes, *draws* e blefes. Mas os *checks* do jogador são muito previsíveis, consistindo apenas de mãos medíocres — é quase como se eles tivessem virado as cartas para cima. O termo para isso é ser *capped*,* como se houvesse um limite para o quanto sua mão pode ser boa. Solucionadores e jogadores de ponta como Selbst atacam de forma implacável os oponentes quando eles estão limitados. Se eles sabem que é impossível que você tenha uma mão de primeira linha, então podem colocá-lo em uma situação dolorosa blefando para conquistar todas as suas fichas. Contra isso, o mecanismo de defesa de um solucionador é entrar em *looping*, de tempos em tempos dando *check* com suas melhores mãos.** Mas, para humanos, é um sofrimento fazer isso. Quando a pessoa tem a melhor mão — mas pode não ter a melhor mão por muito mais tempo se alguém formar um *straight* ou um *flush* —, em geral fica tão entusiasmada*** para colocar suas fichas no meio do pote que nem sequer pensa em dar *check*.

Em suas sessões de análise de vídeo, Selbst notou que Schemion era especialmente agressivo ao atacar *ranges capped* (limitados) — tão seguro de si que se mostrava disposto a colocar tudo em risco. Em duas ocasiões em um torneio anterior no qual Schemion saíra como o campeão, ele fez um blefe *all-in* contra um jogador que deu *check* em um *flop* coordenado. Porém, ao jogar de forma exploratória, Schemion estava se permitindo ser explorado — e Selbst estava pronta para atacar. Além disso, fez uma boa leitura da mentalidade dele. "A confiança [dele] estava nas alturas. Então eu pensei: 'Se eu simplesmente colocá-lo numa situação como aquela, ele com certeza vai cair que nem um pato.'"

K♦T♥6♥	T♣	2♦	K♥K♣	A♥8♠
Flop	Turn	River	Selbst	Schemion
CARTAS COMUNITÁRIAS			HOLE CARDS (CARTAS FECHADAS)	

Então ela armou uma arapuca para Schemion... e, como era de se esperar, ele caiu como um pato. Selbst aumentou com K♥K♣ — par de reis — e Schemion pagou no *big blind* com A♥8♠. O *flop* foi K♦T♥6♥ — Selbst tinha flopado *top*

---

* Sem mãos boas ou ruins, apenas mãos vulneráveis.
** Se o *flop* tiver um conjunto de rainhas em Q♠J♦7♦, então um solucionador pode dar *check* em 15% ou 20% das vezes, por exemplo.
*** Quero dizer isso em sentido um pouco literal. Os jogadores têm uma reação neurológica ao tirarem uma mão excelente. Se não tomarem cuidado, a reação pode bloquear o pensamento de nível superior. Farão, então, a jogada óbvia — apostar naquele instante enquanto é possível, pensando em receber o dinheiro numa boa —, mas talvez não se recomponham o suficiente para cogitarem alternativas como um *check*. Falaremos mais sobre a questão no capítulo a seguir.

set e havia muitos *draws* em um *board* coordenado, a exata situação que ela estava procurando. Schemion deu *check* e Selbst deu *check*. *Ninguém faz isso*, posso imaginá-la pensando. *Ninguém dá check com uma trinca em uma situação como essa.* O *turn* era um T♣. Então Selbst tinha um *full house*. Schemion apostou e Selbst aumentou. "É bem estranho que Vanessa não tenha apostado o *flop*", disse um dos comentaristas, refletindo a sabedoria convencional da época.[75] "Eu diria que, para a maioria dos jogadores, dar *check* no *flop* e aumentar no *turn* tem cara de blefe." Schemion evidentemente fez a mesma leitura. Apesar de ter uma mão medíocre, ele pagou a aposta. O *river* era um irrelevante 2♦. Selbst apostou, Schemion foi *all-in* em um blefe irremediável, Selbst pagou e ganhou um pote gigantesco com seu *full house* — e mais tarde ganhou o torneio, faturando 1,4 milhão de dólares.

Blefando com uma fralda suja

A mão de Vanessa Selbst condensa muito do que eu amo no pôquer... e na teoria dos jogos. O cáustico jornalista H. L. Mencken é famoso por ter dito: "Ninguém nunca perdeu dinheiro subestimando a inteligência do povo norte-americano."[76] No pôquer, é possível se desviar da teoria dos jogos e tentar explorar os pontos fracos de seus oponentes — até por às vezes ser a jogada certa. Mas você *perderá* dinheiro se subestimar seus oponentes. Eis aqui mais um exemplo que teve forte efeito sobre mim.

Quando eu jogo pôquer, não tenho o problema de Selbst de as pessoas sempre acharem que estou blefando. Na verdade, é até o contrário. Posso optar por muitos *folds*, tanto quando quero como quando não quero. Uma vez que sou um cara de 40 e poucos anos com barba, mochila e boné, tenho alguns anos pela frente antes de me encaixar no estereótipo de "velhote", o cara conservador que joga poucas mãos e só quando tem ases e reis... mas aos poucos estou envelhecendo e indo na direção desse grupo demográfico. E, se meus oponentes me conhecem como "estatístico e escritor Nate Silver", mas não conhecem meu histórico no pôquer, podem presumir que meu jogo seja *tight*. As pessoas tendem a ler "estatístico" como "calculista e preciso", sem se dar conta de que alguém pode blefar de maneira calculista e precisa.

No entanto, pode ser que essa reputação esteja mudando, porque uma das mãos de pôquer pelas quais sou mais conhecido[77] é um blefe. Intitulado "O melhor estatístico dos Estados Unidos, Nate Silver, faz blefe épico em torneio de pôquer de 10 mil dólares", o vídeo está disponível no canal da PokerGO no YouTube e já teve dezenas de milhares de visualizações em várias redes sociais.

O episódio ocorreu em um evento do Poker Masters de 2022, no estúdio da PokerGO. Com o tempo, esses eventos passaram a atrair mais "VIPs" — amadores ricos em busca de glória — e eu fiquei menos intimidado em jogar no estúdio. As habilidades dos VIPs em pôquer variavam de boas a decentes, mas eu supus que era melhor do que eles. Os garotos-prodígio poderiam ser um problema... mas eu tinha alguns trunfos na manga caso fosse subestimado.

Felizmente, eu havia avançado para a mesa final do tal evento, que incluía uma mistura típica de VIPs, profissionais da velha guarda como Seidel e profissionais da nova geração como Adam Hendrix, um afável alasquiano meio parecido com o jogador da NBA Luka Dončić. Boas notícias: depois de uma série de mãos alucinantes, cheguei à finalíssima. Eu tinha assegurado o segundo lugar na premiação em dinheiro — 140.600 dólares — com outros 51.800 dólares a serem dados para o vencedor. Más notícias: o último oponente era Hendrix, que na época figurava como número 2 no Global Poker Index e avançaria para a posição número 1 ao final do torneio. Para complicar as coisas, o jogo *heads up* era um ponto fraco meu. O *heads up* é difícil: a teoria dos jogos diz que você deve jogar a grande maioria das suas mãos, mas a grande maioria delas é uma porcaria aleatória. A menos que se tenha estudado o *heads up* — o que eu não tinha feito —, leva algum tempo para se acostumar. Então lá estava eu, frente a frente com um dos melhores jogadores do mundo, um cara totalmente preparado para tirar vantagem da minha imprecisão.

Depois de dar *fold* muito no início da nossa batalha *heads up*, pensei que Hendrix me veria como excessivamente *tight* e decidi que precisava mudar de postura, procurando brechas para blefar. Aí veio a mão seguinte. Com *blinds* de 75 mil/ 150 mil, eu tinha 3,75 milhões em fichas; ele, 5,5 milhões. (Eram fichas, não dinheiro; estávamos jogando com apostas altas, mas não *tão* altas. Cada 1 milhão em fichas equivalia a 5.600 dólares em dinheiro.)[78] Hendrix apenas pagou do *small blind*, abrindo mão da opção de aumentar. Isso provavelmente significava que ele tinha uma mão fraca, embora pudesse ser uma armadilha. Eu também tinha a opção de aumentar, mas olhei para baixo para ver um *three-deuce offsuit* — 3♥2♦ —, que é literalmente a mão de classificação mais baixa no Hold'em. Na verdade, a mão é tão ruim que tem um apelido: "fralda suja",[79] pois é *um monte de bosta*. Era difícil superar o preço, no entanto. Mas já que Hendrix tinha acabado de pagar, eu poderia pegar um *flop* de graça. Então dei *check*, e vimos três cartas:

J♠8♠2♠

Um valete, um oito e um duque, todos do mesmo naipe, espadas. Se alguém tivesse duas de espadas, já tinha um *flush*. Eu dei *check*, e Hendrix apostou apenas 150 mil no pote de 450 mil, a menor aposta permitida. Era uma jogada saída diretamente do solucionador. Lembre-se, nós dois tínhamos muita porcaria aleatória. O objetivo dele era se livrar da minha porcaria aleatória de forma barata. Ele também tinha "posição" sobre mim nessa mão, o que significava que poderia agir por último, vendo o que eu faria antes de escolher sua jogada. O pôquer é um jogo de informação, então é uma grande vantagem ter mais informação que seu oponente. Quando você está fora de posição, é difícil revidar. Mas daquela vez eu tinha algo melhor do que porcaria aleatória: minha fralda suja tinha se transformado em um par de dois! Era um péssimo par, o pior par possível em um *board* onde um *flush* já era possível — mas ainda assim era um par, e eu estava com boas chances, então eu...

Aumentei. Aumentei para 450 mil fichas. Aumentei com meu par de merda. Acredite se quiser, é o tipo de jogada da qual o solucionador gosta.[80] Por quê? Às vezes, o ataque é a melhor defesa. Lembre-se, o equilíbrio de Nash está tentando evitar que eu seja explorado por Hendrix. Se Hendrix puder fazer uma aposta barata no *flop* e vencer sempre que nós dois não tivermos nada, é uma situação extremamente lucrativa para ele. Então eu precisava tornar aquela situação mais cara para ele, vez por outra dando um *"check-raise"** na sua aposta — tanto quando minha porcaria aleatória dava sorte e se transformava em uma mão boa quanto com minha cota de blefes.

Mas também é uma situação na qual computadores e humanos divergem. Nesse *flop*, os blefes não são muito intuitivos. As pessoas blefam mais com *flush* e *straight draws*. Naquela mão, no entanto, já havia um possível *flush* no *board*. Em situações como aquela, os jogadores tendem a se fechar e jogar de forma mais direta. Então eu precisava dar uma de Vanessa Selbst e nadar contra a corrente. Aumentar com uma mão como a minha era uma jogada de duplo propósito. Se naquele momento meu par de dois era a melhor mão, então era extremamente vulnerável e pouco me importava se Hendrix desistisse de imediato. Para dizer a verdade, era o que eu esperava. Mas, se ele pagasse, eu também tinha a opção de continuar apostando com minha mão. Naquele ponto, eu estaria transformando minha mão em um blefe, na esperança de que ele desistisse de uma mão um pouco melhor, como um par de oitos.

Para meu azar, Hendrix pagou: ele não ia me deixar ganhar um pote de forma tão barata. A carta seguinte foi o J♣, colocando dois valetes na mesa. Isso foi uma bênção... ao mesmo tempo que não foi. Em teoria, era uma boa carta para mim. Se eu tivesse uma mão como J♥2♦, teria feito um sortudo *full house*. Mas um *solver* vê as coisas de forma diferente. Lembre-se: os computadores blefam muito. E, como os computadores treinam jogando contra si mesmos, eles odeiam desistir, pois sempre suspeitam de blefes. Para o modo de pensar do solucionador, o fato de um segundo valete ter chegado à mesa tornou matematicamente menos provável que eu tivesse um valete — e mais provável que eu tivesse um blefe. Então o solucionador teria recomendado em particular que eu desistisse do meu blefe,[81] embora fosse arriscado.

---

* Esse é o termo do pôquer para quando um jogador decide aumentar a aposta de alguém depois que sua ação anterior foi um *check*.

Outro conceito-chave do River: Opcionalidade

"Opcionalidade" é um termo empregado na teoria dos jogos e nas finanças para descrever *o valor de ser capaz de tirar vantagem de oportunidades futuras que possam surgir*. Está relacionado à ideia de custo de oportunidade, mas significa algo um pouco mais específico. Refere-se a uma situação na qual há uma bifurcação na estrada, mas um ramo da bifurcação contém outras ramificações que podem resultar em uma oportunidade de sorte.

Digamos que você esteja visitando uma cidadezinha praiana europeia de médio porte. Está hospedado em um hotel econômico nos arredores da praça da cidade e está com fome, então o que você *realmente* gostaria de fazer é um pequeno piquenique na praia. No entanto, há 70% de chance que chova e, neste caso, você será forçado a almoçar em um dos restaurantes turísticos e caros à beira-mar. Os lugares para comer na praça da cidade também são turísticos, mas você gosta um pouco mais deles. Então deve ficar na cidadezinha, certo?

Não necessariamente. É bem plausível que deva optar pela praia. Devido à possibilidade de o tempo melhorar e você ter condições de fazer seu piquenique, pode ser a decisão de VE mais alto. (Por exemplo, se o VE de um piquenique na praia é 10, comer em um restaurante à beira-mar é 5 e comer em um restaurante na cidade é 6; ir à praia é a opção de VE mais alto se houver 30% de chance de chuva.) Esse é o valor da opcionalidade. Uma maneira heurística de pensar sobre a opcionalidade é a seguinte: quando estiver diante de uma decisão difícil, faça a escolha que manterá a maioria das opções abertas.

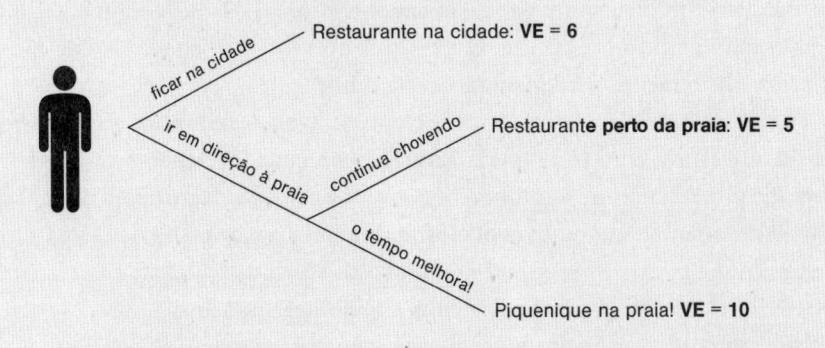

- ficar na cidade → Restaurante na cidade: **VE = 6**
- ir em direção à praia
  - continua chovendo → Restaur**ante perto da praia**: **VE = 5**
  - o tempo melhora! → Piquenique na praia! **VE = 10**

Com frequência, a opcionalidade é o fator oculto que motiva os solucionadores de pôquer a se comportarem como se comportam: eles querem manter viáveis as próprias opções favoráveis ao mesmo tempo que desejam restringir as opções do oponente. Na mão contra Hendrix, pensei que aumentar as apostas fornecia uma opcionalidade maior. Eu poderia desistir se as cartas erradas aparecessem, ou continuar blefando — minha versão de um piquenique na praia — se viessem as certas.

Vou repetir: eu não estava jogando contra um solucionador. Eu estava jogando contra Hendrix... e não esperava que ele fosse tão desconfiado. Havia o fator *ninguém faz isso*: para começo de conversa, os jogadores geralmente não tinham blefes suficientes nessa situação, muito menos em sua primeira mesa final da PokerGO. Havia também uma mão que já tínhamos jogado antes:[82] tentei tapear Hendrix com um blefe, e ele levou muito tempo para apostar suas fichas em uma mão que, para um solucionador, teria sido um *call* matador, uma *cravada*. Isso, sem dúvidas, parecia um sinal de que ele não achava que eu estava blefando o suficiente. Então segui adiante com uma aposta de 600 mil fichas. E — eu engoli em seco — ele pagou para ver de novo.

J♠8♠2♠	J♣	K♠	3♥2♦	??
Flop	*Turn*	*River*	*Silver*	*Hendrix*
CARTAS COMUNITÁRIAS			HOLE CARDS (CARTAS FECHADAS)	

O *river* foi uma das melhores cartas do baralho para mim: o K♠, colocando uma quarta carta de espadas no *board*. Mesmo que isso não tenha melhorado minha mão nem um pouco, era uma boa carta para blefar; até minhas porcarias de blefes com uma carta de espadas aleatória tinham feito um *flush*. Mas desde que ele próprio não tivesse um *flush*, eu esperava que Hendrix desistisse na maioria das vezes. Então, juntei coragem e apostei o resto dos meus 2,4 milhões em fichas. (Desta vez, o solucionador concorda; ele acha que, tendo chegado até aqui, seguir adiante com um blefe com essa carta era obrigatório.) Naquele momento, estava me sentindo confortável. Pensei que tinha feito uma boa jogada... e mesmo que não fosse, pelo menos perderia lutando até o fim.

Hendrix não estava nem um pouco confortável. A *impressão* que transmitia era de que estava com uma fralda suja. Ele começou a se contorcer na cadeira. Ficou de pé e se curvou, plantando os cotovelos na mesa. Recorreu a uma plaquinha de extensão de tempo para pensar mais antes de tomar sua decisão. Por fim, acenou com a mão na frente de si mesmo como se estivesse dando *adeus* — e caiu fora. Naquele momento, eu estava em primeiro lugar no torneio.

Infelizmente, o primeiro lugar durou apenas uma mão. Na seguinte, fiz um par alto forte, mas Hendrix formou uma trinca, e perdi a maioria das fichas que tinha acabado de ganhar com minha fralda suja. Nós travamos uma batalha com um vaivém de diversos potes *all-in* antes de eu acabar sendo derrotado. Foi a segunda vez que cheguei à mesa final em um grande torneio de televisão — a primeira foi em um evento WSOP cerca de um ano antes — e a segunda vez que terminei em segundo.

Fiquei um pouco desanimado, até que mais tarde descobri qual era a mão da qual Hendrix tinha desistido: Q♠3♠. Ele tinha flopado um *flush*! Não um *flush* qualquer, mas um *flush* dos bons. No início ele estava preparando uma armadilha para mim, uma *trap* [jogando passivamente uma mão forte na esperança de que o oponente lance um grande blefe]. E, no *river*, ele ainda tinha uma boa mão, perderia apenas para um *flush* com ás alto ou um *full house*. Sua jogada foi um enorme desvio do equilíbrio de Nash — de acordo com um solucionador, teria sido um erro de cerca de 20 mil dólares se Hendrix estivesse jogando contra um computador.

Mas não quero dar a entender que ele mandou mal. Acho que sua jogada é muito mais defensável que a de Schemion contra Selbst, por exemplo. Quando chegamos ao *river*, Hendrix conseguia vencer um blefe,[84] mas não muito mais que isso. Levando-se em conta o tamanho do pote, ele precisava que eu estivesse blefando em cerca de um terço do tempo para garantir um *call* — e há muitos jogadores que não aparecerão com nenhum blefe ali. Hendrix me avaliou mal, mas ele e eu não tínhamos jogado muitas vezes juntos.

Pelo contrário, essa mão ilustra como permanece bastante ampla a divergência entre humanos e computadores. Jogadores de pôquer se engalfinharão em furiosas discussões sobre saídas do solucionador, em que as diferenças entre as jogadas se resumem a uma fração de um ponto percentual. Mas decisões sobre explorar ou não as deficiências de um oponente carregam potencialmente uma magnitude muito maior de lucro ou perda.* Trata-se de um ponto em que há a concordância de uma fonte surpreendente: Lopusiewicz, criador do PioSOLVER. "É um esforço inútil, na minha opinião, lutar por essas frações de ponto percentual. Mas você perde as grandes vantagens se alguém for explorável", foi o que ele me falou. "Ainda é um jogo psicológico."

Portanto, Doyle Brunson está certo e errado, em medida mais ou menos igual. Ele está completamente errado ao afirmar que um computador jamais seria capaz de jogar pôquer de altíssimo nível. Os computadores já estão bem à frente nos aspectos técnicos do jogo de pôquer. E, em alguns anos, é provável que essas máquinas também sejam capazes de lidar com extrema eficácia com os aspectos humanos do jogo. Mas as pessoas não estão jogando contra computadores: elas estão jogando umas contra as outras. E, enquanto isso acontecer, o pôquer continuará sendo um jogo entre pessoas e para pessoas.

---

* Por exemplo, na minha mão contra Hendrix, minha decisão de continuar a blefar no *turn* foi considerada pelo solucionador como um desvio do GTO — mas apenas por 0,07 *big blinds*, ou o equivalente a cerca de 50 dólares. De forma inversa, a jogada de Hendrix desviou do GTO em 28,3 *big blinds* — ou cerca de 20 mil dólares, consequência cerca de quatrocentas vezes mais significativa.

2

Percepção

Garrett Adelstein parecia ter visto um fantasma.[1]
Sua oponente na mão que ele tinha acabado de jogar — e que estava prestes a se tornar a mão mais infame da história do pôquer — interpretou sua expressão de forma diferente. "Você está com cara de quem quer me matar, Garrett!", disse Robbi Jade Lew, ex-executiva de marketing farmacêutico[2] nascida na Arábia Saudita, que, em suas próprias palavras, se veste "de um certo jeito falso de Hollywood"[3] e só havia começado a jogar pôquer alguns anos antes. O tom de voz de Lew era provocador, brincalhão. Ela estava sorrindo e coçando o queixo. Tinha acabado de vencer um pote de 269 mil dólares, diante de dezenas de milhares de pessoas que assistiam ao vivo a transmissão por streaming do *Hustler Casino Live*.

Os olhos de Adelstein disparavam ao redor do salão, procurando um lugar para focar enquanto repassava tudo o que havia ocorrido. "Não entendo o que está acontecendo", exclamava. A questão não era o dinheiro. A transmissão ao vivo do Hustler é uma das mais assistidas do mundo, e potes de seis dígitos não têm nada de especial. Mesmo depois de perder a mão, ele ainda tinha 682 mil dólares na sua frente.

Mas Adelstein julgava ter sido enganado. Não apenas enganado, mas *enganado em seu próprio jogo*. Tá legal, óbvio, tecnicamente era o jogo do Hustler, mas ele era a estrela do evento — tanto que o outdoor eletrônico do lado de fora de uma das entradas do Hustler estampava sua foto sorridente. Adelstein tinha considerável influência quanto à escolha dos demais jogadores daquela edição.[5] Na época, ele era o maior vencedor da história da transmissão ao vivo do Hustler;[6] ao se encaminhar para a sala de carteado do cassino naquele dia, seus ganhos chegavam a mais de 1,5 milhão de dólares — somados a um valor adicional não revelado[7] depois que as câmeras foram desligadas. Embora um dos outros presentes naquele dia fosse Phil Ivey (recém-eleito o melhor jogador de pôquer de todos os tempos[8] e também um dos mais populares por conta de sua destemida intensidade), o Hustler era o reino de Adelstein.

Até Lew fazer sua chocante jogada. Em um *board* de T♥T♣9♣3♥, ela pagara o enorme aumento *all-in* de 109 mil dólares de Adelstein com J♣4♥. Se você é novato no pôquer e está tentando decifrar a partida, nem se dê ao trabalho: não faz muito sentido. O jogador que comentava a transmissão ao vivo, Bart Hanson, ficou tão confuso que se perguntou em voz alta se os gráficos na tela exibindo a mão de Lew estavam com defeito. Lew não tinha nenhum par, nenhum *draw*, nem sequer um ás. Ela só conseguiria vencer um blefe e, mesmo assim, *não conseguiria sequer vencer a maioria deles*. Por exemplo, se Adelstein estivesse blefando com uma rainha alta — como a mão Q♥J♥, que tem um *straight draw* e um *flush draw*. Lew estava em desvantagem e tinha apenas 7% de chance de ganhar.

Mas ela *conseguiu* vencer o blefe que Adelstein tinha: 8♣7♣. Tal qual Q♥J♥, incluía um *straight draw* e um *flush draw*. Ao contrário da mão com rainha alta, não tinha nenhuma carta que superasse o J♣ de Lew. Os jogadores concordaram em distribuir a carta final — o *river* — duas vezes, cada carta determinando o resultado de metade do pote. (Essa opção — chamada de "*running it twice*" — é uma forma de reduzir a quantidade de sorte no jogo.) Apesar de não ter nada ainda, as chances de Adelstein em cada *run* eram em torno de 50/50, já que qualquer naipe de paus lhe renderia um *flush*, qualquer dez ou seis formaria um *straight*, e com qualquer sete ou oito ele faria um par. O primeiro *river* foi o 9♦, que não era uma das cartas que ajudariam Adelstein. "Esta é sua, com certeza", comentou ele, no tom mais simpático possível — Lew ainda não tinha virado sua mão, e Adelstein presumiu que estava enfrentando algo muito mais forte. O segundo *river* foi o A♠, que também não era uma das cartas de que ele precisava. Só então, depois de ganhar o pote inteiro, Lew virou seu J4 — uma mão que adquiriu infâmia tão descomunal no mundo do pôquer que se você entrar em quase qualquer jogo hoje e disser que jogou "o Robbi", as pessoas saberão que você se refere ao J4.

Na mesma hora, a mão teve um efeito sísmico na cena do pôquer em Los Angeles e além. A transmissão ao vivo do Hustler não é apenas a exibição de um jogo de pôquer, mas um verdadeiro reality show. Adelstein era o menino de ouro do jogo — um jogador de elite muito admirado pela considerável audiência do programa. Ajudava muito o fato de ele ser um sujeito sensato... ninguém quer torcer por um babaca. Mas Adelstein ficou muito confuso, perdido. Enquanto isso, vários outros jogadores começaram a rir e elogiar Lew por sua decisão. "Caralho, isso aí é que é jogar pôquer!" "Isso foi irado! Demais!" "Uau!" Não há melhor sensação no pôquer do que pagar pra ver e estar certo — ainda mais se você considera o oponente um valentão. Para quem assiste ao vídeo, fica evidente que Lew estava exultante. Ela fez algo que é difícil de fazer no mundo do pôquer, que é mais ou menos 95%

masculino: ganhar a admiração dos homens na sala, incluindo Ivey, um exímio jogador de pôquer. Ela estava até entrando na brincadeira e provocou Adelstein por perder a calma. "Dá pra trazerem um terapeuta aqui, por favor?", gracejou ela. Não foi um comentário gentil. Adelstein já havia falado publicamente sobre sua luta contra a depressão,[9] algo nada fácil em uma profissão que se baseia demais em estoicismo e machismo.

No entanto, Adelstein era apenas o mais recente jogador a aprender uma das verdades fundamentais do River: as maiores vantagens nunca duram muito.

Sim, ele era um ótimo jogador. Sim, também era um cara legal, embora alguns dos oponentes no grupo de jogadores do Hustler se ressentissem dele por ter levado seu dinheiro em muitas das partidas. E sim, ele era "bom para o jogo". Ele inovava e forçava os limites mais do que a maioria dos jogadores, encorajando a mesa a apostar — e às vezes fazia jogadas que eram –VE no curto prazo porque o ajudavam a manter uma imagem ativa. "Ele é um jogador profissional divertido, não é um *nit*, ele ainda joga de 35% a 40% das mãos. Ele faz blefes enormes, enormes", disse Hanson sobre Adelstein. "Ele é muito divertido de se assistir."

Mas Adelstein também estava em uma posição privilegiada. Uma das coisas que eu amo no pôquer é que é um jogo meritocrático se comparado à maioria das partes da vida. Como mencionei na Introdução, por exemplo, em um evento do WSOP de 2022, por acaso me vi sentado ao lado de Neymar, um dos maiores jogadores de futebol do mundo. Dois assentos depois estava um cara com uma camiseta verde fluorescente que dirigia uma oficina mecânica na periferia de Chicago. Além disso, havia vários profissionais de primeira grandeza na mesa. Todos nós pagamos nossos 10 mil dólares e estávamos em pé de igualdade.

Mas isso é pôquer de torneio. No caso da especialidade de Adelstein, os *cash games* [jogos a dinheiro], está ficando mais difícil encontrar um jogo favorável. O *cash poker* [pôquer a dinheiro] está se tornando mais parecido com o resto da sociedade: ter conexões ajuda bastante. Apareça em uma grande sala de pôquer como o cassino Bellagio em Las Vegas e você poderá jogar *Hold'em* sem limites de 5/10 dólares ou talvez 10/20 dólares numa boa, ninguém vai impedi-lo. São jogos de apostas médias; de vez em quando, dá para ganhar ou perder 10 mil dólares em uma única sessão. No entanto, quando se chega muito mais alto do que isso — quase ao ponto de um jogador poder ganhar ou perder o valor de um carro novo razoavelmente bom em uma única sessão de pôquer —, os jogos públicos começam a minguar.

Isso porque os jogadores estão lutando por um recurso escasso: *whales* ["baleias"]. Um *fish* ["peixe"] é um jogador de pôquer ruim; uma "baleia" é um jogador de pôquer ruim e podre de rico.* Também existem outros apelidos para eles:

---

* Embora a maioria das baleias pelo menos o coloque à prova por meio de jogo agressivo. Você ganhará dinheiro com elas a longo prazo, mas não sem estar disposto a apostar.

"VIPs", *"fun players"* [ou "jogadores de diversão"], *"recs"* [ou "jogadores recreativos"]. Não importa como você os chame, não existem muitas pessoas que sejam ruins no pôquer e estejam dispostas a perder dinheiro nele com regularidade.

Então, a economia de jogos a dinheiro de apostas altas funciona mais ou menos assim: um jogador profissional faz amizade com uma baleia, e eles se juntam para organizar um jogo privado (é meio confuso, mas jogos privados são realizados com frequência em cassinos,* embora também possam acontecer na casa de alguém). O ideal é que a baleia conheça outras baleias, mas se a baleia for ruim de verdade, isso não é de fato necessário. O jogador profissional convida seus amigos, talvez em troca de uma parte dos ganhos deles. É bem provável que esses também sejam jogadores profissionais, embora não possam ser *nits* — eles terão que ser pessoas com quem a baleia gosta de jogar. Assim, um típico jogo privado pode incluir de uma a três baleias e cinco a sete profissionais.

Os jogos de pôquer a dinheiro televisionados invertem essa proporção: podem ter de um a três profissionais e de cinco a sete baleias.** Através de um processo de tentativa e erro, os streamings aprenderam que baleias com uma personalidade interessante costumam fazer mais sucesso com o público do que profissionais que jogam como computadores.

"Você monta uma escalação de jogadores a partir dos *recs*", disse Nick Vertucci, parte da curiosa dupla que comanda os jogos do Hustler. (Vertucci é corpulento e tatuado; Ryan Feldman, o outro coproprietário e produtor, é baixinho e magricela.) "Os jogadores recreativos precisam ser o alicerce da sua transmissão por streaming. Então, se você adicionar profissionais, eles precisam ser grandes nomes, e não dá para lotar a mesa de profissionais." Assim, assentos como o que Adelstein costumava ocupar no Hustler são valiosíssimos. São equivalentes não a imóveis de alto padrão; são a cobertura no arrojado arranha-céu projetado pela arquiteta Zaha Hadid no bairro mais caro da cidade.

Desse modo, quando Lew virou suas cartas, pareceu um golpe palaciano: a cobertura tinha acabado de ser arrombada por um presidente do conselho do condomínio com uma ordem de despejo. A mão contra Lew "quase levou a uma pequena crise existencial", me contou Adelstein. Ele sempre se preocupou com trapaças: antes de concordar em jogar, visitava a sala de controle do Hustler e fazia uma série de perguntas técnicas. A mão foi disputada em setembro de

---

* As políticas dos cassinos em relação a isso variam. O jogo pode ser tecnicamente aberto ao público, mas *por acaso* nunca há um assento vago. Ou, se houver uma vaga, você pode não querer — provavelmente porque a baleia já foi embora.
** Há uma categoria intermediária: em geral são convidados para participar de jogos transmitidos ao vivo jogadores que têm um considerável número de seguidores nas redes sociais, sejam eles bons, ruins ou indiferentes no pôquer. Eu me encaixo nesse grupo, e em algumas ocasiões participei de jogos privados transmitidos pela TV.

2022, e a trapaça estava no ar. Poucos dias antes, Magnus Carlsen, enxadrista número 1 do mundo,[10] acusou um oponente de trapacear. E supostamente houve trapaça em grande escala — estou usando *supostamente* porque a pessoa acusada é extremamente litigiosa[11] — por parte de um jogador chamado Mike Postle[12] em outra transmissão ao vivo da Califórnia alguns anos antes. Era confusão para todos os lados.

Existem quatro teorias para a jogada de Lew:

- Uma delas é a de que ela fez uma leitura brilhante. No entanto, poucos jogadores profissionais defenderam esse argumento — em vez disso, foi principalmente gente de fora do pôquer que buscou transformar a mão em um referendo sobre o tratamento que as mulheres recebem no jogo.[13] É um assunto que merece ser discutido: as mulheres no pôquer enfrentam muitos maus-tratos. Ainda assim, não foi uma jogada brilhante. O problema é que, mesmo que Lew *soubesse* que Adelstein estava sempre blefando — e não apenas isso, mas blefando com o tipo exato de mão que ele tinha, uma mão com *flush draw* e *straight draw* —, ela ainda perderia em cerca de 70% das vezes, porque a maioria dos blefes dele superavam o valete alto dela.* Ainda contra um *range* consistindo apenas desses blefes, o *call* dela tinha valor esperado negativo, teoricamente custando-lhe cerca de 27 mil dólares.

- A segunda possibilidade é que ela se recordou mal de sua mão, pensando que tinha um valete e um três em vez de um valete e um quatro. Nesse caso, ela teria um par de três, o que a colocava à frente dos blefes de Adelstein — fazendo um *call* generoso, mas bem dentro dos limites do pôquer "normal". Essa foi a explicação a que no fim das contas Lew se ateve,[14] embora não a tenha mantido com convicção. O problema é que é incongruente com sua reação na mesa de jogo. Não só podemos vê-la verificando suas cartas antes de pagar, como também há pouca expressão de surpresa quando ela vira a própria mão. Em geral, os jogadores quase pulam da cadeira e exclamam "Ah, merda!" se percebem que interpretaram mal sua mão — não medem esforços para demonstrar por que fizeram uma jogada aparentemente incomum.

- A terceira opção é que ela cometeu um erro estratégico colossal, sem processar totalmente que não conseguiria vencer a maioria dos blefes de Adelstein.

---

* Adelstein tem muitas dessas mãos porque há dois possíveis *flush draws* no *board*, ouros e copas. A lista de mãos com "*combo draws*" — *straight* mais *flush draws* — é K♥Q♥, K♥J♥, Q♥J♥, Q♥8♥, J♥8♥, 8♥7♥, 8♥6♥, 7♥6♥, K♣Q♣, Q♣8♣, 8♣7♣, 8♣6♣ e 7♣6♣. Note que Adelstein não pode ter mãos contendo o J♣, porque Lew tem essa carta.

Algumas vezes por ano, eu participo de torneios beneficentes em Nova York contra pessoas que nunca jogaram pôquer na vida. Eu não ficaria surpreso em ver uma jogada como a dela ser feita por um garoto de 17 anos de ensino médio, inscrito no torneio por insistência do pai banqueiro de investimentos. Mas Lew estava vários níveis acima disso. Recebeu treinamento de um profissional de ponta.[15] Ganhou dinheiro em vários torneios, incluindo o Evento Principal do WSOP. Se o moleque é um 0 e Phil Ivey é um 10, Lew poderia ser considerada na faixa de 4. Tecnicamente inferior naquele jogo, mas, em tese, avançada demais para fazer uma jogada dessa natureza.

- A quarta possibilidade é de que ela tenha trapaceado. E essa parecia ser a explicação mais provável na época.

"Eu teria a mesma reação. Se eu estivesse no lugar dele e tomasse um *call* de um valete alto, teria pensado que era incrivelmente grande a chance de ter acontecido algo", disse-me Hanson, que também participou nos jogos do Hustler, além de ser um comentarista habitual. "Isso é em uma transmissão ao vivo, houve trapaças no passado em transmissões, você está jogando um jogo de apostas altíssimas com essa garota que ninguém nunca viu antes, aí você vai pro tudo ou nada e perde pra uma mão daquela. É a soma de todas essas coisas; eu teria pensado de cara que houve trapaça."

Porém, quando conversei com Hanson seis meses depois do evento, ele estava mais propenso a acreditar na possibilidade de que, no fim das contas, Lew havia jogado errado sua mão. Nenhuma evidência forense de trapaça veio à tona, tampouco surgiram outros exemplos em que Lew pareceu se beneficiar de trapaça nas dezenove horas de filmagens do *Hustler Casino Live* que foram esquadrinhadas pela comunidade de pôquer. Em geral, quando há tanta fumaça, há fogo. Mas toda a comunidade de pôquer foi procurar fogo e não encontrou. Vários jogadores importantes até ofereceram uma recompensa de 250 mil dólares,[16] ávidos para que algum denunciante se apresentasse. Ninguém se manifestou. "Quanto mais tempo se passa sem que nada aconteça", declarou Hanson, "mais acredito em uma série muito, muito estranha de eventos".

Também estou tendendo a essa direção.* Não me entenda mal: vivo com medo de que alguma nova evidência apareça no dia em que este livro for enviado para a gráfica. Trapaça é algo muito plausível — há também algumas evidências circunstanciais suspeitas na transmissão ao vivo do Hustler que ainda não abordei. Mas

---

* Minha avaliação da mão J4 neste capítulo é baseada em informações disponíveis ao público ou que me foram dadas em caráter oficial. Não levo em consideração boatos ou insinuações não verificáveis aos quais as pessoas não estavam dispostas a atrelar seu nome.

acho que a explicação mais provável é que Adelstein sofreu um enorme "*cooler*" — o termo que os jogadores de pôquer usam para descrever uma situação em que a pessoa até tem uma mão boa e joga suas cartas corretamente, mas está fadada a perder. (Como quando se tem par de reis e seu oponente tem par de ases.) Force a barra atrás de vantagens no pôquer — o tipo de vantagens que você está intrinsecamente programado para buscar como um jogador de apostas altas —, e muitas vezes se meterá em encrencas.

Risco, recompensa e ritmo irrefreado

Em janeiro de 2023, voei para as Bahamas a fim de jogar no PokerStars Players Championship. O evento principal da série, realizado no luxuoso resort e cassino Baha Mar, exigia um *buy-in* de 25 mil dólares. Era uma soma bem acima da usual;[17] em uma série normal de pôquer, torneios anunciados como "eventos principais" têm uma taxa de inscrição de 1.500 a 10 mil dólares. Mas o PSPC não era um torneio comum. Ao longo de vários anos — o evento foi adiado repetidas vezes em decorrência da pandemia de covid-19 —, mais de quatrocentos jogadores ganharam uma entrada gratuita por meio do torneio on-line do site PokerStars, principalmente por vencerem torneios de *buy-ins* pequenos, em que a taxa de inscrição podia ser apenas algumas centenas de dólares, mas também como parte de outras promoções aleatórias; um amigo meu, por exemplo, se classificou ao vencer um concurso de redações sobre o tema "pôquer".[18] Com um campo de jogo fraco como esse, repleto de jogadores recreativos competindo por apostas centenas de vezes maiores às que estavam acostumados, o evento parecia ser enormemente +VE — pelo menos se ignorássemos que um prato de tacos no Baha Mar custava a bagatela de 42 dólares.

Verdade seja dita, eu jamais havia jogado em um torneio de 25 mil dólares, mas me senti mentalmente confortável com as apostas. Relaxado, até: o Baha Mar, condizente com sua localização arejada, é mais espaçoso e tranquilo que os cassinos frenéticos da Flórida e Las Vegas. Além disso, a mesa para a qual fui sorteado tinha dois amigos meus: Maria Konnikova,* autora do livro *The Biggest Bluff* [O maior blefe de todos], e John Juanda, jogador profissional indonésio de altíssimo nível que agora mora no Japão e com quem eu me divertira à beça em Tóquio alguns anos antes. Enfrentar amigos pode ser complicado; às vezes você fica tão paranoico achando que seu amigo está tirando vantagem de você que acaba exagerando na dose para contrabalançar as coisas. Mas Konnikova e Juanda são pessoas honestas, e os demais na mesa não eram tão difíceis. Se eu ia jogar um torneio de 25 mil dólares, aquela era a versão menos estressante possível.

---

* Em maio de 2024, lancei um podcast, *Risky Business* [Negócio arriscado], com Konnikova.

Mas, sob a superfície, meu corpo estava a mil, meu peito martelando toda vez que eu tinha que tomar uma decisão. Isso não era necessariamente uma sensação *ruim*; eu me sentia alerta, com um alto nível de atenção a detalhes, e estava jogando de forma agressiva... tão agressiva que, depois de algumas horas, Konnikova e Juanda estavam me olhando de soslaio como quem diz "O que deu em você hoje?". Um risco no pôquer, porém, é que seu corpo dará *tells* — dicas e sinais de nervosismo ou agitação que você preferiria não revelar. Alguns jogadores até usam cachecóis para evitar que os oponentes detectem uma pulsação acelerada no pescoço, nas artérias carótidas.* Eu tinha plena consciência disso. Quando jogava, tentava imaginar um lugar tranquilo e relaxante para me acalmar — uma das piscinas plácidas em Baha Mar ou uma trilha na floresta perto do rio Hudson no outono. Mas, na verdade, foi uma estratégia que não funcionou. De alguma forma, eu estava processando a experiência em dois níveis completamente diferentes: minha mente consciente já estava calma, mas *meu corpo* não.

Poucos dias mais tarde — após ser eliminado do torneio de 25 mil no segundo dia —, participei de um evento muito menor de 2.200 dólares. Minha expectativa era que a resposta ao estresse voltaria, mas não foi o caso: mesmo quando recebi um par de ases, fiquei tão calmo quanto o mar do Caribe. Jogadores de pôquer são treinados para não pensar nas apostas; para tratar suas fichas como dinheiro de Banco Imobiliário. Na maioria das vezes, sou muito bom nisso e obtive um sucesso razoável ao arriscar a sorte em torneios de apostas mais altas ou jogos a dinheiro. Meu limiar de dor — o tamanho da minha capacidade de perder sem me sentir incomodado por isso no dia seguinte — aumentou constantemente ao longo do tempo.

Mas, fundamentalmente, participar de jogatina por grandes quantias — dinheiro suficiente para *encostar* de leve em seu limiar de dor — é uma experiência de corpo inteiro. É possível surfar na onda de diferentes maneiras. A primeira vez que atuei em um jogo a dinheiro de 100/200 dólares, eu literalmente tive a sensação de que estava sob o efeito do tipo de narcóticos dos quais eu costumava usar e abusar nos meus 20 e poucos anos. Algumas outras vezes, ao jogar pôquer, eu entrava em um estado de fluxo, ficava absorto por completo — uma imersão coloquialmente conhecida como "estado de *flow*".

Além de ter percebido em algum momento que é uma péssima ideia jogar pôquer com fome,** eu nunca tinha pensado muito sobre a fisiologia do pôquer. Porém, bem na época da viagem às Bahamas, eu estava lendo um livro marcante.

---

* Uma alternativa mais sutil é usar um moletom com capuz. Você pode levar um consigo se for propenso a ocasionais crises de nervosismo.
** São oito da noite. Você pulou o almoço, e o torneio não tem intervalo para jantar. Seu amigo manda uma mensagem perguntando se quer sair para jantar. Você imagina um bife e uma taça de cabernet. Posso garantir que, numa porcentagem excessivamente alta das vezes, você vai encontrar uma maneira de, depois de poucas mãos e uma porção de cagadas, fazer desaparecer sua pilha de fichas.

Na verdade, talvez *The Hour Between Dog and Wolf* [A hora entre cão e lobo] seja o livro de pôquer mais importante que eu já li na vida... embora a premissa não tenha nada a ver com pôquer.

John Coates é um canadense ponderado, mas um pouco rabugento, que descreve sua carreira como uma série de erros. Ele ganhou uma bolsa para estudar em Cambridge, foi colocado a contragosto no departamento de economia e concluiu seu doutorado em economia mesmo sob a ameaça de a bolsa ser cancelada. Não querendo seguir carreira acadêmica em economia ("Desde o começo, achei que se tratava de uma pseudociência", contou-me), Coates foi para Wall Street,[19] onde trabalhou como *trader* no banco de investimentos Goldman Sachs e, mais tarde, comandou a mesa de operações do Deutsche Bank. Então, graças a um encontro fortuito com um aluno de doutorado em neurociência durante uma viagem de avião, ele retornou ao mundo acadêmico — mas como neurocientista em Cambridge. Ele queria entender a biologia da exposição a riscos — e explicar o que havia testemunhado pessoalmente em Wall Street, onde o comportamento dos *traders* que conheceu estava muito distante dos modelos acadêmicos de racionalidade que ele estudara em seu doutorado.

É disso que trata o livro de Coates. O título vem da expressão francesa *l'heure entre chien et loup* — a hora do crepúsculo[20] na qual se torna difícil distinguir um cão de um lobo. Metaforicamente, a frase se refere à transformação física pela qual passamos quando nos vemos diante de uma quantidade de risco considerável. Sobretudo quando deparamos com situações novas e incertas — "quando uma correlação entre eventos irrompe ou um novo padrão surge, quando algo simplesmente não está certo, essa parte primitiva[21] do cérebro registra a mudança muito antes da consciência" —, e nos transformamos de seres previsíveis e domesticados em criaturas selvagens vivendo à base de astúcia, hormônios e instinto animal. Como um exemplo, se é que você ainda não viu, assista ao vídeo da mão Garrett-Robbi. Adelstein sofre uma transformação física instantânea ao fitar suas cartas (como se tivesse visto um fantasma), ainda que leve uns bons quinze minutos para sua consciência entender o que tinha acabado de acontecer.

Experiências como as que eu tive nas Bahamas (em que o meu corpo estava registrando o estresse que a minha mente consciente negava) são comuns, de acordo com Coates. Com base em seus estudos junto a *traders* e investidores, ele afirma que nosso estado emocional voltado para o exterior não necessariamente revela muita coisa. "Nós monitoramos os *traders* mais ativos e agressivos, os mais barra-pesada, e eles continuavam serenos, com cara de paisagem", relatou — de vez em quando os *traders* ficavam zangados quando as coisas iam mal, mas na maior parte do tempo mantinham uma atitude calma. "Porém, mesmo quando estavam impassíveis, o que acontecia sob a superfície era muito mais importante, porque seu sistema endócrino pegava fogo quando eles se expunham a riscos."

Em um dos experimentos, por exemplo, Coates estudou os níveis de testosterona de um grupo de *traders* em uma corretora de *high frequency trading* em Londres. Ele descobriu que o nível de testosterona deles ficava significativamente mais alto após dias em que obtinham um lucro acima da média.[22] Mas o inverso também era verdadeiro. Coates verificou a testosterona dos *traders* pela manhã e constatou que eles tinham dias de operação e negociação substancialmente melhores quando *acordavam* com níveis mais altos de testosterona. Em outras palavras: mais testosterona era um fator de previsão de mais sucesso nas operações e negociações.

Mais testosterona, mais lucro. O que poderia dar errado?

Na verdade, *até certo ponto* tudo isso provavelmente estava bom. Vou fazer uma generalização ousada aqui. *Na maior parte do tempo — pelo menos quando se trata de decisões financeiras e de carreira —, as pessoas não correm riscos o suficiente.* Sem dúvida isso se aplica ao pôquer. Para cada jogador que é muito agressivo, encontramos dez que não são agressivos o bastante. Isso também vale nas finanças, segundo Coates. "Muitos gestores de ativos e fundos *hedge* com os quais lidei têm problemas para fazer com que seus bons *traders* e gerentes de portfólio ponham em prática sua reserva total de riscos", disse-me ele. "Eles não se arriscam o suficiente." Isso é verdade quando as pessoas cogitam fazer mudanças pessoais. O livro *Desistir*, de Annie Duke (Duke é uma ex-jogadora profissional de pôquer que abandonou as mesas em 2012 para estudar tomada de decisão), está abarrotado de evidências a respeito disso. Um experimento realizado pelo economista Steven Levitt[23] descobriu que, em média, quando as pessoas aceitavam vincular decisões de vida importantíssimas (permanecer em um emprego ou em um relacionamento, por exemplo) ao resultado de um cara ou coroa, ficavam mais felizes ao fazer uma mudança.

A transformação corporal pela qual passavam os *traders* de Coates criava um ciclo de feedback positivo. Eles tinham um dia vitorioso, acumulavam mais testosterona e corriam mais riscos. Como a maioria dos *traders* começa com uma aversão a riscos, no começo isso ajudava; eles estavam se aproximando do nível de risco ótimo ou ideal, que maximiza o lucro. Então tinham *mais* dias de conquistas, obtinham ainda mais testosterona e se expunham a ainda mais riscos. Você pode adivinhar o que aconteceu em seguida. Em pouco tempo, eles eram o equivalente a idiotas cheios de esteroides, avançando sem freios do nível ótimo para níveis de tomada de risco perigosos, potencialmente catastróficos, ao estilo Sam Bankman-Fried.

Segundo Coates, grande parte dessa "exuberância irracional" que cria bolhas financeiras decorre de fatores biológicos.[24] Os *traders* podem sentir euforia. Um mercado em alta "libera cortisol, em combinação com a dopamina, uma das drogas mais viciantes conhecidas pelo cérebro humano, que proporciona uma dose narcótica, uma descarga, um fluxo que convence os *traders* de que não existe outro trabalho no mundo".[25]

E se você pudesse substituir os *traders* — ou jogadores de pôquer — por sistemas de inteligência artificial e não tivesse que se preocupar com toda essa química corporal arrepiante?

Na verdade, isso pode não ser uma boa ideia. Recebemos muito feedback de nossa parte física; é uma das razões pelas quais alguns especialistas são céticos quanto à ideia de que os sistemas de IA serão capazes de atingir inteligência semelhante à humana sem corpos humanos. Na verdade, os estudos de Coates descobriram que os *traders* mais bem-sucedidos reagem aos riscos com *mais* mudanças na química corporal. "Estávamos constatando isso nos melhores *traders*. A resposta endócrina deles era oposta à que eu esperava a princípio", disse ele. "O normal seria esperar que alguém que está realmente sob controle tivesse uma reação fisiológica muito moderada ao correr riscos. Mas, na verdade, é o contrário."

Então, a resposta física que senti na pele nas Bahamas não é motivo de vergonha. Por mais que eu estivesse tentando manter um comportamento muito zen e tranquilão, meu corpo estava me preparando para a batalha. Ele sabia que um torneio de 25 mil dólares era muito mais importante que um torneio comum... literalmente centenas de vezes mais importante que um torneio on-line de 80 dólares que eu poderia jogar quando estivesse entediado numa terça-feira à noite.

Jared Tendler é um autointitulado "coach de jogos mentais" para jogadores de pôquer e *traders*, mas seu primeiro amor é o golfe. Quando o entrevistei, havia um conjunto de tacos de golfe Callaway em destaque no fundo da tela do Zoom. Contudo, Tendler desperdiçou sua chance de se destacar como jogador profissional no esporte. Depois de figurar por três vezes na lista All-American de melhores do país atuando pela Skidmore College, ele perdeu a qualificação para o U.S. Open por uma tacada — apesar de "ter jogado a melhor volta da minha vida" —, depois de errar uma série de *putts* curtos e factíveis. Em seguida, quase aconteceu a mesma coisa de novo quando ele estava tentando se classificar para o Torneio de Amadores dos Estados Unidos. O ocorrido levou Tendler a iniciar uma missão para estudar a ciência do desempenho sob pressão.

Ele ensina seus alunos que não podem desejar que a ansiedade desapareça. "Simplesmente perceber de forma equivocada a ansiedade é um erro fundamental cometido por muitos jogadores de pôquer, sobretudo aqueles que nunca participaram de torneios maiores", contou Tendler. "Eles não sabem que é normal se sentir assim. E, quando a pessoa pensa que isso é ruim, acaba criando muito mais ansiedade, e as coisas meio que desandam a partir daí."

Essa pode ser uma das causas do pior medo de todo jogador de pôquer: o *"tilt"*, o fenômeno em que sua percepção do que está acontecendo na mesa fica distorcida e a pessoa comete erro atrás de erro. Jogadores de pôquer tendem a pensar que ficar "tiltado" é um estado emocional: raiva após uma derrota ruim, tédio após uma sequência lenta de cartas ou excesso de confiança após uma sequência de vitórias. Mas o *tilt* também pode ter causas biológicas. Em grandes momentos, quando se vê diante de uma decisão de alto risco, o indivíduo está essencialmente trabalhando com um sistema operacional diferente daquele ao qual está acostumado. Se um jogador reage entrando em uma espiral de ansiedade, "é como uma tela azul no computador, em que sua mente está congelada ou foi sequestrada pelas emoções, de modo que você não consegue mais pensar direito", explicou Tendler.

Então, em tais condições de descontrole, é útil ter uma certa experiência. Na verdade, apresentar uma resposta física ao ser confrontado com o risco pode ser um sinal saudável. Certa vez, um grupo de pesquisadores da equipe olímpica da Grã-Bretanha entrou em contato com Coates e lhe informou que assim como seus melhores *traders*, os melhores atletas britânicos também apresentavam baixos níveis de resposta ao estresse que aumentavam de forma drástica quando chegava a hora de uma competição importante. O mesmo se aplica ao golfe. Golfistas profissionais da PGA Tour — adultos atléticos cuja frequência cardíaca em repouso tende a ser de 60 bpm ou menos — apresentam uma frequência cardíaca "variando entre 90 e 110 como padrão durante todo o torneio e, óbvio, aumentando de maneira súbita em determinadas situações", disse Tendler.

A resposta tipo "atenção focada" aos riscos que já descrevi dá a impressão de que a pessoa entrou em uma daquelas novelas de TV oníricas, com um valor de quadros por segundo mais alto. Fica-se absorto na tarefa em questão, com uma elevada concentração aos detalhes e uma maestria que vem de um lugar profundamente intuitivo — o indivíduo sabe o que fazer sem precisar "pensar" a respeito. Não é uma sensação de calma, e sim de lucidez.

Quando penso sobre as ocasiões em que entrei em estado de fluxo, em geral foram em resposta ao estresse. Aconteceu em momentos decisivos em torneios de pôquer, vez por outra durante algum evento em que tive de falar em público e até algumas vezes quando eu estava escrevendo ou codificando sob imensa pressão por conta de um prazo. Também aconteceu comigo em noites de eleição, quando estava cobrindo a apuração. O que esses episódios tiveram em comum é que todos foram momentos de apostas extremamente altas, nos quais eu tinha em jogo milhares de dólares em dinheiro ou potencial de ganhos futuros.

Mas esse sistema operacional alternativo que entra em ação em condições de alto risco é poderoso. Tendler me indicou um conjunto de pesquisas chamado Iowa Gambling Task [Força-Tarefa de Jogatina de Iowa],[26] cujo nome se deve ao fato de ter sido originalmente encabeçada por professores da Faculdade de Medicina da Universidade de Iowa. Funciona assim: os participantes são convidados a escolher entre quatro baralhos de cartas — A, B, C e D. Cada carta dá ao jogador uma recompensa ou penalidade financeira. Dois dos baralhos — digamos A e B — são arriscados, com grandes vitórias ocasionais, mas muitas penalidades e baixo valor esperado geral. Os outros dois — C e D — são mais seguros, com um retorno esperado positivo. O padrão não é *tão* sutil e, depois de virar algumas dúzias de cartas, o jogador em geral descobre como evitar os baralhos perdedores. A pesquisa descobriu, no entanto, que os jogadores têm uma resposta fisiológica aos baralhos arriscados[27] antes de detectarem conscientemente o padrão. O corpo deles fornece informações úteis... se eles optarem por ouvi-lo.

Tendler me disse que quando um jogador entra em um estado de fluxo está tirando vantagem do conhecimento intuitivo — como uma versão supercarregada da Iowa Gambling Task. "O diferenciador mais comum é a capacidade de acessar esse tipo de conhecimento intuitivo e tomar uma decisão que você não consegue explicar agora em termos cognitivos", disse ele. Mas é necessário ter cuidado com esses superpoderes. Os especialistas em exposição a riscos físicos com quem conversei para redigir o Capítulo 13, entre eles astronautas e pilotos de caça, me disseram que, às vezes, tentar "ser um herói" pode interferir na lembrança do seu treinamento e na execução calma do seu plano.

Ter encontrado essa pesquisa mudou meu pensamento sobre alguns tópicos. Um deles é o desempenho sob pressão nos esportes. Nerds de estatísticas como eu costumavam pensar que rotular atletas como "decisivos" ou "pipoqueiros" e "amarelões" era uma baboseira sem tamanho — narrativas fabricadas a partir de comentários aleatórios. Sem dúvida, isso ainda é válido às vezes, sobretudo em esportes como beisebol, sujeitos a um alto grau de aleatoriedade. Todavia, estudos mais recentes revelam que alguns atletas são melhores que outros no momento decisivo, especialmente se tiverem experiência com isso. Golfistas mais experientes apresentam melhor desempenho no Masters,[28] por exemplo, controlando seu nível geral de habilidade. Minha própria pesquisa mostra que a experiência tem considerável importância nos *playoffs* da NBA.[29] E não devemos negligenciar o testemunho dos próprios atletas, de Michael Jordan[30] a Ken Dryden,[31] o grande goleiro do time de hóquei Montreal Canadiens, que descrevem experiências semelhantes de entrar em estado de atenção focada quando estão sob pressão intensa. Justamente porque é raro vivenciar momentos de alto risco, ajuda muito já ter passado por eles algumas vezes e aprender a canalizar o estresse para uso produtivo.

♠ — ♥ — ♦ — ♣

E aqui vai uma boa notícia: *é possível* aprender a surfar na onda.

Em 2023, fiquei entre os 100 melhores no Evento Principal do World of Poker. O torneio começou a ganhar cobertura nacional,[32] e várias vezes acabei na mesa de destaque da TV — o que comecei a ver como uma vantagem. No Evento Principal, há tantos jogadores (mais de 10 mil inscritos em 2023) que, mesmo no fim do torneio, a maioria dos meus oponentes era de amadores que jamais tinham vivenciado algo do gênero. Por outro lado, eu já tinha aparecido bastante na TV, tanto em jogos de pôquer quanto sob a pressão das noites de eleição presidencial nos noticiários de rede nacional.

Se você avançar no Evento Principal, que do início ao fim dura quase duas semanas, verá os oponentes cederem à pressão. Talvez estejam cansados de jogar por dias a fio, felizes da vida por terem chegado tão longe. Talvez tenham síndrome do impostor ou até culpa do sobrevivente, após todos os seus amigos terem sido eliminados do torneio e voltado para casa. Diante de uma resposta ao estresse do tipo "lutar ou fugir", eles fogem. Eu me solidarizo com esses impulsos e, se tivesse enfrentado aquela situação dois anos antes, poderia tê-los sentido também.

Mas não foi o que aconteceu. Após um intervalo, enquanto eu voltava para a mesa da TV, um jogador chamado Shaun Deeb (seis vezes vencedor de braceletes do WSOP) me perguntou qual era meu objetivo. Eu estava jogando para sobreviver[33] ou para *vencer*? Eu estava jogando para *vencer*, respondi. Metade dos meus oponentes estavam tão nervosos que mal conseguiam fazer uma aposta no pote sem derrubar as próprias fichas. Mas tive um rompante de lucidez. As apostas eram altas? Eram. Quando chegamos aos cem jogadores finais, com o prêmio máximo de 12,1 milhões de dólares à vista, cada pote valia potencialmente centenas de milhares de dólares em valor esperado. Na verdade, de tão altas, as apostas eram quase incompreensíveis — o que pode ter sido útil. Nas Bahamas, meu corpo havia registrado a diferença entre um torneio de 2.200 dólares e um torneio de 25 mil dólares. Mas ali eu estava jogando o equivalente a um torneio de 500 mil dólares,[34] e era tão absurdo que, de alguma forma, meu cérebro e meu corpo passaram a tratar minhas fichas como dinheiro de Banco Imobiliário.

O sexto dia do Evento Principal foi praticamente digno de *O show de Truman*. A mesa estava sendo transmitida quase em tempo real (com um atraso de quinze minutos) para os milhares de jogadores que tinham ficado para outros eventos do WSOP nos salões do Paris e do Bally's. Mas eu me sentia no meu hábitat. Talvez até em *estado de atenção focada*. E, diante de uma grande decisão, fiz um *call* formidável.[35] Tony Dunst — jogador agressivo que também é um apresentador do World Poker Tour e que sem dúvida se sentia confiante sob os holofotes — aumentou, e eu paguei com A♥J♥. Um terceiro jogador, um virginiano simpático de camisa xadrez chamado Stephen Friedrich, que nunca havia ganhado mais de 750 dólares em um torneio de pôquer,[36] logo deu um *all-in*. Tony foldou, e a decisão voltou para mim. Teria sido fácil desistir e viver para lutar outro dia. Mas eu me recompus e levei alguns minutos para decidir. Algo no comportamento de Friedrich não fazia sentido. Depois de inicialmente projetar confiança — com indiferença, ele murmurou "tudo" enquanto empurrava com um movimento brusco suas fichas para o centro do pote —, Friedrich inclinou corpo, a cabeça baixa, as mãos cruzadas como se estivesse rezando. A cada momento, ele parecia se enrodilhar mais em uma carapaça de tartaruga, como se estivesse aguardando um alerta de tornado, na esperança de ouvir o sinal de "tudo certo!". Na hora eu não consegui identificar por quê, mas meu cérebro havia percorrido seu banco de dados interno e detectado um padrão:* aquilo parecia fraqueza, e ele queria que eu desistisse. E então me lembrei do que dissera a Deeb — eu estava jogando para *vencer*, não apenas para me divertir com o pessoal. Então eu paguei. Como era de se esperar, Friedrich tinha uma mão medíocre — A♦T♠ —, contra a qual eu era quase 75% favorito. Minha mão se manteve no *showdown* e, de repente, eu tinha mais de 5 milhões em fichas.

Infelizmente, já na mão seguinte eu me dei mal em um *cooler*. Em um *flop* de 6♥7♥2♠, fiz a segunda melhor mão possível, um *set* de seis com 6♦6♣. Com entusiasmo, coloquei minhas fichas *all-in*, e não teria jogado de outra forma. Se você tem medo de jogar um grande pote com uma mão tão forte quanto essa — quando há apenas uma outra mão que pode vencê-lo —, o pôquer não é jogo para você. O problema era que meu oponente, um morador de Chicago chamado Henry Chan, tinha *exatamente* aquela mão melhor, 7♦7♣ para uma trinca de setes. Se eu tivesse ganhado aquele pote, teria 11 milhões em fichas, e meu *stack* valeria o equivalente a cerca de 900 mil dólares em prêmios esperados.[37] Em vez disso, fui eliminado em 87º lugar com 92.600 dólares. Encontrei um lugar para tomar uma bebida forte pouco antes que meus amigos, que estavam assistindo à mão com um delay de quinze minutos, começassem a me enviar mensagens de condolências.

Foi de partir o coração. Talvez eu nunca mais jogue um pote tão grande na minha vida. Mas vou dizer uma coisa: desde aquela mão — em que perdi o equivalente a um pote de quase 1 milhão de dólares que, por uma fração de segundo,[38] presumi ser o grande favorito para ganhar —, uma *bad beat* por 300 dólares ou 3 mil dólares ou até 30 mil dólares não parece um grande problema em comparação. Não há nada como a dor para aumentar sua tolerância à dor.

---

* Mais tarde, percebi que isso me fez lembrar de uma mão jogada pelo lendário jogador de pôquer Tom Dwan na transmissão ao vivo do Hustler, em que ele corretamente pagou um blefe contra um oponente chamado Wesley em um pote recorde de 3,1 milhões de dólares. O comportamento de Wesley foi semelhante ao de Friedrich: um *all-in* rápido seguido por um momento de reflexão enrodilhado numa "carapaça de tartaruga" em meio a uma fortíssima pressão, um momento no qual pode ser difícil esconder seu estado emocional. Não fazia muito tempo que eu havia tido uma longa conversa com Dwan sobre essa mão (que volta a ser mencionada no Capítulo 13), então tenho certeza de que ela estava martelando em algum recôndito da minha mente.

Sextos sentidos e magia branca

Phil Hellmuth passou cerca de quarenta minutos me mostrando sua sala de troféus. Eu deveria ter tirado algumas fotos, mas não quis correr o risco de inflar o ego dele. No entanto, enumero aqui todas as coisas de que consigo me lembrar: além de troféus de pôquer de todos os formatos e tamanhos (Hellmuth ganhou mais de setenta torneios de pôquer, incluindo um recorde mundial de 17 eventos do World Series), havia fotografias autografadas de quase todos os atletas que você puder imaginar, álbuns atulhados de recortes de jornais antigos e livros com registros de torneios de pôquer, e muitos e muitos produtos da marca Phil Hellmuth, incluindo o sonho de todo garoto de Wisconsin: uma série de latas de cerveja Milwaukee's Best com a cara sorridente de Hellmuth estampada.

Mais tarde, quando nos sentamos à mesa de jantar em sua confortável casa em Palo Alto, Califórnia, ficou evidente que meu esforço para conter o ego de Hellmuth havia sido em vão. Ele falava em solilóquios de fluxo de consciência de quinze minutos, durante os quais eu não conseguia dizer uma palavra sequer. Em certo momento, ele se lembrou de que provocou Michael Jordan por ter ganhado mais braceletes do WSOP (quinze, na época) do que Jordan ganhou campeonatos da NBA (seis) — o que não é uma comparação justa, porque há apenas um título da NBA a cada temporada, ao passo que o WSOP distribui braceletes em dezenas de eventos todos os anos. (O Evento Principal é apenas um dos cerca de cem eventos no calendário do WSOP.)

Mas, de alguma forma, tudo aquilo era quase encantador. Por causa de suas frequentes ostentações e reclamações, Hellmuth foi apelidado de "Poker Brat" [Pentelho do Pôquer][39] — no World Series de 2021, ele ameaçou "incendiar a porra desse lugar se eu não ganhar esta porra de torneio". E, ainda assim — embora eu não ache que ele esteja deliberadamente fingindo ou interpretando um personagem —, se Hellmuth gostar de você, você vai sentir que pertence.

Hellmuth tem muito do que se gabar quando se trata de pôquer. É difícil fazer uma comparação estatística confiável de jogadores de pôquer, uma vez que não existem registros sobre o número de torneios de que um jogador participou — apenas quantas vezes ele terminou entre os primeiros colocados e ganhou algum dinheiro —, e são poucos os registros públicos de jogos a dinheiro. Ainda assim, os dezessete braceletes do WSOP de Hellmuth são de longe a maior marca da história (Phil Ivey, Johnny Chan, Doyle Brunson e Erik Seidel estão empatados em segundo, com dez cada). E, apesar das críticas de outros jogadores de que seu estilo de jogo é ultrapassado — ao contrário de Negreanu, Hellmuth não tentou adaptar seu jogo para ser mais GTO —, ele também teve seu quinhão de sucesso recentemente, incluindo 9-2 no High Stakes Duel, uma série de partidas *heads-up* contra jogadores de elite. O melhor de todos os tempos? É difícil dizer, porque existem tantos formatos diferentes de pôquer que fatalmente seria como comparar alhos com bugalhos. Mas é possível defendê-lo.

Hellmuth também tem um lado mais suave se você conseguir ultrapassar sua fachada impassível de jogador de pôquer. Como muitas pessoas muito competitivas, ele teve uma infância difícil. Em seu livro, ele escreveu que "no primeiro ano, e no segundo, minhas notas eram ruins,[40] eu tinha espinhas, verrugas nas mãos... foi difícil não ter amigos".

"Eu sempre fui meio que um pentelho do pôquer, a origem disso é que, quando eu era jovem, era o mais velho de cinco filhos e o único que não tirava boas notas na escola", contou. "E era o único que não tinha um bom desempenho atlético nos esportes tradicionais... Meu pai foi criado na convicção de que boas notas eram tudo... Então não aprovava nada que eu fazia." Assim, Hellmuth se voltou para o pôquer. "Eu tinha que ser ótimo em jogos, pelo menos."

Em torneios, Hellmuth privilegia um estilo de jogo tático, *"small ball"*, em vez da agressividade fanfarrona de que os jogadores modernos gostam. A falha típica de um jogador de pôquer inexperiente é optar por atividades passivas (dar *check* ou pagar) em vez das mais decisivas de apostar, aumentar ou foldar. Ora, Hellmuth meio que joga assim. Ele gosta de dar *check* e *call*, na esperança de vencer seus oponentes em um jogo mortífero desferindo mil facadas. (Ele também adora correr da mão — ele é *tight*.) Isso faz com que alguns jogadores com uma abordagem mais moderna o confundam com um *fish*, alguém fracote. Mas, com efeito, seu estilo tem algumas vantagens. Em primeiro lugar, evita colocar todas as fichas em risco. Se você acha que é um dos melhores jogadores do mundo (e é óbvio que Hellmuth se considera como tal), o custo de oportunidade de uma aposta *all-in* ou *call* é alto porque uma oportunidade melhor pode surgir mais tarde. Em segundo lugar, justamente porque quase todos os outros profissionais abandonaram a abordagem *small ball*, tem muita gente que pode não estar acostumada a ela. E o terceiro aspecto: jogar potes menores em que há muitos pontos de decisão em cada mão* permite que Hellmuth use sua maior força: magia branca.

"Magia branca" é o termo que Hellmuth usa para se referir à sua habilidade de "ler" outros jogadores, seja por meio de *tells* físicos ou interações verbais. Até os rivais dele lhe dão crédito pela habilidade de entrar na cabeça dos oponentes; certa vez, Negreanu o chamou de "o melhor jogador exploratório de todos os tempos".[41]

---

* Uma forma de explicar isso é dizendo que Hellmuth está preservando sua opcionalidade. Ir *all-in* termina a mão — seu oponente ou paga ou desiste, e não há mais decisões a serem tomadas. Apostas menores oferecem a oportunidade de continuar e talvez perceber um *tell* que lhe permita fazer um grande *fold* ou um grande *call* mais adiante. O jogo de Hellmuth é muitas vezes difamado por críticos norteados por GTO, mas pode ser ótimo, considerando sua força particular para captar leituras.

Embora tenha dito para mim que não tenta deliberadamente colocar seus oponentes em *tilt*, é provável que Hellmuth seja beneficiado pelo fato de ser tagarela a ponto de se tornar irritante... muitos jogadores entregam algum tipo de reação que revela a força das próprias cartas.

De onde vem essa habilidade é algo que não tenho certeza se nem mesmo Hellmuth está totalmente ciente. Minha teoria favorita é que ter sofrido bullying quando criança o tornou hipersensível à leitura de sinais sociais: de uma forma que não o levou a se tornar bem-educado (afinal, ele é o "Pentelho do Pôquer"), mas que lhe permitiu descobrir as intenções das pessoas e se estava sendo ameaçado. Porém, uma conexão importante que Hellmuth traçou é que sua magia branca vem e vai com seu nível de energia. A ideia de que a capacidade de leitura de pessoas vem do corpo em vez da mente — de modo que, quando estamos cansados, nossas habilidades sociais sofrem mais do que, digamos, nossa capacidade de resolver uma equação — é algo que coincide à perfeição com o que Coates defende.

"Às vezes eu entro no modo de capacidade máxima de leitura. E, quando estou com a capacidade máxima de leitura, sou perigoso", declarou Hellmuth. "Por que não tenho mais braceletes do que eu já tenho? Obviamente já consegui o recorde. Eu já poderia ter mais dez braceletes", gabou-se ele com toda modéstia e humildade do mundo — Hellmuth raramente deixa o personagem. "O que aconteceu é que a fadiga me matou. Aí eu fico muito cansado. E perco o controle. E jogo mal."

Também é possível adotar uma abordagem mais estudiosa e reflexiva para a leitura dos jogadores. Tanto Adelstein quanto Negreanu me disseram que assistem de forma obsessiva a vídeos de seus oponentes mais frequentes. "Eu tinha um banco de dados de apenas um jogador, Jake Schindler", revelou. Negreanu. "Eu tinha 5 mil mãos dele. E eu o observei, e contei que oito em cada dez vezes que ele cortou suas fichas dessa forma, ele tinha uma mão mediana." Desnecessário dizer que é preciso ter muito cuidado ao jogar com um oponente que o estuda assim.

Mas, para a maioria dos jogadores, captar *tells* e vibrações emocionais vem de um lugar mais intuitivo.

"Uma coisa que descobri logo quando comecei a jogar foi que eu tinha um instinto muito forte pra sacar se meus oponentes eram fracos ou fortes", disse Maria Ho, outra jogadora profissional de alto calibre que é uma perita bastante perspicaz no comportamento de outros jogadores de pôquer — tão especialista que com frequência é convidada a atuar como comentarista especial do World Poker Tour e de outras transmissões televisivas de partidas de pôquer. "E isso era baseado somente em leituras físicas e pequenos maneirismos na forma como eles arrumavam suas fichas." Ho me contou que ela tem uma vantagem adicional:

o meio do pôquer é dominado por homens, que tendem a ser ruins em esconder seu estado emocional. As mulheres, por outro lado, são mais difíceis de interpretar. "Em geral, as mulheres são boas comunicadoras, mas só comunicam o que querem que você saiba", disse Ho. "Nós só meio que nos abrimos quando estamos prontas pra contar a história completa. Então, sempre achei as mulheres melhores e mais traiçoeiras que os homens."

Em 2023, Ho venceu o reality show de pôquer *Game of Gold* e faturou 456 mil dólares, derrotando quinze oponentes que variavam de carismáticos novatos a sérios candidatos a maiores de todos os tempos, como Negreanu. Era um ambiente perfeito para Ho, que, tal qual Adelstein, tinha experiência em reality shows (ela já havia competido no programa *The Amazing Race*). Mas *Game of Gold* envolvia principalmente pessoas com habilidades superiores de pôquer se enfrentando em uma série de partidas mano a mano. E, se observarmos Ho, sua capacidade de ler os oponentes é extraordinária.* Ela é mais resoluta que alguém como Hellmuth, triangulando em direção ao seu alvo enquanto mescla a matemática envolvida naquela mão, os sutis sinais físicos que seus oponentes estão dando e sua consciência da situação na qual está imersa. A teoria GTO diz que, em todas as situações de pôquer, pelo menos algumas de suas apostas devem ser blefes. Mas muitos jogadores não têm a presença de espírito para demonstrar esses blefes nos momentos mais decisivos. Se você for um deles, Ho geralmente avaliará as suas deficiências no quesito coragem.

Scott Seiver, outro jogador profissional conhecido por seus gracejos na mesa e sua habilidade de convencer os oponentes a fazerem exatamente o que ele quer que façam, observou que o pôquer envolve duas habilidades que raras vezes estão presentes na mesma pessoa: pensamento sistemático e empatia.** "O pôquer, em sua essência além da matemática, é um jogo de empatia", disse ele. "Tem a ver com a capacidade de entender o seguinte: se eu fosse a outra pessoa, e como sei XYZ sobre quem ela é — e ela tivesse acabado de vivenciar tais coisas —, o que ela estaria mais propensa a fazer no desenrolar da situação?"

Embora já tenham sido escritos diversos livros com dicas de pôquer e *tells*, Seiver não tem certeza se elas podem ser sintetizadas em uma ciência. "É como colocar a carroça na frente dos bois, em que atribuímos uma razão para um sentimento subconsciente que se tem", refletiu ele. Coates me disse algo semelhante: de maneira geral, devemos prestar atenção nos sinais que nosso corpo está nos dando, mesmo que não consigamos descobrir o porquê. "A questão é que a nossa fisiologia

---

* Para ver Ho em seu auge, eu recomendaria em especial o episódio 8 de *Game of Gold*, "The Queen".
** Pesquisas acadêmicas, por exemplo a de Simon Baron-Cohen, também consideraram que esses traços de personalidade — sistematização e empatia — têm uma correlação negativa.

é muito inteligente", declarou ele. "Quer dizer, é muito inteligente de verdade. É muito difícil enganar sua fisiologia... Vivemos em um mundo 3D, estamos em movimento em um mundo 3D. Então, se cometemos erros em nossos movimentos, morremos. Portanto, temos padrões muito mais elevados em nossa fisiologia do que em nossa psicologia. Então esses sinais podem ser incrivelmente valiosos."

Se jogadores como Ho, Seiver e Hellmuth possuem uma habilidade especial nisso, a maioria dos jogadores de pôquer tem pelo menos alguma habilidade intangível para perceber a força da mão de um oponente. Às vezes, você simplesmente *vai saber*, mesmo que não consiga identificar com exatidão como ou por quê. O termo "sexto sentido" é um clichê, mas, uma vez que se adquire experiência suficiente jogando pôquer ao vivo, a sensação é bem essa. A acuidade e intensidade do sexto sentido podem variar de acordo com seu nível de foco. Mas, como muitas decisões de pôquer envolvem estratégias mistas — de modo que o valor esperado de pagar e desistir é, em teoria, exatamente o mesmo, por exemplo —, é bastante aceitável "seguir sua intuição" como um critério de desempate. De vez em quando, porém, você terá uma noção tão forte sobre o que seu oponente tem nas mãos que é meio como se ele desse a maior bandeira com sinais em néon, e aí você se sentirá confortável em se desviar para muito longe do jogo GTO.

Então será que isso significa que, se você está lendo este livro com aspirações a se tornar um jogador de pôquer, tem minha permissão para fazer *folds*, *calls* ou blefes heroicos com base em alguma "sensação" ou "impressão" subconsciente sobre um jogador?

Não. Por favor, não faça isso. Não até ganhar mais experiência usando seu sexto sentido. E, mesmo assim, é preciso coletar dados suficientes para fazer inferências confiáveis. "Mesmo contra jogadores ruins, o peso relativo da coisa física tende a ser bem baixo", relatou Adelstein. "Você precisa de algumas informações certeiras de verdade, especificamente algo como eles fazendo aquela tal coisa física ou quase sempre, ou quase nunca, em uma amostra que seja de tamanho muito bom."

Por exemplo, um tema recorrente nos *tells* do pôquer é detectar se um oponente está relaxado ou tenso. Em geral, não é tão difícil de perceber, embora jogadores profissionais tenham muita prática em esconder seu comportamento (ou fingir para enganar os outros). Mesmo assim, ainda é preciso descobrir *por que* eles estão se sentindo relaxados ou tensos. Seiver relembrou uma mão dele de 2014 contra um jogador profissional alemão chamado Tobias Reinkemeier em um torneio especial do WSOP com *buy-in* de 1 milhão de dólares.[42] Na mão, Seiver foi *all-in* no *turn* com um blefe, indicando que tinha feito um *flush* quando na verdade estava em um *straight draw*. Reinkemeier tinha par de ases e com eles estava preparando uma *trap*, escondendo a força de sua mão na esperança de induzir aquele exato tipo de reação de Seiver. Os jogadores trocaram gracejos, e Reinkemeier informou a Seiver que tinha ases. Seiver parecia incrivelmente tranquilo e indiferente para um torneio de 1 milhão de dólares, dizendo a Reinkemeier que, óbvio, ele teria que pagar com uma mão tão forte quanto ases. Reinkemeier, farejando um truque, jogou fora sua mão!

A questão é que Seiver *estava* se sentindo relaxado, segundo me contou, porque tinha aceitado que seria eliminado do evento. "Ele disse que tinha ases. E, em teoria, você deve pagar com ases não é nem em 99% das vezes, mas, tipo, literalmente em 100% dos casos. E Tobias era um jogador de pôquer muito bom, alguém por quem eu tinha muito respeito... Então eu estava bem relaxado, porque sabia que estava fora do torneio. Eu sabia que ele pagaria, não importava o que acontecesse."

O outro lado disso vem à tona quando seu oponente tem uma amostra grande o suficiente do seu jogo a ponto de ser orientado pelos dados para prever seu comportamento. Em outubro de 2021, eu estava à beira de realizar um sonho: ganhar meu próprio bracelete do WSOP. Participei do evento "10.000 Limit *Hold'em* Championship"; desde então, o *Hold'em* com limite saiu de moda, mas era o jogo mais popular em meados dos anos 2000, quando o pôquer era minha principal fonte de renda. Embora eu tivesse passado uns quinze anos sem jogar muito *Hold'em* com limite, ninguém mais havia jogado também, e eu tinha muita memória muscular para o jogo. Cheguei à mesa final sentindo que tinha jogado um pôquer quase perfeito. Havia apenas um homem no meu caminho: "Angry"* John Monnette.

Monnette, que na ocasião em que o enfrentei já havia conquistado três braceletes do WSOP, era a pior pessoa do mundo para encarar naquela situação. Seu ganha-pão são os jogos a dinheiro com limite de apostas altas, então ele continuou aprimorando suas habilidades no jogo com limite enquanto o restante do mundo do pôquer as deixou atrofiar. Ele também é incrivelmente observador e não tem medo de verbalizar suas reclamações... às vezes de forma agressiva, daí seu apelido. Ele ficava o tempo todo chamando a equipe do torneio, por exemplo, para apontar que algumas das cartas tinham pequenos defeitos — vincos sutis ou ligeiros amassados que eram visíveis sob o brilho das luzes da mesa final televisionada.

Se ele estava notando detalhes tão pequenos, o que teria notado sobre mim? Jogamos por várias horas, mas a batalha parecia cada vez mais difícil e, quando perdi, eu me senti sobrepujado em astúcia** — foi como se Monnette pudesse

---

* Literalmente, "Furioso", "Zangado". (N. T.)
** Se estivéssemos jogando *Hold'em* sem limite, eu teria algumas estratégias para impedir que ele me passasse a perna. Ou seja, eu poderia jogar pôquer *"big ball"* — o oposto da estratégia hellmuthiana —, tentando forçar "Angry" John a optar por grandes apostas e *all-ins*, mas era *Hold'em* com limite, então foi uma morte com mil facadas.

ver minhas cartas. Tenho um amigo que, sempre que esse torneio é mencionado, "carinhosamente" sugere que eu assista ao vídeo, porque parece que Monnette tinha percebido que dei algum *tell* e estava fazendo alguns *calls* e *folds* de uma precisão inacreditável. No entanto, eu não preciso assistir ao vídeo, porque tenho certeza de que Monnette detectou uma ou duas coisas. Na verdade, tenho alguma ideia sobre qual foi o meu *tell*. Eu estava tentando evitar as redes sociais durante a partida, então não vi que um jogador de nível internacional me enviara uma DM no Twitter me alertando sobre um possível problema. Já que acho que o consertei, vou contar o que foi. Meu "timing estava um pouco honesto demais", foi o que o tal jogador de altíssimo nível me escreveu: eu estava demorando mais para fazer apostas e dar *calls* com blefes do que quando eu tinha mãos fortes. O problema é que esse é um *tell* relativamente sutil, e o oposto do que seria de se esperar. (O estereótipo é que os jogadores agem com mais rapidez e decisão quando se trata de blefes para sinalizar força, e, quando têm mãos fortes, gastam o tempo que for necessário em falsa contemplação, como Johnny Chan fez contra Erik Seidel.) Mas, ao longo de várias horas, Monnette conseguiu sacar aquilo. Não me ajudou em nada o fato de a mesa final ter sido transmitida por streaming pela PokerGO (com um pequeno atraso). Então, se algum amigo de Monnette percebeu o *tell*, também pode tê-lo alertado.

Ainda assim, não basta descobrir o *tell*, é preciso lhe conferir algum tipo de peso matemático. Com o tempo, os jogadores de pôquer desenvolvem uma intuição matemática estranhamente bem calibrada. "Se há uma coisa que você descobre depois de jogar muitas, muitas, muitas, muitas mãos, é que você sabe o que é 52/48", foi o que me disse Annie Duke, referindo-se a um jogador que consegue distinguir uma chance de 52% de uma posição de 50/50. "Esse é o tipo de distinção que a maioria das pessoas é muito ruim em fazer. Mas os jogadores de pôquer são realmente bons em fazê-la, e conseguem *senti-la*."

São palavras que soaram como música para os ouvidos de alguém como eu, que passa a maior parte de cada ciclo eleitoral arrancando os cabelos (ou o que me resta deles) para fazer as pessoas do Village pensarem de forma mais probabilística. Mas eu estava especialmente interessado em como Duke expressou sua observação: que se trata de algo que os jogadores *sentem* em seu âmago, em vez de tentarem conscientemente calcular as probabilidades.

Em nossa conversa, Duke mencionou o trabalho de seu amigo, o falecido economista ganhador do Prêmio Nobel Daniel Kahneman. Em seu livro *Rápido e devagar*, Kahneman postulou uma distinção entre o pensamento "rápido" do Sistema 1, em que agimos de forma intuitiva com pouco ou nenhum esforço consciente, e o pensamento "lento" do Sistema 2, em que passamos por um processo de pensamento deliberado e estruturado.

Levando-se em conta as complexidades matemáticas do jogo, espera-se que o pôquer se enquadre no Sistema 2. E, de fato, é assim que os computadores o entendem. Apesar das constantes melhorias no poder de processamento, os *solvers* ainda levam vários minutos para chegar a uma solução aproximada para uma única mão de pôquer. No entanto, jogadores humanos experientes, que têm mais fatores a ponderar que os computadores — não apenas a matemática, mas a psicologia —, em geral chegam a uma decisão em questão de poucos segundos. Portanto, talvez a distinção entre o Sistema 2 e o Sistema 1 seja mais confusa do que normalmente se supõe. Com bastante prática, as tarefas do Sistema 2 podem se tornar tarefas do Sistema 1.

TAREFAS DO SISTEMA 1	TAREFAS DO SISTEMA 2
Reagir quando um cachorro pula na frente do seu carro.	Planejar uma rota de carro até a casa da vovó.
Caminhar pela Quinta Avenida enquanto mexe no celular.	Realizar uma análise de custo-benefício sobre o fechamento da Quinta Avenida para o tráfego de automóveis com um único passageiro.
Determinar se alguém está flertando com você.	Negociar um acordo pré-nupcial.
Identificar quando um objeto parece fora do lugar em uma sala com a qual você está familiarizado.	Trabalhar com um arquiteto para projetar uma sala de estar com orçamento limitado.
Calcular o número de pessoas em um pequeno grupo.	Calcular o público presente em um grande estádio esportivo.

Assim, esse é um dos fatores que tornam especiais os jogadores de pôquer e as pessoas parecidas com eles: ser capaz de fazer na hora, num átimo, cálculos matemáticos aproximadamente corretos, usando não apenas a mente, mas também os próprios sinais corporais. Mas isso ainda não é tudo. Mesmo em relação a outras atividades no River, o pôquer é um jogo de risco exponencialmente crescente. Então vamos falar sobre variância e o efeito psicológico que ela desempenha nos jogadores de pôquer.

> **O *cash game* é uma insanidade. Um torneio de pôquer é dez vezes mais insanidade.**
>
> Acredito que não exista outra atividade popular na qual o completo fracasso seja um resultado tão comum.
>
> Na maioria dos torneios de pôquer, apenas 10% a 15% do *field* [o universo de jogadores de um torneio] acaba saindo no lucro. Bons jogadores receberão mais dinheiro, mas não necessariamente muito mais — parte da vantagem deles é poder

acumular muitas fichas e estar entre um dos poucos finalistas e não apenas ganhar um *"mincash"* [o valor mínimo de prêmio em dinheiro concedido em um torneio de pôquer, em geral menos que o dobro do valor do *buy-in*]. Em torneios de grande porte, a grana de verdade só vai para quem estiver entre os 2% dos melhores colocados. Na maioria das vezes, é só perder, perder, perder, *mincash*, perder.

É por isso que os jogadores de torneio precisam ser um pouco insanos. Os campeonatos são muito arriscados até para Garrett Adelstein, famoso por ser destemido: "Percebi que se o *cash game* é insano, o torneio de pôquer é dez vezes mais. É como ficar na ala de isolamento do hospício a vida toda", comentou ele.

Vamos quantificar a insanidade.

Ryan Laplante, jogador profissional de pôquer que mora em Las Vegas e também administra o site de treinamento LearnProPoker.com, ama torneios de pôquer mais que qualquer pessoa que eu conheço. Tanto que está disposto a jogar uma grande variedade de *buy-ins*, de menos de 350 dólares a até 50 mil dólares. Então ele tem uma boa ideia de quanto um jogador pode esperar ganhar em diferentes níveis. Pedi ajuda a Laplante para criar um cronograma plausível para uma típica "profissional de torneio ao vivo". Determinamos que essa jogadora está a um passo da elite, mas em alguma posição entre a 100ª e a 200ª melhor jogadora no cenário de torneios ao vivo — uma jogadora boa e habitual, que você nunca fica feliz em ver na sua mesa. Vamos chamá-la de Bárbara Bem Boa.

A meta de Bárbara é jogar duzentas entradas em torneios de pôquer ao vivo por ano com um *buy-in* médio de cerca de 5 mil dólares (Barbara provavelmente diria "disparar duzentas balas" — uma bala, *bullet*,* é uma entrada de torneio. Inúmeros termos do jargão de pôquer evocam imagens do Velho Oeste.) Conseguir o dinheiro não é tão fácil quanto parece. É bem possível que ela queira morar em Vegas, onde não há imposto de renda estadual e os custos de moradia são relativamente acessíveis. Ela precisará jogar durante quase todo o cronograma de sete semanas do WSOP entre maio e julho.** Além disso, há outras séries de pôquer na cidade ao longo do ano: o Hotel e Cassino Wynn sedia algumas boas, incluindo uma série de dezembro com

---

* Na linguagem do pôquer, *bullet* também se refere a um par de ases. (N. T.)
** Se você for como muitas pessoas que eu conheço, um aficionado por pôquer mas que trabalha em um escritório, isso pode parecer um sonho que se tornou realidade. Mas, quando joguei o WSOP por cerca de cinco semanas seguidas em 2021, tive que ralar mesmo. Os horários de início no WSOP são distribuídos ao longo do final da manhã e da tarde (nunca no início da manhã, isso seria considerado um sacrilégio no pôquer), e os torneios visam durar aproximadamente doze horas de jogo por dia. Se você estiver tentando disparar o máximo de balas possível, terá pela frente alguns dias em que, depois de entrar em um evento matinal, sairá para entrar em um torneio vespertino que se estenderá até duas ou três da manhã. Isso pode muito bem se transformar em uma semana de trabalho de setenta ou oitenta horas.

um evento principal de 10.400 dólares que em 2023 ostentou um espantoso prêmio de 40 milhões de dólares.

Portanto, Bárbara precisará viajar. Com certeza ela vai querer ir várias vezes por ano ao Hard Rock na Flórida, onde se joga o melhor e mais consistente pôquer de torneio fora de Vegas. Vai querer participar do PSPC nas Bahamas. Além disso, ela tem algumas opções para chegar às almejadas duzentas balas. Pode jogar alguns dos eventos mais obscuros do World Poker Tour em lugares como o Choctaw Casino & Resort em Durant, Oklahoma — ou rumar para os destinos mais glamourosos do European Poker Tour como Monte Carlo e Barcelona, mas arcando com os custos das despesas de viagem, *jet lag* e os inevitáveis aborrecimentos de entrar e sair de um país estrangeiro com grandes somas em dinheiro vivo. (Uma dica: não leve consigo mais de 10 mil dólares em dinheiro em um voo internacional.) Mas apresento aqui um esboço de programação de Bárbara até o final do ano — incluindo estimativas do retorno sobre o investimento (ROI) dela em diferentes eventos, que formulei com a ajuda de Laplante.

Agenda de torneios de Bárbara

Entradas	*Buy-in* (em dólares)	Jogadores	Prêmio principal (em dólares)	Descrição	ROI
25	1.000	4.000	500 mil	Torneio WSOP de fim de semana, muito grande	60%
40	1.500	200	60 mil	Torneio menor de um ou dois dias em Vegas durante a parte menos tumultuada do calendário, como no Venetian	50%
40	3.500	2.500	1,3 milhão	Evento principal de torneio muito grande (WSOP, WPT, EPT etc.)	40%
35	5 mil	700	600 mil	Grande torneio	30%
30	10 mil	700	1,2 milhão	Grande torneio	20%
20	10 mil	50	170 mil	PokerGO ou evento paralelo em torneio principal	10%
6	25 mil	125	700 mil	*High-roller* na Flórida ou no WSOP	10%
1	10 mil	9 mil	10 milhões	Evento principal do WSOP	100%
2	10.400 mil	4 mil	4 milhões	Evento Principal Wynn WPT (também conhecido como "Winter Main"); múltiplas entradas permitidas	30%
1	25 mil	1.000	3 milhões	Evento principal do PSPC, Bahamas	40%
200	**1,1 milhão**			**Total**	**25%**

O que aprendemos com isso? De acordo com a minha estimativa, em um ano médio Bárbara ganhará cerca de 240 mil dólares em torneios. "Uau, parece muito bom!", alguém pode dizer: viajar pelo mundo, ganhar a vida jogando cartas e ter uma renda bem superior ao salário médio dos norte-americanos. No entanto, esse não é o panorama completo. Por um lado, há impostos (um baita problema, levando-se em conta a forma como a Receita Federal tributa os jogadores de pôquer)[43] e despesas (altas, já que estamos presumindo que Bárbara está na estrada cerca de cem dias por ano).

Mas o grande problema é que o valor de 240 mil dólares é mera especulação. É um cálculo de valor esperado a longo prazo, e Bárbara nunca vai chegar a esse ponto. Há tanta variação em torneios de pôquer que, mesmo que ela jogasse durante cinquenta anos a fio, a verdade é que as oscilações não chegariam a um ponto de equilíbrio.

De fato, apesar de ser uma das duzentas melhores jogadoras de torneio do mundo, *na metade do tempo ela terá um ano perdedor*. Descobri isso simulando a agenda de Bárbara dez mil vezes, usando tabelas de prêmios de torneios de pôquer reais.*

Poderíamos fazer mais um questionamento: Bárbara pretende gastar mais de 1 milhão de dólares em *buy-ins* de torneios por ano — então de onde ela vai tirar todo esse dinheiro? No pôquer, essa pergunta pode ter uma enorme gama de respostas. Muitos profissionais de torneios ganharam uma bolada no início da carreira. Muitos têm atividades paralelas ou acordos de patrocínio. Uma quantia significativa entrou na comunidade do pôquer durante o boom das criptomoedas — os jogadores de pôquer foram os primeiros a adotar o Bitcoin e o Ethereum, em parte porque as criptomoedas de fato têm alguns casos de uso prático no pôquer.** E alguns jogadores são apenas habilidosos em estabelecer bons relacionamentos com as pessoas certas. O pôquer atrai muitos caras excêntricos e inteligentes com esquemas criativos para ganhar dinheiro, sejam eles mais ou menos ricos, extremamente ricos ou absolutamente falidos. E mesmo que seja impossível de determinar com total certeza quem pertence a qual categoria, sempre há pessoas no River que gostam de esbanjar dinheiro, e nunca é demais estar na "zona de esbanjamento".

Assim, para fins de simulação, vamos supor que Bárbara comece seu ano com um *bankroll* [a quantidade de dinheiro que o jogador tem em conta para disputar torneios] de 500 mil dólares e pule um torneio se isso lhe custar mais de 5% de sua verba restante para entrar.[44] Com essa restrição em mente, aqui está a configuração de um conjunto representativo de dez daquelas minhas dez mil simulações:[45]

---

* Por exemplo, se em determinado torneio havia 4 mil entradas, eu escolhia de forma aleatória uma posição para Bárbara entre a inscrição número 1 (primeira) e a número 4.000 (quarta milésima) e procurava o prêmio associado, exceto quando conferi à loteria um peso estatístico ligeiramente favorável a ela a fim de corresponder ao seu ROI projetado.
** Jogadores de pôquer precisam de muita liquidez, às vezes através de fronteiras internacionais, e muitos bancos dos Estados Unidos não são muito receptivos a jogadores de pôquer. Então, a criptomoeda é uma maneira importante de liquidar dívidas na comunidade de pôquer. Também é utilizada por muitos sites de mercado cinza como uma maneira de contornar as leis norte-americanas que regulamentam o processamento de depósitos de jogos de azar.

10 simulações do ano de Bárbara

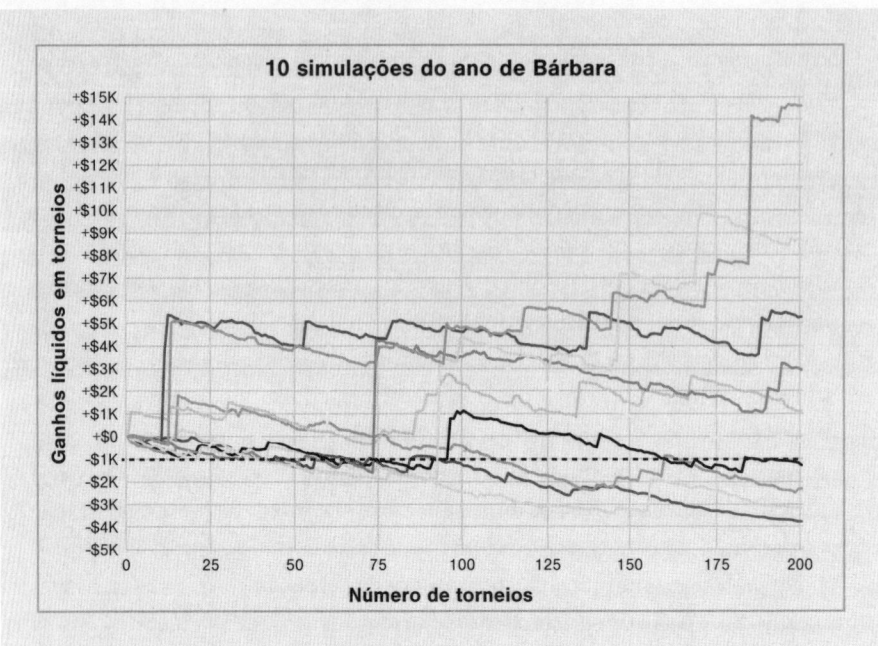

Bem louco, né? No conjunto de simulações, acontece de tudo com Bárbara, desde uma perda de 377 mil dólares até uma vitória de quase 1,5 milhão de dólares. E é óbvio que são possíveis resultados mais extremos que os citados. Em uma simulação, ela ganhou o Evento Principal do WSOP, além de alguns outros prêmios, embolsando mais de 11,2 milhões de dólares. Mas Bárbara tem um ano perdedor em 47% do tempo. Seu resultado médio é ganhar apenas 33 mil dólares.

Resultados de fim de ano de Penélope

Percentil	Lucro líquido (em dólares)
0	- 442 mil
1	- 416 mil
5	- 377 mil
10	-346 mil
20	- 288 mil
30	- 174 mil
40	- 76 mil
50	- 33 mil
60	197 mil
70	400 mil
80	681 mil
90	1,094 milhão
95	1,456 milhão
99	2,442 milhões
100	11 milhões

Desse modo, em linhas gerais, a vida em torneios de pôquer reflete muita dor. Se você olhar para os fios de espaguete no diagrama, verá que Bárbara passa a maior parte do tempo perdendo, mas é salva por algumas ocasionais pontuações muito grandes. Se ela não obtiver uma dessas grandes pontuações, suas sequências de derrotas podem continuar por muito tempo. Na verdade, com base nas simulações, há cerca de 11% de chance de que ela perca dinheiro em qualquer *período de dez anos*.[46] Imagine ser uma das duzentas melhores pessoas do mundo em seu ofício — e perder dinheiro nisso ao longo de uma década! Eu estimo até que Bárbara terá um *período de cinquenta anos* de derrotas cerca de uma vez a cada duzentas simulações. E tudo isso pressupõe que o nível de jogo dela se mantenha consistente, o que também não é realista. É provável que as oscilações sejam ainda mais insanas que o indicado porque, assim como os *traders* de Coates, ela terá um desempenho pior quando estiver em uma sequência de derrotas e melhor quando estiver numa série de vitórias.

Os ingredientes essenciais de uma personalidade de pôquer

Quem são as pessoas dispostas a suportar tudo isso? Sejamos sinceros: há maneiras de jogar pôquer profissionalmente sem ter que sofrer tanto com a variância. Em torneios de *buy-in* mais baixo (digamos, 600 ou 800 dólares), a vantagem de habilidade para um jogador profissional pode ser tão grande que marés de azar e períodos prolongados de vacas magras são menos prováveis. Ou é possível se dedicar a jogos a dinheiro em vez de torneios. Jogue o jogo de 2/5 dólares no Bellagio por cinquenta horas por semana, e dá para alcançar um valor esperado de 80 mil dólares a 100 mil dólares por ano,[47] com pouco risco de ir à falência.

Mas, para começo de conversa, a ideia de horários regulares e um salário fixo elimina o propósito de jogar pôquer. Essa é a parte paradoxal sobre aqueles que se dedicam ao jogo. É um campo que glorifica a tomada de decisões hiper-racionais, mas muitas pessoas que ganham a vida nele estariam bem melhor — pelo menos do ponto de vista financeiro — fazendo outra coisa. Em geral, a combinação de habilidades matemáticas e capacidade de leitura de pessoas, ambas necessárias para o sucesso no pôquer, deve contribuir também para lucrativas oportunidades nas áreas de tecnologia, finanças ou outras profissões do River — quase sempre em empregos com benefícios de assistência médica e muito menos variância.

No entanto, boa parte do que atrai as pessoas para o pôquer é ter uma veia antiautoridade. É uma das únicas profissões em que é possível de fato ser um lobo solitário. "Jogadores de pôquer são pessoas que se esforçaram para evitar ter um chefe, e que muitas vezes foram estigmatizadas por essa decisão e toleraram isso e seguiram em frente", disse Isaac Haxton, jogador profissional de apostas altas que durante o *boom* do pôquer em meados dos anos 2000 abandonou seu curso de ciência da computação na Universidade Brown para jogar cartas. Haxton, que em seus primeiros dias no circuito de torneios aguentava provocações por conta da semelhança física com o personagem Harry Potter, é um exemplo do tipo de atitude antiautoridade que ele mesmo está descrevendo. Orgulhosamente de esquerda, ele logo ficou desiludido com a ciência da computação depois de refletir sobre seus potenciais empregadores. "Tinha que escolher entre Facebook, Google, Raytheon ou Boeing — só as forças mais destrutivas do planeta", declarou. Haxton retornou à Brown para concluir um curso de filosofia, mas desde então joga pôquer — já somou mais de 35 milhões de dólares em ganhos em torneios ao longo da vida.

Contudo, se jamais ter feito as pazes com o establishment é um fator que define os jogadores de pôquer, devemos admitir outro fator de atração: é um jogo que seleciona pessoas que gostam de apostar.

"Até os jogadores de pôquer mais disciplinados travam uma batalha entre sua mente racional e a parte de sua mente que escolhe apostar", afirmou Brian Koppelman. Conversei com Koppelman em seu trailer no Upper West Side em Manhattan, onde ele estava gravando um episódio de sua série *Billions*, exibida pelo canal Showtime. Embora o mundo em *Billions*, centrado no fundo *hedge* Axe Capital, seja um dos retratos fictícios mais fidedignos do River, Koppelman é mais conhecido pelos jogadores de pôquer como corroteirista do filme *Cartas na mesa*, de 1998, inspirado em suas visitas ao lendário clube de pôquer Mayfair em Nova York. "O lugar é literalmente subterrâneo, e o resto da cidade está dormindo", lembrou Koppelman. "E você está acordado, comparando sua inteligência com a de outras pessoas e arriscando alguma coisa real. E há o elemento de variância. Para pessoas não religiosas, é como uma maneira de lutar corpo a corpo com Deus."

Admito que eu nunca tinha pensado nas implicações teológicas do pôquer. As pessoas encontradas no River são movidas por um irresistível desejo de competir — e a competição requer dois elementos para ser divertida. Primeiro, ela tem que ser real; não se pode ter garantia de nada. Há uma razão pela qual mais pessoas assistem a jogos do New York Knicks que às exibições acrobáticas do Harlem Globetrotters. E segundo, as apostas têm que ser altas o suficiente para doer quando o jogador perde. O pôquer atrai pessoas que de fato estão dispostas a deixar o destino estipular seu lugar no universo.

Então, a outra coisa de que um jogador de pôquer de apostas altas precisa, como aprendi a duras penas no Evento Principal de 2023, é uma alta tolerância à dor. Você tem que ser destemido. E, além da experiência, no pôquer há três maneiras de adquirir destemor: o comportamento inato, a criação e a boa sorte.

Jason Koon, por exemplo, que é o terceiro na lista dos jogadores que mais ganharam dinheiro em torneios de pôquer de todos os tempos, com mais de 55 milhões de dólares ao longo da vida, é um exemplo do comportamento adquirido. Sua criação turbulenta e barra-pesada o preparou para lidar com situações incrivelmente estressantes. Ele cresceu na pobreza nas montanhas da Virgínia Ocidental,[48] com um pai que o espancava dia sim, dia não, antes de abandonar a família e, por fim, ir para a cadeia. A infância difícil de Koon lhe trouxe um benefício: facilitou seu processo de adaptação aos momentos do tipo "lutar ou fugir" que a maioria dos jogadores de pôquer teme. Koon tem um temperamento forte e o pavio curto: na Wesleyan College da Virgínia Ocidental (ele foi o primeiro membro de sua família a ir para a faculdade, graças a uma bolsa de estudos de atletismo), era conhecido por se envolver em brigas de bar. Mas, no pôquer, são os grandes momentos que mais importam. É quando a pressão aumenta que Koon fica mais focado. "Há um efeito estranho, em que se alguma coisa muito, muito ruim acontece, tipo algo ruim de verdade na vida real, eu fico, tipo, bizarramente confortável e calmo. Porque já passei por isso várias vezes", disse ele.

Para outros jogadores, uma alta tolerância aos riscos pode vir de uma base biológica. Dan Smith — que, apesar de ser de Nova Jersey, é apelidado de "Caubói" por causa do chapéu de vaqueiro que não sai da sua cabeça (seu primeiro chapéu de caubói "de verdade" foi um presente dado por Koon)[49] — aposta em praticamente qualquer coisa, de criptomoedas a um jantar de comida japonesa* até suas habilidades atléticas. Em 2023, apostou com um jogador chamado Markus Gonsalves sobre o resultado de um set de tênis; a pegadinha era que Gonsalves, com habilidades superiores como tenista, teria que usar uma frigideira em vez de uma raquete de tênis. Mesmo assim, Gonsalves venceu.

O próprio Smith me contou: "Certa vez eu estava conversando com um nutricionista, que me perguntou: 'Você acha que sente atração por comportamentos de risco? Algo do tipo buscar sentir fortes emoções, situações nas quais você quer sentir uma descarga de adrenalina, ou ir atrás de mulheres, beber, tomar drogas ou mergulhar na jogatina, esse tipo de coisa?' E na hora eu respondi: 'Opa!'"

Em sua minibiografia do antigo Twitter, Smith já compartilhou suas batalhas contra a depressão[50] e suas tendências de *degen* (jogador degenerado) — ele se autodenomina um "entusiasta de caridade viciado em jogatina". (Ser considerado um *degen* às vezes é uma distinção de honra no River, contanto que o indivíduo não seja do tipo que prejudica os outros. Melhor um *degen* do que um *nit*, com certeza.) Ele disse que a teoria de seu nutricionista era de que "pessoas que têm serotonina naturalmente baixa são atraídas por comportamentos de risco", afirmação

---

* Quando Smith e eu fomos a um caro restaurante de sushi em Nova York, decidimos quem pagaria o jantar com base em qual dos dois conseguiria fazer a melhor mão de pôquer com os números de série de uma nota de 100 dólares. Sei lá como, mas, de algum jeito, eu não fiz nenhum par e nenhum *straight* (isso é muito azar quando se está lidando com oito números), e tive que arcar com a conta.

que condiz com a literatura acadêmica.[51] De acordo com o que Smith me falou, sua necessidade de risco e sua necessidade de competição o ajudam a manter uma espécie de equilíbrio precário quando se trata de pôquer. "Por mais que eu adore jogar, também odeio perder e não quero dar VE ao meu oponente."

Além disso, Smith doa uma parte significativa de sua renda, administrando uma instituição de caridade — adjacente ao altruísmo eficaz — chamada Double Up Drive, que já arrecadou mais de 26 milhões de dólares junto a jogadores de pôquer. Está aí outra coisa que as pessoas talvez não esperassem em relação a jogadores de apostas altas.* A tendência a serem generosos com seu dinheiro: dão boas gorjetas, emprestam grana a amigos, se oferecem para pagar a conta do restaurante, e assim por diante. Na comparação com outras pessoas bem-sucedidas que conheci, eles têm uma consciência mais plena sobre a natureza efêmera do dinheiro e do papel que a sorte desempenhou em seu sucesso.

Por fim, embora eu queira ser cuidadoso ao afirmar isto (não acho que algumas pessoas sejam naturalmente sortudas), pode haver algo de verdadeiro na ideia de que uma maré inicial de boa sorte cultiva hábitos responsáveis por colocar as pessoas em uma rampa de subida rumo ao sucesso contínuo.

Na época em que conversei com Ethan "Rampage"** Yau, em dezembro de 2022, ele talvez fosse o *vlogger* de pôquer mais conhecido dos Estados Unidos, com alguns de seus vídeos alcançando mais de 1 milhão de visualizações.[52] Mas, quando Rampage começou a postar vídeos em 2018, estava morando na casa dos pais e pagando a ninharia de 200 dólares[53] para participar de mesas em cassinos mixurucas de Rhode Island.[54] Na primeira mão do primeiro vídeo de Rampage, ele exagerou um par de ases, indo *all-in* contra dois oponentes apesar de ter a pior mão dos três. Mesmo assim, acabou ganhando 270 dólares na sessão, o início do que ele chama de *"sun run"* que persistiria pela maior parte do ano. (No pôquer, um *good run* ou *running good* significa ter sorte, uma série de mãos vitoriosas — então uma *sun run* é uma série muito boa, muito quente e lá no topo, tipo, você sabe, o sol.) "Se eu nunca tivesse sobrevivido àquilo", desabafou, "não estaria aqui agora. Então tive muita sorte ao longo do caminho, em especial no começo".

Yau era surpreendentemente desdenhoso e indiferente quanto a seu potencial de ir à falência. Por ocasião da nossa conversa, ele havia acabado de filmar uma transmissão ao vivo por *streaming* que começou como um jogo de 25/50 dólares, mas — como é comum em jogos a dinheiro de apostas altas — saiu completamente dos trilhos, com potes chegando a seis dígitos. Yau me disse que não estava

---

* Isso se refere especificamente a jogadores de apostas altas; no nível de apostas mais baixas, encontra-se muitos *nits* mesquinhos.
** Literalmente, "Tumulto", "Alvoroço". (N. T.)

nem perto de ter o *bankroll* adequado para o jogo e que estava apostando uma grande quantia de seu patrimônio líquido. "Sou jovem e burro o suficiente pra não olhar para esses números."

Durante nossa entrevista, fiquei esperando Rampage sair do personagem — achei que em algum momento ele ia admitir: "Olha só, cá entre nós, eu contratei uma equipe de seis supergênios húngaros, incluindo a neta de John von Neumann, pra programar um solucionador específico pra pôquer ao vivo, mas, por favor, não conte isso a ninguém, porque uma reputação a zelar." Porém, embora eu achasse que ele estava subestimando suas próprias habilidades no pôquer, nunca houve nada do tipo. Pelo contrário, ele fez muitos comentários como: "É mais divertido jogar mãos. Assim, não importa o quanto eu tente, tipo, ser *tight* ou o que for, e jogar GTO, não importa, porque eu vou voltar pra, tipo, vamos atrás do melhor jogo, caralho, só se vive uma vez."

No entanto, de alguma forma, funcionou muito bem para Rampage. Apenas uma semana depois de conversarmos, Yau ganhou um prêmio de primeiro lugar de 900 mil dólares em um torneio *high-roller* no Wynn de 25 mil dólares. Em seguida, embolsou 500 mil dólares[55] duas vezes no *Hustler Casino Live* no início de 2023, inclusive com uma mão em que venceu blefando o oponente em um pote de 1,1 milhão de dólares. A maior força dele é sua coragem estilo "Só se vive uma vez". Se Rampage sentir que o oponente se importa mais do que ele em perder suas fichas, ele vai tirar proveito disso na primeira oportunidade.

Um problema inevitável de um livro como este é que ele sofre de viés de sobrevivência. Se você correr o mundo dez mil vezes, algum jogador sortudo vai alcançar 99,9 na simulação percentil, surfará uma maravilhosa fase de vitórias que persistirá por anos e se tornará um lendário herói popular do pôquer. Talvez esse jogador seja Yau. Mas, durante a nossa conversa, comecei a me perguntar: ele realmente acha que tem sorte? E isso pode beneficiar seu jogo de pôquer de alguma forma?

Em seu livro *O fator sorte*, de 2003, Richard Wiseman afirma que as pessoas que se consideram sortudas se beneficiam disso de várias maneiras. Sou cético quanto à estrutura de Wiseman: ao meu ver, a melhor maneira de descrever o que ele chama de "sorte" é uma combinação de otimismo, resiliência, confiança, extroversão e abertura à experiência. Também acho difícil separar sua definição de sorte do status socioeconômico ou privilégio. No entanto, aqui está um resumo de suas afirmações:[56]

1. Pessoas sortudas "constantemente encontram oportunidades fortuitas" e tentam coisas novas.
2. Pessoas sortudas "tomam boas decisões sem saber por quê". Elas ouvem a própria intuição.

3. Pessoas sortudas têm expectativas positivas, então seus "sonhos, ambições e objetivos têm uma extraordinária facilidade para se tornarem realidade".
4. Pessoas sortudas "têm a capacidade de transformar sua má sorte em boa fortuna" por causa de sua resiliência.

Se você remover o verniz da conversa fiada de livro de autoajuda, há aí o cerne de algo. Como é possível "constantemente encontrar oportunidades fortuitas"? Ora, na verdade isso é apenas uma reformulação da opcionalidade, o que significa tomar decisões que colocam o sujeito em uma posição em que terá mais escolhas a fazer mais adiante. Pessoalmente, eu chamaria isso de maximizar o VE. Mas, em termos de autoajuda: se você escolher andar pelo corredor onde há mais portas, é mais provável que encontre uma aberta.

E, não restam dúvidas, a resiliência é essencial para um jogador de pôquer. É um jogo em que se perde *muito*. Todo jogador de pôquer conhece alguns caras estilo burrinho Ió, que chafurdam em seu infortúnio, seja real ou meramente percebido. O problema com esses jogadores é que eles parecem nunca sair dessa: uma vez um burrinho Ió, para sempre um burrinho Ió. Lembre-se do que aprendemos com John Coates, Annie Duke e outros: a maioria das pessoas é muito avessa a riscos, pelo menos quando se trata de decisões financeiras e de carreira. Um pouco de sorte no início da carreira pode estimular as pessoas a se exporem à quantidade adequada de risco mais adiante. Contudo, vou dizer uma coisa com todas as letras: eu não recomendaria as práticas de gerenciamento de *bankroll* de Rampage. Ele pode muito bem acabar indo à falência em algum momento. (Ele admitiu ter perdido uma quantia substancial em torneios em 2023.)[57] Mas você ainda preferiria ser Rampage do que o burrinho Ió.

Por que não há mais mulheres no pôquer?

O mundo do pôquer apresenta diversidade em alguns aspectos. Em um momento de crescente polarização política, é possível encontrar um amplo leque de opiniões. É um jogo extremamente misto em termos de idade, de pirralhos de 19 anos com documentos de identidade falsos até o centenário Eugene Calden,[58] que chamou a atenção por ganhar torneios de pôquer com certa regularidade ao longo de 2023. Em termos raciais e étnicos, o pôquer é mais diverso que muitas partes da sociedade dos Estados Unidos, embora esteja longe de ser uma amostra representativa da população. Jogadores brancos e do Leste Asiático são super-representados, assim como uma variedade de grupos de imigrantes, devido à popularidade internacional do jogo. Jogadores negros são sub-representados, embora com algumas exceções de destaque — Phil Ivey, muitas vezes considerado o melhor jogador de todos os tempos, é negro.

Mas o pôquer é muito, *muito* masculino — mesmo em comparação com outras partes do River, que já é um ambiente centrado nos homens. Estimativas mais usuais consideram que o universo de jogadores seja de 95% a 97% masculino; é possível encontrar uma mulher a cada duas ou três mesas. Então, antes de retornarmos para concluir a história de Garrett e Robbi — uma mão em que as percepções públicas talvez tenham sido influenciadas pelo gênero de Lew —, quero dedicar um tempo para refletir sobre a questão.

Em linhas gerais, vou apenas relatar o que me disseram as mulheres e jogadores de minorias com quem conversei. Não estou afirmando ter nenhuma percepção especial, exceto talvez que eu viajo constantemente entre o Village, onde as discussões sobre raça e gênero são vigorosas, e o River, onde esses assuntos são com frequência tratados com desdém.

Permita-me começar rejeitando uma explicação para essa distorção masculina. Não acho que os homens sejam melhores que as mulheres no pôquer. Não estou dizendo isso para ser *superwoke*. Existem diferenças psicológicas e fisiológicas entre os gêneros, e algumas delas são relevantes para o jogo. No entanto, nesse âmbito, não há evidências de que os homens tenham saído no lucro. Como eu espero que já tenha ficado evidente, o pôquer requer não apenas inteligência matemática, mas também empatia e inteligência emocional,[59] fatores nos quais a maioria dos estudos constata que as mulheres são melhores. Elas também são melhores em coisas como inferir o estado emocional[60] de uma pessoa a partir da expressão facial dela.

Então, o que explica a diferença de gênero no pôquer? As explicações que encontrei se enquadram mais ou menos em cinco categorias.

1. Muitas vezes há comportamentos abertamente abusivos e misóginos em relação às mulheres, agravados por uma atitude de "O que acontece em Vegas fica em Vegas".

LoriAnn Persinger é dura na queda. Veterana da Marinha, ela "sempre foi meio nerd". Já apareceu várias vezes em rede nacional de televisão como uma concorrente semiprofissional de *game shows*, em programas que vão de *Wheel of Fortune* a *The Price Is Right*. Ela também se destaca em uma sala de pôquer. Em geral, não há muitas mulheres, mas é ainda menos frequente encontrar mulheres negras na faixa dos 50 e poucos anos que jogam. Ela não se deixa abalar facilmente nem é do tipo que reclama em vão.

Porém, além de ser uma jogadora profissional, Persinger também foi crupiê de pôquer e esteve do outro lado de muitos episódios de comportamento abusivo por parte de jogadores. A sala de pôquer é um ambiente propício para insultos, ofensas e maus-tratos: o jogo atrai pessoas extremamente competitivas que escolheram esse estilo de vida em parte porque não querem ter que lidar com um chefe ou outras figuras de autoridade. Em qualquer mesa que seja, tem gente que está perdendo dinheiro — e pode ter alguns bêbados, chapados ou virados jogando há 36 horas seguidas, em verdadeiras maratonas de pôquer.

Para piorar ainda mais as coisas, quase sempre as equipes do cassino são treinadas para conter a situação em vez de deixar o drama se intensificar, em especial se o infrator for um VIP ou figurão que poderia muito bem atravessar a rua e levar seu dinheiro para a concorrência. Por exemplo, Hellmuth não recebeu nem sequer uma penalidade superficial depois de — brincando, alegou ele — ameaçar incendiar o Hotel e Casino Rio de Las Vegas durante o WSOP de 2021.[61] "Não se faz nada a respeito dessas coisas. É uma merda, uma merda. É uma merda absoluta", comentou Persinger. "Você tem vontade de dizer algo, e sabe que, se disser, será demitida, porque a pessoa que faz isso gasta rios de dinheiro no cassino."

De fato, o comportamento misógino e abusivo costuma ser escancarado. Em 2023, um jogador homem disputou e venceu um torneio feminino na Flórida,[62] encarando deliberadamente as mulheres para deixá-las desconfortáveis,[63] de acordo com relatos de outros participantes no evento. Os problemas são ainda piores nos níveis de entrada, que determinam se os jogadores permanecem no mundo do pôquer e têm o potencial de fazer do jogo um passatempo ou uma carreira para toda a vida. "Na verdade, eu já senti na pele a pior misoginia nos jogos de apostas mais baixas. Onde as pessoas estão lá para se divertir, para beber, e sentem que estou atrapalhando a curtição delas", declarou Maria Konnikova. No entanto, também já ouvi histórias horríveis sobre má conduta por parte de jogadores de apostas altas bastante conceituados — mas as piores histórias tendem a vir à tona somente depois que eu desligo o gravador.

2. Os homens têm dificuldade para fazer amizades na vida adulta, e o pôquer fornece um meio de vínculo social masculino que atrai uma ampla variedade de homens, mas as mulheres nem sempre são convidadas para a festa.

Quando um número recorde de jogadores de pôquer (na maioria homens) chegou para participar do evento do World Poker Tour (WPT) no Seminole Hard Rock em abril de 2021, sob a sombra dos *lockdowns* da covid-19, eu me perguntei quantos deles simplesmente sentiam falta da companhia de seus amigos. Porque aqui está um estereótipo[64] que se confirma tanto na minha vida quanto na pesquisa empírica: as mulheres são mais propensas a formar vínculos conversando, ao passo que os homens são mais propensos a formar vínculos fazendo coisas juntos. Em uma época de declínio das amizades masculinas — 15% dos homens norte-americanos dizem que não têm amigos próximos, e cerca de metade tem três ou menos amigos próximos[65] —, o pôquer oferece uma tábua de salvação social. Juntar-se a desconhecidos a uma mesa de pôquer é adentrar um ambiente onde o constrangimento social é razoavelmente bem tolerado e onde é garantido que o recém-chegado tem pelo menos um interesse em comum (o pôquer) com seus companheiros. Para a maioria dos homens, é fácil se encaixar.

Não acho que haja algo intrinsecamente errado nisso. Na verdade, creio que o mundo seria melhor se os homens passassem mais tempo buscando hobbies com uma natureza social e menos tempo disseminando ódio na internet. Mas, quando se trata de pôquer, as mulheres nem sempre são convidadas a participar.

Maria Ho, por exemplo, teve que recorrer ao suborno — com birita — para arranjar um lugar nos jogos da faculdade. "Eu tinha um monte de amigos que jogavam pôquer nos dormitórios. E, toda sexta-feira à noite, eles organizavam partidas. E aquela era a única noite em que eu não era convidada pra sair com eles, o que eu achava esquisito", me contou. "Eu pensei, beleza, vou ter que forçar a barra e entrar na marra. Então apareci lá com um barril de cerveja, porque imaginei que eles não recusariam bebida."

3. Os homens — seja por criação, cultura ou natureza — tendem a ser mais competitivos e agressivos, atributos essenciais para o sucesso no pôquer.

De acordo com um relatório da American Time Use Survey [Pesquisa Norte--Americana de Uso do Tempo],[66] os homens dedicam à prática de jogos mais que o dobro de tempo que as mulheres dedicam. Há também literatura acadêmica mostrando que os homens são menos avessos a riscos que as mulheres em uma ampla gama de domínios.[67] Então, não surpreende que o pôquer (jogo em que até a maioria dos profissionais não é tão agressiva quanto os computadores dizem que deveriam ser) não comece com uma perfeita proporção de gêneros de 50/50. Contudo, embora eu não duvide de que tais características sejam resultado de uma herança genética, para mim também está evidente que as expectativas culturais as superestimam.

"Muitas das qualidades que tornariam alguém um bom jogador de pôquer, quando são usadas para descrever um homem, têm uma valência positiva", afirmou Duke. "E, quando descrevendo uma mulher, assumem um viés negativo. Adjetivos como intenso, competitivo, ambicioso, e assim por diante, são palavras ruins para se referir a uma mulher, mas palavras boas para se referir a um homem."

No pôquer, há de fato algumas mulheres ferozmente competitivas. Mas elas têm que procurar o pôquer de maneira mais deliberada e precisam estar dispostas a nadar contra a corrente. Ho me disse que muitas são ensinadas a não serem agressivas. "E, para ser um bom jogador de pôquer, a pessoa tem que naturalmente se inclinar para esse lado agressivo... Você precisa ser alguém que não se importa com o que as outras pessoas pensam e que não tem medo de pensar fora da caixa e ir além do óbvio."

"Vou confessar. Como fica evidente pela minha experiência em *game shows*, eu gosto muito de competir. Sabe, eu costumava dizer: 'Eu gosto de vencer os meninos'", admitiu Persinger.

4. Os homens têm mais capital financeiro e social para apostar.

Há também algumas realidades econômicas simples quando se trata de pôquer, em especial quando falamos de jogos de apostas mais altas. Para participar de jogos a dinheiro e torneios de pôquer de apostas altas, teoricamente é necessário ter um *bankroll* muito grande — na casa dos seis dígitos. Quem tem essa grana na conta para torrar? De acordo com a Current Population Survey [Pesquisa de População Atual] do Departamento do Censo dos Estados Unidos,[68] cerca de 20% a 25% dos homens brancos empregados e 35% a 40% dos homens asiáticos empregados receberam pelo menos 100 mil dólares em 2022, em comparação com cerca de 15% das mulheres brancas, 15% dos homens negros e menos de 10% das mulheres negras.

Pode ser muito fácil negligenciar o fato de que ter tanto dinheiro para apostar é um luxo. Carlos Welch[69] (o coapresentador do podcast *Thinking Poker* com Andrew Brokos) cresceu em uma família pobre, negra e monoparental na Geórgia. Welch é um jogador fantástico que em 2021 ganhou um evento de bracelete do WSOP on-line de 125 mil dólares. Não tenho dúvidas de que ele poderia arrasar em eventos de apostas altas se quisesse. No entanto, Welch se ateve a *buy-ins* relativamente baixos e, até se casar com a colega jogadora de pôquer Gloria Jackson em 2023, costumava dormir em seu carro em estacionamentos de cassinos.[70] Ele tem orgulho de ser um *"nit"* — o termo pode se referir a um jogo de pôquer conservador e *tight*, mas também a uma tendência a ser frugal —, porque não parte do pressuposto de conseguiria muito bem reconstruir seu *bankroll* caso quebrasse. "Cada dólar que eu economizo é mais um dia em que não preciso ir trabalhar", confessou. "Então, conforme eu ganho mais dinheiro, isso me torna ainda mais *nit*."

O comportamento de Welch pode muito bem ser racional comparado ao de Rampage e de outros jogadores que com frequência jogam fora de seu *bankroll*. Ainda assim, as expectativas culturais variam quanto a quem deve ser responsável com seu dinheiro e quem é incumbido de arriscá-lo na jogatina — e essas expectativas variam de acordo com raça e gênero. "A verdade é que a sociedade não estimula as mulheres a, desde tenra idade, correr riscos. Desde pequenas, somos ensinadas que sempre temos que ser mais responsáveis", declarou Ho.

5. É uma vantagem ter a opção de se misturar, e isso é mais fácil quando você é um cara branco.

No Evento Principal do WSOP de 2022, joguei contra Ebony Kenney. Desde o momento em que nos sentamos, ela dominou a conversa na mesa, perguntando aos jogadores seus nomes e suas histórias, às vezes flertando um pouco. Kenney não estava caçando informações; era o segundo dia do torneio, e ela e todos souberam com antecedência quem estaria na mesa e provavelmente pesquisaram suas biografias no Google. Pelo contrário, Kenney estava tentando desarmar seus oponentes com humor e charme. É uma estratégia que tem funcionado. Kenney é uma jogadora fantástica; alguns meses após o WSOP, ela ganharia dois eventos *high-roller* em Chipre por um total combinado de quase 2 milhões de dólares.

Eu achei o show de Ebony Kenney divertido. Mas também pensei: "Puta merda, isso dá muito trabalho!" Como um cara branco de 40 e poucos anos, careca e barbudo — ou seja, o fenótipo modal do jogador de pôquer —, sempre tenho a opção de apenas me sentar e me mesclar ao ambiente. Essa não é uma opção para mulheres negras como Kenney ou Persinger. "Não sei se coloquei pressão indevida sobre mim mesma pelo fato de haver tão poucas mulheres que se parecem comigo", comentou Persinger. "Mesmo quando íamos ao cassino Commerce, onde há um salão com mais de oitocentas pessoas, não via mulheres negras lá."

As mulheres também podem esperar muitos comentários sobre sua aparência. "Sou menos sensível do que muitas pessoas a esse tipo de coisa", disse Cate Hall, que teve uma rápida sequência de vitórias em torneios de pôquer entre 2015 e 2018 antes de sair de cena para assumir empregos relacionados ao altruísmo eficaz. "E isso gera um nível de interesse muito maior e muito mais intenso do que o jogador médio. Só que, mesmo tendo muita atenção concentrada em mim, não fiquei super empolgada de verdade, pois era mais introvertida."

Se você é do tipo introvertido, pode optar por se isolar do mundo. Welch, um cara negro e grandalhão que na mesa de jogo costuma assistir a vídeos de batalhas de rap, atrai todo tipo de atenção dos oponentes, positiva e negativa. Ele se adaptou a isso escolhendo quase nunca se envolver em conversas durante as partidas. "Eu costumava usar óculos escuros e parecia um Exterminador do Futuro. Até meus movimentos eram robóticos., porque não queria entregar nada", contou.

No entanto, é uma escolha que tem um preço. Com isso, não apenas se está abrindo mão de informações potencialmente úteis ao se recusar a conversar com os oponentes, mas ter um relacionamento antagônico com os adversários em torneios é uma estratégia ruim. Em geral, quando dois jogadores se enfrentam em um grande confronto em torneios, é –VE para eles e +VE para o resto da mesa. Você não quer que seus oponentes venham atrás de você por pirraça ou ressentimento.

Welch não dá a mínima. "Sempre há um preço a pagar pelas coisas. E, pra mim, algumas coisas não valem o preço. Por exemplo, eu provavelmente melhoraria meu VE se fosse mais falante. Mas aí vou diminuir minha felicidade."

No entanto, há um lado positivo no pôquer, que o torna único entre quase todas as atividades em que eu consigo pensar. Se as pessoas lhe atribuírem estereótipos incorretos com base em raça, gênero, idade ou aparência, é possível tirar proveito disso e explorar as fraquezas delas. "Estereótipos são um bom ponto de partida", disse Welch. "O problema é quando você não está disposto a se ajustar. Porque é um jogo de informações limitadas. Então você tem que se agarrar ao que puder. E eu diria que a maioria desses estereótipos está correta em 70% das vezes. Mas se você não mudar, e eles caírem nesses 30%, você será destruído."

O benefício da dúvida

Eu me encontrei com Robbi Jade Lew em novembro de 2022, cerca de sete semanas após sua mão com Garrett Adelstein, como parte de uma das minhas muitas viagens ao Seminole Hard Rock na Flórida. Lew estava no meio de um difícil ressurgimento na cena do pôquer. Ansiosa para que sua história fosse contada, confirmou duas vezes comigo para ter certeza de que teríamos tempo para conversar. Ela citou jogadores famosos que foram simpáticos com ela. Não se importou em ser notada (estávamos sentados em um lugar bastante público, em um sofá na ala mais chique do Hard Rock), e usava um vestido branco e uma porção de joias.

Lew também é uma ótima contadora de histórias. "Eu sou uma pessoa que corre riscos. Sempre fui, em todos os contextos", disse ela. "Eu sempre quis fazer o que os outros não fizeram. Sempre quis ser uma mulher em uma área dominada por homens. Sempre quis ir contra a norma. Sabe, eu nasci na Arábia Saudita e vi minha mãe ser proibida de dirigir o carro até o hospital pra dar à luz."

Mas meu sexto sentido estava captando algo de estranho. De tempos em tempos, Lew fitava o espaço como se estivesse lendo um teleprompter. E ela tem o hábito de dar informações que ou são supérfluas ou não condizem com a realidade. Duas fontes com as quais conversei usaram o termo "mentirosa patológica" para descrever o hábito de Lew de se enredar em nós cegos. Ela comentou comigo, por exemplo, que naquele dia Adelstein tinha chegado ao Hustler de mau humor, mas há poucas evidências disso; no vídeo, ele está calmo e animado até o microssegundo em que ela levanta seu J4.

Logo após o encontro com Lew, conversei com Konnikova, que escreveu o cânone sobre vigaristas — *The Confidence Game* [O jogo do embuste] que precedeu *The Biggest Bluff* [O maior blefe de todos]. O que ela achou da alegação de Lew, de que ela via o jogo como um grande Banco Imobiliário e não tinha qualquer motivação financeira para trapacear?* "Eu sempre digo que os vigaristas não são motivados por dinheiro. Eles são motivados por poder", comentou Konnikova. O fato de Lew ter buscado com avidez a atenção da imprensa também não era necessariamente um bom sinal. Ao escrever seu livro, Konnikova conheceu muitos vigaristas carismáticos. Eram tão carismáticos, na verdade, que ela acabou parando de fazer entrevistas, porque sentiu que estava simpatizando demais com eles. Por que os vigaristas ficavam tão à vontade falando sobre comportamento antiético e muitas vezes ilegal? "Porque eles têm muito orgulho do que fizeram."

Assim, eu estava cético diante das alegações de Lew. Contudo, eu me pergunto se não tinha me tornado um pouco confiante demais ou se a estava julgando com base em estereótipos. Na época da nossa conversa, eu pensava que o mais provável era ela ter trapaceado. Era fácil interpretar o ocorrido por essa perspectiva. Encontraremos um monte de pessoas no River — e fora dele — que são propensas a exageros astuciosos. Muitas vezes, a decisão de dar o benefício da dúvida à pessoa A ou de esquadrinhar com redobrada atenção cada palavra que sai da boca da pessoa B depende de nossas noções preconcebidas a respeito de tal indivíduo. Tanto quanto qualquer outro lugar, o River está infestado desses vieses e preconceitos. Por que Sam Bankman-Fried escapou ileso[71] por tanto tempo de uma fraude de 10 bilhões de dólares, ao passo que Robbi Jade Lew foi vista como a vilã da história por ter ganhado uma mão de pôquer de 269 mil dólares?

Também especulei se Adelstein havia se tornado excessivamente confiante. Falei com ele duas vezes, a primeira cerca de seis semanas após o incidente, e de novo sete meses mais tarde. Em nossa segunda conversa, ele me disse com todas as letras que, com o passar do tempo, ficou ainda mais convicto de que havia sido vítima de uma trapaça. Isso me preocupou. Não me entenda mal: Adelstein estava na sala quando tudo aconteceu, e eu não. Ele é reconhecidamente bom em captar as vibrações das pessoas, então dou crédito à estranha sensação que ele teve, na ocasião, de ter sido enganado. Mas a cada dia que passa, a mão Robbi-Garrett se tornou menos uma situação de pôquer e algo mais próximo de um romance policial: uma série de estranhas coincidências para as quais não existe uma explicação evidente.

---

* O marido de Lew, Charles Lew, é sócio-gerente de um escritório de advocacia bastante exclusivo em Los Angeles, e tenho certeza de que ganha uma fortuna, então essa observação faz sentido.

Há também um aspecto desconcertante no que diz respeito àquela jogada: pode ser que Robbi esteja mentindo mesmo que não tenha trapaceado. As duas explicações mais prováveis para sua jogada são que: a) ela jogou mal sua mão e b) ela trapaceou. (Poucos jogadores acreditam na história oficial de Lew de que ela *se lembrou errado* de sua mão. "Não. Chance zero. Chance zero. Zero. 0%", opinou K. L. Cleeton, que trabalhou em produtos de software para detectar trapaças em jogos on-line.) Se for esse o caso, Lew não está falando a verdade de qualquer maneira, embora talvez pela compreensível razão de querer evitar constrangimentos.

—♠—♥—♦—♣—

Assim como a estratégia de Robbi foi alvo de críticas, a jogada de Garrett de ir *all-in* com seu *draw* também é fortemente desaprovada[72] pelo solucionador de computador em que eu a testei. Não que blefar fosse, em essência, má ideia; os jogadores sempre precisam ter alguns blefes.* Mas a quantia que ele blefou (109 mil dólares para ganhar um pote que era de apenas 35 mil dólares) foi um exagero. Não há razão para arriscar tanto quando, em vez disso, é possível ver a carta final sem gastar tanto, preservar sua opcionalidade e então decidir o que fazer. Adelstein tinha plena consciência disso — ele pretendia que o movimento fosse uma jogada exploratória com base em sua análise em vídeo das mãos anteriores de Robbi. "Eu tinha estudado religiosamente gravações de partidas dela, e vi algumas jogadas parecidas que me levaram a acreditar que seu *range* era sem dúvida dos mais fracos", disse ele.

Porém, mesmo que a leitura dele estivesse certa, seu *timing* foi ruim. Robbi se sentiu intimidada por Adelstein com base no jogo de mãos recentes, e disse isso na transmissão ao vivo. Mesmo se suspeitar que seu oponente tem uma mão fraca, você não quer blefar se ele estiver tentado a fazer um "*hero call*", ou seja, pagar a aposta com uma mão que, apesar de fraca, pode ser melhor que a sua.

Se você presumir que Lew trapaceou, então acho que nada disso importa. Mas se der a ela algum benefício da dúvida, pode começar a ver uma explicação coerente para sua jogada. Afinal, o sexto sentido de Lew estava certo — Adelstein estava blefando.

Aqui está a explicação que ela me ofereceu no Hard Rock. Perguntei-lhe como tinha sido a experiência de jogar pôquer com apostas altas na TV. Questionei isso porque aprendi em primeira mão que é algo que inspira muito uma reação no modo "lutar ou fugir", descrita por Coates e Tendler, em que a pessoa tem o potencial de entrar em um estado de fluxo ou cair em uma espiral de ansiedade.

---

* A jogada que Adelstein fez é tecnicamente um semiblefe — uma mão de *draw* que pode ganhar a mão de imediato ao fazer o oponente desistir, ou que pode ganhar o pote se fizer o *draw*.

"Foi um jogo realmente intenso, ainda mais com a ideia de ser transmitido ao vivo com aqueles jogadores na mesa. Tudo aconteceu muito mais rápido do que parece — você precisa tomar decisões na hora", contou Lew. "E é uma decisão de uma fração de segundo em que você pensa, tipo, *foda-se, eu vou pagar.*"

Tudo isso parece plausível. Uma sensação alterada de tempo[73] ("tudo aconteceu muito mais rápido do que parece") é uma experiência comum em um estado de fluxo ou outros momentos em que estamos tendo uma resposta física a um risco intenso. E, em situações do gênero, não pensamos de forma tão consciente; em vez disso, nos tornamos muito intuitivos. A intuição de Lew disse a ela — corretamente! — que Adelstein estava blefando. Por outro lado: ela deu o passo seguinte, de fazer as contas e calcular quais eram os blefes dele e se ela seria capaz de vencê-los? Não, ela não deu. Foi uma baita negligência, que um jogador mais experiente não teria cometido. Robbi não é Maria Ho. Mas sua reação foi compreensível. Todo jogador já esteve em uma posição na qual pensava que um oponente estava blefando, mas possuía uma mão tão fraca que se viu incapaz de pagar o blefe... é tentador empurrar as fichas quase que por despeito. O que pode explicar a jogada de Robbi. Ela estava sentindo na pele a adrenalina de jogar pôquer de apostas altas ao vivo na TV,[74] vinha de uma sequência de vitórias e tinha a sensação de estar sendo acossada por Garrett. Foi impulsivo, foi –VE. Mas não foi *uma loucura tão grande* assim.

E quanto à possibilidade de ela ter trapaceado? Também não é desconsiderada. Alguns anos antes, houve acusações extremamente plausíveis de trapaça em outra transmissão ao vivo na Califórnia. Os procedimentos de segurança do Hustler eram negligentes,[75] e vários produtores tinham acesso em tempo real às cartas dos jogadores. E a trapaça tem sido um fator preponderante ao longo da história do pôquer,[76] mais do que alguns jogadores gostariam de admitir. Não vou repetir todas as acusações não comprovadas que ouvi de veteranos ao longo dos anos, mas até o período do *boom* do pôquer, a atitude predominante era que um jogador de pôquer venceria por qualquer meio que fosse necessário.

Também houve várias circunstâncias estranhas. Lew recebeu o dinheiro para jogar de outro jogador envolvido no jogo, Jacob "Rip" Chavez, fato que não foi divulgado aos outros participantes. É difícil determinar as motivações de Chavez[77] — bancar a participação de Lew no jogo não seria +VE, levando-se em conta a inexperiência dela em apostas altas e os termos desfavoráveis[78] em que ele lhe emprestou o dinheiro. Após a mão J4, Adelstein pediu a Lew — os dois dão relatos diferentes quanto ao tom agressivo do "pedido" — para lhe devolver o dinheiro que ela havia ganhado na mão. Ela concordou, provocando uma reação furiosa de Chavez. (Mais tarde, Adelstein doou o dinheiro para uma instituição de caridade.) O mais estranho de tudo é que, ao investigar o incidente, o Hustler descobriu que

Bryan Sagbigsal, funcionário do programa que tinha acesso e podia ver as cartas dos jogadores,[79] tirou 15 mil dólares da pilha de Lew após o encerramento da transmissão.[80] A princípio, Lew foi clemente e generosa com Sagbigsal, recusando-se a prestar queixa-crime e compartilhando uma simpática mensagem[81] em defesa dele que continha tiques estilísticos semelhantes aos de sua própria escrita.[82] Mais tarde, após reação negativa da comunidade do pôquer, ela mudou de ideia e entregou registros telefônicos à polícia, embora Sagbigsal tenha se escondido e jamais tenha sido localizado.[83]

Não culpo Adelstein por pensar que Lew trapaceou. Há muitas evidências circunstanciais que não a ajudam, mesmo que, como o próprio Garrett admitiu para mim, não houvesse "nenhuma prova irrefutável". Mas os jogadores de pôquer são treinados para pensar de forma probabilística — não para procurar provas incontestáveis e acima de qualquer suspeita. Em nossa conversa, Adelstein comparou seu processo de pensamento às previsões eleitorais que fiz para o FiveThirtyEight: é preciso fazer o melhor possível com as informações disponíveis. Acusar Lew falsamente de trapaça traria certas consequências, mas também haveria repercussões de outro tipo por não dizer nada caso ela tivesse trapaceado, pensou ele. No mínimo, Adelstein não poderia continuar a participar dos jogos no Hustler com qualquer nível de confiança, e ele estava preocupado que outros também pudessem alvo de trapaça.

Ainda assim, tendo a dar mais crédito à possibilidade de que Lew não trapaceou... não com base no que aconteceu durante a mão J4 em si, mas sim no que aconteceu antes e depois do ocorrido.

O que aconteceu *antes* é que houve várias ocasiões — tanto durante a gravação daquele dia quanto em dois episódios anteriores do *Hustler Casino Live* — em que Lew poderia ter se beneficiado de trapaça,[84] mas não fez isso.* A maioria dos trapaceiros não age assim. Em outros infames casos de trapaça, os jogadores envolvidos presentearam a si mesmos com vitórias em velocidades incríveis que, do ponto de vista estatístico, eram astronomicamente improváveis de ocorrer por acaso.**

---

* Em uma mão contra um jogador chamado Ryusuke, por exemplo, ela fez uma aposta pequena no *river* com um par de três quando Ryusuke tinha acabado de fazer uma mão melhor, um par de dez. Era um pote pequeno — a aposta custou apenas 3 mil dólares —, mas não é uma jogada que alguém faria se soubesse as cartas do oponente. E, em uma mão anterior contra Adelstein, Lew pagou uma aposta de 10 mil dólares no *turn* com um *flush draw* de valete alto, embora Adelstein já tivesse feito um *full house* e ela estivesse "*drawing dead*" — o termo que os jogadores de pôquer usam para dizer que a pessoa tem literalmente zero chance de ganhar uma mão antes mesmo de ela acabar. Ela também quase pagou Adelstein novamente no *river*, dizendo-lhe que achava que ele estava blefando e avisando: "Vou te pegar de novo." De fato, ela pegou. Foi na vez seguinte que ela enfrentou uma aposta enorme de Adelstein que ela mandou J4.

** É verdade, isso pode ser um viés de seleção: nós só notamos os casos de trapaça mais flagrantes. Tenha cuidado ao jogar pôquer. Torneios ao vivo ou *cash games* em cassinos ou salas de carteado rigidamente regulamentados são de longe os ambientes mais seguros.

"A natureza humana é a única coisa que impede os trapaceiros de escaparem impunes. E o que eu quero dizer é que, em geral, os humanos são gananciosos; via de regra, não usarão isso apenas nos casos extremos", afirmou Cleeton.

Mas, em dezenove horas de mãos transmitidas por *streaming* ao vivo em três sessões, não há nenhuma mão além de J4 que pareça trapaça — mesmo depois de milhares de jogadores de pôquer obcecados por detalhes terem vasculhado as filmagens de Lew em busca de sinais de impropriedade.* Há também o fato de que, se Lew trapaceou, ela escolheu um lugar muito ruim para fazer isso. Se você tivesse o poder de saber magicamente as cartas de seu oponente, por que o invocaria apenas uma vez? E por que usaria tal poder em um lugar onde pareceria extremamente suspeito e mal lhe renderia algum lucro? O *raise* de Adelstein na mão J4 foi grande demais, e ele tinha tantas maneiras de fazer seu *draw* que o valor esperado do *call* de Lew era de apenas cerca de +18 mil dólares.[85] Em um jogo como esse, o normal seria esperar por uma posição em um pote de seis dígitos,[86] em que há a garantia de ganhar e jamais daria a impressão de ser trapaça.

Também há o que aconteceu *depois* da mão. Mais uma vez, encorajo você a assistir ao vídeo e tirar suas próprias conclusões. Porém, a menos que eu esteja mesmo interpretando mal, Lew parece eufórica e transmite isso por vários minutos após derrotar Adelstein. Ela o provoca, e os outros caras na mesa se juntam à brincadeira. Parece a reação legítima de alguém que foi presenteado com uma reviravolta fortuita de eventos — e não de uma pessoa que fez um esforço predeterminado para trapacear. "É quando uma vitória é inesperada que você recebe a dose de dopamina", me explicou Coates. "Uma espécie de recompensa narcótica por fazer algo novo que produziu uma recompensa inesperada."

Foi somente quando Adelstein saiu da sala, cerca de quinze minutos após a mão J4, ainda sem conseguir montar o quebra-cabeça do que tinha acontecido, que o clima no Hustler mudou. "A sensação é de que alguém acabou de estourar um grande balão aqui na mesa", observou Hanson na transmissão. Somente então caiu a ficha quanto à gravidade da situação. Robbi percebeu que Garrett estava chateadíssimo, não apenas sendo um mau esportista. Momentos antes, ela estava nas nuvens, tendo feito o *call* mais épico de todos os tempos — contra Garrett Adelstein (caralho!) e com Phil Ivey assistindo (caralho!) por Duzentos e Sessenta e Nove Mil Dólares! Porém, ela passou a temer que o mundo inteiro do pôquer pensasse que ela era uma trapaceira ou uma *fish*.

---

* Houve uma mão entre ela e Chavez na qual jogaram timidamente um contra o outro — um *"softplay"* (jogo frouxo) que às vezes acontece quando os jogadores têm um relacionamento financeiro ou pessoal e não querem arriscar suas fichas —, mas isso é considerado um pecado perdoável em um jogo a dinheiro. E há mãos que ela jogou mal ou de forma não convencional, mas nada fora do comum para um jogador inexperiente.

Minha teoria é de que todas as ações aparentemente estranhas de Lew daquele ponto em diante podem ser explicadas pelo desejo de manter sua credibilidade e evitar constrangimento. Não estou dizendo que essa é a única teoria... se eu estivesse apostando, ainda colocaria a chance de trapaça em torno de 35% ou 40%. Mas é uma teoria consistente com as evidências. É evidente que Lew se importa muito com sua posição na comunidade do pôquer.

Por que de repente Lew passou a insistir, depois de a princípio não ter se pronunciado a respeito, que ela se lembrou errado de sua mão? Porque não se lembrar direito da mão acontece com todo mundo de vez em quando. É algo constrangedor, mas quase na mesma escala de arrotos ou soluços, muito menos constrangedor que ser uma jogadora fraca, uma *fish*. Por que ela devolveu o dinheiro a Adelstein? Porque é uma forma de restaurar a ordem, e porque Adelstein deu a entender que voltaria à mesa e começaria a jogar de novo se ela o restituísse.[87]

Se minha teoria estiver certa, então o que temos em mãos é uma tragédia: uma jogadora falsamente acusada de trapaça e outro jogador que foi expulso dos altos escalões do pôquer enquanto tentava fazer a coisa certa. Adelstein nunca mais foi convidado a retornar ao jogo do Hustler, embora tenha voltado a jogar pôquer em dezembro de 2023,[88] após mais de um ano de hiato.

Os tipos de personalidade com que nos depararemos no River são dos mais variados. Sim, encontraremos alguns trapaceiros, alguns Sam Bankman-Fried da vida, pessoas dispostas a fazer qualquer coisa para aumentar seu VE.

Mas as pessoas no River também são boas em abstração, hábeis em pegar pontos de dados e extrair deles princípios gerais. Às vezes isso se traduz também em ter princípios éticos. Jogadores de pôquer como Dan "Jungleman" Cates falaram sobre se sentir muito incomodados pela hipocrisia,[89] e acho que há uma razão para isso. Quando você se desvia da estratégia ideal no pôquer, isso pode voltar para atormentar você. Se tentar explorar alguém, corre o risco de ser explorado. Então, de maneira geral, os jogadores de pôquer pensam sobre qual é a jogada certa no abstrato, presumindo que seus oponentes também estão tentando fazer a melhor jogada. Na teoria dos jogos, há um senso de reciprocidade — tratar os outros como você deseja ser tratado. Não quero dizer que alguém estude solucionadores de pôquer a fim de aprender sobre ética interpessoal. É que há um certo tipo de personalidade riveriana que é atraída pelo pensamento baseado em princípios de forma quase excessiva, e que constantemente se decepciona com um mundo que muitas vezes inventa as regras à medida que avança.

Adelstein se enquadra no último grupo. Ele me disse que tem "tendências perfeccionistas" e que, durante a maior parte de sua carreira no pôquer, "nunca foi realmente capaz de incorporá-lo a uma existência de resto pacífica". A jogada de maximização de VE para Garrett talvez tivesse sido ir embora para casa, conversar com os produtores e ser um pouco mais conciliador com Robbi em âmbito público do que sentia na esfera privada. Embora estivesse convicto de que havia sido enganado, ele poderia ter blefado que não havia sido. "Depois que a poeira baixou, acredito que ele foi fundo demais", comentou Vertucci. "Acho que ele fez uma injustiça a si mesmo ao se manter aferrado com tanta firmeza a seus princípios."

Mas Adelstein não olha para a vida como Vertucci, e manteve seus princípios — embora possivelmente estivesse errado sobre os fatos. Seu reinado como o rei do Hustler havia acabado.

3

Consumo

Contar cartas é fácil.

"Consigo ensinar qualquer um a fazer isso", disse Jeff Ma, ex-membro da equipe de *blackjack* do MIT [Instituto de Tecnologia de Massachusetts], que foi a inspiração para o livro *Quebrando a banca* e a adaptação cinematográfica homônima. "Tipo, eu poderia te ensinar a fazer isso em uma hora." De fato, depois de cerca de uma hora de prática[1] com uma simulação de computador que distribuía seis mãos de *blackjack* [vinte-e-um] por vez em um ritmo médio-rápido, eu conseguia acertar a contagem em cerca de 95% das vezes.

É óbvio que praticar isso no conforto do meu apartamento era muito mais fácil do que em um cassino esfumaçado. No mundo real, por exemplo, você teria que prestar atenção à possibilidade do crupiê cometer erros. Depois que os professores iam para casa, Ma e seus companheiros de equipe faziam longas sessões de prática nas salas de aula do MIT em que enganavam uns aos outros de propósito — talvez o aluno representando o papel de "*dealer*" dissesse ao "jogador" que ele tinha perdido uma mão que na verdade havia vencido. E, em um cassino, é preciso manter a calma e evitar entregar seu disfarce. Você "precisa estar tão confortável a ponto de conseguir fazer isso sem que ninguém saiba", disse Ma.

Mas em comparação com a maioria das outras maneiras de ganhar dinheiro em jogos de azar sobre as quais falaremos neste livro? É fácil. Em princípio, contar cartas significa ir a qualquer cassino que ofereça um jogo de *blackjack* decente e fazer uma aposta de valor esperado positivo — assim ganhará dinheiro a longo prazo. Por razões que serão explicadas mais adiante, eu o aconselho *fortemente* a não tentar. Contudo, permita-me explicar a lógica por trás disso.

Por um lado, o *blackjack* apresenta uma vantagem da casa relativamente baixa. Extremamente baixa, na verdade, se você encontrar o jogo certo. Desde 2024, por exemplo, o melhor jogo de apostas baixas que conheço em Las

Vegas é no El Cortez no centro da cidade, que funciona desde 1941 e tem as cicatrizes de batalha e as fotos do Rat Pack* para provar. O jogo de *blackjack* de baralho único deles — que em uma noite pouco movimentada eles aceitam pessoas jogando por apenas 15 dólares — tem uma vantagem da casa de apenas 0,18%,[2] supondo que se jogue uma estratégia básica perfeita.** Em outras palavras, se você apostar 100 dólares, esperaria receber 99,81 dólares desse montante de volta. A maioria dos jogos não são tão bons, sobretudo na Strip, e os melhores ficam na faixa de uma vantagem da casa de 0,5%.[3] E, se você não estiver prestando atenção, a vantagem da casa pode ser muito maior, talvez 2% ou 2,5%. Dica de profissional: procure jogos em que o *blackjack* pague 3:2 (de forma que você ganha 75 dólares se fizer *blackjack* em uma aposta de 50 dólares) em vez de 6:5 (neste caso, você ganharia apenas 60 dólares). Isso faz uma grande diferença para seu VE a longo prazo.***

Então, o **passo 1** para ser um contador de cartas vencedor é encontrar um jogo com regras razoavelmente favoráveis. Procure por algo com uma vantagem da casa de 0,5 ou menos. O **passo 2** para contar cartas é... contar cartas. Conte todas as cartas distribuídas na mesa: a sua, a do *dealer* e a de qualquer outro jogador. Se estiver usando o sistema mais básico, chamado Hi Lo Count, a contagem começa em zero. Subtraia um ponto para cada carta dez ou mais alta (dez, valete, rei, rainha, ás) e adicione um ponto para cada carta seis ou mais baixa (dois, três, quatro, cinco, seis). Mantenha uma contagem contínua até que o baralho seja embaralhado e, em seguida, reverta a contagem para zero. É bom para o jogador quando há muitas cartas altas restantes no baralho, por muitas razões diferentes — ele fará mais *blackjacks*[4] e terá mais oportunidades para manobras lucrativas como *splits* (dividir) e *double-downs* (dobrar), e o *dealer* quebrará com mais frequência. Se a contagem for alta, isso significa que o jogador viu muitas cartas baixas, então o que sobrou no baralho será composto por, em sua maioria, cartas altas. Neste caso, uma aposta pode se tornar +VE.

---

* Literalmente, "bando de ratos", nome dado ao icônico grupo de artistas que entre meados da década de 1950 e meados da década de 1960 dominava o entretenimento nos Estados Unidos com seus filmes, espetáculos, musicais e festas. O núcleo do grupo mencionado com mais frequência incluía Frank Sinatra, Dean Martin, Sammy Davis Jr., Peter Lawford e Joey Bishop. (N. T.)
** Neste livro não vou tratar da estratégia básica de *blackjack*, mas não é difícil de aprender. Além disso, sempre se pode pedir ajuda ao *dealer* ou ao chefe do cassino — na maioria dos estabelecimentos, eles educadamente lhe dirão o movimento certo.
*** Infelizmente, jogos baratos 3:2 estão ficando difíceis de encontrar, pelo menos nas partes mais agradáveis da Strip, em Las Vegas. No entanto, com certeza você os achará se resolver se aventurar pelo centro da cidade ou se estiver disposto a apostar por limites mais altos.

Sistema de Contagem Hi-Lo

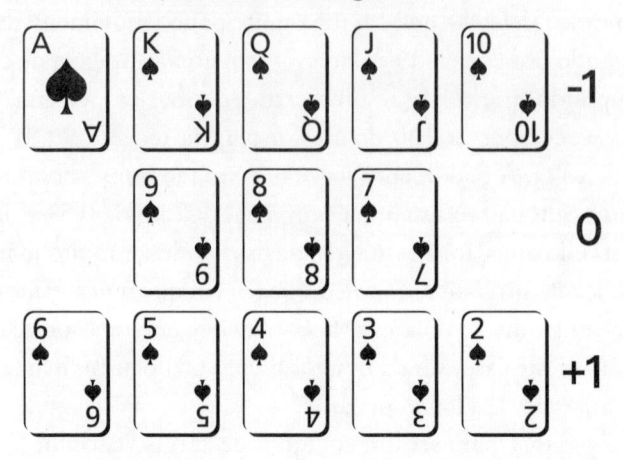

A ♠ K ♠ Q ♠ J ♠ 10 ♠ → −1

9 ♠ 8 ♠ 7 ♠ → 0

6 ♠ 5 ♠ 4 ♠ 3 ♠ 2 ♠ → +1

O **passo 3** é apostar muito dinheiro quando essas situações favoráveis ocorrerem. Em algumas mesas de *blackjack*, a aposta máxima pode variar a partir do mínimo em até 300 vezes. Por exemplo, o cassino Venetian em Las Vegas oferece uma mesa em que a aposta mínima é de 50 dólares e a máxima é de 15 mil.[5]

Então, digamos que você esteja no Venetian. Aproxima-se de fininho da mesa e entrega à *dealer* 500 dólares. Ela lhe devolve algumas fichas verdes de 25 dólares e outras pretas de 100. Você aposta o mínimo da mesa, 50 dólares. Essas apostas estão perdendo dinheiro, mas só um pouco. Você pede uma cerveja Michelob Ultra e toma um gole ou outro, bem devagar, porque está tentando se concentrar na contagem de cartas enquanto faz parecer que você é um cara comum fazendo hora e esperando seus amigos. Muitas cartas baixas saem do baralho e, em pouco tempo, a contagem se torna substancialmente positiva. Suas apostas são +VE e você está pronto para atacar. Pega sua mochila e tira de dentro dela um tijolo (100 mil dólares) em notas de 100. "Com licença, senhora", diz à *dealer*. "Minha nossa, estou com sorte! Eu gostaria de comprar algumas fichas de cassino adicionais!"

Não, não, não, não, não, não, não.

Não faça isso. Não se quiser jogar *blackjack* no Venetian de novo.

Porque o **passo 4** é a parte difícil. O passo 4 é cumprir os passos 1 a 3 sem deixar isso óbvio pra caralho — como o cara comum fez. (Pelo menos peça um coquetel e não uma Michelob Ultra.) Contar cartas não é ilegal, e você não vai ser levado para uma salinha dos fundos e ter os dedos quebrados pela Sands Corporation, a empresa de capital aberto de 40 bilhões de dólares que administra o cassino. A jogatina de cassinos é uma das indústrias mais regulamentadas do planeta, mas a lei em geral trata o jogo como um privilégio, não um direito. Na maioria das jurisdições, incluindo o estado de Nevada, um cassino pode recusar sua aposta de *blackjack*[6] ou até argumentar que está invadindo propriedade privada[7] e bani-lo para sempre.

A parte difícil do trabalho de Jeff Ma, em outras palavras, não era a contagem de cartas, mas o subterfúgio. Ou, se preferir, a *malandragem*. Persuadir o cassino de que ele era um jogador perdedor quando na verdade era um vencedor... ganhando o suficiente para que ele e o resto da equipe de *blackjack* do MIT faturassem 4 ou 5 milhões de dólares ao longo de meia dúzia de anos, segundo o que ele me disse.

Esse é o dilema fundamental da maioria das formas de jogatina. É necessário persuadir alguém a aceitar sua aposta — seja a casa, seja outro jogador — quando, na verdade, vão perder dinheiro ao fazer isso. Isso é fácil em torneios de pôquer.[8] Em quase todas as outras formas de jogatina, não é. Você precisa de alguma esperteza, malícia e vivência de mundo, além de colocar em prática um pouco de malandragem. Como Mike McDermott diz em *Cartas na mesa*, se não dá para identificar o otário na mesa na primeira meia hora, então o otário é você.

Você acha que consegue ganhar dinheiro como apostador esportivo profissional, por exemplo? Bem, talvez consiga. (Abordarei isso no próximo capítulo.) Contudo, a maioria dos grandes sites dos Estados Unidos limitará severamente suas apostas se acharem que você é um jogador vencedor. Enquanto escrevia este livro, aprendi a ser um apostador esportivo competente, ou talvez um pouco melhor que isso. Estou longe de ser um especialista. Todavia, fiquei bom o suficiente para sofrer restrições de meia dúzia de sites — incluindo BetMGM, PointsBet e DraftKings —, que em alguns casos me limitaram a menos de 10 dólares por jogo. Existem soluções alternativas contra limitações do tipo, mas executá-las exige pelo menos a mesma quantidade de esforço necessária para aprender a vencer a mesa.

"Eu chamo isso de 'abordagem estilo parque de diversões'", disse Ed Miller, que literalmente escreveu *o* livro sobre apostas esportivas. (*The Logic of Sports Betting* [A lógica das apostas esportivas], em coautoria com Matthew Davidow, talvez seja o melhor livro prático sobre apostas que já li na vida.) "Existe um parque de diversões inteiro repleto de jogos à disposição. Porém, assim que você demonstra alguma propensão a sempre ganhar os bichinhos de pelúcia, eles lhe dizem para ir procurar um [jogo] diferente."

No caso de Ma, sua malandragem envolvia o uso de disfarces... ou a adoção de *personas*. "Você era, tipo, Kevin Lee,[9] o cara da Califórnia cujo pai é cirurgião plástico, ou era Jeff Chin, um sujeito que ajudou a fundar uma empresa de internet", relatou ele. Isso era mais fácil para Ma, que tinha o queixo quadrado e exalava confiança, do que poderia ter sido para muitas pessoas. E era mais fácil antes da implementação dos regulamentos Know Your Customer [Conheça seu Cliente]* e de outras leis de prevenção a lavagem de dinheiro após o 11 de Setembro — e antes que os cassinos adotassem programas de cartões de recompensa para rastrear todos os aspectos da atividade de seus clientes.

Os métodos tradicionais de contagem de cartas envolvem mudar o tamanho das suas apostas — aposte o máximo que puder quando a contagem for favorável e o mínimo quando não for. Entretanto, Ma e seus companheiros de equipe contavam com uma técnica diferente, envolvendo o uso do que ele chama de Jogador Graúdo (*Big Player*). Funcionava mais ou menos assim: digamos que eu, me passando por um gentil e educado engenheiro de software, esteja sendo cauteloso e apostando apenas no mínimo da mesa, jogando 50 dólares por mão. Enquanto isso, Jeff Ma (desculpe, quero dizer *Jeff Chin*) está rondando à espreita por aí. Quando a contagem fica favorável, faço um sinal para Chin — talvez eu vire meu boné para trás. Então Chin se senta e não deixa dúvidas de que é um grande apostador, começando logo com 500 ou 1.000 dólares ou mais por mão — ele é o Jogador Graúdo —, até que o baralho seja embaralhado e a contagem volte a zero. Nem ele nem eu precisamos variar o tamanho da aposta, o sinal mais óbvio da contagem de cartas.**

Embora o filme *Quebrando a banca* retrate com bastante precisão a técnica do Jogador Graúdo, de resto, toma muitas liberdades. Por exemplo, o roteiro transforma o sino-americano Ma em um cara branco, Kevin Lewis, interpretado no filme por Jim Sturgess. Não estou fazendo nenhuma reclamação de cunho político sobre apagamento racial em um trabalho que poderia ter sido feito por um ator asiático. Só quero apontar que uma parte fundamental da malandragem de Ma era tirar proveito do estereótipo nutrido pelos cassinos sobre a aparência de um Jogador Graúdo, e como eles veem a ação de jogadores asiáticos de forma diferente da dos brancos.[10] "Um Jogador Graúdo precisa ter certas características", explicou Ma. "Asiático quer dizer graúdo, certo? Um asiático apostando é um visual muito melhor do que um cara branco." Qualquer um que tenha passado algum tempo em um cassino sabe que a casa não mede esforços para atender bem aos turistas do Leste Asiático e, sobretudo, chineses, ou norte-americanos com ascendência de lá. Existem máquinas caça-níqueis e jogos de mesa com temática chinesa (Pai Gow Poker) e, muitas vezes, um número desproporcionalmente elevado de restaurantes

---

* Conjunto de processos de coleta de informações pessoais para confirmar a identidade dos clientes e verificar seus antecedentes criminais. (N. T.)

** Muitos jogadores variam a estatura de suas apostas no decorrer normal do jogo — em geral aumentando o valor quando estão ganhando e diminuindo-o quando estão perdendo. Os guias de contagem de cartas aconselham os jogadores a ocultarem sua variação de apostas dessa forma — se a contagem for favorável, espere até ganhar algumas mãos seguidas, depois aumente o valor.

asiáticos. Quer o estereótipo seja exato ou não,[11] alguém como Ma despertará menos suspeitas quando apostar alto.

Outra ficção das mais gritantes é que o filme mostra Kevin Lewis e seus companheiros de equipe vencendo quase todas as mãos — exceto por uma cena em que Lewis entra em *tilt* e perde quase todas. ("Essa deve ter sido a coisa que mais me deixou louco no filme", comentou Ma. "Ele dá tilt. E isso nunca teria acontecido. Nem em um milhão de anos, isso nunca teria acontecido.") A mesma taxa improvavelmente alta de vitórias aparece na cena de *blackjack* no filme *Rain Man*. Tom Cruise simplesmente não consegue perder enquanto segue o conselho de seu irmão, o autista *savant* com habilidades especiais Raymond Babbitt, interpretado por Dustin Hoffman.

A jogatina do mundo real não tem nada a ver com isso. Quase nunca existe algo certeiro ou infalível. *Mesmo quando você está literalmente trapaceando, pode não ser certeiro e infalível.* No infame escândalo de compra de resultados do basquete de 1978-1979,[12] quando dois companheiros de equipe do time universitário Boston College Eagles foram pagos pela máfia para manipular o placar de jogos por certa margem de pontos, apenas quatro dos nove jogos em que a máfia apostou geraram dinheiro, com três derrotas e dois empates.

Isso é especialmente verdadeiro no *blackjack*. Mesmo que você — como Raymond Babbitt — fosse capaz de lembrar o valor e o naipe de cada carta em um *shoe* com seis baralhos, isso não ajudaria *tanto* assim. Na verdade, é apenas o suficiente para transformar uma ligeira desvantagem em uma ligeira vantagem. No livro *Professional Blackjack* [Blackjack Profissional], o contador de cartas Stanford Wong estima que sua estratégia de referência, executada à perfeição em condições relativamente favoráveis, renderá cerca de 60 centavos[13] para cada 100 dólares apostados — o que significa uma vantagem do jogador de apenas 0,6%.

Mas o maior mito de todos no filme *Quebrando a banca* é que Ma e seus companheiros de equipe estavam curtindo um estilo de vida desenfreado, regado a bebedeiras em festas e momentos de desvario em casas noturnas. Contar cartas é puxado. "É muito puxado, a mais pura ralação", disse Ma. Durante a maior parte de sua gestão na equipe, "nós não bebíamos nada, essa era uma regra rígida" — e isso foi há muito tempo (em meados da década de 1990), em uma época em que mal havia casas noturnas em Las Vegas. Na maior parte do tempo, a equipe nem sequer ficava em Vegas, mas em viveiros de turistas como Shreveport, Louisiana, e Elgin, Illinois. Muitas vezes, apesar de suas habilidades e malandragem, eles voavam para casa em Boston com menos dinheiro do que tinham a princípio. "Seu fim de semana inteiro pode realmente se resumir a, tipo, cinco mãos, certo? Cinco mãos que são, o quê, 2% mais favoráveis do que cara ou coroa?"

Virando a mesa

A narrativa por trás do filme *Quebrando a banca* (2008) e da versão cinematográfica de *Moneyball: O homem que mudou o jogo* (2011) retrata o River como disruptor de um *status quo* preguiçoso. Nerds relativamente amáveis usam suas habilidades estatísticas para se expor a riscos de +VE e dão de dez a zero em desafortunados diretores de times de beisebol que se importam mais com a aparência de um jogador do que com sua porcentagem na base — ou gerentes de cassino tão aterrorizados que alguns de seus clientes possam de fato levar vantagem que arrastam o personagem de Jeff Ma para um porão escuro e o cobrem de porrada. Não me passou despercebido que minha própria ascensão à fama ocorreu bem nesse período, de 2008 a 2012. Sim, ajudou o fato de que, em geral, minhas previsões eleitorais naqueles anos estivessem certas. Só que a minha história acabou oferecendo uma última oportunidade para uma continuação de *Moneyball*: um nerd* utiliza dados e estatísticas para tumultuar um alvo relativamente antipático — o preguiçoso comentarista político metido a besta com suas analogias a corridas de cavalos. E o azarão vence, prevendo de forma correta todos os resultados em todos os estados na eleição de 2012.

Depois de ler dois primeiros capítulos e meio deste livro (conhecendo jogadores de pôquer e integrantes da equipe de *blackjack* do MIT que são ousados e antiestablishment), talvez você possa ficar tentado a pensar que esta também é a história de *No limite*. Com certeza há um quê de *Moneyball* no livro que você tem em mãos — a aversão a riscos do Village ainda o torna vulnerável a estar no lado perdedor de todos os tipos de apostas econômicas e culturais. Mas o River não é mais o azarão. Como expus no Prólogo, o River está vencendo. Ele não só domina o Vale do Silício e Wall Street; os nerds tomaram conta de tudo, desde escritórios de diretores de times de beisebol até o ramo dos cassinos.

Daqui em diante, você começará a ver neste livro evidências mais reconhecíveis disso. O restante do presente capítulo trata da evolução da indústria de cassinos. Sempre foi um negócio arriscado, devido ao enorme custo dos empreendimentos de cassinos-resorts. Tendo atraído no passado figuras excêntricas como Howard Hughes e Kirk Kerkorian, no momento o setor é extremamente corporativizado — e se tornou mais lucrativo principalmente porque passou a ser mais orientado por dados no sentido de descobrir como monitorar os clientes e fazê-los jogar mais e gastar mais. O negócio de cassinos não está sozinho nisso — a Algoritmização de Tudo está contribuindo para lucros corporativos recordes,[14] pois os cientistas de dados também descobrem como fazer as pessoas gastarem mais em, digamos, um pedido de entrega de *fast*

---

* Vou deixar você decidir por si mesmo se eu sou amável.

food.¹⁵ Contudo, "jogos" (o eufemismo para jogatina que a indústria prefere utilizar) oferece um estudo de caso especialmente nítido do moderno capitalismo algorítmico norte-americano.

Além disso, como grande parte do livro se passa dentro de cassinos, quero dar a eles a devida consideração e não apenas tratá-los como cenário: de um lado porque são lugares fascinantes e, do outro, porque é fácil para alguém como eu passar pelas mesas de roleta e pelas fileiras de máquinas caça-níqueis* a caminho da sala de pôquer e ignorar a experiência que outros clientes estão tendo. Quando visito cassinos, meus hábitos, focados em formas de jogo que requerem habilidades específicas, são extremamente atípicos. Os cassinos de Nevada lucram cerca de 50 dólares[16] com caça-níqueis para cada dólar que recebem dos jogos de pôquer que distribuem. A *acachapante* maioria do dinheiro apostado em um cassino é –VE.

Os executivos de jogos dirão isso com prazer se você lhes perguntar. Talvez por ser uma indústria sem qualquer pretensão de encontrar a cura do câncer nem de proporcionar uma jornada de autorrealização, ela tende a ser transparente quanto às suas motivações. "Entender por que alguém acabaria se envolvendo em uma atividade em que sabe de antemão — com certeza absoluta, sem nenhuma dúvida, muito mais provável que sim [do que não], que vai perder seu dinheiro... e ainda assim faz isso de boa vontade, e faz isso repetidas vezes —, [isso] sempre me surpreendeu", disse Mike Rumbolz, um executivo de jogos e ex-presidente do Conselho de Controle e Regulamentação de Jogos de Nevada [*Nevada Gaming Control Board*, órgão responsável pela fiscalização do setor de jogos e apostas no estado]. Quando nossa entrevista estava terminando, Rumbolz me confidenciou que ele mesmo não joga desde 1974.

Uma breve história de Las Vegas

Caminhando em estado de delírio febril pela Las Vegas Strip tarde da noite, em algum lugar entre a réplica do vulcão em frente ao hotel e cassino Mirage e a Torre Eiffel (com a metade do tamanho da original) incorporada ao cassino Paris, enviei uma mensagem de texto a mim mesmo: "Las Vegas como local sagrado". Se a Terra fosse destruída em um apocalipse provocado pela guerra nuclear, pela inteligência artificial ou por zumbis, e uma equipe de arqueólogos alienígenas mais tarde encontrasse os destroços, estou convencido de que pensariam que a Strip — um aglomerado de

---

* Tenho muitas compulsões, mas a verdade é que jogar em máquinas caça-níqueis ou jogos de mesa nunca foi uma delas.

edifícios monumentais decorados com esmero, repletos de símbolos e alusões e homens vestidos com fantasias de Elvis — era algum tipo de altar aos deuses.

E talvez não estivessem errados. Las Vegas é um santuário para a exposição a riscos, excesso, progresso e capitalismo — e um santuário para os Estados Unidos, país que enaltece essas coisas com fervor religioso. É um lugar onde os jogadores experientes do River são tratados com respeito sacerdotal — embora a casta mais alta em Vegas seja formada por "baleias" que alcançaram o nível mais alto dos programas de fidelidade dos cassinos MGM (Noir) e Caesars (Seven Stars). "Em essência, uma sociedade estrutura o jogo de uma determinada maneira com a qual seus integrantes se sentem confortáveis", explicou David Schwartz (representante do relativamente pouco numeroso grupo de historiadores da jogatina, raros em qualquer lugar do mundo) quando me encontrei com ele em seu escritório na Universidade de Nevada, Las Vegas (UNLV). "Então, no Velho Oeste, eles se sentiam muito confortáveis nos *saloons*", continuou ele. "É fascinante ver que agora os norte-americanos preferem fazer isso nos imensos resorts que são propriedade de grandes corporações."

Para quem chega de um voo da Costa Leste, as luzes de Las Vegas surgem aparentemente do nada, um oásis no deserto de Mojave. Entretanto, pouca coisa sobre Vegas é acidental, desde a localização até o foco no vício — incluindo o nível de corporativização atual.

A história de Nevada com os jogos de azar remonta à Corrida do Ouro da Califórnia no fim das décadas de 1840 e 1850. Talvez nunca na história do mundo moderno as condições tenham sido tão favoráveis ao desenvolvimento da cultura da jogatina. Os participantes da Corrida do Ouro[17] eram predominantemente (cerca de 95%) homens jovens, solteiros ou a meio continente de distância de suas famílias, que voluntariamente renunciaram aos confortos do lar em busca de fortuna. *Saloons*, tabernas, bordéis e casas de jogo ofereciam ao indivíduo a oportunidade de testar sua coragem, gastar a riqueza recém-adquirida e buscar companhia feminina (ou masculina).*

Após a descoberta do ouro em 1848, São Francisco tinha mais jogos de azar *per capita*[18] que qualquer cidade dos Estados Unidos e, no fim da década de 1850, a ação se alastrou pelas montanhas de Sierra Nevada até Nevada, onde garimpeiros buscavam ouro e prata. (Nevada foi povoada por colonos brancos do Oeste, não do Leste; juntou-se à União em 1864, antes de estados mais a leste como Colorado e Utah.) Contudo, a Califórnia é uma das regiões mais ricas do mundo em termos geográficos e ecológicos. Não precisava de ouro para ser um lugar onde as pessoas queriam viver — e não precisava de jogos de azar, que proibiu por lei[19] (exceto o

---

* A cultura gay de São Francisco também tem raízes que remontam à Corrida do Ouro.

pôquer) em 1872. Sua explosão econômica continuou a todo vapor, e a população cresceu para 5,7 milhões em 1930. Por outro lado, Nevada não tinha muito a oferecer além de desertos e minas de prata. Suas paisagens são lindas, mas áridas; mesmo hoje, 80% das terras do estado são de propriedade do governo federal.[20] Em 1930, ainda contava com apenas 90 mil residentes, pouco mais que o dobro de sessenta anos antes.

Em essência, a não ser durante dois anos,[21] a jogatina é descriminalizada em Nevada desde 1869 quando membros do Legislativo aprovaram um projeto de lei para sobrepujar o veto de um governador que havia declarado os jogos de azar um "vício intolerável e indesculpável". Contudo, em meio a um cabo de guerra entre forças pró e antijogo, de início as leis em vigor impediram o desenvolvimento de jogos comerciais em grande escala. Até que em 1931, em meio às dificuldades da Grande Depressão, o estado aprovou de vez a legalização total do jogo comercial. "No final, o dinheiro falou mais alto",[22] escreveu Schwartz — assim como costuma acontecer em momentos como aquele. Em geral, os cassinos surgem em com maiores dificuldades financeiras, com frequência nos arredores de fronteiras estaduais ou nacionais para tirar proveito de um setor turístico revigorante.*

Las Vegas, fundada como uma parada ferroviária em 1905, estava totalmente preparada e distribuiu suas primeiras licenças de jogo semanas após a aprovação da nova lei.[23] Tinha duas vantagens principais: sua proximidade com a Represa Hoover, construída entre 1931 e 1936, e sua distância viável de Los Angeles.** Com o impulso adicional do fim da Lei Seca em 1933, as empreiteiras, construtoras e incorporadoras de Vegas foram explícitas sobre seus planos de tornar a cidade em um playground nacional para jogos de azar, corridas de cavalos, lutas de boxe e quase tudo do setor. *O que acontece em Vegas fica em Vegas* pode ser um slogan relativamente novo, mas é uma atitude que remonta à fundação da cidade;[24] o plano diretor original incluía um "distrito da luz vermelha" — isto é, uma zona de prostituição.

Só que nem mesmo em seus sonhos mais desvairados as incorporadoras imobiliárias teriam sido capazes de imaginar o pote de outro que encontraram, com a pegada econômica de Vegas destinada a se multiplicar muitas vezes. A população de Nevada cresceu 3.400% entre 1930 e 2020, muito mais que qualquer outro

---

* Dessa forma, as externalidades negativas do jogo, como o vício, são repassadas aos não residentes. Em mais jurisdições do que se pode imaginar, os nativos são impedidos de jogar — a exemplo de Bahamas, onde os cidadãos e residentes não têm permissão para jogar no cassinos-resorts Baha Mar e Atlantis.
** Partes da Las Vegas Boulevard (incluindo o trecho de 6,5 quilômetros que compõe a Strip) eram conhecidas como Los Angeles Highway. O trajeto da prefeitura no centro de Los Angeles até o cassino mais ao sul da Strip, o Mandalay Bay, é quase uma linha reta e direta; todo o percurso, exceto cerca de 1,6 quilômetro, é pela Interestadual 15.

estado do país, ao passo que a do condado de Clark* cresceu mais de 25.000% no mesmo período. Os norte-americanos normalmente têm que ir a outras partes do mundo para observar esse tipo de crescimento; Nova York não parece *tão* diferente do que era quarenta anos atrás, mas, em Las Vegas, novas "maravilhas do mundo" surgem quase da noite para o dia, a exemplo da gigantesca Sphere.**

São vários os anos cruciais na história de Las Vegas. Por consenso, o mais importante foi 1989 — sobretudo o dia 22 de novembro de 1989. Chegaremos a isso mais adiante. Para mim, 2009 e 2021 merecem destaque por refletirem a resiliência da cidade diante da crise imobiliária e da pandemia de covid-19, respectivamente.

Mas 1955 é um ano cuja importância tem sido subestimada. Foi quando os legisladores estaduais estabeleceram o Conselho de Controle e Regulamentação de Jogos de Nevada — e Las Vegas começou a lutar para se popularizar e conquistar o *mainstream*. Em 2022, uma pesquisa da Gallup revelou que uma parcela recorde da população dos Estados Unidos[25] — 71% — considerava que o jogo era moralmente aceitável — um raro ponto de consonância bipartidária (progressistas e conservadores concordaram por ampla maioria) em um país amargamente dividido.

Nem sempre foi assim. Mike Rumbolz chegou a Las Vegas pela primeira vez ainda adolescente, em 1965 — há tanto tempo atrás que "na Strip havia mais terras devolutas que qualquer outra coisa, então era só poeira e artemísias". Começando como ajudante de garçom no resort e cassino Stardust, ele teve quase todos os empregos na indústria da jogatina, incluindo trabalhar para a Trump Organization com o objetivo de ajudar Donald Trump a abrir um cassino em Nevada (o que não se concretizou porque na época Trump "não tinha os recursos financeiros para fazer nada em Nevada,[26] exceto colocar seu nome em um prédio").

"Na minha adolescência aqui", recorda Rumbolz, "as pessoas de fora do estado... todo mundo olhava para a indústria da jogatina como uma coisa um tanto contaminada. Prevalecia aquela reputação dos anos 1950 e de filmes como *Onze homens e um segredo**** de que tudo era controlado por máfias, com brigas, bandidos e gente trapaceira".

Justiça seja feita, era uma reputação não de todo injusta. Durante o primeiro período de expansão de Las Vegas na década de 1940, muitos dos resorts mais

---

* Quer ser um estraga-prazeres pedante? Diga ao seu amigo que não para de se gabar de que vai a Vegas (quando, na verdade, ele não vai de fato para lá; o aeroporto e a Strip estão localizados ao sul da cidade, nos limites com as cidades de Paradise e Winchester, que não foram incorporadas. O condado de Clark as inclui e é essencialmente contíguo à área metropolitana de Las Vegas.
** Espaço de entretenimento em formato de uma esfera revestida de LED, com 112 metros de altura e 157 metros de largura, que foi inaugurada em 2023.
*** O filme original de 1960, não a refilmagem com George Clooney.

ambiciosos da Strip tinham vínculos com a máfia, como o Flamingo de Bugsy Siegel, que ficou aberto por menos de seis meses antes de Siegel ser assassinado a tiros em sua casa em Beverly Hills. A máfia tinha o capital, o *know-how* em jogatina e o controle do *race wire* (o "telégrafo das corridas")[28] — o mecanismo de transmissão de apostas ilegais em corridas de cavalos, na época um dos esportes mais populares do país. Mesmo assim, em uma tentativa de aumentar o drama da situação, uma das audiências da Comissão Kefauver,[29] a comissão especial do Senado dos Estados Unidos encarregada de investigar a máfia, acabou sendo realizada no tribunal no centro de Las Vegas.

O estabelecimento do conselho de controle e regulamentação de jogos não eliminou a influência da máfia da noite para o dia — no início dos anos 1980, o Stardust se envolveu em um escândalo no qual os lucros eram desviados pela máfia[30] —, mas tornou muito mais rígidas as normas sobre quem poderia receber uma licença de jogo.[31] E instituiu um marco — sobretudo por meio do Estatuto Revisado de Nevada (Nevada Revised Statute, ou NRS) 463.0129. J. Brin Gibson, outro ex-presidente do Conselho de Controle e Regulamentação de Jogos, descreveu o conjunto de regras para mim como "o mais importante estatuto que temos". O NRS 463.0129 é para as volumosas leis de jogos de Nevada o que o preâmbulo é para a Constituição dos Estados Unidos:

> NRS 463.0129 Diretrizes públicas do estado acerca de jogos; privilégio revogável de licença ou aprovação.
>
> 1. A Legislatura conclui e declara ser a política pública deste estado que:
>
> (a) A indústria de jogos é de vital importância para a economia do Estado e o bem-estar geral dos habitantes.
>
> (b) O crescimento e o sucesso contínuos dos jogos dependem da confiança e da crença do público... e de que os jogos sejam livres de elementos criminosos e corruptos.
>
> (c) A confiança e a crença do público somente podem ser mantidas por meio da regulamentação estrita de todas as pessoas, locais, práticas, associações e atividades relacionadas à operação de estabelecimentos de jogos licenciados.

Em outras palavras: (a) o jogo é vital para Nevada; (b) a confiança do público é vital para o jogo; (c) livrar-se da máfia é essencial para a confiança do público. Las Vegas pode ter um espírito desbravador, libertário e vale-tudo, mas, sem tais regulamentações, não seria nem um pouco parecida com o que é hoje.

Talvez em nenhum outro setor de atividade econômica a questão da confiança seja tão importante. Quando você vai a um cassino, está em grande desvantagem porque não tem nenhuma maneira óbvia de saber se está lidando com um jogo justo. De fato, durante a maior parte do início da história do jogo comercial, muitos, se não a maioria, dos estabelecimentos eram corruptos.[32]

As máquinas caça-níqueis não fornecem nenhum tipo de lista de *odds*. Mesmo ao se tratar de algo como *blackjack*, seria difícil detectar trapaças por parte do cassino sem uma grande amostra de dados. Por exemplo, se um estabelecimento removesse um único ás de um *shoe* de *blackjack* com seis baralhos,[33] você teria muita dificuldade para descobrir que havia apenas cinco ases de ouros no baralho em vez de seis, a menos que estivesse procurando especificamente. (Esta é uma situação em que contar com um Raymond Babbitt ao seu lado pode realmente ser útil.)

Para não deixar margem a dúvidas: hoje é muito improvável que você seja enganado pela casa em um cassino nos Estados Unidos[34] — eles vão levar seu dinheiro de forma justa e honesta. E isso acontece graças a estatutos como o NRS 463.0129. Na verdade, é do interesse da indústria ter uma regulamentação rigorosa. Por quê? Por causa do dilema do prisioneiro. Se meu cassino, o Silver Spike, começar a remover ases dos baralhos de *blackjack* (aumentando os lucros para meus acionistas, mas de uma forma difícil de ser detectada pelos clientes) a melhor estratégia para o Gold Nugget na esquina é fazer o mesmo. Na ausência de regulamentação — que garante que a concorrência pelo menos tenha que jogar respeitando as mesmas regras —, o mais provável de acontecer é a indústria piorar e encolher, já que será difícil para os consumidores identificarem operadores confiáveis.*

A outra razão pela qual a confiança é tão importante é que os resorts dos cassinos modernos estão entre os projetos de construção mais caros da história do mundo.[35] Alguns custam quase o equivalente a cidades planejadas, com milhares de residências (chegando até a 7 mil quartos para hóspedes,[36] além de residências privadas) e todas as formas imagináveis de lazer, entretenimento, compras e restaurantes, tudo em um único complexo. O projeto CityCenter em Las Vegas, por exemplo — centrado no cassino Aria —, custou *8,5 bilhões de dólares* para ser desenvolvido e construído até sua conclusão em 2009. Os responsáveis pela obra estão contando com décadas de lucros para recuperar os investimentos. Porém, caso a tendência de uma maior aceitação do jogo comercial seja revertida, poderá levar a uma catástrofe financeira.

---

* Isso apresenta certa semelhança com o conceito econômico conhecido como "mercado de limões", em que há uma falha de mercado devido a assimetrias de informação. É difícil identificar se um carro usado está com defeito até que você o compre — um *test drive* em geral não será suficiente para revelar todos os problemas e dizer se é um "limão", apelido que se dá aos veículos de má qualidade. Da mesma forma, a pequena amostra de jogo obtida em um cassino específico não será estatisticamente suficiente para dizer se o cliente foi enganado. Em vez disso, é preciso confiar em terceiros que sejam dignos de confiança.

O resultado do sucesso de Vegas em construir confiança é um mundo no qual a maioria dos cassinos é de propriedade de grandes corporações como MGM e Caesars. Naturalmente, isso significa que esses projetos envolvem riscos reais: não é difícil encontrar exemplos de propriedades que foram mal administradas ou nunca agradaram ao público e se tornaram verdadeiros elefantes brancos — imensas dores de cabeça financeiras. Ainda assim, os executivos atuais estão muito distantes dos Bugsy Siegels — ou de rebeldes como Kirk Kerkorian e Howard Hughes, que ajudaram a afastar Vegas de uma era de domínio da máfia.

Mas um homem se destaca de maneira singular no que diz respeito a transformação de Las Vegas no que ela é hoje: Steve Wynn.

O negócio de cassinos é três mundos em um

Nosso passeio por esta parte do River vai começar em ambientes exuberantes antes de seguir para um lugar mais deprimente. Eu queria avisá-lo desde já, pois não quero que você faça o equivalente a julgar um país com base apenas em visitar sua vizinhança com lojas mais luxuosas. Na verdade, não existe apenas um modelo de negócio de cassino — existem três:

- Há o negócio dos resorts de luxo de alto padrão, que descreverei por meio da história do desenvolvedor que decifrou o código de maneira mais consistente (Steve Wynn) — e daquele que, ao tentar fazer isso, falhou de forma notória (Donald Trump). Nessas propriedades, a jogatina é apenas uma das muitas fontes de receita e com frequência representa menos da metade do negócio. Há muitas pessoas ricas nos Estados Unidos, e a indústria da jogatina descobriu como entrar na diversão.

- Em seguida, há o maior segmento do mercado em termos de receita — um mercado de classe média alta, dominado por grandes corporações como MGM e Caesars. São empresas que se envolvem em um mapeamento do perfil de clientes, realizado em grande parte por meio de programas de recompensas em que os clientes podem acessar *upsells* [aquisição de um produto melhor, com a adição de complementos que o tornam mais caro] cada vez maiores. Essa é a parte do negócio que mais mudou nos últimos anos, à medida que as empresas de jogos de azar passaram a se envolver em análises do tipo *Moneyball* para descobrir como arrancar mais dinheiro de seus clientes.

- Por fim, há o "mercado local", focado em turistas com orçamento apertado, aposentados e pessoas da classe trabalhadora e classe média que visitam cassinos

> com um objetivo principal: jogar caça-níqueis. Não *blackjack*, e com certeza não pôquer. Talvez aproveitar alguma cortesia do cassino para se permitir um jantar mais especial. Mas, sobretudo, frequentam apenas as máquinas caça-níqueis, que são, de forma esmagadora, a fonte dominante de receita nesses lugares. Os caça-níqueis oferecem *odds* muito piores que jogos como *blackjack* e são mais viciantes... assim como ocorre em muitas situações, os menos abastados tendem a levar a pior.

As apostas de Wynn

"Uma mesa de *blackjack* é apenas uma peça de mobiliário."

Steve Wynn, provavelmente o magnata de cassinos mais bem sucedido de todos os tempos, estava no meio de um discurso épico sobre como ele nunca se envolveu no ramo de *jogos de azar*.

"Sou apenas um desenvolvedor. Não estou lá muito interessado em falar com você sobre jogos de azar."

Wynn tem uma voz inconfundível, com uma entonação rouca, um toque de influência trumpiana (junto com seu amigo-inimigo Sheldon Adelson,[37] ele foi o vice-presidente do comitê de posse de Trump em 2016)[38] e indícios residuais do sotaque conhecido como "mudança vocálica das cidades do norte.* (Sendo um nativo de Michigan, consigo detectá-lo até em quantidades mínimas.) Nascido como Stephen Alan Weinberg em New Haven, Connecticut, mas criado em Utica, região central do estado de Nova York, Wynn assumiu o negócio de bingos de seu pai[39] e usou uma parte dos lucros para comprar uma participação no extinto New Frontier, na Vegas Strip.

Em determinado momento, começou a comprar ações do Golden Nugget, no centro de Las Vegas, e logo se tornou presidente e CEO.[40] Sua premissa era simples: transformar o medíocre e sem graça Golden Nugget, que na época nem sequer tinha um hotel, em uma propriedade de luxo — uma novidade no centro de Las Vegas, que naquela época[40] era (e até hoje é) o irmão mais velho, mais simples e menos sofisticado da queridíssima Strip. Em pouco tempo, Frank Sinatra já era uma das atrações principais mais frequentes do estabelecimento,

---

* Para uma versão exagerada do sotaque, pense nos trabalhadores de Chicago retratados em filmes ou programas de TV antigos, como os esquetes "superfãs do time Chicago Bears" do *Saturday Night Live*. A mudança vocálica a leste dos Grandes Lagos, como em Buffalo ou Rochester, Nova York, é mais suave.

e o Golden Nugget alcançou uma classificação de quatro diamantes no guia de viagens *Mobil*.[41]

Após desenvolver com sucesso outra unidade do Golden Nugget em Atlantic City, Wynn vendeu a propriedade em 1987 (*timing* auspicioso: Atlantic City estava prestes a entrar em uma longa era de estagnação) e então investiu os lucros em seu projeto mais ambicioso até então[42] — o Mirage, que, ao custo de 630 milhões de dólares, era na ocasião o resort mais caro do mundo.

Wynn se lembra do dia da inauguração do Mirage com detalhes vívidos, e descreve o que parece ser uma cena caótica de uma pintura de Hieronymus Bosch, com uma multidão tão ansiosa para invadir o cassino que a situação estava à beira de um quebra-quebra.

"O dia é 22 de novembro de 1989 — aniversário do assassinato de Kennedy. Às oito horas da manhã, havia 10 ou 11 mil pessoas. Ao meio-dia, não dava para ver o fim daquele mar de pessoas. Quando eu disse no walkie-talkie 'Seguranças, retirem as barreiras, o hotel está aberto', a confusão foi tamanha que quase matou de susto o governador, Bob Miller, que estava lá comigo. Mas conseguimos conter a situação, bem diante do *porte cochere*,* enquanto Siegfried e Roy entravam com os tigres. Naquele dia, 75 mil pessoas passaram pelas portas do hotel. Mulheres, carrinhos de bebê, todo mundo em todos os lugares, sobrecarregando a área pública."

Hoje, o Mirage dá seus últimos suspiros, tendo sido negligenciado por seu antigo proprietário, o MGM, enquanto se prepara para uma segunda vida como o Hard Rock Hotel & Casino Las Vegas.[43] Na época de sua inauguração, era revolucionário. Foi a primeira propriedade nova a abrir na Strip em dezesseis anos.[44] Contava com um número absurdo de atrações:[45] a réplica de um vulcão que entrava "em erupção" de hora em hora à noite; um hábitat de golfinhos; Siegfried e Roy e seus tigres brancos; e um hotel com mais de três mil quartos, então o maior do mundo.

Foi uma aposta audaciosa. Para ser financeiramente viável, o Mirage teria que obter um lucro maior que qualquer cassino na história. "Pelas contas, ele precisava lucrar 1 milhão de dólares por dia. E nenhuma propriedade jamais tinha conseguido esse feito, nem sequer chegado perto disso", disse Jon Ralston, o jornalista mais conhecido de Las Vegas, que agora dirige o site *The Nevada Independent*. "As pessoas debochavam disso — os chamados especialistas, os analistas e as pessoas da indústria daqui. E desde a primeira semana ou primeiro mês ficou evidente que o Mirage estava excedendo esse valor — era algo como 1,2 milhão por dia."

O Mirage mudou Vegas literalmente da noite para o dia, de acordo com Wynn. "Em um intervalo de vinte e quatro horas, os presidentes e CEOs de cada um dos

---

* Tive que procurar no dicionário; literalmente um "porta-carruagem", significa um pórtico ou uma passagem coberta para o acesso de veículos. Wynn pode ser azedo por um lado e chique por outro.

hotéis estavam no Mirage. Os preços dos imóveis na Strip mudaram em questão de uma semana. E aí a notícia se espalhou: Vegas estava prestes a fazer fortunas." Os dados confirmam a história de Wynn. Entre 1988 e 2000, as receitas na Las Vegas Strip explodiram de 3 bilhões de dólares para mais de 10 bilhões de dólares (mesmo após o ajuste pela inflação, elas mais que dobraram). A grandes maioria dos ganhos vinham de receitas não relacionadas a jogos[46] (quartos de hotel, restaurantes, shows de golfinhos, entre muitas outras coisas). Durante nossa conversa, Wynn se mostrou muito orgulhoso do fato de que as receitas de jogatina representavam menos da metade dos lucros de suas propriedades. As mesas de *blackjack* talvez fossem mais do que meras peças da mobília, mas eram uma fatia cada vez menor do negócio. A cidade já não era mais vista como uma curiosidade cafona ou um palco de maldades da máfia — Las Vegas havia chegado para valer.

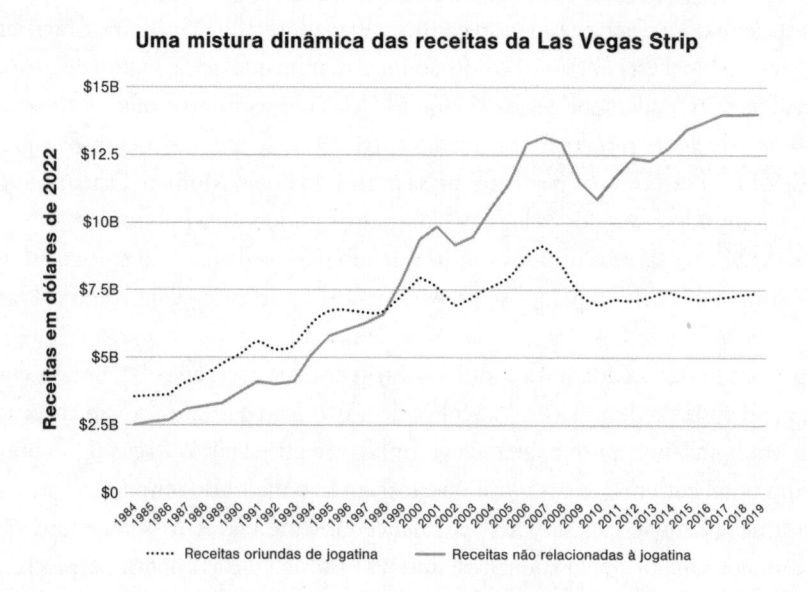

Uma mistura dinâmica das receitas da Las Vegas Strip

Wynn conseguiu reproduzir a fórmula várias vezes, com o Bellagio, em 1998, e com o epônimo Wynn, em 2005. Com o tempo, suas propriedades passaram a depender menos de truques *kitsch* e mais em vender uma imagem de luxo refinado, com designs brilhantes e leves, abundância de espaço e luz natural, e caríssimas coleções de arte* que contrariam o estereótipo de cassinos sujos e labirínticos. "Todos

---

* Wynn tem uma doença (retinite pigmentosa) que, em essência, lhe causa estreitamento do campo de visão; em decorrência disso, não consegue enxergar com a visão periférica. Certa vez, ao exibir uma pintura de Picasso a convidados, ele sem querer enfiou o cotovelo na tela, causando uma perda de 54 milhões de dólares na avaliação da obra.

foram baseados no mesmo princípio. Faça as pessoas se sentirem especiais. Venha para Las Vegas para viver em grande estilo", segundo ele me disse. "As pessoas ficam felizes e contam aos amigos. Se forem tratados de forma fantástica, voltarão no ano que vem e pagarão mais pelo inevitável aumento. Esse é o resumo de toda a minha filosofia empresarial e minha carreira."

Ainda assim, propriedades atraentes e um atendimento atencioso ao cliente não conseguem esconder o lado feio do que pode acontecer a portas fechadas. *O que acontece em Vegas fica em Vegas* é uma atitude que muitas vezes é levada ao pé da letra — e a noção de que em Las Vegas vale tudo tem alguns aspectos bastante nocivos.

Em 2018 e 2019, após várias acusações e extensos relatos de que ele havia assediado sexualmente funcionárias e as pressionado a fazer sexo,[47] Steve Wynn e o Wynn Resorts gastaram mais de 100 milhões de dólares em danos, multas e acordos,[48] e Steve Wynn concordou em se retirar da indústria de jogos de Nevada. Ainda assim, o nome Wynn permanece nas propriedades do Wynn Resorts em Las Vegas, Macau e em um projeto de construção de um novo resort nos Emirados Árabes Unidos.[49] (Representantes da Wynn Resorts recusaram um pedido de entrevista.)

Não é um incidente isolado: a agressão sexual é um grande problema em Las Vegas. Em 2019, 1.439 estupros foram relatados ao Departamento de Polícia Metropolitana de Las Vegas[50] — taxa *per capita* cerca de duas vezes maior que a média das jurisdições que reportam dados ao FBI.

Tome cuidado em Las Vegas, sobretudo se não conhecer a cidade. Parte do motivo pelo qual eu gosto de lá é a diversidade das pessoas de todos os cantos dos Estados Unidos, mas isso significa que também inclui a devida parcela de elementos desagradáveis. Entre as multidões, a bebida alcoólica, a natureza desnorteante de alguns dos cassinos, pessoas carregando grandes quantidades de fichas e dinheiro, a tendência dos turistas de fazerem coisas que não fariam em casa, e clientes VIP recebendo um tratamento especial por parte dos funcionários do cassino, há muitas maneiras de uma noite dar errado.

Trump não conseguiu tornar Atlantic City grandiosa

É difícil publicar um livro sobre jogos de azar durante um ano eleitoral e não ter nada a dizer sobre o desenvolvedor de cassinos mais famoso (e infame) de todos os tempos: o presidente dos Estados Unidos, Donald Trump. A verdade é que não sei ao certo onde ele se encaixa. Se Trump é desprezado pelo Village, ele tampouco é um membro do River. Mesmo que seja competitivo e afeito aos riscos — e também tenha uma tendência a ser do contra, tendo apostado corretamente em 2016 que seria capaz de repudiar John McCain, Mitt Romney, George W. Bush e o restante do *establishment* republicano e ainda ganhar a nomeação do partido—, isso por si só não o torna um riveriano. Afinal, ele demonstrou pouca capacidade do tipo de raciocínio abstrato e analítico que distingue as pessoas do River daquelas que fazem apostas altas, mas mal calculadas, em –VE. A empresa que administrava seus cassinos, a Trump Entertainment Resorts,[51] entrou com pedido de falência em 2004, 2009 e 2014 antes de ser vendida em 2016. E, até o início de 2024, não havia propriedades de cassino em nenhum lugar do mundo que levassem o nome de Trump — por mais que ele tenha conseguido enriquecer consideravelmente no processo.[52]

Contudo, se não há muita coisa que possamos aprender sobre Trump a partir de sua experiência na indústria de jogos, há algo que podemos aprender com ele sobre a indústria de jogos. De certa maneira, sim, os cassinos têm licença para imprimir dinheiro — com as probabilidades garantidas a favor da casa, é quase impossível que percam dinheiro em operações de jogos. No entanto, os desenvolvedores assumem riscos significativos quando se trata do financiamento, incorporação imobiliária e previsão da demanda futura por jogos de cassino em seus mercados. Não é *fácil* fracassar — mas se você errar feio nas escolhas de algumas dessas categorias, pode dar com os burros n'água, e Trump é a prova disso.

Em abril de 1990, a inauguração do Trump Taj Mahal em Atlantic City foi quase um pandemônio, tal qual com o Mirage. Em muitos aspectos, até superou a Mirage. Wynn pode ter tido Siegfried e Roy — mas Trump tinha a maior estrela do mundo, Michael Jackson,[53] que caminhou pelo cassino em meio a multidões de fãs e adoradores. Assim como o Mirage, o Taj era *kitsch*, incluindo alguns detalhes (porteiros vestidos com turbantes)[54] que, pelos padrões atuais, não seriam bem-aceitos. Mas o Taj também era luxuoso. Talvez luxuoso *até demais*. O jornal *The New York Times* enviou seu crítico de arquitetura Paul Goldberger para avaliar a propriedade,[55] e ele comparou os "lustres de cristal e... carpetes roxos" a "dietas que consistem apenas de musse de chocolate".

No entanto, o Taj foi condenado ao fiasco menos por suas escolhas de design e mais por um planejamento financeiro catastroficamente ruim. O primeiro pedido de falência veio em 1991,[56] apenas um ano após sua inauguração. Trump financiou o hotel e cassino sobretudo por meio de títulos de alto risco com uma taxa de juros de 14%.[57] Quando um analista financeiro chamado Marvin Roffman apontou o montante que o Taj teria que ganhar para pagar suas dívidas (quantias que pareciam implausíveis no mercado de Atlantic City que já estava vendo um declínio no afluxo anual de visitantes),[58] Trump pressionou a empresa de Roffman a demiti-lo[59] — e conseguiu.

Após a inauguração do Taj,[60] Trump se mostrou triunfante, convencido de que havia provado que Roffman e outros críticos estavam errados. Contudo, no ramo de cassinos, inaugurações espetaculares não equivalem necessariamente a um sucesso constante. Há tanta coisa acontecendo em um resort de luxo — todas as formas imagináveis de jogatina, shows, restaurantes, casas noturnas, spas, campos de golfe. Há um número igual de coisas que podem dar errado — regulamentações de jogos, funcionários corruptos,[61] clientes difíceis, altíssimos desembolsos de capital, trapaças e atividades ilícitas. É uma indústria que exige disposição a seguir regras e uma atenção obsessiva a detalhes — atributos que não foram um ponto forte para Trump como chefe de cassino nem durante seu primeiro mandato como presidente.

Em propriedades como o Wynn em Las Vegas, as coisas tendem a correr *às mil maravilhas* na maior parte do tempo. No Trump Taj Mahal, não. Uma semana após a inauguração, as máquinas caça-níqueis misteriosamente desligaram.[62] No que foi uma gravíssima falha, o estabelecimento era desprovido de pessoal com experiência em gestão de cassinos — em parte por causa de um trágico golpe de azar: três dos mais altos executivos de Trump morreram em um acidente de helicóptero poucos meses antes da inauguração do Taj.[63] Quando Trump fazia questão de microgerenciar o negócio, muitas vezes não ajudava. Na ocasião em que um magnata imobiliário de Tóquio chamado Akio Kashiwagi[64] foi jogar bacará por 200 mil dólares a mão (o tipo de baleia com que qualquer cassino sonharia), Trump ficou andando, nervoso, de um lado para o outro e "secando" bem de perto a ação de Kashiwagi, o que deixou o japonês com a impressão de ter recebido um péssimo tratamento.

No fim, ficou evidente que Atlantic City foi uma aposta ruim.* Com efeito, as receitas de jogo da cidade excediam as de Las Vegas durante a maior parte da década de 1980 e início da década de 1990, mas depois caíram em mais da metade.[65] Por que Vegas deu provas de perdurar muito mais? Talvez porque Atlantic City tenha apostado em jogatina, jogatina e mais jogatina em vez de oferecer aos hóspedes uma experiência de entretenimento completa. (Cerca de 75% das receitas brutas do Taj em 1990 eram oriundas do salão de jogos.)[66] Também há a questão da "atmosfera ruim". Las Vegas apresenta ao visitante a sensação de liberdade: os cassinos se espalham e se fundem uns por sobre os outros, dá para caminhar pela Strip e o clima é agradável durante grande parte do ano. Atlantic City é mais uma cidade murada, em que os cassinos se assemelham a fortalezas autônomas numa cidade esvaziada e com altos índices de criminalidade.**

De fato, o sucesso de Las Vegas tem sido difícil de reproduzir; em 2022, as receitas de jogo de Nevada superaram as dos três estados seguintes somadas.[67]

---

* De fato, Trump recebeu uma licença de jogo em Nevada em 2004, mas nunca operou um cassino lá — o Hotel Trump em Las Vegas não tem um andar de jogos; politifact.com/factchecks/2019/jul/09/viral-image/no-evidence-nevada-gaming-commission-said-donald-t.
** Atlantic City também viu seus negócios serem canibalizados por outros cassinos acima e abaixo na Costa Leste. Digamos que seja janeiro em Nova York, e você tem as seguintes opções: pode dirigir mais de duas horas até Atlantic City ou pegar um voo de duas horas e meia até a ensolarada Fort Lauderdale e jogar no Hard Rock. Eu escolho a Flórida — não tem nem comparação.

> Ao longo da história, os estabelecimentos comerciais de jogos de azar têm oferecido aos clientes diferentes arquétipos: de um lado, antros de desigualdade; de outro, fugas da realidade semelhantes a spas. O que *não* deu certo foi tentar vender uma experiência de luxo em um parque de escritórios suburbano ou um ambiente de miséria urbana. Trump não será a última pessoa a pensar que pode ser uma exceção à regra, e não será o último a fracassar.

A *Moneyballização* do ramo de cassinos

Encontros espontâneos em elevadores de Las Vegas são sempre uma aposta. Homens aparecem acompanhados de prostitutas; casais brigam; pais e mães exaustos voltam da piscina com os filhos hiperativos. As pessoas são tagarelas, paqueradoras, bêbadas (em mais de uma ocasião, fiquei preocupado que alguém fosse vomitar em cima de mim) e preparadas para bombardear os outros com as histórias de suas experiências com jogatina.

Felizmente, a maioria dos elevadores de Vegas são rapidíssimos — imagina perder segundos preciosos que poderia gastar jogando! —, mas Gary Loveman teve um encontro no elevador que pode ter mudado para sempre o ramo de cassinos.

Loveman era uma escolha incomum para a indústria de jogos, que tende a contar com veteranos como Rumbolz, ou pessoas como Wynn, com uma história familiar no setor. Ele, por sua vez, era um riveriano, um graduado do MIT e um professor na Harvard Business School. Loveman estava prestando consultoria para o que era então conhecido como Harrah's Entertainment (atual Caesars Entertainment) quando, para sua surpresa, foi convidado a tirar um ano sabático de dois anos para se tornar COO, executivo-chefe de operações. Acabou ficando dezessete anos, até por fim ser promovido a CEO em 2003, ano em que o livro *Moneyball* foi publicado.

À medida que a análise estatística tomava conta do beisebol, Loveman ficou chocado com a lacuna entre a quantidade de dados gerada pelo ramo de cassinos ("É um terreno abundante em dados, e é possível analisar praticamente tudo em grande velocidade, em um grau maior do que quase qualquer setor que já conheci") e o fato de que apenas um volume muito pequeno desses dados era utilizado para orientar as decisões. Em um dos seus primeiros dias no cargo, Loveman estava em um elevador subindo para seu quarto no Harrah's em Las Vegas quando ouviu um grupo de turistas de Atlantic City reclamando. "Eles estavam dizendo: 'Meu Deus do céu, não temos chance de ganhar nada nos caça-níqueis aqui de Las Vegas. Eles são tão difíceis, não dá para acreditar. Eu queria estar de volta em Atlantic City.'" Mas Loveman sabia das coisas. Na época, os caça-níqueis de Vegas eram até generosos, com uma porcentagem de retenção de cerca de 5% — é quanto o cassino mantém como lucro, em média, de cada puxada da alavanca da máquina. Em contraste, os caça-níqueis de Nova Jersey eram muito mais mesquinhos, com uma retenção de cerca de 7,5%.

A longo prazo, 7,5% *versus* 5% faz muita diferença para o lucro líquido de um cassino. Porém, a curto prazo, Loveman percebeu que é quase impossível para o jogador perceber a diferença.

"Logo na manhã seguinte, comecei a trabalhar com minha equipe de caça-níqueis e a entender as distribuições de probabilidade que são programadas nas máquinas", disse-me ele. "Então, contratei um grupo de matemáticos do MIT — a maioria deles com treinamento na área da aeronáutica e aeroespacial... E determinamos que, para o indivíduo reconhecer a diferença entre uma máquina caça-níqueis que tinha uma retenção de 5% e uma que tinha uma retenção de 8%, o jogador teria que puxar a alavanca 40 mil vezes em cada máquina."

Quarenta mil é um bocado. O jogador médio só tenta sua sorte em uma máquina caça-níqueis algumas centenas de vezes antes de partir para outra coisa, comentou Loveman. Isso não é nem de longe o suficiente. Estatisticamente — em parte porque uma grande parcela do dinheiro que os caça-níqueis retornam vem na forma de gordos *jackpots* (o prêmio acumulado) que apenas de vez em quando alguém consegue acertar — leva muito tempo para um jogador estimar seu valor esperado. E, ao contrário do *blackjack*, não é possível apenas procurar as *odds* — elas não aparecem em lugar nenhum! Na verdade, a mesma máquina pode ter pagamentos diferentes em diferentes partes do cassino, sem nenhum sinal externo para o cliente.*

Diante da assimetria de informações, os cassinos estavam deixando de ganhar dinheiro. Mas isso logo mudaria. Em 1997, um ano antes de Loveman entrar para o Caesars, as máquinas caça-níqueis na Las Vegas Strip tinham uma porcentagem média de retenção de 5,67%. Quando ele saiu, em 2015, a taxa havia saltado para 7,77%, o exato número de Atlantic City. Se você é um jogador de caça-níqueis e sente que as máquinas estão mais avarentas que antes, está certo, e já sabe de quem é a culpa — Loveman não tem vergonha de levar o crédito pela mudança. "Você verá que a retenção média de caça-níqueis nos Estados Unidos aumentou consideravelmente nos últimos anos, em grande parte porque as pessoas que eu contratei para me ajudar no começo agora administram todas as empresas concorrentes."

Os cassinos também podem manipular a maneira como o dinheiro é pago — as distribuições de probabilidade por trás das máquinas. Os clientes têm uma tendência natural a ir em direção ao padrão que melhor atraia sua tolerância aos

---

* Em geral, as máquinas situadas em locais de grande visibilidade pagam melhor, e jogos temáticos, como os baseados em *game shows* de TV populares, pagam pior. (Quanto mais divertido for um jogo, mais caro será para jogá-lo.) Espero que este livro sirva pelo menos para convencer o leitor a *não* tentar a sorte nos caça-níqueis. Quase todos os outros jogos oferecidos pelos cassinos pagarão com mais generosidade.

riscos — ou que manipule com mais eficácia seu senso acerca das probabilidades. O padrão geral da indústria, no entanto, é uma máquina que proporciona o grande *jackpot* ocasional, mas também oferece vitórias modestas e frequentes para que o jogador tenha algum reforço positivo.*

Natasha Schüll, professora de antropologia na Universidade de Nova York (NYU), que escreveu o livro *Addiction by Design: Machine Gambling in Las Vegas* [Vício de propósito: máquinas de jogo em Las Vegas], relembra o que ouviu uma vez de um executivo de jogos. "Ele me disse: 'Queremos que você se recline em nossos algoritmos da mesma forma que se reclina em um sofá confortável.' A intenção era suavizar a queda até zero para que ninguém perceba que está perdendo enquanto se encaminha para o fundo do poço."

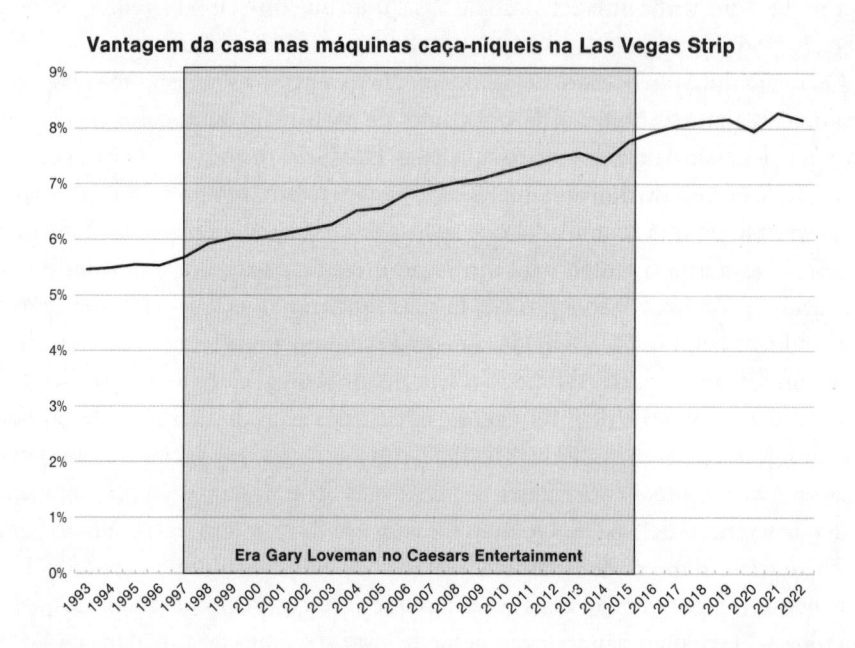

Vantagem da casa nas máquinas caça-níqueis na Las Vegas Strip

Era Gary Loveman no Caesars Entertainment

A diferença entre uma viagem suave e tranquila até o zero e uma descida acidentada e dolorosa é ilustrada no gráfico a seguir. Simulei dez mil puxões de alavancas de duas máquinas caça-níqueis, cada uma com uma retenção de 8%. Para a primeira máquina, a Thunder Canyon, um jogador ganha um *jackpot* de 92 dólares uma vez a cada cem giros de 1 dólar, e esse é o único pagamento, de qualquer tipo. Para a segunda máquina, Lazy River, o *jackpot* máximo é de apenas

---

* Talvez não por coincidência, esse modelo de pagamento é semelhante ao modo como funcionam os torneios de pôquer: 10% a 15% dos participantes recebem algum tipo de prêmio, mas a maior parcela é reservada para os melhores 1% ou 2%. É a combinação das pequenas pontuações regulares e as grandes ocasionais que faz os jogadores voltarem.

25 dólares, mas há muitos prêmios secundários, de 1 dólar a 15 dólares, e o jogador acertará *algum tipo* de prêmio em cerca de um sexto das vezes.

De modo intuitivo, você pode entender que são estruturas de pagamento diferentes — mas até eu fiquei surpreso ao ver que no gráfico parecem ser extraordinariamente diferentes, embora ambas as máquinas tenham o mesmo VE (-8 dólares por 100 dólares apostados). Acredite em mim: quando se está no meio de uma dessas oscilações, você pode *senti-las*, e elas terão uma grande influência na sua propensão a continuar jogando.

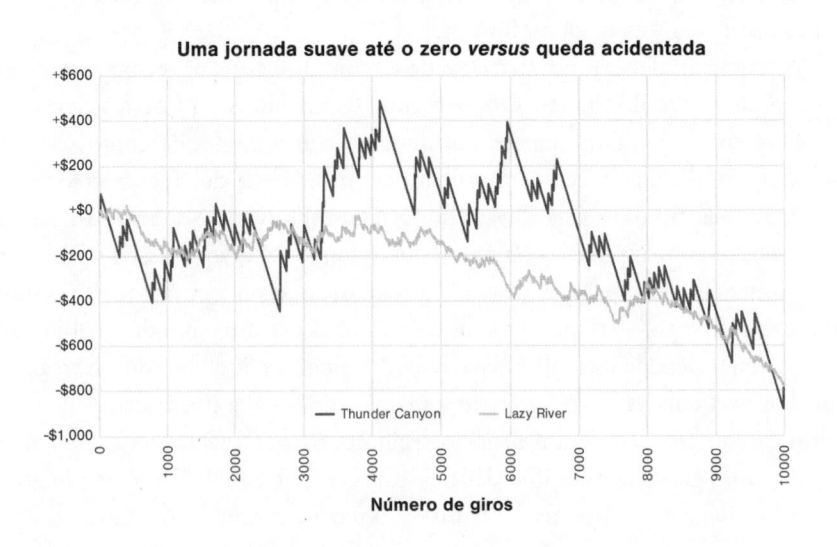

Uma jornada suave até o zero *versus* queda acidentada

[Gráfico mostrando Thunder Canyon e Lazy River ao longo do Número de giros (0 a 10000), valores de -$1.000 a +$600]

Se tudo isso parece cínico — ora, é porque faz parte mesmo. "Se você atua no setor de cassinos, em algum nível seu trabalho é fazer as pessoas perderem dinheiro", declarou Schwartz.

Mas eis o xis da questão. Seja lá o que mais esteja fazendo, Las Vegas não se limita a explorar seus clientes e maximizar seus lucros em nome de algum equilíbrio de curto prazo. Pelo contrário: os frequentadores de Vegas são muito leais. A Disneyworld é famosa[68] como um estudo de caso de negócios porque 70% de seus visitantes de primeira viagem acabam retornando em algum momento. Bem, em geral cerca de *80%* dos visitantes de Las Vegas são clientes recorrentes.[69]

Parte disso se deve a outra inovação de Loveman: o cartão de fidelidade do cliente. Isso, por si só, não foi uma ideia inédita. Os programas de milhagem de companhias aéreas decolaram na década de 1980 e se tornaram onipresentes na década de 1990. Contudo, a indústria de cassinos demorou até a década de 2000 para adotar um programa semelhante. A maioria dos antigos funcionários de cassinos "achou ridículo — toda a ideia de um programa de recompensas escalonado, e usar dados para tomar decisões em vez da experiência do pessoal", comentou

Loveman. "A resistência foi bastante considerável, mas quando os resultados se tornaram evidentes... ganhamos um baita impulso."

Isso porque o negócio de cassinos se baseia em ganhar muito de poucas pessoas no topo. Boa parte da receita vem de um número *muito* pequeno de baleias. Na indústria aérea, uma passagem de classe executiva pode custar quatro ou cinco vezes mais do que um assento na classe econômica. Já no ramo de jogos de azar? Alguns clientes gastam centenas ou milhares de vezes mais que outros. "Nós instruíamos nossa equipe assim: se você perder um cliente Diamond [Diamante] por ter-lhe oferecido um serviço ruim, terá que encontrar vinte clientes Gold [Ouro] para substituí-lo", mencionou Loveman.

As vantagens de ter um status elevado em um programa de recompensas de um cassino são quase ilimitadas. Oficialmente, os membros do Caesars Seven Stars [Sete estrelas][71] ganham quartos gratuitos ou com grandes descontos em quase todas as propriedades Caesars mundo afora, milhares de dólares em créditos para refeições e viagens e até uma viagem de cortesia em um navio de cruzeiro. *Extraoficialmente*, seu status pode levá-los ainda mais longe. Muitas vezes, os VIPs contam com anfitriões ou *concierges* pessoais à disposição e podem negociar mudanças nas regras do jogo, abatimentos substanciais caso percam, comida e bebida grátis em qualquer dependência das instalações,* noitadas em clubes de *striptease* e até jatinhos particulares.[72] Você não deve pedir nada ilegal a um anfitrião de cassino (sério, jamais faça isso, é um negócio regido por regulamentações extremamente rígidas), mas ganhará mais liberdade caso se comporte mal. "Você não ficará surpreso ao saber que éramos mais tolerantes com o mau comportamento de hóspedes mais valiosos do que com hóspedes menos valiosos", admitiu Loveman.

Nem todo mundo concorda com a agressividade do tratamento privilegiado que o Caesars concede aos seus clientes de mais alto nível. Steve Wynn, por exemplo, discorda. A ideia de um cliente que já está pagando por uma experiência de luxo sendo furado na fila por alguém que tem um status ainda mais elevado o incomoda. Quando Wynn levou suas objeções a Loveman, eles concordaram em discordar. "Eu disse a Gary: 'Isso não cria um ressentimento? Essas preferências ficarem tão visíveis? Isso não os torna cidadãos de segunda categoria?'... E [Loveman] respondeu: 'Pelo contrário, Steve, isso os torna ambiciosos.' Eles veem o cara furando a fila e querem fazer parte desse grupo seleto."

Para mim, a complexa segmentação de clientes pode ser avassaladora. Agora mesmo, quando abri meu aplicativo Caesars Rewards [Recompensas Caesars] para

---

* Mas tenha cuidado. Certa noite, ao jantar com um grupo de *degens* em um famoso restaurante no Aria, um deles "deu uma gorjeta" de 400 dólares à recepcionista por uma mesa, e nosso garçom (deduzindo corretamente que dinheiro não era problema) nos vendeu uma garrafa de cabernet Hundred Acre de 1.300 dólares em vez da garrafa de 700 dólares que havíamos escolhido. Os caras estavam otimistas de que a refeição seria oferecida como cortesia — mas a maior parte não foi.

procurar um quarto em Vegas daqui a alguns meses, havia opções de 190 tipos de quartos diferentes em nove propriedades Caesars. Sempre há um *upsell*. Fazer *upgrade* para uma vista para a Strip? Uma suíte maior, no canto de um andar? Uma suíte maior, no canto de um andar, com vista para a Strip? Uma suíte executiva? Ou até uma *villa* privativa? Quanto maior meu status, mais descontos ou privilégios eu conseguirei.

No entanto, Loveman provavelmente estava certo. O Wynn mantém até hoje um programa de cartão de recompensas inaugurado em 2005[73]. É menos chamativo que o do Caesars, e o piso para usufruir dos serviços é mais alto. Porém, mesmo que no Wynn todos os clientes sejam especiais, alguns são mais especiais do que outros.

Sim, o River encontrou uma forma de ganhar nos caça-níqueis também

Quando comecei a escrever este livro, não esperava que uma das experiências mais malucas do processo fosse sair com um jogador profissional de caça-níqueis. Na verdade, nem sabia que existia algo como um jogador profissional de caça-níqueis.

Foi difícil localizar Carter Loomis (não é seu nome verdadeiro), mas enfim combinamos de nos encontrar no intervalo do jantar de um torneio de pôquer no Wynn. Enquanto aguardávamos uma mesa na lanchonete ao lado da casa de apostas esportivas, pedi licença para correr até meu quarto e pegar meu gravador digital. Não devo ter me ausentado por mais de cinco minutos. No entanto, de alguma forma, Loomis conseguiu ganhar um *jackpot* de caça-níqueis de 2 mil dólares.

Se há uma vantagem a ser obtida em algum lugar em um cassino, você pode ter certeza de que um riveriano aparecerá e a encontrará. O termo genérico para alguém como Loomis é um "jogador de vantagem", usado para descrever apostas +VE conduzidas por diferentes métodos que não sejam trapaça. O termo não é muito aplicado ao pôquer e às apostas esportivas, uma vez que ambos são conhecidos por serem jogos de habilidades. Pelo contrário, é quando as pessoas encontram uma vantagem em jogos nos quais não deveriam haver uma. Jeff Ma e a equipe de *blackjack* do MIT estavam executando uma forma de jogo de vantagem. Às vezes, os *jackpots* progressivos podem se tornar muito grandes em caça-níqueis, videopôquer ou outros jogos, e pode ser lucrativo jogar — isso também é jogo de vantagem.

Loomis começou a me mostrar o andar de jogos no Wynn, gesticulando para diferentes caça-níqueis. Ele estava em busca de uma jogada +VE.

"O que você está procurando é alguém que tenha construído algo, e tem de se aproveitar disso. Então, este jogo — os cofrinhos de porquinho ficam cada vez maiores até explodirem. Aí, você pode realmente procurar um bom negócio... e este é o melhor, mas ainda não é bom. Tenho certos critérios."

Loomis estava abrindo a cortina para algo que era um mundo novo para mim — na época, eu só entendia metade do que ele queria dizer. Permita-me explicar com um exemplo.

Digamos que há uma máquina caça-níqueis chamada "O feliz sr. Sapo". Ela apresenta um sapo de desenho animado muito fofo sendo cozido devagar em uma panela de água fervente por uma equipe de chefs franceses de aparência estereotipada. Cada tentativa no jogo custa 1 dólar. Cada vez que você gira, a água fica um pouco mais quente, o que é pontuado por sinais visuais como bolhas e vapor. Não se preocupe, nosso sapinho vai ficar bem. Ele vai pular em algum momento — um algoritmo determinará quando. E, quando o sr. Sapo fizer isso, ele vai nos dar algum dinheiro. Isso porque o jogo entrará no "Modo Doidão", no qual ganharemos um monte de giros grátis enquanto o sr. Sapo pula em algumas folhas de nenúfar e saqueia o piquenique dos chefs e assim por diante, descobrindo prêmios em dinheiro ao longo do caminho. O valor esperado do "Modo Doidão" é de 200 dólares.

A vantagem geral da casa para a máquina "O feliz sr. Sapo", calculada com uma média baseada em todos os giros, é de 10%, típica para a Las Vegas Strip. Mas a grande verdade é que varia de giro para giro — quanto mais quente a água, maior a probabilidade de atingirmos o muito lucrativo "Modo Doidão".* Isso é o que é conhecido como um "jogo de acerto obrigatório"; da maneira como é programado, o "Modo Doidão" *deve* ser pelo menos no milésimo giro, se ainda não tiver sido ativado.

Se a água estiver morna, é um jogo terrível para quem se arrisca nele. Na verdade — vou pular a matemática por trás disso —, o valor esperado do primeiro giro de 1 dólar é -30 centavos de dólar. No entanto, a cada giro subsequente, a água fica mais quente e o VE melhora. (É como a contagem se tornando positiva no *blackjack*.) No giro número 602, "O feliz sr. Sapo" é um jogo +VE. E, se de alguma forma chegarmos ao 1.000º giro com o sr. Sapo ainda no pote, o VE é de cerca de 200 dólares porque temos a garantia de acionar o "Modo Doidão".

Se acha que isso parece implausivelmente bobo, você deveria ir a um cassino e dar uma olhada em algumas das máquinas caça-níqueis. Elas são repletas de temas bobos, e algumas utilizam mecânicas semelhantes, como o jogo do porquinho explosivo ao qual Loomis estava se referindo — ali, girar os rolos faz com que moedas sejam jogadas dentro de um cofrinho de porquinho até que o cofrinho exploda e acione um modo bônus.

Você pode se perguntar: uma pessoa não poderia apenas sair por aí procurando por condições +VE — cofrinhos de porquinho que estão prestes a explodir, potes

---

* Para os cálculos nesta seção, estimo a probabilidade de o sr. Sapo pular em qualquer giro como $1/(1001 - x)$, em que x é o número de giros desde a última vez que o "Modo Doidão" foi atingido.

que estão prestes a transbordar? Bem, sim — era basicamente isso que Loomis estava fazendo. Há uma piada nerd sobre dois economistas que, andando pela calçada, avistam uma nota de 20 dólares caída no chão. O primeiro economista diz: "Uau, 20 dólares!" O segundo, com fé inabalável na eficiência dos mercados, diz: "Não pode ser... Se fosse, alguém já teria pegado." Ora, em jogos de cassino às vezes há de fato o equivalente a cédulas de 20 dólares jogadas no chão, deixadas em máquinas caça-níqueis por clientes desavisados que não entenderam a mecânica do jogo. Os jogadores de vantagem as pegam.

No entanto, não é tão fácil quanto parece. Alguns cassinos realmente não gostam de jogadores como Loomis, embora outros sejam mais tolerantes. Em suma, Loomis está tirando VE de outros jogadores em vez do cassino.* Se seus ganhos existem às custas do cassino, eles não ficarão felizes com isso. Por exemplo: Phil Ivey, considerado um dos melhores jogadores de pôquer no mundo, foi processado pelo Borgata Hotel Casino & Spa, em Atlantic City, por usar um método de jogo de vantagem chamado "*edge sorting*", em que os participantes são capazes de identificar quais cartas o crupiê tem ao observarem sutis defeitos e irregularidades no verso delas. Para mim, isso não é trapaça, e é culpa do Borgata por não ter verificado com mais cuidado seus baralhos. Porém, um juiz de Nova Jersey discordou, ordenando que Ivey devolvesse mais de 10 milhões de dólares ao Borgata[74] — no fim das contas, o caso foi resolvido por um acordo, após recurso a uma instância superior.

E lembre-se, via de regra o jogo de caça-níqueis é substancialmente –VE; portanto, pensar de forma equivocada que você está em uma situação de vantagem quando não está é custoso. Além disso, tem vezes que as máquinas caça-níqueis estão blefando. "Com certeza há alguns jogos em que isso é falso — como *aquele* jogo ali", comentou Loomis, apontando para uma máquina diferente, muito parecida com o jogo do cofrinho de porquinho, mas de outro fabricante. O uso do tema do cofrinho de porquinho naquele jogo era apenas um truque; a probabilidade de acertar o *jackpot* era a mesma em qualquer giro.

— Como você sabe qual é qual? — perguntei a Loomis.

— Você simplesmente tem de saber. Você precisa estar *por dentro* — respondeu ele em tom enigmático.

O jogo de caça-níqueis de vantagem é um campo de segredos *muito* bem guardados (razão pela qual concordei em usar um pseudônimo para Loomis.) Não há muitos detalhes sobre o assunto na internet. E isso porque há essencialmente um

---

* Para máquinas caça-níqueis de acerto obrigatório e outras condições de jogo progressivas, o cassino mais cedo ou mais tarde terá que pagar o *jackpot* a *alguém*. Ele preferiria pagar para um turista em sua primeira viagem a Vegas ou para um cara esperto como Loomis? É bem provável que para o turista. Por outro lado, Loomis gera mais volume geral no jogo de caça-níqueis.

número finito de notas de 20 dólares. Se eu encontrar uma, é porque ela saiu do bolso de outro jogador. Na verdade, Loomis estava prestes a receber um esporro.

— Não tenho certeza de por que ele está olhando para este jogo — observou Loomis, apontando para outra máquina onde um homem asiático de trinta e poucos anos estava jogando, um que Loomis reconheceu como um colega jogador de vantagem. — Eu devo estar por fora dessa. Obviamente, há *alguma coisa* de boa neste jogo.

Loomis não é uma pessoa que pode ser considerada discreta, e o outro cara ouviu nossa conversa.

— Que tal você parar de contar às pessoas?! — disse o sujeito, irritado.

— Parar de contar às pessoas? Contar às pessoas o quê?

— Você sabe o que está fazendo, cara! Seguindo as pessoas por aí!

— Eu não segui você por aí; estamos apenas andando olhando as máquinas.

— Não conte às pessoas sobre isso, cara! Você vai estragar o esquema todo!

Loomis gesticulou na minha direção.

— Ele não está jogando.

— É, eu não estou jogando — respondi, envergonhado.

— Não conte a ele sobre isso, cara — insistiu o outro cara. — Você é estúpido por contar às pessoas! Vá se foder!

Convenientemente, foi naquele exato instante que recebi uma mensagem de texto dizendo que nossa mesa estava pronta. Desde então, sempre fiquei de olho nos jogadores de vantagem. Eles não são tão difíceis de detectar. Sua postura é mais ereta. Eles são mais determinados e têm um senso de propósito que o típico turista jogador de caça-níqueis não tem. E encontram notas de 20 dólares que não deveriam existir.

Buscando ação — ou escapismo?

Não é bem verdade que todas as sociedades humanas tiveram jogos de azar.[75] Mas sempre foram muito presentes ao longo dos tempos, remontando às culturas de caçadores-coletores,[76] onde o risco era intrínseco à vida cotidiana. Entretanto, os jogos de azar não têm sido objeto de muito estudo acadêmico ou antropológico sério. Muitos tipos intelectuais parecem considerar jogos de azar como algo um pouco grosseiro — mas não Natasha Schüll.

Schüll, a professora de antropologia da NYU, visitou Las Vegas pela primeira vez por conta de uma escala em seu voo enquanto rumava para cursar a faculdade na Califórnia. "Eu raramente ia além da Rua 14. Eu era uma nova-iorquina provinciana." De cara, ela foi fisgada. "Quando eu pensava em coisas exóticas, nada mais apropriado que o aeroporto de Las Vegas, onde as pessoas simplesmente me *intrigavam*." Era o cenário perfeito para um antropólogo.

A questão sobre o aeroporto de Las Vegas é que ele é muito, *muito* Vegas. Há máquinas caça-níqueis por toda parte. Há salas para fumantes. Há propagandas de churrascarias, advogados para quem quer processar alguém ou alguma empresa por danos físicos ou morais e shows de dançarinos seminus. É exatamente o que se espera: como se você fosse ao aeroporto de Dallas e eles tivessem uma torre de perfuração de petróleo funcionando bem ao lado da esteira de bagagens 6. Se você tende a ver o jogo como algo grosseiro, o aeroporto de Las Vegas confirmará suas piores suspeitas.

Mas Schüll gosta de Las Vegas. Ela é amiga de jogadores de pôquer — e não é nenhuma puritana moralista.* Sabe, no entanto, que o glamour da Strip é um mundo à parte da Las Vegas que ela passou a maior parte do tempo estudando para escrever *Addiction by Design*. "Passei um bocado de tempo na sala de pôquer de apostas altas do Bellagio", contou-me. "Mas fiz toda a minha pesquisa longe da Strip, em cassinos locais e em salas de Jogadores Anônimos. E nesses cassinos há um design de piso completamente diferente. Os carpetes são diferentes, as alturas do teto são diferentes."

O livro canônico sobre design de cassino — *Designing Casinos to Dominate the Competition* [Projetando cassinos para dominar a competição], de Bill Friedman, um catatau de 629 páginas publicado em 2000 —, estabeleceu uma série de princípios que desafiam agressivamente quase todas as crenças da teoria arquitetônica moderna, defendendo um ambiente que dá a impressão de ser desagradável para o cliente. "TETOS BAIXOS vencem TETOS ALTOS", afirma um deles. "UMA DISPOSIÇÃO DE EQUIPAMENTOS DE JOGO COMPACTA E CONGESTIONADA vence UMA AMBIENTAÇÃO VAZIA E ESPAÇOSA"[77] é outro. O ideal de Friedman é uma disposição dos itens pelo espaço semelhante a um labirinto, onde há máquinas caça-níqueis e nada além de máquinas caça-níqueis até onde os olhos possam ver.

O segmento mais luxuoso do mercado, ainda bem, evitou algumas das ideias. Propriedades como o Wynn e o Bellagio em Vegas são espaçosas e iluminadas, com tetos altos e boas linhas de visão. O Baha Mar nas Bahamas tem até janelas que ocupam todo o pé-direito. São resorts que também reservam suas áreas de maior tráfego para jogos de mesa como dados e para roleta, que têm forte apelo visual. Contudo, em muitos cassinos locais, os princípios de Friedman ainda estão em vigor. Na Las Vegas Strip, as máquinas caça-níqueis representam apenas 29%

---

* Quando uma garçonete se enganou e lhe trouxe uma versão alcoólica do Arnold Palmer que ela havia pedido, ela foi em frente e bebeu. (Era bem tarde em uma tarde de sexta-feira.)

das receitas gerais (jogos de azar somados a outros tipos de jogos). Em cassinos fora da Strip, elas são 53% — mais que jogos de mesa, quartos, comida, bebida e todas as outras categorias combinadas.

Especificação das receitas de um cassino da Las Vegas Strip[78]

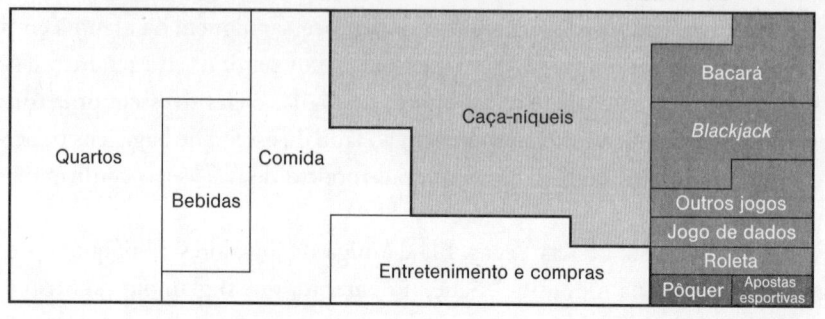

(Quartos; Bebidas; Comida; Caça-níqueis; Entretenimento e compras; Bacará; Blackjack; Outros jogos; Jogo de dados; Roleta; Pôquer; Apostas esportivas)

Especificação das receitas de um cassino fora da Las Vegas Strip

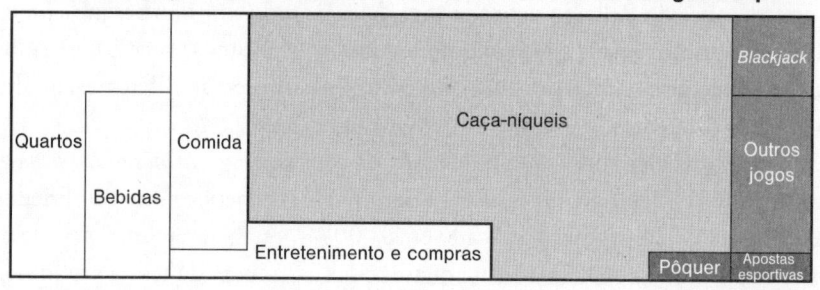

(Quartos; Bebidas; Comida; Caça-níqueis; Entretenimento e compras; Blackjack; Outros jogos; Pôquer; Apostas esportivas)

Para os executivos de jogos, as máquinas caça-níqueis são atraentes por várias e óbvias razões. Por exemplo, seu custo de mão de obra é baixíssimo. "Operadores astutos", Rumbolz revelou, "perceberam que poderiam dedicar mais espaço a dispositivos que não tiram férias, que não se sindicalizam, que não custam nada além da despesa inicial". As máquinas caça-níqueis superaram os jogos de mesa em receitas de jogos de Las Vegas em 1983 e, desde então, ocupam o primeiro lugar.[79]

Os caça-níqueis também apresentam uma vantagem da casa muito maior que os jogos de mesa. Se uma pessoa estiver jogando de forma otimizada e selecionar mesas com regras decentes, então os dados, o *blackjack* e o bacará têm uma vantagem da casa de cerca de 1% ou menos. No entanto, a retenção média dos caça-níqueis na Las Vegas Strip é acima de 8%. E é ainda maior — cerca de 11%[80] — em caça-níqueis de centavos, que é provável que os jogadores eventuais encontrem com mais facilidade. Entre as formas mais comuns de jogatina sancionadas pelo governo, os únicos negócios piores para os jogadores são as corridas de cavalos e as loterias estaduais, essencialmente um imposto regressivo sobre cidadãos de baixa e média renda. (Em média, o governo fica com cerca de

35 centavos de cada dólar gasto em um bilhete de loteria,[81] e alguns estados ficam com 80% ou mais. É descomunal a proporção de pobres que compram bilhetes de loteria.)[82]

Comparação das probabilidades em diferentes jogos[83]

JOGO	VANTAGEM TÍPICA DA CASA	VARIAÇÃO COMUM
Dados	0,4%	0,3% — 1,41%
Blackjack	0,6%	0,15% — 2,5%
Bacará	1,06%	1,06% — 1,24%
Apostas esportivas	5%	2,5% — 10%
Roleta	5,26%	2,7% — 7,69%
Máquinas caça-níqueis	8%	2% — 25%
Corrida de cavalos	18%	10% — 25%
Loteria estadual	35%	20% — 80%

Notas: Esta tabela assume o jogo ideal no blackjack, que o cliente joga como banqueiro no bacará e que um cliente faz uma aposta de probabilidades na pass line [linha de passe, a aposta inicial] no jogo de dados. Muitos jogos oferecem apostas paralelas que têm uma vantagem da casa muito maior do que as odds listadas aqui.

E, por fim, há a parte da qual os executivos de cassino não gostam de falar. Para uma porcentagem de clientes, os caça-níqueis podem ser bastante viciantes[84] — potencialmente três a quatro vezes mais rápidos em viciar jogadores que jogos de cartas ou apostas esportivas. Embora a porcentagem de clientes que se tornam problemáticos seja relativamente pequena,[85] eles podem ser responsáveis por 30% a 60% das receitas de caça-níqueis porque jogam com muita frequência.

Estou prestes a compartilhar o que talvez seja a coisa mais chocante que aprendi ao escrever este livro. A princípio, você pode até achar que vai contra o senso comum, mas é algo que ajuda a explicar por que as máquinas caça-níqueis podem desencadear um comportamento compulsivo.

Aqui vai: de acordo com Schüll, muitos dos jogadores problemáticos que ela conheceu *não queriam de fato ganhar*. "Essa foi a coisa que, durante algum tempo, não consegui entender", comentou Schüll. "Mas... eu continuei ouvindo a mesma coisa, repetidas vezes."

Por que um jogador não gostaria de ganhar? Ora, quando se ganha um *jackpot* de caça-níqueis, é uma experiência perturbadora. Luzes piscam. Alarmes tocam. Os outros clientes fazem "ooh..." e "aaah...". Um sorridente atendente do cassino surge do nada para verificar sua identidade e lhe entregar um formulário de imposto.

"Quando alguém ganha um *jackpot*, de repente começa a tocar uma música em um volume estrondoso. Os outros olham para o premiado, marcando-o no espaço intersubjetivo. O ganhador é lançado de volta em seu corpo — experimenta até [sensações] físicas. De súbito, há quem fique morrendo de vontade de fazer xixi ou com algumas cólicas."

Jogadores compulsivos de caça-níqueis, Schüll me explicou, estão buscando escapar das pressões da vida cotidiana. Os cassinos ficam felizes em facilitar isso ao colocar os jogadores no que ela chama de "zona da máquina" — um estado de fluxo no qual podem bloquear as distrações do mundo real.

Os participantes da pesquisa de Schüll violam a sabedoria convencional sobre os motivos de as pessoas jogarem. Eles estão buscando conforto, não estímulo. Isso ocorre porque a sabedoria convencional foi formada em parte a partir de estudos de indivíduos que apostavam em jogos de mesa como dados ou *blackjack*. Há pouco em comum entre jogadores de caça-níqueis e jogadores de jogos de mesa. Jogadores de *blackjack*, de dados, de roleta — sim, essas pessoas são viciadas em ação. Estão em busca de emoção, não de escapismo. O famoso sociólogo Erving Goffman,[86] que trabalhou como *dealer* de *blackjack* em um estudo etnográfico de Las Vegas, escreveu um ensaio em 1967 intitulado "Where The Action Is" ["Onde está a ação"]. Ele situa a jogatina de cassino em um mal-estar pós-Segunda Guerra Mundial, em um mundo que se tornava mais seguro e próspero, e onde havia menos testes de coragem disponíveis. O arquétipo de Goffman é algo como Bob Miller de Dubuque, Iowa, que uma vez se imaginou juntando-se às fileiras do Exército ou realizando outros feitos de bravura, mas, em vez disso, agora tem uma esposa e dois filhos e um seguro-emprego de classe média alta como gerente de banco. Então ele embarca em um voo para Vegas no fim de semana e se força a ir até o limite de sua tolerância aos riscos. Em um cassino, ele tem "a garantia da oportunidade de enfrentar a empolgação de um pouco mais de risco financeiro[87] e oportunidade com os quais a maioria das pessoas dotadas de seus recursos poderia se sentir à vontade".

Da próxima vez que for a um cassino, observe o que os homens* fazem em uma mesa de dados. Com frequência, seu corpo assume uma postura trapezoidal: base larga, marcando seu território, com as mãos ou os cotovelos plantados na borda almofadada da mesa e a cabeça esticada por sobre a mesa em um ângulo de 15 graus. Eles estão literalmente se inclinando para dentro da ação a fim de ter uma melhor visão do lançamento dos dados que determinará seu destino. Eles querem ser vistos — querem que sua coragem seja reconhecida.

---

* Uma ampla variedade de pesquisas — além do que você vai descobrir na prática se for a um cassino e zanzar um pouco — sugere que os que se arriscam em jogos de mesa são predominantemente homens, ao passo que entre os jogadores de caça-níqueis as mulheres são predominantes.

Jogadores de caça-níqueis compulsivos são o oposto. Eles querem se esconder — é por isso que os cassinos locais têm linhas de visão ruins. Esconder-se de quê? Para os indivíduos com quem Schüll conversou, muitas vezes era se esconder de um mundo que havia se tornado complexo demais e arriscado demais, um lugar em que eles tinham muitas responsabilidades, mas ainda havia muita coisa fora de seu controle. Era como se, ao jogar caça-níqueis, eles pudessem canalizar todos os seus outros problemas em apenas *um único grande problema*: a compulsão por jogatina.

"Eles sabiam que iam perder, não são ingênuos", continuou Schüll. "São muito diferentes dos jogadores estratégicos de pôquer. Mas não são ingênuos no sentido de serem, tipo, burros e achar que vão ganhar. Eles sabem muito bem o que querem — a razão pela qual estão jogando, e que supera até o *jackpot* — é continuar jogando."

Os cassinos ajudam os clientes a permanecerem na zona da máquina de maneiras óbvias e outras não tão óbvias. Uma delas é o método que já descrevi: ajustar algoritmos de pagamento para dar aos jogadores ocasionais reforços positivos na forma de vitórias modestas e uma viagem mais branda até o zero. Schüll comparou as máquinas caça-níqueis às caixas de Skinner, aparatos cujo nome homenageia o psicólogo B. F. Skinner e que são utilizados para o condicionamento de ratos ou outros pequenos animais: pressione a alavanca e você obterá uma pequena fatia de queijo. Tradicionalmente, são estratégias que podem ser alcançadas por meio de tentativa e erro. No entanto, à medida que as atitudes do River estão assumindo o controle, as empresas de jogos de azar estão se tornando mais sofisticadas em relação à otimização delas; no Caesars, Loveman contava até com uma equipe de análise de caça-níqueis que executava testes de controle randomizados.

No entanto, isso faz com que as máquinas caça-níqueis pareçam mais lamentáveis do que de fato são. Na verdade, os caça-níqueis modernos são imersivos — são *muito divertidos*. São máquinas cheias de minijogos, sons e animações — lobos uivando ou búfalos em disparada ou uma apresentadora tipo uma Vanna White virtual falando para você girar "a roda da fortuna". Ganhe ou perca, a máquina fará um show — talvez para convencê-lo de que você chegou *muito perto* de ganhar —, mesmo que seu destino já tenha sido determinado de antemão. "No minuto em que o cliente aciona a máquina, o computador decide se é uma vitória ou uma derrota, e o gerador de números aleatórios é ativado — *bum*, microssegundos depois, é uma perda", explica Rumbolz, cuja atual empresa, Everi Holdings, fabrica equipamentos de jogo, incluindo máquinas caça-níqueis. "Mas então podemos levar quinze ou vinte segundos para mostrar a você essa perda."

Acima de tudo, os cassinos estão tentando reduzir o atrito. No *blackjack*, há pontos de interrupção naturais; cada embaralhamento ou troca de *dealer* é uma oportunidade de a pessoa se perguntar se quer continuar na mesa. Também há muita vigilância. Se você estiver bêbado ou se comportar de forma abusiva, pode ser convidado a se retirar — ou, se estiver perdendo muito, pode optar por sair devido ao constrangimento. Tudo isso cria *atrito*, mas não há nada que o impeça de simplesmente pressionar o botão de giro em uma máquina caça-níqueis repetidas vezes até ir à falência. Os caça-níqueis criam um fluxo contínuo,[88] o que os torna viciantes da mesma forma que aplicativos de rede social como o X (antigo Twitter). É a coisa mais fácil do mundo um jogador acionar a máquina seiscentas vezes em uma hora ou mais.[89]

Sutis escolhas de design também ajudam a reduzir o atrito. Cito uma que Schüll me ajudou a notar. Os cassinos, mesmo os mais requintados como o Aria, têm poucos ângulos retos. Ângulos retos criam atrito: uma oportunidade de desistir. Em vez disso, nos cassinos modernos os interiores são curvilíneos, com áreas de jogos que se mesclam umas às outras. Não são ambientes labirínticos como os cassinos locais podem ser... mas talvez façam o cliente andar em círculos, com uma máquina caça-níqueis ou uma mesa de *blackjack* sempre no seu horizonte.

Assim como Schüll, não sou moralista. Os resorts de cassino mais sofisticados estão vendendo diversão — e, na maioria das vezes, conseguem proporcionar isso, pelo menos a julgar pela alta taxa de clientes recorrentes.[90] O visitante médio de Las Vegas sofre apenas perdas modestas com jogos de azar (cerca de 300 dólares por viagem),[91] e a indústria de cassinos gera muitos empregos para a classe média. E, na minha opinião, só porque um produto pode causar danos a algumas pessoas não significa necessariamente que devemos proibi-lo. As pessoas têm o direito de tomar decisões idiotas.

Mas há algo nas máquinas caça-níqueis em que a transação entre cassinos e seus clientes parece fundamentalmente injusta.

Se eu jogar *blackjack* por uma hora, apostando 50 dólares por mão, o valor esperado da sessão será uma perda que pode variar de 25 a 100 dólares, dependendo das regras do jogo, da velocidade do jogo e do quanto estou perto da estratégia ótima ou ideal. Em troca, ganho bebidas de graça, uma hora de entretenimento, algumas boas histórias para contar aos meus amigos e alguns pontos no programa de fidelidade. Além disso, saio ganhando com bastante frequência. Parece próximo o suficiente de uma transação ganha-ganha.

No entanto, se eu jogar em uma máquina caça-níqueis, estou potencialmente perdendo muito mais do que penso. Na verdade, alguns "caça-níqueis" que anunciam de forma ostensiva como sendo "de 1 centavo" permitem que a pessoa aposte até 4 dólares por rodada ou mais, por exemplo. Faça seiscentos giros a 4 dólares cada ao longo de uma hora, com uma retenção típica de 11% na Vegas Strip em caça-níqueis de 1 centavo, e a tal hora está lhe custando *264* dólares em valor esperado. Isso não parece justo para o que deveria ser um produto de nível barato — ainda mais se fui manipulado a pensar que estou perdendo menos. Isso viola a confiança que ajudou a indústria de cassinos a prosperar.

Goffman pode estar certo em avaliar a motivação dos tipos do River. Até jogadores de pôquer habilidosos como Dan Smith ou Rampage podem ver algum fascínio romântico em entregar seu destino à virada da próxima carta. No entanto, os viciados em caça-níqueis de Schüll não são riverianos para quem a vida moderna se tornou estagnada. Pelo contrário, estão buscando escapar de um mundo perigoso. Podem até ter uma tolerância de risco relativamente *baixa*. Porque, no que diz respeito aos caça-níqueis, uma coisa é certa: a longo prazo o jogador vai perder.

"Eu sempre dou risada quando as pessoas me dizem que o jogo de caça-níqueis tem a ver com acaso", Schüll relembrou a frase de um de seus jogadores viciados. "Porque se girasse em torno do acaso, então eu simplesmente ficaria no mundo real, onde você não tem controle. O cassino é o único lugar para onde posso ir em que sei exatamente o que vai acontecer."

4

Competição

"Um cara do tipo *bottom-up*, não importa que use um bom modelo, por mais que seja muito inteligente, se não souber apostar, ele não vale nada", declarou Gadoon Kyrollos. "Eu? Tudo o que sei fazer na vida é apostar."

Eu me encontrei com Kyrollos,[1] mais conhecido como "Spanky" por sua semelhança com uma versão crescida do ator mirim que fez o personagem "Batatinha" de *Os batutinhas,* em uma pizzaria de forno de tijolos no Brooklyn, em algum lugar entre minha casa em Manhattan e a dele em Nova Jersey. Ele tem o visual e o jeito de falar que alguém poderia esperar de um apostador esportivo profissional chamado Spanky Kyrollos: um cara grandalhão, barulhento, espalhafatoso, engraçado, incapaz de se conter.

No entanto, Spanky tem consciência de onde vem sua vantagem. Não são suas habilidades analíticas, embora ele tenha se formado na Universidade Rutgers com diplomas em ciência da computação e finanças e já tenha trabalhado em Wall Street. Não é seu amor por esportes. "Antes eu era um grande torcedor dos Yankees. Agora, não dou a mínima", comentou ele. "Não assisto a um jogo completo de nada há mais de uma década." Não: sua vantagem é que ele *sabe como apostar*. "Eu sei como executar. Eu sei como *fazer a aposta*", continuou. "Eu sei como ser capaz de fazer a aposta em tempo hábil. Tenho os contatos que construí. Essa é a minha vantagem."

No mundo de Spanky, existem dois tipos de apostadores esportivos:[2] *bottom-up* [de baixo para cima ou ascendente] e *top-down* [de cima para baixo ou descendente]:

- Apostadores *bottom-up* buscam *handicaps* de jogos a partir do zero "usando modelos de análise de estatísticas de dados etc.". Em outras palavras, a abordagem *Moneyball*: torcer para que suas habilidades superiores de utilização de modelos levem a melhor contra métodos menos sofisticados e sabedoria convencional obsoleta.

- A abordagem *top-down* — que Spanky prefere — "presume que a linha está correta" e não há muitos ganhos a serem obtidos com o emprego de modelos. Os apostadores podem obter valor por meio de arbitragem, "informações não refletidas na linha,[3] a exemplo de lesões", e por meio de táticas inteligentes de apostas.

O estilo *top-down* está alinhado com um equilíbrio da teoria dos jogos que pressupõe que todos os indivíduos que se arriscam em apostas esportivas são muito inteligentes, resultando em um mercado em que as linhas de apostas são razoavelmente eficientes e não há grandes vantagens a serem obtidas por meio de cálculos numéricos ou mineração de dados — em vez disso, é preciso ter vivência de mundo, esperteza e malandragem.* Na realidade, a distinção é mais filosófica do que prática: os apostadores esportivos mais bem-sucedidos lançam mão de uma mistura de ambas as abordagens. Caras *top-down* como Spanky podem não saber construir por conta própria os modelos estatísticos, mas têm proficiência em dados e empregam modelos que outros construíram.** E caras *bottom-up*, por mais versados que sejam em estatística, ainda precisam descobrir como apostar o dinheiro.

Se você acha que esse é um problema trivial, posso dar meu testemunho pessoal de que não é. Em janeiro de 2022, as apostas esportivas por celular entraram em operação em Nova York. Apesar de ter construído muitos modelos esportivos, eu nunca tinha apostado em esportes com regularidade. Uma vez que eu estava trabalhando neste livro, era o momento perfeito para começar. Então passei a apostar com frequência, principalmente na NBA, usando alguma combinação dos modelos que construí no FiveThirtyEight e meu conhecimento geral como um fã de esportes obcecado.

Em março de 2023, eu estava tendo problemas para apostar meu dinheiro. Sofri severas restrições por cinco dos principais sites de varejo que operam no estado, como BetMGM e DraftKings. (Ser "limitado" é, como o próprio nome diz, quando se impõe um limite para a quantia que o cliente pode apostar em relação aos demais. Tecnicamente, o cassino aceitará suas apostas e seu dinheiro, mas podem ser apenas alguns poucos dólares.) Não estou afirmando que sou um apostador esportivo especialmente habilidoso, e eu não estava ganhando tanto assim — um site me limitou[4] apesar de eu *ter perdido* dinheiro nele, mas eu estava *tentando* ganhar —

---

* É por isso que, embora eu tenha concordado em dançar conforme a música e utilizar aqui a expressão *"top-down"* de Spanky, não sou grande fã do termo. Porque, na verdade, o que Spanky faz é mais parecido com vasculhar o nível do solo em busca de vulnerabilidades, coisas que os construtores de modelos do mundo que trabalham lá no alto da torre estão deixando passar despercebida.
** Spanky me disse que, em determinado ponto durante sua carreira fazendo apostas, usou as previsões PECOTA que desenvolvi para o Baseball Prospectus.

e, a bem da verdade, não estava fazendo nenhum esforço para esconder minha intenção. Contudo, basta isso para que limitem um cliente.

De fato, quase qualquer pessoa que entenda de verdade de apostas esportivas dirá a mesma coisa. Vencer as linhas no papel é apenas metade da batalha... e é a metade mais fácil. "Não há nada de trivial em encontrar vantagens", disse Ed Miller, o autor de *The Logic of Sports Betting*. "Mas é muito mais difícil, depois que as identifica, de também achar pessoas dispostas a apostar dinheiro real com você por um período prolongado."

Nem sempre foi assim. Spanky descobriu o então incipiente mundo das apostas esportivas on-line no início dos anos 2000 enquanto trabalhava para o Deutsche Bank,⁵ usando seus talentos de codificação para escrever um programa capaz de esquadrinhar de forma contínua dezenas de casas de apostas esportivas em busca das linhas mais recentes e fazer apostas de modo automático. Naquela época, as linhas de apostas em geral diferiam muito umas das outras para o mesmo jogo, proporcionando jogadas de pura arbitragem que exigiam pouco ou nenhum risco financeiro. "Podiam ser discrepâncias nas linhas em que, você sabe, dava pra ir fazer um sanduíche, dar um pulo no banheiro, voltar vinte minutos depois, [e] ainda continuavam lá", disse Spanky.

Por exemplo: imagine que, para o Super Bowl, a casa de apostas FanDuel dava o Philadelphia Eagles como favoritos contra o Kansas City Chiefs por 2 pontos, ao passo que a DraftKings apontava o Eagles como favorito por 4 pontos. A arbitragem aqui, chamada de "*middling*" [ficar no meio] é apostar no Chiefs na FanDuel e no Eagles na DraftKings. Assim, se tem a garantia de ganhar pelo menos uma aposta — mas, se o Eagles ganhar por 3 pontos, você estará no meio e ganhará as duas. A estratégia de *middling* não é tecnicamente isenta de riscos,* porém é o mais próximo que se chega disso no River.⁶

Spanky me falou que isso combinava com sua personalidade. "Eu realmente não gosto de apostas. Nenhum de nós gosta de verdade de apostas. Nós gostamos é de ganhar." Eu não acredito em Spanky nem por um segundo quando ele diz que não gosta de apostas — na verdade, a primeira vez que o conheci foi quando o vi jogando dados no cassino e resort de luxo Encore Boston Harbor. Mas entendo por que ele sente saudade de uma época em que o mercado era menos eficiente e a sobrevivência diária não exigia tanto risco. Hoje, a linha entre ganhar e perder pode ser muito tênue. Kyrollos me disse que seu retorno sobre o que investe é de cerca de 3% ou "às vezes até menos". "Eu prefiro manter 2% de um bilhão do que 3% de 1 milhão", declarou. Uma margem de lucro de 2% ou 3% é equivalente a

---

* As casas de apostas esportivas não devolvem o valor total da sua aposta quando você ganha — em vez disso, elas ficam com uma parte chamada *vig*, *vigorish* ou *juice*. Por exemplo, para ganhar 100 dólares no Eagles de modo a vencer o *spread* de pontos, seria preciso apostar 110 dólares. No entanto, você só precisa acertar o meio cerca de uma em vinte vezes para compensar isso.

ganhar apenas em 53% ou 54% das vezes.[7] É uma margem perigosamente minguada: os apostadores precisam ganhar em 52,4% de suas apostas para apenas empatar. No entanto, isto é ser realista: em um mercado mais eficiente, os apostadores em geral precisam mastigar perto do osso.

As apostas esportivas, assim como a indústria da jogatina da qual faz parte, são uma corrida armamentista algorítmica, um microcosmo do capitalismo do início a meados do século XXI. Em comparação com algo como máquinas caça-níqueis, é uma corrida relativamente competitiva, com riverianos alinhados em ambos os lados — há mais vencedores de longo prazo nos esportes que nos caça-níqueis. Contudo, se as apostas esportivas são o futuro do capitalismo, trata-se de um futuro um tanto sombrio: poucos apostadores e poucas casas de apostas estão de fato enriquecendo com isso.

Uma reação negativa às apostas esportivas?

No exato momento em que este livro estava prestes a ir para a gráfica, dois grandes escândalos de apostas esportivas estavam se desenrolando. Jontay Porter, ala-pivô do time da NBA Toronto Raptors, foi acusado de manipular suas estatísticas para influenciar nas *prop bets* a fim de ajudar apostadores a ganhar. E Ippei Mizuhara, o intérprete de Shohai Ohtani, astro do time de beisebol Los Angeles Dodgers, foi acusado de roubar milhões de dólares de Ohtani para uma operação com casas de apostas ilegais.

Até o momento, Wall Street ignorou os problemas (os preços das ações de empresas como a DraftKings não foram afetados), mas há um longo histórico de altos e baixos na tolerância pública em relação a apostas. Minha opinião pessoal é que a indústria está muito confiante sobre a paciência do Village para a recente onipresença das apostas na cultura esportiva do país. A esquerda pode colocar em xeque o capitalismo predatório, enquanto a direita pode achar que as apostas são questionáveis do ponto de vista moral. Como alguém que gosta de fazer uma ou duas apostas esportivas, minha mensagem é simples: coloque sua casa em ordem.

A magia por trás das apostas da Westgate

Era uma manhã não muito corrida em junho na Westgate SuperBook em Las Vegas. As finais da NBA estavam prestes a terminar. A temporada da NFL ainda estava a meses de distância. Já havia alguns jogos da Major League Baseball (MLB) em exibição nas gigantescas telas de LED da SuperBook (estar no fuso horário do Pacífico oferece o deleite dos esportes matinais), mas o beisebol não gera receitas da mesma forma que o futebol americano e o basquete.[8] Em horas tranquilas como aquelas, as casas de apostas são como refúgios, espaços de relativa proteção — um dos poucos lugares para se sentar em um cassino que não fica bem em frente a um equipamento de jogo.

Porém, em dias de grandes jogos, como durante o fim de semana de abertura do torneio de basquete da NCAA [National Collegiate Athletic Association, a organização mais importante dos esportes universitários dos Estados Unidos] se transformam em experiências teatrais. Era fácil imaginar a SuperBook, que se autointitula a maior casa de apostas esportivas do mundo,[9] atulhada de energia cinética enquanto esperançosos apostadores suavam de tensão e nervosismo ao fazer suas operações. "Nessa quinta-feira — nesse primeiro dia —, a segunda-feira é uma miragem eternamente distante", me disse John Murray, diretor executivo da SuperBook, sobre a atmosfera de festa de república estudantil durante as partidas da NCAA. "Eles chegam com seu *bankroll* — é caos puro."

"Nessa quinta-feira, rolam cervejas Corona. Rola vodca com refrigerante. Quer dizer, são nove da manhã, e esses caras já estão *se permitindo*", acrescentou Jay Kornegay, vice-presidente executivo da SuperBook. Nas últimas horas do fim de semana, é óbvio, a bebedeira e as derrotas cobram seu preço. "No domingo, é tipo — gente, o que é isso, um *latte*?"

A Westgate se orgulha de oferecer um vasto número de apostas; NFL, NBA, MLB e NHL [National Hockey League, organização dos times profissionais de hóquei no gelo dos Estados Unidos e Canadá] são apenas a ponta do iceberg. Há basquete universitário, futebol americano universitário e ligas de futebol do mundo inteiro. Golfe. Tênis. Corridas de automóveis. MMA. Se houver alguém disposto a apostar, a Westgate provavelmente abrirá uma linha.

Quando entrei por uma porta lateral para dar uma olhada nos bastidores da SuperBook, não pude deixar de me sentir como Dorothy descobrindo que o Mágico de Oz era apenas um cara comum com um punhado de engenhocas sofisticadas. Por trás das cortinas da imensa parede de esportes da SuperBook — que tem 395 metros quadrados de telas de LED,[10] quase o mesmo espaço da tela de um cinema IMAX —, havia uma operação até humilde. Vi uma equipe de talvez dez pessoas, a maioria homens na faixa dos 20 e 30 anos, em uma sala estreita e escura com uma falange de monitores, revisando manualmente as apostas do aplicativo móvel da Westgate e comparando as linhas da Westgate com todas as outras casas de apostas do mundo.

Não me entenda mal: é um trabalho difícil, e a Westgate tem uma boa reputação na indústria. No entanto, como eu nunca tinha estado nos bastidores de uma casa de apostas, jamais me ocorreu o quanto pode ser um negócio personalizado. As casas de apostas ficaram mais sofisticadas, mas seus clientes também. Cada aposta e cada movimento de linha são um jogo dentro de um jogo.

"Há um enorme elemento humano", comentou Kornegay, depois que o acompanhei até seu escritório para conversar com ele e Murray. "Quer dizer, aqueles caras lá atrás, provavelmente cada um tem talvez três mil movimentos por dia, por turno."

Três mil movimentos de linha por turno. Kornegay me explicou que esses são os movimentos que seus *traders** fazem à mão. Outros são feitos de maneira algorítmica, porém os mais importantes não. "Você ficaria surpreso ao constatar que o software é bem pouco sofisticado", disse ele.

Espere, não dá para simplesmente otimizar de forma constante, até atingir o nirvana do algoritmo, como os cassinos fizeram com as máquinas caça-níqueis? Melhor tecnologia e melhor gerenciamento ajudam na margem. (Hoje os cassinos de Nevada estão obtendo uma margem de lucro maior em apostas esportivas que antes.)[11] Mas não é tão fácil, porque as apostas esportivas são um jogo de adversário... os apostadores podem revidar.

As linhas de apostas, sejam atualizadas por algoritmo ou à mão, podem dar muito errado, o que não é difícil de acontecer. Essa situação pode mudar no futuro, mas, por enquanto, as IAs ainda não têm precisão para uso generalizado por *handicappers*. "São tantas variáveis, tantos detalhes", apontou Kornegay. O algoritmo pode estar certo nove em cada dez vezes — mas, na décima vez, se não perceber que o *quarterback* (o astro do time) acabou de se machucar, o público apostador vai atacar a linha ruim, criando um grande risco.

Os humanos — ou pelo menos os humanos que passam tempo no River — são bons aproximadores. Se você estiver sentado comigo em uma partida do New York Mets, do New York Knicks ou do New York Rangers, a qualquer momento do jogo eu posso lhe dar uma estimativa muito boa das chances do time da casa de vencer. Não é boa o suficiente para apostar, mas é muito boa. E com certeza vou notar se o *quarterback* estiver lesionado. Algoritmos podem oferecer mais precisão, porém também podem estar precisamente errados. Precisamente e confiantemente errados, de modo que você teria uma aposta muito lucrativa contra eles. É por isso que os operadores de apostas esportivas relutam em deixar tudo por conta das máquinas. É um problema para inteligências artificiais em situações diante de adversários — humanos ou outras IAs podem sondá-las em busca de vulnerabilidades e, então, atacá-las em seu ponto mais fraco. Vejamos o caso do

---

* Cada vez mais as casas de apostas esportivas tomam emprestados termos do setor financeiro; *"trader"* é a linguagem da indústria para um funcionário de casas de apostas esportivas que analisa apostas e linhas.

jogo Go,* bem conhecido como um campo de provas para o avanço da IA, por exemplo com o desenvolvimento do AlphaGo pelo Google. Contudo, em 2023, um grupo de programadores detectou uma falha em um diferente mecanismo de IA, supostamente sobre-humano, o KataGo, e o derrotou repetidas vezes.[12]

Assim, até que as máquinas se tornem menos propensas a erros, sempre que algo acontece em um dos doze esportes em que a Westgate permite apostas, um daqueles nerds no "inferninho"** da SuperBook tem que tomar uma decisão. Um repórter da NBA tuíta que LeBron James vai inesperadamente ficar de fora do jogo do Lakers naquela noite? Os *traders* precisam mover a linha *rápido* ou tirá-la do quadro. Um grupo de apostadores atuando em conjunto parece estar apostando pesado no Dallas Cowboys? Outro ponto de decisão — que não se dá apenas para automatizar, porque às vezes apostadores graúdos como Spanky fingem, essencialmente tentando blefar e ludibriar a casa de apostas para mover suas linhas, antes de dobrarem a apostas na direção inversa.

"Um dia, um de nossos executivos entrou aqui e comentou 'Ah, caras, vocês são como os controladores de tráfego aéreo'", falou Kornegay, que está na indústria há trinta anos. "Sim, sim, é basicamente isso que fazemos. Como sempre estamos ligados e monitorando tudo, nunca fechamos. Estamos abertos 24 horas por dia, 7 dias por semana, 365 dias por ano."

Contudo, os *traders* humanos podem errar à sua maneira — digamos, porque alguém está cochilando ou confiando em informações incompletas ou desatualizadas. Poucos dias depois da minha visita à Westgate, por exemplo, o torneio de golfe U.S. Open foi disputado. Os torneios de golfe são um desafio e tanto para os *bookmakers* fazerem *handicap* em tempo real porque há potencialmente ação simultânea em até dezoito buracos. Por outro lado, as casas de apostas esportivas estão ávidas para expandir seu menu de apostas no jogo — eventos em que é possível apostar enquanto o jogo está em andamento, quando seu controle de impulso pode ser precário. Enquanto jogava em um evento do WSOP, notei que um dos aplicativos móveis de Nevada estava cerca de meio minuto atrás da FanDuel na atualização de suas *odds* ao vivo do torneio. Era como se eu pudesse antever trinta segundos no futuro. Consegui depositar dinheiro suficiente para garantir um lucro de 5 mil dólares, independentemente do golfista que vencesse, um lucro sem risco apenas por ser observador.

---

* Jogo nacional japonês de origem chinesa em que dois competidores dispõem alternadamente 180 pedras pretas e brancas cada um, sobre um tabuleiro dividido em quadrados por dezenove linhas horizontais e dezenove verticais, com o objetivo de conquistar território. (N. T.)
** O autor utiliza a expressão *boiler room*, literalmente "sala das caldeiras", gíria do mercado financeiro para descrever uma sala ou um escritório muitas vezes localizado em pontos de difícil acesso e com muita gente trabalhando de forma frenética. Em geral, são corretores de ações poliglotas e inescrupulosos que entram em contato com clientes da lista de "otários" (*traders* inexperientes e investidores incautos) tentando vender-lhes títulos, ações e ativos que não existem. (N. T.)

Informações privilegiadas — ou mesmo conluio com jogadores, acusação que pesou contra Jontay Porter, da NBA, em 2024 — também podem colocar as casas de apostas na defensiva, se tornando um problema maior à medida que aumentam o número de empresas de mídia como a ESPN firmando parcerias com interesses de jogo. Murray, por exemplo, relembrou a ocasião em que um homem que eles nunca tinham visto quis apostar alto — muito alto — no Golden State Warriors como vencedor das finais da NBA. "Esse cara pediu o máximo permitido nos Warriors como campeão daquela temporada. E nós lhe demos uma aposta. Não me lembro direito de quanto foi, 20 ou 25 mil [dólares]." Depois daquela aposta inicial, a Westgate mudou agressivamente a linha para um preço menos favorável — mas o cliente quis apostar de novo. "Nós apenas nos entreolhamos [e dissemos]: 'Kevin Durant vai para o Warriors.'" Nada mais no mundo explicaria tamanha confiança daquele sujeito desconhecido. Durant de fato assinou com o Golden State, e o Warriors atropelou todos os times para conquistar o título da liga.

"O objetivo número 1 de um *bookmaker* é: não ser assassinado", disse Chris Bennett, diretor de apostas esportivas da Circa Sports. Ele notou a assimetria fundamental entre os apostadores e a casa. Os apostadores podem partir para o ataque, sondando as casas de apostas em busca de quaisquer sinais de fraqueza. Os cassinos estão na defesa e têm uma grande superfície de ataque* a defender.

Assim como nos esportes regulares, o ataque em geral paga mais. "Essa indústria não obtém, tipo, estatísticas de MBA ou de doutorado em Harvard", disse Bennett. "Essas pessoas estão se dedicando a criar modelos, apostando por si mesmas. Elas estão jogando no ataque, na maior parte do tempo."

Se o seu modelo é tão inteligente, por que você não aposta com base nele?

Rufus Peabody joga no ataque. Ele não foi para Harvard — mas para Yale. O típico aluno do último ano de Yale faz um estágio de verão no Goldman Sachs ou na McKinsey. Peabody, em vez disso, deu um telefonema na cara de pau para pedir um estágio na Las Vegas Sports Consultants (LVSC),[13] empresa de apostas à moda antiga fundada pelo lendário Roxy Roxborough.

---

* O termo "superfície de ataque" teve origem no universo de *hackers* de computador, mas também foi aplicado a apostas esportivas por analistas como Ed Miller. Isto me fará parecer ainda mais nerd, mas quando penso em uma grande superfície de ataque, penso na nave estelar USS *Enterprise* de *Star Trek*. Ela tem todos os tipos de peças penduradas — uma seção em formato de disco com uma grande área de superfície plana, um casco secundário, o núcleo ou motor de dobra que propulsiona viagens mais rápidas que a luz, e assim por diante. Em contraste, uma forma mais compacta como um cubo ou uma esfera (pense na Estrela da Morte de *Star Wars*) tem uma superfície de ataque menor.

Talvez mais do que qualquer outro jogador com quem conversei para este livro, Peabody, um virginiano meticuloso, mas afável, com "um guarda-roupa saído diretos das páginas de um catálogo da marca L. L. Bean",[14] está interessado em apostas principalmente como uma atividade *intelectual* — como um jogo para ver se as ideias dele são melhores. O dinheiro é, em suma, uma forma de medir e calcular as coisas. "Não entrei neste mundo para ganhar muito dinheiro", declarou ele para mim. "Eu me mudei para Vegas por um emprego que eu amava, e que não me pagava quase nada."[15]

Após seu verão estagiando na LVSC, Peabody escreveu sua monografia de conclusão de curso sobre ineficiências no mercado de apostas em beisebol.[16] "Este texto mostrou, por meio das perspectivas dos mercados de apostas em beisebol, que os mercados se comportam de maneiras irracionais", concluiu ele. É uma afirmação pretensiosa para um estudante de graduação fazer, mas as apostas esportivas, como a monografia de Peabody apontou, fornecem dados de uma riqueza excepcional. Centenas de eventos esportivos são disputados todos os dias. Alguém ganha e alguém perde; não há muito como distorcer os resultados. Você chega ao longo prazo muito mais rapidamente do que em algo como o mercado de ações, no qual as estratégias corporativas podem levar anos para serem executadas. Assim, se as casas de apostas estão definindo linhas de apostas que podem ser superadas por um universitário, talvez os mercados não sejam tão eficientes quanto os economistas afirmam.

Não obstante, uma coisa é alguém alegar que encontrou uma oportunidade de aposta lucrativa quando está testando um modelo estatístico. Outra coisa é de fato apostar nisso — arriscar a própria pele — e vencer.

"Se o seu modelo é tão inteligente, por que você não aposta com base nele?" é um refrão corriqueiro no River. Às vezes, há boas razões para não fazer isso.* Como espero que você veja neste capítulo, apostar seu próprio dinheiro, mesmo que, na teoria, seja uma aposta lucrativa está longe de ser trivial. E fazê-lo em esportes (ou quase qualquer outra coisa) requer uma tolerância a oscilações financeiras que não é para todo mundo.

Dito isso, na maior parte dos casos, sou da mesma opinião. Nos últimos anos, pesquisadores descobriram que grande parte dos resultados experimentais de estudos científicos publicados em periódicos acadêmicos — em alguns campos, a maioria dos resultados[17] — não pode ser verificada, porque são difíceis ou impossíveis de replicar ou reproduzir por outros pesquisadores. (Isso é chamado de crise de replicação, ou também de crise de replicabilidade e crise de reprodutibilidade.) Vez ou outra, o motivo é algo como fraude; porém, com mais frequência o problema é apenas que a inferência estatística é difícil e a pressão para publicar é intensa. Os

---

* Há também outro problema se seus modelos, a exemplo dos meus, são publicados para o público em geral. Os corretores de apostas e apostadores podem incorporá-los a seus preços, revelando sua vantagem potencial.

acadêmicos têm mais incentivos para atender aos caprichos dos responsáveis pelas revisões por pares e dos chefes de departamento — do que para serem precisos. Quando um indivíduo aposta, no entanto, a única coisa com a qual se importa é a precisão. *As coisas em que as pessoas estão dispostas a investir seu dinheiro geralmente serão melhores.* No mínimo, uma aposta ajuda a alinhar incentivos. "Uma aposta é um imposto sobre besteira",[18] escreveu o economista Alex Tabarrok em um *post* que me defendeu depois que me meti em problemas no *New York Times* por desafiar o comentarista de TV Joe Scarborough a apostar no resultado da eleição de 2012.

Após concluir a graduação, Peabody retornou à LVSC em 2008. Os caras da velha guarda de lá podiam não ter feito bacharelado em economia em Yale, mas arriscavam a própria pele no negócio — os cassinos estavam comprando suas *odds* e faturando milhões em apostas com base nelas. E, no fim das contas, eles sabiam o que estavam fazendo. "Quando eu me mudei para Vegas, achava que eu sabia tudo. Eu era um pouco... provavelmente um pouco arrogante. E achava que era capaz de quantificar qualquer coisa e que essas pessoas são como Art Howe*[19] em *Moneyball*", disse Peabody. "É incrível o quanto esses caras eram bons, o quanto a intuição deles era boa e o quanto eles eram capazes de precificar as coisas sem ter executado nenhuma regressão ou algo assim."

Peabody ficou motivado a ver se conseguia acompanhar. Ele é um tanto purista — o arquétipo do que Spanky chamaria de apostador *bottom-up*. Mas Peabody não gosta desse termo. Ele se autodenomina um "originador" — alguém com uma opinião abalizada e original sobre como a linha de apostas deve ser, e geralmente formulada por meio de uma meticulosa modelagem estatística.

Para Peabody, tudo é processo. Inclusive, o nome do podcast que ele coapresenta com Jeff Ma (é, o mesmo Jeff Ma da equipe de *blackjack* do MIT no Capítulo 3) é *Bet the Process* [Aposte no processo]. E Peabody se apega ao seu processo. Se um jogador se sai consistentemente melhor ou pior do que seus modelos projetam, ele pode "vasculhar e meio que ver se há algo que estou deixando passar despercebido" — algum princípio generalizável que poderia melhorar seu *handicap*.** Mas ele não vai alterar seu processo e se tornar supersticioso no meio de uma fase ruim com uma série de derrotas. "Não vou apenas dizer: 'Não, não vou apostar nesse cara porque ele já me queimou muitas vezes.'"

No entanto, Peabody escolhe suas batalhas[20] — optando por focar no golfe, no basquete universitário e no Super Bowl. Uma *prop bet*, que se concentra em

---

* Howe, interpretado por Philip Seymour Hoffman, assumiu o papel de idiota estabanado em *Moneyball*, em contraste com o heroico e estatisticamente informado Billy Beane. Howe ficou profundamente infeliz com a forma como foi representado, dizendo ser "assassinato de reputação".
** Eu endosso essa atitude em relação à modelagem. Os modelos são, em essência, inacabados, ainda em desenvolvimento — se ficar evidente que algo está errado, você não precisa segui-los cegamente. Entretanto, deve evitar fazer mudanças *ad hoc*. Use previsões fracassadas como inspiração para testar hipóteses que podem vir a melhorar seu modelo.

resultados específicos dentro de um evento esportivo, é uma aposta em basicamente qualquer coisa que não seja o placar final — tudo, desde a duração do hino nacional até, digamos, se haverá um *field goal* no quarto período. As apostas de Peabody têm algo em comum: elas estão em áreas nas quais se pode esperar que o mercado seja menos eficiente e, por isso, um originador tem mais esperança de ganhar. Para o jogador inteligente, existe uma relação entre a popularidade de um evento e a lucratividade.

Imagine um gráfico que eu chamo de "U". Estabeleça o eixo x como a popularidade do esporte junto ao público norte-americano de apostas esportivas[21] e, o eixo y como o quanto é lucrativo apostar no esporte; forma-se um padrão em formato de U. Ao se tratar de esportes extremamente obscuros (o pingue-pongue russo virou moda em determinado período durante a pandemia),[22] para a casa de apostas não vale a pena perder tempo tentando precificá-los com alto grau de precisão. Esses esportes são derrotáveis por grandes vantagens *teóricas* se a pessoa estiver disposta a investir tempo. Mas há um porém: assim que o jogador mostrar a propensão a ser bom, as casas de apostas vão impedi-lo de fazer mais apostas do gênero.

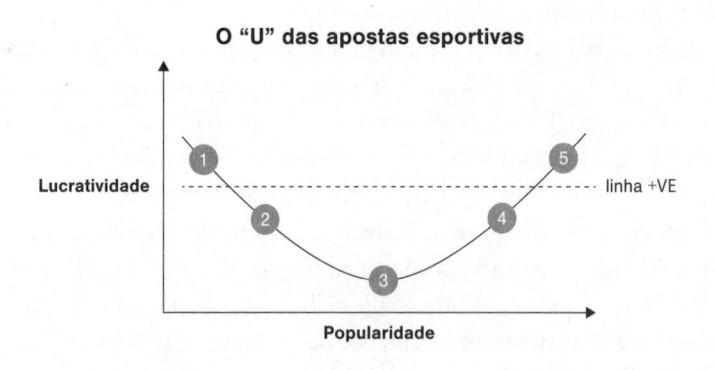

O "U" das apostas esportivas

Número	Exemplos
1	Futebol americano e basquete universitário de divisões menos expressivas; pingue-pongue; ligas internacionais obscuras
2	Basquete universitário de médio porte; NASCAR; golfe e tênis fora de grandes eventos
3	Temporada regular da NBA, MLB, NHL; torneios mais importantes de golfe e tênis; temporada regular das principais conferências de futebol americano e basquete universitários
4	Temporada regular da NFL; principais ligas europeias de futebol; *playoffs* da NBA; World Series (finais do beisebol); *playoffs* de futebol americano universitário
5	Torneios masculino da NCAA; lutas mais badaladas dos esportes de combate; Copa do Mundo de futebol da FIFA; final da Liga dos Campeões da UEFA; Super Bowl; eleições presidenciais

Do outro lado do U, estão eventos de extrema popularidade: os torneios da NCAA, grandes lutas de MMA, a Copa do Mundo de futebol da FIFA, entre outros. Para esses, "a quantia de dinheiro apostada pelo público acaba ofuscando a quantia apostada pelos profissionais", e o mercado não necessariamente atinge um preço de compensação eficiente, apontou Peabody. Eu estava em Las Vegas durante a luta do UFC entre Conor McGregor e Dustin Poirier — o combate de segunda maior bilheteria de todos os tempos do UFC.[23] McGregor é muito popular, e havia outdoors eletrônicos com o rosto dele vendendo uísque por tudo que era canto, além de uma quantidade significativa de caras irlandeses que tinham atravessado o Atlântico para vê-lo. É o tipo de circunstância em que talvez dê para ter uma aposta +VE só por se desviar do público e apostar na opção menos popular.

Não obstante, com a possível exceção das eleições presidenciais,* o evento com *o maior volume* de "dinheiro burro"** é o Super Bowl.

Todo ano, no final de janeiro ou início de fevereiro, Peabody — junto a seus parceiros de apostas e mochilas cheias de mais de 100 mil dólares em dinheiro — faz uma peregrinação à Westgate,[24] que é a primeira casa de apostas a fazer *prop bets* para o Super Bowl. A Westgate faz *muitas prop bets* para o Super Bowl — em 2023, ofereceram um panfleto com uma lista de 38 páginas.[25] Kornegay é um dos pais do formato,[26] tendo desenvolvido *prop bets* na década de 1990, quando o placar final das partidas do Super Bowl era com frequência desequilibrado e os apostadores precisavam de outra desculpa para apostar. Hoje, as *prop bets* compõem a maior parte da ação do Super Bowl da Westgate.[27] Quando a SuperBook publica suas linhas de *prop bets*, cerca de dez dias antes do jogo, os clientes fazem fila para colocar as apostas sob um conjunto estrito de regras. Não mais do que duas apostas por vez — é uma espécie de equivalente em apostas esportivas à Arca de Noé — de não mais do que 2 mil dólares cada.

As *prop bets* são apostas perfeitas para Peabody, questões extremamente técnicas que se beneficiam de modelagem elaborada. Para estimar a chance de um *field goal* ser marcado no quarto período, por exemplo, você idealmente desejaria uma simulação probabilística do jogo inteiro — muito além das capacidades do apostador médio, mas há anos Peabody vem trabalhando em modelos do gênero.

---

* As eleições presidenciais são singulares porque há muito menos pessoas trabalhando como *handicappers* profissionais que nos esportes. Por outro lado, há *muitas* pessoas que têm opiniões fortes sobre política. Assim, a proporção de dinheiro do público para "dinheiro inteligente" é muito alta, colocando as eleições na extremidade direita do U.

** No original, *dumb money*, gíria utilizada com frequência para se referir de forma pejorativa aos pequenos investidores ou *traders* inexperientes que tomam decisões de investimento com base em emoções, boatos, tendências de curto prazo e informações limitadas ou insuficientes, sem qualquer estratégia ou análises orientadas por dados. Opõe-se a *smart money* ("dinheiro inteligente"), os investidores experientes cujas decisões são baseadas em análises, dados e estratégias de longo prazo. (N. T.)

Os nerds no "inferninho" da SuperBook, por mais precoces que sejam, também não são páreo para um especialista como Peabody. E a Westgate sabe disso — e não se importa muito. É óbvio que apostadores inteligentes como Peabody estão "escolhendo alguns pontos fracos" no menu de *prop bets* da Westgate, comentou Kornegay, mas "temos tanto dinheiro do público que não estamos muito preocupados com a questão".

Além do mais, quando um originador como Peabody aposta, a SuperBook pelo menos obtém informações valiosas — um dos melhores apostadores do mundo revelou sua mão e a Westgate pode usar isso para ajustar suas linhas. Portanto, as *prop bets* para o Super Bowl são uma situação ganha-ganha — Peabody obtém uma aposta +VE, e a Westgate descobre o que ele pensou quando tem mais dez dias para receber milhões em dinheiro do público. O público está perdendo, mas pelo menos está se divertindo. Se todo dia fosse o Super Bowl, as apostas esportivas seriam uma indústria em expansão — mas é óbvio que não é.

Como ler um menu de apostas esportivas

Navegar pela matriz de números que se encontra em uma casa de apostas esportivas pode ser intimidador para os novatos, mas em pouco tempo se torna intuitivo — então aqui está um tutorial básico. Por exemplo, veja algumas linhas de apostas para um jogo marcado para a semana 1 da temporada da NFL:

10 SET. | 16H25	SPREAD	MONEYLINE	TOTAL
Las Vegas Raiders	+4,5 −110	+185	O 44,5 −110
Denver Broncos	−4,5 −110	−225	U 44,5 −110

Existem três tipos básicos de apostas esportivas: o ***spread* de pontos**, a ***moneyline*** e a **total**. A *moneyline* é a mais direta: aposta-se apenas em qual dos dois times vai ganhar. No entanto, você obterá um preço melhor para apostar no azarão, neste caso, o Raiders. O lado do Raiders está listado em +185. O que isso significa? Os azarões são listados com números positivos. Ou seja, o +185 significa que você terá 185 de dólares de lucro se fizer uma aposta de 100 dólares e o Raiders vencer. Vou pular a álgebra, mas, para que essa aposta empaque, o Raiders precisa vencer pelo menos em 35,1% das vezes. Números negativos, por outro lado, ilustram um favorito — quanto dinheiro seria preciso *apostar* para ganhar 100 dólares. Neste caso, +225 significa que você teria que apostar 225 dólares para lucrar 100 dólares se o Broncos vencer. Essa aposta precisa vencer em 69,2% das vezes para empatar.

Para apostas de **spread** **de pontos**, o azarão ganha um *handicap*. Por exemplo, o Raiders está listado em +4,5, o que significa que você pode adicionar 4,5 pontos a qualquer que seja a pontuação final deles. Digamos que o jogo termine Broncos 24 x 20 Raiders, isso significa que você cobriu o *spread* e sua aposta venceu, embora o Raiders não tenha vencido. No entanto, não negligencie o pequeno número −110 abaixo do *spread* de pontos; isso significa que você está fazendo a aposta com probabilidades ligeiramente desfavoráveis. Há um milhão de termos para isso: o *hold*, o *vig* ou *vigorish*, o *juice* ou o *rake*; seja qual for o nome, é assim que as casas de apostas saem no lucro.*
O −110 indica que você está apostando 110 dólares para ganhar 100 dólares. Isso significa que sua aposta tem que ganhar em 52,4% das vezes para empatar. Como você verá neste capítulo, isso é tentadoramente próximo dos 50% que você ganharia apenas chutando de forma aleatória — embora ainda seja muito difícil de atingir.

Por fim, há a **aposta total**, às vezes também chamada de **over-under** [acima--abaixo], que é apenas o número combinado de pontos entre os dois times. O *over* ("O") vence se mais de 44,5 pontos forem marcados; caso contrário, vence o *under* ("U"). Se você estiver em uma casa de apostas e vir um cara torcendo não *importa qual dos times marque pontos*, ele não é apenas um entusiasta de futebol americano — ele tem o *over*.

Os dois tipos de casas de apostas esportivas

Jason Robins, o CEO da DraftKings, tocou o sino de abertura na bolsa de valores Nasdaq em 11 de junho de 2021.[28] Na ocasião, as ações da gigante global de apostas estavam cotadas em pouco menos de 54 dólares cada. Isso era abaixo do pico — mas havia muitos motivos para otimismo: a Assembleia Legislativa do estado de Nova York tinha acabado de aprovar a legalização das apostas esportivas on-line, tornando--se o maior estado do país a fazê-lo. A indústria tratou o evento como uma espécie de corrida do ouro. Quando as apostas entraram em operação em janeiro do ano seguinte, pessoas como eu ganharam mais de 5 mil dólares em apostas grátis pelo simples ato de abrir o máximo de contas possíveis nos oito sites de apostas legais. A certa altura, durante as partidas de hóquei do New York Rangers, os painéis laterais exibiam anúncios publicitários de três casas de apostas esportivas on-line ao mesmo tempo — as empresas estavam tão frenéticas para adquirir clientes que não davam a mínima.

---

* Pergunta bônus: o cassino abocanhou alguma fatia na aposta *moneyline*? Óbvio que sim. Se você verificar os números da tabela, notará que a probabilidade implícita combinada para Broncos e Raiders vencerem o jogo foi de 104,2%. Minha matemática não está errada — esses 4,2% extras são a parte do cassino.

Em retrospecto, o alto preço da ação da DKNG parece outra modinha passageira da era da pandemia. Mais tarde, sua cotação cairia para 11 dólares por ação (embora tenha se reerguido para 49 dólares no início de 2024). E a DraftKings não foi a única. A Caesars Sportsbook, que se gabava de como gastaria mais de 1 bilhão de dólares na aquisição de clientes,[30] também viu o preço de suas ações despencar. As realidades do negócio estavam se impondo. Em pouco tempo, representantes da DraftKings e da FanDuel Sportsbook começaram a reclamar[31] da alta alíquota de tributação cobrada por Nova York.[32]

Os veteranos da indústria com quem conversei para escrever este livro não ficaram surpresos que a confiança de Wall Street nas apostas esportivas tenha sido equivocada. Mais de um deles usou a palavra com "c" para descrevê-las: "comodidade".

"Nós de Nevada, por causa da PASPA — tínhamos um monopólio", disse J. Brin Gibson, que na época da nossa conversa, em meados de 2022, era o presidente do Conselho de Controle e Regulamentação de Jogos de Nevada. Gibson estava se referindo à Lei de Proteção ao Esporte Profissional e Amador [Professional and Amateur Sports Protection Act, PASPA] de 1992,[33] que limitou as apostas esportivas completas a Nevada, até que em 2018 a Suprema Corte considerou a lei inconstitucional. "Durante muitos anos vimos o setor de apostas esportivas. Era uma coisa nossa. Em muitos casos, considerávamos isso uma comodidade, um atrativo."

Uma "comodidade" significa algo que os cassinos fornecem a seus clientes para atender às expectativas e lhes proporcionar uma experiência mais confortável e diferenciada. Não representa necessariamente uma fonte de prejuízos, mas também não é um centro gerador de lucro. Uma academia de musculação e uma piscina; um balcão de recepção que opera 24 horas por dia, 7 dias por semana — são algumas das comodidades básicas de qualquer resort de Las Vegas que se preze. Além, é claro, de uma casa de apostas esportivas. Espaço não é um problema — Las Vegas fica no meio do deserto. E, embora alguns cassinos escondam suas casas de apostas em um canto, outros — como o Wynn e o Caesars Palace — as colocam em destaque em uma localização privilegiada uma vez que podem ter imenso apelo visual. "Era parte da emoção. Faz parte da decoração interna dos cassinos ter uma casa de apostas e uma sala de pôquer", disse Steve Wynn.

A questão é que as casas de apostas representam apenas cerca de 2% das receitas de jogos nos cassinos da Las Vegas Strip[34] e 1% das receitas gerais. Elas podem ser uma parte maior do negócio em propriedades fora da Strip, como o Westgate e o Circa, onde as casas de apostas esportivas ajudam a atrair grandes multidões nos fins de semana de futebol americano. No final das contas, no entanto, essas apostas são um negócio de médio porte. Em 2022, o mercado legal de apostas esportivas on-line nos Estados Unidos gerou cerca de 7,5 bilhões de dólares em receita líquida de apostas.[35] Não é pouca coisa, e o mercado crescerá à medida que mais estados o legalizarem. Só que a Las Vegas Strip sozinha gera mais receita de jogo do que isso. Caramba, o mercado de pizza congelada nos Estados Unidos gera cerca de 20 bilhões de dólares por ano.[36]

"O único lugar onde você pode encontrar alguns operadores nervosos, embora eles ainda disseminem o jogo, é nas apostas esportivas", disse Mike Rumbolz, outro ex-presidente do Conselho de Controle e Regulamentação de Jogos de Nevada, que no momento dirige a empresa Everi Holdings. "Porque é aí que você realmente pode perder, e em um fim de semana dá para perder muito dinheiro." Por exemplo, os cassinos no estado do Colorado *perderam* quase 11 milhões de dólares em apostas da NBA para seus clientes em junho de 2023.[37] Por quê? É porque o Denver Nuggets venceu o título do campeonato da NBA. Tudo bem, é óbvio, o time da cidade natal ganha tudo, o que provoca um mês ruim. É um risco tolerável. Um problema mais persistente é que não é tão difícil para clientes *sharp** excederem o limite mágico de 52,4 de que eles precisam para ser +VE. Não é *fácil*, mas se você puder escolher *o que* apostar, *quando* apostar, *onde* apostar e *quanto* apostar, é possível.

Qual é a pegadinha? Bem, como já descobrimos, algumas casas de apostas impõem severas limitações a *quem* elas deixam apostar. Em 2022, Robins, o CEO da DraftKings, disse a um grupo de investidores: "Estamos tentando ser inteligentes para eliminar a ação de clientes *sharp* ou pelo menos limitá-la."[38]

Quero ter cuidado com as palavras aqui, porque depende de qual casa de apostas estamos nos referindo — trataremos desse tema daqui a pouco. Mas o menu extremamente grande que se encontra em algumas das maiores casas de apostas é uma espécie de fachada falsa. "Eles lhe dão a ilusão de oferecer muitas [apostas], mas assim que você tentar fazê-las, com dinheiro de verdade, logo se depara com algum atrito", disse Miller. É como ir ao restaurante TGI Fridays, que anuncia com pompa seu vasto menu, mas, ao chegar lá, lhe informam que muitos dos itens mais apetitosos estão fora de estoque ou são limitados a uma unidade por cliente. Então, quinze minutos mais tarde, você vê os VIPs na mesa ao lado se empanturrando com as mesmas asinhas de frango com o molho de pimenta e manga que lhe disseram que tinha acabado.

Mas espere um segundo. Por que a DraftKings está limitando todo mundo e impedindo-os de se tornarem de fato vencedores, enquanto a Westgate permite que Rufus Peabody, o melhor apostador de *prop bets* do mundo, faça suas apostas para o Super Bowl? É porque as casas de apostas se dividem em dois campos principais. O livro de Miller as chama de casas de apostas "de varejo" e "formadoras de mercado".[39]

---

* *"Sharp"* é um termo que usaremos muito neste capítulo. É o maior elogio que um apostador pode fazer a outro. Significa inteligente, esperto, afiado, vencedor, experiente, –VE.

As casas de apostas que vemos anunciadas na TV são casas de apostas de varejo. Elas investem *fortunas* na aquisição de clientes: em 2022, a DraftKings gastou quase 1,2 bilhão de dólares em vendas e marketing, uma quantia colossal,[40] levando-se em conta que tiveram uma receita de apenas 2,2 bilhões de dólares. E elas traçam um perfil pormenorizado dos clientes. Se acham que é uma baleia, você receberá os tipos de vantagens que um VIP de cassino tem. Quatro lugares na primeira fila em um jogo de *playoff* do New York Rangers? Uma aposta-bônus de 5 mil dólares depositada diretamente em sua conta porque você não joga faz tempo? Uma caixa do seu cabernet favorito enviada para sua casa? Um amigo meu que é VIP da DraftKings recebe tudo isso e muito mais.

Características de casas "de varejo" e "formadoras de mercado"

Formadora de mercado	De varejo
Tolera ação de clientes *sharp*, até certo ponto, para melhorar a descoberta de preços	Limita agressivamente os clientes que julga serem vencedores
É quase sempre transparente sobre quanto dinheiro se pode apostar; todos os jogadores podem ter limites relativamente semelhantes	Os limites para as apostas podem variar centenas ou milhares de vezes entre os clientes, com pouca transparência — clientes vistos como baleias recebem tratamento VIP
Gasta pouco na aquisição de clientes	Gasta muito em marketing e aquisição de clientes
Oferece uma superfície de ataque mais limitada; reluta em lançar linhas em mercados que podem ser superados por meio de informações privilegiadas*	Oferece um menu extremamente amplo de apostas, mas algumas são fachadas; os supostos VIPs podem apostar nelas, mas isso despertará suspeitas de outros apostadores
Não se preocupa em equilibrar o dinheiro — não se opõe em aceitar mais apostas de um lado, especialmente se achar que o outro lado é *sharp*	Em princípio, podem querer equilibrar o dinheiro em lados diferentes da linha, embora isso seja difícil na prática
Apostas esportivas são o principal negócio	Às vezes, uma "comodidade" como parte de um negócio maior
Muda suas linhas em resposta a apostadores do tipo *sharp*	Tira proveito das formadoras de mercado e move as linhas em resposta a elas

---

* Apostas como: qual jogador será escolhido primeiro no *draft* [o evento de seleção de atletas universitários por parte dos 32 times da liga profissional] da NFL são extremamente vulneráveis a informações privilegiadas — se você trabalha para um time da liga ou é um repórter que a cobre para a ESPN, pode ter conhecimento direto disso. Caso atue como um *insider* e seja flagrado fazendo uma dessas apostas, perderá seu emprego, mas as informações sempre dão um jeito de vazar. Um exemplo: em 2023, ao assistir a um jogo da Summer League [Liga de Verão, torneio de pré-temporada que a NBA organiza durante a temporada de pausa] em Las Vegas, vi uma mensagem de texto no celular de um executivo da NBA algumas fileiras na minha frente sugerindo que o New York Knicks negociaria um contrato com OG Anunoby, do Toronto Raptors. O boato era prematuro, mas correto: o Knicks negociou com Anunoby em dezembro.

Não tenho dúvidas de que empresas como a DraftKings sabem o que estão fazendo; elas e a FanDuel estão superando todas as demais do setor nos Estados Unidos em termos de participação de mercado. Meu amigo VIP às vezes dispara até 25 mil dólares no Rangers só para curtir um pouco a tensão da aposta. Esse é um cliente valioso, que vale algumas caixas de cabernet. O problema é que as casas de apostas de varejo não são muito boas em *fazer apostas*— e é aí que entram as formadoras de mercado.

Permita-me dar um exemplo concreto de como isso funciona. Em 20 de fevereiro de 2023, apostei 1.100 dólares na vitória do Toronto Raptors por 3,5 pontos em casa contra o New Orleans Pelicans,[41] em uma partida que seria disputada três dias depois do intervalo da pausa para o *NBA All-Star*, "o jogo de exibição das estrelas". Essa aposta foi feita em uma casa de apostas on-line relativamente *sharp* e formadora de mercado que identificarei como aqui como BOSS [sigla para Big Boss Sports Site; Grande Casa de Apostas Esportivas On-line, em inglês]. A linha tinha acabado de aparecer na minha tela do DonBest, serviço que oferece rastreamento em tempo real de linhas de dezenas de casas de apostas ao redor do mundo. O software do DonBest não é bonito — a interface do usuário parece ser resultado do cruzamento de uma planilha do Microsoft Excel com um enfeite de Natal —, mas é rápido, e é isso que importa. A BOSS foi uma das primeiras casas de apostas esportivas do mundo a divulgar a linha, e ela não estava no ar havia muito tempo. Talvez eu tenha sido uma das primeiras pessoas a apostar nela.

Uma aposta de 1.100 dólares é pequena em termos de apostas esportivas — os profissionais querem ganhar dezenas de milhares em um jogo —, mas esse valor era o máximo que a BOSS estava disposta a deixar que eu ou qualquer outra pessoa apostasse naquele jogo e naquele momento específico.[42] E, tão logo apostei, eles *imediatamente* mudaram a linha. Em vez de Raptors −3,5, eles passaram a oferecer Raptors −4,5 — eu havia afetado o preço deles para todos os outros apostadores do mundo. Naquele momento, a BOSS me ofereceu a possibilidade de apostar mais 1.100 dólares no novo preço, mas não achei que fosse um bom valor, por isso recusei.* No meio-tempo, pude ver que outras casas de apostas esportivas começaram a lançar o jogo no DonBest. Muitas vezes, isso acontece em minutos; uma casa de apostas que forma mercado coloca os pés na água e de repente surge uma cascata. Todos mergulham de cabeça na piscina, muitas vezes copiando os preços dela.

Tudo bem, vamos destrinchar isso. Por que a BOSS mudou sua linha com base na minha mixuruca aposta de 1.100 dólares? Ora, é provável que achem que sou

---

* Muitas casas de apostas formadoras de mercado também permitem que você aposte novamente no mesmo preço após um atraso, mesmo que não mudem os números dela em sua aposta inicial. Isso ressalta a natureza conversacional do processo de criação de apostas. Dá para ver direitinho o nível de confiança deles, e eles podem ver direitinho o seu nível de confiança.

sharp. A BOSS sempre mudava as linhas de abertura da NBA quando eu apostava nelas, mas não precisam pensar que sou um apostador tão *sharp* assim. Eles estão obtendo informações a meu respeito de forma barata.

Vamos voltar um pouquinho. Como a BOSS chegou a Raptors −3,5? Algum nerd em um "inferninho" inventou um número. E ele não o inventou do nada — deve ter olhado para algumas classificações de computador e talvez até tenha conversado com outro nerd do outro lado da mesa. É um processo muito menos avançado do que se imaginaria.

"Normalmente somos os primeiros a comercializar nas linhas da NFL", Kornegay me contou sobre como a Westgate define suas linhas de abertura. "Esse processo é muito pouco sofisticado. É tipo: 'E aí, o que você acha? Cinco, três e meio, quatro. Tá legal, vamos fechar em quatro.' E então às vezes há um pequeno debate a respeito."

Ou seja, era como se o respectivo nerd da BOSS estivesse me convidando para a conversa:

— Hummm... Raptors-Pellies, vamos de três e meio?

— Ah, não, o Raptors está jogando muito bem desde que o time contratou aquele jogador,[43] deve ser pelo menos uns quatro e meio, cinco.

— Tá legal, você parece ter muita convicção disso... Beleza, vamos fechar em quatro e meio.

— Sim, eu poderia inclusive forçar você a fechar em cinco contra quatro e meio, mas já está bem próximo.

Estou sendo pago para participar dessa conversa — pago em valor esperado —, mas não tão bem assim. Digamos que eu tenha certeza de que a linha do nerd está errada por um ponto ou um ponto e meio. Se for esse o caso, minha aposta deve ganhar em cerca de 55% das vezes. Com a BOSS me cobrando *juice* [a comissão ou margem quando minha aposta acerta], vou ganhar 1.000 dólares em 55% das vezes, e perder 1.100 dólares nas 45% restantes. Ou seja, meu VE é +55 dólares. Essa é minha taxa de consultoria. É bem barata, considerando que a BOSS vai aumentar seus limites conforme nos aproximamos do horário da partida — no instante em que o jogo é iniciado, eles podem aceitar apostas de 25 mil dólares ou mais.

"O objetivo de qualquer casa de apostas é chegar à linha de fechamento o mais cedo possível, o mais rápido possível, o mais barato possível", Spanky me disse. Essa é a definição de uma boa corretagem de apostas — exatamente o que a Westgate estava fazendo ao aceitar as apostas de Peabody. Ele conseguiu apostar mais do que eu (2 mil dólares, em vez de 1.100 dólares) e ele é muito melhor do que eu, então seu VE será maior que o meu (talvez 250 dólares). Essa ainda seria uma taxa de consultoria barata[44] — o suficiente para que Peabody tenha que decidir quais apostas disparar imediatamente e quais deixar em seu coldre. Os limites de apostas aumentam ao longo da semana, então se ele conseguir 20 mil dólares em uma boa linha em vez de 2 mil dólares em uma ótima linha, a espera pode significar um VE maior.

Vamos explicar mais a fundo um dos equívocos mais comuns sobre as apostas esportivas. Volta e meia ouviremos alguém dizendo coisas como: "Ah, é tão difícil vencer Vegas. Esses caras são tão espertos." Não, não é tão difícil assim. Se você me colocar frente a frente com aquele nerd no "inferninho" em algo em que sou especialista, como *spreads* de pontos da NBA, vou me sair bem. Lembre-se, o apostador pode jogar na ofensiva, procurando vulnerabilidades na superfície de ataque muito grande da casa de apostas. Com um menu tão grande, não é tão difícil encontrar vantagens nas linhas de abertura.

Não. *Difícil é vencer o mercado*. Porque, em algum momento, Spanky vai apostar no jogo. Rufus Peabody vai apostar no jogo. Algum merda do mercado financeiro lá em Dublin vai apostar no jogo. E, se o processo de apostas estiver funcionando corretamente, tenho que superar *esses* caras. "Resumindo, as pessoas mais inteligentes do mundo que estão fazendo isso para viver, tentando ganhar dinheiro de verdade com isso, estão apostando nessas formadoras de mercado e movimentando os mercados em tempo real", apontou Miller. "No fundo, você está competindo de maneira indireta contra os grupos mais espertos e mais bem informados do mundo."

As quatro habilidades essenciais dos apostadores esportivos

O que exatamente torna esses apostadores tão astutos? Miller me disse que talento em apostas esportivas é algo difícil de encontrar, porque o jogo envolve três habilidades distintas, e "o número de pessoas que atendem a todos os três quesitos é extremamente pequeno".

- Em primeiro lugar: **conhecimento de apostas**, "entender de mercados, negociação e risco de contraparte", de acordo com Miller.

- Em segundo lugar: **habilidades analíticas** — a capacidade de testar hipóteses estatísticas e construir modelos.

- Em terceiro lugar: **conhecimento do universo esportivo** — é impossível fazer um bom trabalho apostando em um esporte a que nunca assistiu na vida.

Há também uma quarta área que se torna cada vez mais importante à medida que você aumenta o tamanho de suas ambições: **habilidades de networking**. Os apostadores esportivos mais *sharp* que conheci não são bem pessoas superextrovertidas, mas tampouco são lobos solitários — são *o tipo de cara que conhece muitos caras*. Em geral, delegam seu trabalho e precisam de redes de pessoas para lhes fornecer modelos e informações. Também ajuda estar atento para farejar oportunidades potenciais — o equivalente em apostas esportivas ao que os capitalistas de risco chamam de "fluxo de negócios". Enfrentar limites severos das casas de apostas é algo inevitável, por isso precisarão de pessoas para ajudá-los a fazer as apostas.

Se eu fosse desenvolver uma série de bonequinhos colecionáveis de personagens do mundo das apostas esportivas, a essa altura sua coleção já teria dois deles, munidos de seus respectivos superpoderes: Spanky Kyrollos (o Melhor Apostador)* e Rufus Peabody (o Criador de Modelos). Então, vamos completar o conjunto.

Bob Voulgaris: o caça-vantagens

Haralabos "Bob" Voulgaris melhorou muito de vida desde que fiz um perfil dele no meu livro *O sinal e o ruído*. Ele já havia tido uma ascensão formidável, de carregador de malas no aeroporto que fez duas apostas ousadas no Los Angeles Lakers até o topo (literal) do cenário de apostas, morando numa casa alugada por 12.500 dólares por mês nas colinas de Hollywood Hills.[45] Então, em 2018, depois de uma longa temporada durante a qual Voulgaris disse que às vezes ganhava oito dígitos por ano apostando em esportes, ele aceitou um cargo de tempo integral trabalhando como diretor de pesquisa quantitativa e desenvolvimento para o time de basquete Dallas Mavericks. Seu contrato terminou após três anos em meio a uma disputa interna de poder,[46] mas foi um sinal inequívoco de como a NBA não estava apenas tolerando, mas abraçando a mentalidade do apostador.

Destemido, em 2022 Voulgaris comprou um time de futebol espanhol da terceira divisão,[47] o Club Deportivo Castellón. Em março de 2024,[48] os jogadores do Castellón foram avaliados em "apenas" cerca de 7 milhões de euros pelo Transfermarkt,[49] site dedicado à avaliação de valores de mercado de jogadores de futebol. O que talvez não saibam é que Voulgaris, como de costume, está apostando na tendência de alta: o Castellón está a apenas dois acessos da principal divisão espanhola, La Liga, em que a franquia média tem jogadores que valem cerca de 250 milhões de euros.[50] Não é um salto tão absurdo quanto parece: depois de ser adquirido por Matthew Benham, um magnata da jogatina, o clube inglês Brentford FC pulou da terceira divisão para a Premier League.[51] Eu diria que é a

---

* O podcast de Spanky se chama *Be Better Bettors* [Sejam apostadores melhores].

maior aposta de Voulgaris até o momento, embora, levando em conta as histórias que ouvi sobre ele, pode não ser uma suposição exata.

Voulgaris tem um estilo de apostas que não se encaixa muito bem no paradigma *top-down/bottom-up* de Spanky. Na maior parte do tempo, ele está à procura de "ângulos favoráveis", brechas e circunstâncias convenientes — em essência, diamantes brutos como o Castellón, oportunidades de apostas muito lucrativas que, por algum motivo, foram negligenciadas pelo mercado. Sua tacada mais famosa era apostar em apostas totais (o *over-under*, o número combinado de pontos marcados por ambos os times) em jogos da NBA. Hoje em dia, um total típico em partidas da NBA é de 220 pontos. As casas de apostas, em sua busca incessante em aceitar o máximo de apostas possível, também permitirão que se aposte em quantos pontos serão marcados em cada tempo de jogo. Isso parece simples se você for um corretor de apostas — se a partida teve 220 pontos no total, basta dividir por dois e fazer 110 para cada tempo, certo? Ora, não. Os primeiros tempos apresentam uma tendência a ter uma pontuação mais alta por 3 pontos ou mais;[52] quando os jogadores estão mais descansados, e a defesa tende a ser menos vigorosa. Durante muitos anos, somente as casas de apostas não perceberam isso,[53] e foi nesse período que Voulgaris conseguiu ganhar prodigiosas quantias apostando em *overs* no primeiro tempo e *unders* no segundo.*

Os diamantes brutos atuais não são tão grandes nem tão reluzentes quanto os que Voulgaris encontrou vinte anos atrás. No entanto, muitas vezes é um mistério por que algumas coisas são precificadas em uma linha de apostas e outras não — e a única maneira de encontrar ângulos favoráveis é gastar muito tempo procurando por elas. Ao contrário de Spanky e Peabody, que afirmaram que não passam muito tempo assistindo aos jogos, Voulgaris é obcecado pela NBA. "[É] apenas ter, tipo, um conjunto de habilidades muito, muito, muito específico para sentar lá e assistir a algo durante horas e perceber as coisas", ele me disse. "Quando está apostando em um total de pontos até o intervalo, você está focado, hiperfocado — cada jogada é fundamental."

Um ângulo favorável pode ser muitas coisas. Pode ser uma hipótese estatística inspirada em partidas assistidas. Pode ser que você tenha investido mais esforço ou coletado mais dados sobre um aspecto específico do jogo (Voulgaris passou anos tentando quantificar a defesa de jogadores da NBA, por exemplo). Ou pode ser ter acesso a informações que o público apostador não tem.

---

* Essa descrição subestima um pouco a complexidade do "ângulo favorável" de Voulgaris. Ele percebeu também que diferentes treinadores tendem, mais ou menos, a instruir os jogadores a cometer faltas de propósito quando estão atrás do placar nos minutos finais de uma partida. Como os lances livres colocam pontos no placar sem tirar tempo do relógio, isso resulta em uma grande diferença para o *over* ser atingido.

Em todos os momentos, é preciso se perguntar: Qual é a probabilidade de eu ter descoberto por acaso algo que outras pessoas não sabem — ou pelo menos não terem reconhecido a importância? Em 2022, assisti a uma partida no US Open de tênis entre Serena Williams e a jogadora número 2 do ranking mundial, Anett Kontaveit. A plateia — nova-iorquinos barulhentos vendo sua jogadora favorita em ação numa noite elétrica de fim de verão — apoiou Williams com tremendo entusiasmo; ela jogou com muita garra e atropelou a adversária ao vencer por três sets a zero, a última vitória de sua carreira. Durante a partida, sentindo o ímpeto com que a torcida empurrava Williams, apostei nela repetidamente. Percebi algo que os outros estavam deixando passar? Não, é provável que eu tenha tido sorte — a partida foi transmitida em rede nacional de televisão e foi disputada diante de quase 30 mil espectadores.[54]

No outro extremo, tenho um amigo que é um apostador *sharp* de tênis e que meio por coincidência* calhou de estar no restaurante japonês Nobu no cassino Crown em Melbourne, Austrália, na noite depois que Roger Federer foi eliminado em uma exaustiva semifinal do Aberto da Austrália de 2013 contra Andy Murray. Ele notou que Federer, famoso pelo comedimento, estava ficando bêbado, algo que a seu ver não condizia com o personagem metódico e regrado e, em vez disso, sugeria um jogador que não estava em um bom estado de espírito. Era pelo menos um ângulo potencialmente favorável — uma informação à qual o público em geral não tinha acesso (até onde sei, ninguém na imprensa jamais relatou informação alguma sobre noitadas de bebedeira de Federer).[55] Ele apostou contra Federer pelo resto do ano, e de fato o tenista suíço entrou em uma derrocada — em seus três eventos de Grand Slam seguintes, não conseguiu passar nem sequer das quartas de final.

Tendo passado de um *outsider* para um executivo de equipe de alto escalão, Voulgaris ainda acredita que as pessoas que colocam dinheiro em jogo são as melhores em detectar esses ângulos favoráveis. "Há algumas pessoas realmente *sharp* [na liga de basquete] que, caso se aplicassem com afinco às apostas esportivas, poderiam ser muito boas nisso", ele me disse. O problema, segundo Voulgaris, é que as motivações delas ainda não estão bem alinhadas. Mesmo em uma indústria tão competitiva quanto a NBA moderna, sua jogada de VE mais alta pode ser puxar o saco do seu chefe ou proteger sua reputação, em vez de necessariamente obter a resposta mais exata. "Ninguém está arriscando o próprio dinheiro. Você sabe, há muito viés de confirmação", comentou Voulgaris. "Essas pessoas podem ser mais *sharp* em outros aspectos da vida, ou podem ser mais *sharp* em outros aspectos dos esportes, mas, em termos de previsão bruta, não chegam nem perto."

---

* Meu amigo sabe que muitas vezes há conhecimento a ser adquirido ao frequentar os tipos de lugares que os tenistas tendem a frequentar, mesmo que ele não esteja necessariamente esperando um encontro em nenhuma ocasião específica.

Billy Walters: O maioral

Billy Walters, considerado por muitos como o melhor apostador esportivo da história, há um bom tempo é um ímã para empresas de apostas altas. Seu primeiro parceiro de apostas em Las Vegas, depois que ele se mudou do Kentucky — onde teve uma infância tão pobre que aos 20 e poucos anos já havia perdido todos os dentes de baixo[56] —, foi ninguém menos que Doyle Brunson. Walters chegou a Vegas endividado[57] e tinha um estilo tão desvairado que nem sequer Brunson conseguia acompanhar. "Essa parceria durou apenas algumas semanas", disse-me Walters. "A quantidade de risco envolvida em esportes e o que eu estava fazendo na época... ele não estava preparado." Ainda assim, continuaram amigos para a vida toda. "Eu acordava todos os dias e era literalmente como uma criança num parque de diversões. Tudo o que eu fazia era apostar em esportes, jogar golfe, jogar pôquer, gamão, gin rummy, sendo orientado pelos melhores jogadores do mundo inteiro", Walters relembrou sobre seus primeiros anos em Vegas. "Foi simplesmente o momento mais feliz de toda a minha vida."

Foi durante esse período em 1983 que Walters teve o que talvez tenha sido o mais fatídico encontro de sua vida — com o dr. Ivan "Doc" Mindlin, do Computer Group,[58] como era chamado na época. Mindlin era um canadense que se mudara para Las Vegas no início dos anos 1970 a fim de se tornar cirurgião ortopédico, mas logo se viu apaixonado por jogos de azar. Depois de inicialmente perder dinheiro na bolsa de valores, Mindlin começou a experimentar modelos computadorizados[59] para fazer previsões de resultados de jogos de beisebol e futebol americano no nível universitário. Não sabemos até que ponto os modelos de Doc foram bem-sucedidos — mas isso não importava, porque Mindlin era o carismático homem da linha de frente do Computer Group,[60] mas não o verdadeiro líder intelectual da empresa.

O cérebro pertencia a Michael Kent, um matemático com boas maneiras e gentil, mas socialmente sem jeito,[61] que já havia trabalhado na Westinghouse em uma equipe que projetava submarinos nucleares. Kent havia desenvolvido um algoritmo para avaliar o desempenho do time de *softball* da empresa, e que ele rodava nos computadores de alta velocidade da Westinghouse.[62] Não demorou muito para ele adaptar seus métodos ao futebol americano e ao basquete universitários;[63] ao longo de sete anos, trabalhou na surdina para refinar seus algoritmos enquanto economizava dinheiro até ter confiança suficiente para largar o emprego e se mudar para Vegas em 1979. Ele foi uma espécie de precursor de Rufus Peabody — mas não tinha a compostura e o carisma de Peabody e se viu sobrecarregado tentando ganhar dinheiro como um operador solo. O charmoso Mindlin era o perfeito parceiro de negócios. Era um relacionamento lucrativo: os registros de Kent mostravam que o Computer Group superava o *spread* em até

60% das vezes no futebol americano universitário,[64] taxa de sucesso tão alta que é quase impossível nos dias de hoje.

Walters, por sua vez, desempenhava um papel mais análogo ao de um Spanky Kyrollos hiperconectado. Seu trabalho era conseguir o máximo de dinheiro possível para o Computer Group no maior número de lugares possível, algo em que ele era bom graças a seu insaciável apetite por risco e seu estilo de vida festeiro, que o tornava um cara popular na cidade. No entanto, Walters também estava fazendo apostas por conta própria; em certa ocasião apostou 1,5 milhão de dólares[65] (quase todo o seu patrimônio líquido)[66] no Michigan Wolverines como time azarão por 4,5 pontos no Sugar Bowl de 1984 contra o Auburn Tigers. Auburn venceu em um *field goal* no último minuto — mas Michigan cobriu o *spread*. De repente, Walters valia o equivalente a 10 milhões em dólares nos dias de hoje.

Walters provavelmente teria dissipado sua fortuna mais cedo ou mais tarde se não tivesse parado de beber, de súbito e definitivamente, em 1989. Até aquele momento, ele escreveu em seu livro de memórias, tinha "vivido no limite e ostentado isso" e "arriscado o pescoço e a vida praticamente todos os dias da minha existência de altos e baixos".[67]

A linha entre obsessão e vício pode ser tênue no River, e Walters canalizou suas tendências obsessivas para aperfeiçoar a arte das apostas esportivas. O que faz as apostas de Walter serem boas não é necessariamente um truque bacana, mas, sim, a atenção a cada detalhe. Em um jogo de *playoff* da NFL de 2022 entre o Los Angeles Rams e o Tampa Bay Buccaneers, por exemplo, o *tackle* ofensivo do Buccaneers, Tristan Wirfs, se machucou. Em condições normais, isso não teria sido um grande problema. No entanto, vários fatores conspiraram para aumentar a importância do ocorrido. O reserva de Wirfs[68] *também* estava machucado, a defesa do Rams fez um ótimo trabalho pressionando e o *quarterback* do Bucs, Tom Brady, tinha 44 anos e, embora lendário, já estava esgotado. A lesão de Wirfs, que normalmente valeria cerca de 1,5 pontos, valeu até 6 pontos para o Rams no modelo de Walters[69] — o suficiente para fazer a diferença em um jogo que o Rams venceu graças a um *field goal* no finalzinho.

O que Walters apregoa acima de qualquer outra coisa — além do valor do trabalho duro — é a importância de buscar consenso. Conhecimento profundo e especializado sobre o assunto? Conhecimento em apostas? Habilidades analíticas? Tudo acima. Mesmo se aproximando da casa dos 80 anos, Walters e seus parceiros estavam "experimentando algoritmos de aprendizado profundo" e "dando uma olhada em florestas aleatórias", ele me disse — algumas das mesmas técnicas de aprendizado de máquina que são usadas para alimentar sistemas de IA como o ChatGPT. A seu ver, eles não tinham muita escolha — ou você acompanha o ritmo e se mantém atualizado ou é ultrapassado pela concorrência. "Nós nunca paramos de procurar diferentes ângulos favoráveis", declarou ele.

"Porque de uma coisa eu tenho certeza: você está competindo contra as pessoas mais inteligentes do mundo."

Walters não está executando esses modelos ou coletando todas essas informações sozinho — pelo contrário, ele dispõe de uma rede de *quants* [especialistas em análise quantitativa], *sharps* e informantes com quem vem trabalhando há décadas e que permaneceram leais a ele mesmo depois que foi condenado a cinco anos de prisão,[70] acusado de negociar ações utilizando informações privilegiadas em 2018.* Embora muitos dos apostadores com quem conversei para escrever este livro usem várias fontes — por exemplo, calculando a média de dois ou mais modelos juntos —, Walters vai além. *Suas fontes só falam com Walters, não entre si.* Na verdade, suas fontes nem sequer se conhecem, contou ele. Isso serve a dois propósitos. Em primeiro lugar, protege-o caso uma das fontes esteja comprometida. Walters não aceita deslealdade; ele se desentendeu com Mindlin[71] quando este deu para trás em uma dívida em 1986. Em segundo lugar — intencionalmente ou não —, Walters está seguindo o que dizem as pesquisas acadêmicas sobre a sabedoria das multidões.[72] É maior a probabilidade de a tomada de decisões em grupo ser mais sensata quando os membros do grupo conseguem operar de forma independente, reduzindo o potencial de pensamento de grupo. "Procuro opiniões independentes", disse ele. "Não estou procurando algo que será distorcido por outra pessoa."

Vencedores não são bem-vindos

É razoável presumir que não existe pior momento para assistir a TV do que se você estiver em um estado indeciso [os "estados-pêndulo" dos Estados Unidos, cujos eleitores ora votam nos republicanos, ora nos democratas] na semana anterior a uma grande eleição; literalmente, *todo* intervalo comercial é um anúncio político. No entanto, consigo pensar em uma exceção notável: se você fosse um fã de esportes

---

* A sentença foi reduzida em 20 de janeiro de 2021 pelo presidente Trump em seu último dia no cargo, depois de Walters ter cumprido dois anos de prisão e dois anos em prisão domiciliar. Em seu livro de memórias, Walters mantém sua inocência e culpa o jogador de golfe Phil Mickelson, que também esteve envolvido no escândalo e concordou em perder seus lucros comerciais, por não ter saído em sua defesa. Não tentei avaliar os detalhes do caso, que gira em torno de dicas que Walters supostamente recebeu de um membro do conselho da Dean Foods. Direi, no entanto, que apostadores esportivos tendem a assumir uma atitude arrogante em relação a informações privilegiadas em esportes — por exemplo, se você receber uma dica de um dirigente ou membro da comissão técnica de uma equipe sobre a lesão de um jogador, essa pessoa pode estar se colocando em risco, mas via de regra isso é considerado um problema dela e não seu. Se você estiver apostando em ações, é muito menos provável que a Comissão de Valores Mobiliários dos Estados Unidos [SEC, na sigla em inglês] lhe dê o benefício da dúvida.

no final de 2015. Foi quando a DraftKings e a FanDuel, impulsionadas por uma enxurrada de investimentos de capital de risco, inundaram as ondas de rádio[73] com mais de 220 milhões de dólares em anúncios durante uma janela de quatro meses da temporada da NFL.

"Existe um jogo dentro de um jogo que requer um diferente conjunto de habilidades", dizia o roteiro de um dos anúncios da DraftKings desse período,[74] que apresentava uma montagem de nerds do sexo masculino de meia-idade desajeitadamente grudados em seu aplicativo da DraftKings em ambientes sociais. (De alguma forma, a intenção era ser um *anúncio* do produto deles.) "E nós não apenas jogamos. Somos jogadores. Nós treinamos. E nós vencemos."

Não era um discurso sutil: estavam anunciando um *jogo de habilidades*. Dedique-se, calcule o que for necessário,[75] e você pode ser esperto o bastante para vencer seus amigos[76] e o próximo cara a escapar do seu enfadonho emprego num cubículo ao faturar uma fortuna. Talvez até consiga acabar transando com alguém! Em outro comercial da DraftKings, ambientado no "Hall da Fama dos Jogos de Fantasia", havia uma estátua de um "ex-contador" chamado Derek Bradley. "O beisebol de fantasia da DraftKings o transformou de um cara que vestia uma cueca esburacada em um cara que as modelos de biquíni querem ver sem cueca",[77] explicava o anúncio.

Os comerciais de apostas esportivas de hoje não seguem o mesmo caminho. Eles anunciam que as apostas esportivas são muito divertidas ou que há muitas maneiras diferentes de apostar, ou mostram celebridades ou ex-atletas usando seus produtos.[78] Porém, tendem a ser cuidadosos em *não* sugerir que as apostas esportivas são um jogo de habilidades ou que você pode ser um vencedor a longo prazo... porque isso vai contra o interesse deles.

Nas apostas esportivas que descrevi até aqui, estamos apostando contra a casa. Acontece que, em 2015, essas empresas passaram a anunciar um produto diferente chamado "esportes de fantasia diários" [*daily fantasy sports*, DFS]. Funciona assim: você tem um orçamento, seleciona um time de jogadores e acumula pontos com base nas estatísticas da vida real deles; competindo na simulação de um torneio esportivo contra outros jogadores e não contra a casa. A DraftKings e a FanDuel ganham dinheiro pegando uma parte fixa do prêmio — alguém vai ganhar, então eles não se importam se vai ser você ou outro nerd de meia-idade.

Na verdade, eles queriam enfatizar que os DFS eram jogos *de habilidades*, e a presença de vencedores de longo prazo ajudava a provar isso.[79] A FanDuel e a DraftKings preferiam o argumento do jogo de habilidades porque essa era a base legal para os DFS. A UIGEA, lei de 2006 que proibiu processadores de pagamento de facilitar depósitos em contas de pôquer on-line, continha uma exceção para esportes de fantasia,[80] com base no fato de que eram jogos de habilidades. Então, ironicamente, o esforço para proibir o pôquer on-line levou à proliferação de apostas em esportes de fantasia.*

Como as apostas esportivas foram totalmente legalizadas em muitos estados, a DraftKings e outros sites não dependem mais da brecha do jogo de habilidades. Então, em alguns casos, sua atitude em relação às apostas esportivas é diametralmente oposta àquela em relação aos DFS. Em vez de anunciar que jogadores habilidosos podem ganhar, a DraftKings é explícita ao dizer que não quer vencedores na parte de apostas esportivas de seus negócios. "Se uma boa parte desse dinheiro está saindo pela porta lateral para jogadores *sharp* que nem sequer gostam do seu produto e são completamente agnósticos em relação à plataforma e não têm lealdade alguma — então, *por que você não faria algo para controlar isso?*", indagou Jon Aguiar, um executivo da DraftKings.

Bem, uma resposta à pergunta de Aguiar é que declarações públicas como essas limitam a ferramenta de marketing mais poderosa da DraftKings: seu apelo ao ego masculino. É bastante plausível que a DraftKings esteja perdendo mais dinheiro de apostas de caras que, erroneamente, acham que podem ganhar, do que economizando dinheiro por não aceitar apostas de apostadores *sharp*.

"O *propósito* é fazer você perder dinheiro", disse Kelly Stewart, também conhecida em Vegas como Kelly, uma das mulheres mais proeminentes da indústria e também uma das pessoas com a atitude mais atrevida e sem rodeios. "Eu digo isso às pessoas o tempo todo. Se a cada aposta de 10 dólares que eu fizer, eu tiver que dar a você 11 dólares, isso não é o caminho favorável para que eu possa ganhar a longo prazo. Quer dizer, as probabilidades são *literalmente* manipuladas contra você. Então, seria muito cínico da parte de qualquer um pensar que é capaz de sair vencendo sem se esforçar muito. Quer dizer, talvez os caras estejam apenas mentindo para si mesmos."

Por mais que as casas de apostas e os apostadores *sharp* tenham uma relação de antagonismo, também têm um interesse em comum: ambos dependem de apostadores recreativos para obter seus lucros. Isso significa que o tamanho da indústria é ditado pela quantidade de dinheiro que as pessoas estão dispostas a arriscar em apostas ruins. Por exemplo, se o boxeador Floyd Mayweather, famoso por esbanjar

---

* Pode até ter contribuído para a presença de apostas esportivas on-line totalmente legais. Começando com a MLB em 2013, várias das principais ligas esportivas investiram em *startups* DFS. E, em 2014, o comissário da NBA Adam Silver escreveu um artigo de opinião no *New York Times* defendendo apostas esportivas legais. A decisão da Suprema Corte de 2018 que revogou a PASPA não mencionou de forma específica os DFS, mas a Suprema Corte muitas vezes responde a mudanças na opinião pública e na opinião das elites. Quanto a isso, a mudança foi drástica. Em 2012, a NBA foi uma das autoras da ação judicial no caso PASPA, processando o estado de Nova Jersey pela tentativa de legalizar apostas esportivas. Até o tribunal chegar a uma decisão, a NBA já estava torcendo contra sua própria posição no caso.

dinheiro em apostas volumosas,[81] está disposto a apostar 1 milhão de dólares do lado "errado" do Super Bowl com um VE de −50 mil dólares, isso é o equivalente a 50 mil dólares de renda jogados de um helicóptero para serem disputados a tapa pelas casas de apostas e os apostadores *sharp*.

Existem duas razões principais* pelas quais alguém pode fazer uma aposta −VE: primeiro, porque acha isso divertido, ou segundo, *porque acha que está fazendo uma boa aposta quando na realidade não está.* Casas de apostas como a DraftKings se autodenominam "produtos de entretenimento"[82] e buscam capitalizar em cima do primeiro tipo de cliente. Porém, não fazem grande esforço para estimular o segundo tipo. Verdade seja dita: se uma casa de apostas conhecida por limitar agressivamente os jogadores vencedores está *aceitando* as apostas que você faz, é preciso se perguntar por quê — eles estão praticamente dizendo que acham você um perdedor.

Não obstante, a atitude adotada pela DraftKings é comum em todo o setor — e não demorei a sentir o impacto disso. Em abril de 2023, apenas um ano depois de começar a apostar a sério, fui limitado pela DraftKings, BetMGM, PointsBet e Resorts World Bet. Não há dados concretos sobre a agressividade com que as várias casas de apostas restringem a ação de jogadores, embora um artigo do jornal *The Washington Post* de 2022 tenha correspondido à minha experiência,[83] sugerindo que a DraftKings, BetMGM e a PointsBet são mais agressivas em limitar jogadores, e a Caesars e a WynnBet são menos. (Ainda tenho a ficha limpa na Caesars, embora a WynnBet tenha me limitado em março de 2024.)

Isso coloca a FanDuel, a maior casa de apostas esportivas dos Estados Unidos em participação de mercado, em uma categoria intermediária. Foi uma das primeiras casas de apostas em que abri uma conta quando as apostas esportivas de Nova York entraram em operação, e aparentemente tínhamos um bom relacionamento. Quando a temporada 2022-2023 da NBA começou, eu estava levando minhas apostas muito a sério — mas antes disso eu vinha misturando algumas jogadas semi-*sharp* com algumas centenas de dólares no Rangers quando eu ia a um jogo, ou nos *playoffs* da NFL se eu estivesse assistindo pela TV. Parecia um padrão de apostas de um jogador recreativo, e em certo momento a FanDuel até entrou em contato comigo para saber se eu estaria interessado em entrar para o programa VIP deles — em outras palavras, eles pensaram que eu era um *fish*.

A FanDuel também foi solícita a ponto de organizar uma série de reuniões para mim em seus elegantes escritórios em Manhattan. Conversei com vários de seus executivos — mas era com Conor Farren, então vice-presidente sênior de produtos

---

* Uma terceira motivação potencial é que alguém que está aprendendo as regras pode estar disposto a fazer apostas −VE a curto prazo pela chance de se tornar um apostador vencedor a longo prazo. Essa motivação também é desestimulada por sites que limitam agressivamente os jogadores — para começo de conversa, no minuto em que se tornar bom, você vai sofrer limitação, e isso é um forte desincentivo para investir seu tempo aprendendo a apostar em esportes.

esportivos e preços, que eu estava mais interessado em falar. Farren, que desde então deixou a empresa, comandava a mesa de negociação da FanDuel, tendo chegado quando ela foi adquirida pela empresa irlandesa Paddy Power Betfair (atual Flutter),[84] apenas dez dias após a decisão da Suprema Corte em 2018.

Farren, que tem o comportamento silencioso e intenso de um jogador de pôquer e não perdeu seu sotaque irlandês, afirmou que a FanDuel estava mais disposta que seus concorrentes a aceitar apostas de jogadores *sharp*. "Tenho a sensação de que somos muito mais justos que outras casas de apostas, por permitirmos que clientes *sharp* apostem com regularidade", disse ele. No entanto, também reconheceu que deu uma trabalheira danada chegar a esse ponto.

"Quando comecei aqui, mais de quatro anos atrás, não tínhamos funcionários. Tivemos que contratar pessoas, botar ordem na casa e começar a precificar as coisas com mais precisão", declarou ele. "A melhor solução para o gerenciamento de risco é a precificação perfeita. Nem sempre é fácil, porque temos dois milhões de coisas por mês que estamos colocando no lugar... Mas, filosoficamente, se alguém está fazendo seu próprio [trabalho] e é inteligente, deveria ter permissão para fazer uma aposta justa."

Tenho certeza de que é difícil chegar a um preço preciso para 2 milhões de apostas por mês — mas não há nada que exija que a FanDuel tenha um menu tão grande. A Circa Sports, tida como a mais *sharp* das casas de apostas dos Estados Unidos, adota uma abordagem quase estilo In-N-Out Burger, em contraste com o enfoque estilo McDonald's da FanDuel — ou seja, oferece um cardápio restrito, mas faz cada um dos itens muito bem.* E a Circa tem tanta confiança em suas linhas que é conhecida por quase nunca limitar os clientes. No entanto, não restam dúvidas de que a FanDuel está fazendo *algo* certo. Não somente está jogando cada vez melhor na defesa — também parte para o ataque, fazendo apostas de alto risco por conta própria se achar que são +VE.

Entrem no carro, crianças, porque vamos sair para *line shopping* — "comprar linhas" é o termo que os apostadores esportivos usam quando estão procurando o preço mais favorável entre diferentes sites de apostas. São três da tarde no domingo da partida final da NFL; daqui a algumas horas vai começar o Super Bowl LVII, entre Kansas City Chiefs e Philadelphia Eagles. Aqui estão as *moneylines* das maiores casas de apostas dos Estados Unidos:[85]

---

* É muito mais rápido retirar as linhas do quadro no caso de lesões de jogadores, situação em que uma pessoa com informações privilegiadas poderia fazer apostas +VE, por exemplo. Também oferece muito menos *prop bets* de jogadores e apostas mais limitadas no jogo.

Moneylines do Super Bowl

Time	FanDuel	PointsBet	Caesars	DraftKings	BetMGM
Chiefs	−104	+100	+110	+100	+100
Eagles	−112	−120	−130	−120	−120

Se não está acostumado a ler linhas de apostas, não se preocupe — a conclusão é que a FanDuel estava oferecendo um preço *muito* melhor para o Eagles (e um pior para o Chiefs) que as outras casas de apostas. Se você apostasse 100 dólares no Eagles na FanDuel e o Eagles vencesse, teria um lucro de 89 dólares. A mesma aposta lhe renderia apenas 83 dólares na DraftKings e 77 dólares na Caesars.

Na verdade, a FanDuel estava deliberadamente convidando apostas no Eagles. Estava fazendo de propósito para equilibrar suas contas? Nada disso.* Muito pelo contrário. A maior parte do dinheiro do público já estava no time da Filadélfia. "Um palpite, que eu diria que é bem fundamentado, é que 75% a 80% do dinheiro estava no Eagles", disse Farren. Em vez disso, segundo ele, a casa de apostas estava "mantendo o que pensávamos ser o preço real" — o que seus modelos diziam a eles. O público podia preferir o time da Filadélfia, mas há muito dinheiro burro no Super Bowl, então Farren não se importou. Seus modelos gostaram do Chiefs, e eles estavam certos; numa virada espetacular, o time de Kansas City venceu por 38-35.

Continuar oferecendo aos apostadores um preço favorável no Eagles foi uma decisão genuinamente arriscada. Farren me disse que a FanDuel havia criado modelos para os piores cenários hipotéticos do Super Bowl — e eles eram ruins. Muitos jogadores apostam nos chamados *parlays* de jogo único, que envolvem uma combinação de desempenho do time e do jogador individual. (Por exemplo, vitória do Eagles, o *over*, e seu *quarterback* Jalen Hurts completando pelo menos trezentas jardas de passes). Se "todos os astros do time marcassem pontos [em] uma partida de alta pontuação" e o Eagles vencesse, a FanDuel poderia ter estado potencialmente na vulnerável posição de ter que pagar 400 milhões a 500 milhões de dólares", explicou Farren. Não era "risco empresarial, não como, você sabe, um risco do tipo acabou o dinheiro para pagar as contas", mas "nós meio que tínhamos que ter a certeza de que dispúnhamos de reservas para pagar". Foi uma decisão digna do River, muito distante do modelo de "apostas esportivas como uma comodidade".

---

* Hora de destruir mais um mito: em geral é uma fábula que as casas de apostas buscam equilibrar suas contas. Na verdade, isso muitas vezes é impossível de fazer. O dinheiro do público é intrinsecamente desequilibrado; o público gosta de apostar no *over* e gosta de favoritos, ainda mais como parte de *parlays* [apostas acumuladas]. E o público pode ficar fixado em uma narrativa de mídia específica. "Em teoria, parece bom, você sabe, equilibrar os dois lados. Mas eu quase chamo de lenda urbana, porque raramente, raramente acontece", Jay Kornegay me disse.

Há uma reviravolta na história, no entanto. Em 4 de abril de 2023, uma noite após minhas entrevistas com a FanDuel e toda a conversa de Farren sobre aceitar apostas de apostadores *sharp*, tentei fazer uma aposta de 2.500 de dólares no jogo Nets-Pistons da NBA que seria disputado no dia seguinte. A transação foi recusada. A borda da janela de apostas ficou vermelha e recebi uma notificação: "APOSTA MÁXIMA DE 2.475,37 dólares".[86] Isso nunca tinha acontecido antes quando tentei apostar na FanDuel. É plausível que o *timing* tenha sido uma coincidência (a última vez que fiz uma aposta grande o suficiente para acionar esse limite havia sido várias semanas antes), então não posso dizer se aconteceu por causa da minha visita. De qualquer forma, a conclusão foi a mesma: fui limitado por mais uma casa de apostas esportivas.

No caso da FanDuel, esses limites são pelo menos razoáveis — alguns milhares de dólares. Na verdade, embora na ocasião em que falei com Farren eu não tenha percebido que havia sofrido uma limitação, ele disse algo que prenunciou isso quando lhe perguntei como a FanDuel trata os jogadores vencedores. "Numa noite razoável, você faz uma aposta para ganhar alguns milhares de dólares ou algo assim", disse ele. "Nós obtemos informações, endireitamos nossos preços. Há algo aí — há um lugar para todos nós."

Ou seja, a FanDuel estava oferecendo aos apostadores *sharp* um meio-termo: você pode apostar até o valor que suas informações valem. Para alguém como eu (que trata as apostas esportivas como uma atividade secundária não superlucrativa), isso pode funcionar razoavelmente bem; afinal, alguns milhares de dólares é o máximo que eu gostaria de apostar.

Mas esse acordo não funciona para um Spanky, para um Bob Voulgaris e com certeza não para um Billy Walters da vida. Para eles, mesmo apostas de cinco dígitos não são necessariamente o suficiente. "Não estou interessado em apostar dez, vinte, trinta, quarenta, cinquenta mil dólares. Não estou nem um pouco interessado nisso", Walters me disse. Eles têm acesso a informações que valem muito mais do que a FanDuel está disposta a pagar por elas — portanto, precisam recorrer a outras táticas para obter o máximo de dinheiro que desejam.

Como apostar o dinheiro

"A coisa que me separou do resto dos caras é que 95% de todas as apostas que fiz na vida, eu fiz no dia do jogo", declarou Walters. "Quando você chega no dia do jogo, pode apostar muito dinheiro. Dê um exemplo de alguém que consegue vencer essas coisas de maneira consistente. Não quero soar muito presunçoso, mas sou o único cara que conheço."

Talvez fosse seu sotaque lento e arrastado do Kentucky — ou talvez fosse por causa dos elogios que ouvi de outros apostadores —, mas Walters não me pareceu presunçoso. Os *spreads* de pontos da NFL no domingo antes do pontapé inicial do jogo são considerados os números mais imbatíveis do setor. No momento, os norte-americanos apostam legalmente em torno de 50 milhões de dólares em um jogo médio da nfl[87] — quantia tão robusta[88] que as casas de apostas quase desafiam os apostadores *sharp* a superarem suas linhas. Só que quase ninguém consegue, exceto por Walters.

Os apostadores maiorais e mais *sharp* de todos — Walters no futebol americano, Voulgaris na NBA, Peabody no golfe ou nas *prop bets* para o Super Bowl — podem até canibalizar seu próprio mercado quando apostam. Assim que colocam dinheiro primeira vez, eles potencialmente afetam o preço de todo o mercado até o jogo começar. Portanto, precisam descobrir quando segurar a onda e esperar antes de agir. Voulgaris me disse que, em seu auge, os apostadores influentes compartilhavam a mesma avaliação da teoria dos jogos quanto ao momento certo de fazer sua aposta. "Havia a compreensão de que eu e os outros grupos concorrentes não apostaríamos muito cedo", ele me contou. Eles esperavam até as dez da manhã para começar a apostar, e àquela altura em geral tinham permissão para apostar limites máximos. "Alguém poderia chegar lá e obter limites menores, mas a verdade é que ninguém fazia isso." Hoje, há apostadores habilidosos em demasia para uma coordenação eficaz. Prevalece o dilema do prisioneiro: alguém razoavelmente *sharp* desertará da coalizão e apostará uma linha antes de você.

Ainda assim, trata-se de um problema de alta classe. Se você é tão *sharp* a ponto de ser o centro de gravidade de todo o mercado em um esporte específico, então parabéns — vai ganhar muito dinheiro apostando em esportes. Talvez não tanto quanto vinte anos atrás, mas ainda vai ser muito.

O restante de nós, mortais, somos deixados para perseguir cinco palavrinhas mágicas: "valor da linha de fechamento" [*closing line value*, CLV].

O valor da linha de fechamento é um indicador que significa a diferença entre a linha do momento em que você apostou e linha final, segundos antes de o jogo começar. Por exemplo, para aquele jogo do Toronto Raptors que já mencionei, apostei no Raptors em $-3,5$[89] e a linha fechou no Raptors em $-4,5$. Isso significa que eu obtive um valor de linha de fechamento sólido (o Raptors se tornou um grande favorito e a linha foi na direção da minha aposta). Como resultado, eu teria uma aposta vencedora com mais frequência. Se o Raptors vencesse por 4 pontos, minha aposta venceria, ao passo que alguém que apostou pouco antes do início do jogo perderia.

Existem várias maneiras de obter valor de linha de fechamento, e quase todas elas se correlacionam com o fato de ser um apostador vencedor a longo prazo. Se tiver um talento especial para escolher linhas de abertura fracas quando os nerds as lançam pela primeira vez, você obterá um bom valor de linha de fechamento. Se tiver a capacidade de fazer uma boa leitura sobre uma situação de lesão — ou acesso a informações privilegiadas sobre isso —, também encontrará o CLV. Também é possível calcular o valor de linha de fechamento por meio de uma prática chamada *"steam chasing"*, embora na verdade as casas de apostas odeiem clientes que fazem isso.*

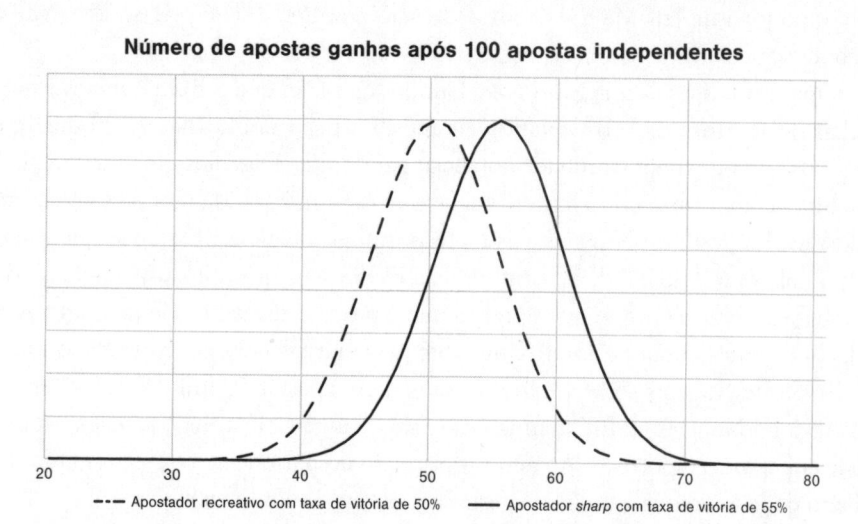

Número de apostas ganhas após 100 apostas independentes

--- Apostador recreativo com taxa de vitória de 50%   — Apostador *sharp* com taxa de vitória de 55%

As casas de apostas esportivas gostam de olhar para o valor da linha de fechamento porque é um indicador menos ruidoso do que seu histórico de ganhos e perdas. Mesmo depois de cem apostas, por exemplo, o quanto você lucrou ou perdeu reflete esmagadoramente o ruído, não o sinal. No entanto, na grande maioria das vezes um apostador habilidoso pode obter o valor da linha de fechamento, e alguém que obtém o valor da linha de fechamento de forma consistente aumenta muito a probabilidade de obter resultados vencedores a longo prazo.

É por isso que é complicado dar conselhos infalíveis e inquebrantáveis sobre como ganhar em apostas esportivas. As práticas que são mais lucrativas (aquelas que, de forma mais confiável, lhe dão o valor da linha de fechamento) também são aquelas em que as casas de apostas terão mais pressa em impor limites ao cliente.

---

* *Steam chasing* é fazer uma aposta em uma casa de apostas quando ela demora para atualizar suas linhas. Por exemplo, digamos que um grande grupo de apostadores faça uma aposta no Green Bay Packers na calada da noite em um site *offshore*, alterando o preço de consenso de Packers –3,5 para Packers –4. Só que o nerd que gerencia a linha para a PointsBet estava dormindo na central de controle, e ainda consta que o jogo está em –3,5. Esse número geralmente terá um valor da linha de fechamento favorável e é um bom candidato para uma aposta. Porém, não dá para fazer isso com muita frequência sem acabar sofrendo limitações. Quando você é um originador, apostando com base em um modelo que é de sua propriedade, pelo menos está fornecendo algumas informações úteis à casa de apostas. Por outro lado, quando está *steam chasing*, não fornece nada em contrapartida — e as casas de apostas sabem muito bem quando são lentas para atualizar uma linha.

Os apostadores — sobretudo os *top-down* como Spanky, que se dedicam a táticas de arbitragem como *steam chasing* — estão, portanto, sempre envolvidos em atos de subterfúgio. A maioria das táticas se enquadra em uma de duas categorias: a pessoa pode fazer apostas burras com contas que a casa de apostas acha que são *sharp*, ou apostas *sharp* com contas que eles acham que são burras. É praticamente o mesmo jogo de Jeff Ma e da equipe de *blackjack* do MIT: é preciso disfarçar e esconder que é um jogador *sharp*.

Uma das táticas é uma *head fake*. Lembra que falei que a BOSS alterava suas linhas de abertura da NBA quando eu apostava nelas por apenas 1.100 dólares? Bem, isso cria uma oportunidade potencial para mim.* Digamos que a BOSS abra sua linha com a vitória do Denver Nuggets +4 em uma partida fora de casa contra o Lakers. Eu gosto do Nuggets a esse preço. Então vou até a BOSS e aposto meus 1.100 dólares mil no... Lakers! Lembre-se, a BOSS acha que sou *sharp*, então muda a linha para Nuggets +5, o que significa que o preço se tornou ainda mais atraente. Poucos minutos depois, a DraftKings abre para apostas no jogo, copiando a linha da BOSS de Nuggets +5. A DraftKings me deixa apostar 10 mil dólares — então eu cravo no Nuggets lá. Eu fiz uma *head fake* — uma artimanha equivalente a um blefe em apostas esportivas. Ao apostar primeiro do outro jeito, consegui muito dinheiro do lado do qual eu de fato gostava, a um preço ainda melhor.

Contudo, há algo de errado no exemplo. É provável que a DraftKings não vá me deixar apostar 10 mil dólares em linhas de abertura da NBA por muito tempo. Não é o tipo de coisa que apostadores recreativos fazem. Mas digamos que *eu tenha os meus contatos*. Um *"beard"*** é uma gíria da indústria para designar alguém que faz uma aposta em nome de outra pessoa. Digamos que um dos meus contatos tenha uma conta polpuda na DraftKings, seja um jogador que eles consideram VIP, e ele aposta 10 mil dólares por mim. Nós concordamos em dividir os lucros.*** Isso é *bearding*.

Então Spanky e outros apostadores estão sempre em busca da mesma coisa que os jogadores de pôquer: baleias, ou seja, caras ricos ou *degens* com um histórico confiável de apostas altas que vão ter muita liberdade antes de serem desmascarados como um *beard*. "Eu tive um artigo publicado sobre mim na *Cigar Aficionado*. É uma revista muito boa, que as baleias leem", comentou Spanky. Outros apostadores cultivam

---

* Não, eu nunca tentei uma *head fake*. São necessárias muitas coisas para que funcione, e deve ser considerada uma técnica de alto grau de dificuldade.
** Literalmente, "barba", para designar a ideia de um jogador que faz apostas para outrem, mas oculta a sua verdadeira identidade. (N. T.)
*** Voulgaris me contou que dava aos seus *beards* duas opções. A divisão poderia ser de meio a meio, ou seja, eles ficariam com 50% das apostas, o que significava que poderiam lucrar ou perder — ou poderiam optar por um *freeroll* de um quarto das apostas, o que significa que dividiriam 25% de quaisquer lucros, mas não seriam responsáveis por quaisquer perdas. "Nós sempre torcemos para que eles aceitassem o *freeroll*, porque nós nunca perdíamos", disse-me ele.

relacionamentos com baleias jogando pôquer, ou apenas vivendo a luxuosa vida da jogatina no que eu chamo de "zona de respingos". Certa vez, Voulgaris usou até o boxeador Floyd Mayweather como um *beard*, ele me disse, "mas tipo, só por um dia, ou dois dias, porque era muito difícil trabalhar com ele".

Depois de arranjar uma baleia para atuar as vezes como *beard*, é preciso proteger essa conta com cuidado. Agora o cálculo de valor esperado não diz respeito apenas à probabilidade de a aposta ganhar ou perder, mas o efeito a longo prazo que terá na percepção da casa de apostas sobre o cliente — porque as casas de apostas estão 100% cientes de que suas baleias podem ser seduzidas. "Isso já aconteceu conosco muitas vezes. Temos um VIP, alguém consegue falar com ele", disse John Murray da Westgate. "Aí os padrões de apostas dele mudam. E temos que diminuir seus limites." Não vou detalhar todas as táticas, mas o almejado realmente é evitar que a baleia obtenha de forma consistente um bom valor de linha de fechamento. Para tanto, pode se recorrer a disparar apostas neutras ou ligeiramente -VE pouco antes do pontapé inicial do jogo em partidas aleatórias da NFL, por exemplo.

Aviso aos navegantes: usar um *beard* quase sempre violará os termos de serviço[90] em qualquer site em que sua baleia esteja apostando. Termos de serviço uma ova, quem se importa com isso, tudo bem. Se o *bearding* é ou não ilegal depende de muitos fatores — não sou qualificado para dar conselhos, então você deve consultar um advogado se estiver cogitando seriamente a opção. Processos por causa dessas chamadas "apostas terceirizadas"[91] são raros, mas estão longe de ser inéditos.

E haver muito dinheiro passando de mão em mão por motivos relacionados a jogos de azar sempre tem o potencial de causar problemas. Em 2012, por exemplo, o promotor público do Queens acusou formalmente Kyrollos de comandar um esquema de apostas.[92] Da mesma forma, a partir de 1985 o Computer Group foi alvo de uma série de operações de busca e apreensão do FBI.[93] Em situações do tipo, os réus em geral combatem as acusações de apostas[94] argumentando (muitas vezes com razão) que estavam apenas apostando em esportes, e não aceitando apostas como faz um *bookmaker*. Não obstante, promotores, juízes e júris verão muito dinheiro passando de mão em mão em uma complexa rede de transações financeiras — mais de um apostador com quem conversei durante a escrita deste livro me contou histórias de recebimento de grandes pagamentos em dinheiro dentro de pastas ou sacos de papel — e talvez não enxerguem a diferença entre uma coisa e outra. Nessas circunstâncias, as chances de evitar punições sérias ou até a prisão não são melhores do que cara ou coroa. Por exemplo: embora no fim o Computer Group tenha sido absolvido,[95] Spanky se declarou culpado de uma acusação do crime qualificado de "promover jogos de azar".[96]

Embora eu não ache que ir atrás de apostadores esportivos seja um bom uso dos recursos do governo, o mercado de varejo nos Estados Unidos em seu estado atual não acabará com essas tramoias. Na verdade, a ampla distribuição nos limites de apostas nos sites de varejo dos Estados Unidos pode piorar a situação. As informações podem ou não serem gratuitas — mas se uma baleia pode apostar 1 milhão de dólares em um jogo na DraftKings e um apostador *sharp* só consegue ganhar alguns trocados, existem óbvios incentivos para que as informações superem qualquer atrito que haja e fluam do apostador *sharp* para a baleia.*

De uma coisa Spanky está certo: não importa que você seja muito bom em ler uma linha de apostas ou construir um modelo; se não consegue apostar seu dinheiro, não vai ganhar em apostas esportivas. "Trata-se da única ocupação em que a pessoa é punida por ser bom", disse ele. "O sonho americano que todos nós aprendemos desde crianças é que, se formos bons em alguma coisa, seremos recompensados. Em vez disso, você leva um chute na bunda."

Apostei 1,8 milhão de dólares na NBA.
Aqui está o que eu aprendi.

Mais cedo ou mais tarde, era inevitável que em algum momento eu começasse a apostar em esportes. Gosto de esportes. Gosto de apostar. E moro tão perto do Madison Square Garden que da janela do meu apartamento consigo ver seu outdoor eletrônico superbrilhante — portanto, anúncios da Caesars Sportsbook invadiam a minha sala de estar 24 horas por dia.

No começo, minhas apostas eram apenas ocasionais, mas, assim que começou a temporada 2022-2023 da NBA, decidi levá-las mais a sério, desenvolvendo uma rotina e mantendo um rigoroso controle das minhas apostas. Entrei na temporada com algumas vantagens: (1) sou um grande *geek* da NBA, e já vinha dedicando muito tempo a acompanhar o esporte; (2) construí um modelo e sistema de previsão chamado RAPTOR; (3) quando a temporada começou, eu tinha uma ficha limpa de apostas esportivas,[97] conseguindo apostar livremente em todos os sites de varejo do estado de Nova York, exceto um. Eu tinha também algumas desvantagens: (1) o RAPTOR era *público*, então, como é *sharp*, suas informações podiam já ter sido incorporadas às linhas de apostas; (2) em pouco tempo, alguns sites limitariam minhas apostas; (3) e eu tinha muitas outras distrações, incluindo trabalhar neste livro.

---

* Se eu fosse incumbido de elaborar uma legislação sobre apostas esportivas, colocaria limites nesses *spreads* — o que é conhecido na indústria como "fatores de aposta". Por exemplo: talvez até o maior apostador *sharp* possa apostar um mínimo de 2.500 dólares em uma linha de abertura da NBA, e até a maior das baleias não possa apostar mais que 10 mil dólares — um *spread* de 4x. Se uma casa de apostas não for capaz de lucrar em tais circunstâncias, mesmo que esteja coletando sua margem em cada aposta vencedora, então talvez não devesse atuar no ramo.

Eu ganhei dinheiro, embora não muito em relação ao valor que estava apostando.* Ganhei um líquido de 18.513 dólares em uma série de chamadas "apostas futuras" feitas pouco antes do início dos *playoffs* da NBA, uma vez que o Denver Nuggets venceu a Conferência Oeste e o título da NBA com *odds* bastante altas, rendendo-me o suficiente para mais do que compensar minhas fracassadas apostas no Boston Celtics e outros times.

Mas e nas apostas regulares, jogo a jogo, às quais dediquei tanto tempo? Bem, sejamos precisos. Apostei um total de 1.809.006 dólares. E terminei o ano à frente com incríveis 5.242 dólares — para um ROI insignificante de 0,3%.

Ei, não é algo a ser menosprezado; a maioria dos apostadores perde. Ainda assim, o valor do exercício estava menos no (pequeno) lucro que obtive e mais no que aprendi ao longo do percurso. Provavelmente teria descoberto essas coisas de um jeito ou de outro, mas eu as senti na pele porque arrisquei meu próprio dinheiro.

Fiquei surpreso ao constatar que era limitado pelas casas de apostas por qualquer coisinha.

Já falamos a respeito disso, mas eu gostaria de, desde o início, ter ciência de como em um piscar de olhos você pode sofrer uma restrição por parte das casas de apostas. Eu não estava fazendo muito esforço para cobrir meus rastros. Por exemplo, a PointsBet era lenta para atualizar suas linhas quando havia algum jogador lesionado — um repórter da NBA tuitava que um jogador estava machucado, e eu podia ter um ou até dois minutos para apostar no jogo antes que sua linha fosse atualizada. Eu sabia que a PointsBet não gostaria disso, e tentei não tirar *muito* proveito —, mas não é surpreendente que eles tenham me imposto limitações. Contudo, também fui limitado por sites como a DraftKings, onde eu não estava empregando nenhuma artimanha.

Fiquei surpreso com a frequência com que minhas apostas iniciais moviam as linhas.

Também já mencionamos isso, mas com frequência minhas apostas em linhas de abertura moviam a linha em dois sites e, de vez em quando, até em outros. Tenho que admitir: era bem legal quando minhas apostas relativamente pequenas se espalhavam em um efeito cascata por todo o mercado de apostas na minha tela do DonBest, afetando o preço de consenso. Apostas mais próximas do início do jogo quase nunca tinham esse efeito.

---

* Também me saí muito bem em uma liga de fantasia de apostas altas da NBA na temporada 2022-2023, mas não estou contando isso porque considero que aquele resultado foi mais fruto da sorte do que qualquer outra coisa — esportes de fantasia estão muito fora do escopo deste capítulo, e perdi dinheiro na mesma liga em 2023-2024.

Eu não tinha percebido o quanto as apostas esportivas são intensivas em capital, ou seja, exigem grandes investimentos.

Apostei 1,8 milhão de dólares ao longo da temporada — mas isso não significa que eu precisava ter um saldo desses sempre em minhas contas. Pelo contrário, eu aposto uma média de 10 mil dólares por noite, e às vezes desembolso o mesmo valor nos jogos da noite seguinte.[98] Você perderá algumas apostas, mas também ganhará outras, e os lucros voltarão para sua conta. Ainda assim, às vezes as melhores linhas de apostas duram apenas alguns segundos. Se deseja ter dinheiro pronto para disparar de uma hora para a outra em meia dúzia de plataformas de apostas, isso exige alguma liquidez de verdade — ainda mais quando você está lutando contra uma de suas inevitáveis séries de derrotas.

Fiquei surpreso com a instabilidade — embora não devesse ter ficado.

Comecei a temporada com um tremendo pé quente, com bons resultados consistentes em que amealhei quase 42 mil dólares passado pouco mais de um mês. Talvez eu fosse uma dádiva de Deus para o mundo das apostas esportivas? Não demoraria muito para eu conseguir comprar um time de futebol espanhol e competir com Bob Voulgaris? Ora, não. Eu logo entrei em uma maré de azar e uma sequência de derrotas que fez evaporar quase todo o meu lucro inicial. Não vou narrar cada ponto no gráfico,* mas ele meio que fala por si:

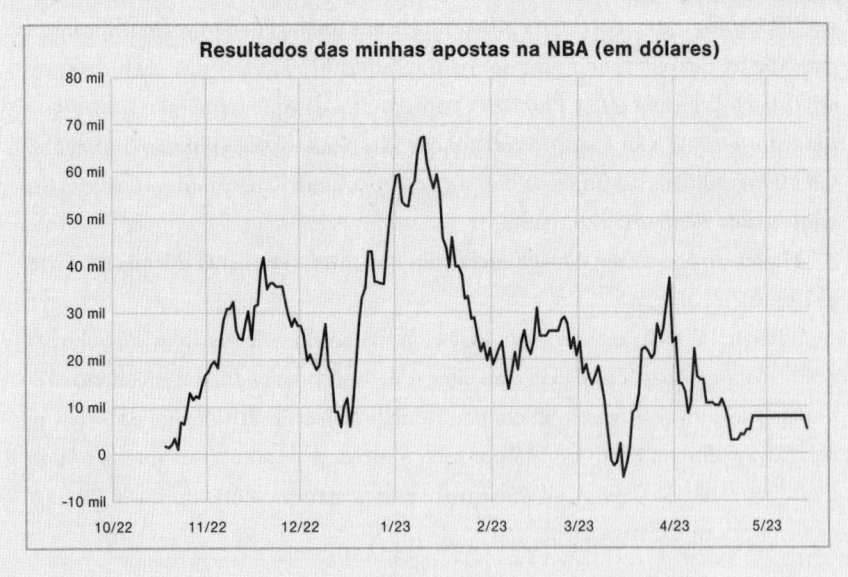

Resultados das minhas apostas na NBA (em dólares)

* O que significa o trecho longo e plano perto do fim? É porque eu basicamente decidi encerrar o experimento no final de abril de 2023, depois que a Disney anunciou que demitiria a maior parte dos funcionários da FiveThirtyEight — precisava lidar com outras coisas. Em maio, fiz uma última aposta em um jogo de *playoff* Celtics-76ers e perdi.

Há algo acontecendo aqui além de mera aleatoriedade? Talvez. Duas das minhas melhores fases foram no início da temporada e logo após o prazo de negociação da NBA em fevereiro. São épocas em que havia muitos jogadores novos em novos times — e quando um modelo estatístico como o RAPTOR, que avalia o desempenho individual do jogador, tem o potencial de ser mais valioso.

Ainda assim, uma coisa frustrante que descobri é que, mesmo depois de ter feito apostas em cerca de 1.250 partidas e monitorado muitas informações associadas a cada aposta, não contava com uma amostra grande o suficiente para fornecer muitas conclusões significativas do ponto de vista estatístico. Se ganhar 55% das apostas o caracteriza como um baita vencedor e 50% o caracteriza como um *fish*, nem mesmo uma temporada inteira de apostas necessariamente revelará a qual categoria você pertence.

Se você é um leitor mais inclinado à técnica, permita-me mostrar alguns números para ressaltar como é tênue a linha entre ganhar e perder. Os dados na tabela a seguir descrevem qual seria o registro de seu desempenho se você tivesse apostado em todos os jogos da temporada 2022-2023 da NBA, mas, ao fazer isso, ganhasse o que equivalia a pontos de bonificação. Por exemplo, se ganhasse um ponto de bônus por jogo — por exemplo, se em vez da linha de consenso de Celtics +2, você pudesse apostar o jogo em Celtics +3 —, você teria ganhado 53,7% de suas apostas, e estaria solidamente +VE.

A importância de cada ponto[99]

Pontos de bônus *vs.* linha de fechamento	Registro	Porcentagem de vitórias	Margem de lucro (ROI)
0 ponto	1289 - 1289 - 62	50,0%	−4,9%
0,5 ponto	1351 - 1245 - 44	52,0%	−0,7%
1 ponto	1395 - 1202 - 43	53,7%	+2,8%
1,5 ponto	1438 - 1150 - 52	55,5%	+6,6%
2 pontos	1490 - 1104 - 46	57,3%	+10,4%
2,5 pontos	1536 - 1070 - 34	58,8%	+13,6%
3 pontos	1570 - 1034 - 36	60,2%	+16,4%

É difícil encontrar um mísero ponto de valor por jogo — equivalente a um jogador acertando um lance livre adicional —, quando isso é tudo de que eu preciso para ser um vencedor sólido? Com base na minha experiência, é difícil.

Fiquei surpreso com o ritmo frenético das apostas esportivas.

Assim como no pôquer, muitas decisões de apostas esportivas envolvem informações incompletas. Você vê uma linha que aparentemente é favorável, e gostaria de fazer uma detalhada investigação sobre ela — talvez algum jogador se lesionou e você ainda não estava sabendo? Mas uma boa linha pode desaparecer em apenas cinco ou dez segundos. E se a linha *ainda* estiver disponível, pode não ser uma aposta tão boa assim. Isso é o que os economistas chamam de "seleção adversa" — se alguém se oferece para comprar uma aposta a um preço que parece bom demais para ser verdade, é preciso se perguntar por que a casa de apostas está disposta a vendê-la para você.

Eu não tinha percebido o quanto as lesões — e outras situações em que as pessoas podem obter uma vantagem por meio de informações privilegiadas — podem sobrepujar outras questões.

Isso é particularmente importante no basquete, esporte em que os jogadores de destaque têm um impacto desproporcional no time. Atletas decisivos, de calibre MVP, como Nikola Jokić, Giannis Antetokounmpo ou Steph Curry podem facilmente fazer uma diferença de 6 a 8 pontos no *spread* de pontos. Eles também aparecem com frequência em listas de "questionáveis" nos relatórios oficiais de lesões, o que implica que suas chances de jogar são aproximadamente de 50/50. Se você tivesse uma dica confiável de que um desses caras iria jogar ou não, sua aposta venceria de 60% a 65% das vezes,[100] tornando-o na hora um dos melhores apostadores esportivos do mundo.

Mesmo na ausência de informações privilegiadas, há muito valor em decodificar declarações feitas por repórteres, treinadores ou executivos dos times sobre lesões de jogadores. Eu achava que tinha um talento especial para captar algumas dessas coisas — até falar com Spanky, que me disse que mantém três funcionários trabalhando em tempo integral com a tarefa de escarafunchar notícias sobre lesões. O meio da temporada da NBA tem menos a ver com conhecimento de basquete e mais a ver com uma busca por informações — é labutar para descobrir quem de fato vai entrar em quadra.

As apostas esportivas ocupavam mais espaço mental do que eu esperava, mesmo quando eu não estava "trabalhando".

Em média, eu passava de uma hora a uma hora e meia por dia olhando as linhas de apostas e fazendo apostas — além do tempo considerável que já estava dedicando a acompanhar a NBA —, mas o grau em que as apostas esportivas podem deixá-lo preocupado vai muito além disso. Quase todo santo dia, verificar as linhas de apostas era a primeira coisa que eu fazia quando acordava e a última coisa que eu fazia antes de dormir. Enquanto isso, meu hábito de fazer apostas esportivas e meu hábito de entrar no X (antigo Twitter) alimentavam um ao outro, já que eu estava sempre em busca de pepitas de novas informações. E há a tensão das apostas; a TV transmite jogos da NBA continuamente das sete da noite a uma da manhã quase todos os dias —

quando havia um jogo sendo exibido ao fundo, eu era, sem dúvida, um cara mais difícil de se conviver.

As apostas esportivas ocupavam mais espaço emocional do que eu esperava. *Acho* que não entrei em *tilt** em momento algum nem me viciei em apostas esportivas... mas às vezes é difícil saber. A fim de obter alguma perspectiva externa, conversei com Dom Luszczyszyn, que escreve sobre hóquei na revista on-line *The Athletic* e durante a temporada 2021-2022 da NHL publicou uma coluna diária com dicas de apostas. Assim como eu, Luszczyszyn sofreu com algumas cruéis sequências de vitórias e derrotas[101] — só que ele tinha a pressão adicional de fazer suas previsões em público; então, quando ele tinha uma amarga semana de derrotas, os leitores que seguiam seus palpites e prognósticos também tinham.

"Não é difícil desenvolver um vício em jogos de azar ou um problema com jogatina, mesmo que você saiba o que está fazendo", disse Luszczyszyn. "Basta aquela dose de dopamina ao ganhar, e você se vicia nisso muito facilmente."

O fato de se envolver nas apostas de uma forma *habilidosa e especializada* não necessariamente torna as coisas melhores — pode ser apenas outra forma de se justificar para continuar apostando. "É difícil quando se trata de algo em que você é bom, em que é fácil dizer que a situação deve dar uma guinada, deve retroceder", comentou Luszczyszyn. "Mas essa mesma [atitude] também pode levá-lo a um caminho perigoso, em que você sente uma compulsão por apostar porque não quer perder a reviravolta."

"Uma pessoa que recorre a uma matriz de teoria dos jogos quando se depara com uma decisão vital está reduzindo um risco doloroso a um risco calculado", nas palavras de Erving Goffman, o conhecido sociólogo[102] que trabalhou em Las Vegas como *dealer* de *blackjack*. "Tal qual um cirurgião competente, o indivíduo pode julgar que está fazendo tudo o que qualquer um é capaz de fazer e, portanto, pode esperar o resultado sem angústia ou recriminação." Para Goffman, no entanto, essa característica não era necessariamente admirável — ele a considerava um mecanismo de enfrentamento, uma forma de superstição. Em jogos de pura sorte, você pode pelo menos culpar a sorte quando entra em uma maré de azar e uma sequência de derrotas. Em jogos de habilidades como pôquer e apostas esportivas, há muita sorte também — mas pode ser difícil não se culpar.

---

* Algo que pode ajudar é anotar todas as suas apostas, como eu estava fazendo — o fato de elas integrarem um registro permanente inibe um pouco as probabilidades de você fazer alguma coisa estúpida.

INTERVALO DE JOGO

13

Inspiração: Treze hábitos de pessoas que correm riscos e são extremamente bem-sucedidas

Espere aí um minuto. É algum tipo de erro de impressão? O que o Capítulo 13 está fazendo no meio do livro? Cassinos no mundo inteiro pulam o 13º andar, por causa da superstição que envolve o número, considerado de azar — e agora estou enfiando o 13 na sua cara quando ele nem deveria estar ali?

Me deixe explicar. A maioria das pessoas que menciono neste livro são do tipo quantitativo, como jogadores de pôquer ou investidores. No entanto, estão longe de ser as únicas pessoas que correm riscos. Então, quero apresentar a você cinco indivíduos excepcionais que se expõem a riscos *físicos*: uma astronauta, um atleta, um explorador, um general e uma inventora.* Se este livro fosse (ainda) maior, poderíamos preencher vários capítulos com essas pessoas. Então podemos considerar o capítulo 13 como o único capítulo sobrevivente de uma terceira parte perdida de *No limite*.**

Na **Introdução**, delineei dois conjuntos de atributos das pessoas típicas do River: o "grupo cognitivo", caracterizado por uma forte capacidade de raciocínio abstrato e analítico; e o "grupo de personalidade", caracterizado por alta competitividade, mentalidade independente e tolerância a riscos. Qual seria a categoria que nossos personagens afeitos a riscos físicos entrariam em? Para minha surpresa, eles se encaixam com até maior adequação do que pensei quando comecei a entrevistá-los. Como veremos, não há dúvida de que eles traçam o próprio percurso na vida. E, mesmo que não sejam quantitativos por si só, são pensadores

---

* Estou tomando certa liberdade com a definição de "riscos físicos" neste último caso, mas essa pessoa dormiu em seu laboratório durante nove meses para evitar uma ameaça de deportação enquanto se dedicava à invenção que, por fim, iria lhe render o Prêmio Nobel — acho que se aplica aqui.
** Além disso, 13 é meu número da sorte. Eu nasci numa sexta-feira 13.

extremamente rigorosos e meticulosos quando se trata do propósito que escolheram. Uma coisa é certa: os indivíduos afeitos a riscos físicos com certeza não fazem parte do Village. Na verdade, alguns deles tiveram que escapar do Village, por considerá-lo lento demais e avesso a riscos.

Além do mais, eles têm ótimas histórias para compartilhar. Inclusive, acho que é um bom momento para isso — um pouco de inspiração não faz mal a ninguém. Tenho que avisar ao leitor: nosso passeio está prestes a ficar mais sombrio, distanciando-se do Downriver e seus espetaculares cassinos.

Então aqui está a programação: enquanto meus assistentes servem o almoço a vocês, eu lhes apresentarei nosso painel de intrépidos especialistas que se expõem a riscos físicos. Trocarei ideias com eles, e veremos onde eles têm pontos em comum com nossos *quants*. A conversa resultante é o que chamo de "Treze hábitos de pessoas que correm riscos e são extremamente bem-sucedidas".

—♣—♥—♦—♣—

Kathryn Sullivan, nossa primeira expert, superou imensas adversidades para se tornar uma astronauta, uma das 35 candidatas escolhidas entre quase 10 mil inscritos como parte do Grupo 8 de Astronautas da NASA em 1978. Ela não parecia a escolha mais intuitiva: na época em que foi selecionada, Sullivan fazia doutorado no Instituto de Oceanografia de Bedford, na Nova Scotia. No entanto, a agência espacial norte-americana não está procurando especialistas de domínio, com conhecimentos ou habilidades especiais em uma área específica de atuação — ninguém é especialista em espaço sideral. "Mesmo com a SpaceX ou um ônibus espacial em seu 120º voo, ainda há seres humanos fazendo algo pela primeira vez", disse Sullivan. E ela, como veremos, é uma pessoa extraordinária. O Grupo 8 de Astronautas foi a primeira turma da NASA aberta a mulheres (outra graduada foi Sally Ride), e mais tarde Sullivan iria se tornar a primeira mulher norte-americana a realizar uma caminhada espacial. Competindo em Houston contra homens que tinham formação militar e que davam a impressão de já se conhecerem ("Eu pensei: 'Bem, querida, aproveite sua semana'"), Sullivan persistiu apesar dos grandes empecilhos. "Eu tinha certeza de algumas coisas. Eu tinha passado a me sentir confiante de que seria capaz de fazer esse trabalho", disse-me ela. "[E] eu sabia que adoraria fazê-lo."

Katalin Karikó sempre foi uma pessoa que se expôs a riscos. Cresceu na Hungria quando o país fazia parte do bloco comunista e emigrou[1] para os Estados Unidos em 1985 com o marido, a filha de 2 anos e 900 libras escondidas dentro de um ursinho de pelúcia para evitar a detecção pelas autoridades húngaras. Ela perseguiu de forma obstinada a ideia que mais tarde viria a lhe render o Prêmio Nobel[2] (a tecnologia de mRNA, que resultou nas vacinas que seriam desenvolvidas e utilizadas em uma velocidade sem precedentes na pandemia de covid-19), apesar de ter enfrentado respostas uniformemente céticas dos altos escalões da hierarquia acadêmica. Ameaçada de deportação por seu supervisor na Universidade Temple depois de ter aceitado um emprego na Johns Hopkins, que rescindiu a oferta enquanto ela contestava uma ordem de extradição,[3] Karikó teve que "fugir"[4] para assumir um cargo na Uniformed Services University em Bethesda, Maryland, período em que passou nove meses sem endereço permanente e dormia em seu escritório. Isolada da família, Karikó não tinha "mais nada para fazer, apenas ler, ler, ler e pensar", disse — pensar no mRNA, que ela mais tarde desenvolveria no setor privado depois de ser rebaixada repetidas vezes em um cargo posterior na Universidade da Pensilvânia.[5]

Dave Anderson é um ex-*wide receiver* da NFL, principalmente do Houston Texans. Como muitos jogadores profissionais de futebol americano, Anderson ainda se lembra de sua posição exata no *draft*: 251, a apenas quatro jogadores do número 255 — o último a ser selecionado, o chamado "sr. Irrelevante" por ser a última escolha. Relativamente baixo para um jogador da NFL, com 1,80 metro, embora atarracado e robusto, ele era um *slot receiver*,* posição que requer bravura física porque envolve agarrar bolas no meio do campo, onde há *linebackers* como T. J. Watt, de 1,93 metro e 115 quilos, correndo feito um caminhão desgovernado para cima de você. "A disposição para bater e ser atingido é, em última análise, o que diferencia os jogadores", explicou Anderson. "Você pode ter um jogador de futebol americano grandalhão e bonito que não quer atropelar as pessoas e, sabe de uma coisa? Eu não o culpo. Não é uma coisa normal." Cerca de 2% dos jogadores da NFL se machucam por jogo.[6] Pode não parecer um grande risco, mas, entre uma pré-temporada de três jogos, uma temporada regular de 17 jogos e possíveis partidas de *playoff*, isso representa cerca de 40% de chance de se machucar a cada ano. O efeito cumulativo de concussões e outras lesões pode ser ainda pior. "Dos dez amigos que eu tenho na nossa rede de torcedores do Texans que jogam *fantasy football*... mais da metade não consegue fazer coisas normais do dia a dia, como correr ou exercícios pesados de musculação", disse-me Anderson. Não sou contra o futebol americano, e é óbvio que Anderson também não é (ele agora é o CEO da empresa de software de rastreamento de jogadores BreakAway Data), mas os jogadores de futebol americano são de fato nossos gladiadores modernos, arriscando incapacitação permanente em uma simulação de guerra toda semana, para o nosso entretenimento.**

---

* Os fãs da NFL reconhecerão o arquétipo do ex-jogador do New England Patriots, Wes Welker, várias vezes selecionado como *All-Pro* (um dos melhores de sua posição).

** O fato de que os índices de audiência de jogos da NFL na TV permaneceram estáveis enquanto a audiência de outros esportes caiu é um fenômeno bastante revelador sobre a sociedade norte-americana. Apesar da crescente cobertura da mídia sobre a segurança dos jogadores, pode ser que os fãs de futebol americano gostem da NFL justamente por causa da violência. Não muito diferente de como Erving Goffman considerava a jogatina como uma maneira indireta de homens em empregos burocráticos demonstrarem bravura, vestimos nossas camisas de Travis Kelce e Jalen Hurts enquanto eles se arriscam fisicamente por nós.

E, óbvio, ainda existe a guerra de verdade também. **H. R. McMaster** é ex-conselheiro de segurança nacional dos Estados Unidos e general do Exército. Ele vive colocando em risco sua reputação — criticou o presidente Trump antes[7] e depois de ser demitido do cargo da Agência de Segurança Nacional (NSA) por um tuíte[8] — e sua própria vida. "Já estive em perigo várias vezes", disse ele. "A primeira vez foi na Operação Tempestade no Deserto, quando enfrentamos uma força inimiga muito mais numerosa, cerca de quatro ou cinco vezes maior que a nossa, em meio a uma tempestade de areia." Isso ocorreu em 1991, e McMaster foi condecorado com uma Estrela de Prata[9] por "bravura em combate", em um confronto que ele ganhou com uma agressiva manobra surpresa[10] enquanto todo o campo de batalha estava envolto em fumaça.

Por fim, há **Victor Vescovo**, que tem a interseção mais explícita com o River — ele trabalha como investidor de capital privado, mas sua paixão está na exploração. Leia qualquer biografia de Vescovo, e a expressão "a primeira pessoa" aparece com frequência. Ele foi a primeira pessoa a atingir o ponto mais alto da Terra (o monte Everest) e o mais baixo (a depressão Challenger, na fossa das Marianas). Ele foi a primeira pessoa a mergulhar nas profundezas de cada um dos oceanos do mundo.[11] Também é uma das menos de 75 pessoas a terem completado o Explorer's Grand Slam[12] ao atingir o pico mais alto de todos os continentes e os polos Norte e Sul. E, em 2022, ele se tornou uma das primeiras 50 pessoas a viajar na nave espacial orbital Blue Origin. Vescovo, que também é um ex-comandante da reserva da Marinha dos Estados Unidos, me disse que a mentalidade necessária na exploração, no Exército e nos investimentos tem mais em comum do que se imagina. "É avaliação de risco e correr riscos calculados", definiu ele. "E depois tentar se adaptar às circunstâncias. Quer dizer, você não pode ser humano e não se envolver em algum grau de risco no dia a dia, apenas levo isso a um nível diferente."

Então, vamos enumerar exatamente as características que essa mentalidade exige.

1. **As pessoas que se expõem a riscos e são bem-sucedidas não se desesperam sob pressão.** Elas não tentam dar uma de herói, mas entregam o esperado na hora do aperto.

Manter a calma quando outras pessoas perdem a cabeça é uma qualidade rara — e é essencial para um jogador vencedor. No pôquer, nunca se sabe quando de repente se verá jogando no Dia 6 do Evento Principal por apostas milhares de vezes maiores do que aquele seu joguinho de terça à noite valendo caixas de cerveja. Pouco importa que nas situações cotidianas a pessoa se saia bem — é impossível chegar ao topo na sua área se, na hora H, sob alta pressão, a pessoa amarelar.

O mesmo vale para o futebol americano: algumas jogadas são muito mais importantes que outras, e Anderson me disse que as lesões acontecem com mais frequência durante momentos imprevistos, de improviso e de alto risco: *kickoff* e retornos de *punts*; interceptações; e *fumbles*. O problema é que, diante de milhares de fãs aos berros, muitas vezes os jogadores se afastam do procedimento operacional padrão. "Quando há um estádio abarrotado de torcedores, você tem que se lembrar [do] controle básico padrão. Não tente fazer demais. Se eu cuidar da minha parte, e todos cuidarem das deles, devemos nos sair bem. Não tente agir de forma destrambelhada e fazer uma jogada na frente de 70 mil [pessoas] para ser um herói."

Não tente ser um herói — apenas faça sua parte. Vescovo, que treinou pilotos navais de elite na versão da vida real do programa militar às vezes informalmente chamado de "Top Gun", usou uma frase quase idêntica. "Qualquer pessoa nas Forças Armadas sabe que a última coisa que se quer é obrigar alguém a fazer algo heroico." Vescovo me contou que gostou de *Top Gun: Maverick*, de 2022 ("É um filme maravilhosamente divertido"), mas achou que deu uma falsa impressão aos espectadores. "Tive muitos momentos de vergonha alheia porque, na verdade, na Marinha eu era primeiro oficial navegador-operador. E não é assim que se faz."

Essa atitude também é útil ao se expor a riscos financeiros. "Sou uma pessoa extremamente e excessivamente equilibrada. Sabe, para usar uma metáfora do pôquer, eu não tenho um botão de entrar em *tilt*", disse David Einhorn, o fundador do fundo *hedge* Greenlight Capital (e jogador de pôquer de apostas altas) quando lhe perguntei qual característica era mais importante para seu sucesso. A resposta foi interessante porque, quando me encontrei com ele nos escritórios da Greenlight, senti que Einhorn chegou à entrevista um pouco exaltado (a sensação foi a mesma que tenho ao falar com um jogador de pôquer que acabou de perder apesar de ter ótimas cartas). Einhorn revelou mais tarde o porquê — ele fez uma aposta ruim nas taxas de juros. "Aconteceu literalmente hoje. Achei que o FED [Federal Reserve Board, o banco central dos Estados Unidos] ia dizer uma coisa. Fiz alguns investimentos nessa linha. Tinha acabado de ver [o presidente do FED, Jerome] Powell falar. E ele não disse nada do que eu estava esperando. Então eu retirei essas apostas, e perdemos algum dinheiro com isso."

O ponto vital aqui não é que Einhorn *não* estava sentindo a pressão. Na verdade, como aprendemos no Capítulo 2, a exposição ao risco financeiro desencadeia uma resposta inata ao estresse físico, uma reação do tipo "lutar ou fugir" não muito diferente de quando nos encontramos em perigo físico. Isso pode fazer com que pessoas não familiarizadas com a sensação entrem em *tilt*. Por outro lado, se você já enfrentou esse tipo de pressão e tem o dom de manter a calma e a cabeça fresca sob fogo cruzado, então será capaz de pensar com lucidez apesar de estar numa situação ruim — no caso de Einhorn, por exemplo, recuando em suas negociações em vez de dobrar a aposta.*

2. **As pessoas que se expõem a riscos e são bem-sucedidas têm coragem.** Elas são insanamente competitivas, e sua atitude é: *Pode vir quente que eu estou fervendo!*

No pôquer e nas apostas esportivas, grande parte dos jogadores perde dinheiro. Não resta escolha, é preciso ter a ambição de estar no topo do seu campo de atuação; caso contrário, não ganhará dinheiro algum. E estar *bem* no topo requer um cuidadoso equilíbrio. O excesso de confiança pode ser mortal no mundo das apostas, mas jogar pôquer contra os melhores do mundo não é para os fracos e medrosos.

"Existe uma correlação extrema de que para ser capaz de jogar contra os melhores todos os dias e ser um jogador de primeiro quilate é necessário ter muita arrogância", disse Scott Seiver, ex-número 1 do mundo no Global Poker Index. "Para se tornar um dos cem melhores jogadores de pôquer, é preciso ter muita autoconfiança. É simplesmente um pré-requisito; você precisa mesmo ter isso na sua essência."

A qualidade inerente a qual Seiver se refere é algo entre competitividade e confiança — porém, uma palavra melhor para descrever essa característica pode ser *coragem*. Pessoas diferentes a manifestam de maneiras diferentes. Há Sullivan, com sua silenciosa confiança na capacidade de dar conta do recado e de ser uma astronauta em uma situação em que muitas pessoas teriam desenvolvido a síndrome do impostor e sido esmagadas pela sensação de ser um peixe fora d'água. Há Maria Ho, com sua atitude de "fodam-se os *haters*", de alguém que "realmente [não] se importa com o que as outras pessoas pensam" sobre as expectativas sociais em relação às mulheres.

São os homens no River que às vezes podem ter egos mais frágeis e precisam de mais validação externa, caso do "Pentelho do Pôquer" Phil Hellmuth. Ainda assim, diga o que quiser sobre Hellmuth, mas ele entra na arena, ganha braceletes do WSOP e vence partidas mano a mano contra pessoas que têm metade da sua idade. E, em nossa conversa, Hellmuth mostrou discernimento suficiente para saber que sua "atenção obsessiva aos detalhes" deriva do fato de que "perder afeta

---

* A razão pela qual eu digo que isso reflete a capacidade de pensar com lucidez é porque a maioria das pessoas sofre do que é chamado de "viés de ancoragem", a tendência do indivíduo de ficar sobrecarregado pelas primeiras informações que aprende no início de seu processo de tomada de decisão. É difícil mudar de rumo, ainda mais sob estresse.

minha autoestima". Ele não é o único riveriano motivado pelo rancor de se sentir inferior aos outros; esse é um tipo comum também no Vale do Silício, como veremos no próximo capítulo. A coragem obtida por querer provar que as pessoas estão erradas ainda é melhor do que a covardia.

No entanto, mesmo pessoas insanamente competitivas precisam encontrar um lugar onde seus impulsos competitivos sejam recompensados. Karikó encontrou isso mais nos Estados Unidos do que na Hungria da era comunista. "Se eu ficasse na Hungria", ela me disse,* "você consegue imaginar que eu iria dormir no escritório?" Nos Estados Unidos, ela descobriu que "a pressão está em coisas diferentes, então é por isso que é ótimo". Ela também encontrou mais oportunidades de exercitar sua coragem no setor privado, onde as recompensas apresentam uma relação mais direta com os resultados obtidos que no mundo acadêmico. Em vez de tentar agradar burocratas ou editores de periódicos, "temos que ir embora para casa se não tivermos algo que ajude alguém", disse ela.

3. **As pessoas que se expõem a riscos e são bem-sucedidas têm empatia estratégica.** Elas se colocam no lugar do oponente.

As pessoas que fazem apostas altas são competitivas, corajosas e calmas sob pressão — até aí, sem grandes surpresas. Há, entretanto, uma outra característica que, antes de iniciar este projeto, jamais considerei e acabou surgindo repetidas vezes em diferentes contextos: empatia.

Ora, não é o tipo de empatia sentimentalista que associaríamos à definição do termo. Essa pode ser difícil para os riverianos. Em estudos psicológicos, há uma correlação negativa entre pensamento sistemático[13] (algo em que os riverianos são habilidosos) e comportamento empático. Pense da seguinte forma: se o sujeito é bom em raciocínio abstrato e analítico, tende a obedecer a princípios consistentes em vez de fazer muitas exceções para casos especiais ou mesmo pessoas especiais.

Não estou falando sobre se deparar com um cachorrinho ferido e se sentir comovido. Estou me referindo a situações adversas como o pôquer — ou a guerra. McMaster conversou comigo sobre a importância da empatia estratégica, termo que ele atribuiu ao livro do historiador militar Zachary Shore,[14] *A Sense of the Enemy* [Uma noção do inimigo]. McMaster acha que muitas vezes falta aos planejadores militares esse senso, uma noção sobre como os inimigos no campo de batalha veem a guerra. Por exemplo, ele criticou o que chamou de "estratégia do saco de fezes em chamas" dos Estados Unidos na Guerra do Iraque, quando serviu lá em 2006 — a

---

* Karikó cresceu em uma cidadezinha na Hungria onde não havia professores de inglês e, ela própria admite, seu inglês ainda é um pouco ruim, algo que ela julgava ser uma barreira para o sucesso no mundo acadêmico. Evitei tentar "limpar" demais as citações dela.

teoria era "Basta entregar aos iraquianos um saco de fezes em chamas e sair pela porta", ignorando as crescentes ameaças dos insurgentes. "O problema é que, em Washington, eles estão escrevendo diretrizes políticas e estratégias para *MY-raq*", disse, citando um comentário que ouviu de um colega do Exército.[15] "*MY-raq* é 'Meu Iraque', um Iraque imaginário, pode ser o que você quiser que seja. Estamos aqui no *I-raque*, onde temos que confrontar as realidades."

A empatia estratégica vem à tona também nos negócios. Perguntei a Mark Cuban, cofundador da Broadcast.com e ex-proprietário do Dallas Mavericks, como ele seleciona os rápidos discursos de venda para investidores que ouve no *Shark Tank*, o *reality show* [com investidores interessados em dar apoio financeiro a grandes ideias de empreendimento] do qual ele é um dos jurados há mais de uma década. Cuban me disse que o *Shark Tank* é mais parecido com reuniões reais de investidores do que seria de se imaginar; nos estágios iniciais do investimento, tenta-se filtrar com agilidade os discursos de vendas, e as primeiras impressões contam muito. A melhor heurística de Cuban é olhar para a empresa da perspectiva do empreendedor. "Em geral, tenho uma boa noção do que uma empresa precisa fazer para alcançar o sucesso. Então eu consigo me sentar lá e ouvir o discurso deles, me colocar no lugar deles como se fosse minha empresa e fazer as perguntas [difíceis] com as quais eu precisaria lidar", contou. Ele usa a mesma tática com os próprios negócios, só que ao contrário, analisando-os do ponto de vista de um concorrente. "Com as minhas próprias empresas, sempre tento fazer a pergunta: 'Como eu daria uma surra em mim mesmo?'"

E, é lógico, a empatia estratégica surge no pôquer — que, como vimos, é tanto um jogo matemático quanto um jogo de pessoas. Alguns jogadores como o tagarela Seiver têm o que ele chama de "dom inato... de se conectar com os outros". No entanto, diferentemente de algumas de nossas treze características, a empatia estratégica pode, em tese, ser praticada e aprendida. Para Daniel "Jungleman"* Cates, que tem dois braceletes do WSOP e mais de 14 milhões de dólares ganhos em torneios ao longo de sua carreira, se colocar no lugar do outro não é algo natural. Ele foi diagnosticado com autismo[16] aos 12 anos e certa vez descreveu sua infância como "estranha, um pouco distante e, sobretudo, solitária".[17] Não obstante, Jungleman me disse que fez "um enorme progresso" para superar sua introversão. Às vezes, envolve uma estratégia incomum: com frequência, durante os jogos, ele se veste de acordo com um personagem,[18] do lutador de luta-livre "Macho Man" Randy Savage a Son Goku, da série de anime japonesa *Dragon Ball Z*. Cates me disse que habitar essas *personae* pode facilitar o relacionamento com seus oponentes, uma vez que é forçado a ser mais ponderado, a pensar em como seus personagens

---

* Literalmente, "Homem das selvas". (N. T.)

se comportariam na situação. "Talvez, por essa razão, bancar o ator seja bom para mim. Porque tenho que pensar em todos esses detalhes. Pensar no que fazer com meu rosto. Na verdade, sou bastante estoico, então não é natural para mim."

4. **As pessoas que se expõem a riscos e são bem-sucedidas são orientadas pelo processo, não pelos resultados.** Elas se dedicam ao jogo longo.

"Não seja orientado para os resultados" é um mantra bem conhecido por todos os jogadores de pôquer. Todos nós já enfrentamos milhares de *coolers* e *bad beats*, situações em que jogamos nossa mão do jeito certo, as probabilidades estavam a nosso favor e ainda assim não obtivemos o resultado desejado. Sim, a longo prazo, o que contam são os resultados, e uma coisa boa sobre o River é que nossa compensação depende, em última análise, de medidas objetivas e não dos enganosos e falaciosos caprichos do Village.* Mas o longo prazo pode mesmo demorar muito — então, enquanto isso, nos concentramos em nosso processo.

Phil Galfond, um dos maiores vencedores da história do pôquer on-line,[19] retornou ao jogo em 2019 após tirar um tempo para se concentrar em seu site de treinamento e mentoria de pôquer Run It Once. E ele fez isso com ousadia, desafiando qualquer um no mundo a enfrentá-lo no *heads up pot-limit* Omaha de apostas altas, seu melhor jogo. Galfond conseguiu seis oponentes, incluindo Daniel Cates e um profissional on-line europeu anônimo chamado VeniVidi1993.

Inicialmente perdendo por mais de 900 mil euros para VeniVidi1993 — talvez os piores medos dele tivessem se concretizado e ele fosse um mero "ex-profissional arruinado e acabado"[20] —, Galfond fez uma pausa para "descomprimir" e avaliar seu jogo, revisando suas mãos e jogando partidas de apostas mais baixas. Ele ainda achava que era o melhor jogador, mas fez uma detalhada e profunda investigação, estudando simulações para ver o tamanho da improbabilidade de estar tão abaixo se ele realmente tinha a vantagem que julgava ter. "Mesmo que seja uma margem bem pequena, ainda é muito possível", concluiu ele. As simulações lhe disseram que havia 1% ou 2% de chance de ficar atrás por 900 mil euros, ainda que ele fosse o favorito disparado contra VeniVidi1993. A maioria das pessoas arredondaria para zero e desistiria, mas os jogadores de pôquer sabem que 2% de chances acontecem; é apenas uma parte do processo. Então Galfond voltou para o feltro de pôquer virtual e lutou até o fim; acabou vencendo a partida, embora por apenas 1.472 euros. "O que importa é lógica, psicologia, estatística, nessa ordem", declarou Galfond, referindo-se ao que ele costumava considerar como as habilidades mais importantes

---

* Esta é uma das razões pelas quais Sullivan desistiu de uma carreira acadêmica no Village. "Você pode ser a pessoa mais lenta do planeta e passar dezoito anos na pós-graduação e ainda sair com um título de doutor", disse ela. "Como piloto, ou você completou a missão e pousou o avião ou não."

para um jogador de pôquer. No entanto, por conta de experiências como aquela, ele mudou sua ordem de classificação. "Acho que provavelmente mais importantes do que psicologia e estatística são autoconsciência e humildade."

As pessoas que se expõem a riscos físicos também se concentram no processo. O mais perto que Vescovo chegou de morrer foi quando escalou o Aconcágua, montanha localizada no território argentino que é a mais alta do Hemisfério Ocidental e apelidada de "montanha da morte", por conta de sua alta taxa de mortalidade. Vescovo sofreu "um tipo de acidente bizarro, no qual literalmente pousei meu pé em uma pedra grande. Ela parecia sólida, dava a sensação de ser estável, mas, quando coloquei todo o meu peso sobre a rocha, dei uma cambalhota para trás", contou. Isso desencadeou um deslizamento de pedras, e Vescovo desmaiou após ser atingido na coluna vertebral por um bloco de rocha de 30 quilos.[21] Ele poderia ter morrido ou ficado paralítico; quando o acidente ocorreu, Vescovo e seus companheiros de escalada estavam perto do cume de 6.960 metros, e a equipe não tinha forças para carregá-lo de volta ao acampamento. Por sorte, um grupo de alpinistas franceses viu o acidente e desceu para ajudar.

Depois de um acidente como esse, a maioria das pessoas teria evitado escalar por algum tempo (ou pelo menos evitado o Aconcágua), mas Vescovo chegou ao topo da mesma montanha dois anos depois. É possível reduzir seu risco por meio de uma preparação cuidadosa, mas a 6.960 metros de altitude não dá para eliminar por completo os riscos. Vescovo não se culpou pelo acidente. A seu ver, não era um risco que ele poderia ter evitado — às vezes essas chances de 2% acontecem. Ele citou o exemplo do montanhista Ueli Steck. "[Ele] foi o primeiro cara a escalar sozinho o Annapurna — quer dizer, provavelmente a montanha mais perigosa do mundo, de todos os tempos." (Annapurna, também no Nepal, tem cerca de cinco vezes a taxa de mortalidade[72] do monte Everest.) "E ele escalou sozinho, tipo em 72, uma loucura. E depois o que acontece? Ele morre no Everest. Em uma escalada de treino. Sabe, sempre existe aquela pequena porcentagem à espreita que pode te atormentar. E foi isso que aconteceu comigo lá."

5. **As pessoas que se expõem a riscos e são bem-sucedidas tentam, experimentam, se aventuram, dão a cara a tapa.** Elas têm plena consciência dos riscos que estão correndo — e se sentem confortáveis com o fracasso.

Há um meme da versão norte-americana da série de comédia *The Office* em que o chefe — adorável e imbecil em igual medida — Michael Scott se apropria indevidamente de uma citação do jogador de hóquei Wayne Gretzky, rabiscando o próprio nome abaixo do de Gretzky em um quadro branco, sob a frase: "Você erra 100% das jogadas que não se arrisca a fazer". Por mais que eu esteja relutante em me apropriar indevidamente da apropriação indevida que Scott fez de Gretzky ou endossar o tipo de slogan motivacional digno de um deprimente escritório em Scranton, tem algo de valor aí.

Não quero sugerir que você deva sair arriscando a torto e a direito, indiscriminadamente. Apenas estou dizendo que as pessoas que se expõem a riscos e são bem-sucedidas estão em constante busca de oportunidades +VE e dispostas a partir para a ação. Oportunidades do tipo não aparecem com tanta frequência. Provavelmente não queremos que todos na sociedade façam apostas com poucas chances de sucesso, mas queremos algumas pessoas dispostas a arriscar tudo em apostas que podem ter uma grande recompensa para a sociedade.

Essa é uma atitude que distingue os Estados Unidos de grande parte do resto do mundo. "Aqui você diz: 'Ei, como eu faço para obter um retorno de 100x sobre meu dinheiro e não me preocupar com um retorno de 3x?'", disse Vinod Khosla, fundador da Khosla Ventures, que investe em tecnologias de longo prazo, de carne artificial a inteligência artificial. De acordo com Khosla, isso não se aplica na maioria dos outros países, incluindo sua Índia natal,[23] onde as pressões sociais estimulam as pessoas a protegerem seu investimento contra perdas. "Lá ainda é, você sabe: 'Qual é o seu título? Sua empresa é estável?' Em contraste com operar nesta zona ambígua onde o ganho é grande, mas o prejuízo também é grande."

Vejamos a história de Karikó, por exemplo. Apesar de sua persistência em dar continuidade às pesquisas de mRNA, ela não tinha ilusões de ser algo que, sem dúvidas, daria certo. E como poderia pensar de outra forma, quando passou a maior parte da carreira no ambiente acadêmico avesso a riscos (um lugar mais preocupado, a seu ver, em obter a próxima verba de fomento ou financiamento do que em inventar tecnologias que de fato ajudassem as pessoas) e somente mais adiante na vida começou a receber amplo reconhecimento público por seu trabalho? "Não acredito que algo seja apenas o destino, [como] se tivesse que acontecer", disse ela. Mas Karikó julgou que o mRNA era sua melhor chance, então em 2013 ela somou forças com a então obscura empresa BioNTech. "Não havia nenhum site, nada." Mas a BioNTech tinha vacinas de mRNA em fase de testes clínicos. "Isso foi importante para mim, que eles já soubessem da produção [de mRNA]. Porque tenho 58 anos... então não posso esperar. Quando eu descobrir como fazer [mRNA sozinha], estarei morta."

E, embora existam algumas exceções (Elon Musk, por exemplo, muitas vezes parece prazerosamente ignorar seus riscos negativos, embora até ele acreditasse estar a apenas mais uma falha de lançamento da SpaceX de ir à ruína)[24], na maioria das vezes os afeitos aos riscos têm plena consciência da possibilidade de fracasso. Sullivan sabia que estava arriscando a vida todas as vezes que embarcava no ônibus espacial — sobretudo, depois do desastre do ônibus espacial *Challenger* no meio da carreira dela na NASA, em 1986.

"Há um momento clássico, dois dias antes da decolagem, em que você faz uma última visita à família", lembrou Sullivan. "Eu chamei meu irmão de lado e fui direta: 'Olha, eu sei que depois de amanhã vou subir a bordo de uma bomba. E querendo que meus amigos a acendam. Eu sei disso, vou pilotar uma bomba.'" Mas Sullivan sabia exatamente o que estava fazendo. "Se alguma coisa der errado, se a coisa ficar feia de verdade, não fique se lamentando por achar que eu não sabia", disse ela ao irmão. "Eu sabia. Eu sabia e estou aqui. Porque acredito no propósito, acredito no valor do que estamos fazendo aqui para o país, para a humanidade."

6. **As pessoas que se expõem a riscos e são bem-sucedidas adotam uma atitude de "aumentar a aposta ou desistir" em relação à vida.** Elas abominam a mediocridade e sabem quando cair fora.

Eu teria meu cartão MGM Rewards Platinum revogado se em algum momento deste livro não citasse Kenny Rogers:

> *Você tem que saber quando insistir, quando desistir, quando ir embora e quando sair correndo.*
>
> — Kenny Rogers, "The Gambler" [O jogador]

Assim como "Você erra 100% das jogadas que não se arrisca a fazer", esse clichê é, de fato, um conselho muito bom, mas não está *totalmente* certo.

Isso porque o pecado capital do pôquer é que a maioria dos jogadores *insistem* de forma excessiva. Existem três ações básicas no pôquer: pagar, desistir, aumentar. As pessoas acionam o botão de pagar até demais. Elas pagam porque querem apostar. Elas pagam porque sua curiosidade fala mais alto. E, às vezes, aprender mais sobre pôquer só lhes fornece mais desculpas para pagar. Carlos Welch, o vencedor do bracelete do WSOP que mencionei no Capítulo 2, dá treinamento e mentoria de pôquer quando não está jogando; seus alunos variam de amadores a profissionais de primeiro nível. "Quando os treinadores dizem: 'Ah, ter um bom *blocker* é um bom motivo para pagar'", disse Welch (referindo-se a um conceito avançado de teoria dos jogos),* os alunos dele "simplesmente se aferram a isso, para satisfazer seu próprio desejo natural de pagar de qualquer maneira".

---

* Um *blocker* (bloqueador) é uma carta que afeta a distribuição estatística do alcance da mão do seu oponente. Por exemplo, se você tem o A♠, é menos provável que seu oponente tenha um *flush* de espadas, porque você "bloqueia" o *flush*. Isso pode lhe dar um bom motivo — ou desculpa — para fazer o *call down* [continuar pagando as apostas do oponente até o final da mão, do *flop* até o *river*, sem aumentar ou desistir].

Embora os jogadores paguem quando deveriam estar foldando, eles *também* pagam quando deveriam estar *aumentando a aposta*. Então, permita-me sugerir uma pequena mudança na letra da canção "The Gambler":

> *Você tem que saber quando insistir, quando desistir, quando ir embora e quando* **aumentar a aposta**.
>
> — NATE SILVER, *NO LIMITE*

Como Doyle Brunson descobriu cinquenta anos atrás, o *Texas Hold'em* sem limite é um jogo de ação ofensiva. Os modernos solucionadores de pôquer confirmam isso. A teoria dos jogos com frequência dita uma estratégia mista envolvendo duas ou mais escolhas. Em algumas circunstâncias, no entanto, as escolhas são aumentar ou desistir — o meio-termo de pagar é a pior opção.*

Os jogadores de pôquer se referem a isso como uma situação de *raise-or-fold*, "aumentar a aposta ou desistir", e ela acontece com mais frequência do que se imagina fora das mesas de pôquer. Eu argumentaria, por exemplo, que o mundo poderia ter sido melhor se tivesse tratado a pandemia de covid-19 como uma situação de aumentar a aposta ou desistir. A maioria dos países tomou meias medidas que não foram de fato suficientes para suprimir o vírus ou evitar mortes em massa, mas que também interromperam de modo substancial a vida cotidiana por um ano ou mais, com enormes custos para o bem-estar. Os poucos países como a Nova Zelândia e a Suécia que buscaram estratégias mais coerentes (em suma: a Nova Zelândia aumentou a aposta e a Suécia desistiu)** fizeram melhor do que muitos que enfiaram os pés pelas mãos com uma abordagem de meio-termo.[25]

As pessoas que se expõem a riscos físicos também têm consciência desse princípio. "Você deve reconhecer que tem autoria e autonomia para agir e, com frequência, uma ação ousada é a melhor decisão a tomar, mesmo que as condições e o resultado [sejam] incertos. O plano de ação mais arriscado é muitas vezes apenas permanecer passivo", filosofou McMaster, refletindo a atitude que ele havia

---

* A situação típica para isso é quando sua mão tem alguma equidade no pote — alguma chance de ganhar fazendo um *draw* —, mas você não está recebendo o preço certo para fazer o *call down*. Aumentar em vez de pagar lhe oferece uma segunda maneira de ganhar, essencialmente transformando sua mão em um blefe e vez ou outra fazendo seu oponente desistir. O valor combinado de obter *folds* mais, às vezes, fazer seu *draw* pode fazer do aumento uma jogada +VE mesmo quando pagar não é.

** A Nova Zelândia impôs agressivos controles de fronteira para suprimir a pandemia de covid-19 a quase zero até que as vacinas estivessem disponíveis (é verdade, ajudou o fato de ser um país insular no meio do Pacífico Sul), ao passo que a Suécia admitiu que o coronavírus se espalharia e permitiu o funcionamento parcial das escolas e alguma vida social durante todo o período. Ambos os países acabaram com taxas de mortalidade muito menos excessivas que a maioria do mundo industrializado *e* permitiram aos seus cidadãos maior grau de liberdade.

tomado na batalha de tanques da Guerra do Golfo. "Vou parafrasear [o general prussiano Carl von Clausewitz] aqui, mas, depois de levar em conta todos os fatores pelos quais você pode se responsabilizar, é preciso marchar corajosamente rumo às sombras da incerteza."

Contudo, se você não estiver travando uma batalha de verdade, então pode desistir. E como o livro *Desistir*, de Annie Duke, argumenta de forma convincente, desistir é muitas vezes a decisão mais ousada. Jogadores de futebol americano às vezes aprendem a lição a duras penas. Entre a natureza cruel do esporte e as medições brutalmente objetivas que os times da NFL fazem do desempenho dos atletas, ser mediano simplesmente não é suficiente. Anderson pendurou as chuteiras ainda jovem, aos 28 anos. "Num piscar de olhos, você para e percebe que é só 90% do atleta que costumava ser", comentou ele comigo. Para começar, Anderson nunca foi um atleta de elite, e os efeitos cumulativos de uma vida inteira jogando futebol americano cobraram um alto preço. "Minha primeira concussão foi no ensino médio. A escola Dos Pueblos High School tinha um *linebacker* que ia estudar na UCLA ou algo assim. Ele me acertou com força e, em seguida, comecei a chorar na lateral do campo; não sabia o que era, porque você se sente bêbado, como se não conseguisse se conectar com ninguém."

No entanto, alguns jogadores da NFL desistem quando na verdade têm uma escolha — caso de John Urschel, atacante do Baltimore Ravens que depois de apenas três anos largou o esporte para começar um programa de doutorado em matemática no MIT (onde hoje é professor assistente de matemática), e Andrew Luck, o ex-*quarterback* do Indianapolis Colts que se aposentou de repente aos 29 anos após ser selecionado para o Pro Bowl como um dos melhores da temporada. Anderson não julga Luck. "Deus o abençoe. Bom para ele. Um cara como Andrew Luck, esse cara é um guerreiro. E ele estava levando porrada o tempo todo, e estava disposto a levar uma pancada bem no meio do peito, levantar-se do chão e fazer de novo." Ainda assim, Luck tinha ganhado mais de 100 milhões de dólares em sua carreira na NFL[26] e tinha uma boa vida pela frente, incluindo um filho recém-nascido. Às vezes, é preciso saber quando se afastar.

7. **As pessoas que se expõem a riscos e são bem-sucedidas estão preparadas.** Elas tomam boas decisões intuitivas porque são bem treinadas — não porque "inventam algo na hora".

O que mais irritou Vescovo no filme *Top Gun: Maverick* foi a insistência de Tom Cruise de que, para conseguir sair de uma situação complicada, você deve apenas confiar em seu instinto e improvisar. "As melhores operações militares são as muito entediantes, aquelas nas quais as coisas acontecem exatamente segundo o planejado. Ninguém nunca é colocado em perigo", disse ele. "Você quer minimizar os riscos. Então, por mais que em *Top Gun* tudo parecia ótimo na tela, não é assim que você tentaria abater aquele alvo."

Pelo contrário, missões militares exigem preparação meticulosa — assim como escalar as montanhas mais altas do mundo ou levar submersíveis para as profundezas de mares abissais. "Michael Jordan, você sabe, o maior de todos os tempos, né? Ele praticava lances livres por horas e horas a fio", apontou Vescovo. "Esse tipo de repetição extremamente enfadonha, ou fazer a pesquisa aprofundada para entender os riscos de um novo desdobramento, todas essas outras coisas, dá muito trabalho. Eu trabalhei duro a vida inteira. E ainda trabalho. É isso que produz excelência."

Então nunca há espaço para confiar nos instintos? Não é bem isso que Vescovo está dizendo. A bem da verdade, na concepção dele, quanto mais você treina, melhores serão seus instintos. "Numa situação para valer, uma emergência, quantas vezes você já ouviu as pessoas dizerem: 'Ah, sabe, meu treinamento surtiu efeito.'" Ironicamente, o treinamento quase sempre é a melhor preparação para lidar com situações para as quais você *não* treina. "Apollo 13 é o melhor exemplo em que você tinha astronautas realmente bem treinados em uma situação inacreditavelmente ruim", citou Vescovo, referindo-se ao pouso na Lua que foi abortado após a explosão de um tanque de oxigênio que desabilitou os suprimentos de respiração da tripulação e outros sistemas essenciais para o funcionamento da nave —, mas os astronautas voltaram para a Terra em segurança.

Galfond, o jogador de pôquer, bolou uma teoria para isso, sobre a qual ele escreveu em uma postagem de blog em 2023[27] acerca dos dois sistemas de pensamento de Daniel Kahneman, o Sistema 1 (rápido, instintivo) e o Sistema 2 (lento, reflexivo). "Os melhores jogadores estudarão solucionadores de forma tão exaustiva que os fundamentos deles se tornarão automáticos", escreveu. Com bastante prática, as complexas soluções do Sistema 2 que os computadores criam entram no seu Sistema 1 instintivo. Isso libera capacidade mental para lidar com adversidades quando você *de fato* enfrentar uma enrascada ou estiver diante de uma grande oportunidade. Ora, jogadores menos experientes precisam ter cuidado com isso — Galfond recomenda que a maioria dos jogadores simplifique sua estratégia de modo a se concentrar numa boa execução. Por outro lado, os melhores jogadores podem deixar algum espaço para a ousadia, a inconformidade, a rebeldia estilo Maverick, aproveitando seu relativo sossego com a situação. O problema em *Top Gun: Maverick* não é Maverick (cujos instintos provavelmente são muito bons), mas, sim, o fato de ele implorar a outros pilotos para confiarem nos próprios instintos e bancarem os heróis, apesar de não terem a mesma base de experiência.

8. **As pessoas que se expõem a riscos e são bem-sucedidas contam com uma grande atenção seletiva aos detalhes.** Elas entendem que a atenção é um recurso escasso e pensam com extremo cuidado sobre como e para onde direcioná-la.

Se você está no cenário do pôquer há tempo suficiente, já deve ter ouvido o aforismo: "O pôquer são horas de tédio pontuadas por momentos de puro terror." A máxima descreve uma das características incomuns do pôquer: na maior parte do tempo, *você não tem exatamente nada que precise fazer*. Os melhores profissionais jogam somente cerca de 25% de suas mãos, descartando o resto antes do *flop*. E, mesmo quando jogam uma mão, potes grandes aparecem apenas raras vezes. Pode ser que você enfrente uma decisão de apostas muito altas de hora em hora. Precisa calibrar com cuidado sua capacidade de lidar com as situações apresentadas, conservando energia, mas mantendo-se preparado para entrar em ação a qualquer momento.

É óbvio que existem coisas a serem observadas mesmo quando não temos boas cartas. Para ser mais específico, você pode observar os *tells* ou padrões de apostas dos oponentes, sinais dos quais tirará vantagem mais tarde. Existem alguns malucos que sempre parecem estar "ligados", a exemplo de Jason Koon, que não é apenas muito falante na mesa de jogo, mas também extremamente observador. "Há tanta coisa a ser vista. Se não está no rosto ou no pescoço, está nas mãos", afirmou Koon, descrevendo seu processo para detectar *tells*. "Você não precisa encarar as pessoas. Existe quase uma aura ao redor de cada pessoa, cara. Todos nós nos movimentamos de certa maneira, e nosso cérebro faz o que faz, e não pensamos muito sobre essas coisas. Se você simplesmente conseguir... sentir uma mudança de energia ou um gesto que não é natural, então há certas coisas que pode começar a extrair disso."

Ex-atleta universitário, Koon tira proveito de ser um fanático por boa forma física... prestar atenção o tempo todo exige muito do corpo. A maioria dos jogadores não tem essa habilidade; eu com certeza não tenho, e, a julgar pela quantidade de tempo que os vejo afundados em seus celulares, a maioria dos profissionais também não tem. A prática e o treinamento podem ajudar você a se tornar um pouco mais parecido com Koon — de acordo com Galfond, quanto mais experiência se adquire, mais tarefas relativamente difíceis podem se tornar uma segunda natureza, liberando escassa capacidade mental.

Pelo visto, muitas atividades de risco são assim. O aforismo "tédio pontuado por momentos de puro terror" *não* é original do pôquer, como presumi. Remonta pelo menos à Primeira Guerra Mundial (a guerra foi descrita como "meses de tédio pontuados por momentos de terror"), e também foi usado para se referir a viagens aéreas e voos espaciais.[28]

Como isso se dá no contexto de uma missão de ônibus espacial? Por um lado, sobretudo quando, em uma das fases mais perigosas, como a decolagem, a reentrada ou a caminhada espacial,* o astronauta quer se concentrar na tarefa mais importante. "Um dos nossos ditados favoritos era: 'O principal é manter o principal como o principal'", disse Sullivan. "Ou seja, o importante de verdade é entender o que realmente é o principal, numa situação em que há 84 sinais e indicadores por toda parte — o que de fato é o principal aqui? E certifique-se de que você está adequadamente focado em entender isso direito, em vez de ficar igual a uma barata tonta."

Por outro lado, se uma dessas 84 lâmpadas e botões começar a piscar em vermelho, é preciso avaliar com agilidade a situação a fim de determinar se o problema é crítico para a missão. Se for, *ele* precisa se tornar o principal. Segundo Vescovo, ao pilotar uma aeronave de alto desempenho, "você está ciente de tudo o que acontece ao seu redor, e mudará esse foco quase instantaneamente para onde ele precisa ir".

Dito isso, uma coisa que você *não* quer é ser consumido pelos riscos da missão; é puro desperdício de capacidade mental. Por mais ciente que Sullivan estivesse dos riscos intrínsecos a voar no ônibus espacial, "não é útil ficar pensando nisso enquanto está no meio da ação. Você precisa colocar toda a sua atenção no lugar onde você está e no que você pode fazer para ajudar a garantir que tudo esteja indo bem... e se adaptar e se ajustar se as coisas começarem a não dar certo", declarou ela. De novo: em situações de alto risco, é natural sentir ansiedade física, que gera profundas mudanças fisiológicas em seu corpo. É confundir essas sensações com *estar fora de controle* que pode resultar em um ciclo de destruição que está acontecendo justamente porque você espera que aconteça. Se não quer que isso ocorra em um torneio de pôquer, então com certeza não quer que ocorra quando estiver voando a 320 quilômetros acima da superfície da Terra.

É bem verdade que é mais fácil falar do que fazer — é por isso que Sullivan foi escolhida para ser astronauta e 10 mil concorrentes, não. A boa notícia é que, com experiência, a maioria das pessoas consegue melhorar nesse quesito — quem sabe você até entre em um estado de fluxo, a consciência hiperatenta de tudo ao seu redor, como descrito por Vescovo.

---

* Apesar de ser a primeira mulher norte-americana a fazer uma caminhada espacial, Sullivan não é grande fã de *Gravidade* (produção indicada a melhor filme no Oscar e protagonizada por Sandra Bullock que mostra uma caminhada espacial que deu errado), assim como Vescovo tem muitas reservas em relação a *Top Gun*. "Esqueça *Gravidade*", comentou Sullivan. "Quer dizer, a parte visual é legal, mas tudo na maneira como eles operavam a nave e a física — é tudo besteira. Esqueça."

9. **As pessoas que se expõem a riscos e são bem-sucedidas são adaptáveis.**
São bons generalistas, aproveitando novas oportunidades e respondendo a novas ameaças.

No Capítulo 4, reapresentei Bob Voulgaris,[29] o apostador grego-canadense cuja estratégia de apostas esportivas gira em torno de encontrar ângulos favoráveis, oportunidades a serem exploradas que outros apostadores ignoraram. O problema com ângulos favoráveis é que eles tendem a não perdurar; o mercado é eficiente demais. É por isso que Voulgaris se envolve em muitas coisas. Ele me disse que suas primeiras conquistas promissoras no mundo das apostas não vieram da NBA, mas, sim, da CFL [Canadian Football League, liga de futebol canadense]. Somente depois de uma temporada malsucedida apostando na NFL é que ele mudou para o basquete. E, desde então, diversificou bastante sua atuação, das apostas na NBA para várias outras coisas — trabalhou para o Dallas Mavericks; investiu em criptomoedas e ganhou dinheiro suficiente para passar verões em um iate no Mediterrâneo;[30] e atualmente é dono de um time de futebol espanhol.

Eu chamo esse tipo de personalidade de *raposa*, imagem que também foi destaque em *O sinal e o ruído*. A raposa é um dos dois arquétipos articulados no aforismo do poeta grego Arquíloco: "A raposa conhece muitas coisas menores, mas o porco-espinho conhece uma coisa só, uma coisa grande." As raposas vasculham o mundo em busca de oportunidades, cautelosas com a complacência e com o perigo de ficarem presas e limitadas demais.

Ora, esse é um hábito para o qual há algumas exceções. Em particular, fundadores de *startups* precisam estar superfocados em uma coisa grande e estar preparados para acompanhá-la ao longo de uma década ou mais. Provavelmente ajuda também ter alguma astúcia de raposa para escolher a coisa grande que dá *certo*, mas não é tão necessário se por acaso topar com a ideia certa.

Ainda assim, conforme o mundo fica mais complicado, o mais comum é que sejam os generalistas que mandem no poleiro e ditem as regras.* Eles são os mais propensos a se adaptar com êxito diante do desconhecido. É isso que a NASA procura em seus astronautas, por exemplo — a razão pela qual Sullivan foi escolhida, embora sua formação fosse em oceanografia. "Normalmente, eles estão à procura de generalistas", disse ela. "Não se trata de profundas e meticulosas análises acadêmicas do conteúdo de um estreito tubinho de ensaio ou algo do gênero. A capacidade de reconhecer ou antecipar conexões ou pensar um pouco lateralmente — isso é muito importante." Durante seu processo de entrevista em Houston, Sullivan respondeu a um punhado de questões bastante amorfas, do tipo "Conte-nos sobre

---

* Embora isso possa mudar com o desenvolvimento da AGI, a chamada "inteligência artificial geral" — então, marque esta página e veja se ela ainda é válida daqui a vinte anos.

você, desde o ensino médio" — a NASA queria ver até que ponto ela era engenhosa em uma situação desprovida de orientação bem delimitada. "Todas essas experiências oferecem vislumbres do seu caráter e da forma como você aborda coisas inesperadas e desconhecidas", explicou. "Por mais repetitivas que as missões de ônibus espaciais possam ter parecido para a imprensa, cada uma foi realmente criada a partir de folhas de papel em branco. E, como qualquer evolução complexa, nunca acontece 100% do jeito que você planeja."

10. **As pessoas que se expõem a riscos e são bem-sucedidas são boas de estimativas.** Elas são bayesianas, sentem-se confortáveis quantificando suas intuições e trabalhando com informações incompletas.

No pôquer, os jogadores são capazes de estimar probabilidades com incrível precisão. Tom Dwan é um profissional de apostas altas lendariamente agressivo que começou on-line (ele ainda é conhecido por seu nome de usuário de pôquer on-line *Full Tilt Poker*: "durrrr"), mas hoje é o segundo maior vencedor de todos os tempos[31] em jogos a dinheiro de apostas altas televisionados, com ganhos líquidos de 4,8 milhões de dólares. O próprio durrrr admite que pode ser bem avoado, viver no mundo da lua. "Se estivermos andando pela rua, em comparação com muita gente, acho que noto menos coisas do que a maioria das pessoas", disse-me. Mas as mesas de pôquer são diferentes. "Um dos únicos elogios que eu faço a mim mesmo é que acho que estou um pouco mais consciente do meu nível de confiança. Se eu disser que estou 93% confiante — tipo, se você me der probabilidades de nove para um" ou 90%, "você realmente corre o risco de perder dinheiro" se tentar fazer uma aposta.

A diferença entre 90% e 93% importa de verdade? Bem, se você estiver jogando um pote de 1 milhão de dólares, importa. Digamos que o pote seja de 900 mil dólares e seu oponente faça uma aposta atrevida de 100 mil dólares no *river*, na esperança de extrair um pouco mais de lucro das suas fichas. Você só pode vencer um blefe, mas tem as probabilidades certas para pagar se seu oponente estiver blefando em 10% do tempo. No entanto, se ele estiver blefando em apenas 7% do tempo, você deve desistir — o pagamento tem um valor esperado de –30 mil dólares. É muito difícil fazer esse *fold*, mas jogadores como Dwan podem.

De onde vem essa habilidade? É principalmente porque durrrr jogou centenas de milhares de mãos de pôquer e, portanto, se sente confortável quantificando suas intuições. Passei a maior parte da minha conversa de uma hora com Dwan falando sobre uma única mão que ele tinha jogado havia pouco tempo: uma mão bastante importante,[32] o maior pote da história do pôquer televisionado, em que Dwan corretamente deu *call down* contra um jogador chamado Wesley com um par de rainhas relativamente fraco, calculando que o oponente tinha uma chance bastante alta de blefar. Dwan me informou que, nessa decisão, levou em consideração cerca de vinte "pontos de dados". Por exemplo, Dwan achava que Wesley (em geral um jogador *tight*) tinha entrado na sessão com segundas intenções, com uma "pauta que tinha menos a ver com ganhar dinheiro" e mais a ver com o intuito de fazer jogadas que parecessem legais na TV. Wesley tinha que estar blefando em 25% do tempo para tornar correto o *call* de Dwan; sua leitura sobre a mentalidade de Wesley foi hesitante, mas talvez tenha sido o suficiente para levá-lo de 20% para 24%. (Blefar em um pote enorme é muito legal na TV.) E talvez os maneirismos físicos de Wesley — por exemplo, a forma como ele se apressou a colocar suas fichas no *river*, às vezes um sinal de fraqueza — levaram Dwan de 24% para 29%. Foi o suficiente: Dwan agiu com calma, demorando-se para beber de uma garrafa de água, e ficha vai, ficha vem, jogou para ganhar um pote de 3,1 milhões de dólares.*

Se esse tipo de processo de pensamento não lhe é nem um pouco familiar, desculpe, mas sua inscrição para o River foi recusada. No pôquer, você *tem* que se sentir confortável ao transformar seus sentimentos subjetivos em probabilidades e agir de acordo com elas. E, em outros empreendimentos que envolvem risco, é preciso estar disposto a fazer pelo menos uma boa estimativa preliminar. "Não se trata de pegar uma planilha e tentar determinar isso em termos matemáticos, porque acho que há um quê de arrogância na precisão", disse Vescovo sobre seu processo para estimar os perigos ao pilotar caças ou escalar montanhas. "Mas é óbvio que há tendências de que *isto* é realmente perigoso ou de que *aquilo* não é."

Você também precisa reconhecer que — como um desdobramento do teorema de Bayes, que funciona revisando suas convicções probabilísticas conforme se coleta mais informações — suas estimativas se tornarão mais precisas à medida que coletar mais dados. Às vezes sua vantagem vem de estar disposto a agir com uma estimativa relativamente grosseira a fim de aproveitar uma oportunidade quando outras pessoas ainda estão atoladas no estágio de descoberta de fatos. "Em tudo que eu faço, estou sempre avaliando risco *versus* recompensa. Sempre vou pesar os prós e os contras de qualquer situação", afirmou Maria Ho. "Enquanto outra pessoa pode precisar de 90% de boas razões para fazer algo... se forem 55/45 boas razões, então ficarei feliz em correr o risco."

11. **As pessoas que se expõem a riscos e são bem-sucedidas tentam se destacar, não se encaixar.** Elas têm independência da mente e de propósito.

Vamos começar no mundo profissional da Jogatina com J maiúsculo, porque sempre foi uma escolha de carreira insólita. Na época de Doyle Brunson, ele me

---

* Embora Dwan tenha demonstrado que estava relativamente confiante (bem mais do que 29%) quando decidiu pagar. Era um pote imenso, e ele queria dar tempo a Wesley para revelar outro *tell* que pudesse obrigá-lo a reavaliar.

contou, muitos jogadores eram ex-atletas, pessoas que gostavam de competição, mas não eram qualificadas para um emprego em um escritório. Daniel Negreanu, uma geração mais tarde, abandonou o ensino médio para jogar sinuca porque achava que seu professor de matemática "era um idiota"[33] e que o caminho da retidão e da virtude não era o certo para um filho de imigrantes pobre, mas social e intelectualmente precoce. Erik Seidel nunca terminou a faculdade e passou do gamão para a negociação de opções na bolsa de valores antes de encontrar o pôquer; ele disse que não gostava de ter que usar gravata todos os dias nem da cultura agressiva nos pregões. Cada vez mais, no entanto, pessoas com diploma universitário e até com doutorado escolhem jogar pôquer, gente que poderia se vincular a uma ocupação mais convencional, mas opta pelo contrário. Isaac Haxton (bacharel em filosofia, Universidade Brown) escolheu o pôquer porque não queria trabalhar para uma grande corporação capitalista. Ho (bacharel em comunicação social, Universidade da Califórnia, campus de San Diego) queria se rebelar contra as estereotipadas trajetórias de carreira que os pais talvez preferissem para ela. "Sempre fui atraída por coisas que eram contra a corrente ou não convencionais, provavelmente para arrancar uma reação dos meus pais", me contou.

Essas pessoas também gostam de competição, é óbvio — consulte o item número 2 —, mas não querem passar pelos mesmos perrengues e sacrifícios para agradar aos outros, como o resto da sociedade faz. E, de fato, é uma característica determinante da maioria dos indivíduos que são afeitos aos riscos. É verdade, é preciso ter uma mentalidade quantitativa, mas, sem qualquer impulso de se rebelar contra a sociedade, vai acabar atraído por um emprego em um banco de investimentos. O Vale do Silício valoriza quem que foge aos padrões e tem comportamento autêntico, embora seja uma monocultura à sua maneira. Até os fundos *hedge* estão dispostos a fazer apostas em pessoas não convencionais como Vanessa Selbst, já que a indústria presume que obterá lucros astronômicos se não seguir o rebanho — embora Selbst considere seu emprego no fundo *hedge* Bridgewater Associates muito "hierárquico", sem espaço suficiente para o pensamento criativo.

Karikó tinha problemas semelhantes com o ambiente acadêmico, que ela achava sufocante e por demais obcecado com os marcadores de prestígio que a própria academia engendra. "[São] aqueles como eu, na periferia, onde [não] há dinheiro, nem fama, nem prestígio — essas [pessoas] têm liberdade, podem pensar livremente", declarou. Quando fala com os alunos, Karikó os estimula a traçar a própria trajetória na vida — eles muitas vezes "ficam desanimados porque estão constantemente... se comparando com os outros". "Vocês têm que descobrir o que *cada um* é capaz de fazer", aconselha ela aos estudantes. "Não é 'Ah, se o chefe fizesse isso'. Não, vocês não conseguem mudar o chefe. Vocês não conseguem mudar sua esposa, seus filhos. Vocês não conseguem mudar. Vocês só precisam descobrir o que são capazes de fazer."

12. **As pessoas que se expõem a riscos e são bem-sucedidas são do contra, nadam contra a corrente, e têm consciência disso.** Elas formulam teorias sobre por que e quando a sabedoria convencional está errada.

Existe uma distinção, às vezes negligenciada, entre *independência* e *contrarianismo*. Se escolho baunilha e você escolhe chocolate porque gosta mais de chocolate, você está sendo independente. Se você escolhe chocolate *porque* eu escolhi baunilha, está sendo contrarianista. A maioria das pessoas é bastante conformista (afinal, humanos são animais sociais), e de vez em quando os riverianos são acusados de serem contrarianistas quando estão apenas sendo independentes. Se eu faço a coisa convencional em 99% do tempo e você faz em 85% do tempo, acabará parecendo rebelde em comparação, mas ainda está basicamente dançando conforme a música.

Há algumas partes do River que têm uma autorização explícita para serem contrarianistas. As apostas esportivas são um exemplo; se a pessoa apenas seguir a mesma toada do dinheiro do público, perderá os mesmos 5% de lucro para a casa que todo mundo perde.* Os fundos *hedge* são outro exemplo; eles cobram taxas exorbitantes dos investidores com a premissa de obter retornos excedentes acima e além do que qualquer bom e velho fundo indexado conseguiria obter no índice S&P 500.

"A questão dos fundos *hedge* é que é o único setor de atividade no mundo em que não apenas você tem que estar certo, mas todos os outros também têm que estar errados", disse Galen Hall, que ganhou mais de 4 milhões de dólares em torneios de pôquer entre 2011 e 2015, mas mesmo assim saiu para trabalhar na Bridgewater Associates (foi ele que recrutou a amiga Selbst para lá). "Enquanto, se você é um médico, se segue as regras, faz a coisa aceita pela sociedade, faz o convencional todas as vezes, você é um médico bom pra caralho, né?"

Hall é uma dessas pessoas que, por acaso, é boa em tudo. Ele é bom em pôquer. Ele é bom em finanças. Em 2023, chegou às semifinais no Campeonato Mundial de Gamão,[34] apesar de ter acabado de aprender o jogo. Quando, durante o WSOP de 2022, houve uma denúncia falsa de que havia um atirador em massa na Las Vegas Strip, ele arrebentou um duto de ventilação no teto[35] para levar as pessoas a um esconderijo seguro. Moreno, ele também é um homem extremamente bonito. Acontece que Hall também tem seus defeitos. A Bridgewater é obcecada em quantificar a personalidade e o desempenho de seus *traders*, atribuindo-lhes "cartões de beisebol" com pontuações, como se fossem jogadores da liga principal. "Na categoria

---

* Isso se não perder ainda mais; apostadores esportivos recreativos em geral se saem um pouco pior do que se fizessem escolhas aleatórias; então, como padrão, às vezes é melhor "afastar-se da opinião pública" e fazer escolhas impopulares.

'organização e confiabilidade', em uma escala que ia até 100, minha pontuação foi 3. No quesito 'obediência a regras', tirei nota 2 de 100", contou Hall. "A única pessoa abaixo de mim era meu então chefe."

Essa veia rebelde serve bem a Hall em sua nova empresa, a DFT (Dark Forest Technologies), que ele cofundou com Jacob Kline, seu ex-chefe da Bridgewater (Kline tirou nota 1 de 100 na categoria "obediência a regras"). A DFT se dedica a uma estratégia que vou chamar de "contrarianismo consciencioso". Eles fazem apostas contra a corrente, mas sempre se valem de uma tese para respaldar a escolha — e que não tem nada a ver com as qualidades intrínsecas do ativo, mas, sim, com os incentivos desalinhados de outros participantes do mercado.

"Em cada coisa que fazemos, eu consigo apontar, tipo: 'Aqui está a pessoa que estava fazendo algo errado'", explicou Hall. "Construímos um mapa de todos os competidores do mundo... que estão negociando por razões diferentes de querer gerar algum alfa.* Você sabe, alguma empresa foi adicionada ao S&P 500. Então agora todos os ETFs [também chamados de "fundos de índice"] do S&P 500 por aí têm que comprar essa empresa. Ou é um CEO de uma *startup*, ele agora é um bilionário. Ele tem 99% de seu patrimônio líquido na empresa. Tem permissão para vender suas ações neste dia [e] provavelmente vai vender um monte delas."

Eu gosto dessa estratégia porque ela não insulta a inteligência de outros agentes no mercado — óbvio, Hall é inteligente, mas muita gente em Wall Street também é. Em um equilíbrio de teoria dos jogos, conseguir alfa é difícil para qualquer um, mas *nem todo mundo está jogando o mesmo jogo*. As pessoas têm incentivos diferentes e podem estar seguindo eles de forma racional, mas, mesmo assim, isso cria oportunidades lucrativas para a DFT, que só quer ganhar dinheiro.

Talvez o contrarianismo consciencioso me atraia porque me lembra como é discutir com as pessoas sobre política na internet. Pode não parecer quando você lê minhas respostas no Twitter, mas meu objetivo quando faço isso, de acordo com minha experiência em previsões, é buscar precisão — e torcer para que, com sorte, eventos posteriores provem que eu estava certo.** (É por isso que de vez em quando eu fico frustrado e até desafio as pessoas a fazerem apostas em resultados políticos, de modo a agirem em consonância com o que elas estão falando.) Mas há quem brigue por estar tentando argumentar em nome de uma causa, para mobilizar mais gente, impulsionar seu perfil ou buscar aprovação nas redes sociais. Tudo

---

* "Alfa" se refere a atingir retornos excedentes, a meta de maximização de VE da maioria dos investidores ativos.

** Isso não quer dizer que meus motivos sejam uma pura e imparcial busca pela verdade; também é *divertido* provar que eu tenho razão.

bem, mas elas têm objetivos diferentes. É mais fácil atingir o alfa no *seu* objetivo quando outras pessoas não estão jogando o mesmo jogo.

Isso também ajuda a explicar por que tantos dos colegas acadêmicos de Karikó rejeitaram a brilhante ideia dela. Suas vacinas de mRNA eram uma aposta de alto potencial positivo, mas alto risco, que poderia levar anos para ser desenvolvida; a própria Karikó pensou que as vacinas só iriam se concretizar após sua morte. O Vale do Silício foi projetado especificamente para fazer esse tipo de aposta, mas o mundo acadêmico não. É o exato oposto, segundo Karikó: a academia tende a otimizar ideias convencionais que têm alta probabilidade de receber uma verba de fomento e financiamento, mas não tanto retorno.

Então seja um contrarianista consciencioso — procure falhas nos incentivos das pessoas em vez de na sua inteligência — e em seguida procure um lugar onde seus próprios incentivos estejam bem alinhados com seus objetivos.

13. **As pessoas que se expõem a riscos e são bem-sucedidas não são movidas por dinheiro.** Elas vivem no limite porque é seu modo de vida.

Uma coisa irônica que aprendi no meu tempo no River é que as pessoas que jogam para viver em geral não são motivadas por dinheiro — e os melhores jogadores tendem a ser ainda menos motivados por dinheiro. Ora, eles não são ascetas; isso não quer dizer que não aproveitam os frutos de seu trabalho.

Mas os jogadores de pôquer são diferentes por dois motivos. Primeiro: são competitivos de um jeito tão feroz que o dinheiro serve principalmente como uma unidade de medida. "Não é escancaradamente uma questão de dinheiro. Eu não sou uma pessoa que precisa de muito. Comemos boa comida, levamos uma boa vida", disse Koon, que passou de uma infância pobre na Virgínia Ocidental para uma casa moderna de vários milhões de dólares nos arredores do Red Rock Canyon, a oeste de Las Vegas. "Cheguei em um ponto em que eu jogo porque adoro competir. Quando jogo pôquer eu me sinto em casa, e muitas das pessoas que mais amo neste mundo também são jogadores de pôquer."

Segundo: fazer apostas tão altas requer uma certa dessensibilização ao dinheiro. "Houve uma época em que eu estava jogando 200/400 dólares no Bobby's Room", disse Koon, referindo-se à área envidraçada no Bellagio que leva o nome da lenda do pôquer Bobby Baldwin, e onde os maiores jogos da cidade são realizados. "E me lembro de colocar o *big blind* com quatro fichas pretas [de 100 dólares]. E eu olhei para baixo e me emocionei, porque meu padrasto Buck, ele era telhador e ganhava 400 dólares por semana. E lá estava eu, colocando uma *big blind* do mesmo valor", disse Bobby. "Ele se matou de trabalhar — caiu de um telhado — para levar aquele tipo de vida e nos ajudar a sobreviver."

Ser um astronauta ou um explorador não é tão lucrativo quanto jogar no Bobby's Room* — mas as pessoas que se expõem a riscos físicos com quem conversei também pareciam ser motivadas por algum desejo intrínseco de correr riscos e expressaram uma afinidade com outros indivíduos que se sentem da mesma forma. "Com certeza parece algo inato dentro de mim", disse Vescovo. "Eu falei com alguns médicos e outras pessoas na comunidade de exploradores, e eles acham que há um componente genético. Na distribuição normal de indivíduos, há alguns de nós em uma extremidade do espectro, e há alguns que nunca nem sequer saem de casa."

---

* E se eles de alguma forma ganham na loteria — como aconteceu com Karikó ao ganhar o Prêmio Revelação de 3 milhões de dólares em 2022 —, não necessariamente dão a mínima. Ela me disse que doou a maior parte do dinheiro. "Eu moro na mesma casa, tenho o mesmo marido de sempre. Você sabe, sem mudanças."

PARTE 2
Risco

5

Aceleração

O homem razoável adapta-se ao mundo; o desarrazoado insiste em tentar adaptar o mundo a si mesmo. Por isso, todo progresso depende do homem desarrazoado.[1]

— GEORGE BERNARD SHAW

"Ele meio que girou em um *loop* horizontal de 360 graus no ar", disse Peter Thiel. "Um objeto voador não identificado pairando a uns dois metros acima da Sand Hill Road."

Thiel estava relembrando um incidente ocorrido em 2000, quando ele e Elon Musk estavam a caminho de tentar vender uma ideia ao lendário capitalista de risco Michael Moritz. Eles precisavam desesperadamente de dinheiro. Suas empresas recém-combinadas (a x.com de Musk e a Confinity de Thiel, que mais tarde se tornaria o PayPal) possuíam 15 milhões de dólares no banco e estavam torrando 10 milhões em despesas por mês, o que lhes dava apenas seis semanas de margem. Mas Musk não estava com a cabeça ali. Não fazia muito tempo que ele havia comprado um carro esportivo McLaren F1 prata que valia 1 milhão de dólares, uma recompensa a si mesmo por ter vendido sua primeira empresa, a Zip2. "Meu medo é a gente acabar virando uns pirralhos mimados,[2] perder a noção de apreço e perspectiva", disse a então noiva de Musk, Justine Wilson, numa entrevista concedida à época pelo casal ao canal CNN. Mal sabia ela que no fim das contas Musk acabaria gerindo com sucesso um montante de 22 milhões de dólares,[3] transformando-o em um patrimônio líquido mais de dez mil vezes maior.

Embora as personalidades dos dois homens fossem, na melhor das hipóteses, um caso de opostos que se atraem,[4] era evidente que Musk estava querendo impressionar Thiel. "O que esse treco é capaz de fazer?", perguntou Thiel. "Olha isso!", respondeu Musk antes de pisar fundo no acelerador ao tentar mudar de faixa.[5] Vruuuuuum! O carro saiu do controle, atingiu um barranco e, por ter tanto torque, voou no ar, girando várias vezes antes de pousar sobre as quatro rodas.

Thiel e Musk saíram ilesos — e pegaram carona até a reunião —, mas o McLaren de 1 milhão de dólares ficou destruído. Perda total. E o carro não tinha seguro. Não que Musk tenha feito algum cálculo racional — que, se ele, Musk, valia 22 milhões de dólares, podia só comprar um novo. Em vez disso, segundo Thiel, o sócio nem mesmo se preocupou em considerar a possibilidade de um acidente. "A primeira coisa que Elon me disse enquanto estávamos no carro destruído foi: 'Quer saber? Uau, isso foi realmente intenso, Peter. Eu li um monte de histórias sobre pessoas que ganharam dinheiro no Vale do Silício, que compraram carros esportivos e os bateram. E eu sabia que isso *nunca* aconteceria comigo.'"[6]

Certa vez, Thiel cogitou a ideia de escrever um livro sobre Musk e os dias dos dois no PayPal. "O título provisório que eu tinha para o livro era *Negócio arriscado*, como aquele filme dos anos 1980. E o capítulo sobre Elon era 'O homem que não sabia nada sobre risco'."

Ainda assim, quando se trata de risco, é Thiel quem está mais para um caso isolado no Vale do Silício. "Peter não se expõe a riscos. Risco zero. Ele é um cara programado para se proteger contra prejuízos", declarou Moritz, o parceiro de longa data da Sequoia Capital com quem Thiel e Musk iriam se encontrar naquele dia da Sand Hill Road.* "Ele passou horas tentando me convencer a vender o PayPal. Sabe, em geral é o investidor querendo vender o negócio, não o CEO."

O Vale do Silício de fato *entende* alguma coisa sobre riscos — algo que a maioria das pessoas na sociedade não entende. Ele entende que uma chance relativamente remota é uma oportunidade em que vale a pena investir se o retorno for alto o suficiente. De fato, alguns dos capitalistas de risco com quem conversei para escrever este capítulo eram muito parecidos com jogadores de pôquer. "Eu sempre digo que o valor esperado é a probabilidade de sucesso vezes o grau de impacto. Essa matemática funciona que é uma beleza, mas as pessoas em geral se sentem muito desconfortáveis nos domínios de baixa probabilidade", apontou Vinod Khosla, fundador da Khosla Ventures, conhecida por seus investimentos de longo prazo em áreas como carne artificial e energia alternativa.

Quando propus pela primeira vez a ideia deste livro, minha expectativa era de que o capital de risco desempenhasse um papel mais coadjuvante, formando uma dupla com os fundos *hedge* em um capítulo que trataria principalmente sobre Wall Street. Em vez disso, ele acabou sendo o protagonista. Segui o fluxo do River para onde ele me levou, e ele me levou para Palo Alto. Muitos capitalistas de risco

---

* Moritz se aposentou em 2023, após 38 anos na ativa.

estavam animados para conversar comigo, e com frequência falavam de peito aberto. Em parte, isso se deve ao fato de que os capitalistas de risco são vendedores natos que podem angariar negócios criando burburinho em torno de suas ideias, ao passo que os caras dos fundos *hedge* são mais como jogadores de vantagem em um cassino, buscando pequenas vantagens (notas de 20 dólares caídas no chão) passíveis de desaparecerem se outra pessoa ouvir sobre elas primeiro. Acima de tudo, porém, é porque os capitalistas de risco são as mais verdadeiras personificações do espírito riveriano. Talvez Wall Street esteja um pouco à frente do Vale do Silício no que eu chamo de "grupo cognitivo" de atributos do River, ou seja, uma capacidade de raciocínio abstrato e analítico. Wall Street é mais explicitamente quantitativa do que o Vale do Silício — ainda que, por outro lado, a tecnologia central do Vale do Silício seja a computação, que abstrai a cognição a ponto de poder ser representada por uma série de uns e zeros.

Porém, no quesito "grupo de personalidade" (marcado por competitividade, tolerância a riscos e espírito independente, muitas vezes a ponto de alcançar o contrarianismo), o Vale do Silício é fora de série, mesmo comparado a Wall Street. E sente um baita orgulho disso. "Acreditamos em abraçar a variância, em aumentar nossa capacidade de chamar a atenção e despertar interesse", nas palavras de Marc Andreessen (o cofundador da Netscape que se tornou capitalista de risco e cuja cabeça em formato de ovo é sinônimo no Vale do Silício de resolução obstinada e objetiva), em seu "Manifesto Tecno-Otimista"[7] de outubro de 2023. "Acreditamos no *risco*", escreveu ele, colocando a palavra "risco" em itálico, "em saltos para o desconhecido".

Embora eu não tivesse nenhum tipo de rede de contatos no Vale do Silício, os capitalistas de risco pareciam me reconhecer como um colega riveriano,* alguém que compartilhava seu interesse em "abraçar a variância" e "aumentar a capacidade de chamar a atenção e despertar interesse". E a verdade é que eles estão corretos. Como ficará evidente mais adiante, não concordo com tudo o que o Vale do Silício faz, mas concordo com 80% ou 90%. Digo isso porque me submeti a um teste. O "Manifesto Tecno-Otimista" de Andreessen inclui 108 declarações que postulam crenças que os tecno-otimistas defendem, a exemplo de "Os tecno-otimistas acreditam que as sociedades, assim como os tubarões, crescem ou morrem". Analisei uma a uma as declarações e marquei se eu concordava ou discordava com seu teor. No balanço geral, concordei com 84% delas. As exceções foram, sobretudo, coisas que achei exageradas ("Acreditamos que tudo que existe de bom é consequência

---

* Isso incluía, por exemplo, Thiel, que de início julguei que seria uma pessoa difícil para entrevistar, porque sou amigo de Nick Denton, fundador da Gawker Media, cuja empresa foi à falência por conta de um processo judicial movido por Thiel. Contudo, nosso encontro foi relativamente fácil de agendar, e a conversa foi longa, agradável e repleta de espírito esportivo. Embora Thiel e eu discordemos em muitas questões políticas, há certa camaradagem entre as pessoas do River.

do crescimento"), às vezes a ponto de causar vergonha alheia ("Acreditamos no romance da tecnologia... O Eros do trem, do carro, da luz elétrica, do arranha-céu").

Tenho uma grande queixa: eu me preocupo com a adoção explícita que Andreessen faz de "aceleracionismo", termo que se refere ao rápido desenvolvimento absoluto da inteligência artificial, sem a menor preocupação com as consequências. Em vez disso, concordo com o fundador da Ethereum, Vitalik Buterin, que em resposta a Andreessen escreveu que "a IA é fundamentalmente diferente de outras tecnologias, e vale a pena sermos excepcionalmente cuidadosos".[8] A IA não é a primeira tecnologia com potencial para destruir a civilização, mas, diferente das armas nucleares, que foram projetadas por governos, está sendo desenvolvida pelo Vale do Silício com seu paradigma de "mexa-se rápido e quebre coisas". Essa é uma questão importante o bastante para que haja um capítulo inteiro sobre ela mais para o fim do livro — que eu, fazendo uma gracinha, estou chamando de Capítulo ∞. Você pode pensar nos próximos capítulos como uma parte do livro que nos coloca em órbita em torno dessa questão do risco existencial.

—♠—♥—♦—♣—

Por ora, vamos desacelerar. Se você acredita em competição e exposição a riscos — e se acredita que o desenvolvimento tecnológico melhorou profundamente a condição humana no geral —, concordará com a maior parte do "Manifesto Tecno-Otimista". De fato, muitas das declarações refletem valores norte-americanos clássicos, como liberdade de expressão e meritocracia, que não são tão controversos assim... embora alguns tenham se tornado mais controversos no Village nos últimos tempos, em parte por causa de sua associação com o Vale do Silício.

No entanto, há uma diferença crucial entre capitalistas de risco como Khosla e fundadores como Musk.* Com certeza não é fácil encontrar empresas que pagam 10x, 100x ou 1000x, mas os capitalistas de risco fazem muitos investimentos de uma só vez — um determinado fundo pode fazer dezenas de apostas.[9] E, diferente do que diz a sabedoria convencional, os investimentos que não dão muito certo ainda podem gerar alguns retornos perfeitamente bons — digamos, 2x, 3x ou 5x. "Tem a ver com *eliminar* riscos. E correr o mínimo de riscos possível", explicou Moritz. "Toda essa conversa fiada de que 'Ah, o Vale do Silício é aventureiro, arrogante, afeito a riscos, e se você fracassar, então ganha mais um troféu para a sua prateleira e é promovido', eu acho que tudo isso é uma baboseira."

---

* Para complicar um pouco as coisas, vários capitalistas de risco neste capítulo, incluindo Khosla, Thiel e Marc Andreessen, iniciaram a carreira como fundadores. No entanto, é raro que se faça o caminho inverso. Em geral, os capitalistas de risco não saem para ir *all-in* em uma empresa.

Os fundadores, por outro lado, têm um estilo muito mais "ou vai ou racha", *all-in* — às vezes, literalmente. Quando li a biografia *Elon Musk*, de Walter Isaacson, não fiquei surpreso ao saber sobre a estratégia de pôquer camicase de Elon:

> Muitos anos depois, [o cofundador do PayPal, Max] Levchin estava no apartamento de um amigo com Musk. Algumas pessoas estavam jogando pôquer no estilo *Texas Hold'em*, com apostas altas. Apesar de não ser um jogador de cartas, Musk se sentou à mesa. "Havia todos aqueles nerds e franco-atiradores que eram bons em memorizar as cartas e calcular probabilidades", conta Levchin. "Elon simplesmente seguiu apostando tudo em todas as rodadas e perdendo. Aí ele comprava mais fichas e dobrava a aposta. Uma hora, depois de perder muitas rodadas, ele apostou tudo e ganhou. Então falou: 'Certo, deu pra mim.'"

Participei de vários jogos de pôquer de apostas altas contra caras ricos — incluindo uma mesa frequentada por capitalistas de risco, fundadores do Vale do Silício e os apresentadores do podcast *All-In*, que têm um relacionamento amigável com Musk.* Jurei segredo sobre os detalhes,[10] mas, como um dos apresentadores do *All-In*, Jason Calacanis, disse isso publicamente, posso confirmar que, na primeira vez que joguei nessa mesa, ganhei dinheiro suficiente para comprar um Tesla. A outra coisa que posso dizer — apenas em termos gerais — é que, quanto mais altas as apostas, mais desvairada a ação. Os maiores jogos de pôquer selecionam os jogadores que querem correr riscos loucos, irracionais e -VE. Talvez não indo de fato *all-in* em todas as mãos — embora eu tenha visto estratégias que não estão longe disso —, mas abraçando a variância, como diria o "Manifesto Tecno-Otimista".

Musk administra seus negócios como se estivesse jogando pôquer. Uma das razões pelas quais ele se tornou o homem mais rico do mundo é porque fez um acordo de compensação excepcionalmente agressivo[11] com a Tesla, que a sabedoria convencional considerava que "seria impossível de alcançar".

"A Tesla e a empresa de foguetes, a SpaceX — ambas eram projetos *extremamente* arriscados", comentou Thiel, cuja empresa, Founders Fund,[12] rejeitou um investimento inicial na Tesla, embora tenha investido na SpaceX. "Como alguém as avaliaria em termos probabilísticos? Provavelmente não dariam certo. E a questão da Tesla era que parecia uma espécie de empresa de tecnologia limpa de mentirinha", afirmou Thiel.

---

* E Phil Hellmuth, morador de Palo Alto e outro amigo dos apresentadores do podcast *All-In*. É incrível a quantidade de cruzamentos entre diferentes comunidades dentro do River.

A SpaceX era ainda mais arriscada. Os três primeiros lançamentos de foguete da empresa falharam, e Elon teve que pelejar e sair atrás de dinheiro para financiar um quarto lançamento. E essa quarta tentativa foi a grande virada de chave. "Foi incrível pra caralho", disse um aliviado Musk à sua equipe do Falcon 1.[13] A seu ver, mais um acidente o arruinaria. "Não conseguiríamos nenhum novo financiamento para a Tesla", admitiu Musk mais tarde a Isaacson. "As pessoas diriam: 'Aquele cara da empresa de foguetes que faliu, ele é um fracassado.'"[14]

Embora a reputação de Musk no Village tenha seguido uma trajetória negativa desde sua aquisição do Twitter — que ele renomeou para X —, ele ainda é muito respeitado no Vale do Silício, onde a maioria das pessoas com quem conversei estava disposta a ignorar seus defeitos. O Vale do Silício é um lugar que segue padrões: fundadores icônicos como Musk, Steve Jobs e Mark Zuckerberg são arquétipos cujo exemplo será seguido nas décadas vindouras. Então, o que fazer com o fato de que, se aquele quarto foguete Falcon tivesse caído — ou se aquele McLaren tivesse aterrissado sobre o capô em vez das rodas, talvez provocando ferimentos graves em Musk e Thiel —, o mundo tal qual o Vale do Silício conhece teria sido muitíssimo diferente?

Quando conversei com Thiel, esta foi a minha primeira pergunta: "Se você simulasse o mundo mil vezes, Peter, com que frequência acabaria em uma posição parecida com a que está hoje?" Meu questionamento foi pensado para servir tanto como uma colher de chá quanto como uma pegadinha — um começo de conversa inesperado, mas até que inofensivo.

Thiel deu uma resposta que durou quase trinta minutos. Começou se opondo à minha premissa: "Se o mundo for determinístico, você acabará no mesmo lugar todas as vezes. E, se não for determinístico, você quase nunca terminará no mesmo lugar."

Era uma objeção justa e sensata. No fundo, eu só estava perguntando a Thiel se ele teve sorte — se o mundo é ou não determinístico é uma questão existencial importante que há muito tempo tem sido debatida entre metafísicos e físicos de verdade.* Em sua maioria, os moradores do River — eu inclusive — são probabilistas. Podemos achar que perguntas sobre a natureza do universo são interessantes do ponto de vista filosófico, mas elas não impactam o nosso trabalho diário. O mundo pode ou não ser *inerentemente aleatório*, mas entre a teoria do caos e nossa

---

* Desdobramentos recentes na mecânica quântica moveram a agulha em direção à ideia de que o universo contém algum grau intrínseco de aleatoriedade, mas são muitas as diferentes interpretações desses fenômenos, e não há um consenso científico perceptível. Em *O sinal e o ruído*, há um longo tratamento do "Demônio de Laplace" — a conjectura de que, se soubéssemos a localização e as forças que movem cada partícula no universo, seríamos capazes de fazer previsões perfeitas acerca do futuro.

relativa ignorância, muitos fenômenos importantes são *extremamente incertos na prática*. Então, coletamos dados, aplicamos nossas habilidades de modo a transformá-los no que chamamos de classes de referência, formulamos hipóteses e as testamos — tudo para descobrir quais eventos são relativamente mais previsíveis e relativamente menos previsíveis. Essa é a maneira empírica. A metafísica é areia demais para o nosso caminhãozinho, está fora da nossa alçada.

Thiel, que recebeu uma educação com forte base religiosa,[15] em vez disso estava admitindo ser um determinista. Ele citou uma passagem de Joseph Conrad: "Como se a frase inicial de todos os nossos destinos não estivesse traçada em caracteres indeléveis sobre a face de um rochedo..."[16] Ele até sugeriu algo que alguém poderia considerar um sacrilégio no River: que ele estava corrigindo o comprometimento excessivo do restante do mundo com a análise estatística.

"Houve [um dia] um lugar onde o conhecimento estatístico nos deu uma noção muito nítida em relação às pessoas que não tinham acesso a ele", disse Thiel, mencionando inovações como o desenvolvimento do seguro de vida e o modelo Black-Scholes para precificar opções de ações. "Mas, no mundo de 2016 ou 2022, se estivermos muito focados em conhecimento estatístico ou matemático, acabamos perdendo muita coisa."

Vamos examinar isso de maneira mais aprofundada, uma vez que a declaração de Thiel tem tanto uma natureza empírica quanto filosófica. A perspectiva empírica é que o que era mais simples e rápido de se fazer já foi feito — os frutos mais fáceis da árvore da análise estatística já foram colhidos. Os times de beisebol não apresentam mais vantagem em ter como alvo jogadores com altas porcentagens na base, porque já faz vinte anos que *Moneyball* foi publicado, e todo mundo passou a fazer isso. A fórmula Black-Scholes mencionada por Thiel, uma equação envolvendo entradas como a taxa de juros livre de risco e o tempo até a opção expirar, poderia ter lhe rendido um lucro considerável em Wall Street em algum dia remoto. Entretanto, quando todos estão usando Black-Scholes, as falhas do modelo começam a aparecer — as suposições simplistas que ele faz podem até ter ajudado os *traders* a racionalizar negociações arriscadas que contribuíram para a crise financeira global de 2008.[17]

Em outras palavras, os *quants* venceram. Estamos vivendo no mundo deles. Então, se você vai ser um contrarianista, como muitos riverianos tendem a ser — incluindo Thiel, que é um notório contrarianista,[18] embora não goste do termo* —, isso pode significar procurar informações *difíceis* de quantificar.

---

* "Eu não gosto da palavra 'contrarianista' — você simplesmente coloca um sinal de menos na frente de algum tipo de pensamento do tipo sabedoria das multidões", disse-me Thiel. "Com certeza não pode ser tão simples assim, certo?"

Ou pode significar apostar em um mero palpite quando se trata de um novo regime no qual as regras antigas não são mais vigentes. Thiel apontou para a eleição de Donald Trump e brincou comigo sobre a confiança das pessoas em previsões estatísticas (como a que publiquei no FiveThirtyEight) como um exemplo disso.* "Em algum nível, as pessoas sabiam que o conhecimento estatístico não era suficiente", explicou Thiel. A razão pela qual elas estavam "indo freneticamente para o seu site" e recarregando a página sem parar era porque sabiam que, no fundo, "alguma outra coisa estava acontecendo" e que o conhecimento estatístico delas era insuficiente, teorizou ele.

Acontece que não é só isso. Os fundadores mais bem-sucedidos como Musk obtiveram sucesso apesar de, à primeira vista, as probabilidades serem extremamente remotas. Thiel, relembrando os desafios que Musk superou para construir a SpaceX, pensava que nenhum dos obstáculos enfrentados pelo outro criou uma barreira intransponível. Mas os *quants* fizeram as contas — se existem 10 obstáculos para pular e a chance de tropeçar em cada um deles é de 50%, as chances de chegar ao fim do percurso são de 1 em 2^{10}, ou de apenas uma chance em 1.024 —, e concluíram que o empreendimento era imprudente. Musk pensava diferente. "Ele estava determinado a fazer acontecer", disse Thiel. "Era uma questão de juntar as peças e montá-las, e então daria certo. É que estamos neste mundo estranho onde ninguém faz isso porque todos pensam de maneira probabilística."

O pensamento probabilístico funciona melhor em tentativas repetidas. Se eu for *all-in* com um par de ases no pôquer e minha oponente fizer seu *flush draw*, vou me sentir bem com isso, porque vou jogar milhares de mãos de pôquer a mais e ganhar o dinheiro dela a longo prazo. No entanto, tecnologias com o potencial de transformar o mundo estão em uma categoria única. Se as agruparmos em um portfólio de apostas de longo prazo, como fazem as empresas de capital de risco, então podemos ter uma perspectiva probabilística — e, se você for uma empresa de capital de risco de ponta,[19] terá quase a garantia de obter lucro a longo prazo. Contudo, para um fundador ou fundadora, seu ganha-pão pode estar em jogo. O Vale do Silício precisa de probabilistas, pessoas razoáveis que calculam as probabilidades, mas precisa também de pessoas desarrazoadas — deterministas, gente que acredita com absoluta convicção em determinada causa, pessoas que escrevem manifestos de 5 mil palavras.

---

* Thiel foi um destacado apoiador de Trump e discursou na Convenção Nacional do Partido Republicano de 2016. A impressão que tenho é que essa afinidade por Trump refletia a política de Thiel tanto quanto seu pensamento de que era uma boa aposta contrarianista, mas pode ter havido um elemento de ambos os fatores.

Uma breve história do Vale do Silício

Segundo o censo dos Estados Unidos de 2020, a Área da Baía de São Francisco — os condados de Alameda, Contra Costa, Marin, Napa, San Mateo, Santa Clara, Solano, Sonoma e São Francisco, Califórnia — abrigava 7,76 milhões de pessoas, ou cerca de 0,1% da população mundial.* No entanto, em outubro de 2023, era a sede de quase 25% das empresas unicórnio do mundo[20] (o termo "empresa unicórnio" define startups ou companhias privadas com valor de mercado avaliado acima de 1 bilhão de dólares). É difícil exagerar o grau de intensidade dessa concentração de capital. A cidade de São Francisco sozinha, embora tenha enfrentado dificuldades após a pandemia de covid-19, é a sede de 171 unicórnios, quase o mesmo número de cidades como Pequim, Xangai, Bangalor e Londres juntas.

Número de empresas unicórnio

- Mundo: 1.219
- Estados Unidos: 654
- Califórnia: 339
- Vale do Silício ou Área da Baía de São Francisco: 290

Você pode até não gostar de pessoas como Thiel ou Musk. Pode não gostar dos produtos que o Vale do Silício impôs ao mundo — mas pare e pense no quanto alguém teria que lhe pagar para nunca mais usar um computador (incluindo seu iPhone, que é muito mais potente do que os supercomputadores originais). Você pode até não gostar do capitalismo — e tudo bem —, mas o Vale do Silício é tremendamente bem-sucedido em seus próprios termos — que têm sido mais ou menos constantes ao longo de várias décadas, apesar da reputação que o Vale tem de ser um cenário de constante mudança.

Por exemplo, a história de origem do moderno Vale do Silício começa com uma tradição já conhecida: jovens nerds inteligentes rebelando-se contra um fundador babaca vaidoso.[21] Seu nome era William Shockley, ganhador do Prêmio Nobel de

---

* O termo "Vale do Silício" é flexível. Às vezes, é usado de maneira bastante estrita, a ponto de se referir ao Vale de Santa Clara ao sul de São Francisco, ou de forma tão vasta que chega a ser uma metonímia (assim como o termo "Hollywood" se refere a uma indústria ou fenômeno cultural mais amplos, e não a um lugar específico de fato). Minha definição está entre essas duas, mais ou menos como: "O ecossistema de empresas de tecnologia, amplamente baseadas em capital de risco, concentradas na Área da Baía de São Francisco ou com laços estreitos com ela."

Física de 1956. Um ano antes, ele havia montado uma fábrica de semicondutores em Mountain View, na Califórnia, perto de onde vivia sua mãe idosa, na vizinha Palo Alto.[22] Shockley recrutou os melhores jovens engenheiros, como Steve Jobs ou Mark Zuckerberg poderiam ter feito anos depois. O problema é que ele era um gerente difícil. Anotava os salários de todos em um quadro de avisos. Fazia os funcionários avaliarem uns aos outros. Gravava suas conversas telefônicas[23] e até os obrigava a se submeterem a testes em detectores de mentiras.[24]

E os salários não eram lá muito bons... estariam entre 90 mil e 135 mil por ano (na equivalência a dólares de 2023). Assim era a vida nos dias anteriores ao capital de risco. Um jovem e ambicioso cientista estava sujeito a trabalhar por horas a fio em uma empresa de ponta por um salário confortável de classe média alta — mas não em troca de ações na empresa ou algo próximo do valor que gerava para seus chefes.

Por fim, oito engenheiros de Shockley pediram demissão. Os chamados "oito traidores" debandaram para uma empresa rival chamada Fairchild Semiconductor, fundada pelo empresário Sherman Fairchild e por um dos pioneiros do "venture capital",[25] Arthur Rock. Os recém-contratados obtiveram substanciais aumentos de salário[26] e, mais importante, cem ações cada no negócio.

No entanto, logo houve uma nova espécie de traição. Em 1959, Fairchild exerceu uma opção para comprar o capital acionário dos engenheiros. A manobra era permitida por seus direitos contratuais, e os homens tiveram um lucro considerável — o equivalente a cerca de 4 milhões de dólares cada um,[27] em dólares de hoje. Ainda assim, tendo sentido o gostinho do que era ser dono do próprio nariz, foi difícil voltar atrás. Mais cedo ou mais tarde, todos eles partiram, formando uma diáspora. Um dos homens, Robert Noyce, viria a ser um dos cofundadores da Intel. Outro, Eugene Kleiner, formaria a empresa de capital de risco Kleiner Perkins. Estou deixando de fora partes importantes da história — como a fundação da Hewlett-Packard em 1939 ou a proximidade do Vale do Silício com Stanford e Berkeley. A questão é que, nesse estágio, teve início um ciclo virtuoso.

Muitas das características que associamos ao Vale do Silício foram estabelecidas logo de cara. Por exemplo, sua cultura *workaholic* e a obsessão pela juventude. "No Vale do Silício, havia um fenômeno conhecido como *burnout*, ou esgotamento devido à sobrecarga de trabalho",[28] escreveu o lendário autor Tom Wolfe em um perfil de Noyce publicado em 1983 na revista *Esquire*. "Depois de cinco ou dez anos de obsessiva corrida pelas altas apostas em semicondutores (...) um engenheiro chegava aos trinta e poucos anos e um dia acordava — e estava esgotado. Fim de jogo."

Os "oito traidores" também ajudaram a estabelecer outra tradição do Vale do Silício: falta de lealdade aos grandes nomes, a quem está numa posição de poder no momento. A Califórnia, da Corrida do Ouro em diante, sempre foi um lugar para pessoas que buscam seu próprio caminho. Não, os "oito traidores" não eram figuras da contracultura, mesmo enquanto a cultura hippie estava se enraizando em outras partes da Área da Baía, como Berkeley e Haight-Ashbury. Não obstante, a noção de que eles eram *disruptivos* não é um contrassenso, e é uma atitude que se mantém verdadeira hoje.

"Por que alguém do Facebook criaria a coisa que vai, tipo — provavelmente em teoria, nunca se sabe — explodir o Google ou o Facebook?", indagou Antonio García Martínez, fundador de uma empresa financiada por capital de risco chamada AdGrok e que viria a trabalhar no Facebook antes de escrever sobre isso no livro *Chaos Monkeys* [Macacos do caos]. "É por causa desse sentimento religioso de destruição criativa em prol da destruição criativa. Essa é a nossa religião. Temos que fazer isso. Tipo, o não conformismo de aparecer vestindo uma fantasia idiota no Burning Man,* como todo mundo fazia? Não importa. É verdade, talvez seja um pouco falso, mas o negócio de realmente queimar instituições? É, acho que isso é de verdade, é pra valer."

As duas características essenciais do Vale do Silício

Vamos voltar um segundo, porque quero estabelecer por que esses traços culturais são sustentados por uma lógica econômica. Eu ouvia repetirem versões desses mantras com tanta frequência que acredito serem as forças gravitacionais que regem quase tudo o que acontece no Vale: por exemplo, por que o lugar atrai tantas pessoas esquisitas e desagradáveis. O capital de risco é um empreendimento singular por dois motivos essenciais:

1. **Ele tem um horizonte de tempo muito longo.** "Você toma muito poucas decisões e está preparado para viver com as consequências da decisão tomada por muito tempo", explicou Moritz. "Financiamos o Google em 1999. Então aqui estamos, 23 anos depois, quase um quarto de século. Eu ainda sou dono da maioria dessas coisas."
2. **Ele oferece probabilidades assimétricas que recompensam a exposição a riscos positivos.** "Há um conjunto assimétrico de retornos. Você só vai perder uma vez o seu dinheiro", disse Bill Gurley, um dos sócios da Benchmark que não compartilhava do entusiasmo inicial de Moritz por Larry Page e Sergey Brin [cofundadores do Google]. "E quando você deixa passar a oportunidade do Google, como eu deixei passar, você perde 10.000x."

---

* Festival que ocorre anualmente no deserto Black Rock em Nevada, focado na criação experiências artísticas coletivas participativas pelo senso de comunidade e autoexpressão. (N. T.)

São princípios que o resto do mundo deveria imitar? O primeiro é. Muitas vezes você pode fazer uma aposta +VE apenas sendo mais paciente do que as outras pessoas. E isso representa uma vantagem comparativa, porque a paciência é uma característica atípica nos Estados Unidos. Embora sejam um país relativamente tolerante a riscos, os Estados Unidos estão repletos de pessoas que querem enriquecer a toque de caixa, e não de forma mais lenta. "Tempo ou investimento na marca é algo que não é muito norte-americano", comentou Wen Zhou, cofundadora da empresa de moda de luxo 3.1 Phillip Lim e que se mudou da China para Nova York quando tinha 12 anos. "Não sei se essa é uma declaração polêmica, porque sinto que se trata de um país muito capitalista. [Mas] é o menor período de tempo para ganhar a maior quantia de dinheiro." É provável que não seja uma coincidência que um número desproporcional de capitalistas de risco e fundadores sejam imigrantes, a exemplo de Khosla (Índia), Musk (África do Sul) e Thiel (Alemanha).

Além do mais, o valor de manter uma visão de longo prazo pode aumentar em um mundo onde — e aqui estou parecendo Thiel — dados e análises podem por vezes levar à miopia. Muitas vezes é fácil otimizar algoritmicamente para uma correção de curto prazo — e muito mais difícil saber o que produzirá valor de marca a longo prazo. Mesmo nos esportes, os times na era pós-*Moneyball* ainda aplicam taxas de desconto altíssimas para o sucesso futuro da equipe, e em geral estão dispostos a queimar o futuro por uma chance um pouco maior de vencer no presente.* Sem uma cultura com ênfase especial no planejamento de longo prazo, o equilíbrio competitivo que surge pode ser desagradável, brutal e curto.

É evidente que uma indústria em busca de pessoas que planejam dez ou mais anos à frente necessariamente atrai muitas personalidades teimosas. *Não é* saber que o sucesso estrondoso acontecerá de imediato; a SpaceX, por exemplo, levou seis anos[29] até seu primeiro lançamento bem-sucedido de foguete e mais de uma década até dar lucro. Na verdade, capitalistas de risco veteranos estão acostumados a um padrão chamado Curva J: os fracassos são enfrentados antes dos sucessos, então o fundo tende a ter um retorno negativo no início. "Há um fenômeno chamado 'limões amadurecem cedo', que sintetiza a noção de que o fracasso das empresas se dá antes do êxito de outras", disse Andreessen. "Porque você tem um monte de empresas que estão indo pelos ares, e os grandes vencedores ainda não apareceram. E você fica tipo, estou na porra de um atoleiro, e no momento nada está indo bem."

---

* Isso não significa que seu comportamento seja irracional — ele reflete as estruturas de incentivo dos tomadores de decisão, que obrigam o pensamento de curto prazo. Dos trinta gerentes gerais da MLB em outubro de 2013, apenas dois tinham o mesmo emprego dez anos mais tarde.

A curva J do capital de risco

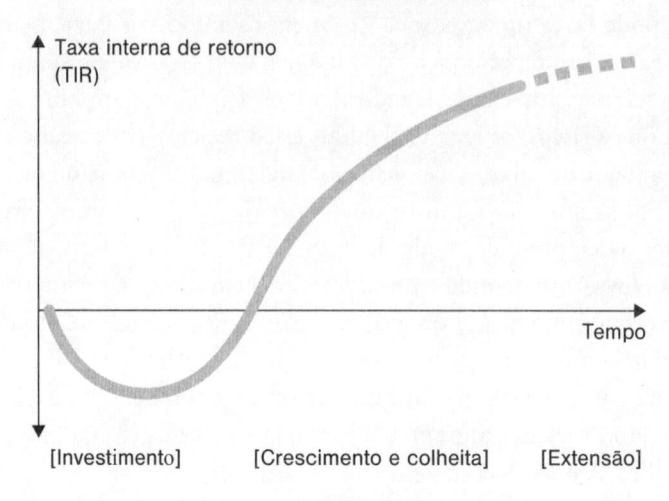

Taxa interna de retorno (TIR)

Tempo

[Investimento]   [Crescimento e colheita]   [Extensão]

A segunda característica — a natureza assimétrica dos lucros no Vale do Silício — é ainda mais essencial para entendermos a mentalidade desse ambiente. Suas implicações são mais ambíguas do que a primeira. De maneira geral, a sociedade estaria melhor (eu afirmo com segurança) se as pessoas entendessem a natureza do valor esperado e, em especial, a importância de eventos de baixa probabilidade e alto impacto, sejam eles na forma de lucros potenciais fantásticos ou riscos catastróficos.

No entanto, quando os lucros assumem a forma de investimentos financeiros, isso pode criar dois tipos de problemas. O primeiro é o risco moral: que a empresa que se expõe aos riscos, em perigo por apenas 1x seu investimento, não arca com todas as consequências dos riscos, que, em vez disso, recaem sobre o público. Trata-se de um problema mais clássico em Wall Street, como na forma de resgates financeiros.* Mas isso pode vir a ser um problema sempre que uma empresa impõe à sociedade externalidades negativas (termo econômico sofisticado para "efeitos colaterais"). É verdade que o crescimento tecnológico tende a ter externalidades positivas — por exemplo, novos produtos biomédicos podem prolongar a expectativa de vida humana. Arraigada na psicologia dos capitalistas de risco está a ideia de que eles podem dormir um sono tranquilo à noite porque não estão apenas se enriquecendo, mas também tornando o mundo um lugar melhor. No entanto, apesar de alguns avanços tecnológicos recentes, a proposta de valor tem sido mais questionável. Talvez as redes sociais tenham trazido

---

* Óbvio, quando o Silicon Valley Bank faliu em março de 2023, os capitalistas de risco exigiram, em alto e bom som, assistência federal — e o governo interveio para proteger os depositantes. (Por algumas definições, essa intervenção é considerada um resgate total, porque os acionistas do SVB foram dizimados quando o banco foi vendido para outra empresa.)

efeitos líquidos negativos na sociedade. As criptomoedas deram origem a muitos golpes e fraudes, como o caso da FTX de Sam Bankman-Fried (que recebeu pesados investimentos da Sequoia e de outras empresas de capital de risco), o que custou aos detentores de criptomoedas pelo menos 10 bilhões de dólares.[30] E, com a inteligência artificial, a ruptura pode ser profunda, resultando em uma reorganização em massa da economia, mesmo que ela permaneça relativamente bem alinhada com os valores humanos.

A segunda questão é que os ganhos substanciais contribuem para uma economia do tipo "o vencedor leva tudo". A comunidade de capitalistas de risco/fundadores é *pequena*. As principais empresas de capital de risco têm de um punhado a algumas dezenas de sócios cada, em contraste com as empresas de Wall Street, que têm centenas. O Vale do Silício não era um lugar de muita ostentação — diversos dos primeiros fundadores eram do Meio-Oeste, e Wolfe achava que seus valores refletiam o comedimento calvinista interiorano — e mesmo agora, suas mansões têm a forma de estruturas baixas escondidas atrás de arbustos, não casas opulentas à beira-mar ou nas colinas como as do sul de Los Angeles. No entanto, por trás desses arbustos estão pessoas com riqueza, poder e influência exponencialmente crescentes. Embora a extensão de suas conquistas seja um assunto de considerável controvérsia, as empresas de capital de risco de elite do Vale do Silício têm como meta TIRs (taxas internas de retorno) de 20% a 30% ao ano. Digamos que estejam atingindo o valor inferior dessa faixa, 20%. Isso significa que sua riqueza dobra a cada quatro anos!

E ainda assim, a despeito de todo o sucesso, quase todos os capitalistas de risco com quem falei ainda viviam com FOMO [acrônimo de *fear of missing out*]. Para ser mais específico, sofrem do medo do fundador que foi embora. "Os erros de omissão são erros muito, muito maiores", declarou Andreessen. "Quase nunca nos culpamos por erros de ação; nós nos culpamos muito por erros de omissão. Em algum momento, você só precisa dizer 'sim'. Tipo, sei lá, Mark Zuckerberg entra pela porta. Você só precisa não ser tão burro a ponto de dizer 'não' para ele."

Patrick Collison, o cofundador da [plataforma de pagamentos] Stripe (e outro imigrante: nasceu na Irlanda), acha que é esse medo da omissão — e uma correspondente falta de medo da ação — que torna o Vale do Silício diferente. A matemática por trás do valor esperado (uma probabilidade de sucesso de 5% vezes um retorno de 100x faz uma aposta valer a pena) não é difícil de entender. Quando se trata de matemática, o Vale do Silício não tem nenhum tipo de molho secreto. O capital de risco em estágio inicial não é um processo tão quantitativo. "Não acho que as pessoas no Vale do Silício sejam melhores em calcular", disse Collison. "Em vez disso, elas são melhores em *executar* essas apostas — em partir para a ação em investimentos que com frequência fracassarão, às vezes de maneiras constrangedoras. "Acho que elas são melhores em algum tipo de disposição subjacente", afirmou Collison.

Para a maioria das pessoas, é difícil fazer apostas que elas sabem que em geral darão errado. Muitas das características distintivas do Vale do Silício (da crescente abertura ao uso de drogas psicodélicas,[31] da tolerância com fundadores difíceis, até a tendência dos capitalistas de risco de pontificar sobre questões políticas) refletem uma falta de medo de parecer burros. Os seres humanos são animais sociais, e por isso esse destemor de desaprovação social não é algo que vem com naturalidade para a maioria das pessoas.* A razão pela qual o Vale do Silício está quase sempre disposto a ir a extremos em defesa de seu sistema de valores é porque teme que, se esses valores não forem ativamente reforçados, ele perderá o que o torna tão singular.

Capitalistas de risco são raposas, fundadores são porcos-espinhos

Ainda assim, nada disso parece fácil de manter em equilíbrio. O Vale do Silício tem a sua cota de visionários e a sua cota de imitadores; seu quinhão de pessoas que querem mudar o mundo e sua parcela de pirralhos mimados. E tem muitas pessoas socialmente desajeitadas que alcançaram tremenda riqueza e notoriedade ainda jovens. Minha teoria é que, para fazer tudo isso funcionar, é preciso de uma simbiose entre dois tipos de personalidade muitas vezes conflitantes. Isso corresponde ao que escrevi antes sobre a necessidade de pessoas razoáveis e desarrazoadas, porém quero ser mais preciso.

Se você leu *O sinal e o ruído*, deve se lembrar de nossos amigos peludos, as raposas e os porcos-espinhos. A terminologia vem do poeta grego Arquíloco ("A raposa conhece muitas coisas menores, mas o porco-espinho conhece uma coisa só, uma coisa grande") — por meio do cientista político Phil Tetlock, que encabeçou um estudo de longo prazo sobre as habilidades preditivas de cientistas políticos e outros especialistas. O estudo — publicado no livro *Expert Political Judgment: How Good Is It? How Can We Know?* [A avaliação de especialistas em política: é bom? como podemos saber?] — descobriu que, na maioria das vezes, os especialistas eram péssimos em fazer previsões. No entanto, os especialistas com traços de um grupo de personalidade que Tetlock considerava como de raposa (saber muitas coisas menores) eram mais precisos, em termos comparativos. Essas raposinhas inteligentes eram as heroínas de *O sinal e o ruído*.

---

* Ainda mais no Village, onde o ostracismo (ou, se preferir, "cancelamento") é considerado a punição máxima.

Mas as raposas são bons fundadores?

Posso pensar em exceções à regra (o polímata Collison[32] é bem parecido com uma raposa, por exemplo). Mas, via de regra, os capitalistas de risco estão procurando pessoas que tiveram uma grande ideia maluca com a qual se comprometerão por uma década ou mais. Uma ideia que pode dar errado, mas tem uma pequena chance de ser revolucionária. E isso está em cheio na esfera da personalidade do porco-espinho.

Atitudes de raposas e porcos-espinhos*

COMO PENSA UMA RAPOSA	COMO PENSA UM PORCO-ESPINHO
Tolerante aos riscos: Pensa em termos de valor esperado e está disposta a agir de acordo com isso. Não necessariamente se vê como alguém que se expõe a riscos; no entanto, sua capacidade de correr riscos calculados a distingue da maioria das pessoas.	**Ignorante aos riscos:** Não é necessariamente alguém que se sente à vontade ao se expor a riscos. No entanto, como pode subestimar ou superestimar suas próprias habilidades, às vezes pode tomar decisões que outros considerariam incrivelmente arriscadas.
Probabilística: Pensa como jogadores de pôquer, ou seja, está disposta a fazer apostas com base em informações incompletas.	**Determinístico:** Pensa como jogadores de xadrez, ou seja, que os resultados tendem a estar certos depois que a posição é definida.
Multidisciplinar: Incorporam ideias de diferentes disciplinas, independentemente de sua origem no amplo espectro político.	**Especializado:** Muitas vezes é alguém que passou a maior parte da carreira debruçado sobre um ou dois grandes problemas.
Adaptável: Encontra uma nova abordagem — ou busca vários caminhos ao mesmo tempo — se não tiver certeza de que o enfoque original está funcionando.	**Obstinado:** Agarra-se sempre à mesma abordagem *all-in*. Apesar de propenso ao viés de confirmação, dobrará a aposta quando outros desistiriam.
Tem autocrítica: Às vezes mostra-se disposta a reconhecer erros em suas previsões e assumir a culpa por eles — ainda que de forma relutante, raramente feliz em fazer isso.	**Teimoso:** Os erros são atribuídos à má sorte ou a circunstâncias idiossincráticas — uma boa ideia que teve um dia ruim.
Tolerante à complexidade: Vê o universo como algo complicado, talvez a ponto de muitos de seus problemas fundamentais serem inerentemente imprevisíveis.	**Busca por uma noção de ordem:** Tem o cérebro de um engenheiro. Espera que, uma vez que o sinal seja detectado em meio ao ruído, o mundo obedeça a interações e relacionamentos relativamente simples.
Empírica: Costuma confiar mais na observação e em estratégias testadas e comprovadas pelo tempo do que na teoria.	**Ideológico:** Espera que as soluções para muitos problemas do dia a dia sejam manifestações de alguma teoria ou luta ideológica maior. Pode acreditar que a civilização está em um ponto de virada.

---

* Caso pareça familiar, esta tabela é reproduzida de *O sinal e o ruído*, com algumas revisões e adições para torná-la mais focada em atitudes em relação a exposição a riscos.

Pense em alguém como Elon Musk. Quase todas as características na lista do porco-espinho o descrevem à perfeição. Ele é extremamente teimoso — ou, se preferir, extremamente determinado. Ele pensa como um engenheiro e busca ordem, outro traço semelhante ao do porco-espinho.

Thiel, um ex-fundador, também está no Time Porco-Espinho, porque busca a ordem e é ideológico. Ele pode não ter a tolerância aos riscos de Musk (poucas pessoas têm), embora os porcos-espinhos tenham uma relação engraçada com o risco. Ou seja, como os porcos-espinhos não são muito bons em prever riscos, podem se comprometer com projetos que outras pessoas considerariam extremamente arriscados, uma vez que não calculam as probabilidades da mesma forma. Ou podem estar dispostos a passar a vida inteira se dedicando a um projeto, sem nem sequer querer saber quais são as probabilidades.

Em contrapartida, para os capitalistas de risco, hábitos semelhantes aos das raposas têm o potencial de serem muito úteis. Ao decidir onde investir, eles estão fazendo previsões — e sabemos, pelo estudo de Tetlock, que as raposas são melhores em suas previsões. Os capitalistas de risco não necessariamente preveem de uma forma muito orientada por estatísticas. Porém, como ouvem centenas de discursos de venda em empresas de setores muito diferentes entre si, precisam saber um pouco sobre muita coisa.

Vejamos o caso de Moritz, por exemplo. Ao contrário de alguém como Thiel, ele nunca foi de fato um fundador.* Em vez disso, Moritz se mudou do País de Gales para Detroit em 1976 como jornalista incumbido de cobrir a indústria automobilística para a revista *Time*. (Quando o visitei em seu apartamento em São Francisco — com uma deslumbrante vista da baía —, Moritz me elogiou pelo boné do Detroit Tigers que eu estava usando.) Passado algum tempo, ele acabou indo parar em Los Angeles e depois mais no norte da Califórnia. Desde o início, ficou fascinado pelo Vale do Silício e seus jovens fundadores. "Onde eu cresci, ninguém nunca abriu uma empresa, muito menos alguém que tivesse apenas dezenove ou vinte anos de idade. A menos que, você sabe, fosse um limpador de janelas ou algo assim."

Após publicar histórias sobre o Vale, incluindo um dos primeiros livros sobre Steve Jobs intitulado *The Little Kingdom* [O pequeno reino] — o tempestuoso Jobs interrompeu a comunicação entre os dois no meio do que deveria ser uma biografia autorizada —,[33] Moritz estabeleceu relacionamentos com as principais empresas

---

* Na verdade, Moritz fundou um boletim informativo focado em tecnologia, um negócio que estava um pouco à frente de seu tempo. "Hoje nós conseguiríamos fazer isso. Seria chamado de *The Information* ou *Tech Crunch* ou *PitchBook*", disse-me ele. "Hoje esse mercado existe, nós estávamos apenas quarenta anos adiantados."

de capital de risco e decidiu que queria ele mesmo entrar no jogo. "Então, escrevi para cinco delas. Quatro delas me responderam: 'Olha, você é formado em história, não sabe nada sobre tecnologia. Você não tem um diploma de computação ou engenharia. Você nunca trabalhou na Hewlett-Packard. Você é jornalista. O que diabos vamos fazer com você?'" Houve uma exceção: Don Valentine, o fundador da Sequoia Capital, que se arriscou e deu uma chance a Moritz. Foi uma boa aposta: Moritz chegou duas vezes ao primeiro lugar na "Lista de Midas" da *Forbes* por seu toque de ouro.[34]

"Ele morreu há alguns anos. Se você tivesse o entrevistado, [Don] diria: 'Bem, o Mike era um ótimo ouvinte e fazia perguntas muito boas.'" Essa é a conexão que Moritz vê entre jornalismo e capital de risco: fazer boas perguntas. E estar disposto a trabalhar com informações limitadas — outra característica das raposas. "Eu era um repórter da seção de reportagens gerais. Então eu era mandado pra tudo que era canto e caía de paraquedas em uma história sobre a qual eu não sabia nada, e em alguns dias tinha que me tornar uma autoridade no assunto. Você sabe como é. Não é tão diferente no negócio de capital de risco. Eu sempre fui um desses caras que não se incomoda muito em tomar uma decisão sobre algo com informações imperfeitas. E acho que isso tem sido uma grande vantagem."

As raposas não são necessariamente amantes dos riscos, na definição que um economista faria a esse termo — isto é, pessoas que deliberadamente fariam uma aposta VE neutra apenas para sentir a adrenalina —, mas elas são boas em medir o risco, e as pessoas que são boas em medir o risco tendem a ser bastante tolerantes ao risco. Podem pelo menos fazer as apostas VE *positivas*.

Eis aqui minha teoria para o segredo do sucesso do Vale do Silício. Ele aglutina capitalistas de risco *tolerantes aos riscos* como Moritz e fundadores *ignorantes dos riscos* como Musk: uma perfeita combinação de raposas e porcos-espinhos. Os fundadores podem correr riscos que são, em certo sentido, irracionais, não porque o retorno não esteja lá, mas por causa da diminuição dos retornos marginais. (Se você tivesse um patrimônio líquido de 1 milhão de dólares, apostaria tudo em uma chance em 50 de ganhar 200 milhões de dólares — e uma chance de 98% de ter que começar do zero? O VE da aposta é de +3 milhões de dólares, mas eu provavelmente não ousaria tanto.) Porém, se os capitalistas de risco conseguirem reunir porcos-espinhos suficientes em um fundo e *fazer* muitas dessas apostas, podem abocanhar o VE sem grande risco de ir à falência.

Por que o Vale odeia o Village

Na **Introdução**, escrevi sobre a rivalidade cada vez mais intensa — em parte resultado de um choque de personalidades, em parte luta ideológica — entre o River e o Village, meu termo para o conjunto de ocupações intelectuais no governo, na imprensa e na academia que estão concentradas no leste dos Estados Unidos e em geral são associadas à política progressiva. O Vale do Silício tem estado na linha de frente desse conflito. Muitos dos capitalistas de risco e fundadores neste capítulo são francos sobre temas políticos.* E, convenhamos, não é difícil entender por que o Vale e o Village estão em guerra — as razões para o conflito são sobredeterminadas:

- **Todos ficaram muito furiosos uns com os outros em relação às eleições de 2016.** Os oito anos da presidência de Barack Obama foram um período de relativa trégua nas relações entre o Vale do Silício e o Village. A vitória de Obama em 2008 foi apelidada de "eleição do Facebook", e sua equipe de consultores com experiência digital — por exemplo, o cofundador do Facebook Chris Hughes,[35] que construiu um site de rede de contatos para a campanha de Obama — foi aclamada pelo sucesso da campanha. Contudo, embora as tendências subjacentes[36] possam ter sido evidentes antes, o que restava dos sentimentos cordiais dos anos Obama terminou de forma abrupta nas primeiras horas de 9 de novembro de 2016, quando as redes declararam que Trump havia sido eleito presidente.

Da perspectiva do Vale do Silício, a eleição foi um momento de "o rei está nu, mas ninguém tem coragem de falar", demonstrando a miopia do Village ao nomear uma candidata tão falha quanto Hillary Clinton e sua presunção por não ter levado a sério as chances de Trump. Poucos no Vale do Silício — além de Thiel — acreditavam que Trump venceria.

"Eu não achava que Trump fosse ganhar a nomeação do partido. Eu não achava que ele fosse ganhar a eleição. Eu acreditei na porra do *New York Times*, aquela coisa estúpida tipo 90% e não sei quanto, 96% ou 92%** às seis da noite da eleição", disse Andreessen, que naquele ano apoiou Clinton[37] em vez de Trump. "Tipo, eu acreditei na narrativa toda." Então, quando Trump venceu, "fiquei chocado pra caramba.

---

* Isso é ainda mais verdadeiro para porcos-espinhos como Musk e Thiel. Às vezes eu queria que não fosse assim — acho que uma raposa em sua moderação inerente seria um emissário melhor para o River.

** Andreessen estava se referindo ao modelo eleitoral do jornal *The New York Times*, embora na verdade sua previsão final desse a Clinton "apenas" 85% de chance de vencer, não um número na casa dos 90%. Em comparação, a previsão final do FiveThirtyEight deu a Clinton 71%.

Eu fiquei tipo, 'Tá legal, eu não entendo o mundo. Eu não entendo como as coisas funcionam. Tipo, claramente meu modelo mental está errado'".

Para o Village, por sua vez, o Vale do Silício era um bode expiatório conveniente. Menos de uma semana após a eleição, o jornal *New York Times* publicou uma matéria de primeira página na seção de negócios sobre como o Facebook estava na "mira"[38] por seu papel na disseminação de desinformação durante a campanha eleitoral. Este é um longo capítulo de um longo livro, e não quero atrapalhar nossa jornada com um desvio muito grande para 2016. Na condição de alguém que sabe uma ou duas coisinhas sobre eleições, basta dizer que nunca achei convincente a alegação de que Trump venceu por causa da desinformação espalhada no Facebook. O *Times* fez estardalhaço com a notícia de que *hackers* russos compraram 100 mil dólares em anúncios digitais no Facebook,[39] por exemplo — mas isso foi uma minúscula fração[40] dos *2,4 bilhões de dólares* gastos durante a campanha eleitoral ao todo. Em vez disso, a cobertura do próprio Village de coisas como o escândalo dos e-mails de Hillary Clinton[41] provavelmente teve mais impacto.

- **O Village gira em torno de lealdade de grupo, ao passo que o Vale do Silício é individualista.** Embora o Vale do Silício não seja tão contrarianista quanto alega ser, pelo menos trata o individualismo como algo a ser almejado. (Pense na famosa campanha publicitária da Apple, calcada no slogan *"Think Different"* [Pense diferente].) Por outro lado, muitas vezes a vida no Village é definida pela maneira como o indivíduo se alinha em relação a dois grandes partidos ou outros grupos políticos, ideológicos e identitários. Em uma época de intenso partidarismo nos Estados Unidos, isso tende a tornar o Village um lugar avesso a riscos, sobretudo quando se trata de dizer coisas que podem ofender outros em seu "time".

"Se você já passou algum tempo na capital dos Estados Unidos, [notou que] é como uma cidade de seguidores de regras", disse David Shor, cientista de dados e consultor político que trabalha para campanhas do Partido Democrata. Shor tem uma teoria para explicar o porquê disso. As campanhas eleitorais são como os sistemas de segunda divisão para a hierarquia social de Washington: garotos brilhantes na faixa dos vinte e poucos anos aspiram a subir na hierarquia e arranjar um emprego na Casa Branca na faixa dos trinta anos antes de ganhar dinheiro com uma vida confortável atuando em setores como lobby, consultoria ou imprensa. No entanto, as campanhas nem sempre são muito meritocráticas. "Na verdade, é muito raro conseguir avaliar se alguém fez um bom trabalho", revelou Shor. As campanhas têm centenas de funcionários e, no fim das contas, apenas um teste real — a noite da eleição — para saber se tiveram um bom desempenho, o que em geral é determinado por circunstâncias fora do controle da campanha. Os relacionamentos importam mais do que o mérito. Então, as pessoas progridem seguindo a correnteza.

Shor aprendeu isso a duras penas. Em 2020, em meio a protestos por vezes violentos[42] motivados pelo assassinato de George Floyd,[43] ele foi demitido de seu emprego na empresa de dados do Partido Democrata Civis Analytics.[44] Qual foi o crime de Shor? Ele enviou um tuíte apontando para um artigo acadêmico de um professor de Princeton que descobriu que os distúrbios raciais tendiam a reduzir[45] a parcela democrata de votos, enquanto protestos pacíficos a aumentavam.

Em retrospecto, pode ser difícil explicar por que a postagem de Shor causou tanto rebuliço. Em parte, isso se deveu ao "fator *timing*" — havia um grande protesto político de proporções nacionais no meio de uma pandemia no meio de uma eleição presidencial. O objetivo abrangente do Village, sobretudo em anos eleitorais, é manter a coesão do grupo. Se o caminho para alcançá-lo é usando alguém como bode expiatório, então faz parte do jogo. E eu quero dizer "jogo" mesmo, no sentido de "consistente com as expectativas da teoria dos jogos". Punir alguém como Shor, que era dos males o menor, serviu como uma estratégia de dissuasão para os demais.

- **Há guerras territoriais — e filosóficas — entre o Vale do Silício e Washington por conta da questão da regulamentação.** "A razão pela qual o Vale do Silício tem sido tão bem-sucedido é porque fica bem longe da capital, Washington", disse Bill Gurley em meio a aplausos estridentes no evento All-In Summit de 2023. Foi o clímax da piada (e a moral da história) da sua palestra, intitulada "4.588 quilômetros"[46] — porque essa é a distância de carro da Casa Branca até Sand Hill Road. O tema abordado era a captura regulatória — a convicção de Gurley de que "a regulamentação é amiga de quem está em posição de poder" e tende a favorecer grandes jogadores estabelecidos em vez de potenciais novatos.

Perguntei a Gurley, que não tem fama de ser polemista ou adepto de retórica inflamatória, se ele se preocupava em adotar uma posição de antagonismo e divergência ainda maior em relação a Washington. Ele me disse que sabia que estava sendo provocador. E que não se importava, porque o conflito já havia sido deflagrado depois que Biden nomeou Lina Khan, veemente crítica do poder das grandes companhias tecnológicas, como chefe da Comissão Federal de Comércio [FTC, na sigla em inglês]. Por que Gurley estava tão preocupado com isso? Bem, embora Khan tenha ido atrás dos maiores nomes da tecnologia (movendo processos judiciais[47] contra Amazon, Meta e Google) Gurley não é louco para se importar com a noção de que a captura regulatória ajudaria os maiorais. (Sua tese é bem conceituada na literatura acadêmica).⁴⁸ E um dogma no Vale do Silício é que grandes ideias disruptivas nunca vêm de grandes nomes já estabelecidos.

"Há mais de quarenta anos faço inovação. Não consigo pensar em um único exemplo de uma grande inovação que tenha vindo de um competidor esperado ou de um grande nome do setor", disse-me Vinod Khosla. Levando ao pé da letra, essa declaração é um exagero — uma consulta ao ChatGPT mostrou produtos como o Walkman da Sony, o PC da IBM e o iPhone como exemplos do contrário,* todos sendo desenvolvidos por marcas bem estabelecidas. Essa a narrativa estilo Davi contra Golias do pequeno disruptor que sobrepuja o gigante consagrado está profundamente enraizada no sistema de crenças do Vale do Silício, herança passada de uma geração de fundadores para a outra.

Ou pelo menos é essa a perspectiva que o Vale do Silício tem. A atitude de Mark Zuckerberg de "mexa-se rápido e quebre coisas" está em contraste direto com desejo de mudança gradual de Washington. Muitas startups (como a Uber, da qual Gurley era um investidor em estágio inicial) começam a vida em uma área jurídica cinzenta⁴⁹ e apostam em diminuir o risco regulatório. Muitas vezes isso mostra ser uma boa aposta, ou porque seus produtos se tornaram tão populares que os reguladores são forçados a se ajustar a eles, ou porque quaisquer acordos legais que acabem aceitando pagar a Lina Khan são uma gota no oceano em comparação com a escala de seus lucros.

Mas houve exceções importantes. O Napster, por exemplo, foi praticamente destruído em decorrência de uma série de processos legais. Kara Swisher, a cofundadora do site Recode que cobre o setor de tecnologia desde 1984, me disse que a antipatia intrínseca da indústria por Washington é uma tradição longeva — e muitas vezes fez disso seu pior inimigo. "Eles *desdenhavam* de Washington. Desdenhavam. Eles diziam: 'Para que precisamos deles?' E eu insistia em dizer: 'Eles virão atrás de vocês. Vocês são ricos.'"

O Vale do Silício tem o potencial de repetir esses erros na regulamentação da inteligência artificial. "Nossos inimigos são a corrupção, a captura regulatória, os monopólios, os cartéis", escreveu Andreessen no "Manifesto Tecno-Otimista". Observe a palavra que ele escolheu: *inimigos*. O Vale do Silício pode estar certo quanto aos méritos da regulamentação da IA — digamos que esforços governamentais desajeitados para controlá-la resultem em captura regulatória, ou que os Estados Unidos percam a corrida da IA para a China, ou que o seu desenvolvimento acabe sendo forçado à clandestinidade, onde poderia ter o potencial de ser mais perigoso. Mas isso não é necessariamente uma escolha do Vale do Silício. O sistema político e o

---

* E o próprio ChatGPT foi fortemente financiado pela Microsoft e outros nomes já estabelecidos que formaram a OpenAI.

sistema jurídico também terão sua opinião a dar, como no caso do processo movido pelo jornal *The New York Times* contra a OpenAI, em dezembro de 2023, por infração de direitos autorais.

- **O Vale do Silício é cético em relação ao mantra "confie nos especialistas" que o Village tanto preza.** Este é um dos pontos onde sou mais compreensivo diante dos argumentos que ouvi de capitalistas de risco e fundadores. Tendo passado minha carreira alternando-me entre assuntos como esportes, previsão eleitoral e o tipo de cobertura de negócios e ciência que você está lendo neste livro, estou bastante acostumado a ter minha experiência questionada ou a ser mandado ficar na minha e não me meter onde não sou chamado. É algo que se tornou muito mais comum nos últimos anos — período durante o qual, devido à crescente polarização educacional, uma grande maioria das pessoas no Village vota no mesmo partido político, o Democrata.

Não me entenda mal: acho que a *expertise* é tremendamente necessária na sociedade, e que ficaríamos loucos se na maioria das vezes não respeitássemos e acatássemos o consenso dos especialistas. Porém, cada vez mais, "confiar nos especialistas" ou "confiar na ciência" é usado como um porrete político,[50] como pode ser notado em muitas das controvérsias acerca da pandemia de covid-19. Enquanto isso, como David Shor descobriu, citar os especialistas *nem sempre* é bem-vindo se não corresponder aos objetivos políticos do Village. Alguma coisa mudou quando o ceticismo (algo que sempre pensei ser a área dos progressistas) está sendo defendido por conservadores como Thiel. "Em teoria, o que a ciência deveria fazer é se envolver em uma guerra de duas frentes, contra o dogmatismo excessivo e contra o ceticismo excessivo", defendeu Thiel. Ele acrescentou que há anos o Village vem se afastando do ceticismo em direção ao dogmatismo, mas que a covid-19 deixou isso ainda mais evidente. "E me parece que estão lutando contra o ceticismo muito mais do que contra o dogmatismo."

A ironia é que se *confiamos nos experts em expertise* — ou seja, se confiamos em pessoas como Tetlock —, eles dirão que é necessário adotar uma postura muito cética em relação à competência ou qualidade dos especialistas, que estão sujeitos a todos os tipos de vieses cognitivos, mesmo quando suas posições políticas não estão atrapalhando.

Muitos capitalistas de risco aprenderam essa lição por conta própria. As raposas que têm menos *expertise* no assunto, mas um processo de pensamento mais rigoroso, em geral são melhores avaliadores do talento do fundador, por exemplo. Moritz acha que às vezes pode ser uma desvantagem ter conhecimento técnico demais. "Muitos deles têm uma séria desvantagem, que é o fato de precisarem saber de cada detalhe.

Cientistas, engenheiros e matemáticos precisam chegar à raiz de tudo e sentir que entendem por completo como funciona a mecânica. O que, muitas vezes, significa que perdem a lucidez e objetividade."

Chamath Palihapitiya (o CEO da Social Capital que, como um dos coapresentadores do podcast *All-In*, fica feliz em trocar opiniões sobre uma ampla variedade de temas) me disse que, como a polarização política torna mais difícil saber em quem confiar, não há escolha a não ser se tornar uma raposa. "Não existem mais especialistas. Há apenas *expertise percebida*. E mesmo isso não é mais verificável", disse ele quando mencionei o trabalho de Tetlock. "Acho que a *expertise* é uma forma de arte que hoje em dia já se perdeu. Então você tem que ser um pouco como uma raposa, capaz de apenas correr freneticamente de um lado para o outro e calibrar o que vai recebendo aqui e ali."

- **Os líderes do setor de tecnologia estão em um embate ideológico com seus funcionários e culpam o Village por isso.** Ao descrever a política do "Vale do Silício", precisamos ser exatos quanto ao que queremos dizer. Na eleição de 2020, os nove condados da região da Área da Baía votaram em peso nos Democratas, como costumam fazer, dando 76% de seus votos a Joe Biden e 22% a Trump. Se forçarmos a vista, talvez dê para ver os primeiros indícios de uma mudança conservadora — no condado de Santa Clara, que tem uma associação mais íntima com o coração geográfico do Vale do Silício, a parcela de votos de Trump aumentou 5 pontos percentuais em relação a 2016. (Esta foi, na verdade, uma das maiores guinadas no país,[51] fora do sul da Flórida ou do sul do Texas.) Ainda assim, a região como um todo é esmagadoramente azul [democrata]. Assim como os funcionários das principais empresas de tecnologia, cujas contribuições políticas pendem de forma desproporcional para o Partido Democrata.[52]

Mas e as elites do Vale do Silício — os cem principais capitalistas de risco, CEOs e fundadores? Não existe um catálogo abrangente de suas visões políticas, então darei apenas minhas impressões como um repórter que teve a oportunidade de conversar com eles.

Vale a pena ter em mente que os ricos tendem a ser conservadores. Se as elites do Vale do Silício votassem puramente com o bolso, elegeriam o Partido Republicano por conta de impostos mais baixos e menos regulamentações, sobretudo com Khan no comando da FTC. Ainda assim, pessoas como Thiel — que tem uma visão de um conservadorismo extremo[53] acerca de muitas questões — são mais ou menos atípicas naquele ambiente, e imagino que a maioria dos líderes do Vale do Silício não votaria em Trump.

No entanto, muitos deles ficam felizes em falar pelos cotovelos sobre as guerras culturais, ou seja, o conjunto de tópicos como *wokeness* (a ideologia *woke*), cultura de cancelamento e liberdade de expressão. Para alguns deles, isso pode ser uma pílula vermelha para concepções conservadoras sobre outras questões, e para outros não é — mas as questões de liberdade de expressão tendem a unir os progressistas, libertários e conservadores do Vale do Silício.

Um dos motivos é porque esses tópicos criam tensão dentro da hierarquia empresarial entre pessoas em cargos de gerência e trabalhadores mais jovens e progressistas. Em 2017, por exemplo, um engenheiro do Google chamado James Damore escreveu um memorando interno intitulado "Google's Ideological Echo Chamber" ["A câmara de eco ideológica do Google"],[54] que criticava as práticas e políticas de contratação do Google, adotadas pela empresa para aumentar a diversidade entre seus funcionários, e argumentava que havia uma base biológica para as diferenças de gênero. Diante das ameaças de outros funcionários de pedir demissão caso Damore permanecesse no cargo, o Google o demitiu.[55]

O melhor argumento que ouvi sobre as razões pelas quais o Vale do Silício *deveria* se importar com as guerras culturais é que esse tipo de censura — suprimir mundividências malquistas ou até demitir funcionários por causa delas — ameaça sua crença de longa data de que pecados de omissão são piores do que pecados de ação. O ideal platônico do Vale do Silício para si mesmo tem sido o que o escritor Tim Urban chama de "laboratório de ideias". "O laboratório de ideias é uma cultura na qual discordar é legal", disse Urban, cujo livro *What's Our Problem?* [Qual é nosso problema?], publicado em 2023, aborda a fundo o tema. "Onde discordar de líderes é legal e bom, onde ninguém leva a discordância para o lado pessoal. E onde valorizamos a diversidade de pontos de vista."

No Vale do Silício, espera-se que o indivíduo sinta que tem permissão para expressar ideias impopulares e possivelmente muito erradas ou até estúpidas. Então, a demissão de Damore representou uma mudança. As opiniões dele não podem ser consideradas radicais — são posições relativamente comuns[56] em pesquisas junto à população norte-americana em geral. Elas nem sequer eram tão impopulares *no Google*: uma sondagem anônima[57] constatou que 36% dos funcionários concordavam com o memorando, ao passo que 48% discordavam. E, ainda assim, Damore foi demitido.

As críticas ao Google ganharam credibilidade após o lançamento em fevereiro de 2024 de seu modelo de IA, o Gemini, que quase parecia uma paródia conservadora da cultura de *wokeness*: seu mecanismo de geração de imagens produziu soldados nazistas multirraciais, jogadoras de hóquei da NHL usando máscaras cirúrgicas e reinterpretou Page e Brin, os fundadores (brancos) do Google, como asiáticos, mesmo quando os usuários não tinham pedido nada do tipo.[58] O incidente reforçou tanto o medo tecnolibertário de uma incursão progressista no Vale do Silício quanto a noção de que empresas gigantescas como o Google podem ter eleitores demais e comprometimentos políticos demais para manter culturas tão distintas quanto o laboratório de ideias — e, portanto, estão propensas a ser ultrapassadas por concorrentes mais enxutos.*

- **O Vale do Silício tem uma profusão de "maus vencedores".** Em 2016, um júri da Flórida determinou o pagamento de 140 milhões de dólares em ressarcimento por danos[59] a um homem chamado Terry G. Bollea (mais conhecido como o lutador Hulk Hogan). Bollea processou a Gawker Media por divulgar uma fita de sexo de Bollea e a esposa de uma personalidade radiofônica chamada "Bubba the Love Sponge".

Pode parecer esquisito falar disso, eu sei, mas é que a grande reviravolta é que a caríssima equipe jurídica de Bollea foi financiada em segredo[60] por um homem que não tinha nada a ver com o caso: Peter Thiel. Acontece que Thiel ficou chateado com um artigo que o site Gawker publicara anos antes, em 2007, revelando que ele era gay,[61] e passou anos planejando sua vingança. E conseguiu: o veredito do júri levou o Gawker à falência;[62] seu fundador, Nick Denton, foi forçado a vender a empresa.

Há um trecho no livro de Thiel de 2014, *De zero a um: O que aprender sobre empreendedorismo com o Vale do Silício,*** que repreende os fundadores por se envolverem em dramas pessoais:

> No mundo dos negócios, ao menos, Shakespeare se mostra o guia superior. Dentro de uma empresa, as pessoas ficam obcecadas por seus concorrentes no progresso da carreira. Depois as próprias empresas ficam obcecadas por seus concorrentes no mercado. Em meio a todo o drama humano, as pessoas perdem de vista o que importa, concentrando-se em vez disso em seus rivais.[63]

Perguntei a Thiel sobre essa passagem. Ele não tinha sido hipócrita ao se concentrar com tanto empenho em destruir um rival, Denton, a meio continente de distância, em Nova York, num caso jurídico com qual não tinha qualquer relação pessoal, tudo pelo pecado de revelar que um homem era gay — um homem que vivia na cidade mais gay do mundo, São Francisco? Thiel logo admitiu:

---

* Isso está relacionado à ideia de Clayton Christensen do "dilema da inovação" — explicitada em seu livro *O dilema da inovação: quando as novas tecnologias levam empresas ao fracasso*. Christensen estava preocupado em abordar os compromissos das empresas em relação aos clientes — o fato de que as grandes companhias mantêm uma quantidade excessiva de linhas de produtos e funcionalidades para deixar os clientes felizes —, mas a metáfora pode ser aplicada também a outros comprometimentos, como as obrigações para com acionistas, funcionários, aliados políticos e reguladores.
** Escrito a quatro mãos com Blake Masters, o futuro candidato ao Senado dos Estados Unidos por Arizona com apoio de Thiel.

> "Em qualquer contexto de intensa competitividade, é quase impossível apenas se concentrar em um objeto transcendente e não gastar muito tempo nas personalidades dos seus rivais."
>
> As elites do Vale do Silício têm uma infinidade de coisas a seu favor. Uma riqueza como o mundo jamais viu. Poder. Influência. Esses caras criam produtos superlegais como foguetes e desenvolvem ideias capazes de mudar o mundo. Eles têm esposas gostosas[64] — às vezes mais de uma ao mesmo tempo —, são donos de casas suntuosas e são convidados para festas glamorosas (adeus, comedimento calvinista). E, ainda assim, na maior parte do tempo, muitos deles vivem zangados, ainda mais com a imprensa e outras partes do Village.
>
> Perguntei a Swisher por que líderes do setor de tecnologia como Thiel e Musk são tão obcecados com a cobertura que recebem da imprensa. Ela não precisou de muito tempo para pensar em sua resposta: "É porque eles são narcisistas. Eles são todos narcisistas malignos."

Contra o Vale do Silício

Até o momento, tenho sido bastante simpático em relação ao Vale do Silício, mas a verdade é que concordo com uma série de críticas frequentes direcionadas a ele. Não são necessariamente as primeiras críticas que você ouviria no Village, cujas preocupações costumam ser mais provincianas. Ainda assim, há muitas perguntas boas que deveríamos fazer, como:

- Os capitalistas de risco estão intencionalmente selecionando fundadores babacas e malucos?

- O Vale do Silício é mesmo tão contrarianista quanto afirma ser?

- As empresas de capital de risco discriminam fundadores mulheres, negros e hispânicos?

- O sucesso do capital de risco é uma profecia autorrealizável?

Vamos analisar uma de cada vez.

Os capitalistas de risco selecionam intencionalmente fundadores babacas e malucos?

Aqui está uma estatística que pode surpreender você — ela me surpreendeu quando a vi pela primeira vez. Dos bilionários na lista *Forbes 400* [as 400 pessoas mais ricas dos Estados Unidos] do ano de 2023, 70% são basicamente* "pessoas que venceram na vida por méritos próprios".[65] E 59% vieram da classe média alta ou de origem social mais abaixo. Esse fenômeno é ainda mais verdadeiro quanto mais se avança na cauda da curva de riqueza. Todas as dez pessoas mais ricas dos Estados Unidos são classificadas como "pessoas que venceram na vida sem ajuda".

Essa fração se tornou bem mais significativa do que era antes. Em 1982, apenas 40% dos nomes da *Forbes 400* tinham começado o próprio negócio; a maioria era composta por gente que herdou riqueza.[66] Será que o dinheiro antigo saiu de cena e o novo tomou seu lugar? Ora, é essencial ter em mente que isso não é uma indicação da mobilidade social *generalizada* nos Estados Unidos. Na verdade, de acordo com todos os estudos, a exemplo do trabalho muito detalhado do economista Raj Chetty, a renda geral[67] e a mobilidade da riqueza[68] diminuíram nos Estados Unidos em relação a uma geração atrás. A *Forbes 400*,[69] no entanto, é a extrema direita da cauda na curva. Para um indivíduo ir parar nessa lista, ajuda ter feito algumas apostas de risco extremo que valeram a pena — aquelas que alguém que já é rico tem menos incentivo para fazer.

Digamos que no dia do seu aniversário de 18 anos você herde um fundo fiduciário de 25 milhões de dólares. Você vai usar esse dinheiro para começar um negócio? Talvez *devesse*, mas é muito mais fácil sacar 1 milhão de dólares por ano para viver, viajar pelo mundo e dar algumas festas de arrombo, e colocar o resto em fundos de índice S&P 500 com rendimento de 7% ao ano. Quando você completar 65 anos, seu patrimônio líquido esperado será de cerca de 250 milhões de dólares — mais um monte de milhas áreas. Legal! Tornou-se muito, muito rico, mas não dá para você sentir nem o cheiro da lista *Forbes 400*, em que os lances começam em cerca de 3 bilhões de dólares.

Por outro lado, todos os anos são criados cerca de 5 milhões de novos negócios nos Estados Unidos.[70] Trata-se de uma estatística um pouco enganosa, porque inclui coisas como — me diga se você conhece alguém assim — um escritor/estatístico/jogador de pôquer autônomo que cria uma "corporação S" (microempresa) para obter certas vantagens fiscais. Ainda assim, se 1% dessas startups tem potencial sério de crescimento, isso dá 50 mil bilhetes de loteria a cada ano. Algumas

---

* A *Forbes* trata a questão como uma escala móvel de 1 a 10; 70% dos bilionários tiveram pontuações de 6 ou mais.

delas vão tirar a sorte grande e fazer muito sucesso, e hoje em dia a recompensa por fazer muito sucesso é *tão* grande que os poucos sortudos que conseguirem vão ultrapassar todos os que nasceram em berço de ouro.

Ora, isso com certeza não significa que você queira crescer na pobreza absoluta; apenas um punhado de bilionários na lista *Forbes 400* passou por isso. Ter sido criado em um ambiente de vida confortável ajuda. Também ajuda fazer parte de um dos grupos demográficos em que os capitalistas de risco gostam de investir (por exemplo, um jovem nerd de ascendência europeia ou asiática). Mas as pessoas que nascem no fim da fila tendem a ser bem avessas ao risco.

"Por que as crianças de segunda geração nunca são tão bem-sucedidas?", indagou o CEO da Social Capital, Palihapitiya, que se mudou com sua família do Sri Lanka para o Canadá e trabalhou em uma lanchonete Burger King[71] para ajudar a garantir o sustento dos familiares. Em vez de uma mãe ou pai empreendedor, que tinha "apenas uma curva para otimizar, que é a curva 'o que eu tenho a perder?'", a criança começa "com a curva exatamente inversa trabalhando contra ela, que é o risco de constrangimento", disse Palihapitiya. "Não importa o que os pais digam à criança, essa pessoa está operando de uma perspectiva em que a percepção é a de que ela tem muito a perder."

Também pode ajudar ter outra coisa: um ressentimento. Josh Wolfe, da Lux Capital, gosta da frase "quanto maior a ficha corrida de rancor, mais fichas nos bolsos".[72] Sentir-se deixado de lado, excluído ou isolado pode tornar uma pessoa *extremamente* competitiva. Lembre-se: os capitalistas de risco querem fundadores que estejam dispostos a se comprometer com ideias de baixa probabilidade (ideias sobre as quais eles acham que o resto do mundo está errado) — ao longo de uma década ou mais. O que motiva uma pessoa a fazer algo assim? Wolfe, que cresceu em um lar monoparental no barra-pesada bairro de Coney Island, em Nova York,[73] me disse que acha que há uma resposta comum: vingança.

"Pode ser porque foram colocados para adoção. Pode ser porque vieram de uma família dividida. Pode ser por ter sido a única minoria em um bairro branco majoritariamente homogêneo ou o menino obeso em uma cidadezinha fanática por futebol americano tipo a série *Friday Night Lights*. Pessoas que, por necessidade, criam uma casca grossa por não se encaixarem e que não se sentem mal ao se destacar dos demais. E nutrem uma sensação de raiva que não as leva ao desânimo, mas à vingança motivadora."

Permita-me elucidar duas coisas. Primeiro: você só quer adversidade *até certo ponto*. É quase certo que existe um limite além do qual passem a ser demasiadas as desvantagens a superar. Elon Musk teve uma infância difícil[74] e se afastou do pai;[75] Thiel era gay e enrustido;[76] Jeff Bezos foi adotado — mas também eram privilegiados em outros aspectos. Tinham problemas e ressentimentos, mas tinham capital social suficiente para serem levados a sério por capitalistas de risco, funcionários e clientes.

E segunda coisa: isso *nem sempre* acaba bem. Esse fogo competitivo pode ser canalizado de maneiras construtivas e autodestrutivas, e o trauma da infância[77] quase certamente tem efeitos negativos no decorrer da vida, *em média*. A questão é que não estamos falando da média: estamos falando de quem acaba na extrema direita da cauda, os 0,0001%. Em geral, são pessoas que ou amam com intensidade irracional o risco por conta de uma sensação de não ter nada a perder, ou que são extraordinariamente motivadas por uma missão devido a uma sensação de querer provar que os outros estão errados — ou ambas as coisas, como no caso de Musk.

Habilidade, viés de sobrevivência e resultados distorcidos à direita; ou Elon Musk só teve sorte?

É difícil enfatizar o quanto o resultado médio pode diferir dos extremos — e o quanto as caudas são sensíveis à voracidade que uma pessoa tem por riscos. Então, permita-me tentar outra maneira de ilustrar isso: com um torneio de pôquer hipotético.

Trata-se de um torneio do tipo "*all-in* ou *fold*", que é exatamente o que parece. Em cada mão, você pode colocar todas as suas fichas ou foldar e esperar pela seguinte. Toda vez que você folda, paga uma penalidade de 1% das suas fichas à guisa de ante. Se você vai de *all-in*, mas ninguém paga, aumenta sua pilha em 10%, porque ganha os antes de todos os outros. Se você vai de *all-in* e alguém faz um *call*, você vê um *showdown* e dobra sua pilha ou vai à falência e está fora do torneio. (Você não pode continuar recomprando, como Elon Musk.) Cogite duas estratégias possíveis:

- **Prudente.** Você vai *all-in* em 20% das vezes e folda o resto das mãos. Quando vai *all-in*, em 25% das vezes alguém faz *call*. Você ganha em 50% das vezes que alguém paga a aposta.

- **Degen.** Você vai *all-in* 100% das vezes. Assim, em 50% das vezes alguém paga sua aposta. (As pessoas são mais inclinadas a se arriscar nesse caso do que com a estratégia Prudente, porque sabem que você tem apenas uma mão aleatória.) Como a maioria de suas mãos é fraca, você ganha apenas em 40% das vezes em que alguém paga a aposta.

Digamos que cada jogador comece com 60 mil fichas e o torneio dure seis mãos. Qual das estratégias é a melhor? Ora, fiz as contas, e a Prudente deixará você com uma média de cerca de 62.500 fichas, em comparação com apenas 44 mil fichas na estratégia *Degen*. A estratégia Prudente é de longe a melhor — se a sua preocupação é com a média.

Contudo, a estratégia *Degen* tem tanto *muito* mais probabilidades de levar você à bancarrota quanto *muito* mais probabilidades de torná-lo podre de rico. Aqui estão as probabilidades, arredondadas para números inteiros:

Resultados do torneio de pôquer

RESULTADO	PRUDENTE	DEGEN	DEGEN HÁBIL
Ir à falência	1 em 7	7 em 8	3 em 4
Obter algum tipo de lucro	3 em 5	1 em 8	1 em 4
Terminar com mais de 100 mil em fichas	1 em 8	1 em 8	1 em 4
Terminar com mais de 500 mil em fichas	1 em 9 mil	1 em 40	1 em 10
Terminar com mais de 1 milhão em de fichas	1 em 600 mil	1 em 150	1 em 25
Terminar com mais de 3,84 milhões em fichas (máximo possível)	1 em 4 bilhões	1 em 15 mil	1 em 1.400

A estratégia *Degen* resulta em falência em mais de 85% das vezes, mas vez ou outra acerta espetacularmente em cheio. É cerca de 4 mil vezes mais provável que ela o torne um milionário, quando comparada com a estratégia Prudente, por exemplo. Quando o torneio terminar, todos os jogadores no topo da tabela de classificação terão usado a estratégia *Degen*.

Então, essa é minha maneira de dizer que os fundadores mais ricos do mundo são apenas jogadores degenerados que tiveram sorte?

Não, não estou dizendo isso. Acho que eles são jogadores degenerados *extremamente hábeis* que tiveram sorte.

Suponha que, em nosso torneio, haja alguns degenerados que têm um frasco da "magia branca" de Phil Hellmuth. Mesmo que eles optem por ir de *all-in* em todas as mãos e suas apostas sejam pagas em metade das vezes, conseguem ganhar em 60% desses *all-ins*. (Como fazem isso? Use sua imaginação — talvez eles sejam bons de lábia e convençam seus oponentes a tomar decisões que não são as ideais.) Esses degenerados hábeis ainda acabam quebrados em cerca de 75% das vezes. Entretanto, têm probabilidades cerca de cinco vezes maiores do que os degenerados regulares de terminarem com pelo menos 1 milhão de fichas, e probabilidades onze vezes maiores de terminarem com 3,84 milhões de fichas, o máximo possível.

Quase por definição, as pessoas no topo de qualquer tabela de classificação são ao mesmo tempo sortudas *e* boas. Qual dos componentes predomina? Nesse exemplo

> de pôquer, a sorte ainda é o fator mais importante — e desconfio que isso também seja verdade no Vale do Silício, pelo menos quando se trata de alcançar riqueza do tipo unicórnio. Todas as pessoas com quem falei ou as quais abordei neste capítulo são evidentemente inteligentes. Algumas são, sem dúvida, gênios. Com certeza alguém como Musk, não importa o que se diga sobre ele, tem excelentes habilidades de engenharia, uma incrível competência[78] para fazer as pessoas ao seu redor perseguirem objetivos ambiciosos e uma insana ética de trabalho.
>
> Contudo, em um mundo de 8 bilhões de pessoas, existem 8 mil pessoas com habilidades do tipo "um em um milhão". Você ainda vai ter que ter muita sorte para ser o mais rico de todas.

--- ♣ — ♥ — ♦ — ♣ ---

Tudo isso naturalmente levará a algumas personalidades difíceis. Alguns capitalistas de risco até parecem considerar que é um ativo quando um fundador é desajustado. "Quem é meu cliente real? É um potencial empreendedor jovem, excluído, marginalizado, desencantado", disse Palihapitiya, referindo-se ao tipo de pessoa mais propenso a procurá-lo em busca de investimento ou orientação. "E eu uso essas palavras especificamente, porque se você está confortável e feliz", continuou ele, "não é o tipo de pessoa com quem eu quero trabalhar de qualquer maneira, porque o mais provável é que não obtenha sucesso".

Isso parece um jogo perigoso. Fundadores bem-sucedidos podem ser desagradáveis em média, porque a desagradabilidade está correlacionada com competitividade e independência de pensamento. Dito isso, a desagradabilidade ainda é um defeito, não uma característica. Se você começar a selecionar fundadores *porque* eles são desagradáveis, pode acabar escolhendo os errados. Em especial se, de caso pensado, os fundadores jogam com os estereótipos de que acham que os capitalistas de risco vão gostar, como Sam Bankman-Fried fez (trataremos dele no próximo capítulo).

Ainda assim, se a única coisa que importa é a cauda certa, o processo de seleção fica estranho. Digamos que você esteja começando um pequeno negócio como uma sorveteria. Quer apenas vender sorvete em uma ou duas lojas e ter uma vida decente — sem virar de ponta-cabeça o negócio global de sorvetes. Você tem o dinheiro e está procurando alguém para comandar a operação. Quais características essa pessoa deve ter? Palavras como "confiável", "honesto", "trabalhador" e "agradável" vêm à mente. Elas lhe darão a maior probabilidade de sucesso.

Mas e se você quiser um negócio que possa crescer 100x ou 1.000x? Isso é muito mais difícil de saber. Não acho que os capitalistas de risco estejam escolhendo deliberadamente fundadores os quais julgam *não* confiáveis, embora às vezes seja o que parece.

Em agosto de 2022, a empresa de capital de risco Andreessen Horowitz (a16z) anunciou seu mais novo investimento: colocaria 350 milhões de dólares[79] em uma empresa chamada Flow, que "visa criar um ambiente de vida superior que melhore a vida de nossos residentes e comunidades"[80] — em outras palavras, imóveis para aluguel. A empresa foi fundada por um carismático israelense-americano chamado Adam Neumann.

Se o nome soa familiar, é porque Neumann foi também o fundador da WeWork — empresa que já valeu cerca de 47 bilhões de dólares antes de implodir de forma espetacular[81] em meio a acusações de que seu fundador, entre outras coisas, cruzou fronteiras internacionais levando um "pedaço considerável" de maconha em um jatinho particular, demitiu uma funcionária grávida[82] e — o mais importante — expandiu o negócio rápido demais,[83] levando a enormes perdas anuais.[84] (Neumann, depois de me direcionar a um porta-voz, não respondeu a um pedido de entrevista.)

Você gostaria de fazer negócios com alguém assim? Ora, eu provavelmente não, embora as viagens de avião pareçam divertidas. Em termos do Vale do Silício, o raciocínio por trás da decisão pode ser mais ou menos assim: é preferível investir em alguém que construiu uma empresa de 47 bilhões de dólares e a viu entrar em colapso catastrófico do que em alguém que nunca fez isso.

E a Andreessen Horowitz tem orgulho de seu investimento na Flow. Em fevereiro de 2023, Marc Andreessen me convidou para uma conferência da a16z no hotel Amangiri, de uma beleza espetacular, em Canyon Point, Utah. Achei que valeria a pena ir, tanto pelo *networking* quanto pelas paisagens desérticas nevadas, embora eu já tivesse a expectativa de que alguém me avisaria que o evento era confidencial. Como era de se esperar, no primeiro painel, Ben Horowitz disse que os procedimentos eram sigilosos. Tudo bem. Mas como até aquele ponto nada havia sido combinado, estou dentro dos meus direitos jornalísticos de relatar a existência da conferência em si (que também foi noticiada em outros lugares),[85] bem como a pessoa que estava no palco com Horowitz quando ele fez o anúncio. Era Neumann, como você deve ter adivinhado. Em uma sala apinhada de figuras de elite do Vale do Silício, a a16z estava exibindo Neumann — e mandando uma mensagem.

"Por que eles dariam um monte de dinheiro a Adam Neumann depois de tudo o que viram? Tipo, que porra foi aquilo?", comentou Gurley da Benchmark.* "Se alguém me pedisse para analisar o que eles estavam fazendo, eles queriam enviar

---

* Na conversa que tive com Gurley, ele mencionou por conta própria o investimento da a16z na Flow — não estávamos falando sobre a conferência, e não sei nem se ele compareceu ao evento.

um sinal para todos." O sinal era que não se importavam com confiabilidade — eles queriam fundadores que lhes dessem risco de ganhos. Eles estavam *abraçando a variância*. "Se eles são esse tipo de pessoa, estão abertos para negócios, a porta está escancarada e estão dispostos a falar com você, dane-se o resto."

Todos no River estão no espectro?

No River, é comum encontrarmos[86] pessoas como Elon Musk ou o jogador de pôquer Daniel "Jungleman" Cates,[87] que se autoidentificam como portadores de síndrome de Asperger ou autismo. Também é comum ouvirmos pessoas se referirem a si mesmas ou a outras com termos como "Aspie", "no espectro", "mais ou menos no espectro" ou "autista", sem de fato implicar um diagnóstico formal. Dependendo do contexto, isso pode ser depreciativo, mas nem sempre é assim.

Menciono isso aqui porque quando o assunto de fundadores como Musk emerge, a síndrome de Asperger às vezes é sugerida como uma explicação — ou uma desculpa — para o comportamento difícil deles.[88] Na verdade, a condição pode até ser vista como algo positivo. Thiel, por exemplo, disse que acha que a Asperger pode ser uma vantagem para fundadores, porque ele a associa à dedicação obstinada a uma tarefa e à falta de adesão às convenções sociais.[89]

Enquanto escrevia este livro, houve ocasiões em que cogitei me aprofundar mais no tema. Poderia porventura ser uma chave mestra, capaz de explicar traços de personalidade frequentes no River e como o pensamento riveriano se aparta do resto da sociedade? Mas, depois de ler sobre o tema e conversar com o especialista que talvez seja o maior pesquisador de autismo do mundo, o professor Simon Baron-Cohen, da Universidade de Cambridge,* creio que a questão suscita tantas perguntas quantas responde. Não tenho dúvidas de que a prevalência do autismo[90] é maior no River do que na população em geral, mas não acho que seja suficiente para explicar o que o torna um lugar diferente.

Por um lado, é óbvio que há algumas pessoas no River (por exemplo, o extrovertido Adam Neumann, festeiro e não muito preocupado com os detalhes) que ninguém identificaria como autistas, mas também há um problema maior: é difícil definir exatamente o que *é* autismo. "A enorme variabilidade sob esse diagnóstico significa que dois indivíduos podem não ter quase nada em comum", explicou Baron-Cohen.

O espectro do autismo abrange tudo, desde pessoas com graves deficiências mentais e físicas até — com base em diagnósticos *post facto*[91] — John von Neumann, talvez o maior gênio que já existiu. E está associado a estereótipos diferentes, às vezes

---

* Sim, ele é primo do comediante e ator Sacha Baron-Cohen.

contraditórios, do sábio criativo ao engenheiro de mente rígida. Também não está bem definido se o autismo e a síndrome de Asperger devem fazer parte do mesmo diagnóstico. Não faziam até 2013, mas agora fazem, de acordo com o *Manual diagnóstico e estatístico de transtornos mentais* (DSM-5),[92] da Associação Norte-Americana de Psiquiatria.

Além disso, o autismo é um conjunto de traços de personalidade e desenvolvimento moderadamente correlacionados,[93] em vez de uma única condição distinta. O *Quociente do espectro do autismo*,[94] questionário criado por Baron-Cohen e seus colegas, divide um diagnóstico em cinco subcategorias:[95]

- **Habilidades sociais:** achar interações sociais difíceis e ter dificuldades para interpretar sinais sociais e entender normas sociais.

- **Mudança de atenção:** preferir focar intensamente em uma coisa de cada vez.

- **Atenção aos detalhes:** ter um olhar atento para detalhes e padrões que outros podem deixar passar despercebidos.

- **Comunicação:** ter dificuldade em "ler" as pessoas — levar as coisas muito ao pé da letra e não conseguir entender a linguagem corporal e as expressões faciais.

- **Imaginação:** ter dificuldade em visualizar objetos ou pessoas e achar difícil prever as ações de outras pessoas.

Espero que você consiga ver por que a questão é tão complicada: as cinco características não necessariamente andam juntas. É evidente que alguém como Musk tem uma forte capacidade de visualização. Jogadores de pôquer como Cates, que são um pouco desajeitados em termos de socialização, podem, no entanto, usar suas habilidades de detecção e correspondência de padrões para desenvolver uma aguçada destreza de "ler" outras pessoas no contexto de uma mão de pôquer.

O estereótipo da pessoa autista que precisa de ordem e rotina também se entrecruza de forma meio desastrada com a noção de correr riscos, o tema deste livro. "Qualquer um imagina que algumas pessoas autistas seriam muito avessas a riscos", disse Baron-Cohen. "Se pudéssemos generalizar, sem dúvida elas têm uma preferência por previsibilidade, rotina e um tipo de familiaridade. E a ideia de correr riscos é quase como sair da sua zona de conforto. Então pode ser que isso não agrade a muitas pessoas autistas."

Isso talvez ajude a explicar por que Musk é tão singular. Seu foco obstinado e sua falta de traquejo social são traços autistas clássicos, mas seu apetite por risco não é. É raro encontrar tais características agrupadas no mesmo indivíduo.

O Vale do Silício é mesmo tão contrarianista quanto afirma ser?

Eu me encontrei com Keith Rabois em 2022 nos novos escritórios da Founders Fund, mobiliados com elegância e ainda quase vazios, em Miami. O prédio ficava em Wynwood, antigo bairro industrial cada vez mais atulhado de butiques de roupas, bares de ceviche e casas noturnas — ou seja, por qualquer definição, um bairro da moda.

Rabois e o marido se mudaram para Miami durante a pandemia e se tornaram entusiasmados propagandistas da cidade.[96] "Meu parceiro e eu tínhamos pré-requisitos muito simples. Clima mais para o quente. Aeroporto internacional. Alíquota de imposto de 4,5% ou menos. E que tivesse coisa para fazer, podia ser comida cosmopolita, compras, alguma coisa", explicou ele. Isso reduzia de forma drástica as possibilidades. Phoenix *talvez* se qualificasse, mas Miami com certeza atendia aos requisitos, além de ter a praia e uma unidade da Barry's Bootcamp, a rede de academias preferida de Rabois.[97]

A ironia de tudo isso não passou despercebida por mim. Por um lado, havia algo a ser dito sobre Rabois ir embora da Califórnia. Apesar de todas as reclamações que ouvi sobre a Califórnia de pessoas que moram lá — sobre os impostos, sobre a ideologia *woke*, sobre a criminalidade e as condições de vida em São Francisco —, a maioria delas permaneceu. Por outro lado, Miami não era lá uma opção contrarianista. Mudar-se para Miami virou *meio que uma moda* durante a pandemia — não necessariamente entre a população em geral,* mas entre *certos tipos*. Fundadores de tecnologia e investidores de fundos *hedge*,[98] principalmente conservadores ou de centro-direita. Jovens da cripto. Gays de meia-idade. (Meu parceiro e eu cogitamos a ideia, e em certo momento até fizemos uma oferta por um apartamento.)

Tudo isso tem mais a ver com capital de risco do que você pode imaginar.

Os capitalistas de risco querem mesmo ser contrarianistas? A Founders Fund — empresa de Thiel — tem a fama de ser. Não obstante, de acordo com Rabois, há um equilíbrio delicado a ser alcançado. "Quando se faz o investimento inicial ou funda uma empresa, você quer que seja, tipo, escandalosamente sensacional e contrarianista", disse ele. "Mas também quer que isso se transforme em um consenso, porque precisa do dinheiro de outras pessoas, dinheiro público ou privado. Precisa recrutar funcionários que sejam mais normais do que as pessoas do mesmo tipo do fundador. Então a arte é puxar um gatilho e depois mudá-lo. E, se essa lacuna for grande demais, então você tem um problema."

---

* O condado de Miami-Dade, na verdade, sofreu uma redução no tamanho de sua população de 2020 a 2022, enquanto o resto da Flórida teve um aumento.

Em outras palavras, os capitalistas de risco estão desempenhando o papel de lançadores de tendências e formadores de opinião —, como influenciadores do Instagram à procura da nova boate mais badalada. É como se dissessem: *"Aquele* lugar? Ah, não. *Aquele* lugar já era. Mas abriu um lugar *novo*, no *novo* bairro *tal*. Daqui a pouco, é pra lá que *todo mundo* vai. Então a gente tem que ir lá *primeiro*." Ao mesmo tempo, Rabois não pode ficar à frente demais do grupo e levar as pessoas a uma balada que está vazia. "O mundo do capital de risco, em um nível importante, é um grupo muito, muito, muito pequeno de pessoas. Tipo, meus competidores são apenas cinco pessoas. Na verdade, o que o resto do mundo inteiro faz não importa para o meu trabalho", declarou.*

O processo é semelhante ao que os economistas chamam de "concurso de beleza keynesiano",[99] em homenagem ao economista John Maynard Keynes, que acreditava que uma das razões pelas quais os mercados de ações passam por bolhas — apresentada aqui de forma adaptada para os dias atuais — é a seguinte: imagine que o BuzzFeed realiza um concurso em que se pede ao internauta que escolha as seis pessoas mais bonitas de um conjunto de cem fotos. Eles oferecem um prêmio de 1 milhão de dólares a quem conseguir fazer as seis seleções "corretas" — definidas como as seis fotos escolhidas com mais frequência pelos outros. O processo logo se torna recursivo, uma maneira elegante de dizer que ele começa a se autoalimentar. Se estou tentando vencer, já não se trata mais de quem eu acho bonito de fato, mas de quem eu acho que os outros considerarão bonito. Alguém que é bonito de maneira pouco convencional pode não ser uma escolha muito boa.

Porém, uma vez que todos estão tentando antever os gostos de todos os outros, a teoria dos jogos diz que o equilíbrio pode se alterar rapidamente. (Essas mesmas dinâmicas ajudam a explicar as rápidas flutuações nos preços dos criptoativos — chegaremos a isso no Capítulo 6.) Então Rabois está sempre tentando calibrar as preferências de seus amigos. "Uma coisa que é meio que um segredo nessa indústria é que, no que diz respeito à maioria das pessoas com as quais eu tenho que competir, me encontro em algum lugar entre amigos de verdade e amigos muito próximos. Então, parte do que eu faço é mapear o cérebro das pessoas. Tipo: essa pessoa ou o fundo de investimento dela vão perceber isso? Eles vão ver os mesmos sinais que estou vendo?", disse-me ele.

Sebastian Mallaby, autor de um excelente livro sobre o Vale do Silício intitulado *A lei de potência*, acha que, em determinados aspectos, é um lugar excepcionalmente conformista.

"De certa forma, os capitalistas de risco são rebanhos por excelência", disse ele. "Você vai para a Sand Hill Road e vê que todos eles têm escritórios na mesma

---

* É de fato um mundo pequeno — em janeiro de 2024, Rabois anunciou o seu regresso à empresa de Khosla, a Khosla Ventures [sediada na Califórnia] —, embora ele permaneça em Miami.

rua. E naquela rua só tem tipo um bom restaurante, no Hotel Rosewood, então todos eles se esbarram no mesmo bar. Além disso, se unem nos negócios uns dos outros, Série A, Série B, Série C." Há também uma característica particular do Vale do Silício que incentiva o pensamento de grupo em especial — você não pode vender a descoberto. "Não é um mercado público, não dá para vender um ativo com a expectativa de que o preço caia. E como você está trabalhando em um sistema de associação de empresas e quer fluxo de negócios, não dá para nem sequer falar de vender a descoberto, não dá para dizer coisas negativas sobre os negócios de outras pessoas."*

Ainda assim, apesar de toda a sua submissão tipo *Meninas malvadas* — Rabois tentando descobrir o que seus cinco melhores amigos-inimigos vão pensar —, as opiniões do Vale do Silício ainda são relativamente desvinculadas das opiniões do mundo exterior, de acordo com Mallaby. "Ainda é disruptivo? Sim, eu acho que é consideravelmente disruptivo, no sentido de que esse rebanho está em um lugar diferente no planeta intelectual", disse ele. "Setores estabelecidos que estão administrando empresas públicas materiais — você sabe, o mundo das empresas de logística, ou transporte ou automóveis, ou o que quer que seja... serão abalados por essa tribo estranha. Então, dentro de si, é um rebanho, mas ele está correndo em uma direção que pode ser bastante ortogonal ao resto da economia."

E essa característica não corre risco de desaparecer. Até ouvi o argumento de que, à medida que o Village se torna mais conformista, o Vale do Silício tem mais oportunidades de lucrar correndo em uma direção diferente. "Você sabe, na sociedade em geral, tornou-se bastante contrarianista tentar coisas novas", afirmou Andreessen. "Todos nós nos sentimos contrarianistas de uma forma que não nos sentíamos como classe dez anos atrás."

As empresas de capital de risco discriminam fundadores mulheres, negros e hispânicos?

De acordo com a PitchBook, apenas 2% do financiamento de capital de risco nos Estados Unidos vão para fundadoras ou equipes de fundadoras formadas apenas por mulheres.[100] Outros 16,5% vão para mulheres que formam dupla com homens. O último número aumentou nos últimos anos, mas o primeiro não.

Por sua vez, fundadores negros em geral recebem cerca de 1% do capital de capital de risco nos Estados Unidos, de acordo com a plataforma Crunchbase.[101]

---

* Esta é mais uma razão pela qual os capitalistas de risco tendem a ser mais sensíveis às críticas públicas. Na maioria das partes do River — digamos, apostas esportivas ou fundos *hedge* —, ganha-se dinheiro essencialmente criticando as opiniões dos seus concorrentes. No capitalismo de risco, não se faz isso — não é uma cultura acostumada a muito *feedback* negativo.

E cerca de 2% vão para fundadores hispânicos.[102] É difícil dizer se houve algum aumento, uma vez que as porcentagens são tão pequenas que estão sujeitas a uma razoável quantidade de variação estatística aleatória de ano para ano.

Como discutimos no Capítulo 2, muitas partes do River são muito masculinas, e grande parte também carece de representação negra ou hispânica. Portanto, o Vale do Silício não é único nesse aspecto — e é justo notar que as empresas de tecnologia são diversas em outros aspectos, com parcelas muito maiores de financiamento de capital de risco indo para imigrantes[103] e fundadores de ascendência asiática[104] do que sua parcela da população dos Estados Unidos. No entanto, é difícil não pensar que os capitalistas de risco podem estar perdendo a oportunidade de lucrar com muitos fundadores negros, hispânicos e mulheres que também são talentosos, e parte do motivo é o concurso de beleza keynesiano.

Conversei com Jean Brownhill, fundadora e CEO da Sweeten, empresa que conecta proprietários de imóveis a empreiteiros gerais (pense no Tinder, só que para quando você precisar de uma varanda nova). Brownhill até conseguiu levantar 8 milhões de dólares para concretizar sua ideia, mas para isso precisou falar com mais de 250 investidores.[105] E tem muitas histórias sobre o processo. "Provavelmente mais histórias do que você imagina", contou-me.

Relato aqui a história que foi mais marcante para ela. Brownhill teve uma reunião com um investidor — que de início talvez não tenha percebido que ela era negra. Ele, como muitos outros, a rejeitou. "É incrível, eu adorei, blá-blá-blá, mas não vou investir. E vou dizer o porquê. Por ser uma mulher negra, você terá mais dificuldade para arrecadar fundos, mais dificuldade para reter indivíduos talentosos, mais dificuldade para vender", alegou o investidor. "Cada parte desse processo será mais difícil para você, e já é um processo impossível."

Em suma, o investidor estava dizendo a Brownhill que ela havia perdido o concurso de beleza keynesiano — por ser negra e mulher. Lembre-se: um investidor de capital de risco em estágio inicial não está apenas apostando no fundador. Ele* espera catalisar uma reação em cadeia de outros investidores. Ele aposta nas preferências de seus amigos. O investidor que rejeitou Brownhill "achou que estava sendo, tipo, muito nobre" ao lhe dizer isso, o que, ela me contou, foi o que mais a irritou. Porque o que esse investidor pensava no fundo do coração não é de grande importância. Se os capitalistas de risco não investem em fundadoras negras por acharem que *seus amigos* são racistas ou sexistas — mesmo que eles próprios não sejam racistas ou sexistas —, o efeito prático em fundadores como Brownhill é o mesmo.

Além do mais, tudo isso pode ter um efeito cumulativo. Como o "nobre" investidor disse a Brownhill, as chances de sucesso para os responsáveis por fundar empresas são baixas. (Não que Brownhill precisasse de algum lembrete. "Se eu olhasse

---

* Sim, provavelmente um "ele". As mulheres representam menos de 10% dos parceiros de capital de risco.

para quaisquer dados sobre garotas de cor pobres de New London, Connecticut, já teria desistido há muito tempo", contou-me ela.) Digamos que um fundador tenha que passar por cinco estágios de captação de fundos (por exemplo: um estágio de amigos e família, financiamento inicial, depois as rodadas de investimento Séries A, B, C) antes de ter uma saída lucrativa. No caso de um fundador homem em um dos grupos demográficos preferidos do Vale do Silício, digamos que ele tem 50% de probabilidade de convencer pessoas suficientes a investir em cada estágio. O resultado disso é uma saída bem-sucedida de 0,5 à quinta potência, o que equivale a 3,1%:

$$50\% \times 50\% \times 50\% \times 50\% \times 50\% = 3,125\%$$

Agora, digamos que seja uma fundadora mulher e negra. Em qualquer estágio, ela tem 40% de probabilidade de encontrar investidores suficientes. "Bem, isso não é *tão* ruim assim", você pode argumentar; 40% *não é muito menor* do que 50%. Mas o efeito cumulativo é muito grande. Pegue 0,4 à quinta potência e você acaba com apenas cerca de 1% de probabilidade de uma saída — menos de um terço das chances do fundador homem:

$$40\% \times 40\% \times 40\% \times 40\% \times 40\% = 1,024\%$$

O que é ainda mais irônico acerca do Vale do Silício é que ele alega querer apostas de alto potencial e alta variância em vez de apostas seguras. Alega procurar de forma ativa fundadores que vejam o mundo de forma diferente e talvez até tenham demonstrado alguma coragem em superar uma infância difícil. E se preocupa com pecados de omissão. Seria de se pensar que o Vale do Silício estaria *muito* interessado em pessoas como Brownhill, mas em geral não está.

Kara Swisher acha que parte do problema é que as principais empresas de capital de risco têm tantas opções que podem se safar numa boa sem ter que fazer uma busca muito rigorosa por indivíduos talentosos. "É como se cardumes de peixes pulassem pra dentro do seu barco", explicou ela.*

---

* Franklin Leonard, o fundador da *Black List* [Lista negra] — que começou como uma pesquisa anônima de executivos de estúdios sobre roteiros negligenciados de Hollywood e mais tarde resultou no desenvolvimento de filmes como *Argo*, *Spotlight: Segredos revelados* e *Quem quer ser um milionário?* —, me ofereceu uma metáfora diferente. Eu a deixei como nota de rodapé porque Leonard estava falando sobre Hollywood e não sobre o Vale do Silício. Ainda assim, a imagem ficou comigo, e os processos de seleção são tão semelhantes — um grande número de candidatos sendo avaliados por, no fundo, um pequeno número de olheiros — que achei que vale a pena compartilhar. "A indústria é um pouco como imaginar a NBA — mas as pessoas montavam suas escalações com base apenas em jogadores que os donos dos times conheciam", disse Leonard. "E se você perguntasse a um desses donos: 'Como é que eu faço pra ter uma chance de jogar no time dos Lakers?' A resposta seria: 'Mude-se para Los Angeles, consiga um emprego no Starbucks e dispute uns rachões com a galera nas quadras mais próximas do ginásio Staples Center. Aí, se você se sair bem, provavelmente voltaremos a nos ver.'"

Os capitalistas de risco são tão intensos em sua capacidade de detecção e correspondência de padrões que alguns fundadores negros ou mulheres que se tornaram ícones do sucesso profissional podem gerar outros — assim, eventualmente o equilíbrio do concurso de beleza keynesiano mudaria. Por enquanto, a realidade é ruim. "Há discriminação contra mulheres e há discriminação contra afro-americanos. E, obviamente, isso é uma coisa péssima", protestou Mallaby. "Sobretudo porque, se você é uma indústria que pretende inventar o futuro para toda a sociedade, deve se parecer com a sociedade. E acho melhor a gente encerrar o assunto e parar por aqui."

O sucesso do capital de risco é uma profecia autorrealizável?

Andreessen Horowitz é muito parecido com Harvard. E a Founders Fund é muito parecida com Stanford.

É provável que tanto Marc Andreessen quanto Peter Thiel resistam à comparação, por conta da antipatia de Andreessen pelo Village e do ceticismo de Thiel em relação à educação pós-ensino médio.* Mas, uma vez notadas, as semelhanças são óbvias. As principais empresas de capital de risco (assim como as principais universidades) são instituições excepcionalmente *pegajosas*. Depois que o indivíduo chega ao nível de elite, tende a ficar lá. E, por mais que alguns capitalistas de risco se vejam como "aventureiros, fanfarrões, arrojados, afeitos a riscos" (a autoimagem que Moritz criticou como "baboseira"), eles, na verdade, obtêm o melhor dos dois mundos: altos retornos sem ter que se preocupar muito com o risco de queda.

É isso que quero dizer com "pegajoso". Tenha em mente que quando a revista *U.S. News* publicou seu primeiro ranking de faculdades em 1983, Stanford e Harvard estavam no topo da lista.[106] Elas ainda estão perto do topo agora, quarenta anos depois, mas isso subestima seu poder de permanência. Harvard também estava perto do topo das paradas nas classificações acadêmicas cem anos atrás.[107] Isso sem mencionar Oxford, que existe há quase um milênio.

As empresas de capital de risco também mostram bastante longevidade. A Sequoia Capital e a Kleiner Perkins estão entre as principais empresas desde que foram fundadas em 1972. Embora sejam mais novas, a16z e Founders Fund podem ser consideradas parte da mesma cadeia, já que a Kleiner Perkins foi uma das primeiras investidoras na Netscape de Andreessen[108] e a Sequoia estava no PayPal de Thiel.[109] Essa persistência não é comum em outros tipos de negócios. Apenas

---

* Thiel até lançou um programa chamado "Thiel Fellowship", que oferece bolsas de estudo de 100 mil dólares para estudantes abandonarem a escola e se dedicarem a uma ideia para um negócio. O programa gerou alguns fundadores bem-sucedidos, incluindo Buterin, o cocriador do Ethereum.

uma empresa entre as dez primeiras da lista *Fortune 500* em 1972[110] (a Exxon-Mobil) continuava na lista em 2022,[111] por exemplo.

O que une as principais empresas de capital de risco e as principais universidades é que elas são negócios orientados para o recrutamento. E o recrutamento pode se tornar um recurso renovável. Em cada nova safra de alunos ou fundadores estão as sementes do sucesso futuro. Se você puder escolher entre os melhores e mais geniais, terá quase a certeza de escolher alguns vencedores que reforçarão ainda mais sua fama, melhorarão sua rede de contatos e contribuirão para seu estoque de capital, sejam seus ativos sob gestão ou doações para o fundo patrimonial de uma universidade.

Assim, não se tarda a chegar a um ponto em que, se as principais empresas estão recrutando a pessoa, ela teria que ser louca para recusá-las. E poucas pessoas fazem isso. Harvard e Stanford têm "taxas de rendimento"[112] — a porcentagem de alunos admitidos que aceitam — de cerca de 84%. Para as principais empresas de capital de risco, os números devem estar no mesmo patamar. "No capital de risco, quase 90% da luta acaba antes de começar", disse-me Andreessen sobre o processo de recrutamento de fundadores. "Tipo, no ponto de contato com um empreendedor, quando entramos e fazemos todo o nosso processo de vendas e tentamos fechar o negócio... Cerca de 90% dessa briga acaba antes de começar, porque tem a ver com a reputação que estabelecemos, o histórico... você sabe, a marca."

Eu me lembro de ter ficado um pouco surpreso durante nossa conversa quando Andreessen afirmou isso de forma tão brusca. Não que eu discorde de sua análise (que faz todo sentido), mas estaria ele dizendo que o sucesso da a16z era uma profecia autorrealizável? Então, passados alguns momentos, ele disse essas exatas palavras: "A coisa toda é uma espécie de profecia autorrealizável. Pode haver mil maneiras diferentes de entrar no ciclo de *feedback* positivo", continuou ele. "Mas a realidade é que você está nele ou não está. E então, se está nele e consegue continuar, é ótimo. E, se sair, é muito difícil voltar."

Então, embora a tendência da literatura acadêmica seja corroborar a ideia de que as empresas de capital de risco ganham retornos excedentes duráveis[113] — o que significa que se saem muito melhor do que você ou eu poderíamos lucrar investindo em fundos de índice, e fazem isso de forma consistente —, isso não deveria ser surpreendente, assim como Harvard figura de forma consistente nas listas de melhores universidades dos Estados Unidos. Em negócios movidos pela reputação, é difícil desalojar quem está no topo.

Mas investir em empresas iniciantes não é arriscado? Nem mesmo a Andreessen Horowitz (a maior empresa de capital de risco por ativos sob gestão) poderia ter uma safra ruim de investimentos? Antes de começar a trabalhar neste livro, presumi que o capital de risco era muito parecido com torneios de pôquer, com ganhos enormes ocasionais pontuando longos períodos de seca. Como abordamos no Capítulo 2, os torneios de pôquer são uma maneira excepcionalmente difícil de ganhar a vida. Na teoria, você pode ser +VE, mas corre o risco de ir à falência muito antes de chegar ao longo prazo.

Pelo visto, o capital de risco *não* é assim. Sim, existem alguns casos de ganhos muito, *muito* grandes, como o Google. Mas também existem muitos ganhos pequenos. Não é como nos torneios de pôquer, em que só se ganha um prêmio em 15% das vezes. Andreessen recitou dados de memória sobre um típico portfólio de retornos, que mais tarde ele confirmou por e-mail:[115]

- 25% dos investimentos geram retorno zero.

- 25% produzem um retorno maior que 0, mas menor que 1x.

- 25% produzem um retorno entre 1x e 3x.

- Os 15% seguintes geram um retorno entre 3x e 10x.

- Por fim, os 10% superiores geram um retorno de 10x ou mais.

É importante explicar que esses dados dizem respeito apenas ao que Andreessen chama de empresas de capital de risco do "decil superior", caso da a16z — não qualquer pessoa que aluga uma sala em um parque de escritórios na Sand Hill Road. O setor como um todo *não* gera retornos tão atraentes.[116] As principais empresas podem ser extremamente lucrativas, visando a uma taxa interna de retorno (TIR) de 20%[117] e subindo a partir daí, talvez até 25% ou 30% ou mais para setores de alto risco.*

A teoria econômica clássica diz que é preciso correr muitos riscos para obter retornos tão altos. E, no entanto, quando simulei os dados usando os números de Andreessen, descobri que é de fato muito difícil perder dinheiro quando se obtém tanto ganhos grandes quanto pequenos.

Vou guardar os detalhes para as notas no fim do livro,[118] mas a maneira como configurei a simulação foi a seguinte: suponha que um fundo invista em 25 empresas e as mantenha por dez anos. Isso é equivalente a tirar 25 números de um copo com bolas de pingue-pongue brancas correspondentes ao cronograma de retorno

---

* Embora as empresas sejam seletivas em relação aos dados que divulgam ao público, há fragmentos de evidências suficientes para confirmar números altos. Dados do fundo patrimonial da Universidade da Califórnia, por exemplo, mostram uma série de investimentos de longo prazo da Sequoia rendendo TIRs na faixa de 25% a 30%. Quando se divulgou que dois fundos a16z tiveram retornos provisórios de apenas 12% a 16%, a imprensa especializada considerou uma decepção, porque seu fundo anterior tinha uma TIR de 44%. Mesmo assim, 12% é bem melhor do que os retornos de longo prazo do mercado de ações.

que Andreessen descreveu. Da forma como programei as simulações, os retornos em algumas bolas chegam a 500x. O fundo também tira uma única bola vermelha de um copo *diferente* — o que corresponde à volatilidade de todo o setor com base nos retornos históricos da Nasdaq. Isso reflete o fato de que o setor é cíclico (às vezes se escolhe as empresas certas no clima de investimento errado, ou vice-versa), embora dez anos em geral sejam um intervalo suficiente para equilibrar os ciclos.

Os resultados são os seguintes:

- O fundo médio dá uma TIR de 24%. Isso é muito bom, cerca de 3x o retorno anual que seria obtido no mercado de ações. Isso é consistente com a literatura sobre os ganhos das principais empresas.

- No entanto, *não é tão grande* o risco de prejuízo:

    o Cerca de 98% dos fundos nominalmente ganham dinheiro.

    o Cerca de 96% ganham o suficiente para superar a inflação.

    o E cerca de 90% ganham o suficiente para superar os retornos obtidos do S&P 500.

Resultados da simulação

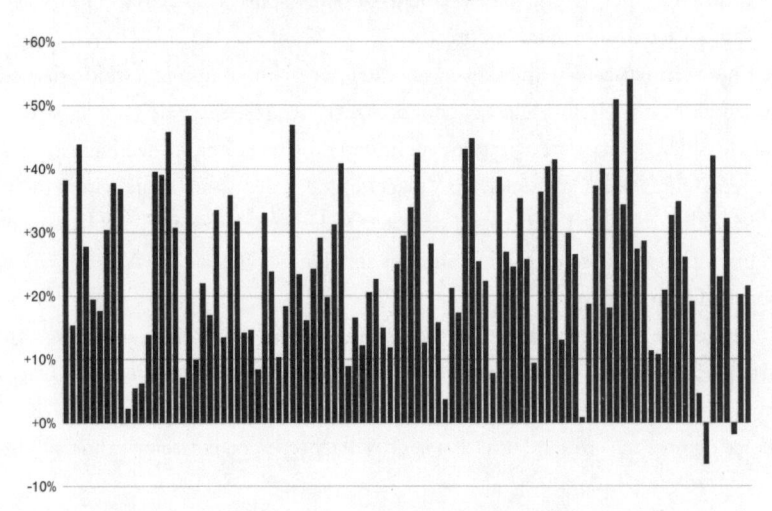

Retornos anualizados (TIR) de uma amostra de cem escolhas aleatórias a partir da minha interpretação dos dados de Andreessen. A maioria dos resultados é muito positiva.

É um negócio danado de bom — e, na verdade, isso exagera o risco, porque as empresas administram vários fundos ao mesmo tempo para fazer um conjunto mais diversificado de apostas.

O Village e o River entram em guerra

Entre o momento em que arquivei o primeiro rascunho deste capítulo e a data prevista para a entrega da versão final, Harvard e outras faculdades de elite começaram a parecer uma aposta menos segura.

O Vale do Silício há muito se orgulha de questionar o valor de um diploma universitário — Mark Zuckerberg e Steve Jobs eram exemplos famosos de gente que abandonou a faculdade.

Ainda assim, durante a presidência de Obama, o Vale do Silício ficou feliz em usar faculdades de elite como seu sistema de segunda divisão; em 2017, cerca de 89% dos empregos no Google apresentavam como um dos requisitos ter um diploma universitário.[119]

Não obstante, em dezembro de 2023, uma audiência do Congresso dos Estados Unidos[120] com as reitoras de Harvard, Universidade da Pensilvânia (UPenn) e MIT transformou-se em guerra aberta depois que as reitoras foram acusadas de atuação insuficiente no que dizia respeito a coibir e denunciar o antissemitismo nos *campi* e de serem inconsistentes na aplicação dos princípios da liberdade de expressão. A reitora de Penn, Liz Magill, logo renunciou ao cargo, sob pressão do gestor de fundos *hedge* Bill Ackman e do conselho de Penn. Claudine Gay, de Harvard, a princípio sobreviveu no posto, mas renunciou em janeiro de 2024 após várias acusações plausíveis de plágio[121] terem sido feitas contra ela.

Embora a acusação tenha sido encabeçada por Ackman (um investidor, mas não um capitalista de risco), ele teve apoio de Musk, Andreessen e de grande parte do Vale do Silício. Harvard é a grande catedral no topo da colina — não há instituição que represente melhor a essência do Village. Então, a demissão de sua reitora foi um golpe simbólico. (Quer outro sinal de que o Village e o River estão explicitamente em guerra? O processo de direitos autorais movido pelo jornal *The New York Times* contra a OpenAI.)*

Mas o que realmente deveria preocupar o Village é que a opinião pública compartilha cada vez mais do ceticismo do River. De fato, o Village começou a parecer uma pequena ilha ameaçada por uma maré crescente de desaprovação. A Casa Branca democrata, em geral uma aliada do Village, criticou o desempenho das reito-

---

* Tenho sentimentos conflitantes em relação ao *New York Times* desde que trabalhei lá (embora eu não tenha saído em bons termos), e agora presto trabalhos ocasionais como freelancer para o jornal. Como Harvard, o *NYT* é uma instituição que funciona como um exemplo perfeito do Village e pode incorporar algumas de suas piores características. Contudo, o jornal também demonstrou capacidade de mudança (como em seu Relatório de Inovação de 2014) e de assumir riscos (como no processo contra a OpenAI, que com certeza custará caro). Pode não ser coincidência que sua circulação tenha aumentado, enquanto quase todos os seus concorrentes do setor encolheram.

ras.[122] E como de início os gestores de Harvard defenderam Gay, o jornal estudantil, o *Crimson*, fez uma reportagem dura sobre o caso de plágio, e ex-alunos de Harvard de várias tendências políticas questionaram se a instituição estava fazendo jus a seu lema: *Veritas* ("verdade", em latim).[123] O Village também tem um problema de percepção junto à população mais ampla do país — mesmo antes das audiências do Congresso, a confiança no ensino superior estava despencando.[124] Em uma pesquisa da Gallup de 2015, 57% dos norte-americanos disseram que tinham "bastante" ou "uma grande dose" de confiança no ensino superior. Em 2023, esse número caiu para 36%, e o declínio foi registrado entre eleitores de todos os partidos políticos, não apenas entre os republicanos. A confiança em outra instituição canônica do Village (aquela em que eu trabalho, a imprensa) também atingiu baixas recordes em 2023.[125]

Justiça seja feita, a confiança nas Big Tech também caiu de forma drástica segundo as pesquisas.[126] Mas o Vale do Silício não depende muito da confiança da opinião pública, basta que continue a recrutar talentos e as pessoas continuem a comprar seus produtos. Por outro lado, se o Village perder a confiança da opinião pública em sua capacidade de fornecer conhecimento especializado imparcial ou uma educação valiosa, não terá muito mais em que se apoiar. Embora eu espere que Harvard e outras faculdades de elite sejam relativamente resilientes — elas ainda existirão daqui a cinquenta anos, e muitas pessoas inteligentes ainda desejarão estar associadas a elas —, agora é mais fácil imaginar universidades de elite desempenhando um papel menor na vida norte-americana.

Mentes finitas e ambições sem limites

Se você percebeu que me sinto conflitado em relação ao capital de risco, eis o motivo. Eu compro o argumento tecno-otimista de que a tecnologia ofereceu contribuições enormes ao bem-estar humano — embora isso seja mais evidente para algumas invenções (semicondutores) do que para outras (redes sociais).* E acho que o Vale do Silício acerta nas grandes questões sobre risco e escala — questões que muitas pessoas não entendem ou entendem errado —, o que o ajuda a compensar muitas de suas outras falhas.

No entanto, se o sucesso estiver concentrado apenas entre um punhado de empresas de elite, e essas vantagens estiverem se acumulando a ponto de, em essência, ser impossível elas perderem, então o capital de risco está se tornando cada

---

* Abordaremos essa questão com mais detalhes nos capítulos finais.

vez mais parecido com as instituições que o Vale do Silício procurou enfrentar. As apostas que os pioneiros do capital de risco como Arthur Rock, Don Valentine e Eugene Kleiner fizeram foram de uma inteligência excepcional. Acontece que, no restante do River, mesmo as apostas mais inteligentes não compensam de maneira contínua. Não se pode dizer que o sucesso no Vale do Silício seja dado por direito divino, porque não é determinado pelo nascimento, e, de fato, a maioria dos fundadores é composta por pessoas que venceram na vida por méritos próprios e não tiveram origem tão abastada. Ainda assim, qual deve ser a sensação de ganhar um bilhete dourado para entrar no ciclo de *feedback* positivo?

Quando perguntei a Peter Thiel sobre a natureza fortuita de seu sucesso, notei seu desconforto e senti que ele interpretou aquilo como uma insinuação de que seu destino havia sido predestinado. Para ser sincero, suspeito de que, lá no fundo, muitos dos ícones do Vale do Silício se questionam sobre a mesma coisa — embora alguns possam suprimir a pergunta especulando se vivem em uma simulação[127] na qual são os protagonistas.

Caramba, se eu ganhasse o Evento Principal da WSOP — a probabilidade girava em torno de uma em 10 mil —, eu começaria a fazer algumas perguntas existenciais. (Quando cheguei entre os 100 melhores jogadores em 2023, já tinha começado a parecer estranho.) Se você acordasse todas as manhãs como Elon Musk, a pessoa mais rica dos cerca de 120 bilhões de seres humanos que já viveram, pensaria que isso aconteceu por acaso? Ou pensaria que foi um dos escolhidos?[129]

O Vale do Silício, afinal, está fazendo perguntas literalmente existenciais: desde "curar" a morte[130] até a inteligência artificial destruindo a humanidade ou transformando o homem em *Übermensch*. Talvez a religiosidade e o determinismo de Thiel sejam úteis para ele. Outros fundadores reagem à sua dúvida metafísica doando grandes quantias para caridade ou escolhendo categorias de investimento que a seu ver são boas causas. Ou podem julgar que têm uma obrigação moral de investir, quietinhos e discretos em seu canto e trabalhando duro muito depois de terem alcançado mais riqueza do que jamais precisarão.

Mas outros nunca se livraram do ressentimento... e isso pode resultar em um comportamento autodestrutivo. Se você ganhou quantias profanas de dinheiro fazendo algumas apostas vencedoras, e talvez não tenha plena certeza de que merece tudo isso, sempre pode tentar o destino ao continuar jogando. É o caso do fundador que virou criminoso que conheceremos no próximo capítulo.

Ilusão

Ato 1: Ilha de Nova Providência, Bahamas, dezembro de 2022

A sala ia ficando mais escura, a bateria do laptop de Sam Bankman-Fried (SBF) estava quase no fim e ele passava a me contar coisas cada vez mais desconexas. Estávamos sozinhos no andar térreo de um condomínio de luxo nas Bahamas. O apartamento, repleto de revestimentos de porcelana, fazia eco, como se quisesse ressaltar o vazio do império de 32 bilhões de dólares de SBF.[1] Fazia quatro semanas desde que a empresa de criptomoedas dele, a FTX, havia declarado falência, e quase todos os funcionários fugiram da ilha. Em uma semana, SBF seria preso naquele condomínio, encarcerado e extraditado para os Estados Unidos. E, em menos de um ano, doze jurados em um tribunal da cidade de Nova York o condenariam por sete acusações criminais, descobrindo que a FTX havia fraudado clientes,[2] credores e investidores ao "emprestar" bilhões de dólares em depósitos de clientes para sua empresa irmã, a Alameda Research, a fim de fazer apostas arriscadas e perdedoras no mercado de criptomoedas.

Não quero sugerir que alguém deva ser simpático a SBF, mas não é exagero dizer que ele havia acabado de passar por uma das mais rápidas reviravoltas da história da humanidade no quesito "sorte". Em questão de alguns dias, Sam passou de valer 26,5 bilhões de dólares,[3] filmar comerciais com Tom Brady, ser uma figura tão prestigiosa que rejeitou o convite de Anna Wintour para o Met Gala[4] e de dar a impressão de viver no ápice de um admirável mundo novo de *blockchains* e inteligências artificiais para cair na infâmia, abandonado e podendo ser condenado a anos de cadeia. E, no entanto, ali estava ele em um apartamento de 35 milhões de dólares cercado pela brisa da ilha.[5] Quando perguntei se ele achava que estava vivendo em uma simulação, ele me disse que as chances eram de 50/50, meio a meio.

Meu primeiro contato com Sam foi em janeiro de 2022. Ele disse algumas coisas reveladoras (que prenunciavam seu extremo apetite por risco e sua tendência a cometer erros de cálculo), mas eu não esperava que ele desempenhasse um papel tão importante neste livro. Em pouco tempo, porém, SBF começou a aparecer em todos os lugares para onde se olhasse no River. Não apenas em criptomoedas, mas na área do altruísmo eficaz, inteligência artificial (ele era um investidor na startup norte-americana de IA Anthropic),[6] apostas esportivas (uma categoria na qual a FTX buscava expandir)[7] e capital de risco. SBF estava se tornando uma figura de destaque cada vez maior no meu trabalho cobrindo política, pois era um grande doador para campanhas de democratas e republicanos (fazia isso de maneira disfarçada, no último caso).[8] Ao longo deste livro, lidei com alguns casos controversos enquanto realizávamos nosso censo do River. Donald Trump é um riveriano? Não, ele não é analítico o suficiente, apesar de sua história no ramo de cassinos. Elon Musk? Sim. Embora sua impulsividade não seja muito riveriana, sua exposição a riscos é, e ele é admirado demais por outros no River para ficar de fora. No caso de SBF, não havia ambiguidade. Ele não apenas era um cidadão do River; ele poderia ter sido presidente do River. Isso não significa que todos no River sejam iguais a ele — trata-se de um caso anômalo, por conta de sua falta de bússola moral combinada com uma propensão para correr riscos que faz até Elon parecer um idiota —, mas é um caso anômalo que o River deve assumir para si.

Em algum momento, SBF me convidou para ir visitá-lo nas Bahamas. Eu procrastinei, embora me lembre de dizer ao meu parceiro que provavelmente precisava ir... parecia que todos achavam que ele estava no caminho de se tornar uma das pessoas mais ricas e influentes do mundo, talvez o próximo Musk. Até que, no dia das eleições legislativas de meio de mandato, comecei a receber mensagens de texto de um amigo do mundo das criptomoedas muito bem relacionado dizendo que algo estava acontecendo na FTX. No fim da semana, a empresa havia entrado com pedido de falência. Uma semana depois, enviei uma mensagem ao próprio SBF, que estava dando entrevistas a outros repórteres. Eu tinha uma viagem planejada para a Flórida em breve — quem sabe era uma boa ocasião para aceitar a oferta dele e dar uma passada nas Bahamas? "Eu ficaria feliz em conversar!", respondeu ele, animado. Fiquei surpreso, mas em algum nível intuitivo era a resposta que eu esperava.

Então, em uma agradável tarde de dezembro nas Bahamas, me vi sozinho com SBF. Não tinha nenhum motivo plausível para pensar que estava em perigo. Ainda assim, depois de dois dias de entrevistas, em que ele foi aos poucos se tornando menos cauteloso, comecei a imaginar os piores cenários hipotéticos possíveis. Eu precisava de um plano de fuga? E se ele dissesse algo incriminador com o gravador ligado e depois tentasse se apoderar do meu aparelho? O apartamento ficava em um empreendimento chamado Albany, no canto sudoeste da ilha de Nova Providência, no lado oposto de Nassau e dos dois principais resorts de cassino, Baha Mar e Atlantis. Era bem isolado, mas eu tinha certeza de que seria capaz de escapar correndo, caso necessário.

O pôr do sol não dura muito tempo perto da Linha do Equador e, a cada momento, a sala ficava um pouco mais escura.

— Me dê um segundo — disse.

Como de costume — Bankman-Fried era famoso por jogar videogame enquanto concedia entrevistas na televisão,[9] e até durante reuniões com investidores —, ele estava fazendo várias tarefas ao mesmo tempo, verificando seu e-mail enquanto falava comigo.

— *Esse* é um e-mail interessante — anunciou ele. — Como é que é? — murmurou, pelo visto sem saber ao certo se deveria expressar seu monólogo interior.

Por fim, falou:

— Puta merda.

Mais quinze segundos se passaram. Era quase possível ouvir suas engrenagens girando, o mercado de previsões em sua cabeça subindo e descendo enquanto ele tentava calcular a probabilidade de que aquele e-mail pudesse ser sua salvação.

— Puta merdaaaa! — repetiu, mas dessa vez em uma entonação bastante diferente de seu sotaque monótono característico do norte da Califórnia, aumentando o timbre e quase *cantando* a palavra "merda".

Outra longa pausa.

— Você pode descrever o teor do e-mail? — perguntei, soltando uma risada pelo constrangimento da situação.

— Isso é um e-mail de verdade? Não pode ser. *Que porra é essa?* — sussurrou ele.

Naquela conversa, ele estava tentando calcular sua própria rota de fuga. Não uma fuga literal, embora valha a pena notar que, depois que Sam foi detido, um juiz das Bahamas viu nele um risco potencial de fuga[10] grande o suficiente para lhe negar fiança. Em vez disso, SBF estava buscando alguma maneira — *qualquer uma* — de racionalizar para si mesmo que tudo ficaria bem. Ou pelo menos que havia uma chance de ficar bem. O número específico que ele me daria mais tarde era 35%: teria 35% de chance de se safar da situação com algo que seria "considerado uma vitória" por pessoas que entendiam do assunto.

— Sei que muitas pessoas dirão que sou louco por dar esse número. É um número insanamente alto. E, tipo, não pode estar certo — ressalvou.

Em termos realistas, levando em consideração as evidências que vieram à tona no julgamento, suas chances de qualquer tipo de vitória eram muito menores do que 35%. Todo jogador às vezes sente o desejo de tentar recuperar perdas aumentando o valor das apostas, e SBF estava buscando o que um jogador de pôquer chamaria de "carta milagrosa": aquela carta no baralho capaz de lhe dar um *four of a kind*, um conjunto de quatro cartas de mesmo número ou valor de figura para bater um *full house*. A questão é que, em sua mente, ele já havia subjugado probabilidades ínfimas antes. Em uma entrevista anterior, Bankman-Fried dera à FTX apenas 20% de chance de sucesso quando começou a empresa. "Mas eu pensei que, se desse certo, valeria uma quantia enorme."

— Acabei de receber um e-mail muito bizarro. Tenho quase certeza de que é um e-mail falso. *Exceto que...* — SBF interrompeu a frase, pendurado nas últimas palavras como se fosse Sherlock Holmes fazendo uma dedução contraintuitiva. — Envolve algumas informações que acho que muitas pessoas não têm. Vou te mostrar o e-mail. Que merda, a bateria está quase acabando.

As esperanças de SBF também estavam se esgotando.

— Isso é 100% falso. Ai, porra, eu não trouxe meu cabo de energia. Bem, acabei de receber um e-mail de <john.j.ray.iii@gmail.com> renunciando ao cargo de CEO da FTX.

John J. Ray III, veterano da Enron[11] e de outros casos de falência, tornou-se CEO da FTX depois que SBF assinou os papéis de falência da empresa. Os pais dele também estavam copiados no e-mail, além de Kevin O'Leary,[12] a personalidade do programa *Shark Tank* que recebeu mais de 15 milhões de dólares para executar obrigações promocionais mínimas e de pouca importância para a FTX. Não fazia sentido que Ray renunciasse de forma tão súbita, e fazia ainda menos sentido que ele renunciasse daquele jeito, enviando um e-mail para o ex-CEO difamado e desonrado, os pais do ex-CEO e um jurado de *reality show*. Além disso, SBF nunca havia recebido um e-mail daquele endereço, tampouco se comunicava com Ray daquela maneira. A agulha probabilística na cabeça caiu para zero.

— Tudo bem, deixa pra lá — concluiu.

Em minhas várias conversas com ele (cinco entrevistas formais, incluindo duas em tardes consecutivas nas Bahamas), Bankman-Fried assumiu o que passei a considerar como personas diferentes.* Havia o que eu chamo de "Sam Que Fala sobre Negócios". Esse era o modo padrão ao qual me acostumei nos dias anteriores à falência. O "Sam Que Fala Sobre Negócios" dispara frases longas, repletas de jargões sobre arbitragem e valor esperado. Eu *gostava* dele. Nós falávamos a mesma língua e tínhamos uma boa camaradagem; conseguia nos imaginar como amigos.

Depois havia o "Sam Pouco se Fodendo" — uma personalidade mais sincera e *aparentemente* mais honesta, um Sam que prefaciava suas respostas sugerindo que *agora* ele daria a resposta *verdadeira*. Esse Sam podia ficar sombrio e errático...

---

* Não quero dizer que Sam tenha transtorno dissociativo de identidade ou algo do tipo.

era a versão que me deixava um pouco preocupado com a possibilidade de atacar de repente meu gravador.

Por fim, havia o "Sam Ardiloso". Essa versão era pedante e metida a advogado. Embora o "Sam Que Fala Sobre Negócios" me visse como um igual, o Sam Ardiloso era cheio de perguntas capciosas e me questionava como se eu fosse seu estagiário na Jane Street Capital. Tive a sensação de que ele estava me usando para testar seus argumentos: se conseguisse me engambelar, talvez também pudesse enganar a imprensa, os promotores e um júri.

— Estou curioso, a propósito; o que você acha disso? — perguntou-me Sam Ardiloso depois de afirmar que a FTX poderia ter evitado o desastre se ele não tivesse declarado falência e conseguido levantar mais capital.

Parecia uma afirmação ridícula, mas eu não tinha certeza de como jogar minha mão — às vezes é possível tirar mais proveito de um entrevistado concordando com ele, às vezes reagindo. Decidi que seria o mais sincero possível.*

— Minha disposição geral é que a maioria das coisas na vida são bem sobredeterminadas — falei. — Parece que você tem muitos negócios muito, muito correlacionados. Qual é o risco de dar algo errado? Tipo, eu não ficaria surpreso se fosse, tipo, maior que 50% ou algo assim.

— Acima de 50% em que escala de tempo? — ele pressionou.

— Dentro de... um ano ou dois? Não sei, algo do gênero.

— *Ah*, acho que pode estar certo. Mas não sei se esse é um cálculo relevante, porque um ano ou dois é muito tempo — disse ele.

Não é um cálculo relevante? Você está admitindo que a FTX era um castelo de cartas (que o mais provável é que ela fosse desmoronar em algum momento) e esse *não é um cálculo relevante?* Mas, antes que eu tivesse a chance de continuar, SBF passou para a seção seguinte do teste surpresa.

— Hum... quais você acha que são as chances de que daqui um ano a FTX seja uma plataforma operacional? E quais você acha que são as chances de que daqui cinco anos os clientes sejam compensados?

— Quanto à primeira pergunta, eu diria menos de 10%. Para a segunda pergunta, 30%. Não faço ideia.

Opa! Eu tinha caído na armadilha do Sam Ardiloso.

— Você acha *mais* provável os clientes serem pagos do que a plataforma ser ressuscitada? — perguntou ele, atacando minha lógica.

Meu raciocínio era que eu realmente não sabia quantas pilhas de dinheiro estavam espalhadas por aí... já havia ocorrido uma sangria de 477 milhões de

---

* Também presumi que havia uma chance de mais cedo ou mais tarde eu receber uma ordem judicial requisitando minha entrevista.

dólares[13] no mesmo dia em que a FTX declarou falência. Talvez SBF tivesse reservas suficientes em uma conta bancária na Suíça para cobrir os depósitos perdidos. E a FTX tinha feito alguns investimentos valiosos em outros negócios.[14] Por outro lado, reiniciar a corretora de negociação de criptomoedas parecia fora de questão — os clientes negociariam com seus saldos fantasmas? Como voltariam a confiar na plataforma?

A verdade é que *não se trata de uma coisa tão maluca* quanto parece. Em processos de falência, as empresas tentam recuperar dinheiro de qualquer maneira que puderem, e mais tarde Ray discutiu a reabertura da FTX.[15] O argumento de SBF era que, a menos que a plataforma fosse reiniciada, os clientes da corretora estariam ferrados.

— Talvez dê para levantar meio bilhão. Mas, sendo realista, esse valor não vai muito longe. — Ele estimou que os clientes estavam num buraco de 8 bilhões de dólares.* — Ou seja, acho que o único caminho para indenizar os clientes é reativar a corretora. Então, ficaria surpreso se as probabilidades de ressarcimento fossem *maiores*.

Mas *havia uma parte maluca*. SBF estava imaginando um cenário hipotético em que não apenas a FTX seria reativada, assim como ele retornaria a algum papel central nas operações da empresa. Na verdade, ele afirmou para mim que a empresa *já estava de pé* e de volta à ativa — que a última negociação havia acontecido naquela mesma manhã às "dez e cinquenta e seis e quarenta e três segundos de hoje". Ficou evidente que SBF pretendia que isso fosse uma grande revelação — sua carta na manga.

— Só para ficar absolutamente claro: isso não pode ser divulgado agora.** Daqui a um ano tudo bem. Mas com certeza não nos próximos três dias.

Não dava para entender direito o que ele estava insinuando... De repente, começou a mudar seu discurso.

— Acho que é um pouco ambíguo se a FTX foi acionada recentemente. A FTX Digital Markets foi acionada hoje — disse ele, referindo-se a uma das subsidiárias.[16] — Então, com algumas ressalvas, o mecanismo de correspondência está funcionando. A interface do usuário está instalada e funcionando de novo. Na verdade, tenho uma cópia dela no meu computador agora.

---

* Em sua fundamentação do caso contra SBF, os procuradores dos Estados Unidos citaram um número maior: entre 10 bilhões e 14 bilhões de dólares. Larry Neumeister, "FTX Founder Sam Bankman-Fried Convicted of Stealing Billions from Customers and Investors", *USA Today*, 3 de novembro de 2023, <usatoday.com/story/money/2023/11/02/sam-bankman-fried-convicted--fraud/71429793007>.

** Nosso acordo para as entrevistas que realizamos após a falência da FTX — uma via Zoom, duas nas Bahamas e uma em Stanford, Califórnia — foi que o material poderia ser usado oficialmente para este livro (com raras exceções não oficiais), mas não antes disso. Por esse motivo, SBF estava disposto a ser mais franco acerca de alguns temas.

Bankman-Fried não deveria estar me contando isso. E com certeza não deveria ter tido nenhum tipo de acesso à plataforma FTX — ele havia renunciado ao cargo de CEO como parte da falência e não ocupava nenhuma posição oficial na empresa.[17]

— Do ponto de vista tecnológico, acho que há tipo 50% de chance de que os projetos serão reiniciados. Há pessoas tentando fazer isso. E estão perto de conseguirem, seja lá como queira analisar — disse.

A hipótese de SBF era que, uma vez iniciado esse processo, ele catalisaria um ciclo virtuoso, em que a FTX aos poucos obteria renda com taxas de negociação para preencher o rombo de 8 bilhões de dólares, e talvez também atraísse novas rodadas de investimento.

— Então, digamos que você faça login e ele mostre alguns valores, mas os saques sejam interrompidos. E digamos que haja 1 bilhão de dólares em financiamento entrando — refletiu. — As pessoas se importariam com isso, certo? Tipo, se houver algum financiamento vinculado a essa plataforma, as pessoas vão querer acessá-la. E se você combinar a inicialização tecnológica da plataforma significante, com uma quantia de financiamento para ela, acho que os usuários se importarão. Essa é a tese. E há um volante.

Eu levantei todo tipo de objeção. Por que as pessoas teriam interesse em negociar — e pagar taxas adicionais à FTX — se não pudessem fazer saques? A certa altura, comparei isso a um restaurante de *fast-food* que causou um surto de hepatite e reabriu as portas apesar de não ter feito nenhum esforço para resolver o problema da contaminação. Quanto tempo esse volante levaria para girar por completo?

— Acho que se você fizer, tipo, suposições razoáveis sobre os ativos restantes e não assumir mais financiamento... provavelmente são vinte anos? — disse SBF.

Vinte anos? Os clientes de criptomoedas, ávidos para enriquecer o mais rápido possível, topariam negociar nessa bolsa falida até que — mais ou menos em 2042 — fossem pagos? *Esse* era o plano que tinha 35% de chance de funcionar? O único problema intransponível em sua mente era a presença de Ray, e é por isso que SBF ficou tão animado com o falso e-mail. Tudo aquilo — o impulso riveriano de calcular cada ângulo até o amargo fim, sem reconhecer que o jogo havia acabado — me lembrou de uma galinha que ainda corre por alguns metros depois de sua cabeça ter sido decepada.

Na cobertura jornalística sobre SBF, a tendência era retratá-lo como um "menino-prodígio", com uma espécie de superinteligência desajustada. A questão é que eu conheço muitos tipos de meninos-prodígio. Um cara branco, jovem, nerd, superconfiante, que toma Adderall,[18] joga videogame, tem um grave problema com jogos de azar e talvez esteja em algum lugar no espectro do autismo?[19] No River, essa é uma tipologia comum.

Não quero sugerir que não fiquei nem um pouco impressionado com SBF. Está na cara que ele é inteligente. Consegue pensar rápido. Pode até ser charmoso de uma forma estranha. Ainda assim, a parte mais impressionante era o fato de que todo mundo ficou muito impressionado com ele. Como é que esse cara — com cabelo bagunçado, ética duvidosa e compreensão questionável da realidade — se tornou o rei dos nerds?

Ato 2: Miami, Flórida, novembro-dezembro de 2021

Eu estava em uma área VIP em algum lugar nas profundezas da FTX Arena. Era um momento feliz para as criptomoedas; três semanas antes, o Bitcoin havia atingido um preço recorde[20] (superado mais tarde no início de 2024) de 67.566,83 dólares, maior do que o salário médio anual nos Estados Unidos.[21] O prefeito de Miami, Francis Suarez, estava no palco como parte de um evento chamado NFT BZL, festival que estava pegando carona na Art Basel, famosa feira de arte de Miami. Como quase tudo na cidade naquela semana, a área VIP era uma bagunça generalizada, um cenário caótico que servia ao mesmo tempo como uma antessala para os palestrantes que entravam e saíam do palco, um lugar para jornalistas socializarem e realizarem entrevistas e uma zona de festa onde uma marca francesa chique dava champanhe de graça.

Não é certo dizer que a indústria de criptomoedas surgiu do nada. Os Bitcoins foram lançados para o público pela primeira vez em 2009.[22] Sou nerd o suficiente para conhecer pessoas que adotaram a tecnologia no início dos anos 2010, embora eu não tenha sido uma delas. Mas, durante aquela semana em Miami, era difícil saber se eu estava testemunhando o começo de algo grande ou o começo do fim... o pico de uma bolha.

Por um lado, o clima era de muita confiança — a FTX, que dois anos antes mal existia, gastou 135 milhões de dólares para estampar seu nome na arena de basquete do Miami Heat[23] —, a ponto de que quase poderíamos ser perdoados por pensar que as criptomoedas sempre existiram como parte desse cenário. As festas luxuosas e a publicidade exuberante, e as tentativas de associação com marcas estabelecidas como a Art Basel, eram uma jogada para criar legitimidade institucional e um sentimento de ubiquidade — e para incutir naqueles que ainda não tinham se juntado à festa o medo de ficar de fora.

Por outro lado, parte disso era algo *obviamente* ridículo. Fui a uma festa em um iate que nunca zarpava, onde os *degens* da criptomoeda davam gorjetas de 20 dólares aos bartenders por garrafas de água... em alguns casos porque estavam chapados de substâncias em pó branco, em outros porque os primeiros a adotar a criptomoeda julgavam ter ganhado na loteria e tinham dinheiro infinito para torrar. Enquanto isso, os novatos faziam *networking* das maneiras mais constrangedoras imagináveis, na esperança de entrar nos estágios iniciais dos projetos NFT uns dos outros ou serem convidados a participar de uma DAO[24] — "organização autônoma descentralizada", na sigla em inglês, em sua essência um "chat em grupo com uma conta bancária" que investe em projetos de criptomoedas. Nada naquele clima de bacanal sugeria sustentabilidade a longo prazo — e, no finalzinho do fim de semana da Art Basel,[25] os preços do Bitcoin tinham despencado em 25%.*

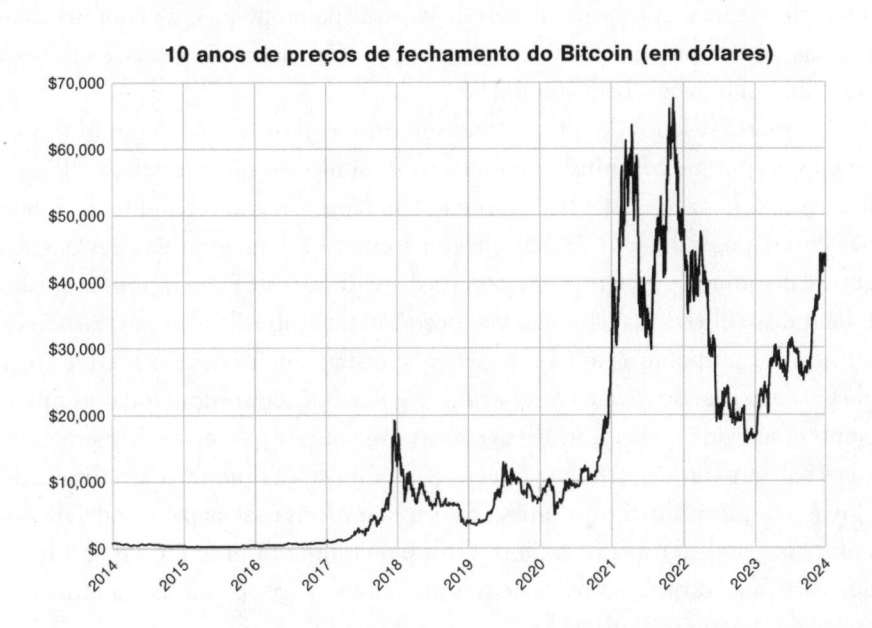

10 anos de preços de fechamento do Bitcoin (em dólares)

Fui à FTX Arena para encontrar Alex Mashinsky, imigrante da União Soviética que serviu como piloto nas Forças de Defesa de Israel antes de se mudar para os Estados Unidos e se tornar um empreendedor da internet.[26] Mashinsky afirmava[27] ser o criador da VoIP, ou Voice over Internet Protocol ["voz sobre IP"] — tecnologia que permite às pessoas fazer chamadas telefônicas pela internet de banda larga —, embora seu papel real seja contestado[28] e essa alegação seja considerada duvidosa.[29] De qualquer forma, na época de nossa conversa ele era o CEO da Celsius Network, uma empresa de empréstimos de criptomoedas.

Se "empresa de empréstimos de criptomoedas" parece uma ideia meio suspeita, é porque de fato era. Mais tarde, a Celsius iria à falência,[30] e Mashinsky seria

---

* Não quero dizer que não me diverti à beça; mais tarde fui a outra festa na opulenta Star Island como convidado de um convidado do jogador de pôquer Phil Hellmuth, onde a cantora Jewel estava se apresentando — um ambiente muito mais tranquilo.

acusado de fraude.[31] Em um movimento que prenunciou o que viria a acontecer a SBF seis meses mais tarde, Mashinsky postou uma série de tuítes[32] alegando que estava tudo bem, porém apenas trinta dias depois a empresa interrompeu os saques dos clientes.[33] (O processo judicial de Mashinsky — que está sendo acionado pelo Distrito Sul de Nova York, a mesma jurisdição que apresentou as acusações contra SBF — deve começar depois que este livro for impresso. Ele se declarou inocente.)

Na época, Mashinsky se passava por um estadista veterano em cripto. Um funcionário nos levou a uma espécie de sala de estar. Expliquei a premissa deste livro, cujo tema eram formas hábeis de jogatina como pôquer, e perguntei sobre negociação habilidosa de criptomoedas: o que diferenciava os *traders* mais bem--sucedidos dos menos bem-sucedidos?

A resposta dele foi de um cinismo sombrio, embora servida com um toque de humor, porque Mashinsky tendia a rir de si mesmo quando falava. "Pôquer tem a ver com habilidade. Isso aqui não tem nada a ver com habilidade. É apenas entrar no ônibus. O ônibus chegou à estação. A maioria das pessoas não entrou no ônibus. A maioria das pessoas disse: 'Uau, este é um ônibus esquisito, e além disso cheira mal. Eu não vou entrar neste ônibus!' Essas pessoas são esquisitas!" Ele apontou para a camiseta que vestia, com os dizeres HODL — sigla para a expressão *hold on for dear life*, algo como "segure com todas as forças, como se sua vida dependesse disso e não venda nunca" —, essencialmente uma advertência para não estragar a festa vendendo sua criptomoeda muito cedo. "Você não precisa dirigir o ônibus. Você não precisa saber para onde ele está indo. Você pode dormir no ônibus. Olhe para minha camisa: HODL! HODL é que você pode dormir na parte de trás do ônibus. Você acorda. E, na última estação, você é um milionário."

Pressionei Mashinsky repetidas vezes sobre este ponto: os primeiros a adotar a criptomoeda não deveriam receber pelo menos um pouco de crédito por sua antevisão? Ele se recusou a ceder. "Compare o cara que usou o Bitcoin dele pra comprar pizza ao cara que até esqueceu que tinha um Bitcoin no computador dele. E que dez anos depois percebe que vale alguma coisa, e agora ele é um bilionário. Os dois são a mesma pessoa. Só que um dos caras sabia onde as moedas estavam, o outro não", disse ele. "Habilidade não tem nada a ver com isso! Nada! Nenhuma habilidade envolvida!"

Também perguntei a Mashinsky sobre seu modelo de negócios.

— Então, se eu depositar meu Bitcoin com você, o que vai fazer com ele?

— Eu empresto para a FTX, que precisa de liquidez — respondeu ele de pronto. — Você também pode dar [diretamente] para eles. A questão é: vão pagar alguma coisa? Não. Mas, se você depositar por meu intermédio, vou pressioná-los para eles me darem três, quatro ou cinco vezes mais do que vão pagar a você.

Porque eu tenho um milhão e meio de pessoas que estão todas juntas, marchando no mesmo ritmo.

— Isso faz sentido — falei, sem ter certeza se realmente fazia.

— É muito simples — insistiu Mashinsky.

O que se torna mais evidente é que a FTX/Alameda tinha um apetite por todas as criptomoedas que conseguisse obter — e às vezes as tomava emprestadas a taxas de juros tão baixas[34] quanto os 6% da Celsius, muito menos do que estavam pagando de outras fontes. A falência da Celsius precedeu a da FTX e não foi um resultado direto dela — os esquemas da empresa eram tão arriscados que até SBF se recusou a acudi-los num resgate financeiro.[35] Contudo, teria ido à falência mais cedo ou mais tarde. Em sua essência, a Celsius estava tentando transformar palha em ouro, prometendo pagar aos clientes taxas de juros de até 18% em um momento em que as taxas de juros sobre depósitos bancários ainda estavam próximas de zero.[36]

Portanto, se o modelo de negócios da Celsius era tão simples assim, parecia uma pirâmide financeira. (De fato, o governo dos Estados Unidos acusou mesmo a Celsius de "operações comerciais [que] equivaliam a um esquema de pirâmide financeira".)[37] A base de uma pirâmide financeira, ou esquema Ponzi, chamado assim em virtude de seu criador ser o vigarista italiano Charles Ponzi, é pagar investidores existentes com fundos obtidos de novos investidores.

"Como acontece com todas as coisas do tipo pirâmide financeira, funciona até deixar de funcionar", disse Maria Konnikova, a jogadora de pôquer e autora que publicou em 2016 um livro sobre vigaristas chamado *The Confidence Game* [O jogo da confiança]. "Enquanto as pessoas acreditarem, vai funcionar. No momento em que as pessoas pararem de acreditar, vai entrar em colapso."

Daí o entusiasmo de Mashinsky pelo HODL — *hold on for dear life*, "segure com todas as forças como se sua vida dependesse disso e não venda nunca". Enquanto ninguém sacar, e as pessoas mantiverem confiança suficiente no esquema para que novos investidores ainda sejam atraídos por ele, a pirâmide financeira pode se sustentar. Contudo, no segundo em que houver perda de confiança, haverá uma corrida ao banco.

Para deixar bem claro: não acho que toda criptomoeda ou todo projeto relacionado ou similar à criptomoeda seja um golpe ou uma fraude. E, ao contrário de Mashinsky, acho que devemos dar crédito aos investidores que acreditaram na ideia logo no início — qualquer um que comprou Bitcoin antes de dezembro de 2017 (e entrou na onda do HODL) obteve retornos *extremamente* favoráveis. Ainda neste capítulo apresentarei alguns investidores de criptomoedas que considero inteligentes e bem-sucedidos. Talvez não por coincidência, eles tinham experiência em áreas como planejamento financeiro ou administração de pequenas empresas antes de entrarem no mundo das criptomoedas.

No entanto, com poucas regras ou regulamentos, esta parte do River — que chamo de Archipelago — é um lugar perigoso para jogadores inexperientes. E muita gente que começou a negociar criptomoedas durante o *boom* de 2020-2021 não tinha preparo nem sofisticação para mergulhar nesse cenário. Falei com Matt Levine, autor da *Money Stuff,* uma *newsletter* da Bloomberg. Levine é um observador jocoso do que ele chama de "hipótese dos mercados de tédio"[38] — a ideia de que o tédio causado pela pandemia de covid-19, somado a uma injeção de dinheiro das medidas e pacotes de estímulo à economia por conta das dificuldades da época, foi parcialmente responsável pela alta dos ativos de criptomoedas, junto às "ações meme"* como a GameStop. A cronologia até que faz sentido. O Bitcoin atingiu seu pico pela primeira vez em março e abril de 2021, bem na época em que as vacinas se tornaram disponíveis ao público e houve um afrouxamento de muitas das restrições de atividades e interações sociais da era da covid-19. Em seguida, quando a vida social voltou ao normal, o Bitcoin não tardou a cair — antes de subir de novo no final de 2021 em meio à preocupação com as variantes delta e ômicron. O maior pico mundial de novos casos diagnosticados de covid-19 ocorreu em janeiro de 2022, apenas dois meses após o pico histórico do Bitcoin.[39]

Muitos dos investidores que entraram no mundo das criptomoedas durante esse período não tinham conhecimento financeiro básico, ou seja, não entendiam conceitos como o de que o mercado em geral é eficiente e que altos retornos (como uma taxa de juros de 18% em depósitos de criptomoedas) necessariamente envolvem alto risco. Investidores veteranos intuem que o que parece bom demais para ser verdade tende a não ser verdade, mas os novatos talvez não. "A [maneira] clássica [de ser enganado] é acreditar ou estar propenso a acreditar ou querer acreditar que você tem algum conhecimento secreto que ninguém mais tem", disse Levine, ser "informado de que você conhece o único truque verdadeiro para desbloquear o mercado". Sabe os novatos em criptomoedas que zanzavam de um lado para o outro na festa do iate de Miami em busca de dicas privilegiadas ou oportunidades especiais vindas de pessoas que mal conheciam? Esse tipo de comportamento é ingênuo. Um amigo meu, experiente em apostas esportivas, gosta de dizer que você nunca ouve falar de oportunidades de primeira linha até que seja tarde demais. (Em geral, as pessoas apostam nelas até a morte antes de darem dicas.) Agora, se você for muito criterioso e tiver *exatamente* os amigos certos, poderá ouvir falar de algumas oportunidades de segunda linha que, no entanto, são +VE. Mas de um desconhecido drogado em uma festa a bordo de um iate de Miami? De jeito nenhum. Quase sempre, você é o otário nessa transação.

---

* Esse termo se refere a empresas que ganharam popularidade entre os investidores de varejo por meio das redes sociais, em vez de serem avaliadas por atributos financeiros tradicionais, como lucros ou crescimento de vendas. (N. T.)

A tempestade perfeita para uma bolha

Se existisse um Monte Rushmore de bolhas financeiras, a bolha da cripto de 2020-2021 mereceria um lugar ao lado da febre das tulipas que tomou conta da Holanda no século XVII, a bolha do Mar do Sul[40] de 1719-1720 (sem dúvida, uma pirâmide financeira) e o *boom* das pontocom do fim dos anos 1990 e início dos anos 2000. De fato, os criptoativos seguiram uma trajetória semelhante às ações de tecnologia. A Nasdaq caiu 77% do pico ao vale após o estouro da bolha tecnológica no início dos anos 2000[41] — em comparação, Bitcoin e Ethereum caíram de 75% a 80% antes de se recuperarem. Os projetos NFT sofreram uma queda ainda pior. O preço mínimo de um CryptoPunk[42] (a coleção NFT de maior prestígio) caiu quase 85% em dólares norte-americanos.

É muito importante notar que a bolha tecnológica acabou tendo um final feliz. Empresas como a Amazon renasceram das cinzas, e a Nasdaq aumentou mais de dez vezes entre 2002 e 2021. Os otimistas na alta das criptomoedas preveem que algo semelhante acontecerá em seu mercado. No início de abril de 2022, quando falei com Gary Vaynerchuk — também conhecido como Gary Vee,[43] que pode ser descrito como uma mistura entre um guru de autoajuda para empreendedores iniciantes e um evangelista das criptomoedas —, ele previu uma queda seguida de uma recuperação. "Eu realmente acredito que... neste exato segundo... 98% dos preços por NFT cairão em algum momento, e de forma significativa. Porque é uma bolha. Mas o micro é uma bolha. O macro é a maior oportunidade desde as ações da Amazon e do eBay em 2000", disse ele.

A previsão de Vaynerchuk ainda pode vir a ser presciente — enquanto escrevo estas linhas no início de 2024, ativos cripto blue chips como Bitcoin e CryptoPunks de fato se recuperaram de forma considerável de suas mínimas, e o Bitcoin atingiu novas máximas históricas, mesmo que uma grande maioria dos NFTs tenham perdido quase por completo seu valor.[44] Ainda assim, vale a pena refletir sobre por que houve essa bolha e por que tantos investidores foram enganados por golpes e fraudes dos quais não há esperança de recuperação.

Jovens entediados com perspectivas econômicas limitadas. Como a maioria das partes do River, o universo das criptomoedas é dominado por homens,[45] em especial por homens jovens. E eles enfrentam perspectivas econômicas piores do que a geração anterior enfrentou. Em 1979, 76% dos homens norte-americanos entre 20 e 24 anos tinham empregos. No início de 2020, essa fração havia diminuído para 66% — e caiu ainda mais,[46] para 47%, durante o pico de paralisações relacionadas à quarentena da pandemia de covid-19 em abril de 2020. Em parte, isso reflete um número maior de jovens adiando o ingresso no mercado de trabalho por causa da faculdade ou pós-graduação — mas o número de homens que concluem o curso universitário também começou a diminuir.[47] Em outras palavras, os Estados Unidos têm muitos jovens entediados e frustrados com perspectivas econômicas incertas e que nunca ficaram tão entediados ou frustrados quanto durante a pandemia.

A criptomoeda — junto ao *day trading* e às apostas esportivas — oferecia a perspectiva de enriquecer depressa. E pessoas como Mashinsky estavam felizes em tirar vantagem disso. Parte do discurso dele era: *tudo é muito simples*. Bastava apenas comprar e HODL — você até ganharia juros da Celsius! Não havia nenhuma das complexidades do pôquer ou, digamos, da negociação de opções.

Mesmo agora, eu me vejo mais ou menos simpático à caracterização que Mashinsky fez da criptomoeda como uma forma de o proletariado arriscar a sorte no jogo. "Não são os já ricos que entraram na onda da próxima grande sensação, o que em geral acontece aqui. É um clã totalmente novo", disse-me ele em Miami. "É um cara que, há cinco anos, estava morando no próprio carro e que por acaso comprou mil Bitcoins. E que está dizendo a todos os seus amigos: 'Ei, olhem só pra mim! Vocês também deveriam entrar nessa!'"

Medo da incerteza — e medo de ficar de fora. A bolha das criptomoedas ocorreu em um momento de tremenda ansiedade por causa da pandemia de covid-19 e do mundo incerto que surgiria como resultado dela... Isso sem mencionar todas as outras coisas com as quais os jovens se preocupam, como mudanças climáticas e turbulência política. É difícil subestimar a sensação de *instabilidade* do mundo em 2020 e no início de 2021. E isso pode produzir a oportunidade ideal para os vigaristas.

"Uma das coisas de que os trapaceiros se aproveitam é o fato de que o cérebro humano odeia a incerteza e sempre anseia por algum tipo de história... causa e efeito, algo que faça sentido. E sempre que o mundo está mudando, e muitas coisas estão acontecendo ao mesmo tempo, é difícil para a mente média lidar com isso", explicou-me Maria Konnikova. Gurus de criptomoedas como Mashinsky e Bankman-Fried ofereceram a autoridade pelas quais as pessoas ansiavam desesperadamente. Os vigaristas "oferecem a você uma narrativa agradável que dá sentido" ao mundo, afirmou Konnikova. "Eles aproveitam esse momento para dar às pessoas a certeza que elas desejam."

Havia também outro fator: o medo de ficar de fora. "O outro lado disso é que também não queremos perder oportunidades. O FOMO existe também", completou Konnikova. As criptomoedas foram apresentadas ao público dos Estados Unidos como a próxima grande sensação. Isso não poderia ter sido mais explícito; os anúncios eram descarados, como aqueles da DraftKings em 2015. Em um anúncio hoje infame para o Super Bowl LVI que a FTX gastou 25 milhões de dólares para produzir (sem contar os 10 milhões[48] de cachê para Larry David), o comediante foi retratado como um cético ludista que zombava da invenção da roda,[49] da Declaração de Independência e da lâmpada. Sim, é sério: a FTX estava comparando a invenção das criptomoedas ao aproveitamento da eletricidade. O slogan no fim do comercial? Era literalmente — em letras maiúsculas — "NÃO PERCA A PRÓXIMA GRANDE SENSAÇÃO".

Konnikova me disse que, sempre que há uma nova tecnologia que parece inaugurar uma nova era, tanto os tolos quanto os aproveitadores se apressam. "A Corrida do Ouro, as revoluções tecnológicas, a Revolução Industrial, coisas novas que as pessoas não entendem muito bem. Você tem uma sensação do tipo 'isto pode ser interessante'. E se alguém explicar isso a você de forma organizada, botar um lacinho em cima e disser que é mesmo muito simples e muito fácil, talvez você mergulhe de cabeça."

Compare o discurso canônico dos vigaristas de Konnikova (*"Na verdade, é muito simples e muito fácil!"*) ao que Mashinsky me disse: "É muito simples." Essas são palavras que investidores e apostadores quase sempre devem interpretar como um sinal de alerta.

A criação de valor por meio de memes. Como Konnikova disse, vigaristas e empresas golpistas tendem a oferecer *algum* tipo de explicação sobre como estão criando valor. Até a Celsius tinha uma história, ainda que mal resistisse a um escrutínio.

Mas a bolha de 2020-2021 também apresentou avaliações que *ninguém nem sequer fingia ter qualquer base na realidade*. Vejamos, por exemplo, a GameStop, empresa de capital aberto que vende videogames e consoles. A GameStop não tem de fato *valor zero*; ela possui vários milhares de lojas de varejo,[50] e os jogos são uma indústria imensa. Não obstante, em janeiro de 2021, sua capitalização de mercado[51] disparou de repente para 22,6 bilhões de dólares, depois de ter estado abaixo de 1 bilhão em meados de dezembro. Absolutamente nada mudou para justificar isso: a GameStop é um negócio de varejo antiquado em um setor no qual a maior parte das vendas de videogames[52] migrou para o ambiente on-line, e a empresa sofreu um prejuízo líquido sucessivo ao longo de todos os anos desde 2018.[53] Mas as ações se tornaram populares no **r/wallstreetbets**, fórum do Reddit para *day traders* e *traders* de opções. É difícil dizer por que a GameStop *especificamente* se tornou popular. Foi em parte porque estava sendo vendida a descoberto por muitos fundos *hedge* e os *day traders* quiseram revidar,[54] e em parte porque era percebida como um dinossauro arcaico,[55] uma empresa equivalente a uma videolocadora Blockbuster. Apoiá-la era algo meio engraçado, um meme do tipo "Ok, boomer" trazido à vida.

Em termos de ridículo, o nível seguinte além da GameStop foi a Dogecoin: uma criptomoeda criada de caso pensado para ser boba, uma moeda-piada. Billy Markus, o cofundador da Dogecoin, me disse que estava tentando zombar com sutileza das criptomoedas em um momento em que "a principal utilidade das criptomoedas, em 2013, era comprar drogas de forma anônima no Silk Road* ou fazer apostas ilegais na internet". Markus disse que levaria apenas dez minutos para concluir a programação da Dogecoin — mas ele gastou algumas horas para personalizar as imagens ("doge" é um erro ortográfico deliberado de "dog" [cachorro], às vezes associado a fotos de um cachorro japonês fofo chamado Kabosu) e fontes tipográficas (Comic Sans).

Ainda assim, a Dogecoin viralizou, ganhando a aclamação dos *traders* do **r/wallstreetbets** e de Elon Musk. Avaliado em 0,00026 dólar logo após sua criação em 2013,[56] atingiu um pico de 0,74 dólar em maio de 2021 — aumento de cerca de 3.000x. Em teoria, empresas como a Apple e o Google devem ocasionalmente gerar um retorno de 3.000x com base na criação de tecnologias revolucionárias de consumo que são adotadas em todo o mundo. Isso não deveria acontecer com *shitcoins*** com um *doge* de desenho animado.

Markus, cuja ocupação principal é criar softwares educacionais, vendeu suas Dogecoins e o restante de suas criptomoedas por cerca de 10 mil dólares após perder o emprego em 2015. Ele me disse que não poderia ficar muito chateado por ter tomado essa decisão, porque, se não tivesse feito isso na época, teria vendido mais tarde. Era impossível escolher com precisão o tempo do mercado para a Dogecoin quando, em primeiro lugar, a avaliação subjacente estava tão desvinculada da realidade.

"Se você estiver lidando com criptomoedas por bastante tempo e for ganancioso, será enganado", disse ele. "É como ir a um cassino, com a diferença de que há alguns jogos normais e depois há a parte clandestina que promete retornos mais altos. Uma pessoa racional deveria pensar: 'Bem, isso parece obscuro e ridículo.' Qualquer pessoa envolvida nisso deve entender que está jogando um jogo de pôquer fraudado." Mas, em 2021, o número de usuários de criptomoedas estava crescendo numa velocidade tão vertiginosa que a esmagadora maioria era novata na indústria.[57] No *boom* do pôquer de 2004-2007, a enxurrada de novos clientes fez com que jogadores mais experientes pudessem imprimir dinheiro apenas jogando pôquer sólido, firme e previsível. No mundo das criptomoedas, também havia muitos otários.

Perguntei a Matt Levine se ele acha que haverá mais bolhas semelhantes às da Dogecoin e da GameStop. "Meu instinto é dizer que sim, que haverá mais disso. O que aconteceu, de maneira mais ampla, é que as pessoas perceberam que as comunidades on-line eram capazes de coordenar o aumento de um ativo." Levine se

---

* Inaugurado em 2011, o Silk Road era o maior mercado virtual de venda de drogas hospedado em servidores escondidos na *deep web*, e recebia pagamentos em Bitcoin. Foi fechado pelo FBI em 2013, e seu criador, Ross William Ulbricht, condenado à prisão perpétua. (N. T.)
** A Investopedia define bem o termo: "*Shitcoin* se refere a uma criptomoeda com pouco ou nenhum valor ou nenhum propósito imediato e discernível."

referiu a isso como a "criação de valor por meio de memes". Não importava mais se a coisa sendo negociada tinha alguma utilidade intrínseca. Você não estava comprando para HODL, a menos que fosse um otário. Em vez disso, estava apostando — jogando um jogo de adivinhação, uma versão do dilema do prisioneiro na qual você tinha permissão para se comunicar e conspirar com os outros presos.

É, é isso mesmo. É hora da teoria dos jogos de *shitcoins*.

Digamos que eu faça uma *shitcoin* chamada NateCoin, designada pelo símbolo ₦. Vamos participar de um jogo que se assemelha pelo menos um pouco à dinâmica de uma bolha de *shitcoin*. Aqui estão as regras:

- O valor fundamental de ₦ é 0 dólar. É uma *shitcoin* sem utilidade intrínseca. Seu único valor deriva do fato de que você pode conseguir que outra pessoa a compre por um preço mais alto.

- No entanto, ₦ inexplicavelmente se tornou popular, porque Elon Musk tuitou sobre ela.

- Dois *traders*, Satoshi e Pepe,* compraram ₦ por 50 dólares. Desde então, ₦ só continuou a aumentar em valor. No momento, vale 150 dólares.

- Todo mundo meio que sabe que isso é ridículo. Qualquer venda desencadeará uma cascata, e ₦ entrará em colapso instantaneamente para seu valor fundamental de 0 dólar.

- Se Satoshi e Pepe venderem ao mesmo momento, um algoritmo de *blockchain* determinará de forma aleatória quem fez a primeira venda. Quem ganhar o desempate ganha o preço de mercado (150 dólares). O outro fica preso com sua NateCoin sem valor (0 dólar).

- ₦ está sendo muito vendida a descoberto por um fundo *hedge*. Se Satoshi e Pepe mantiverem ₦ por mais 24 horas, os vendedores a descoberto serão forçados a sair do mercado e o valor de ₦ aumentará para 200 dólares.

Qual é a estratégia ideal? Se Pepe e Satoshi não conseguirem se comunicar ou agir de forma coordenada, isso se resolve em um clássico dilema do prisioneiro. Não importa o que o outro faça, a melhor estratégia individual de cada jogador é apenas vender. Vejamos isso da perspectiva de Satoshi, por exemplo. Se Pepe

---

* Satoshi é em homenagem a Satoshi Nakamoto, o fundador do Bitcoin, e Pepe homenageia o Rare Pepe, um dos primeiros projetos NFT.

segurar, então Satoshi deve vender. Ele garantirá um lucro de 100 dólares, e isso é maior do que o valor esperado (50 dólares, como na parte inferior direita da tabela) de pegar o dinheiro do vendedor a descoberto e *então* disputar o "jogo de quem é o mais medroso" com Pepe para ver quem vende primeiro. E, se Pepe vender, então Satoshi *com certeza* quer vender também. Caso contrário, será o único a pagar o pato e sua ₦ perderá por completo o valor.

A teoria dos jogos de uma bolha de *shitcoin*

	SATOSHI VENDE	SATOSHI SEGURA
PEPE VENDE	A ordem de venda é determinada de forma aleatória. Um deles tem um lucro de 100 dólares, e o outro perde seu investimento de 50 dólares. VE: Pepe + 25, Satoshi + 25	Pepe assegura um lucro de 100 dólares. Satoshi perde 50 dólares. VE: Pepe +100, Satoshi −50
PEPE SEGURA	Satoshi assegura um lucro de 100 dólares. Pepe perde 50 dólares. VE: Pepe −50, Satoshi +100	O valor de ₦ aumenta para 200 dólares. No entanto, apenas um deles de fato conseguirá realizar esse preço. Um deles acabará sendo vendido por 200 dólares (gerando um lucro de 150 dólares) e o outro não ganha nada (perdendo seu investimento inicial de 50 dólares). VE: Pepe +50, Satoshi +50

Mas e se Pepe e Satoshi *puderem* agir de forma coordenada — digamos, em um bate-papo em grupo no qual ambos entraram na festa do iate de Miami ou em um fórum como **r/wallstreetbets**? Bem, aí as coisas ficam interessantes. Eles *poderiam* apostar em manter viva a competição da NateCoin. Se conseguirem segurar por mais 24 horas, vão expulsar o vendedor a descoberto, e o valor de suas ₦ aumentará. Claro, é uma jogada perigosa, porque se um deles vender, o outro está ferrado. Mas, na verdade, é do interesse mútuo deles segurar. Seu VE *combinado* é maior se adotarem a filosofia do HODL, pegando o dinheiro do vendedor a descoberto e *depois* vendo quem pisca primeiro. O dilema é que, se você é Pepe ou Satoshi, em geral não há uma forma racional de garantir que o outro cara não vai trair você.

Exceto que, no contexto do **r/wallstreetbets**, *pode* haver razão para confiar no outro cara. Há camaradagem entre os *traders* por causa do papel de Davi (contra Golias) que eles se viam desempenhando. Há o fato de que os jovens com frequência se comportam como uma colmeia e protegem a solidariedade do grupo. Há o *éthos* do HODL: um padrão cultural de que você deve cooperar, não desertar. Mais cedo ou mais tarde, a bolha ainda vai estourar... quanto mais o valor de ₦ diverge de seu valor fundamental, mais incentivo Satoshi e Pepe têm para obter seus lucros e cair fora. Acontece que, em um mundo memeficado, as bolhas serão mais longas, mais íngremes e mais comuns.

Jogo habilidoso ainda é jogo: a história de Runbo Li

Runbo Li ganhou uma bolada em sua primeira grande negociação de opções. Ele viu uma dica no **r/wallstreetbets** de que a Nvidia, fabricante de semicondutores, estava prestes a anunciar uma nova GPU.* Mais ou menos um ano antes, Li havia comprado algumas ações na plataforma de negociação Robinhood, com dinheiro que ele economizou do seu primeiro emprego (grandes ações de consumo que ele já conhecia, como Nike e JetBlue). Elas apresentaram um retorno modesto, mas o que estava acontecendo no **r/wallstreetbets** era muito mais emocionante.

"Eu vi que algumas pessoas estavam ganhando quantias absurdas de dinheiro negociando opções de ações", relatou. Ele eventualmente percebeu que aqueles exemplos escolhidos a dedo poderiam ser bastante enganosos e, no fim, ficou evidente que aquela dica em particular era correta. Li adquiriu algumas opções de compra da Nvidia (NVDA). Uma opção de compra é uma aposta otimista — ela faz a pessoa ganhar dinheiro se as ações de uma empresa subirem acima de certo limite. De fato, a Nvidia anunciou uma nova GPU, suas ações dispararam, e então Li ganhou sua aposta. Ele estava tão orgulhoso de seu êxito que compartilhou com os pais imigrantes uma captura de tela, persuadindo-os a deixá-lo investir dezenas de milhares de dólares das economias do casal.

O êxito da NVDA pode ter sido o maior azar que já aconteceu a Li. Ele continuou dobrando a aposta e adquirindo mais opções de compra da NVDA, mas o valor das ações caiu, parte de um chamado "desastre tecnológico no mercado"[58] no verão de 2017. Ele fez outras apostas perdedoras também — e, na verdade, desde então vem perseguindo aquele pico inicial. É óbvio que Li é um cara inteligente:[59] fez mestrado em economia na Universidade de Toronto e trabalhou como cientista de dados na Meta e outras empresas. Mesmo assim, ele me disse que perdeu cerca de 1 milhão de dólares em negociação de opções. (Li entrou em contato comigo por e-mail quando soube do meu livro; ele queria que eu compartilhasse sua história. "Acho que se eu puder ajudar pelo menos outra pessoa a evitar as armadilhas que enfrento, isso seria uma vitória. Acho que a espiral específica em que caí é particularmente traiçoeira, e essa trajetória de derrota é muito dolorosa.")

---

* GPU vem de "graphics processing unit" (unidade de processamento gráfico) — um tipo de chip de computador originalmente otimizado para exibir gráficos de videogame, mas que também é bastante eficiente para cálculos matemáticos gerais. Portanto, as GPUs são com frequência empregadas para outros problemas computacionais intensivos, como treinamento de modelos de IA.

Eis uma coisa que devemos saber sobre negociação de opções: é um risco *muito maior* do que investir com regularidade no mercado de ações. É como se você fosse a um parque de diversões que parou na sua cidade e houvesse alguns brinquedos tradicionais, como carrossel e roda-gigante — esse é o mercado de ações, em suma. Há um pouco de adrenalina, mas a verdade é que não serve para quem busca fortes emoções; em média, o mercado de ações aumenta ou diminui de 15% a 20% em um ano. [60] A negociação de opções é como se você virasse uma esquina na expectativa de ver carrinhos de bate-bate, e em vez disso desse de cara com a MONTANHA-RUSSA MAGNUM EPIC STEEL DRAGON, que tem uma queda vertical de 121 metros e voa a 210 quilômetros por hora.

Um guia bem rápido sobre negociação de opções: uma "opção de compra" é um contrato que lhe dá o direito de comprar uma ação a um preço especificado. (O oposto de uma opção de compra é uma "opção de venda". Uma opção de venda é uma aposta baixa: o direito de *vender* uma ação a um preço especificado.) Por exemplo, se a NVDA hoje está cotada a 98 dólares cada ação, uma opção de compra pode dizer "Posso comprar cem ações da NVDA a 100 dólares cada a qualquer momento nos próximos trinta dias". O preço para isso é chamado de "prêmio" — digamos que neste caso seja 3 dólares por ação ou 300 dólares no total. Você paga o prêmio independentemente de exercer ou não a opção.

Digamos que a NVDA suba para 106 dólares. Bingo! Você exerce a opção, comprando cem ações por 100 dólares cada, o que agora é um desconto significativo em relação ao preço de mercado de 106 dólares. Você acabou de obter um lucro bruto de 600 dólares (100 ações a 6 dólares de lucro por ação), e seu lucro líquido após pagar o prêmio é de 300 dólares. Nada mal.

Não há truques nem passes de mágica aqui; a negociação de opções é uma atividade perfeitamente legítima e honesta. O problema é que a opção só tem valor se a ação subir acima do preço especificado no contrato — não há utilidade em poder comprar NVDA a 100 dólares se o valor cair para 95 dólares. E isso cria dois possíveis problemas para você.

Um é que torna a negociação de opções uma transação de altíssimo risco. Neste exemplo, você arriscou 300 dólares em capital (o prêmio) para uma aposta que no fim das contas lhe rendeu um lucro de 300 dólares — para um retorno de 100% em trinta dias. Isso é maneiro, mas, se você não sabe o que está fazendo, com a mesma frequência terá um retorno de -100%. A variância é uma ordem de magnitude maior do que quando se investe em fundos de índice de ações, em que algo como uma oscilação de 25% ao longo de um ano inteiro seria considerado volátil.

Na verdade, se agora você olhar para um gráfico da Nasdaq, mal conseguirá distinguir o "desastre tecnológico" que Li me descreveu. Foi algo que não durou muito e afetou apenas um punhado de ações. Dito isso, se estiver fazendo negociações altamente alavancadas, sentirá cada solavanco. "Todo o meu ganho apenas com aquela [aposta da Nvidia] foi maior do que no ano passado apenas mantendo as ações que eu tinha. Daí, na mesma hora, pensei: por que eu seguraria ações se posso fazer isso?", disse-me Li.

A outra questão é que a precificação das opções é um problema reconhecido por ser difícil — que deve ser melhor deixar para os profissionais. Digamos que você tenha algum motivo para pensar que a NVDA está subvalorizada. Tá legal. Você pode apenas comprar mais NVDA. Respeito sua disposição de apostar em uma posição definida. Você tem uma hipótese bastante simples: a NVDA vai subir.

Porém, se quiser adquirir uma opção de compra da NVDA, há muitos outros parâmetros que precisará resolver. Sua pergunta poderá ser formulada em duas partes: Qual é a probabilidade de que as ações da NVDA subam para o valor X em qualquer ponto antes da data D? E, se isso acontecer, quando é o momento T ideal para exercer a opção, e o valor esperado disso vale mais ou menos do que o prêmio P? Boa sorte respondendo a essas questões.* Eu posso dizer em primeira mão como é difícil fazer previsões probabilísticas. E, embora alguém como Runbo Li seja um cara inteligente com mestrado e um emprego em ciência de dados, ele está competindo com dezenas de empresas ao redor do mundo especializadas em negociação de opções.

Ainda assim, a percepção de que a negociação de opções é uma atividade que exige habilidade é parte do que tornava difícil parar, contou Li. Ele chegou a fazer repetidos empréstimos a juros altos para ajudar a alimentar seu vício. E também se envolveu em negociação de margem — pegando dinheiro emprestado direto da Robinhood[61] para alavancar ainda mais suas apostas.

"Poderia facilmente ter sido outra coisa, como apostas esportivas", disse ele. "Mas, para mim, foi mais fácil racionalizar a negociação de opções porque ela tem esse disfarce de investimento. E essa é uma das coisas impressionantes. Porque eu acho que, com opções de ações, a negociação é muito mais parecida com jogos de azar. Você pode racionalizar e dizer: "Ei, se fizer uma boa averiguação e avaliação de riscos, se fizer essas coisas, pode alcançar uma taxa de sucesso muito alta.' Mas eu acho que isso é mais ou menos um mito."

Aqui está algo que aprendi ao escrever este livro: se você tem um problema com jogos de azar, então *alguém* vai inventar *algum produto* que mexe com a sua veia probabilística. Talvez seja uma "viagem suave e tranquila até o zero", como para os viciados em caça-níqueis de Natasha Schüll. Talvez seja a montanha-russa da negociação de

---

* Até a fórmula Black-Scholes para precificar opções (embora ridicularizada por Peter Thiel e outros por ser simplista demais) é relativamente complexa, como é o caso das fórmulas famosas. É uma equação diferencial parcial que contém seis variáveis... bem diferente de $E = mc^2$.

opções. Talvez seja apenas comprar e HODL e comentar, ansioso, com seus amigos no grupo de bate-papo. Para algumas pessoas, um jogo de habilidade como o pôquer ou a negociação de opções, que *também* é um jogo de azar, podem ser mais atraentes. Outras pessoas querem apenas descansar e apertar um botão.

E, qualquer que seja o produto que atraia mais seu *degen* interior, ele será adaptado algoritmicamente para reduzir o atrito e fazer você apostar ainda mais. "O aplicativo [Robinhood] é mesmo muito gamificado para fazer parecer que você está girando uma roleta", disse Li, citando técnicas como efeitos gráficos de confete quando o jogador atinge um marco de negociação — embora algumas dessas animações tenham sido aposentadas desde então.[62] Os dados mostram que esses recursos funcionam: os clientes do Robinhood negociam opções em volumes muito maiores[63] do que em sites de corretagem mais tradicionais e enfadonhos como o Charles Schwab.

Por fim, há a influência de fóruns como o **r/wallstreetbets** — a camaradagem e a competição entre homens jovens, em sua maioria, que são *traders* inexperientes. Veja bem, não tenho problemas em falar de trabalho. Quando eu era um jogador de pôquer em desenvolvimento, passava horas e horas em um fórum on-line chamado *Two Plus Two*, um quadro de mensagens de pôquer para compartilhamento de estratégias, memes e fofocas. Sem dúvida, isso me ajudou a melhorar no jogo, mas também era preciso encarar com ceticismo o que as pessoas diziam lá, sobretudo sobre suas vitórias e perdas pessoais. Um jogador que postou um gráfico gabando-se de ter ganhado 80 mil dólares no último mês pode entrar em uma sequência de derrotas e desaparecer sem deixar vestígios.

"De modo geral, não acho que o WallStreetBets seja um lugar de especialistas", comentou Li. "As postagens que você vê sobre as histórias de sucesso... isso aí é uma em um milhão. Não mostra as 999 mil pessoas que perderam seu dinheiro e nunca mais jogaram... ou que são como eu."

O Bitcoin é de Marte, o Ethereum é de Vênus

O Bloco Genesis foi criado por uma pessoa chamada Satoshi Nakamoto em 3 de janeiro de 2009 e concedeu 50 Bitcoins (BTC) ao endereço 1A1zP1eP5Q-Gefi2DMPTfTL5SLmv7DivfNa, criando os primeiros Bitcoins[64] da história. E incluía uma mensagem escrita em hexadecimal:

```
The Times 03/jan/2009 Chanceler está prestes a conceder um
segundo resgate para os bancos
```

Era uma referência a uma manchete daquele dia no jornal londrino *The Times*.[65] Era ao mesmo tempo o equivalente digital de uma fotografia de prova de vida (na qual se utiliza um jornal para fornecer evidências contemporâneas de quando uma foto foi tirada) e um aceno à crise financeira global [GFC, sigla do inglês Global Financial Crisis]. A GFC inspirou Nakamoto[66] — e o convenceu de que os governos não eram confiáveis. "A raiz do problema em relação à moeda convencional é toda a confiança necessária para fazê-la funcionar", escreveu ele.[67] "Deve-se confiar que o banco central não desvalorizará a moeda, mas a história das moedas fiduciárias está repleta de violações e abusos dessa confiança." Nakamoto queria criar uma moeda digital descentralizada que não dependesse de confiança nem da autoridade do governo ou de qualquer banco central.

O Bloco Genesis ainda está incluído em cada cópia do *blockchain* do Bitcoin — e cada cópia do *blockchain* é a mesma, exceto pela forma como descrevem transações muito recentes que ainda não foram verificadas. Um *blockchain* é basicamente um livro-razão digital compartilhado[68] e cada vez maior que registra cada transação na história em ordem cronológica, algo como:*

```
The Times 03/jan/2009 Chanceler está prestes a conceder um
segundo resgate para os bancos•••Alice-Pagou-Bob-004.000BTC-Em-
Set092009•••Bob-Pagou-Carol-002.500-BTC-Em-Set102009•••Carol-
Pagou-Alice-010.000BTC-Em-Set122009
```

Então, em um sentido, a ideia de Nakamoto era de fato radical: os Bitcoins foram o primeiro ativo digital[69] capaz de ser transferido sem a aprovação de qualquer governo ou autoridade central. Em outro sentido, os problemas que Nakamoto estava tentando resolver eram relativamente técnicos. Uma questão bastante espinhosa, descrita em seu *white paper*,[70] era o problema do gasto duplo. Se eu trocar com você uma moeda de ouro por um pão, não posso gastar essa mesma moeda em outro lugar. No entanto, se eu estivesse me sentindo ardiloso, poderia enviar a mesma *moeda digital* a dois lugares ao mesmo tempo... digamos, para Carol para seu CryptoPunk e Bob para seu Bored Ape. Como decidir qual transação é válida?

Não detalharei aqui todos os aspectos da solução inteligente de Nakamoto, mas a espinha dorsal dela é um consenso garantido pelo que é chamado de mineração Proof of Work [prova de trabalho]. A mineração de Bitcoin é o ato de verificar

---

* Essa mensagem não é *criptografada*? Não. Os dados em um *blockchain* não são criptografados, embora sejam com frequência representados em hexadecimal, sistema de numeração de base 16 que inclui dez dígitos e as letras de A a F. Na verdade, o princípio central da tecnologia *blockchain* é o registro público e transparente de informações de transações, eliminando-se a necessidade de intermediários. O termo "cripto" em "criptomoeda" deriva do uso da criptografia. Por exemplo, a criptografia de chave pública-privada desempenha um papel crucial na segurança de transações.

um novo bloco de transações resolvendo um quebra-cabeça intensivo do ponto de vista computacional. O processo tem sido comparado a tentar ganhar um prêmio em um bilhete de loteria do tipo raspadinha.[71] De propósito, dá um pouco de trabalho — o trabalho computacional é o motivo pelo qual a mineração de Bitcoin tem um impacto ambiental tão negativo —, mas ainda assim não há garantia de sucesso. O processo é aleatório,[72] mas, assim como comprar mais bilhetes de raspadinha lhe dá mais chances de ganhar na loteria, ter mais poder de computação lhe dá mais chances de ganhar o grande prêmio da mineração: uma recompensa de bloco, definida em 6,25 Bitcoins (cerca de 250 mil dólares) enquanto escrevo este texto, mais taxas de transação.

A questão é: como é que fomos do primeiro *blockchain* (um livro-razão digital para registrar transações de Bitcoin) para festas de arromba na Art Basel?

O fio condutor passa por Vitalik Buterin, o esquálido programador de computador russo-canadense que criou o *blockchain* chamado Ethereum.* O *blockchain* do Ethereum tem uma moeda digital nativa, o Ether (ETH) — pronuncia-se "íter". Mas, tal qual um eletrodoméstico à venda em um desses infomerciais de madrugada — ele fatia, corta, faz batatas fritas julienne![73] —, o *blockchain* do Ethereum pode fazer muito mais do que apenas registrar transações com o ETH. Em especial, permite a criação dos chamados *smart contracts* [contratos inteligentes]. O Ethereum contém uma "linguagem de programação Turing completa totalmente desenvolvida",[74] então as possibilidades são quase ilimitadas. É possível, por exemplo, escrever um contrato de opções — tenho o direito de comprar cem ETH de você se o preço subir acima de 2.500 dólares —, e o *blockchain* trabalharia para executar o contrato de maneira automática.

De certa forma, a história de origem do Ethereum se assemelhava à de uma típica startup do Vale do Silício, surgindo a partir da ideia de um jovem e brilhante fundador imigrante disposto a fazer uma aposta arriscada. Ao contrário de Nakamoto, Buterin não tinha uma objeção ideológica de oposição ao sistema bancário central. Em vez disso, ele está mais para um polímata: um programador premiado[75] que também foi cofundador da *Bitcoin Magazine* e que tinha apenas 19 anos[76] quando começou a preparar o terreno para o Ethereum.

"Até talvez 2014 ou mesmo 2016, eu estava convencido de que todo esse espaço tinha apenas 10% ou 20% de chance de se tornar algo interessante", me disse Buterin. Mas ele calculou o valor esperado. O Bitcoin, na época, tinha uma capitalização de mercado de cerca de 7 bilhões de dólares, enquanto a capitalização

---

* Permita-me analisar alguns pontos importantes aqui. Satoshi Nakamoto inventou (1) o primeiro *blockchain* funcional e (2) o Bitcoin, moeda digital cujas transações são registradas no *blockchain* do Bitcoin. Mas não existe apenas um *blockchain*. Buterin criou um *blockchain* diferente, o Ethereum.

de mercado do ouro[77] era de 7 trilhões de dólares (isso mesmo, *trilhões*). Se o Bitcoin tivesse pelo menos 5% de chance de valer 10% do ouro, a capitalização de mercado (ou valor de mercado) deveria ser de 35 bilhões de dólares, cerca de cinco vezes o valor pelo qual estava sendo negociado. "Se você apenas fizer as contas, parece que vale a pena arriscar", imaginou Buterin. Então ele foi *all-in* na criptomoeda — com a ajuda de uma doação de 100 mil dólares da fundação de Peter Thiel, em 2014, que o fez abandonar a faculdade[78] e desenvolver ainda mais o Ethereum.

A aposta de Buterin foi um sucesso. O ETH é a segunda criptomoeda mais negociada, atrás do BTC, mas muito à frente de todo o resto. E, embora os contratos inteligentes sejam uma invenção relativamente nova, já existem alguns usos intrigantes para eles. Os contratos inteligentes são a base do DeFi, ou finanças descentralizadas[79] — embora alguns projetos de DeFi [serviços e produtos financeiros] até o momento tenham se revelado fraudes. Eles também são a base das DAOs (sigla em inglês de *decentralized autonomous organizations*) ou organizações autônomas descentralizadas[80] — estruturas autogovernadas que às vezes são usadas por equipes de investidores para comprar critpoativos juntos. E há o caso de uso mais famoso para contratos inteligentes: o *token* não fungível, também chamado de NFT.*

Em linguagem simplificada, o termo "NFT" é usado para se referir a uma peça de arte digital, como um CryptoPunk. (Em alguns casos neste capítulo, adotei o uso coloquial.) Porém, é mais exato dizer que um NFT é um certificado de propriedade que todos podem ver no *blockchain*. (Em geral, a arte em si não é armazenada[81] no *blockchain*, que tende a conter apenas um link para um endereço da web com o arquivo, embora haja algumas exceções entre projetos de ponta.) As características distintivas de um NFT são que ele tem um proprietário *único* com base nas informações divulgadas em seu contrato inteligente[82] e que — como o nome *non-fungible token* indica, é um *token* não fungível, ou seja, ímpar, singular. Fungibilidade é a propriedade da intercambialidade: notas de dólar são fungíveis e Bitcoins são fungíveis; um é tão bom quanto o outro, podem substituir-se por outros da mesma espécie, qualidade e quantidade. No entanto, CryptoPunks não são; o CryptoPunk #1111 e o CryptoPunk #1234 são ativos diferentes.

Para artistas e colecionadores, ter um método amplamente aceito de atribuição de propriedade é um grande negócio. Mesmo ativos físicos nem sempre podem corresponder ao padrão *blockchain*. "Pela primeira vez na história, você

---

* Um *token*, no universo das criptomoedas, é a representação digital de um ativo (por exemplo, dinheiro, propriedade, obra de arte) registrada em um *blockchain*. Se uma pessoa tem o *token* de uma propriedade, significa que tem direito àquele imóvel — ou a parte dele. (N. T.)

tem escassez comprovada e procedência inquestionável de um colecionável", disse VonMises,* um destacado colecionador de NFTs que, como muitos em sua área de atuação, prefere utilizar um pseudônimo e manter a discrição. (Alguns proprietários de NFT foram hackeados, vítimas de *phishing* ou até sequestrados[83] por gente interessada em obter as chaves de suas carteiras digitais.) VonMises coleciona de tudo, de cartões de beisebol a fichas de pôquer vintage, então ele sabe que as falsificações são uma prática comum. "Há pinturas de grandes mestres que são falsificações e estão penduradas nas paredes de museus, e todo mundo sabe disso", disse-me ele. "O Instituto Rothko e a Fundação Warhol já desistiram de verificar, porque não conseguem perceber a diferença."

Os contratos inteligentes de NFT também podem conter outras cláusulas, como *royalties* que são acumulados de forma automática para o artista quando o *token* muda de proprietário. Alguns artistas até começaram a aproveitar os recursos inteligentes dos NFTs para criar arte que muda, evolui ou se regenera.[84] Em 2020, Mike Winkelmann, mais conhecido no mundo das criptomoedas como Beeple, fez um NFT chamado *Crossroad* [Encruzilhada], animação projetada para mudar com base na vitória (ou não) de Donald Trump na eleição presidencial. Assim que Joe Biden foi declarado vencedor, a imagem retratou um Trump gigante, caído, inchado e sem camisa com palavras como "PERDEDOR" pichadas sobre ele.[85] Se Trump tivesse vencido, teria mostrado um deus-rei Trump emergindo de um submundo em chamas — talvez, imaginei, as brasas das pesquisas do *Village* que mais uma vez o declararam morto de maneira prematura. *Crossroad* foi comprado por um preço recorde de 6,6 milhões de dólares, embora logo fosse superado por outro NFT de Beeple,[86] *Everydays: The First 5,000 Days* [Todos os dias: os primeiros 5 mil dias], que foi vendido por 69 milhões de dólares.

Algo precisa ficar bem claro: nada disso justifica de fato a badalação que o *blockchain* recebeu no pico da bolha das criptomoedas. Ainda assim, é evidente que o *blockchain* do Ethereum tem mais potencial para aplicações comerciais, tecnológicas e criativas do que o do Bitcoin jamais teve.

E, ainda assim, desde a criação do Ethereum, Buterin encontrou intensa resistência vinda dos entusiastas do Bitcoin. "Você sabe, o Ethereum faz todas essas coisas incríveis", disse ele. "E, tipo, todos nós fazemos parte do Time Criptomoedas e estamos juntos nessa. Mas fiquei muito surpreso quando a resposta foi muito maximalismo e hostilidade."

Parte disso se deve às origens dos respectivos *blockchains* e à bagagem cultural que eles carregam consigo: o Ethereum era uma startup quase do Vale do Silício,

---

* Como muitos dos primeiros adeptos da criptomoeda, VonMises tem inclinações políticas libertárias, e seu nome de usuário é uma homenagem ao economista austríaco Ludwig von Mises, defensor do livre mercado.

ao passo que o Bitcoin era uma alternativa ciberlibertária à moeda fiduciária. "O Ethereum é um ecossistema para capitalistas de risco fazerem apostas no futuro da computação e, tipo, Web3 e *DeFi* e jogos e NFTs e todas essas merdas", disse Levine. "O Bitcoin é um lugar para fazer apostas na futura adoção institucional de uma classe de ativos econômicos."

Mas isso não explica por completo as atitudes anti-Ethereum tão fervorosas com que Buterin se deparou. Ele comparou os maximalistas do Bitcoin (que com frequência proclamam que o Bitcoin é um ativo monetário superior às outras criptomoedas e é a *única* criptomoeda que vale a pena) a adeptos de uma religião. "Na verdade, o Bitcoin não é um projeto de tecnologia. O Bitcoin é um tipo de projeto político, cultural e religioso no qual a tecnologia é um mal necessário", descreveu ele.

É comum no River, um lugar extremamente secular, insultar o movimento de alguém comparando-o a uma religião. (Por exemplo, pode-se dizer que *wokeness* é uma religião,[87] ou que o altruísmo eficaz é uma religião.)[88] Mas, nesse caso, Buterin não estava apenas fazendo uma crítica política padrão. Em vez disso, estava sugerindo que o Bitcoin — tal qual uma religião — apresenta uma profunda dependência da ideia de crença. Em sua essência, o Bitcoin não é *tão* diferente de uma *shitcoin* como a Dogecoin; nenhuma delas tem as funcionalidades de valor agregado do Ethereum. Porém, é muito maior o número de pessoas que *acreditam* no Bitcoin do que na Dogecoin e que estão dispostas a negociá-lo ou aceitá-lo como pagamento. "A parte epistêmica da religião é quase uma profecia autorrealizável, certo?", questionou Buterin. "Tipo, se você de fato conseguisse fazer um número suficiente de pessoas acreditar e comprar — isso poderia literalmente se tornar verdade."

No entanto, nada disso deve sugerir que os adeptos do Bitcoin estejam se comportando de forma irracional. Na verdade, a posição dominante do Bitcoin no ecossistema cripto pode ser explicada pela teoria dos jogos. É hora de introduzir mais um conceito: um que liga o mundo do cripto ao mundo da arte e ajuda a explicar por que alguns objetos possuem um valor extraordinário, ao passo que a maioria, em essência, não tem valor algum.

Pontos focais e a economia baseada na inveja

Aqui está um enigma famoso proposto pelo economista Thomas Schelling:

> Você vai encontrar com alguém na cidade de Nova York, mas não foi instruído sobre onde se encontrarão; você não tem um combinado prévio com a pessoa sobre onde encontrá-la; e vocês não podem se comunicar. Você é

simplesmente informado de que terá que adivinhar onde será o encontro e que ela está sendo informada da mesma coisa, e que vocês terão que tentar fazer seus palpites coincidirem.[89]

Se não conhecia esse problema, reserve um momento para pensar em sua solução. Você não vai querer se encontrar em algum cruzamento aleatório no distrito de Queens; vai procurar por algum tipo de ponto de referência óbvio, e faz sentido que ele esteja localizado numa área central. No entanto, a cidade de Nova York oferece muitos bons candidatos. O Central Park tem uma localização central. Assim como a Times Square e o Empire State Building. São, todas elas, alternativas lógicas. Mas a pergunta tem uma única resposta melhor.

A resposta é o Grand Central Terminal: para ser mais específico, o estande de informações no Grande Saguão do Grand Central Terminal.

Espere aí, por quê? Bem, podemos argumentar alguns pontos a favor do Grand Central. O terminal ferroviário e metroviário até que é um lugar agradável de frequentar. E é um local mais discreto do que algo como o Central Park (*onde exatamente* no Central Park vocês se encontrariam?). Mas, verdade seja dita, trata-se de uma escolha meio arbitrária. O Grand Central foi a resposta mais popular entre os alunos que Schelling pesquisou. Ele teorizou que isso era porque a aula que ele estava dando era em Yale, e a linha New Haven Line do sistema ferroviário Metro-North Railroad termina no Grand Central, então desempenhou um papel relevante na experiência de seus alunos na cidade de Nova York.[90] Se ele estivesse dando aulas em Princeton, a estação Penn Station poderia ter sido uma resposta mais natural para eles,* já que os trens de Nova Jersey encerram a viagem lá.

Em vez disso, a razão pela qual o Grand Central Terminal é a resposta certa é que é *conhecidamente a resposta certa* se você já tiver ouvido falar na pesquisa de Schelling. E, toda vez que alguém escreve sobre o experimento de Schelling, o Grand Central se torna mais arraigada como a resposta certa.

Se isso soa como uma profecia autorrealizável, esse é o xis da questão. O Grand Central é o que Schelling chama de "ponto focal". Embora um ponto focal seja uma ideia importante na teoria dos jogos, é mais intuitivo do que algo como o dilema do prisioneiro — então não se preocupe, não vamos precisar mais dessas matrizes 2 × 2. No "jogo" que estamos jogando (Schelling ganhou o Prêmio Nobel em parte por ampliar a teoria dos jogos de jogos de soma zero para aqueles em que os jogadores podem se beneficiar da cooperação, como evitar uma guerra nuclear),

---

* Isso foi antigamente, antes de Robert Moses destruir os andares acima do solo da Penn Station para construir o Madison Square Garden. Com isso, o local também era até agradável de frequentar.

nós dois ganhamos se descobrirmos um lugar onde nos encontrar e ambos perdemos se não descobrirmos. *Não importa* se a escolha é arbitrária, desde que seja uma escolha que coordenamos de maneira previsível.

O Bitcoin opera da mesma maneira; é um ponto focal. Igual ao caso do Grand Central Terminal, não é uma escolha 100% arbitrária. O Bitcoin foi a primeira criptomoeda, e ser o primeiro conta muito[91] quando você precisa de um ponto focal. Existem também alguns atributos que lhe dão uma aura de permanência; há um número fixo de Bitcoins[92] que serão criados (21 milhões), e os protocolos do Bitcoin[93] são notoriamente difíceis de mudar. Ainda assim, ele se beneficia do fato de que *algumas* criptomoedas, ou no máximo algumas delas, têm que ser o padrão ouro. Se quero fazer transações em NateCoin, você quer fazer transações em Bitcoin, e nosso amigo em comum só aceita Dogecoin, nenhum de nós vai fazer negócio, e todos nós perdemos o jogo.*

Os pontos focais também ajudam a explicar o mundo da arte: são o motivo pelo qual uma serigrafia de Marilyn Monroe de autoria de Andy Warhol[94] pode ser vendida por 195 milhões de dólares, mesmo que haja muitos artistas famintos que ficariam felizes em vender seu trabalho por 1.950 dólares. O mundo da arte é "uma economia baseada na inveja", de acordo com a descrição que o crítico de arte da revista *New York* Jerry Saltz fez para mim. "No meu mundo, 99,9% de nós enfrentamos dificuldades para sobreviver. E todos nós prestamos atenção ao 1% do 1% do 1%."

Repetindo: obras de arte famosas não se tornam famosas por razões *completamente* arbitrárias. Em geral, os pontos focais têm *alguma coisa* a seu favor,** mas a realidade é que o mundo da arte tradicional não mede esforços e quase se desdobra para intensificar os pontos focais, cultivando uma sensação de exclusividade e escassez. Quanto mais invejosas as pessoas forem, e quanto menor a oferta, mais provável é que alguma pessoa muito rica decida esbanjar em uma obra. Na verdade, as casas de leilão em geral têm um comprador específico em mente, e o processo de leilão é, sobretudo, uma farsa.[95] "Quantas pessoas gastarão, digamos, 50 milhões de dólares ou mais em um objeto?", questiona Amy Cappellazzo,[96] sócia-fundadora da galeria de arte Art Intelligence Global e um grande nome no mercado da arte, conhecida por ser pragmática e descomplicada. "Você realmente tem que examinar com extremo cuidado quem pode ser um candidato para aquela faixa de preço no mercado naquele momento específico. E olha, se o cara fez uma cirurgia nas costas na semana passada, talvez não seja."

---

* Lógico, Buterin talvez tenha tido a esperança de que o ETH substituísse o BTC como ponto focal, e em certo momento pareceu que isso poderia acontecer. No entanto, os maximalistas que tinham muito BTC estavam interessadíssimos em defender seu território — isso sendo parte do motivo pelo qual eram tão hostis a Buterin.

** Na minha opinião pessoal, Warhol era um gênio.

Cappellazzo não vê muita diferença entre arte tradicional e os NFTs.[97] Assim como os NFTs, a arte não é fungível; você não está procurando apenas por *qualquer* pintura, mas por uma obra específica que provoque alguma reação em você. "A moeda de Andy Warhol é muito diferente da moeda de Marc Chagall", explicou ela. "Elas são quase como suas próprias economias e suas próprias moedas." E, embora as qualidades estéticas das obras digitais possa ser um assunto controverso, no fim das contas qualquer arte vale o maior lance que o comprador está disposto a fazer para adquiri-la. "Tenho muitas conversas com minhas divas nas casas de leilão. Tipo, você quer ser curador? Vá trabalhar em um museu. Nós adoramos é vender merda."

Culturalmente falando, o mundo dos NFTs e o mundo da arte não poderiam ser mais diferentes. Meu parceiro é artista visual e cineasta, então passei mais tempo do que você imagina em aberturas de mostras em galerias e exposições de arte. Alguns estereótipos são verdadeiros: os frequentadores de galerias no mundo da arte tradicional são, em sua maioria, mulheres elegantíssimas, homens gays ou pessoas de outros lugares no espectro LGBTQ+. Além de homens ricos mais velhos e seus cônjuges (*alguém* tem que de fato comprar as obras de arte). Em contrapartida, o público da [conferência de arte digital] NFT BZL estava repleto de homens heterossexuais jovens e brancos e/ou nerds que de repente encontraram ouro digital. Embora alguns colecionadores de NFT com quem conversei tenham se interessado mais tarde por arte física, não há muita sobreposição.

No entanto, a economia baseada na inveja se replicou na "Terra dos NFTs". Você tem um amigo que possui um CryptoPunk? Eu tenho alguns, e o que posso dizer é que muito provavelmente, na primeira oportunidade que aparecer, eles vão lhe mostrar seu CryptoPunk. Em certo sentido, esse é o objetivo de ser dono de algo do tipo. Seja qual for seu valor estético, que está nos olhos de quem vê — alguns colecionadores compararam CryptoPunks das obras de Warhol[98] —, os CryptoPunks *são desejáveis principalmente porque outras pessoas os desejam*. A economia baseada na inveja é como uma criança que, mesmo estando em uma sala atulhada de brinquedos, quer brincar com o brinquedo com o qual sua irmã ou irmão já está brincando... e nenhum outro serve.

De acordo com o historiador francês René Girard — o filósofo preferido de Peter Thiel*[99]—, essa tendência de espelhar o que outras pessoas cobiçam, o que

---

* No livro *De zero a um*, Thiel defende a criação de negócios que tenham o potencial de se tornarem monopólios. Em alguns tipos de negócios, um monopólio de fato pode surgir em decorrência de uma empresa ser um ponto focal. As pessoas usam os serviços de redes sociais como Facebook, Twitter e TikTok não necessariamente por causa dos recursos intrínsecos dessas plataformas, mas porque muitos de seus amigos as usam. (Girard consideraria a cultura de influenciadores no Instagram uma incrível validação de suas ideias.) Pode ser difícil eliminar os efeitos de rede que isso cria. Trata-se de uma das razões pelas quais as previsões de que Elon Musk causaria um êxodo em massa do Twitter não se concretizaram até o momento — embora, se isso acontecer, é provável que aconteça em alta velocidade, todo o rebanho debandando de uma vez só.

ele chama de "desejo mimético", encontra-se no âmago da condição humana.[100] E, ao combinar o desejo mimético com a moderna cultura do meme ("mimese" e "mimético" têm a mesma raiz grega, *mīmēma*,[101] que significa aquilo que é imitado), acaba com preços para NFTs que flutuam muito conforme os colecionadores sinalizam uns aos outros o que deve ser um ponto focal e o que está fora de moda.

A natureza descentralizada e sem liderança do mundo do cripto contribui para tanto, produzindo oscilações de preços ainda mais acentuadas do que no mundo da curadoria de arte tradicional. Em seu livro *The Strategy of Conflict* [A estratégia do conflito], Schelling escreveu sobre o comportamento de multidões desprovidas de liderança.[102] Na concepção de Schelling, multidões são imprevisíveis pois são propensas a agir com base em sinais de uma sutileza extrema. Quando não há uma figura de autoridade, ninguém cujas instruções as pessoas possam aguardar de modo confiável, não há mecanismo de coordenação além da imitação mecânica.*

Por outro lado, se você é um artista digital que está no lugar certo na hora certa quando a massa vem na sua direção, pode ganhar na loteria cripto. Quando falei com Winkelmann (também conhecido como Beeple), eu esperava encontrar alguém com o ar presunçoso de ser *um artista sério* ou pelo menos alguém cujo sucesso havia subido à cabeça. Em vez disso, Beeple era muito pé no chão, soltando palavrões — um "porra" a cada quinze segundos — com um forte sotaque de Wisconsin. Ele revelou que *Everydays*, colagem de 5 mil imagens digitais desde 2007, custou-lhe cerca de 10 mil horas de trabalho, mas a ficha ainda não tinha caído de que o preço de venda foi 69 milhões de dólares,[103] tudo a princípio transferido em ETH. "Foi tipo, certo, tá legal, uau, uau, uau, temos que pular desse trem. Porque, porra, toda vez que aperto o botão de atualizar, é mais ou menos 1 milhão de dólares, caralho." Beeple converteu suas criptomoedas em dinheiro assim que pôde. "Porra, nenhuma pessoa sã diria para você colocar toda a porra do seu portfólio inteiro na porra de um ativo altamente volátil que subiu umas oito vezes nos últimos quatro meses."**

Os colecionadores de NFT mais inteligentes com quem conversei me contaram sobre suas estratégias para lidar com essa loucura de multidões. Se existe alguém

---

* De fato, a comunidade NFT abomina apelos à autoridade ou ao controle do mundo da arte tradicional. Saltz me disse que, quando começou a analisar projetos NFTs (algo que ele viu como um sinal de respeito, uma indicação de que os NFTs tinham mérito artístico suficiente para merecer críticas sérias), as reações que recebeu foram marcadas por enorme antipatia. "Quando eu lhes dizia do que não gostava, eles ficavam chateados *de verdade*. Chateados *de verdade*", enfatizou. Isso culminou em um incidente quando Saltz estava dando uma volta nos arredores do Museu Whitney. "Eu estava atravessando a rua. Fazia calor. E um cara olhou para mim e disse: '*Eu faço NFTs, porra!*' E bateu no meu punho esquerdo e quebrou o cristal do meu relógio falsificado."

** No entanto, depois que "ouviu um monte de merda de todas aquelas porras de pessoas das criptomoedas", Winkelmann mais tarde reinvestiu cerca de um terço de sua grana de volta em ETH.

com as devidas credenciais para ser um colecionador de NFT é VonMises, que não só tem experiência com itens colecionáveis, mas também muito senso financeiro prático; antes de pedir demissão para se dedicar à carreira de jogador de pôquer, ele teve um emprego corporativo em gestão de investimentos e um trabalho paralelo em planejamento financeiro. VonMises me disse que é possível investir em criptoativos de forma responsável: "Sempre fui bastante conservador em termos de minha perspectiva geral de investimento. Então, como me tornei um grande nome em ativos digitais? Foi como em qualquer outra coisa: o cálculo do valor esperado era muito alto." Primeiro, ele comprou 5 mil dólares em Bitcoin em 2011, quando custava apenas 5 dólares por *token*, imaginando que havia 1% de chance de multiplicar 1.000x seu dinheiro. Na verdade, o Bitcoin acabaria aumentando em mais de 10.000x... embora VonMises, sendo responsável, tenha vendido boa parte de seu BTC desde então.

No entanto, nem mesmo VonMises estava preparado para o pico de NFT. "Para ser sincero, o comércio de NFT era cem vezes mais insano do que as criptomoedas." Ainda assim, sua estratégia é encontrar projetos que tenham o potencial de se tornarem pontos focais. O termo chique que ele usa para isso é "procedência" — que significa "origem, lugar de onde veio". VonMises gosta de itens colecionáveis que sejam originais, distintos e singulares, e que lhes permitam rastrear a propriedade a fim de assegurar sua autenticidade. (Os NFTs tornam esta última parte comparativamente fácil.) Ele se sentiu atraído pelos CryptoPunks porque foram um dos primeiros projetos NFT[104] no *blockchain* do Ethereum, e julgou que era possível reconhecer neles uma qualidade icônica. Então comprou cinquenta deles a um preço total de cerca de 100 mil dólares... e no fim viu o valor subir para, no auge, quase 25 milhões de dólares.

Outros colecionadores estão em um jogo de "siga o líder". Johnny Betancourt, uma das pessoas mais sensatas que conheci no mundo das criptomoedas (e que usa seu nome verdadeiro), me contou que se sentiu atraído pelos CryptoPunks porque era lá que estava o dinheiro inteligente. Ele me disse: "Lembra aquele ditado no pôquer que diz que, se você não consegue identificar o *fish*, você é o *fish*?", referindo-se à famosa citação do filme *Cartas na mesa*. "Se você senta a uma mesa de pôquer e depois de meia hora de jogo ainda não conseguiu identificar o otário, então o otário é você." Bem, se você se dedicar a estudar os outros jogadores na mesa, tiver um elevado QI social e for bom com networking, não é tão ruim ser a pessoa mais idiota da sala, comentou Betancourt. "Essa é uma sala muito boa para se estar."

No entanto, uma coisa é cultivar relações em termo de networking, e outra é seguir cegamente a liderança de alguém. Outro bem-conceituado colecionador de NFTs, Vincent Van Dough, me disse que "quando o mercado estava aquecido", outros colecionadores apenas o copiavam, feito alunos espiando a prova de um colega para colar. "As pessoas só corriam para comprar outras peças do mesmo conjunto. Como eu estava comprando, elas esperavam que outras pessoas vissem [e] quisessem comprar [também]."

Para Vincent Van Dough (não é seu nome verdadeiro, é óbvio), isso foi ótimo, porque a tendência era aumentar o valor de tudo o que ele comprava. No entanto, a estratégia de seguir o líder traz um risco considerável. No mínimo, torna os pontos focais mais intensos, contribuindo para a volatilidade no preço das criptomoedas. Também cria vulnerabilidade a esquemas fraudulentos do tipo "inflar e descartar" *(pump-and-dump)**, em que colecionadores inescrupulosos promovem um projeto no qual não acreditam de fato e vendem em um topo de mercado artificial.

E às vezes, pessoas inteligentes podem confiar demais em outras pessoas inteligentes. Foi isso que Betancourt acha que aconteceu com a FTX. "Há muita história revisionista acontecendo agora", disse ele em uma entrevista comigo em dezembro de 2022, logo após a falência da FTX. Alguns investidores de criptomoedas estavam alegando que "sabiam que era uma farsa havia seis [ou] doze meses". Contudo, isso não era condizente com a observação de Betancourt. Pelo contrário, a FTX era uma marca confiável e até amada. "Os *traders* mais ricos que eu conheço tinham oito dígitos na FTX. Por quê? Porque tinha a liquidez de que precisavam, tinha a alavancagem, tinha tudo de que precisavam." Na realidade, os *traders* mais inteligentes eram *ainda mais* propensos a fazer suas negociações na FTX, segundo Betancourt. "Na verdade, muitas pessoas espertas foram impactadas negativamente por isso." O próprio Betancourt não foi lá muito atingido pela FTX, mas afirmou que foi uma questão de sorte, já que ele negocia sobretudo NFTs em vez de criptomoedas em si.

No centro de tudo, encontrava-se Sam Bankman-Fried. Ele era o maior ponto focal de todos, segundo Betancourt. "É quase como uma história autorrealizável em que você quer acreditar que se trata de um gênio quantitativo que entende de negócios melhor do que você."

♠ — ♥ — ♦ — ♣

Eu gostaria de poder dizer que fui uma das pessoas que desconfiaram de SBF seis ou doze meses antes do tempo. Eu sabia que ele era capaz de mergulhar em uma situação para a qual não tinha o menor preparo (falaremos sobre isso no próximo capítulo). E, como eu disse, seu intelecto não me impressionou horrores. Nós, jogadores de pôquer, de forma inerente tratamos com desconfiança os caras do tipo

---

* Essa estratégia envolve a aplicação de táticas coordenadas para inflar artificialmente o preço de uma criptomoeda em um curto período de tempo. Por meio de variadas táticas, os interessados manipulam o mercado, criando a ilusão de um ativo promissor e atraindo a atenção de outros investidores. Uma vez que o preço desejado é atingido, os manipuladores vendem rapidamente suas posições, o que causa queda no preço, prejudica os investidores e solapa a confiança no mercado cripto. (N. T.)

"o aluno mais inteligente da sala". Sabemos que alguns deles gostam de se vangloriar e alardear muita coisa, mas eles nem sempre têm evidências que comprovam os seus supostos feitos. Sabemos que alguns deles só tiveram sorte. E, como somos muito competitivos, relutamos em lhes dar crédito. Admitir que o sucesso de outro riveriano é *merecido* é reconhecer seus próprios fracassos.

Isso posto, tivera eu algum indício de que SBF estava prestes a cometer sete crimes? De jeito nenhum. Ainda assim, embora nada naquelas conversas pré-falência sinalizassem intenção criminosa, ele fez algumas declarações bastante desnorteadas sobre risco, declarações que poderiam ter se destacado como mais obviamente tolas e até perigosas se a reputação de "menino-prodígio" não fosse tão forte.

Por exemplo, SBF insistiu muito em sua visão de que as pessoas deveriam estar dispostas a correr o risco de ter a vida arruinada. Segundo ele me disse quando conversamos em janeiro de 2022, há uma ideia de que "quanto maior você for, mais risco pode correr sem colocar em risco o que você possui". Isso se trata, obviamente, de uma verdade. Elon Musk pode pegar 44 bilhões de dólares e reduzir o Twitter a cinzas, e ainda terá 200 bilhões de dólares sobrando. Por alguma definição técnica, essa é uma aposta arriscada, mas, por outra, Elon está colocando muito menos em jogo do que um imigrante que cruza o Rio Grande na fronteira entre México e Estados Unidos para trabalhar em um subemprego clandestino.

Ricaços que tomam precauções e evitam se arriscar para salvaguardar seus interesses demonstram "uma forma realmente razoável de pensar sobre risco, e uma postura verdadeiramente madura, profissional e inatacável", disse SBF. Então essa era a filosofia de gerenciamento de risco que ele seguia? **NÃO** (em negrito e maiúscula mesmo)! Aquela era uma atitude demasiada avessa ao risco, pensava ele. "Acho que as pessoas são meio bunda-moles e descartam por princípio opções que envolvam ir com tudo", declarou. "Mesmo que você esteja começando de um ponto muito mais alto... muitas vezes a decisão correta é aquela que envolve um risco tão grande que existe uma chance significativa de causar um sério dano à sua posição."

Em seguida, SBF fez uma analogia que em tese despertaria minha simpatia... mas, na verdade, me deixou alarmado. "Se você está tomando uma decisão, do tipo 'não tem como dar muito errado', então eu meio que sinto que... você sabe, zero não é o número correto de vezes pra ter perdido um voo. Se você nunca perde um voo, está passando tempo demais em aeroportos."

Eu costumava pensar sobre viagens aéreas dessa forma. Houve uma fase em que eu sentia uma alegria perversa em tentar chegar o mais próximo possível do horário de partida e ainda assim conseguir embarcar no voo. Agora que estou mais maduro e tenho um cartão de crédito que me dá acesso ao Delta Sky Club, chego com certa antecedência.

Mesmo assim, a razão pela qual você *deveria* estar disposto a arriscar perder um voo é porque as consequências *em geral são bastante toleráveis*. Talvez precise desembolsar algumas centenas de dólares para assegurar um lugar num voo de última hora em uma companhia aérea diferente. Ou você pode acabar chegando duas horas atrasado para seu primeiro dia de férias. São custos irritantes, mas finitos, o tipo de custo que dá para inserir em sua planilha VE mental implícita sem levantar preocupações filosóficas de maior monta.* SBF, no entanto, estava equiparando a estratégia de chegada ao aeroporto a questões com riscos muito mais existenciais. De acordo com ele, a menos que você estivesse correndo riscos suficientes para *potencialmente arruinar sua vida*, estava fazendo errado.

Voltarei a essa atitude em relação ao risco no Capítulo 8, depois de apresentar de maneira mais formal algumas ideias (como utilitarismo e altruísmo eficaz) que desempenharam um papel bastante relevante no pensamento de Sam. Por ora, quero apenas sinalizar que essa não é uma maneira saudável de pensar sobre risco — e não é a filosofia adotada pela maioria das pessoas no River. Em vez disso, elas entendem o conceito de retornos marginais decrescentes (seu bilionésimo dólar não é tão valioso quanto o primeiro) e que o privilégio de ter chegado ao bilhão é que você nunca precisa fazer uma aposta que poderia causar sua ruína. Falei com David Einhorn, o fundador do fundo *hedge* Greenlight Capital. Einhorn e eu frequentamos muitos dos mesmos círculos de pôquer/finanças de Nova York,[105] então eu o conheço bem o suficiente para saber que ele não é um *nit*; na verdade, ele entrou repetidas vezes em torneios de pôquer com *buy-in* de 1 milhão de dólares. Ele relembrou uma mão infame[106] que Vanessa Selbst jogou no primeiro dia da WSOP de 2017, quando ela perdeu com um *full house* para o *four of a kind* de outro jogador e foi eliminada do torneio logo de cara. No pôquer, "você tem que estar preparado para fazer isso", declarou Einhorn. Sempre há outro torneio. Contudo, "em investimentos, *nunca* estou preparado para fazer isso. Tenho todas as minhas fichas efetivamente na mesa". Se você perder sua última ficha — ficar falido, realmente falido, o tipo de falido que SBF quer que você esteja disposto a ficar, uma situação em que não apenas suas finanças sejam arruinadas, mas talvez também sua reputação —, você não pode apenas ir até o caixa para trocar mais fichas e jogar de novo.

SBF também estava dizendo publicamente coisas que deveriam ter suscitado preocupações. Em abril de 2022, numa entrevista ao podcast *Odd Lots*, da Bloomberg,[107] ao responder a uma pergunta sobre agricultura de rendimento (*yield*

---

* Se as consequências forem mais sérias do que isso (digamos, perder o voo para o casamento do seu melhor amigo ou para uma reunião de negócios que vale milhares de dólares em valor esperado), é mesmo *aconselhável* chegar ao aeroporto com bastante tempo de sobra.

farming) — técnica arriscada que a Celsius havia empregado[108] —, descreveu um exemplo hipotético de uma empresa de *DeFi* que construiu uma "caixa" e afirmou que ela revolucionaria o mundo financeiro. "O mais provável é que eles a enfeitem para parecer um protocolo que muda vidas, você sabe, algo capaz de alterar o mundo, que vai substituir todos os grandes bancos em 38 dias ou algo do tipo", disse ele. Em troca de colocar dinheiro na caixa, os investidores receberiam um rendimento de *tokens*. Essa empresa *de fato* criou um produto que muda vidas e altera o mundo? Bem, não. Mas SBF não achou que isso tivesse importância. O que importava é que os investidores estavam *convencidos* de que era verdade — que *devia* haver algo valioso na caixa, porque *muitas outras pessoas legais* estavam investindo nela. "Quem somos nós para dizer que eles estão errados sobre isso?", questionava, imaginando a quantidade de dinheiro na caixa disparando feito um foguete em direção à Lua conforme mais e mais investidores se convenciam de sua importância. "Então eles vão e colocam mais 300 milhões de dólares na caixa, e aí você surta e então a coisa dispara para o infinito. E todo mundo ganha dinheiro."

Matt Levine, convidado habitual no podcast *Odd Lots*, ficou surpreso, apontando que nem a caixa nem os *tokens* tinham qualquer valor intrínseco; em vez disso, SBF tinha acabado de descrever um esquema de pirâmide. "Eu me considero uma pessoa bastante cínica. E isso foi muito mais cínico do que como eu descreveria a agricultura. Você fica tipo, bem, estou no negócio de pirâmide e é muito bom", disse ele a SBF, que admitiu que havia uma "quantidade deprimente de legitimidade" na posição de Levine.

Poderíamos pensar que foi uma entrevista imprudente e desvantajosa. Sem dúvidas, parece tão próximo da realidade que chega a ser desconcertante. A FTX havia emitido seu próprio *token* duvidoso[109] chamado FTT, que foi utilizado para equilibrar o balanço patrimonial da Alameda, e uma corrida por FTT precipitou o colapso da FTX. Mas os comentários de SBF não resultaram em nenhuma consequência específica. E me pergunto se eles não tiveram quase o efeito oposto, na verdade, fazendo-o parecer *mais* confiável. Vigaristas agem construindo confiança. Transparência — em especial a que dá a impressão de ir contra o interesse próprio deles — é uma forma de sinalizar confiança para pessoas inteligentes. Pense em um mágico que deixará o espectador folhear um baralho de cartas antes de fazer um truque para o público.

Qualquer que tenha sido o truque que SBF ofereceu, o Vale do Silício pagou para ver, no valor de quase 2 bilhões de dólares[110] em investimentos de empresas de capital de risco. Em um perfil (agora excluído) semijornalístico[111] e excepcionalmente constrangedor dele publicado no site da Sequoia Capital, capitalistas de risco quase tropeçaram uns nos outros para lhe oferecer elogios: "EU AMO ESTE FUNDADOR", "Eu dou 10 de 10", "ISSO!!!".

Se você leu o último capítulo, não ficará muito surpreso com nada disso. Capitalistas de risco querem fundadores que sejam extremamente — talvez até irracionalmente — amantes do risco. Mesmo que o fundador arruíne a própria vida, o pior que a empresa de capital de risco pode fazer é perder seu capital (214 milhões de dólares, por exemplo, no caso do investimento da Sequoia na FTX), e ela tem dezenas de outros investimentos que compensam o ocorrido.* Na verdade, a Sequoia nem sequer se desculpou por sua associação com a FTX. "O mais provável é que faríamos o investimento de novo", disse o sócio da Sequoia, Alfred Lin, em uma conferência. [112]

Acontece que também é verdade que SBF hackeou o algoritmo do capital de risco e serviu a alguns de seus piores vieses. Tara Mac Aulay, uma cofundadora original da Alameda Research que saiu da empresa (junto a grande parte da equipe) em 2018 em meio à "abordagem antiética e irresponsável aos negócios" de SBF, me contou que[113] grande parte da famosa aparência desleixada dele — o cabelo desgrenhado, as camisetas e bermudas, mesmo em eventos formais — contribuía para uma imagem que o próprio desejava cultivar. "Antes mesmo de abrirmos a Alameda, então antes de ele estar sob o escrutínio do público, ele falava sobre imitar o exemplo de Zuckerberg e vários outros fundadores da área de tecnologia, que, ele descrevia, iam a reuniões vestindo moletom com capuz", declarou ela. "Você sabe, a seita do fundador no Vale do Silício." Não era *muito* falso — SBF nunca seria um cara que usa um terno de três peças —, mas ele sabia direitinho qual imagem estava transmitindo. "Essa foi uma decisão muito explícita. Não era ignorância das normas sociais", completou Mac Aulay.

"[SBF] era o tipo de pessoa que o Vale do Silício queria acreditar que dominaria o mercado", disse Haseeb Qureshi, sócio-gerente do fundo de criptomoedas Dragonfly. "Ele era um cara formado no MIT com cabelo maluco, que meio que dizia todas as coisas certas. Ele era 100% inconformista e da contracultura, e eles pensavam: 'Ah, *esse é o cara* que deveria comandar o mercado de criptomoedas.'" Qureshi me explicou que o mercado de câmbio de criptomoedas era dominado por empresas com fundadores chineses — sobretudo a Binance, comandada pelo arqui-inimigo de SBF, Changpeng Zhao.[114] Entre o risco político associado aos investimentos chineses, a falta de laços culturais e, às vezes, puro preconceito, um fundador norte-americano estava fadado a obter crédito extra. E a FTX parecia um porto relativamente seguro em um setor arriscado que as empresas de capital de risco tinham medo de perder. Um acordo de parceria de uma empresa de capital de risco poderia impedi-la de investir em *tokens* ou "coisas cripto esquisitas",

---

* Embora, nesse caso, a Sequoia e outros investidores da FTX tenham sido citados em uma ação coletiva por cumplicidade na fraude da FTX, há algum potencial para responsabilidade adicional além de seu investimento.

disse Qureshi. Só que a FTX era apenas uma empresa comum administrada por um nerd norte-americano que aparentava ser confiável.

Dustin Moskovitz, um dos cofundadores do Facebook que agora administra a empresa de software *workflow* Asana e faz por conta própria investimentos de capital de risco, me disse que era chocante que empresas como a Sequoia não fizessem auditorias cuidadosas. "Em certo momento, [SBF] queria que eu investisse. E eu fiquei tipo, 'Minha nossa, essa avaliação subiu muito'. Por isso, solicitei os dados financeiros, porque pensei que seriam baseados na receita." Mas SBF nunca atendeu a sua solicitação, então o investimento nunca ocorreu. É provável que a Sequoia *tivesse visto* as finanças, disse Moskovitz... e eles seguiram adiante mesmo assim.

De certa forma, SBF é uma versão viva e pulsante da caixa que ele descreveu para Matt Levine. Ele é um cara inteligente, mas há muitos de nós, caras inteligentes — seu valor intrínseco não é evidente. No entanto, ele estava cercado por uma panelinha tão digna de confiança — a Sequoia Capital! Altruístas eficazes com doutorado em Oxford! Tom Brady! Anna Wintour! Ex-presidentes dos Estados Unidos[115] dispostos a subir no palco mesmo que ele vestisse bermudas! — que *todos presumiram que todos os outros* tinham feito a devida auditoria.

"Eu realmente não entendo. De verdade", comentou Moskovitz. "Deve ter sido o culto à personalidade. Acho que é a única explicação."

7

Quantificação

Ato 3: Distrito de Flatiron, cidade de Nova York, Nova York, agosto de 2022

Estávamos acomodados em uma suíte privativa com janelas do chão ao teto com vista para a imponente sala de jantar do Eleven Madison Park, o primeiro restaurante vegano três estrelas Michelin do mundo.[1] O convidado de honra era Will MacAskill, professor de filosofia de Oxford com aparência de menino, dono de um cativante sotaque escocês e com um livro que acabara de publicar, *O que devemos ao futuro*. MacAskill foi um dos fundadores do movimento do altruísmo eficaz, termo que tinha uma conotação de prestígio por causa de sua premissa aparentemente indiscutível — isto é, de que as pessoas deveriam fazer mais bem ao mundo, e que deveriam fazer isso de forma eficaz, "usando evidências e razão de modo a descobrir como beneficiar os outros tanto quanto possível".[2]

Era discutível se um restaurante que cobra 335 dólares por pessoa[3] por sofisticados pratos de verduras e legumes era um ambiente apropriado para uma celebração do pensamento racional e altruísta. Muitos altruístas eficazes (AEs) praticam a austeridade, incluindo MacAskill, cujos gastos anuais somam apenas cerca de 30 mil dólares[4] por ano — o restante de sua renda é doado. Por óbvio, então, o local não foi ideia de MacAskill, e sim uma oferta feita por Sam Bankman-Fried,[5] que tinha se tornado um dos maiores benfeitores do altruísmo eficaz do mundo por meio da Fundação FTX,[6] que a certa altura alegou que poderia doar até 1 bilhão de dólares por ano a causas adjacentes aos AEs. (O valor efetivo doado foi muito menor.)[7] Vestido com as roupas informais de costume e mexendo em um *fidget spinner*, SBF fez o papel de anfitrião do evento, tendo como convidados uma trupe de jornalistas, intelectuais e dois membros democratas do Congresso. Ele achou que a ocasião era um investimento +VE em termos de boas relações públicas:[8]

desembolsar milhares de dólares para bancar o jantar não era nada quando havia decisões de regulamentação de criptomoedas pendentes no Congresso que poderiam fazer uma diferença de 1 bilhão de dólares nos resultados financeiros dele.

Embora Bankman-Fried seja um narrador pouco confiável, meu melhor palpite ao conversar com ele* e muitas outras fontes é que seu interesse em altruísmo eficaz era, pelo menos *em parte*, sincero. MacAskill me contou que tinha sido "uma espécie de ponto de entrada para Sam embarcar no altruísmo eficaz". Os dois se conheceram em 2012, quando Bankman-Fried o abordou após uma palestra que MacAskill fez no MIT centrada no conceito de "ganhar para doar" — em suma, ganhar o máximo de dinheiro possível e, em seguida, doar uma fração substancial para caridade. É uma ideia clássica do AE, que prioriza o resultado atuarial da utilidade líquida acima da estética do bem-estar da caridade. Quem faz mais bem ao mundo: um jovem idealista de 20 e poucos anos que trabalha para uma organização não governamental em algum país do terceiro mundo e recebe um salário que não cobre seu custo de vida, ou um investidor de fundo *hedge* que ganha 10 milhões de dólares por ano e, em seguida, doa metade de seus ganhos, um montante suficiente para a ONG contratar *cem* jovens idealistas de 20 e poucos anos? A meu ver, acho que ganhar para doar tem uma lógica convincente, mesmo que isso com certeza também seja usado às vezes para justificar comportamentos egoístas. E, é evidente, também foi convincente para Bankman-Fried, que se imaginava como uma espécie de Robin Hood movido a esteroides de *blockchain*. Ele trabalhou por um curto período[9] no Centro de Altruísmo Eficaz, mas acabou iniciando um fundo *hedge* de criptomoedas, a Alameda Research. Nos primeiros tempos das criptomoedas, era tão fácil ganhar dinheiro que seria quase antiético não ganhar, pensava SBF. "Parecia que, uau, se isso for de verdade, esses números são absurdos", me confessou em janeiro de 2022. Vencer na negociação de criptomoedas lhe oferecia o potencial de "doar, tipo, muito mais do que eu jamais pensei que seria capaz de doar na minha vida".

Já na época do jantar no Eleven Madison Park em agosto de 2022, eu estava começando a ter dúvidas sobre SBF. A extravagante escolha do local era mero detalhe, algo que causava má impressão, mas que no frigir dos ovos era um erro pequeno. No entanto, não fazia muito tempo que ele também havia cometido um erro muito maior. Na corrida das primárias do Partido Democrata no recém-criado 6º Distrito Congressional do Oregon[10] — uma pitoresca fatia de terra que

---

* Bankman-Fried me disse que seu relacionamento com o altruísmo eficaz tinha se tornado desconfortável com o passar do tempo, em parte por causa de diferenças políticas (SBF achava que os altruístas eficazes eram muito *"woke"*, e eles, por sua vez, se opunham ao envolvimento de Bankman-Fried na política convencional). No entanto, uma das únicas vezes em que SBF pareceu mesmo arrependido em nossas conversas foi quando lhe perguntei qual impacto suas ações poderiam ter no movimento AE.

se estende das florestas perenes da cordilheira das Montanhas Costeiras até o vale Willamette —, o Super PAC* de SBF gastou 12 milhões de dólares para apoiar Carrick Flynn,[11] um neófito político favorável ao AE que concorria a uma vaga na Câmara dos Estados Unidos.[12]

Essa era uma quantia absurda de dinheiro: em geral, gastos de oito dígitos são reservados a disputas estaduais, como cadeiras no Senado, e para eleições gerais em vez de primárias. E foi um tiro que saiu pela culatra em proporções estratosféricas. Flynn jamais pediu o apoio de SBF,[13] tampouco se comunicou com ele. A princípio, ele presumiu que era uma coisa boa que alguém gastasse dinheiro para apoiá-lo, mas havia uma quantidade limitada de coisas que o dinheiro poderia comprar antes de se tornar redundante... ou mesmo irritante para os eleitores. Além disso, a associação com o rei de cabelo desgrenhado das criptomoedas não foi positiva. "Atraiu *muita* atenção estranha e negativa", disse Flynn. À frente nas pesquisas antes da intervenção de SBF,[14] Flynn acabou perdendo para outro democrata, a candidata Andrea Salinas, por quase 20 pontos.[15] O investimento tinha todas as características de uma decisão arrogante baseada em planilhas; alguém havia calculado que gastar dinheiro nessa corrida era +VE. Mas ninguém havia pensado em como seria gastar 12 milhões de dólares em um único distrito congressional na prática. "Eu gostava de bater na porta da casa das pessoas. E elas diziam: 'Ah, eu tenho seu *material publicitário*.' E voltavam com uma pilha de, tipo, uns quinze panfletos", relembrou Flynn. Foi quando ele percebeu que iria perder.

—♠—♥—♦—♣—

Tá legal, galera, é aqui que vou quebrar a quarta parede. Você pagou por este passeio pelo River — quer dizer... você pagou por este livro —, então pode fazer com ele o que bem entender. Como já fui o guia dessa tour antes, sei que algumas pessoas gostam de pular logo para o Capítulo 8, onde SBF encontra seu destino em um tribunal de Nova York, e depois nos encontramos de novo lá na frente. No entanto, minha recomendação é que você continue pela rota planejada, com o resto do grupo. Vou investigar alguns termos, como "utilitarismo", que são essenciais para

---

* Os Super PACs são uma versão turbinada dos PACs (comitês de ação política, na sigla em inglês). Os PACs eram a forma oficial que os candidatos tinham para arrecadar doações de empresas e sindicatos; as doações diretas eram permitidas apenas para as pessoas físicas, que poderiam doar até 2,5 mil dólares por eleição para seu candidato favorito. O poder de arrecadação dos PACs era limitado, já que podiam receber apenas 5 mil dólares de cada doador, incluindo empresas e sindicatos. Já os Super PACs (criados em junho de 2010) têm de fato superpoderes: podem receber doações ilimitadas. (N. T.)

entender a mentalidade de SBF. E, embora eu não ache que o altruísmo eficaz seja o verdadeiro culpado pelas ações de SBF, o relacionamento dele com o movimento também não é uma parte acidental da história.

Mas há uma perspectiva mais abrangente também. O altruísmo eficaz e o movimento intelectual contíguo (definido de forma mais vaga) — chamado de "racionalismo" — são partes importantes do River. De certa forma, na verdade, são as partes mais importantes. Grande parte do River está preocupada com o que os filósofos chamam de "problemas do pequeno mundo",[16] ou seja, quebra-cabeças tratáveis com parâmetros relativamente bem definidos: como maximizar o valor esperado em um torneio de pôquer ou como investir em um portfólio de startups que lhe traga vantagens com pouco risco de perda. Mas, nessa reta final do livro, estamos visitando a parte do River onde, em vez disso, as pessoas pensam em problemas abrangentes, chamados de "problemas do grande mundo": desde o melhor destino para suas contribuições de caridade até o futuro da humanidade. É *muito* mais fácil fazer cagadas quando lidamos com os problemas do grande mundo, e as consequências das cagadas são muito maiores. Se um riveriano pode cometer um erro que estraga tudo, como SBF fez em uma primária no Congresso (um problema do pequeno mundo), pense em alguém que tem nas mãos tecnologias com o potencial de alterar a civilização, como a IA.

No entanto, a razão pela qual alguns riverianos ficaram obcecados com problemas do grande mundo é o fato de o Village e o restante do mundo também fazerem cagadas o tempo todo, de maneiras que muitas vezes refletem partidarismo político, uma infinita gama de vieses cognitivos, analfabetismo matemático, hipocrisia e profunda miopia intelectual. Para dar um exemplo gritante que Flynn relembrou: o Congresso dos Estados Unidos autorizou uma verba até que pequena (apenas cerca de 2 bilhões de dólares[17] em gastos como parte de um acordo orçamentário de 2022-2023)[18] para prevenir futuras pandemias, embora a covid-19 tenha matado mais de 1 milhão de norte-americanos e custado à economia dos Estados Unidos cerca de 14 trilhões de dólares.[19] Reduzir a chance de uma futura pandemia nos Estados Unidos em até 1% seria +VE, mesmo a um custo de 140 bilhões de dólares... e, ainda assim, o Congresso está gastando apenas um centésimo disso.

Essas decisões de alto risco, em que há muita coisa em jogo, são parte do motivo pelo qual o altruísmo eficaz e o racionalismo atraem pessoas ricas e poderosas — a nova elite que SBF pensou estar cultivando no Eleven Madison Park é apenas a ponta do iceberg. As ideias por trás do AE influenciaram todos, de Warren Buffett a Bill Gates,[20] mesmo que eles não adotassem o rótulo "altruísmo eficaz" para descreverem a si mesmos. E há muito os altruístas eficazes e os racionalistas desempenham um papel de liderança na conceituação e no desenvolvimento da inteligência artificial, tecnologia que os AEs, anos antes da opinião pública em geral, corretamente inferiram que poderia se tornar importantíssima.

Em alguns casos, o interesse das elites ricas por esses tópicos decorre de uma sincera convicção de que podem fazer mais bem para mais pessoas. É fácil ser cínico, mas é inequivocamente bom para o mundo que pessoas como Gates, Buffett e Zuckerberg estejam doando grandes parcelas de sua riqueza para caridade e fazendo pelo menos algum esforço para que seu dinheiro seja bem utilizado.*
É mais difícil definir a motivação de Elon Musk e Jeff Bezos, com seu interesse em tecnologias como exploração espacial. Alguns deles aderem a uma versão de a "teoria do grande homem"[21] — a quem cabe, devido às deficiências do Village, tomar o futuro nas próprias mãos. É difícil dizer se isso pode ou não ser descrito como altruísta. (A exploração espacial é cara em níveis estratosféricos, mas também tem mais potencial para fazer o bem à humanidade do que passatempos bilionários típicos, como ser dono de um time da NBA.) Musk também flertou com o altruísmo eficaz ao endossar o livro de MacAskill,[22] e, em certo ponto, contratou um consultor financeiro adjacente ao AE, o ex-jogador de pôquer Igor Kurganov.[23]

Em outras ocasiões, porém, esse suposto altruísmo pode ter uma estranha maneira de convergir com os interesses pessoais. Como no fim do filme *Dr. Fantástico*, de Stanley Kubrick, em que o dr. Strangelove propõe uma proporção de dez mulheres para cada homem a fim de repovoar a humanidade em bunkers subterrâneos no caso de uma guerra nuclear — e reforça que, é óbvio, os principais líderes militares e governamentais como ele devem ser incluídos entre os poucos sortudos —, aqueles que elaboram planos para proteger o futuro da humanidade raramente deixam de garantir um assento para si no veículo de fuga.

Como quantificar o inquantificável

Em uma tarde anormalmente quente de fevereiro de 2018, uma poodle muito bem cuidada chamada Dakota[24] se soltou da coleira e fugiu de seu dono. Assustada com alguma coisa em um parque para cães no Brooklyn, Dakota correu em disparada por quatro quarteirões, desceu saltitando a escada de uma estação de metrô, chegou aos trilhos e começou a seguir a rota do trem da linha F em direção a Coney

---

* Em 2022, fui convidado para um grande jantar oferecido por Gates, evento no qual ele reúne especialistas de uma vasta gama de áreas para conversarem uns com os outros sobre assuntos que causam impactos em escala global. Fiquei impressionado com seu domínio de detalhes sobre o grau de eficácia (ou falta de eficácia) de diversas intervenções da Fundação Gates. Ainda que Gates não defina a si mesmo como AE, é óbvio que estava pensando em como gastar seu dinheiro de forma eficaz.

Island, mais para dentro do Brooklyn. Tudo isso se deu em um péssimo momento: a hora do rush logo chegaria, e Dakota entrara no metrô na York Street, a primeira parada no Brooklyn para passageiros vindos de Manhattan. Os agentes de trânsito enfrentaram uma escolha difícil: poderiam fechar a linha F, bloqueando uma ligação vital entre os dois bairros mais populosos de Nova York no exato horário em que os passageiros estavam começando a sair do trabalho, ou poderiam acabar matando atropelada a pobre Dakota. Escolheram fechar a linha F por mais de uma hora até que Dakota fosse encontrada.

A história de Dakota foi um exemplo real do que os filósofos chamam de "dilema do bonde",[25] problema moral proposto pela primeira vez pela filósofa Philippa Foot em 1967. A versão original era a seguinte: você está conduzindo um trem em movimento, quando, para seu horror, descobre que os freios estão quebrados. Se continuar em frente, fora de controle, cinco trabalhadores ferroviários nos trilhos à frente serão mortos. Como alternativa, pode desviar o trem desgovernado em rota de colisão para um ramal adjacente, basta puxar uma alavanca. Mas, se fizer isso, vai matar trucidado um trabalhador que está nessa linha férrea, mas é apenas uma pessoa, em vez de cinco. O que você faz?

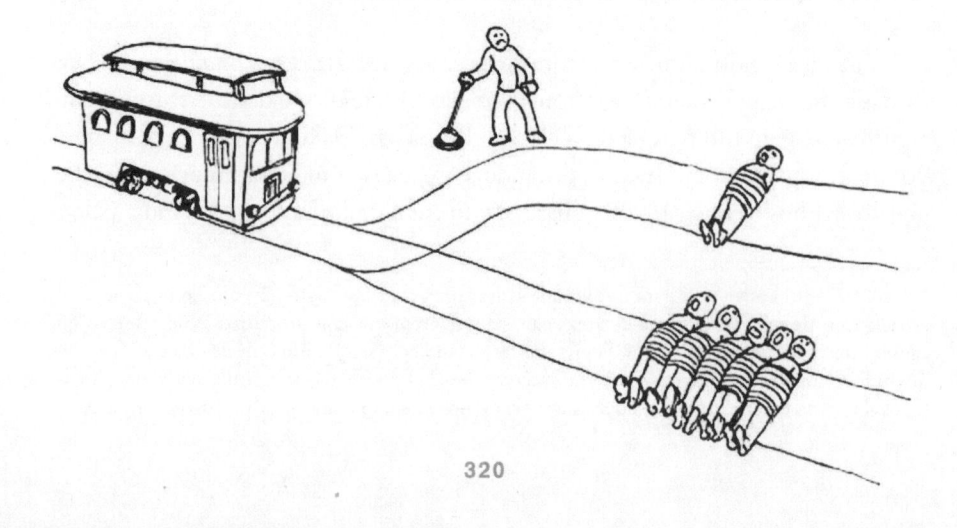

A intuição da maioria das pessoas instrui a acionar a alavanca e matar apenas um trabalhador. E, para ser sincero, isso não parece um dilema *tão grande assim*. O raciocínio se enquadra sem maiores problemas no reino do senso comum: dentre os funcionários da ferrovia, nenhuma vida vale mais do que outra, então é melhor matar um deles do que cinco. No entanto, podemos acrescentar complicações para criar uma enrascada ainda maior. E se, em vez de um trabalhador solitário no ramal, uma mãe e suas duas filhas pequenas estivessem cruzando os trilhos, por acreditarem que naquele horário nunca passaria um trem por ali? Aí fica mais difícil: não estamos mais comparando coisas semelhantes. Trabalhadores do transporte ferroviário, um eticista poderia argumentar, aceitam certo risco implícito de acidentes de trabalho como parte de sua profissão (na verdade, é um ofício relativamente perigoso),[26] mas a mãe e suas filhas não. Você ainda quer acionar a alavanca? E, se fizer isso, será que isso torna você culpável pela morte da mãe e de suas filhas? Também poderíamos levantar outras perguntas incômodas: a vida das filhas vale mais, já que em tese elas têm mais tempo de vida?

Agora imagine o caso de Dakota. Dakota é uma cachorra boazinha que não fez nada de errado. Mas paralisar o trem da linha F por uma hora tem um preço alto. Centenas de milhares de pessoas o usam como meio de transporte todos os dias, o que significa que dezenas de milhares delas se atrasarão caso as rotas sejam pausadas por uma hora. Como devemos contabilizar isso? Podemos olhar do ponto de vista econômico: o salário médio por hora em Nova York é algo em torno de 40 dólares,[27] então, se atrasarmos 50 mil pessoas por uma hora, chegaremos ao equivalente a 2 milhões de dólares em lucros perdidos. A vida de Dakota vale mais ou menos que isso? Só que essa é uma simplificação bem grosseira. Por um lado, não estamos apagando essa hora da vida dos passageiros... eles podem brincar em seus celulares, e o sistema de metrô de Nova York oferece muitas alternativas, então alguns deles encontrarão outras rotas para voltar para casa. Por outro lado, não é apenas o tempo dessas pessoas que estamos desperdiçando... em alguns casos, a ausência delas pode colocar outras pessoas em perigo. Algum profissional da saúde pode estar a caminho do hospital para atender uma vítima de acidente em estado grave, ou um pai pode precisar levar uma criança com necessidades especiais da creche para casa, ou outro cachorro pode morrer em algum lugar depois que se perdeu porque seu dono não chegou em casa na hora certa.

Você pode dizer que o trabalho de Will MacAskill é pensar em questões como essas e em outras semelhantes que variam em termos de complexidade. E às vezes isso significa quantificar coisas que outras pessoas não se sentiriam à vontade em quantificar.

"De forma intuitiva, você e seu bem-estar contam mais do que o bem-estar de uma formiga. E a galinha conta mais do que uma formiga, mas menos do que você", ponderou MacAskill quando conversamos pela primeira vez, muitos meses antes do jantar no Eleven Madison Park. Tudo bem, até aqui nada de *muito* esquisito. Queiramos admitir ou não, inevitavelmente acabamos fazendo alguns cálculos aproximados sobre o valor da vida dos animais. Reflita sobre o seguinte: quase todo mundo concordaria que não deveríamos fechar o metrô por uma hora se um esquilo tivesse entrado nos trilhos, ao passo que quase todo mundo concordaria que o metrô *deveria* ser paralisado se uma criança humana entrasse nos trilhos. No caso de um poodle, é próximo o suficiente para que pessoas razoáveis possam discutir o caso com argumentos defendendo os dois lados. Estamos fazendo algum tipo de cálculo, queiramos admitir ou não.

No entanto, os altruístas eficazes se esforçam para ser mais rigorosos do que essa abordagem improvisada. Perguntei a MacAskill o que distingue os AEs e como eles se comparam aos outros tipos de pessoas que encontramos no River. Os AEs são muito mais parecidos com jogadores de pôquer do que seria de se imaginar. (De fato, há vários jogadores de pôquer renomados — como Kurganov e sua parceira, Liv Boeree, que são citados no livro de MacAskill — que desde então aderiram ao AE.) "Acho que a sobreposição está no estilo cognitivo", observou MacAskill. "Pessoas que estão dispostas a levar a sério a ideia de valor esperado. Pessoas que estão dispostas a quantificar o inquantificável. Pessoas que estão dispostas a rejeitar o senso comum ou seu primeiro instinto sobre uma ideia." Óbvio, também há diferenças — afinal, o pôquer não é lá uma atividade altruísta. "Muitos jogadores de pôquer e muitas pessoas na área de finanças não dão a mínima para outras pessoas. Mas algumas dão. E essas pessoas se envolvem no altruísmo eficaz", afirmou MacAskill.

No caso de valorizar a vida dos animais, MacAskill propôs uma heurística baseada em dados: nortear-se pelo número de neurônios no cérebro do animal. "Isso fornece respostas, tipo, não insanas. Significaria que uma galinha vale um trezentos avos de um humano", exemplificou ele.* Embora se chegue, assim, a alguns pensamentos pouco ortodoxos. "Isso acaba nos levando a conclusões estranhas, como colocar elefantes acima de humanos. Elefantes têm mais neurônios."[28]

Sem dúvida, pode-se levantar objeções à classificação de animais por sua contagem de neurônios. Se a implicação é que o valor moral está correlacionado com a inteligência, isso significa que um humano mais inteligente vale mais do que outro mais burro? E o que isso diz sobre o valor de máquinas muito inteligentes? Seria imoral desligar uma IA senciente e superinteligente? Alguns AEs pensam exatamente assim.

É evidente que essa tarefa de quantificar o inquantificável é, em sua natureza, ingrata. Mesmo pessoas como eu, que são relativamente simpáticas ao AE, podem encontrar falhas em apelos ao raciocínio de senso comum (*espere aí, é sério que a vida de um elefante vale mais do que a de um humano?*). Então podemos continuar, felizes e contentes, a nos preocupar com problemas do pequeno mundo como o pôquer.

Exceto pelo fato de que a maioria das coisas do mundo é como o pôquer... em vez disso, são problemas grandes e confusos para os quais a sociedade ainda precisa encontrar soluções. A primeira vez que essa ficha caiu de uma forma muito impactante para mim foi durante a covid-19. Emily Oster, economista da Universidade Brown que escreve a newsletter *ParentData*, recebeu uma enxurrada de críticas[29] durante a pandemia por sugerir que as pessoas tinham que elaborar suas rotinas

---

* Um cachorro, só para constar, valeria, por essa métrica, cerca de um trigésimo de um humano, podendo variar um pouco para mais ou para menos, dependendo da raça.

de vida na covid-19 por meio de análises de custo-benefício, em vez de tratar o coronavírus como uma sentença de morte que precisavam evitar a todo custo. Para Oster (uma economista da Ivy League cujos pais também eram economistas),[30] a ideia era a coisa mais natural do mundo. "Estou mesmo me revelando como economista aqui, a ponto de que não consigo conceber outra maneira de tomar decisões", revelou ela.

Oster também estava sinalizando algo mais profundo. A covid-19 evidenciou, talvez mais do que qualquer coisa que muitos de nós já havíamos vivenciado, que escolhas difíceis são inevitáveis. Era apenas uma questão de *quais* riscos o indivíduo queria aceitar. Oster me deu o exemplo de uma mãe solteira que era uma trabalhadora essencial e não tinha a opção de trabalho remoto. Ela poderia deixar os filhos na creche quando estivesse cumprindo o expediente, mas estar perto de outras crianças aumentaria o risco deles de exposição ao vírus. Como alternativa, ela poderia deixar os avós tomarem conta das crianças, o que significaria menos exposição à covid-19 para seus filhos, porém mais para os avós (que, devido à idade avançada,[31] corriam um risco muito maior de desenvolver um caso fatal da doença). Ou a mãe poderia largar o emprego e se trancar em casa, mas isso poderia resultar em falência ou execução hipotecária se ela não conseguisse encontrar outro emprego. *Nenhuma* dessas escolhas era boa; a covid-19 era como uma série interminável de "dilemas do trem".

Para complicar ainda mais, com frequência somos forçados a comparar coisas diferentes. "Não é fácil comparar 'risco de 5% de doença grave' a 'alegria'. Mas, no fim, é isso que se deve fazer. Respire fundo, analise com cuidado seus riscos e benefícios e faça uma escolha", escreveu Oster em maio de 2020,[32] depois que muitas pessoas começaram a se perguntar qual seria o objetivo final após meses de distanciamento social. Ficar trancafiado em casa e isolado de atividades sociais que propiciavam alegria implicava em uma imensa redução na qualidade de vida, e, de fato, as pessoas que tentaram quantificar isso descobriram que os custos dos *lockdowns* e quarentenas[33] superavam em muito os benefícios. (Se, digamos, a vida vivida sob um *lockdown* rigoroso é 25% pior do que a vida normal,* então o custo cumulativo de bilhões de pessoas em isolamento social era enorme. Também se questiona o nível de eficácia[34] dos *lockdowns* e da restrição à circulação de pessoas na prevenção da covid-19 a longo prazo.)

Talvez você não concorde comigo em relação aos *lockdowns*. E tudo bem. Assim como Oster, estou acostumado a ver pessoas zangadas comigo por causa das minhas opiniões sobre a covid-19 (formuladas por meu cérebro de economista). Mas a pandemia revelou que *alguma* tentativa de análise rigorosa vale a pena. Caso contrário, você acaba com uma mixórdia de rituais e contradições: pessoas que,

---

* De modo que, por exemplo, você estaria disposto a abrir mão de um mês de vida normal para evitar um *lockdown* de quatro meses.

entrando no restaurante, ajeitavam as máscaras para cobrir o rosto por cinco segundos ao passarem pelo balcão da recepcionista, apenas para arrancá-las durante um jantar de duas horas em uma mesa com vários amigos e rodeada por pessoas desconhecidas. Até o dr. Anthony Fauci, durante uma conversa em agosto de 2022, questionou a dependência de alguns países dos *lockdowns* ao mesmo tempo que esse protocolo não fazia parte de uma estratégia geral coerente. A China, por exemplo, "fez *lockdown*, mas não vacinou seus idosos", mencionou ele. "Se você vai impor restrições e bloqueios — ou seja, bloquear tudo —, assegure-se de utilizar isso de uma forma que lhe permita *desbloquear*. *Esse* é o xis da questão."

Eis outra coisa que você deve ter ouvido durante a pandemia: não se pode colocar um preço na vida humana. Mas a grande realidade é que as pessoas colocam um preço na vida humana o tempo todo. Desde meter o pé na tábua do acelerador para chegarmos um pouco mais rápido ao nosso destino a escolher se devemos ou não fazer um procedimento médico caro ou consumir coisas prazerosas (bebida, drogas, comida gordurosa etc.) que podem encurtar nossa vida, estamos sempre trocando algum risco de morte por mais dinheiro ou por maior qualidade de vida.

Vamos fazer uma rodada de roleta-russa. Eu tenho um revólver com seis câmaras no tambor. Cinco estão vazias, e há uma carregada com a bala que vai matá-lo na hora. Quanto eu teria que pagar a você para aceitar um risco de morte de 1 em 6? Você toparia isso por 1 bilhão de dólares?

Se eu for dar a minha resposta, uma chance de uma em seis de morrer parece alta demais para qualquer quantia de dinheiro. Mas há alguns riscos que eu correria. Em vez de roleta-russa, digamos, por exemplo, que estamos jogando roleta normal em um cassino. O novo jogo é: em uma roleta americana há 38 compartimentos (chamados de favos ou alvéolos), e se a bola cair em qualquer número, exceto o duplo zero (00), o cassino pagará a você 1 bilhão de dólares. Se sua bolinha cair no 00, no entanto, o crupiê sacará um revólver para disparar um tiro fatal em você. Você está disposto a correr esse risco? Uma chance de morte de 1 em 38 por 1 bilhão de dólares? Eu toparia... para ser sincero, eu aceitaria até por um montante bem menor.

Mas, assim que você concorda com essa aposta, está admitindo que atribui algum tipo de valor monetário à vida humana, ou pelo menos à própria vida. Os economistas chamam isso de "valor de uma vida estatística" (VVE). Nos Estados Unidos, o valor que as agências governamentais usam para isso é de cerca de 10 milhões de dólares.[35] Esse número pode ser usado para determinar, por exemplo, se alguma nova regulamentação dispendiosa valeu a pena. Digamos que o custo para remover todo o amianto restante dos prédios de escritórios de Manhattan seja de 100 milhões de dólares, mas essa medida é projetada para evitar vinte mortes por câncer. Isso é um bom negócio; estamos salvando vidas por apenas 5 milhões de dólares por pessoa, apenas metade do VVE.

Quando as pessoas ouvem falar sobre isso, imaginam que foi uma cifra criada por um grupo de burocratas niilistas sentados em um estéril parque empresarial. Mas o conceito não veio daí. Em vez disso, ele reflete o comportamento real das pessoas, o que os economistas chamam de "preferências reveladas". Uma forma comum de fazer isso, de acordo com Kip Viscusi, economista que foi pioneiro no uso do VVE durante o governo Reagan depois de ter sido chamado para resolver uma disputa entre agências federais em pé de guerra,[36] é analisar o montante de pagamento adicional que as pessoas exigem por realizar um trabalho perigoso. Pessoas com ofícios perigosos — a exemplo da construção de arranha-céus —, têm plena consciência dos riscos que enfrentam, informou-me Viscusi. (As placas de "Estamos trabalhando há X dias sem acidentes" são um lembrete importante e chamativo.) Mas, assim como no exemplo da roleta, as pessoas estão dispostas a arriscar a vida em troca de uma recompensa financeira suficiente.

Por meio da análise deste e de muitos outros dados (digamos, observando quanto as pessoas estão dispostas a pagar por recursos de segurança adicionais quando compram um carro novo), inferiu-se que o norte-americano médio avalia de forma implícita sua vida em cerca de 10 milhões de dólares.* É daí que vem o VVE. E a grande ironia é que esse número é muito *maior* do que o governo havia presumido. "Eles disseram que a vida é sagrada demais para que se determine seu valor. E então, em vez disso, vamos chamá-la de custo da morte", sugeriu Viscusi. "O custo da morte era então cerca de 300 mil dólares" — isso refletia os ganhos futuros esperados de um trabalhador na década de 1980. Sim — até a década de 1980, o governo dos Estados Unidos calculava o valor da vida de seus cidadãos com base em nada mais do que seu potencial de ganho futuro. Nunca deixe um burocrata lhe dizer que algo não tem preço. Provavelmente isso significa apenas que eles vão arredondar "inestimável" para zero e oferecer um péssimo negócio para você.

Então, o que é altruísmo eficaz?

Essa maneira de pensar sobre o mundo — quantificar coisas difíceis de quantificar, envolver-se em análises de custo-benefício em situações em que as pessoas podem não pensar em aplicá-las — é exclusiva do altruísmo eficaz? Não. É comum em todo o River, uma marca registrada do que descrevi na Introdução como *desacoplamento*, ou seja, a propensão a analisar uma questão dissociada de seu contexto maior.

---

* Isso implica que ele estaria disposto a jogar roleta-russa por 2 milhões de dólares. O valor esperado de receber 2 milhões de dólares em 5 de 6 vezes é 1,67 milhão de dólares, igual a um sexto do VVE de 10 milhões de dólares para compensar as vezes em que a pessoa tiver azar.

Então: o que é altruísmo eficaz? Em certo sentido, trata-se apenas de uma marca, criada por MacAskill e outro filósofo de Oxford, Toby Ord, em 2011. É uma boa marca, ou pelo menos era até sua associação com SBF: "eficaz" e "altruísmo" têm fortes conotações positivas. (MacAskill me disse que eles cogitaram muitos outros sinônimos, mas algo como "beneficência eficiente" seria quase um trava-língua.)

A resposta mais oficial — conforme MacAskill declarou em um ensaio intitulado "The Definition of Effective Altruism" [A definição de altruísmo eficaz] — é a de que o AE é um "movimento [que tenta] descobrir, entre todos os diferentes usos de nossos recursos, quais deles, considerados de maneira imparcial, farão mais bem".[37]

Já de imediato, há bastante coisa a destrinchar aqui: Como definimos *bem*? Como podemos ser *imparciais*? Queremos ser *imparciais*, para começo de conversa? O que torna o AE um *movimento* em vez de, digamos, uma disciplina científica?

Mas vamos deixar essas perguntas de lado só um instante, porque há *outro termo* que venho usando — "racionalismo" — que também quero explicar. Este é ainda mais confuso, porque o racionalismo a princípio se referia[38] a uma escola de filosofia surgida no século XVII.* Os racionalistas modernos, no entanto, tendem a situar a origem de seu movimento na obra do escritor e pesquisador de inteligência artificial autodidata Eliezer Yudkowsky, que fundou o blog *LessWrong* [Menos errado] e entre 2006 e 2009 escreveu uma longuíssima série de postagens chamada "The Sequences"[39] [As sequências], na qual expôs sua filosofia sobre a vida, o universo e quase todo o resto. Se isso soa um pouco *geek*, no estilo nerds-jogando-Dungeons-and-Dragons--no-porão, é porque é: Yudkowsky também é conhecido por suas *fanfics* de Harry Potter,[40] a exemplo de *Harry Potter e os métodos da racionalidade*, de 122 capítulos.

O racionalismo é muito mais avacalhado e mal-ajambrado do que seu primo AE, que é todo certinho, decoroso e educado em Oxford. "Os racionalistas não são muito bons em transmitir profissionalismo e não são muito bons em relações públicas, e tendem a atrair pessoas dessa categoria. E os altruístas eficazes são extremamente profissionais e bons em relações públicas", definiu Scott Alexander (que escreve o blog *Astral Codex Ten* e é uma figura central no movimento racionalista) quando o visitei em sua casa em Oakland em abril de 2022. Alexander tem suas próprias opiniões sobre relações públicas depois de ter se sentido moralmente atacado[41] por um perfil publicado em 2021 no *New York Times* no qual foi revelado seu sobrenome, informação que ele tentara manter sigilosa.** O perfil também mencionava muitos *leitmotivs* típicos do estilo do Village, sugeria que a preocupação dos racionalistas com os riscos de segurança da IA eram equivalentes a um interesse em ficção científica e descrevia a visão de mundo racionalista assim:

---

* Como René Descartes: "Penso, logo existo."
** "Scott" e "Alexander" são seus nomes verdadeiros, o primeiro e segundo nomes, respectivamente. Adoto uma política geral de chamar as pessoas pelo nome com que querem ser chamadas, a menos que haja uma razão jornalística muito convincente em favor do contrário.

Os racionalistas viam a si mesmos como pessoas que aplicavam o pensamento científico a quase qualquer tópico. Com regularidade, isso envolvia "raciocínio bayesiano", uma forma de empregar estatísticas e probabilidade para dar consistência a crenças.[42]

Era evidente que a matéria do *New York Times* estava tentando enquadrar isso como algo negativo (por exemplo, "altruísmo eficaz" e "raciocínio bayesiano" — conceito fundamental em estatística — apareciam entre aspas como forma de ironia).* Mas essa não é uma definição tão ruim de racionalismo. E se esse é o padrão que estamos seguindo, o mais provável é que eu me qualifique como racionalista, quer eu esteja disposto a admitir ou não. (Em homenagem ao reverendo Thomas Bayes, o raciocínio bayesiano — o ato de ver o mundo em termos probabilísticos e atualizar regularmente suas concepções conforme o indivíduo encontra novas evidências — é uma espécie de estrela-guia do meu primeiro livro, *O sinal e o ruído*.)

Na verdade, mesmo que eu nunca tivesse me candidatado a integrar o "Time Racionalistas", Alexander — cujos humor seco e irônico, feições suaves e calvície estranhamente me fizeram lembrar do lado da família do meu pai (judeu da Costa Oeste dos Estados Unidos) — já havia me recrutado para isso. "É evidente que você está fazendo um bom trabalho ao espalhar racionalidade para as massas. É útil pensar em nós como um movimento que não inclui você?", me perguntou ele.

Alguns de nós odeiam estar errados na internet

Alexander também acertou na mosca quanto às minhas motivações. Nós dois tentamos apresentar nuances e ser ambíguos em nossa escrita pública (uma postagem típica do *Astral Codex Ten* tem milhares de palavras), mas também ser articulados e envolventes. Ao mesmo tempo, sentimos que essa nuance muitas vezes não é reconhecida ou tampouco apreciada, sobretudo porque não nos enquadramos perfeitamente[43] em nenhuma das principais tribos políticas. "Só estamos tentando fazer bem nossas próprias coisas, até alguém postar alguma coisa errada na internet", disse Alexander.

Alguém "postar uma coisa errada na internet" era uma referência a um cartum da *webcomic* [tirinha on-line] xkcd,[44] famoso entre membros de certo círculo de nerds, em que um boneco palito não consegue dormir porque julga que é seu dever corrigir idiotas on-line.

---

* Já fui alvo de um quinhão suficiente de artigos sensacionalistas e tendenciosos para ser capaz de reconhecer de cara um artigo sensacionalista e tendencioso.

> [quadrinho:]
> — VOCÊ ESTÁ VINDO SE DEITAR?
> — NÃO POSSO. ISSO AQUI É IMPORTANTE.
> — O QUE É?
> — ALGUÉM POSTOU UMA COISA ERRADA NA INTERNET.
>
> Para mim, essa referência era certeira até demais. Uma das histórias mais populares[45] da minha newsletter do Substack, *Silver Bulletin*, surgiu porque eu estava com jet lag, acordei no meio da noite, vi que um cara tinha postado algo idiota sobre mim no X (antigo Twitter) e não parei de escrever enquanto não acabei de cumprir meu dever de colocá-lo em seu devido lugar. Acho que estou fazendo bem ao mundo ao instigar as pessoas a serem mais racionais (entre aspas) e pensarem de forma mais crítica sobre assuntos que talvez elas deem como favas contadas. Mas não é bem isso que me motiva. Via de regra, o que me motiva é que, no fundo, para mim é intrinsecamente importante estar certo e ver o mundo com exatidão. Sinto que é meu *dever sagrado* repreender alguém que esteja postando *alguma coisa errada na internet*.

A menos que você já esteja familiarizado com os contornos do altruísmo eficaz e do racionalismo, talvez se pergunte por que raios estou apenas jogando um monte de nomes e ideias sem conexão óbvia umas com as outras. E, na verdade, acho que essa é uma pergunta pertinente. Ambos os movimentos tendem a amealhar pessoas que destoam da média e que possuem um QI elevado, também atraídos por debates sobre nerdices e temas abstratos. E esses debates são realizados com relativa boa-fé. Até figuras públicas[46] que criticam os movimentos tendem a ter uma voz e serem ouvidas com imparcialidade em blogs como *LessWrong* e *Effective Altruism Forum*, o que é quase o contrário do que em geral acontece quando se trata de discutir assuntos de interesse público on-line. Assim que descobrem sobre o movimento, ficam tipo "Ah, é isso que eu estava procurando a minha vida inteira", disse Alexander sobre o racionalismo. Durante o trabalho de elaboração deste livro, comecei a ter uma noção dessa comunidade relativamente pequena e unida; depois da nossa entrevista, Alexander até organizou um jantar para mim, convidando uma dúzia de pessoas da cena racionalista da Área da Baía.

Os interesses do altruísmo eficaz e do racionalismo se entrecruzam em alguns pontos — em particular, em tecnologias como inteligência artificial e armas nucleares capazes de oferecer uma ameaça existencial à humanidade (é o assunto da conclusão deste livro) e um vernáculo compartilhado com conceitos como "valor esperado" e "raciocínio bayesiano" que também são empregados em outros lugares do River. Mas o parentesco que os altruístas eficazes e os racionalistas sentem ter uns com os outros esconde que há muitas divergências internas e até contradições dentro dos movimentos; em particular, há duas grandes correntes de AE/racionalismo que não se entendem. A primeira está associada ao filósofo australiano Peter Singer e a um conjunto de tópicos incluindo bem-estar animal, redução da pobreza global, doação eficaz e viver no limite dos próprios recursos, mas também ao preceito ético conhecido como utilitarismo. A segunda está associada a Yudkowsky e ao economista Robin Hanson, da Universidade George Mason, e a um conjunto totalmente diferente de temas: futurismo, inteligência artificial, mercados de previsão e a disposição para discutir quase qualquer coisa na internet, incluindo assuntos considerados por muitas pessoas como tabus. Vamos começar com a corrente de Singer, que é mais radical[47] do que pode parecer à primeira vista.

Guia para altruístas eficazes e racionalistas

	CORRENTE DE SINGER	CORRENTE DE YUDKOWSKY-HANSON
Figuras-chave	Peter Singer, Will MacAskill, Toby Ord	Robin Hanson, Eliezer Yudkowsky, Nick Bostrom, Scott Alexander
Assuntos preferidos	Bem-estar animal, redução da pobreza global, doação eficaz, risco existencial	Inteligência artificial, futurismo, mercados de previsão, vieses cognitivos, risco existencial
Orientação política	Centro-esquerda, progressistas, relativamente bem alinhados com o Partido Democrata dos EUA	Libertários, ecléticos, desconfiados dos grandes partidos políticos
Filosofia ética	Em geral, mas nem sempre, explicitamente utilitaristas[48]	Às vezes com tendências utilitaristas, mas menos comprometidos com qualquer teoria ética
Tipo de personalidade	Acadêmicos, reservados,* eloquentes	Nerds, excêntricos, provocativos, destoam do cidadão médio
Altruísta?	Sim, na teoria e com frequência, mas nem sempre na prática	Não necessariamente; considera que uma avaliação mais rigorosa das evidências e o pensamento probabilístico podem ser usados para inúmeros fins
Como eles se definem	Altruístas eficazes	Racionalistas

---

* Embora o próprio Singer seja uma grande exceção e possa ser bastante franco sobre assuntos que vão da bestialidade à eugenia. Ele não é um típico AE refinado e bem-educado.

Dilemas do trem no modo especialista

Quando comecei a me dedicar a este livro, sabia que teria conversas com jogadores de pôquer, capitalistas de risco e entusiastas de criptomoedas. Não esperava passar muito tempo conversando com filósofos. Mas foi o que aconteceu, incluindo filósofos dentro do movimento do altruísmo eficaz e outros que criticaram o movimento sob várias perspectivas. Isso incluiu, certo dia, pegar o trem rumo a Princeton para me encontrar com Singer, ocasião em que conversamos durante um almoço vegano em um dos refeitórios da universidade.

À sua maneira, Singer — ainda intelectualmente ativo em seus 70 e tantos anos — é tão influente no River quanto alguém como Doyle Brunson. Grande parte dessa influência remonta a um ensaio que ele publicou em 1972 intitulado "Famine, Affluence and Morality" [Fome, riqueza e moralidade],[49] que inclui uma famosa situação hipotética envolvendo uma criança prestes a se afogar.

> Uma aplicação desse princípio poderia ser essa: se estou caminhando próximo a um lago raso e vejo uma criança se afogando, devo saltar e tirar a criança da água. Isso implicará sujar a minha roupa de lama, mas isso é insignificante, ao passo que a morte da criança seria provavelmente uma coisa muito ruim.[50]

Trata-se de uma espécie de dilema do trem, mas superfácil de resolver. Você passa por uma criança que está em vias de se afogar e pode facilmente tirá-la da água sem nenhum risco para si mesmo, embora vá sujar suas roupas e talvez se atrasar para o trabalho. A resposta é: é óbvio que você deve salvar a criança — na verdade, quase todo mundo concordaria que, se não agisse assim, você seria algum tipo de babaca malvado e sociopata. Em seus escritos posteriores,[51] Singer imaginou outros cenários hipotéticos em que o custo era maior (por exemplo, destruir um caríssimo carro esportivo para salvar uma criança), mas ainda assim nada que pareça um dilema moral muito difícil.

Antes de prosseguir, permita-me dizer — no espírito do AE de ser o mais justo possível, mesmo com pessoas das quais se discorda — que acho que você deveria ler Singer, em especial seu livro de 2009 (relançado nos Estados Unidos em 2019) *Quanto custa salvar uma vida? Agindo agora para eliminar a pobreza mundial*. Creio que o esforço de Singer para trazer mais foco à pobreza global fez um bem líquido para o mundo. E você não precisa ser um utilitarista ferrenho para pensar que as pessoas devem ser muito mais altruístas na margem e mais eficazes ao doar. É trágico que tenham doado mais de 500 milhões de dólares para o fundo patrimonial de Harvard no ano fiscal de 2022,[52] quando ele já valia mais de 50 bilhões de dólares,⁵³ em vez de doar dinheiro para instituições de caridade. (Sério, não dê um centavo para o fundo patrimonial de Harvard ou para qualquer outra universidade privada de elite.) A GiveWell — fundada por Holden Karnofsky e Elie Hassenfeld, ex-funcionários do fundo *hedge* Bridgewater Associates que foram inspirados por Singer e ficaram chocados ao descobrir o quanto são escassas as informações disponíveis sobre a eficácia das instituições de caridade⁵⁴ em atingir seus objetivos — é um bom lugar para começar ao procurar alternativas.

Além disso, acho altruísta quando pessoas como Singer expressam pontos de vista impopulares que, conforme acreditam, levarão à melhoria social, e julgo egoísta ocultar essas ideias por medo do julgamento social. Pessoas que nunca declaram publicamente opiniões que seriam impopulares entre seus grupos de pares devem ser vistas com desconfiança.

Tá legal, então por que não acho que a parábola da criança se afogando seja persuasiva? Bem, em parte porque ela foi feita para pregar uma peça em você; algo que Singer admite de bom grado. "O aspecto incontroverso do princípio recém-declarado é enganoso",⁵⁵ escreve ele em "Famine, Affluence and Morality" [Fome, riqueza e moralidade]. Depois de estabelecer que devemos ser altruístas — fazer um pequeno sacrifício para salvar a vida de uma criança —, ele aumenta a aposta para um argumento que é muito mais controverso:

> Se nós seguíssemos o princípio, mesmo na sua forma qualificada, nossa vida, nossa sociedade e nosso mundo sofreriam mudanças profundas. Primeiro, o princípio não faz distinção entre proximidade e distância. Não faz diferença moral se a pessoa que posso ajudar é o filho pequeno do vizinho a dez metros de mim ou uma criança bengali cujo nome jamais saberei e que está a 16 mil quilômetros de distância.

Trata-se do princípio da imparcialidade,⁵⁶ a ideia de que devemos considerar as pessoas mais distantes de nós (uma criança desconhecida na Índia) como seres tão dignos em termos morais quanto uma criança se afogando em nossa cidade natal — ou até quanto nossos próprios filhos.⁵⁷

Singer considera que daí decorre que uma pessoa que esbanja fortunas em bens de luxo (digamos, um caríssimo jantar de sushi) quando esse dinheiro poderia ter sido usado para amenizar a pobreza global (até salvar uma vida por apenas 3 mil a 5 mil dólares)⁵⁸ é moralmente culpada, da mesma forma que um homem que se recusa a salvar uma criança⁵⁹ que está se afogando seria culpado. Esse princípio de imparcialidade pode ser estendido por um longo espectro: na formulação de Singer, ele é estendido não apenas a humanos em outros países, mas também a todos os animais sencientes.⁶⁰ No livro *O que devemos ao futuro*, de MacAskill, isso também se estende a pessoas do futuro: alguém nascido no ano 3024 é tão valioso quanto uma criança nascida hoje. (Essa ideia, chamada de "longotermismo", é controversa[61] até entre AEs.) Singer também sugeriu que a imparcialidade deveria ser estendida a inteligências artificiais que alcancem a senciência.[62]

A imparcialidade também é a base para o utilitarismo de Singer.[63] Já mencionei o termo utilitarismo várias vezes, mas ainda não ofereci uma definição. O utilitarismo é um ramo do consequencialismo, a ideia de que as ações devem ser julgadas por suas consequências. Isso contrasta com a deontologia (do prefixo grego *deon-*,[64] cujo significado aproximado é "dever"), que, em vez disso, afirma que as ações podem ser intrinsecamente boas ou más com base em regras éticas. Singer não vê essas regras com bons olhos porque acha que levam à parcialidade — pense em máximas como "Honrar pai e mãe", que priorizam aqueles que estão próximos de nós em detrimento daqueles que estão distantes.[65]

Por que esse desvio relativamente longo para a filosofia moral em um livro sobre apostas e risco? Ora, em parte porque Singer exerce enorme influência no altruísmo eficaz. Quando MacAskill escreve que o AE deve buscar o bem considerado *de maneira imparcial*, é a isso que ele está se referindo. Mas é, sobretudo, porque o utilitarismo — com frequência formulado como "a maior quantidade de bem para o maior número de pessoas"[66] — se presta a representações matemáticas, tornando-se um ajuste tentador para as mentes quantitativas do River. Sob o utilitarismo, a moralidade pode ser transformada em uma espécie de problema de maximização de VE. Você deve salvar a criança que está se afogando porque estragar seu terno custa apenas 800 "utils" (unidades de utilidade) — o custo de um terno novo na Brooks Brothers —, ao passo que a vida dela vale 10 milhões de utils (o valor de uma vida estatística).

Existem alguns contextos em que, a meu ver, o utilitarismo é uma estrutura apropriada — especialmente em problemas de média escala, como no estabelecimento de políticas governamentais em que a imparcialidade (não ter favoritos) é importante.* Por exemplo, quando, em novembro de 2020, uma subcomissão do CDC [Centro de Controle e Prevenção de Doenças] se reuniu para desenvolver recomendações sobre quem seriam os primeiros na fila para receber vacinas contra a covid-19, rejeitaram seguir um cálculo utilitarista de maximizar benefícios e minimizar danos para, em vez disso, também levar em conta objetivos como "promover a justiça" e "mitigar as desigualdades de saúde".[67] Suas recomendações

---

* Eu argumentaria, no entanto, que o altruísmo eficaz tem um ponto fraco: não gastar mais tempo refletindo sobre como o governo (em oposição à caridade privada) poderia usar seus recursos de forma mais eficaz. Em 2022, o gasto total de caridade nos Estados Unidos foi de cerca de 500 bilhões de dólares, enquanto o governo gasta cerca de 6 trilhões de dólares no total.

foram revistas após considerável clamor público,⁶⁸ inclusive por parte de pessoas que apontaram que sacrificar o impacto da saúde pública em nome da "equidade" na verdade produziria mais mortes e doenças entre pessoas em grupos desfavorecidos. Mas, a grande verdade é que um órgão não eleito como esse não deveria ter escolhido favoritos⁶⁹ com base em preferências políticas que muitos cidadãos do país não compartilham.

E, mesmo que o utilitarismo muitas vezes seja uma boa primeira aproximação na mesoescala (para problemas de média escala), acho muito improvável que ele funcione bem como uma estrutura para a ética pessoal: o que poderia levar à conclusão de Sam Bankman-Fried,⁷⁰ revelada em seu julgamento criminal, de que os fins justificam os meios. Também não estou certo de que o conceito funcione bem para problemas de grande escala (como tentar calcular toda a utilidade no universo presente ou futuro), às vezes conhecidos como "ética infinita".⁷¹

Nas páginas seguintes, apresentarei uma crítica adicional ao utilitarismo — mas permita-me avisá-lo desde já que acabarei entrando em pormenores, e alguns de vocês podem querer pular para o ato 4, que destaca um jogo de pôquer disputado em uma convenção racionalista, um pesquisador sexual utilitarista e um homem que acredita que o futuro será estranho de um jeito quase incalculável.

Por que não sou utilitarista

Sentado ao lado de Will MacAskill no jantar no Eleven Madison Park, percebi uma coisa: a filosofia moral, ou pelo menos o tipo de filosofia moral que os AEs e racionalistas gostam de praticar, tem muito em comum com a construção de um modelo estatístico. (MacAskill endossou essa comparação em uma conversa posterior. "Acho que a analogia entre teorizar sobre filosofia moral e criar uma linha de melhor ajuste em um modelo é de fato muito boa", afirmou.) Não é coincidência, por exemplo, que os alunos de filosofia tenham notas relativamente altas em testes padronizados de matemática — tão altas quanto as de pessoas⁷² em algumas disciplinas das ciências duras, como a biologia. Os filósofos elaboram observações sobre o mundo, usando como fonte suas próprias intuições morais ou extraindo elementos das intuições morais de outras pessoas e das regras e normas éticas que as sociedades desenvolvem. Em seguida, elaboram alguns princípios generalizados a partir dessas observações em um nível mais alto de abstração. Isso é bem parecido com a circunstância em que um economista ou estatístico tem um conjunto de dados cheio de observações do mundo real e tenta generalizar com base nelas. Por exemplo, o economista pode construir um modelo por meio de técnicas como análise de regressão ao observar que em geral há uma forte relação estatística entre PIB e expectativa de vida, mesmo que também haja algumas exceções.

Tendo eu mesmo construído alguns modelos estatísticos, sei que é difícil fazer isso, em parte porque há dois tipos de erro que podem ser cometidos. Isto é um pouco técnico — há uma discussão mais longa em *O sinal e o ruído*, caso você queira se aprofundar —, mas um dos problemas é chamado de *overfitting* [sobreajuste]. Em suma, significa tentar arranjar um lugarzinho para cada parte e aspecto da questão no conjunto de dados, às vezes por meio de estratégias elaboradíssimas. Por exemplo, ao explicar por que os Estados Unidos são um caso atípico na relação PIB-expectativa de vida — temos um PIB *per capita* muito alto, mas nossa expectativa de vida é bem inferior à de muitas outras nações ricas —, podemos inventar uma variável chamada "estrelas na bandeira", que é o número de estrelas que figuram na bandeira nacional do país. (A bandeira dos Estados Unidos tem cinquenta estrelas, mais do que qualquer outra nação.) Isso pode melhorar tecnicamente o ajuste do modelo, mas também é bastante ridículo. Quaisquer que sejam as razões para nossa expectativa de vida mais baixa quando comparada a outras nações ricas, não é por causa do nosso design de bandeira.

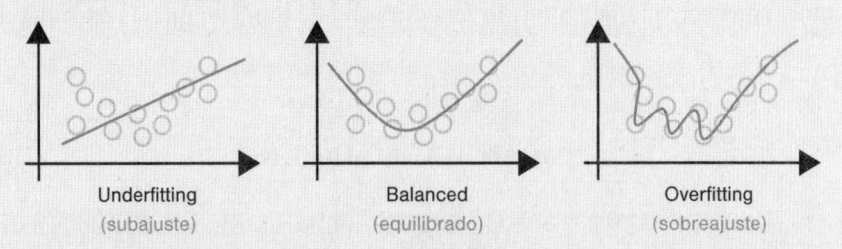

Underfitting	Balanced	Overfitting
(subajuste)	(equilibrado)	(sobreajuste)

Você pode dizer que a moralidade convencional ou de "senso comum" é muito parecida com isso. É crivada de contradições. Por que comemos porcos, mas mantemos cães como animais de estimação, por exemplo? Não dá nem para recorrer à estratégia de MacAskill de utilizar a contagem de neurônios aqui, já que é quase a mesma para cães e porcos.[73] É apenas um daqueles costumes com os quais todos concordam e, se você fizer muito alarde sobre isso, pode ser estigmatizado como um matador de filhotes ou um ativista radical da PeTA.*

No entanto, também é possível *underfit* [subajustar] um modelo. Ter poucos parâmetros, resultando em uma simplificação grosseira que, na melhor das hipóteses, é apenas vagamente correta e não combina muito bem com a maneira como o mundo real funciona. Não concordo 100% com a crítica a seguir, mas vez por outra os

---

* Fundada nos Estados Unidos em 1980, a PeTA [People for the Ethical Treatment of Animals, Pessoas em prol do tratamento ético dos animais] é uma ONG que atua ativamente na defesa dos direitos dos animais. (N. T.)

economistas são acusados disso: de que suas suposições sobre o que torna as pessoas "racionais" não levam em conta todas as idiossincrasias que os consumidores reais têm e sobrepõem muitas suposições que não preveem muito bem o comportamento real das pessoas.

Talvez você já saiba aonde quero chegar com isso. Acho que o utilitarismo é análogo a um modelo subajustado. Em vez de exibir uma deferência demasiada à moralidade do senso comum, ele não chega a contento nem ao meio-termo, aceitando que talvez vários costumes e leis tenham evoluído por boas razões. Em 2023, por exemplo, Singer endossou uma controversa defesa da bestialidade,[74] com base no fato de que se as pessoas acham que é eticamente aceitável comer animais, deveria ser eticamente aceitável fazer sexo com animais, já que assassinato e tortura (as condições em que muitos animais são mantidos[75] é, sem dúvida, lastimável) são em geral considerados tão ruins quanto estupro. No entanto, não é difícil explicar por que a maioria das sociedades desenvolveu esse aparente padrão duplo. Comer proteína animal perpetua a espécie humana; fazer sexo com animais não.

Não acho que seja ruim Singer levantar questionamentos como esses. No geral, creio que a sociedade corre mais risco de ter conformismo demais do que de entrar em colapso porque as pessoas questionam muitos tabus. Ainda assim, o utilitarismo clássico, incluindo a versão de Singer em específico, é totalizante e intransigente. Estou mais inclinado a respeitar a perspectiva das pessoas, a permitir que tenham algumas de suas aparentes contradições enquanto as empurro para um comportamento mais ético. O jogador de pôquer Dan Smith,[76] por exemplo, ajudou a arrecadar mais de 26 milhões de dólares para instituições de caridade eficazes — mas sei que ele também está disposto a se dar ao luxo de se esbaldar em um jantar de sushi que custa os olhos da cara ou apostar milhares de dólares em um blefe. "Acho que temos visões estranhas sobre dinheiro, em que você simplesmente precisa ficar dessensibilizado a ele. Se você adotasse um ponto de vista do tipo, 'Ah, custa 3 mil dólares para salvar uma vida, então vou apostar 33 vidas no *river* aqui, isso não é legal", registrou.

Com certeza, Singer está ciente de que suas conclusões não são intuitivas. Às vezes, em seu trabalho, ele até parece sugerir que pessoas autistas têm um raciocínio moral superior porque não são tão limitadas por convenções sociais carregadas de emoção[77] como a empatia. Ele me disse que a sociedade está essencialmente funcionando como um software desatualizado que não reconhece o crescimento tecnológico. Ele me apontou outro exemplo polêmico: o incesto. "Desenvolvemos argumentos contra a pessoa fazer sexo com seus irmãos e irmãs. Há uma razão pela qual isso pode ter ganhado força no passado, quando não havia contracepção eficaz", declarou ele, já que crianças geradas por endogamia[78] têm uma alta taxa de defeitos genéticos. Agora o argumento do tabu é menos evidente, pensa ele, pelo menos se o casal estiver usando métodos contraceptivos.*

Mais uma vez, fico feliz ao notar que os códigos morais da sociedade evoluem no decorrer do tempo — sendo um homem gay, por exemplo, minha vida seria muito pior em um século anterior. Só estou cauteloso em impor muitas mudanças à sociedade, ainda mais quando vêm de professores de Oxford ou Princeton, em vez de serem alcançadas de forma democrática.** Às vezes, os especialistas estão errados; o fato de termos a capacidade tecnológica de implementar o ensino remoto durante a pandemia de covid-19 não significa que foi de fato uma boa ideia. Costumo confiar mais em mecanismos de tomada de decisão descentralizados.

Devo observar, no entanto, que o utilitarismo, sobretudo em suas formas mais rígidas, é na verdade relativamente impopular[79] entre os filósofos. Kevin Zollman, filósofo da Universidade Carnegie Mellon que também escreveu livros sobre como a teoria dos jogos pode ser aplicada à vida cotidiana, me disse que acha que o utilitarismo pode ser sedutor para pessoas com inclinação quantitativa por causa de sua promessa de precisão matemática. "Eu sem dúvida sou uma pessoa do tipo 'seja explícito'. Eu sou um filósofo matemático", admitiu ele. Porém, "ainda mais quando algo é fácil de matematizar de certa maneira, é muito tentador dizer: 'Ah, essa deve ser a melhor maneira ou a única maneira de matematizar isso'." Quando você tem um martelo, tudo parece um prego e o utilitarismo pode ser um instrumento terrivelmente contundente.

No entanto, existem alternativas: maneiras matemáticas de fazer filosofia que não dependem apenas de somar todos os utils no universo conhecido. O falecido filósofo de Princeton John Rawls, no livro *Uma teoria de justiça*, propôs maximizar o bem-estar da pessoa menos abastada da sociedade. Em princípio, você poderia construir algum tipo de modelo matemático para fazer isso. Nick Bostrom, filósofo de Oxford que é associado ao altruísmo eficaz, embora provavelmente caia mais no

---

* Outros tabus, por sua vez, podem ganhar força. A evolução da carne sintética pode levar a um tabu mais forte contra o consumo de proteína animal, por exemplo. No entanto, até o momento, as pesquisas indicam que a incidência do vegetarianismo nos Estados Unidos diminuiu um pouco. É difícil saber quando chegará a hora de uma ideia ser adotada. Escrevendo este texto no início de 2024, em meio ao crescente autoritarismo, à guerra no Oriente Médio e a uma reação negativa às ideias progressistas sobre raça e gênero, ficou mais difícil dizer que o arco da história se inclina em direção ao progresso... ou, para começo de conversa, que é possível fazer as pessoas concordarem em relação ao que constitui o progresso.
** Singer demonstra predileção por uma forma de utilitarismo chamada de "utilitarismo hedonista", que é especialmente antidemocrática — em suma, o que for melhor para as pessoas é o que lhes dá mais utilidade, mesmo que não seja a escolha que fariam para si mesmas (a alternativa é chamada de "utilitarismo de preferência"). Se um filósofo tira um biscoito de chocolate da minha mão porque calculou que isso me custará utils (os custos a longo prazo do peso que ganharei superarão o prazer de comer o biscoito no momento), ele é um utilitarista hedonista.

campo racionalista, me contou sobre sua ideia, que ele chamou de "parlamento moral", "em que não tenho certeza sobre qual teoria ética é correta e daria a cada uma delas algum peso. Quer dizer, os utilitaristas estariam lá nesse parlamento com seus representantes. Mas haveria outras estruturas morais, bem como interesse próprio e cuidado dos amigos e familiares". Eu gosto dessa ideia e acho que ela descreve com bastante precisão a forma como os seres humanos pensam sobre os dilemas do trem. Talvez em meu parlamento moral pessoal eu quisesse várias espécies de utilitaristas, mas também alguns libertários que estivessem preocupados em maximizar a liberdade pessoal, alguns progressistas trabalhando para garantir a contínua evolução e adaptação da sociedade, além de alguns pensadores de "senso comum" de diversos grupos políticos e religiosos contemporâneos. Nenhum partido teria maioria ou poderia sair da linha sem a cooperação dos outros.

Lara Buchak, professora de filosofia de Princeton que escreveu um livro intitulado *Risk and Rationality* [Risco e racionalidade], compartilhou comigo que desconfia da ênfase do utilitarismo em casos extremos ou infinitos. Um caso famoso, proposto pelo falecido filósofo Derek Parfit, é chamado de "conclusão repugnante".[81] Para estudar a conclusão repugnante, vamos comparar dois mundos:

- Um é o mundo que temos hoje, com uma população de cerca de 8 bilhões de pessoas, mas em situação muito melhor. Nós curamos o câncer e muitas outras doenças, eliminamos a pobreza, acabamos com o racismo e desenvolvemos carne sintética com gosto mil vezes melhor do que a proteína animal. As pessoas vivem por 150 anos e têm um padrão de vida equivalente ao de uma supermodelo sueca.*

- À guisa de alternativa, imagine um mundo onde há infinitas pessoas que levam uma existência que mal vale a pena viver. Na formulação de Parfit, isso consistia em pessoas que, antes de perecerem, por alguns dias vivem ouvindo música de elevador e comendo batatas só um pouco gostosas. (Talvez recebam também uma pitada de ketchup.)

A conclusão repugnante é que o último mundo é melhor, porque mesmo que o primeiro mundo tenha uma tonelada de utilidade (8 bilhões de pessoas vezes um número muitíssimo alto, algo como 100 milhões de utilidades *per capita*), ainda é menor que a utilidade infinita no mundo repugnante, porque o infinito multiplicado por qualquer número positivo ainda é infinito.

---

* Não se preocupe, também conseguimos manter motivos para as pessoas entrarem em desacordo e sentirem empolgação nesse mundo... talvez todos ainda fiquem discutindo no X (antigo Twitter) o tempo todo, por exemplo.

"Eu acho que o pensamento de que 'essa teoria não é boa se não puder abarcar casos infinitos' é um grande erro", disse Buchak. Ela defende que as teorias morais deveriam ser postas à prova em tomadas de decisão práticas do dia a dia. "Quase todas as decisões que você enfrenta envolvem riscos", argumentou ela. "Estou [mais] preocupada com, tipo, você sabe, 'Devo sair de casa com meu guarda-chuva hoje?'." Se uma teoria moral não dá conta de lidar com casos cotidianos como esses — se ela se afasta muito do senso comum —, então é bem plausível que não deveríamos confiar nela, independentemente de nos fornecer ou não uma resposta elegante à conclusão repugnante.

Eu endosso a ideia de Buchak, em parte porque sei que, quando você constrói um modelo estatístico, ele pode ser altamente sensível a casos extremos e discrepantes. É ótimo se você for capaz de construir um modelo inteligente que encontre lugar para acomodar tanto os discrepantes quanto os pontos de dados comuns e chatos do dia a dia. Mas, se não puder fazer as duas coisas, às vezes a melhor estratégia é só jogar fora o destoante e adotar um modelo que funcione bem o suficiente para propósitos práticos.* A resposta certa para a conclusão repugnante, em outras palavras, pode ser: *Caralho, quem se importa, afinal?* Temos 8 bilhões de pessoas tentando levar vidas éticas e gratificantes e garantir a seus descendentes um futuro próspero. Não podemos nos manter ocupados com isso em vez de ficar mexendo com dilemas do trem?

O trabalho de Buchak também se concentra em encontrar o posicionamento das pessoas quando se trata de gerenciamento de risco. O valor esperado, em um universo probabilístico, é calculado pela média dos resultados em certo número de testes, cenários ou simulações. No pôquer, ou em alguma tarefa cotidiana como tentar encontrar o melhor caminho do trabalho para casa (talvez haja um caminho que seja mais rápido em média, mas também inclua uma ponte levadiça que de tempos em tempos causa um significativo atraso), o indivíduo *deveria* pensar em termos de VE. Mas quem sou eu (ou Lara Buchak ou Peter Singer) para lhe dizer o que deve fazer em decisões que enfrentará apenas uma vez? "Pode ser que deva se comportar de forma diferente ao escolher um cônjuge, escolher um emprego ou fazer esse tipo de coisa que você só fará uma vez, idealmente", completou Buchak.

Tá legal, estamos quase terminando a palestra de filosofia. Mas permita-me trazer também mais algumas críticas à noção de imparcialidade de Singer. Uma é que ninguém precisa ser Ayn Rand para pensar que a condição humana foi aprimorada pelo desenvolvimento econômico e que trocar dinheiro por bens e serviços

---

* Também não se segue intrinsecamente que as regras em escalas muito pequenas ou grandes sigam as regras na mesoescala. Por exemplo, as interações fortes e fracas na física — duas das quatro forças fundamentais junto à gravidade e ao eletromagnetismo — aplicam-se apenas em pequenas escalas e podem ser ignoradas na maioria dos problemas em biologia ou química.

pode criar uma situação na qual todo mundo sai ganhando. De fato, como Singer apontou, a quantidade de pobreza extrema no mundo diminuiu de forma drástica à medida que o mundo se tornou mais industrializado.[82] Talvez você não precise sair tanto para comer sushi, embora eu faça questão de salientar que esse dinheiro que é gasto no japonês não desaparece: vai para os garçons, os lavadores de pratos, o pescador que pescou o atum, para o governo na forma de impostos sobre vendas, os donos do restaurante, e assim por diante. Sou cético de que um mundo substancialmente mais ascético teria maior utilidade geral.

Em seguida, creio que haja algum fundamento racional para parcialidade porque temos mais incerteza sobre coisas distantes de nós no tempo e no espaço. Parte disso se dá por razões práticas. Se a cada ano existe um risco pequeno, mas tangível, de uma guerra nuclear capaz de destruir a civilização, então deveríamos descartar em grande medida o bem-estar das pessoas daqui a mil anos.[83]

Também tem a ver com humildade epistêmica. Estou de total acordo com o fato de que a vida de uma criança em Bangalore vale tanto quanto a de uma no Brooklyn. Talvez eu seja capaz de achar o mesmo no que diz respeito a alguns animais, como elefantes ou orcas. Tenho muito menos certeza sobre os hipotéticos seres humanos do futuro de MacAskill em *O que devemos ao futuro*, ou algo como uma IA senciente. Vale observar que altruístas eficazes como MacAskill têm respostas para esses tipos de objeção.[84] Ainda assim, como alguém que esteve perto de muitos nerds inteligentes que não conheciam suas próprias limitações, trato essas ideias com alguma cautela. "Só para constar, estou impressionado em notar que muito disso é baseado essencialmente em cálculos de probabilidade apenas aproximados, superficiais, tipo conta de padeiro",[85] disse David Kinney, psicólogo de Yale que criticou o altruísmo eficaz. "Eles parecem evidenciar certa fé em nossa capacidade de estimativa geral de probabilidade para todos os fins, e até em nossa capacidade geral de dizer o que tem probabilidade positiva. E temos motivos para pensar que, na condição de agentes finitos, não temos de fato essa capacidade." Às vezes, o AE parece uma estrutura moral para um mundo onde todos têm QI de 200 — e não o mundo em que vivemos na realidade.

Há também um problema mais sutil. As ideias do altruísmo eficaz e do utilitarismo podem ser tão abstratas que não há muitas maneiras de testá-las de forma experimental, a fim de ver até que ponto o modelo corresponde ao mundo real. Os altruístas eficazes "provavelmente subestimam coisas como mudança cultural, política, assim como todas essas *soft skills*", segundo Kurganov, ex-jogador de pôquer e conselheiro de Musk.* "É possível que jogadores de pôquer tenham

---

* O próprio Kurganov foi vítima de manobras políticas, tendo sido afastado da órbita de Musk em um golpe interno do escritório de gestão do patrimônio e descrito de forma nada lisonjeira nas manchetes como um "ex-jogador profissional de 34 anos que abandonou a faculdade para fumar maconha".

sentidos de risco e recompensa mais aguçados do que os AEs, uma vez que arcam com as consequências de suas próprias ações", deduziu. "Como jogador de pôquer, você é extremamente focado no valor esperado em todas as suas decisões. Você está reavaliando a situação de forma contínua." O raciocínio motivado que assola o julgamento de especialistas em outros domínios não se aplica efetivamente, explicou ele. "Tipo, você leva um tapa na cara e perde dinheiro se estiver errado sobre a realidade."

Minha objeção final vem da — você sabia que isso iria aparecer mais cedo ou mais tarde — teoria dos jogos. Tenho uma desconfiança intuitiva de filosofias morais que não envolvam reciprocidade. Por reciprocidade eu me refiro à noção de que, se eu concordar em viver de acordo com uma regra, outras pessoas também concordam com ela. O exemplo mais conhecido disso na filosofia é o imperativo categórico de Immanuel Kant: "Age como se a máxima de tua ação devesse ser erigida por tua vontade em lei universal da natureza."[86] Isso pode ser comparado ao dilema do prisioneiro.[87] Se ambos concordarmos em cooperar, em agir de forma moral, então, enquanto coletivo, acabaremos em melhor situação do que se apenas agirmos de forma egoísta. De fato, grande parte da moralidade convencional vem da necessidade da sociedade de desestimular o comportamento egoísta, e me preocupo em lançar por terra esse artifício.* O interessante é que, embora o imperativo categórico seja considerado um exemplo canônico de uma filosofia deontológica (baseada no dever), o dilema do prisioneiro também o justifica em termos utilitaristas. Há até uma variante do utilitarismo chamada "utilitarismo de regras"[88] — que afirma, *grosso modo*, que devemos agir como se nosso comportamento fosse universalizado, o que maximizaria a utilidade —, à qual sou muito mais permissivo em comparação com o utilitarismo clássico.

O que eu não quero, no entanto, é ser tão imparcial a ponto de ser sempre colocado em uma posição na qual possam tirar proveito de mim... o otário que coopera quando meu companheiro na prisão não coopera. E mesmo que eu ache que há algo de honroso em agir de maneira moral em um mundo que é, em grande parte, egoísta, também me pergunto sobre a aptidão evolutiva de longo prazo de algum grupo de pessoas que não defenderia os próprios interesses, ou os de sua família, sua nação, sua espécie ou mesmo seu planeta,[89] sem pelo menos um pouco mais de vigor do que

---

* Um termo nerd que AEs e racionalistas usam para isso é "cerca de Chesterton", referindo-se a uma parábola do filósofo G. K. Chesterton sobre uma cerca que foi erguida em uma estrada por razões que lhe são desconhecidas. Para começo de conversa, você não deve remover a cerca sem saber por que ela foi colocada lá, refletiu Chesterton. Talvez ela proteja contra algo como veados que comerão sua folhagem, javalis que pisotearão seu gramado, ou zumbis que tendem a vagar pela cidade à noite.

defenderiam os de um desconhecido. Quero que o mundo seja menos parcial do que é, mas quero que seja pelo menos parcialmente parcial.

Posso até propor um experimento mental que sirva como uma espécie de antônimo da parábola da criança se afogando. Pense nas dez pessoas no mundo que são mais importantes do seu círculo social. Podem ser filhos, pais, irmãos, amigos, amantes, mentores... quem você quiser. Suponha que eu me ofereça para sacrificar, submetendo à eutanásia humanizada, essas dez pessoas. Em troca, onze pessoas aleatórias de diferentes partes do mundo serão salvas. É moral matar as dez pessoas para salvar as onze? Eu acho que quase todo mundo diria que não — na verdade, muitos de nós poderíamos dizer que aceitar esse acordo seria muito maligno, talvez tão maligno quanto não salvar uma criança prestes a se afogar porque é algo que sujaria suas roupas.

Uma vez que você aceita tanto essa regra quanto a parábola da criança se afogando, aceita que os humanos não são nem perfeitamente egoístas nem perfeitamente imparciais — que talvez devêssemos ser menos egoístas, mas temos que ser parcialmente parciais.

Ato 4: Berkeley, Califórnia, setembro de 2023

Como regra, eu odeio jogar pôquer se não for por dinheiro. Não precisa ser por *muito* dinheiro. Uma das minhas experiências de pôquer mais divertidas foi quando dei uma de *dealer* numa partida de 10 centavos/20 centavos que organizei no meu quintal para amigos, muitos dos quais estavam aprendendo as regras do jogo pela primeira vez. Mas quero *algum* tipo de aposta para fazer o coração das pessoas bater mais forte.

Eu estava disposto a abrir uma exceção, no entanto, em nome da ciência. Fui a Berkeley, Califórnia, para participar de uma conferência chamada Manifest, e participei de um torneio de pôquer por uma moeda fictícia conhecida como *mana*. Anunciada como "uma reunião de nerds da previsão",[90] a Manifest foi realizada pela Manifold, uma das várias startups em um cenário cada vez mais competitivo de empresas que permitem que as pessoas façam apostas probabilísticas em eventos do mundo real.

Pode parecer um interesse relativamente obscuro, mas as pessoas na comunidade AE/racionalista são obcecadas por mercados de previsão. Por quê? Em parte por causa de seu apreço, típico de um cérebro de economista, pelos mercados em geral. Mas também porque acreditam que teremos discussões mais precisas e honestas se atribuirmos números às coisas. É fácil dizer algo como: "Estou bastante preocupado com os catastróficos riscos para a humanidade da inteligência artificial desalinhada". Mas é muito mais informativo declarar seu p(doom),* a probabilidade de que a IA possa produzir esses resultados catastróficos em níveis apocalípticos. Se seu p(doom) for de 1% ou 2%, ainda é alto o suficiente para se qualificar como "bastante preocupado". (Afinal, é do fim do mundo que estamos falando.) Mas se você acha que p(doom) é 40% (e alguns AEs acham que é tão alto, ou mais alto), isso significa que o alinhamento da inteligência artificial — assegurar que as IAs façam o que queremos e sirvam aos interesses humanos — talvez seja o maior desafio que a humanidade já enfrentou até hoje.

Os números nos permitem entender essa diferença de uma forma que as palavras não conseguem. Em seu livro *The Precipice* [O precipício], Toby Ord calculou seu p(doom) como 1 de 6 — o mesmo que a chance de perder um jogo cósmico de roleta-russa —, uma chance em seis de que os humanos se extinguirão ou a civilização entrará em um colapso irremediável no próximo século, a IA sendo a razão mais provável. Óbvio, isso pode parecer artificialmente preciso. Mas a alternativa de *não* fornecer um número é muito pior, pensou Ord. No mínimo, deveríamos ser capazes de transmitir ordens de magnitude. Uma guerra nuclear tem *muito* mais probabilidade de extinguir a humanidade do que um supervulcão,[92] por exemplo. "Se estamos falando de algo como uma chance em 1 milhão ou de uma em dez em certos tópicos, a ideia de que eu não contaria ao leitor parece absurda", disse-me Ord.

Mas a Manifold é diferente por dois motivos. Primeiro, os usuários não estão apostando por dinheiro, mas sim por dólares fictícios chamados *mana*.[93] E segundo, a Manifest permite que os usuários criem seus próprios mercados, permitindo que apostem em quase *qualquer coisa*. Quando digo *qualquer coisa*, é em sentido literal. Isso pode incluir eventos mundiais mortíferos, como, por exemplo se as Forças de Defesa de Israel[94] haviam sido responsáveis por uma explosão perto de um hospital em Gaza. Mas também pode ser algo como se Austin Chen, o fundador da Manifold e — de forma incomum para a cena AE/racionalista, um católico praticante — ainda acreditará em Deus em 2026.[95] (Há 71% de chance de que ele acredite, segundo o mercado.) Surgiu até uma bolsa de apostas sobre a chance de ocorrer uma orgia na Manifest,[96] que a princípio mostrou apenas 28% de chance, mas acabou concluindo que sim, haveria. (O que significa que a orgia foi consumada; eu não participei.)

---

* P(doom), abreviação de "probabilidade de desgraça" (*probability of doom*, em inglês), é a pseudovariável matemática que indica a probabilidade de a inteligência artificial acabar com a espécie humana. O cálculo, que pode ser traduzido como a possibilidade de morte, destruição ou fim, não é uma medida científica, mas, sim, um valor entre 0% e 100% com o qual cientistas, engenheiros e especialistas em IA medem de forma não oficial a probabilidade de uma catástrofe causada por essa tecnologia ocorrer. (N. T.)

E, como seria de se esperar, os participantes da conferência estavam apostando no resultado do mesmo jogo de pôquer de que eu participaria, e que tinha uma escalação repleta de celebridades racionalistas, como Cate Hall, ex-profissional de pôquer que se tornou uma altruísta eficaz; Zvi Mowshowitz, ex-campeão do jogo de cartas *Magic: The Gathering*[97] cujas análises incrivelmente aprofundadas de IA tornam seu blog* uma leitura essencial para racionalistas; e Shayne Coplan, o fundador de outro site de mercado de previsão, o Polymarket.** A cada mão que acontecia, nerds de previsão corriam ao redor da mesa para ver quantas fichas cada um de nós tinha e para criar novos mercados para a Manifold, como quem seria o próximo jogador a ser eliminado.

Então, como foi o experimento científico? Verdade seja dita, não acho que as previsões de pôquer do pessoal tenham sido lá muito boas. O torneio foi um "turbo", o que significa que foi projetado para terminar em algumas horas, em vez de se arrastar noite adentro. Isso reduz a percentagem de habilidade envolvida, e o mercado devia estar superestimando as chances de vitória de um dos jogadores experientes, como eu ou Hall.

Por outro lado, se eu *realmente* acreditasse que o mercado estava com preços incorretos, poderia ter aberto uma conta na Manifold e apostado contra mim mesmo. Essa é a teoria, pelo menos; o *éthos* da Manifold é descentralizado e de uma transparência radical. "A teoria da Manifold de negociação com informações privilegiadas é que a negociação com informações privilegiadas em geral não tem problema, a menos que você tenha algum tipo de dever de não revelar informações", revelou Chen. Ao contrário de alguns sites de mercado de previsão, é possível ver exatamente quem está apostando exatamente em que, na Manifold, e o processo pode parecer colaborativo e competitivo em igual medida, com fóruns de discussão sérios nos quais as pessoas revelam sua justificativa para fazer apostas.

A conferência Manifest também foi uma das últimas viagens-reportagem que fiz para escrever este livro. E confirmou para mim que o River é real, não apenas um dispositivo literário que inventei. É mais provável que (*cof, cof*) se manifeste em alguns lugares do que em outros, como Las Vegas ou a Área da Baía de São Francisco. Mas esses mesmos nerds de previsão que vi na Manifold continuaram aparecendo em diferentes contextos em outros lugares do River. Lá eu conheci muitas pessoas que se tornaram fontes ou amigos (ou ambos). Conheci as piadas internas e o jargão. A conferência não parecia *exatamente* meu quintal... Ainda prefiro Downriver com os jogadores de pôquer, que tendem a ser um pouco mais

---

* O blog de Zvi se chama *Don't Worry About the Vase* [Não se preocupe com o vaso], <https://thezvi.substack.com>.
** Na época de finalização deste livro em maio de 2024, estávamos no estágio avançado de uma negociação para que eu atuasse em uma função de consultoria remunerada para a Polymarket. As negociações não estavam em andamento na época em que pesquisei e escrevi este capítulo.

competitivos e um pouco mais malandros. "A Manifold tem esse tipo de efeito estranho de filtragem, em que, por ser dinheiro de brincadeira, não temos jogadores sérios e barra-pesada, endinheirados, mas sim gente bastante intelectual", comentou Chen. Mas tudo isso fazia parte de uma comunidade mais ampla com ideias semelhantes.

Quando não há dinheiro em jogo, talvez seja possível até considerar fazer uma previsão quantitativa como um ato *altruísta*. Sem os números, é fácil usar evasivas e depois alegar que você estava certo, não importa o que aconteça. Uma das razões pelas quais Phil Tetlock (que tem fama como porco-espinho e como raposa) descobriu que especialistas faziam previsões tão ruins[98] é que eles tinham permissão para se safar com essa retórica preguiçosa. Por outro lado, alguém como Yudkowsky — cujo p(doom) é muito alto, bem próximo de 100%[99] — sofrerá *muitos* danos à reputação se o alinhamento da IA se mostrar relativamente fácil de ser alcançado. Enquanto isso, se as máquinas nos transformarem em clipes de papel[100] (um dos famosos experimentos mentais de Nick Bostrom envolve uma IA desalinhada cujo único objetivo é fabricar a maior quantidade possível de clipes de papel), ele não estará por perto para levar o crédito. (Na qualidade de alguém que tem bastante experiência em fazer previsões probabilísticas em público, também posso dizer por experiência própria que os incentivos para fazer isso são fracos. As pessoas não entenderão o que as probabilidades significam, e com frequência você será criticado, mesmo que suas probabilidades sejam tão precisas quanto anunciadas.)

Há outra razão pela qual altruístas eficazes e racionalistas acham que os mercados de previsão são importantes. Tem a ver com a própria definição de racionalidade. Se procurarmos "racional" em um dicionário de sinônimos, veremos que equivale a termos como "razoável", "sensato" e "prudente". E, de fato, é nessa acepção que o termo é empregado no cotidiano. No entanto, os filósofos têm uma definição mais precisa... em geral referindo-se a dois tipos de racionalidade:

- Primeiro, há a **racionalidade instrumental**. Em suma: você adota os meios adequados[101] para seus fins? Há um homem que comeu mais de 30 mil Big Macs.[102] Ora, isso pode não ser uma coisa *razoável* e *prudente* de se fazer. Mas, se o objetivo de vida desse homem é comer o máximo de Big Macs possível, podemos dizer que ele é instrumentalmente racional porque apresentou excelência nisso. Você pode colocar mais ou menos requisitos na racionalidade instrumental, dependendo do nível de rigor almejado. Um dos grandes requisitos com o qual a maioria dos filósofos concorda é exigir preferências coerentes: se você prefere um Big Mac a um Whopper do Burger King e um Whopper ao Double do Wendy's, então não deveria preferir o Double do Wendy's ao Big Mac.

- O segundo tipo é a **racionalidade epistêmica**. Em suma: você vê o mundo como ele é? Suas crenças se alinham com a realidade? Se o Homem do Big Mac acha que a dieta dele é muitíssimo saudável, mas está morrendo de falência de órgãos causada pela falta de nutrição balanceada, não está sendo epistemicamente racional. (Embora, na verdade, ele tenha colesterol baixo e de resto esteja com boa saúde, ou pelo menos é o que sua esposa afirma.) Como argumento em *O sinal e o ruído*, previsões testáveis são uma das únicas maneiras de saber se você é epistemicamente racional.

Então, em teoria, os mercados de previsão desempenham um papel importante em tornar o mundo mais racional. Mas e na prática?

Minhas concepções são, sobretudo, favoráveis a essa declaração, mas não sem algumas reservas. Isso se deve em parte a algumas cicatrizes que obtive com muitas discussões na internet sobre a precisão dos mercados de previsão *versus* as previsões do FiveThirtyEight. Estas últimas[103] têm se mostrado rotineiramente melhores (sei que você não esperava que eu dissesse outra coisa, mas é verdade), algo que não deveria acontecer se os mercados fossem eficientes. Por outro lado, talvez isso não nos diga muito. As eleições são o Super Bowl dos mercados de previsão — há tanto dinheiro burro por aí (muitas pessoas que têm opiniões muito fortes sobre política) que não há necessariamente dinheiro inteligente suficiente para compensá-lo. Em 2020, havia até pessoas dispostas a apostar milhões de dólares em Donald Trump mesmo depois de Joe Biden já ter sido declarado vencedor (abordaremos isso em breve). Em muitas outras circunstâncias, porém, os mercados de previsão são muito úteis. Enquanto os meios de comunicação se esforçavam para corrigir sua cobertura,[104] por exemplo, os *traders* da Manifold determinaram que as Forças de Defesa de Israel provavelmente não foram responsáveis pelo ocorrido naquela noite específica no hospital de Gaza.*

Mas a ironia é que minha maior preocupação é que os mercados de previsão podem se tornar menos confiáveis se as pessoas confiarem demais neles.

Quando conversei com MacAskill após o colapso da FTX e lhe perguntei se ele deveria ter previsto isso, ele me deu o que julguei ser uma resposta insatisfatória. "Isso foi genuinamente imprevisível ao extremo, dadas as evidências disponíveis", falou, e ainda citou uma previsão de um site diferente de mercado de previsão de dinheiro fictício chamado Metaculus. "Qual é a chance de a FTX

---

* Também sou cético de que os mercados de previsão de dinheiro fictício possam ser tão eficientes quanto os de dinheiro real. Ainda assim, como Austin Chen alegou para mim, os racionalistas são o exato tipo de pessoa que se importa muito em rebater gente que posta *coisa errada na internet*, e, se podem fazer isso na forma de um mercado de previsão, melhor ainda. "Acho que é um erro dizer que o dinheiro é a única forma de arriscar a própria pele", comentou ele. "Colocar em risco a pele da sua reputação ou, tipo, a pele do ego importa muito mesmo."

deixar de pagar qualquer depósito de cliente em 2022? Era algo como 1,3%", relembrou MacAskill.

Agora, veja, talvez seja justo em algum sentido não ter esperado que as coisas ficassem *tão* ruins com SBF... não é todo dia que a gente se depara com uma das maiores fraudes do século. Mas esse é um exemplo clássico de colocar fé demais nos mercados. Por um lado, MacAskill, que havia orientado SBF para o altruísmo eficaz, deveria ter acesso a muitas informações privilegiadas que os *traders* aleatórios da Manifold ou da Metaculus não tinham. Mas, mesmo com base em coisas que eram de conhecimento público — como o investimento em Carrick Flynn e o *token* tipo de pirâmide proposto a Matt Levine —, havia muitos sinais de alerta contra ele.*

O clima na Manifest era amigável, Chen até se despediu com um abraço quando eu parti para pegar meu Uber na manhã seguinte. Mas uma pessoa com quem conversei, Oliver Habryka, de fato achava que sua comunidade havia se tornado confiante *demais*.[105] "Estou nesse jogo há muito tempo", afirmou Habryka, que integra a equipe de liderança da Lightcone Infrastructure, empresa que administra o blog racionalista *LessWrong* e é dona do microcampus em Berkeley que hospedou a Manifest. Ele se referiu ao altruísmo eficaz antes do colapso da FTX como a "maior bolha de confiança do mundo" — uma que estava propensa à ação de SBF, que tirou proveito dela.

Mais abaixo, Downriver, onde os jogadores de pôquer e os fundos *hedge* se encontram, tendemos a confiar menos nos outros. E às vezes isso pode ser uma coisa boa. Tendo mais experiência com dinheiro real em jogo, somos um pouco melhores em distinguir uma oportunidade boa demais para ser verdade de uma que só acontece uma vez na vida. Bill Perkins, que administra o fundo *hedge* de negociação de energia Skylar Capital e também é um jogador de pôquer de apostas altas, é uma das poucas pessoas que conheço que ganharam muito dinheiro — para ser mais específico, no caso dele, na casa dos seis dígitos — apostando em Biden, *mesmo depois que Biden já havia sido declarado vencedor* por todas as principais redes de notícias. Perkins quase não conseguia acreditar no que estava vendo — valores que implicavam[106] uma chance de 10% a 15%

---

* Devo fazer também uma autocrítica? É uma pergunta válida. Como mencionei no Capítulo 6, eu tinha algumas dúvidas sobre SBF, mas não esperava que ele fosse culpado de uma fraude tão extensa. Tive sorte de que a notícia tenha saído bem antes do prazo de entrega do manuscrito. Mas este é um livro com cerca de duzentas fontes, muitas das quais ultrapassam os limites de várias maneiras. Para os altruístas eficazes, por outro lado, Bankman-Fried era uma figura singular, o AE mais conhecido — do ponto de vista da opinião pública e como a fonte de financiamento mais importante do movimento. Como Tyler Cowen apontou, uma falha da FTX representava um potencial risco existencial para o altruísmo eficaz, e foi um risco que eles não previram muito bem.

de que Trump ainda pudesse vencer de alguma forma por meio de uma decisão judicial milagrosa.

"Eles apostaram tanto que fiquei com medo", admitiu Perkins para mim, referindo-se às pessoas que ainda achavam que Trump venceria e estavam dispostas a apoiar isso com muito dinheiro. "Como [*traders*]... somos arrogantes, mas de uma forma diferente. Quando alguém aposta algo grande, é tipo: 'Tá legal, o que eu não estou percebendo?'" Mas Perkins fez sua investigação detalhada, e até ligou para um dos mais conhecidos especialistas em Suprema Corte dos Estados Unidos. "Ele disse: 'É exatamente zero a chance de a Suprema Corte dar ouvidos a qualquer um desses recursos.'"[107] Então Perkins apostou alto em Biden — e venceu. O mercado de fato estava tão louco quanto parecia.

Hedonismo eficaz na época do p(doom)

"Eu não estava envolvida na orgia", declarou Aella. "Entendo por que você faria essa suposição. Tenho certeza de que todos pensaram a mesma coisa. Mas não, a orgia aconteceu sem mim."

Ela não se ofendeu nem um pouco com a pergunta. Aella* — pronuncia-se "Eila" — talvez seja a pessoa mais sem segredos, o livro mais aberto da internet. Embora ela não tenha participado da orgia na Manifest (contudo, mais tarde fez uma "suruba de aniversário" e postou uma visualização de dados muito comentada), havia mercados com os quais ela se envolveria, uma experiência que descreveu como bizarra, mas divertida. "Gostei do mesmo jeito que eu gosto de comida nova que é estranhamente picante."

Nascida em uma família evangélica conservadora — "Meu pai é, tipo, um apologista cristão relativamente famoso" —, Aella é uma pesquisadora sexual que realiza estudos sobre coisas como os fetiches preferidos das pessoas,[108] além de uma intermitente profissional do sexo[109] (atividade que ela interrompe e, passado algum tempo, retoma) e ex-estrela do OnlyFans.[110] Não é preciso se esforçar muito para encontrar a parte de "conteúdos inapropriados" do site pessoal de Aella... ou para ler seu ensaio sobre vício em LSD.[111]

E Aella é uma racionalista, embora às vezes preferisse que os outros racionalistas fossem mais divertidos. Certa vez, ela deu uma festa onde todos os convidados tiveram que ficar nus, exceto por uma máscara, na esperança de que isso pudesse relaxar um pouco os racionalistas. "Mas, em vez disso, todos eles apenas se sentaram

---

* Aella não é um nome de usuário on-line nem pseudônimo. Segundo ela, é apenas o seu nome: "Todo mundo me chama assim, menos minha mãe e meu pai."

ao redor do círculo e se comportaram como sempre se comportam e começaram a debater, tipo, o comércio global", contou-me ela. (Os esforços de Aella não foram totalmente infrutíferos; Scott Alexander conheceu sua futura esposa em uma festa semelhante.)[112]

Contudo, Aella não é uma altruísta eficaz. E isso revela uma das diferenças nos movimentos. Os AEs são precavidos demais para ela, sobretudo quando se trata da relutância deles (pelo menos em relação a Aella) em discutir temas controversos. "Covardes. Eu amo os AEs, não me entenda mal. Mas eles são covardes."

Mas, se Aella não é uma altruísta eficaz, penso nela como uma espécie de hedonista eficaz, alguém que utiliza dados e pesquisas para melhorar sua qualidade de vida, incluindo a vida sexual.* Se você vai fazer parte de um movimento que questiona tabus e a sabedoria convencional, não deveria se divertir um pouco com isso? No caso dela, por exemplo, isso pode envolver estudar se relacionamentos poliamorosos tornam as pessoas melhores, questão para a qual a resposta dela é relativamente sutil: "Requer muita habilidade e muito apoio social."

Há também outra coisa sobre a qual ainda não falei: uma corrente de medo apocalíptico que paira sobre essa parte do River. Conversas sobre risco existencial podem ser intensas, é óbvio. As pessoas podem deslocar suas emoções, como jogadores de pôquer tentando não dar *tells*, mas ter esses pensamentos chacoalhando na cabeça pode criar estresse cumulativo. Durante as partes do processo de escrita em que eu estava intensamente focado no risco nuclear ou de inteligência artificial, muitas vezes não consegui dormir bem.

"Todo mundo aqui acha que o mundo vai acabar em breve",[113] escreveu Alexander em um ensaio sobre São Francisco. "Mudanças climáticas para os democratas, decadência social para o Partido Republicano, a IA se você atua na área de tecnologia." É natural que algumas pessoas reajam dedicando cada momento do dia a pregar o evangelho do risco existencial... e outras, via escapismo. O p(doom) de Aella está alto, por exemplo, e ela não tem certeza de quanto tempo nos resta. "Tomei a pílula de risco há um ou dois anos", comentou ela. "Eu, tipo, parei de economizar para a aposentadoria, e com certeza estou gastando mais dinheiro do que gastaria em outras circunstâncias."

---

* Outro bom exemplo de um hedonista eficaz é Bill Perkins, cujo livro *Morra sem nada: Aproveite ao máximo sua vida e seu dinheiro* [Tradução de Antenor Savoldi Jr. Rio de Janeiro: Intrínseca, 2024] é sobre o VE maximizando sua vida de uma forma orientada por dados. Por exemplo, Perkins recomenda priorizar experiências em vez de comprar coisas ou de ir embora dessa vida deixando uma polpuda herança.

O que me faz pensar duas vezes no AE

Vez por outra, altruístas eficazes e racionalistas reclamam que são criticados de muitas direções diferentes, inclusive por conservadores e progressistas.[114] E, de muitas maneiras, entendo o ponto de vista deles. Altruístas eficazes e racionalistas estão tentando fazer com que as pessoas superem seus preconceitos e sejam mais imparciais. Essa é uma tarefa extremamente ingrata, sobretudo à medida que o movimento ganha mais destaque e entra em um conflito cada vez maior com o Village. Afinal, a política, em certo sentido, gira em torno de estimular as pessoas a serem mais parciais. Desafiar as suposições das pessoas sobre temas tabu em geral não é uma boa maneira de fazer amigos e influenciar pessoas.

Mas as duas principais correntes de AE/racionalismo também têm posturas políticas bem diferentes uma da outra. Entre as pessoas que responderam à pesquisa de Scott Alexander e se rotularam como AEs, os democratas registrados superaram os republicanos registrados em 13:1, proporção semelhante à do Village que se tornou comum em muitas instituições repletas de pessoas com alto nível de escolaridade. Em contrapartida, a proporção entre racionalistas não AE foi de apenas 2,6:1.[115] Poderíamos dizer que a conferência Manifest foi um evento racionalista em vez de um evento AE por causa da presença de pessoas que eram consideradas *woke* (a exemplo de Hanson, que me disse ter sido cancelado dos eventos AE desde uma postagem de blog de 2018[116] na qual demonstrou-se solidário à ideia de redistribuir sexo para *incels*),* abertamente conservadoras ou ambos (caso de Richard Hanania, o provocador blogueiro que foi exposto por postar, no início dos anos 2010, comentários racistas[117] usando um pseudônimo).

É o lado racionalista que está mais alinhado com os valores do Vale do Silício. "Há, sem dúvida, uma enorme diferença cultural", apontou Hanson. "As pessoas da racionalidade são com frequência (...) contrarianistas centradas na tecnologia", ao passo que "as pessoas do AE são mais *establishment*".

No entanto, também podemos dar crédito aos racionalistas pela consistência argumentativa: eles tendem a ser escrupulosamente honestos. Por exemplo, Alexander me estimulou a falar com Habryka, mesmo sabendo que Habryka criticaria o movimento[118] que ele passou um bocado de tempo defendendo. É raro ver uma fonte recomendar outra fonte mesmo tendo plena consciência de que sua narrativa será contestada. Por sua vez, os altruístas eficazes costumam "pegar leve"

---

* O termo *incel* é um diminutivo da expressão "*involuntary celibates*", ou celibatários involuntários. Define homens que não conseguem ter relações sexuais e amorosas e culpam as mulheres e os homens sexualmente ativos por isso. Na cultura da internet, o termo se refere mais especificamente a um grupo de homens heterossexuais que se reúnem em comunidades on-line para compartilhar suas frustrações, atribuindo seus fracassos amorosos à crueldade da sociedade e à superficialidade das mulheres. (N. T.)

e refrear suas palavras. Em entrevista ao economista Tyler Cowen, por exemplo, MacAskill disse que não achava que os AEs deveriam ser antiaborto.[119] Fiquei incomodado com isso, mas não por causa das minhas opiniões pessoais — eu defendo a autonomia da mulher. Mas parece uma questão complicada de um ponto de vista utilitarista. Se o livro de MacAskill pede às pessoas que reflitam sobre a utilidade de hipotéticos seres futuros não nascidos, então como um feto entraria nessa equação? Ou, deixando o aborto de lado, seria de se pensar que os adeptos do longotermismo pudessem expressar preocupação acerca do declínio da fertilidade em países industrializados, questão que alguns racionalistas como Hanson[120] investigaram, mas os AEs — 80% dos quais não têm filhos, de acordo com a pesquisa de Alexander* — raramente fazem isso, talvez porque seja uma postura considerada conservadora.

Em outras ocasiões, porém, os AEs têm expressado apoio a soluções convenientes em termos de política que não parecem estar alinhadas com seus valores. Em minha conversa com Singer, por exemplo, ele defendeu restrições à imigração em bases utilitaristas, recorrendo à teoria de que a imigração poderia empoderar Trump e outros populistas de direita, que então iriam se retirar dos acordos climáticos. De maneira geral, a política do altruísmo eficaz pode ser esquiva, presa no vale da estranheza entre ser abstratamente baseada em princípios e implacavelmente pragmática, vez por outra revelando uma sensação de que vai sendo inventada conforme avança.

Habryka usou para isso um meme (que peguei emprestado no Capítulo 1) chamado NPC (*non-playable characters*), ou *personagens não jogáveis*, o termo de videogame para descrever personagens meramente figurativos (digamos, um estalajadeiro que venda uma poção mágica) que não têm inteligência própria, comportam-se de forma previsível e de cuja existência você pode tirar vantagem (talvez o estalajadeiro lhe venda outra poção se você sair e entrar de novo no recinto). Ele descreveu isso como uma "profunda falta de respeito pela capacidade de outras pessoas de dar sentido ao mundo" — sua inteligência, sua capacidade de agir e sua habilidade de se ajustar rapidamente. A síndrome do NPC contrasta com a teoria dos jogos, que, em vez disso, presume que as pessoas se comportam com racionalidade instrumental. "Uma das coisas que aconteceram é que a comunidade da racionalidade se tornou meio sectária e insular", disse Hanson. "Porque *eles* eram os racionais. Se achavam que algo era verdade, então era e ponto-final, porque eles eram as pessoas racionais."

Antes de voltarmos a SBF, há outra vertente do movimento AE/racionalista mais amplo que demorei a apresentar. Trata-se de uma vertente futurista, em geral na forma de transumanismo: a ideia de que nossa espécie acabará transcendendo o

---

* Embora o próprio Alexander tenha tido gêmeos quando eu estava concluindo o rascunho deste livro.

corpo humano por meio do aprimoramento tecnológico, podendo ser na forma de uma singularidade tecnológica por conta da qual a economia mundial passará por uma taxa de crescimento excepcionalmente rápida e exponencial. Essas coisas às vezes podem soar como ficção científica, como no livro de Hanson *The Age of Em* [A era da EM],[121] que imagina emulações artificiais (EMs) de cérebros humanos.

Enquanto algumas EMs trabalham em corpos robóticos, a maior parte trabalha e brinca em realidade virtual. Essas realidades são de qualidade espetacular, sem fome intensa, frio, calor, sujeira, doenças físicas ou dor. As EMs nunca precisam se limpar, comer, tomar remédios ou fazer sexo, embora possam escolher fazer isso de qualquer maneira. Mesmo EMs em realidade virtual, no entanto, não podem existir a menos que alguém pague por suportes como hardware de computador, energia e resfriamento.[122]

Isso soa como utopia ou distopia? Muitas vezes nos deparamos com um nível surpreendente de dificuldade ao fazer as pessoas definirem qual é qual.[123] Se você é um utilitarista disposto a apostar no futuro da humanidade — ou no que quer resulte de um processo de evolução da humanidade —, provavelmente é importante saber a diferença.

Se falarmos com alguns altruístas eficazes — ou até com alguns críticos ao altruísmo eficaz —, sem dúvida ouviremos uma narrativa mais ou menos assim: os AEs estavam preocupados com coisas como redução da pobreza global e filantropia mais efetiva, mas então alguns esquisitões surgiram da vertente futurista com discussões provocativas ou ofensivas,[124] sequestraram o movimento e o incorporaram à questão da inteligência artificial e do risco existencial.

Só que isso não condiz com a cronologia. Hanson fundou seu blog *Overcoming Bias* [Superando o viés][125] em 2006, em conjunto com o Instituto Futuro da Humanidade da Universidade de Oxford, a mesma organização que emprega Bostrom (o autor do livro extremamente influente *Superinteligência*) e Toby Ord. Ord foi influenciado por Peter Singer, e Ord, por sua vez, foi uma grande influência para MacAskill desde que, segundo MacAskill me contou, eles tomaram "café em um cemitério nos fundos do St. Edmund Hall. Um dos principais escritores que contribuíam para o *Overcoming Bias* foi Yudkowsky. Hanson e Yudkowsky[126] tiveram uma espécie de desentendimento por conta de suas suposições divergentes sobre p(doom) — o p(doom) de Yudkowsky é alto e o de Hanson é baixo —, e em 2011 participaram de um debate sobre os riscos da IA na Jane Street Capital,[127] a empresa que mais tarde empregaria SBF. Parte do interesse racionalista em mercados de previsão também vem de Hanson, que expressou seu apoio à futarquia,[128] sistema de governança em que as decisões são tomadas por mercados de apostas. Essas várias vertentes estiveram interligadas desde o início, o produto de uma era de blogueiros nos anos 2000 e início dos anos 2010, quando havia menos pessoas se engalfinhando na internet e as discussões eram mais soltas e de cunho mais nerd.

Para alguns críticos do altruísmo eficaz e do racionalismo, é isso que pode tornar os movimentos perigosos — eles são um monte de ideias agrupadas por razões que refletem de forma parcial o fortuito (quem, por acaso, tomou café com quem quinze anos atrás). Nem sempre fica evidente o que você vai tirar de cada mordida do biscoito AE/racionalista.* Se você é alguém como eu que (em geral) gosta de mercados de previsão e acha que as preocupações sobre risco existencial e doação eficaz são bem pertinentes, mas tem dúvidas acerca do futurismo e é 100% cauteloso em relação ao utilitarismo, é difícil saber onde se encaixar.

Tampouco é fácil saber quando os movimentos podem se tornar de repente mais poderosos antes de todos os problemas serem resolvidos — ou quando os adeptos levam suas ideias muito mais longe do que seus fundadores pretendiam. (O marxismo é um exemplo disso.)[129] "Comecei a ler a história dos movimentos utópicos que se tornaram violentos", comentou Émile Torres, ex-AE que desde então abandonou o movimento. "E me ocorreu que no cerne de muitos desses movimentos havia dois ingredientes (...). Por um lado, uma visão utópica do futuro, marcada por quantidades infinitas ou quase infinitas de valor. E, por outro, um tipo de modo amplamente utilitarista de raciocínio moral." Torres estava preocupado sobre aonde isso poderia levar. "Se os fins podem pelo menos às vezes justificar os meios, e os fins são literalmente o paraíso (...), então, o que está fora de cogitação?"

---

* Para descrever isso, alguns críticos do altruísmo eficaz, como Émile Torres e Timnit Gebru, usam o termo "tescreal", acrônimo em inglês para transumanismo, extropianismo, singularitarismo, cosmismo, racionalismo, altruísmo eficaz e longotermismo. Não, você não precisa se preocupar em decorar isso para um teste surpresa.

8

Erro de cálculo

Ato 5: Lower Manhattan, outubro a novembro de 2023

Sam Bankman-Fried, pelo menos segundo seu próprio relato,* não era grande fã de pôquer ou outras formas de Jogatina e Jogos de azar com J maiúsculo. E, no entanto, a diferença entre passar décadas na prisão ou, de alguma forma, assegurar a liberdade sem ir preso poderia se resumir ao que era, em essência, um jogo de roleta de apostas altíssimas. Em Nova York, os juízes são designados para julgamentos criminais de forma aleatória,[1] escolhidos pelo giro de uma roda de madeira no escritório de um magistrado de plantão que "parece ter sido utilizada para anunciar números de bingo em uma festa de arrecadação de fundos da igreja".[2] Após outra juíza ter se declarado impedida de julgar o caso, recaiu sobre SBF o nome de Lewis Kaplan,[3] um juiz sério e pragmático de quase 80 anos que em sua carreira já havia lidado com todo tipo de sessão de tribunal, desde os julgamentos do príncipe Andrew e de Kevin Spacey[4] até o bem-sucedido caso de difamação movido contra Donald Trump por E. Jean Carroll.

Foi um dos piores resultados de sorteio possíveis para SBF, disse Sam Enzer, ex-promotor federal no Distrito Sul de Nova York que agora trabalha para o Escritório de Advocacia Cahill e é especialista em casos de criptomoedas. "Kaplan conhece exatamente as regras do jogo, sabe o que não pode fazer e o que pode fazer", declarou Enzer quando nos encontramos para um brunch numa manhã de novembro de 2023 em um estabelecimento francês a alguns quarteirões do tribunal federal onde se deu o julgamento. Ademais, Kaplan era famoso por suas sentenças rígidas, sem medo de colocar criminosos de colarinho branco na prisão por

---

* "Eu nunca fiz apostas comuns, na verdade. Quero dizer, fiz pequenas coisas com amigos, algumas vezes", foi o que SBF me contou.

muito tempo. Outros juízes até podem forçar os limites além de Kaplan, segundo Enzer, mas correm o risco de fornecer motivos para um caso ser anulado no recurso a uma instância superior. Kaplan era como um jogador de pôquer praticante da teoria do jogo ideal: quaisquer opções que ele lhe desse, dificultaria sua vida em termos de você alcançar seu valor esperado. SBF não tinha muita esperança de uma absolvição milagrosa por conta de algum erro técnico do governo. E também não se safaria com uma sentença curta.*

Ainda assim, como de costume, Bankman-Fried dobrou a aposta, insistindo em subir ao banco das testemunhas e repetidas vezes cometendo perjúrios, e Kaplan o condenou a uma pena de vinte e cinco anos de prisão. (Enquanto este livro estava no prelo, Bankman-Fried recorria da decisão.)

Eu não fiquei surpreso. Tive uma última reunião com SBF em maio de 2023 na casa em que cresceu em Stanford, Califórnia, uma residência cinza de 4 milhões de dólares,[5] no estilo colonial típico do Estado, com um jardim bem cuidado e um senso clássico de simplicidade e sofisticação. Logo após a reunião, mandei uma mensagem a um amigo dizendo que achava que SBF estava em apuros; ele não havia demonstrado nenhum sinal de remorso, o que não pareceria nada simpático diante de um júri. Durante toda a visita, fiquei com a impressão de que havia voltado à minha infância. O cenário era assustadoramente familiar, uma casa acadêmica cheia de estantes com livros (meu pai é um acadêmico, professor de ciências políticas, e na pré-adolescência cheguei a morar em Stanford por um ano, quando ele tirou um ano sabático lá).[6] Não me deixaram levar nenhum aparelho eletrônico — parte dos termos rígidos que Kaplan havia estabelecido[7] — e, para fazer minhas anotações, rabisquei freneticamente em um bloco de notas do hotel; o nível da minha caligrafia havia regredido para o do jardim de infância, já que fazia muito tempo que eu não escrevia tanto à mão.

O pai de SBF, Joseph Bankman, me cumprimentou de forma simpática à porta. Quase parecia uma visita amigável... até que vi a tornozeleira eletrônica de SBF. Dadas as circunstâncias, era difícil não sentir uma pontada de empatia. Não acho que nós dois tenhamos personalidades semelhantes, pelo menos não mais do que quaisquer duas pessoas escolhidas aleatoriamente no River. Não sou uma pessoa muito calculista; mesmo quando jogo pôquer, entendo bem a teoria do jogo que paira sobre a situação, mas tomo muitas decisões com base no instinto. E não sou um utilitarista que acredita que os fins justificam os meios.

No entanto, fazíamos parte de um clube relativamente pequeno de nerds que de repente se tornaram famosos, no meu caso após a eleição de 2012. Tá legal,

---

* Kaplan também negou o pedido de SBF de liberdade provisória pré-julgamento para que SBF preparasse sua defesa. "Posso dizer a vocês [de como são as coisas] deste lado: é uma baita dor de cabeça ajudar um cliente a se defender quando ele está na prisão", comentou Enzer.

minha fama nunca chegou ao nível de gerar convites para gravar comerciais estrelados por Tom Brady. Mas, durante certa época, eu era reconhecido quase toda vez que saía de casa. Virei um meme apartado da realidade de quem eu era. As pessoas começaram a me oferecer todos os tipos de oportunidades malucas.* Eu sabia o que era ficar sobrecarregado, sabia como era de repente ter que lidar com gente interesseira me bajulando, sabia que podia ser um tremendo desafio permanecer firme em meus valores.

Mas quase tudo que SBF disse só me fez questionar se ele tinha algum valor moral, ou mesmo algum discernimento. Ele ainda demonstrava um cinismo extraordinário em relação às criptomoedas. "Quando me envolvi com criptoativos pela primeira vez, não tinha a mínima ideia do que era e não dava a mínima. Eram apenas números, algo que você podia negociar e arbitrar." Ele me disse que sentia que tinha sido o bode expiatório. E, diante da oportunidade de apresentar seu caso a uma terceira parte neutra (eu), ele usou um palavreado excepcionalmente legalista — "dinheiro que a FTX não custodiava e não esperava custodiar" era um exemplo, referindo-se às transferências ilegais de recursos entre a FTX e a Alameda[8] —, frases que eu duvidava que seriam bem recebidas no tribunal.

Será que ele dera um passo maior que a perna? Tentou fazer mais coisas do que era capaz? Mesmo àquela altura, ele não estava disposto a admitir isso. Pelo contrário, culpou a falta de boa comida vegana para entrega a domicílio nas Bahamas por forçá-lo a cozinhar suas próprias refeições, o que por sua vez o levou a comer demais, o que por sua vez o levou a ficar letárgico. Tive a sensação de que SBF pensava que nada disso teria acontecido se ele pudesse fazer uma cópia emulada de si mesmo ou aumentar seu QI um pouco mais. "A vida não é pôquer, a vida são 3 mil jogos de pôquer acontecendo ao mesmo tempo", disse ele em uma de nossas conversas nas Bahamas. "E nem é explícito o que são... é como tudo reunido em um ambiente desvairado e confuso." Você pode até ter pensado que isso era uma admissão das limitações de sua visão de mundo utilitarista, pelo menos ao se tratar de problemas do grande mundo. Mas a intenção era o exato oposto. Os jogos eram solucionáveis, calculáveis, otimizáveis pela teoria dos jogos, ele pensava... apenas não havia SBF suficiente para sair por aí e aprender as regras de todos os 3 mil de uma vez só.

Ele também tinha visões de um otimismo ingênuo sobre sua probabilidade de levar a melhor no tribunal. Perguntei se ele aceitaria um hipotético acordo de delação premiada: dois anos de prisão mais consideráveis restrições sobre quais atividades comerciais ele poderia exercer depois de sair. Isso teria sido um bom acordo,

---

* A certa altura, o agente Ari Emanuel tentou me vender a ideia de criar uma marca que seria, em suma, o programa de entretenimento e estilo de vida *Martha Stewart Living*, só que para nerds de dados.

e não apenas em retrospecto; de maneira presciente, uma previsão da Manifold na época atribuiu a SBF uma chance de 71%[9] de ser sentenciado a pelo menos vinte anos de prisão. Ainda assim, ele hesitou. "Eu teria que pensar a fundo no que isso significaria", respondeu ele após uma longa pausa.

Em seis meses, Bankman-Fried enfrentaria uma versão real desse dilema em seu julgamento criminal em Manhattan. Os depoimentos contra ele tinham sido convincentes, sobretudo o de Caroline Ellison, uma ex-CEO da Alameda e namorada ocasional de SBF. (Ellison se declarou culpada de fraude, lavagem de dinheiro e acusações de conspiração.)[10] O governo tinha muitos recibos, e a defesa de SBF foi fraca. (Sua equipe de defesa original o havia abandonado, pelo visto por motivos de conflito de interesses,[11] mas é possível que tenha sido por SBF não ter dinheiro para pagar pelos serviços prestados.)[12]

"Eu li cada uma das páginas da transcrição do julgamento. E as evidências nesse caso são esmagadoras", cravou Enzer. Óbvio, alguns dos detalhes do caso eram técnicos, mas o governo os apresentou bem, e, segundo Enzer, os júris têm uma espécie de superinteligência que pode ajudá-los a farejar a verdade. "Talvez nem todo mundo entenda tudo, mas, entre eles, cada pessoa vai captar coisas diferentes."

Se estivesse aconselhando Bankman-Fried, Enzer iria lhe instruir a não testemunhar. Sim, era quase certo que SBF seria considerado culpado. Mas as chances de uma condenação já eram altíssimas. "Análise de custo-benefício", disse Enzer, que comanda um jogo de pôquer regular. "Em um caso no qual, de qualquer maneira, as provas levarão a uma condenação, não há vantagem. Mas há uma desvantagem enorme, enorme em fazer isso." Isto é, em cometer perjúrio... o que de fato aconteceu. "Você não precisa acreditar em mim... o depoimento que ele deu contradiz o veredito do júri em várias questões", falou Enzer. "Então o veredito do júri, por definição, indica que doze jurados independentes determinaram, além de qualquer dúvida razoável, que ele não estava dizendo a verdade." Na avaliação de Enzer, se SBF tivesse jogado suas cartas direito, poderia ter se colocado numa posição para receber uma sentença de cerca de dez anos. "Acho que, em vez disso, será uma condenação de mais de vinte anos", previu Enzer acertadamente.

Em que SBF falha espetacularmente em uma verificação de fatos

Sam Bankman-Fried me contou uma história à qual, exceto por uma admissão reveladora que me fez mais tarde, ele basicamente se ateve: o que aconteceu na FTX foi apenas uma série de erros muito infelizes. "Não que eu não tivesse consciência do que estava acontecendo", me contou nas Bahamas, referindo-se à Alameda. "Mas minha consciência era de alto nível, vaga e nebulosa, e, tipo, havia enormes barras de erro* nela." Na contabilidade de SBX, essas barras de erro eram amplas o suficiente para que ele cometesse três grandes descuidos:

1. "Subestimei a alavancagem" no balanço patrimonial da Alameda.
2. "Subestimei o tamanho do estrago que uma quebra causaria" — isto é, o que poderia acontecer se o Bitcoin perdesse cerca de três quartos de seu valor, como aconteceu entre novembro de 2021 e novembro de 2022.
3. "E subestimei sua posição na FTX" — isto é, o montante das apostas da Alameda que eram financiadas por depósitos de clientes da FTX.

Da maneira como SBF elaborou e explicou as coisas, tratava-se de erros táticos perdoáveis — como um jogador de pôquer jogando uma mão abaixo do ideal em uma situação difícil. "Você junta tudo isso e aí a situação passou de, tipo, erros expressivos mas administráveis para expressivos e não administráveis", disse ele. "Eu meio que perdi a noção", admitiu em outro momento. Na realidade, está óbvio que qualquer um desses itens teria sido um erro gravíssimo, e ainda mais todos os três juntos. Era como um piloto dizendo: "Ah, o avião não teria caído se eu não tivesse bebido três garrafas de uísque, socado meu copiloto e mandado o controle de tráfego aéreo se foder quando me avisaram que a pista estava fechada."

Também está evidente que a história de Sam era quase toda um monte de mentiras.

A primeira alegação (de que SBF não entendia o nível de alavancagem da Alameda e o quanto estava vulnerável a um declínio no mercado de criptomoedas) é desmentida tanto pelo depoimento de Ellison quanto pelas evidências obtidas pelo governo. Em um documento, no qual Ellison o alertou sobre a posição da Alameda, ele reconheceu a preocupação e comentou: "É, e também pode piorar." Em seu depoimento, Ellison, de acordo com uma transcrição que obtive do Distrito Sul,[14] afirmou que SBF a fez explorar o que ele chamou de "cenário do 10º percentil" — ou seja, "que ele achava que 10% dos resultados eram semelhantes a este ou piores"[15] —, o que envolvia um amplo declínio de 50% nos preços das criptomoedas. Segundo ela, SBF queria fazer 3 bilhões de dólares adicionais[16] em investimentos de risco, e ela lhe disse que isso seria arriscado demais em tal cenário, em parte porque muitos dos empréstimos da Alameda poderiam ser cobrados

---

* "Barras de erro" é uma forma supernerd de descrever o que é, em essência, margem de erro; SBF alegou que sua estimativa do que estava acontecendo com as finanças foi extremamente grosseira.

a qualquer momento. No entanto, ele queria seguir em frente — não contestou os riscos,[17] mas achou que os investimentos ainda eram de "alto valor esperado".

A alegação número três de SBF (de que ele subestimou o volume de negociações da Alameda financiadas por depósitos de clientes da FTX) também é desmentida de forma inquestionável pelo processo judicial. Ellison testemunhou que ele a orientou a usar fundos de clientes da FTX para pagar os empréstimos da Alameda[18] depois que ela lhe mostrou que era a única fonte de capital grande o suficiente para isso. E, ao contrário da noção "vaga e nebulosa" acerca das atividades da Alameda que SBF descreveu para mim, ele com frequência consultava Ellison[19] para saber da situação da empresa, sobretudo à medida que a posição da Alameda se deteriorava.

Eu pulei a segunda alegação de SBF (de que ele subestimou o tamanho do estrago que uma crise teria perante a opinião pública) porque essa é mais complicada de desvendar. Ellison o avisara que, no caso de uma substancial queda do mercado,[20] a chance de a Alameda não conseguir pagar pelo menos uma grande parcela dos empréstimos era de 100%. Mesmo assim, Bankman-Fried prosseguiu com mais investimentos — não porque tivesse qualquer divergência em relação à análise de Ellison, mas porque não queria perder uma aposta +VE, mesmo que isso envolvesse um risco de fracasso.

No entanto, embora SBF possa ou não ter subestimado *o tamanho ou as repercussões* do rombo, é provável que tenha subestimado a taxa de probabilidade da derrocada. Na nossa entrevista de janeiro de 2022, mal estava disposto a analisar a perspectiva de uma queda da criptomoeda. Isso pode ter sido fanfarronice, ele ficando chapado com os vapores dos preços da criptomoeda ainda próximos de seus picos históricos. O exercício do hipotético cenário do 10º percentil — que Ellison disse ter preparado no verão ou outono de 2021[21] — mostra que SBF estava pelo menos ciente da *possibilidade* de uma derrocada. No entanto, ele subestimou a *probabilidade* de quebra. O exercício presumia que havia apenas 10% de chance de que os criptoativos caíssem pela metade, mas de fato isso vinha acontecendo com muita frequência. Entre 2011 e 2021, por sete vezes o Bitcoin havia perdido mais da metade de seu valor, incluindo uma vez entre abril e julho de 2021,[22] bem quando SBF pediu a Ellison para preparar o memorando. Longe de ser um cenário de 10º percentil, declínios de 50% nos preços de criptomoedas eram uma ocorrência bienal.

Quatro teorias sobre Sam Bankman-Fried

Mesmo depois de passar tanto tempo com SBF e de contar com a boa sorte de seu julgamento criminal ter acontecido antes que este livro fosse entregue ao meu editor, ainda há algumas coisas que tive dificuldade em entender. Por que ele estava tão preocupado, quando falei com ele naquela tarde escura em Albany, se a falência poderia ter sido adiada um pouco — ao mesmo tempo que admitia, despreocupado, que era muito provável que a FTX fosse à falência mais cedo ou mais tarde?

Então, vamos estreitar um pouco o foco de análise. Reduzi a quatro teorias do caso. Imagine uma tabela 2×2 em que uma dimensão é o nível de competência de SBF como *trader* e gestor (proficiente ou deficiente) e a outra é até que ponto ele estava ciente das atividades da Alameda (consciente ou negligente):

Quatro teorias sobre SBF

	CONSCIENTE	NEGLIGENTE
PROFICIENTE	SBF era o "menino-prodígio" por trás de um elaborado esquema fraudulento para enganar altruístas eficazes, investidores do Vale do Silício, negociantes de criptomoedas e todas as outras pessoas de seu círculo. Ele sabia exatamente o que estava fazendo e ludibriou outras pessoas a participarem de seus esquemas ilícitos. Talvez até acreditasse que estava fazendo apostas +VE que teve o azar de perder.	SBF, apesar de seus esforços, foi simplesmente esmagado sob o peso dos acontecimentos. Ele quis dar um passo maior que a perna, foi ambicioso demais, rápido demais, além do alcance de suas maiores competências, e teve uma das mais rápidas ascensões ao poder na história mundial. Não tinha amigos para aconselhá-lo nem adultos na sala para ajudá-lo. Cometeu alguns erros gravíssimos e imperdoáveis, mas que foram, em sua maioria, erros de negligência.
DEFICIENTE	SBF foi diretamente responsável pela posição precária da FTX/Alameda. Sob os ditames de sua filosofia utilitarista, ele acreditava que os fins justificam os meios, e podia ser muitíssimo manipulador. No entanto, era também um *trader* ruim e um gestor de risco incompetente a quem se confiou poder demais. Ele também usou o utilitarismo e o altruísmo eficaz para racionalizar apostas de um risco extremo, sem se importar com o dano que pudessem causar a ele e aos outros.	SBF, como outros jovens CEOs que de repente ficaram ricos, foi enredado em um estilo de vida de festas e depravação, pontuado pelo uso de anfetaminas, *polículas*,* tardes aprazíveis no resort Margaritaville e viagens ao redor do mundo. Combinado com a falta de supervisão de adultos na indústria de criptomoedas e a fé cega depositada nele por parte de capitalistas de risco e altruístas eficazes, o resultado foi previsível e até inevitável.

Vamos começar com a parte fácil: podemos colocar um X bem grande no lado direito da tabela. Com a ajuda de Ellison e 12 jurados de Nova York, já estabelecemos que Sam sabia muito bem o que a Alameda estava fazendo. No entanto, vou passar brevemente por cada teoria, porque acho que elas revelam algo sobre o

---

* Uma rede de relacionamentos poliamorosos, como aconteceu de forma ostensiva na FTX; <https://nypost.com/2022/11/30/ftxs-sam-bankman-fried-fumed-over-media-spotlight on polyamorous-sex-life/>.

ambiente que SBF criou para si mesmo e como o altruísmo eficaz e os outros em sua órbita agiram de forma permissiva com ele.

A história que ele tentou vender para mim e para o júri em Manhattan foi a do canto superior direito: a de que ele era um chefe competentíssimo tendo que lidar com muita coisa acontecendo ao mesmo tempo, e que *por acaso* teve um infeliz ponto cego de 10 bilhões de dólares (!!!) no que dizia respeito à Alameda. Isso não é muito convincente, porque é inerentemente contraditório. Como alguém pode ser um chefe competente se ignorou um rombo de 10 bilhões de dólares (!!!) no balanço de uma parte relacionada administrada por sua namorada?

SBF tampouco estava disposto a assumir por completo aquela versão, relutante em admitir quaisquer deficiências em seus superpoderes cognitivos. Em algumas ocasiões, por exemplo, perguntei sobre privação de sono[23] — havia relatos de que ele dormia apenas por curtíssimos períodos num pufe em seu escritório (embora a divulgação dessa informação possa ter sido parte da construção e manipulação de sua imagem pública, confeitada com enorme cuidado).[24] Para ser sincero, se eu estivesse preparando a defesa dele, a privação de sono é uma explicação relativamente simpática à qual eu poderia ter recorrido, inclusive coerente com a narrativa de que ele foi esmagado por uma rápida ascensão ao estrelato. No entanto, ele me disse que, na verdade, estava dormindo *demais*.

Da mesma forma, Bankman-Fried estava relutante em culpar as drogas por seus problemas. Ele consumia Adderall sob prescrição médica,[25] e na internet circulavam teorias populares[26] de que seu vício compulsivo em jogatina era turbinado por um antidepressivo chamado selegilina. "Não é muito diferente das muitas pessoas que sobrevivem apenas à base de café todos os dias", racionalizou sobre seu uso de Adderall. Na verdade, ele alegou que seu uso de estimulantes talvez lhe tenha sido útil no geral. "Há outra perspectiva que você poderia ter em relação a isso: ter mais atenção e foco permite que você faça um trabalho mais completo de gestão de riscos."

A parte da caixa superior direita tem alguma base na realidade? É provável que SBF não estivesse recebendo muitos conselhos bons. Verdade seja dita, desconfio de que parte do motivo pelo qual ele falou comigo e outros jornalistas após a falência é porque ele se sentia solitário. Ele nunca foi uma pessoa que se relacionou muito bem com outros humanos, tinha poucos laços fortes fora da FTX. Ele cooptou seus pais para a empresa (o pai constava oficialmente da folha de pagamento, mas a mãe não),[27] e seu principal interesse romântico era Ellison, a então CEO da Alameda.

"Sinto que isto não é algo que eu deveria dizer", anunciou Sam. Em seguida me fez uma série de perguntas que presumi serem retóricas... mas ele parecia interessado de maneira genuína na minha opinião. "Se você for para, tipo, maio de 2022, quem você definiria como sendo os adultos na sala? A quem caberia me impedir de ficar isolado e me fazer fincar meus pés na realidade e me manter honesto? Para quem você teria apontado? Tipo, para quais grupos de pessoas?"

Apontei para altruístas eficazes e capitalistas de risco. Bankman-Fried, com mais do que um mínimo de autopiedade, sugeriu que ambos os grupos o decepcionaram. Os AEs eram muito *"woke"* e muito preocupados com as aparências. Os capitalistas de risco davam muitos "conselhos genéricos de alto nível [que não] faziam sentido fora do contexto dos detalhes de uma situação específica". Ninguém sabia *de fato* o que estava acontecendo. Grande parte disso, é óbvio, era culpa do próprio SBF, em parte porque manteve os detalhes em segredo, já que grande parte do que ele estava fazendo era ilegal. Mas também foi uma questão de excesso de confiança depositada em Sam pelos altruístas eficazes e capitalistas de risco. Ninguém estava disposto a fazer perguntas difíceis, mesmo quando SBF dizia coisas alarmantes em entrevistas ou divulgava balanços que não faziam sentido.

Também acho que a explicação no canto inferior direito — a de que ele sucumbiu a um estilo de vida festivo e glamouroso — está errada. Isso vai exigir mais contexto.

Quando cheguei às Bahamas, todos os antigos funcionários da FTX tinham ido embora, exceto SBF, o chefe de ciência de dados Dan Chapsky, a esposa de Chapsky, Jacklyn — antropóloga de formação que estava fazendo as vezes de assessora de imprensa e, com muita coragem, agarrando o touro à unha —, e (se você quiser contá-los como funcionários) os pais de SBF. Após minhas reuniões com ele, os Chapsky se ofereceram para jantar comigo. Temendo alguma comida vegana estranha,* propus irmos à cidade, mas Jacklyn explicou que isso era muito arriscado: as Bahamas eram um lugar pequeno, e a notícia de que os funcionários da FTX se encontrariam com um repórter se espalharia. Então, em vez disso, comemos no mesmo apartamento onde entrevistei Sam.

Os Chapsky não eram nem um pouco parecidos com o estereótipo que eu tinha de funcionários típicos de criptostartups. Jacklyn explicou que, em seu ofício de antropóloga, estudara pequenas nações insulares e sabia o quanto eram vulneráveis, por isso decidiu ficar para trás a fim de garantir o resultado menos pior possível para as Bahamas sob aquelas circunstâncias. "Francamente, muitos adultos se comportaram como crianças e fugiram assim que descobriram o que aconteceu, e alguém precisava ficar e tentar dar um jeito", declarou ela. Em geral, Dan também achava a mesma coisa: "Se tivéssemos vindo para este país e o pseudocolonizássemos e depois tentássemos ir embora, a Jacklyn teria me matado."

Os Chapsky não tinham sido muito próximos de SBF antes da falência. Mas desde então Jacklyn se afeiçoou a ele. As Bahamas têm uma longa história com a

---

* Era vegano de verdade — vi por lá inclusive sobras de sopa de lentilha que, pelo visto, tinha sido preparada pela mãe de SBF —, mas o prato de espaguete de abóbora com curry picante de Jacklyn não era nada mau.

pirataria, e ela o via como uma espécie de pirata moderno. Ela gostava dos "tipos de risco que os piratas corriam para obter um gordo butim e redistribuir riqueza" e via uma "linha direta entre a era de ouro da pirataria e o *éthos* particular do que Sam esperava fazer com sua riqueza". Dan Chapsky era mais desconfiado. "Eu nunca acreditei no Sam", disse ele. "Tipo, sei lá, eu trabalho com dados. Acreditar em algo é uma coisa que você não deve fazer até que os dados provem isso."

Achei admirável a preocupação deles com o povo da região. As Bahamas tiveram um pouco de azar. Quando cheguei ao país, esperava encontrar um paraíso tropical exuberante, algo como o Havaí ou a Costa Rica. No entanto, as Bahamas não são muito exuberantes (recebem apenas uma quantidade mediana de chuva[28] e têm solo de baixa qualidade),[29] ou tecnicamente tropicais (a ilha de Nova Providência fica a alguns graus de latitude ao norte do Trópico de Câncer) — e merece status de paraíso dependendo de onde você está no país. Embora Baha Mar seja um dos resorts mais agradáveis que se possa imaginar, as Bahamas também têm uma das maiores taxas de desigualdade de renda do mundo.[30]

De certa forma, trata-se de uma história de sucesso: o país tem um dos maiores PIBs *per capita* da região.[31] Mas, ao conversar com um grupo de altos funcionários do país, descobri que as Bahamas também costumam levar a pior sempre que algo ruim acontece em outro lugar do mundo. Outrora um centro de finanças *offshore*, sofreu quando os Estados Unidos e o Reino Unido endureceram os estatutos anti-lavagem de dinheiro[32] após os ataques de 11 de Setembro. Na condição de país insular de baixa altitude, é um dos lugares mais vulneráveis do mundo às mudanças climáticas, e os danos do furacão Dorian de 2019 ainda são evidentes ao se dirigir de carro pelas ilhas. E, como 70% de sua economia depende do turismo,[33] tudo lá foi severamente afetado pela covid-19.

A razão pela qual as Bahamas apostaram na FTX e na criptomoeda, segundo essas autoridades, é o fato de o país não poder se dar ao luxo de *não* fazer apostas de alto potencial de lucro.

No entanto, as Bahamas *não são* bem um salão de festas nem um mar de rosas. Se a FTX acumulava contas astronômicas em lugares como o resort Margaritaville,[34] isso se deve em parte porque não há muitos lugares para ir além dos cassinos e dos bares extravagantes no centro de Nassau, perto das docas dos navios de cruzeiro. Ao mesmo tempo, por causa da desigualdade de riqueza, também não há muitas moradias de classe média alta. Em outras palavras, SBF e a equipe da FTX (muitos de seus funcionários também moravam em Albany) estavam isolados, mais do que seria de se imaginar diante do fato de que a ilha de Nova Providência fica a apenas uma hora de voo de Miami. Isso provavelmente contribuiu mais para os problemas do que qualquer estilo de vida exorbitante.

Altruístas eficazes também não costumam ser festeiros dos mais entusiasmados; o movimento é conhecido por seu ascetismo. Em vez disso, tendem a ser tipos sinceros, fervorosos, que acreditam com absoluta convicção em determinada causa — às vezes fervorosos a ponto de serem crédulos. Se você acreditasse que SBF era mesmo Robin Hood, ou um pirata *woke* criando *tokens* de criptomoeda do tipo esquema de pirâmide para redistribuir riqueza para boas causas... ei, veja bem, não sou contra a ideia de ganhar para dar. Mas acreditar em tudo isso exigia fé demais na complicadíssima história de um fundador. Isso teria selecionado um tipo diferente e mais idealista de funcionário (progressistas idealistas como os Chapsky), não os capitalistas competitivos e egoístas que em geral se encontra em uma startup bancária ou financeira. E, embora possa parecer que esses funcionários seriam diferentes, mais conscientes, o senso de alinhamento com a missão pode torná-los mais dispostos a seguir o programa e não levantar questões quando as coisas derem errado. "As pessoas estão dispostas a fazer coisas muito mais drásticas e radicais se tiverem uma justificativa muito forte de que é para o bem comum, mais do que se apenas tiverem a consciência de se tratar de algo puramente egoísta", apontou Habryka.

Enquanto isso, SBF era conhecido por sua anedonia[35] — isto é, seu não hedonismo, sua incapacidade de sentir prazer ou divertir-se. Isso também pode ter sido um problema, tornando-o mais disposto a jogar com suas chances de experimentar as delícias terrenas. "Ele só não pensa no que poderia dar errado, ou em quais seriam as consequências", disse Tara Mac Aulay, a cofundadora original da Alameda. "E, quando tentei perguntar o porquê disso, ele disse que tinha a ver com a sua anedonia. Que, tipo, sua experiência básica do mundo é bem negativa. Então, você sabe, não tem como piorar mais. Aí ele falava sobre estar na prisão, em vez de levando sua vida normal, e ele dizia: 'É, não é muito pior.'"

O que quero dizer aqui é que, se podemos esquecer as narrativas do lado direito do gráfico, também podemos riscar o canto superior esquerdo — a teoria do "menino-prodígio". SBF tinha lacunas em muitos aspectos. Ele, com certeza, tinha uma grande *disposição* para manipular os outros, em parte por causa de seu utilitarismo. "Ele dizia que era um utilitarista e acreditava que, dentro do utilitarismo, não adiantava justificar regras como não mentir e não roubar",[36] declarou Ellison em seu depoimento. Mas isso não significa que ele tivesse um talento *especial* para manipulação.

Vale ressaltar que conversei com algumas fontes que tinham sentimentos gentis em relação a SBF. "Como todas as pessoas, ele é um humano. Ponto-final. Só porque se presume que todo mundo que joga xadrez 5D ou algo assim não é um ser humano, não quer dizer que é verdade", disse Dan Chapsky quando lhe perguntei qual era, a seu ver, o erro da imprensa em relação a Bankman-Fried. Chapsky considerava que a cobertura jornalística superestimou a capacidade de Sam de planejar. "Muito disso se resume a, tipo, supor que há uma porção de planos grandiosos que foram escondidos de nós."

No começo, pensei que isso era muito leniente — será que os Chapsky, abandonados com SBF nas Bahamas, tinham sofrido uma pitada de síndrome de Estocolmo? Mas isso condizia com algo que Mac Aulay me disse. SBF não necessariamente pensava nos vários movimentos à frente. Pelo contrário, ele tendia a decidir uma estratégia com agilidade e então racionalizá-la. "Sam com certeza não é um desses, tipo, planejadores geniais de longo prazo. Tudo o que ele faz é de improviso. E depois do fato ele faz parecer que foi uma estratégia bem pensada de antemão. Mas ele é, tipo, muito bom e muito ligeiro."

É quase certo que esse tipo de excesso de confiança impulsiva colocará qualquer apostador em apuros... e o instinto de cobrir os próprios rastros só piora as coisas. A decisão errada que leva a uma queda vertiginosa é um padrão comum para vigaristas, me disse Maria Konnikova.

"Conheci diversos vigaristas que acabaram se tornando grandes criminosos financeiros, como alguns que foram parar na prisão porque seus fundos *hedge* se tornaram esquemas de pirâmide. E, em geral, começa com algo pequeno", relatou ela. "Você acha que é um investidor experiente, e aí perde dinheiro. E perde dinheiro por vários trimestres (...). E, quando faz isso, eu odeio a expressão 'ladeira abaixo'. Mas tipo... é um caminho sem volta, você nunca corrige. E isso se torna uma fraude."

A única vez que consegui arrancar alguma coisa relevante de SBF — o mais perto que ele chegou de admitir o tipo de evidência que mais tarde seria usada contra ele no tribunal — foi quando questionei se ele se arrependeria de não poder fazer negociações +VE. Não seria uma pena manter todo esse dinheiro parado quando é possível usá-lo para ganhar ainda mais dinheiro e fazer o bem a ainda mais pessoas?

Bankman-Fried me deu uma longa e enfadonha resposta sobre a facilidade de tomar empréstimos em diferentes pontos dos ciclos de crédito e criptomoedas, mas acabou dizendo que reconhecia esse sentimento. "Acho que isso existia em relação à Alameda tomar capital emprestado de nossas mesas de empréstimos há um ano. Tipo, [seria] uma pena não fazer essas negociações. Essa é uma versão da história que existia para mim, é [no] final de 2021... há tanto capital fluindo pelo ecossistema de criptomoedas. Era tão fácil para a Alameda tomar emprestado. Eu não estava [apenas] pensando na liquidez da FTX — era só, tipo, qualquer lugar. E acho que isso provavelmente está relacionado ao fato de ela ter ficado muito exposta e alavancada. Mas acho que aconteceu primeiro com nossas próprias mesas de empréstimos."

O final de 2021, é óbvio, foi quando os ativos de criptomoedas estavam correndo em disparada rumo ao segundo de seus dois picos da era da pandemia. (O BTC ultrapassou os 50 mil dólares pela primeira vez em fevereiro de 2021, e de novo em agosto de 2021, após uma queda na primavera.)[37] E foi bem quando Ellison disse que SBF pediu a ela que mapeasse o cenário do 10º percentil. A Alameda não poderia assumir muito mais alavancagem, foi o que ela relatou. Se houvesse uma nova queda e os credores quisessem resgatar seus empréstimos, a corretora não teria como reembolsá-los. Eles poderiam acabar arruinados. SBF não se importava. Havia VE demais em jogo.

Nunca aposte com um utilitarista superconfiante

Se houvesse dinheiro em jogo, com toda certeza você deveria ter apostado que eu já teria mencionado algo chamado "critério de Kelly" em um livro sobre jogos de azar. É uma das fórmulas mais famosas no mundo de apostas, famosa o suficiente para ser o assunto de um livro inteiro (muito bom), *Fortune's Formula* [A fórmula da sorte, em inglês], de William Poundstone. O nome do método homenageia um pesquisador dos Laboratórios Bell, John Kelly Jr., que o publicou em 1956. Se desejado, podemos conferir respeitabilidade ao critério de Kelly: matematicamente, está relacionado aos algoritmos de processamento de sinais[38] inventados pelo colega de Kelly, Claude Shannon, que ajudaram a inaugurar a era da informação. Mas Kelly estava mais no arquétipo de meados do século de John von Neumann, um gênio polímata que também gostava de se divertir. Um tremendo beberrão que fumava feito uma chaminé[39] e morreu em decorrência de um derrame aos 41 anos, Kelly também tinha paixão por prever os resultados de jogos de futebol americano.[40]

O critério de Kelly diz respeito ao problema do tamanho das apostas.* Digamos que você acha que o Michigan Wolverines tem 60% de chance de cobrir o *spread* de pontos contra o Ohio State Buckeyes. Como discutimos no Capítulo 4, essa é uma grande vantagem no que diz respeito a essas coisas. Digamos que você tenha 100 mil dólares reservados para apostar no futebol americano universitário. Quanto deve apostar nos Wolverines? Caberia ao critério de Kelly lhe indicar isso. Nesse caso, a resposta que ele dá é 16% do seu *bankroll*,[41] ou 16 mil dólares.

A maioria dos apostadores dirá que Kelly é muito agressivo, recomendando apostar apenas de 25% a 50% (ou seja, "meio Kelly" em vez de "Kelly inteiro"). Apostar 16% do seu montante de recursos em uma aposta que ainda espera perder em 40% das vezes? Os instintos da maioria dos apostadores pede que eles fiquem longe, e há boas razões para isso. (É por isso que relutei em mencionar Kelly até aqui.) Primeiro, em apostas esportivas, nunca se sabe quais são *realmente* as

---

* O critério de Kelly, segundo a descrição de Poundstone, é *vantagem/probabilidades*. Ou seja, o valor que você deve apostar é o tamanho da sua vantagem, dividido pelas poucas probabilidades. Não darei uma explicação formal de como definir isso neste ponto do nosso passeio (é possível pesquisar o assunto on-line), mas a intuição deve ser evidente. Você aposta mais conforme sua vantagem aumenta — conforme a aposta é mais +VE — e menos conforme as probabilidades aumentam.

probabilidades.* Óbvio, seu modelo pode dizer 60%, mas os modelos podem estar — e em geral estão — errados. Em seguida, perder uma aposta tão grande pode colocá-lo em *tilt*, o que significa que você tomará decisões piores no futuro. Por fim, embora em princípio o critério de Kelly deva lhe dizer como maximizar seus retornos enquanto minimiza seu risco de fracasso[42] — tecnicamente falando, nunca o deixará *100%* falido[43] —, na prática ele pode levar a quedas bruscas capazes de prejudicar de modo considerável seu estilo de vida ou das quais você demorará meses ou anos para se recuperar. Ou seja, é muito arriscado, mesmo para a maioria das pessoas no River.

Mas Sam Bankman-Fried, é evidente, achava que o critério de Kelly fazia você apostar *muito pouco*. Ele achava que era para fracos.

Em uma thread do então Twitter de 2020,[44] a conta @SBF_FTX argumentou que a maioria das pessoas desiste cedo demais. Depois de alcançar certo estilo de vida, elas encontram retornos decrescentes. Comprar uma segunda casa se você entrar em uma sequência de vitórias não aumentará sua utilidade, assim como ter sua casa retomada pelo banco se você não conseguir pagar a hipoteca diminuirá sua utilidade —, portanto a maioria de nós concluiria que faz sentido ser um pouco avesso ao risco. SBF, por outro lado, sonhava em valer literalmente trilhões de dólares, que, ele alegava, poderia investir em causas relacionadas ao altruísmo eficaz. Quem sabe quais eram os limites? Ele até disse a Ellison que havia 5% de chance de se tornar presidente dos Estados Unidos.[45] Sua função de utilidade era "mais próxima do linear",[46] explicou ele; o trilionésimo dólar era mesmo quase tão bom quanto o primeiro.

Tecnicamente falando, SBF estava certo sobre o critério de Kelly, que às vezes é visto como um cálculo que visa maximizar seu valor esperado a longo prazo. Afinal, você vai querer deixar algum dinheiro guardado caso caia numa maré de azar e tenha uma sequência de derrotas; por mais brilhante que seja seu modelo de futebol americano universitário, não dá para ganhar dinheiro com ele se não tiver capital para apostar. Mas isso, na verdade, é um conceito equivocado.[47] Em vez disso, o critério de Kelly faz o que eu disse antes: *maximiza seus retornos enquanto minimiza seu risco de fracasso.***

Se você não se importa em fracassar, pode apostar mais. É um VE mais alto. Mas, no fim, é provável que seja reduzido ao fracasso.

---

* O critério de Kelly é mais adequado para algo como contagem de cartas no *blackjack*, em que o jogador pode estimar sua vantagem com precisão.
** Em termos matemáticos, ele faz isso maximizando o *logaritmo* da sua riqueza. Por exemplo, o logaritmo de 1 milhão é 6, ao passo que o logaritmo de 2 milhões é de cerca de 6,3. Isso implica que valer 2 milhões de dólares é apenas cerca de 5% melhor do que valer 1 milhão de dólares, não duas vezes melhor. Agora, se você quiser ser técnico, não deve levar essa resposta ao pé da letra porque o dólar dos Estados Unidos é uma unidade arbitrária; você obteria uma resposta diferente de quanto melhoraria sua utilidade se denominasse sua riqueza em, digamos, libras esterlinas ou pesos argentinos. Mas o xis da questão é que Kelly é responsável por retornos marginais decrescentes à riqueza.

Permita-me dar um exemplo um tanto realista envolvendo apostas na NFL. Na temporada regular há 272 jogos. Digamos que você tenha um modelo de computador que produz diferentes apostas de *spread* de pontos, que espera vencer entre 50% e 60% das vezes. A maioria das apostas está na extremidade inferior desse espectro — são raros os casos de 60% de vitórias — e, para muitos jogos, você nem sequer fará uma aposta, porque não tem vantagem suficiente para cobrir a comissão da casa. (Para mais detalhes técnicos, consulte as notas finais.)[48] Você começa a temporada com um *bankroll* de 100 mil dólares, e os jogos são disputados um de cada vez,[49] então vitórias e perdas são adicionadas ou deduzidas do seu *bankroll* e afetam o montante disponível para apostar em partidas futuras.

Examinei 5 mil temporadas simuladas da NFL, uma em que você dimensiona o tamanho de suas apostas em modo Kelly completo — a maioria dos apostadores já consideraria isso agressivo — e uma em que aposta *cinco vezes o que Kelly recomenda* porque você seguiu o conselho de SBF e não quer ser um bunda-mole! (Isso pode implicar apostar até 80% do seu *bankroll* em um único jogo.) Aqui está o que aconteceu — seguem vários resultados em percentis, como os percentis que ele pediu a Ellison que avaliasse.

Resultados simulados de apostas da NFL

	KELLY (BUNDA-MOLE)	5X KELLY (EBA!)
0 percentil (mínimo)	7.527 dólares	0,00 dólar
10º percentil	71.563 dólares	0,03 dólar
25º percentil	121.213 dólares	0,94 dólar
50º percentil (mediano)	234.671 dólares	55 dólares
75º percentil	456.848 dólares	3.047 dólares
90º percentil	814.756 dólares	100.128 dólares
100º percentil (máximo)	10.002.013 dólares	225.228.893.346 dólares
Média	371.960 dólares	57.045.972 dólares

Não se preocupem, sei que nosso passeio já está se estendendo demais. Mas puta merda! Eu não esperava que esses números fossem tão extremos. Ao usar Kelly, saímos na frente em cerca de 80% das vezes, terminando a temporada com uma média de cerca de 370 mil dólares, para um lucro líquido de cerca de 270 mil dólares após subtrair nosso *bankroll* inicial. Legal! E raramente fomos à falência completa; perdemos mais da metade do nosso *bankroll* apenas em cerca de 5% das vezes. Então o desempenho de Kelly está, em suma, sendo tão bom quanto o anunciado.

E com 5x Kelly? *Em geral* termina em fracasso. O resultado médio é que ficamos com apenas 55 dólares do nosso *bankroll* de 100 mil dólares. Muitas vezes, somos reduzidos a centavos. Na verdade, só obtemos lucro de qualquer tipo uma vez em dez. Mas — de novo, puta merda! — há uma simulação em que ganhamos 225 bilhões de dólares* e aumentamos nosso *bankroll* da NFL até valermos tanto quanto Elon Musk! O lucro médio é muito maior porque esses resultados de cauda são tão lucrativos que mais do que compensam sua raridade. Em outras palavras, 5x Kelly é um VE maior... se você não se preocupa em fracassar.

Todos os indícios levam a acreditar que era *exatamente* assim que Sam Bankman-Fried estava pensando sobre a FTX, e talvez em relação a tudo o mais em sua vida. É por isso que, para ele, não foi nada demais admitir para mim que a FTX *provavelmente* iria à falência; era tudo parte do plano. Lembra quando SBF me disse que, se a pessoa nunca perdeu um voo, estava fazendo alguma coisa errada? Bem, essa era a máxima levada à última potência. Se a FTX *provavelmente* não iria à falência, ele não estava otimizando seu VE o suficiente.

Ora, ele estava executando esse plano de forma eficaz? Não estava, nem de longe. Vimos muitos exemplos de SBF fazendo cálculos ruins. Isso torna o que ele estava fazendo ainda mais arriscado; ao superestimar a própria vantagem, acabará fazendo apostas maiores do que Kelly recomenda. E ele de fato foi motivado principalmente, ou mesmo em parte, pelo altruísmo — em vez de apenas ser um *degen*? Não sei. Não resta dúvida de que SBF tinha sede de poder; ele não disse só a Ellison que achava que poderia se tornar presidente; falou também para Tara Mac Aulay muito antes de ficar rico ou famoso, ela me contou.**

Os potenciais déficits emocionais[50] de Sam, em conjunto com seu utilitarismo, talvez tenham sido uma "combinação perigosa", opinou Spencer Greenberg, que se encontrou com ele em várias ocasiões e dirige uma organização de pesquisa psicológica. "Se uma pessoa não tem capacidade de culpa ou empatia, mas tem um sistema de crenças utilitarista, pode ser fácil para ela dizer a si mesma que a razão pela qual está arriscando prejudicar as pessoas é mais importante. Quando a pessoa não possui as proteções das emoções morais básicas, pode ser mais fácil se convencer de que o que ela quer fazer, ou o que pode lhe dar poder ou prestígio, é o que é melhor em termos de sua teoria ética abstrata."

Mas eis o que podemos dizer: SBF estava de fato empenhado em levar seu utilitarismo ao ponto de não retorno, à fronteira máxima absoluta. Com muitos dos altruístas eficazes e racionalistas com quem conversei, tive a sensação de que as respostas provocativas que eles poderiam dar aos dilemas do trem pretendiam ser

---

* Também teríamos levado a DraftKings à falência no processo; na realidade, nem mesmo Billy Walters conseguiria tanto dinheiro.
** Mac Aulay também me disse que SBF achava que poderia se tornar presidente antes dos 35 anos "faz[endo] as regras mudarem".

hipotéticas, irônicas — que, na hora do aperto, se as coisas estivessem ruins e se eles tivessem que apertar um botão para decidir o destino do universo, voltariam à moralidade do senso comum.

Não acho que esse tenha sido o caso aqui. SBF acumulou muito poder *não hipotético*. E acho que ele estava disposto a apertar o botão. Veja algo que falou a Ellison, de acordo com o depoimento dela no interrogatório direto da incisiva[51] promotora do governo, Danielle Sassoon:

> **Pergunta:** O réu já deu a você algum exemplo para descrever a abordagem dele em relação à exposição a riscos?
>
> **Resposta:** Sim. Ele falou sobre estar disposto a fazer grandes movimentos de "cara ou coroa", tipo lançar a moeda no ar para decidir algo... Se der coroa, você pode perder 10 milhões de dólares, mas se der cara ganha um pouco mais de 10 milhões de dólares.
>
> **Pergunta:** Ele já deu outros exemplos de "cara ou coroa"?
>
> **Resposta:** Sim. Acho que ele também falou sobre isso no contexto de pensar sobre o que era bom para o mundo, dizendo que ficaria feliz em lançar a moeda; se desse coroa, o mundo seria destruído, mas se desse cara o mundo seria mais do que duas vezes melhor.

Ora, se você (supostamente) vale muitos bilhões de dólares, tirar cara ou coroa valendo 10 milhões de dólares cada vez que a moeda é lançada no ar é mesmo aceitável, desde que seja um pouco +VE. Você tem *bankroll* suficiente para suportar a variância, de acordo com o critério de Kelly. Então, essa parte não me intriga tanto.

Mas SBF estendeu essa disposição de apostar ao infinito; ele estava disposto a tirar cara ou coroa 50/50 em relação a decidir o futuro da humanidade! Isso é perigoso e depravado. Ele foi um grande investidor na empresa startup norte-americana de inteligência artificial Anthropic. Há uma chance (não tão remota assim) de que ele pudesse estar em uma posição como a de Sam Altman, comandando uma empresa líder de mercado. (No início de 2024, muitos nerds de IA consideraram o modelo Claude da Anthropic como o maior concorrente do ChatGPT da OpenAI.)

Imagine um dos subordinados de SBF indo até ele e dizendo:

— Ei, nós fizemos as contas e calculamos que, se treinarmos esse novo Grande Modelo de Linguagem, o p(doom) é 50%. A moeda dá coroa, e todo o valor do universo será destruído. *Mas*, se isso *não* acontecer, a quantidade total de utils aumentará em 2,00000001x. O universo será mais que duas vezes melhor!

Eles sorriem e meneiam a cabeça um para o outro, sabendo que estão prestes a fazer uma aposta +VE extremamente racional. E uma aposta *altruísta*, já que estão cuidando de todos os seres sencientes presentes e futuros no universo e não apenas de si mesmos.

— Devemos apertar o botão, Sam? Devemos ir em frente?

— Sim.

Cerca de 0,00000003 milissegundo depois, toda a matéria no universo conhecido é transfigurada em um clipe de papel. Que falta de sorte.

Isso não é uma mera especulação à toa. Habryka teve repetidas reuniões com SBF na esperança de assegurar financiamento para vários projetos de altruísmo eficaz e racionalistas. "Ele era apenas um utilitário disposto a tomar qualquer decisão difícil. Então, quando eu estava falando com ele sobre os riscos da IA, sua resposta foi mais ou menos assim: 'Não sei, cara, espero que a IA se divirta (...). Meus valores nem são tão afinados com os das outras pessoas na Terra [de qualquer forma]." Habryka suspeitou que SBF de fato apertaria o botão. "Acho que Sam tinha uma chance bem plausível de ceder e dizer algo tipo: 'É, acho que a gente só precisa apertar o botão.'"

E não foi só o fato de Bankman-Fried ter dito essas coisas a Ellison e Habryka em particular. Ele também disse coisas semelhantes em público em uma entrevista a Tyler Cowen. Na verdade, ele estava disposto a ir mais longe, dizendo *repetidas vezes* que estaria disposto a apertar o botão. Talvez não um número infinito de vezes, mas ele não queria estipular um limite porque estava disposto a apostar em "uma existência *enormemente* valiosa"[52] — a estratégia de apostas 5x Kelly com o destino do universo em suas mãos. Em filosofia, isso é conhecido como o "paradoxo de São Petersburgo".[53] Se você continuar pressionando o botão um número infinito de vezes em uma aposta +VE, a aposta tem utilidade esperada ∞. No entanto, também há apenas $1/\infty$ de chance de que o universo sobreviva a esses repetidos apertos do botão... o que basicamente* significa chance zero.

Como alguém pode pensar que isso é uma boa ideia? Bem, a resposta é que se você é um utilitarista estrito, a utilidade é axiomática; por definição, um mundo com utilidade 2.00000001x é mais que o dobro do atual — isso equivale a afirmar que 2.00000001>2. Para qualquer outra pessoa, é lógico, isso é insano. Como podemos definir utilidade com tamanha precisão? Como seria um mundo com utilidade infinita, para começo de conversa? É algo como a era da EM de Robin Hanson, em que não conseguimos chegar a um consenso sobre ser uma utopia ou uma distopia? Quem obtém toda essa utilidade? E se for apenas uma pessoa com felicidade infinita ao passo que as demais se tornam seus escravos? E se for a utilidade da conclusão repugnante com infinitas pessoas comendo uma porção de batatas fritas meio cruas e murchas da lanchonete Arby's da rodovia New Jersey

---

* Alguns matemáticos diriam que essa quantidade é indefinida em vez de zero. Para todos os efeitos, no entanto, isso significa que todos nós vamos morrer.

Turnpike (eles estão sem o molho de produção própria) e depois morrendo? O VE é de fato a estrutura certa quando temos apenas um universo para apostar? E o que raios dá a SBF o direito de tomar essa decisão em nome de todos nós, outros seres sencientes?

Há também outra coisa: e se ele tiver calculado mal? E se as chances de ganharmos em cada cara ou coroa não forem de 51%, mas de 49%, 4,9% ou zero? Por que nos oferecem uma aposta que supostamente tem VE infinito? Qualquer jogador razoável sabe que deve desconfiar de apostas que parecem boas demais para serem verdade. A questão do erro de cálculo é um problema, porque repetidas vezes SBF mostrou-se com uma autoconfiança excessiva, fosse por seu investimento maluco nas primárias de Carrick Flynn ou por sua imprudente decisão de subir ao banco das testemunhas em Manhattan e cometer perjúrio. E, embora SBF seja um exemplo extremo, ele pertence a um certo *tipo*. O Vale do Silício seleciona fundadores bastante (excessivamente) autoconfiantes — pessoas dispostas a apostar alto em ideias contrarianistas que têm baixa probabilidade intrínseca de sucesso.

Estamos vivendo em um mundo onde os pontos focais tornam-se mais agudos, e a acumulação de riqueza segue mais uma lei de potência. Em 2013, as dez pessoas mais ricas do mundo valiam um total de 452 bilhões de dólares[54] — em 2023, esse valor havia disparado para 1,17 trilhão de dólares,[55] cerca de duas vezes mais após o ajuste pela inflação.* A bem da verdade, esse comentário não pretende ser uma crítica esquerdista padrão ao capitalismo, ou nem sequer uma crítica qualquer ao capitalismo. Veja bem, eu jogo pôquer com capitalistas de risco e caras de fundos *hedge*. Eu sou um capitalista.

Em vez disso, quero sugerir que levemos a sério a observação de que ideologias utópicas totalizantes têm o potencial de ser perigosas. E elas são potencialmente mais perigosas em um mundo onde o poder, em vez de ser confiado a governos — que são desajeitados, com freios e contrapesos e aquele experimento que chamamos de democracia —, agora pertence cada vez mais a pessoas ou empresas individuais capazes de acumular quantidades incalculáveis de riqueza e influência quase da noite para o dia, como foi o caso de SBF.

Era quase inevitável que a sorte dele acabasse em algum momento. Mas todos nós tivemos sorte por ter acabado logo.

---

* Isso se refere às dez pessoas mais ricas em 2013 e em 2023, respectivamente — não às *mesmas* dez pessoas.

Término

Ao procurar onde a ação está, chegamos a uma divisão romântica do mundo. Em um lado, estão os lugares seguros e silenciosos: o lar, o papel bem regulado nos negócios, na indústria e nas profissões; no outro estão todas as atividades que geram expressão, exigindo que o indivíduo dê a cara a tapa e se coloque em perigo.[1]

— Erving Goffman

Sam Altman sempre soube onde estava a ação. "Sabe quando um cachorro corre por uma sala farejando algo interessante? Sam faz isso com a tecnologia, de forma constante e automática", disse Paul Graham,[2] o programador inglês polímata que é um dos cofundadores da Y Combinator.

A Y Combinator é a mais prestigiada aceleradora de startups do mundo, o que poderíamos obter se fizéssemos a média aproximada entre Andreessen Horowitz, um acampamento de verão para nerds superdotados e talentosos em matemática, e o programa *Shark Tank*. O processo é intrinsecamente um tiro no escuro. Em geral, os possíveis fundadores se candidatam à YC com pouco mais do que a semente de uma ideia. As taxas de aceitação são de apenas 1,5% a 2%, cerca de metade das de Harvard. Se o candidato conseguir passar pelas portas da empresa, suas chances são comparativamente melhores; cerca de 40% das empresas da YC[3] recebem financiamento após se apresentarem no Dia da Demonstração, quando têm frenéticos dois minutos e meio[4] para apresentar suas ideias diante de bandos dos principais investidores do Vale do Silício. Altman foi um dos vencedores da turma inaugural da YC de 2005. A julgar pelos padrões enviesados para cima do Vale do Silício, sua empresa Loopt*[5] teve um sucesso apenas moderado, até por fim

---

* Em suma, a Loopt fazia redes sociais baseadas em localização. A implementação mais bem-sucedida dessa ideia foi o Foursquare.

ser vendida por 43 milhões de dólares. Ainda assim, Graham considerou Altman um dos cinco fundadores mais interessantes dos últimos trinta anos[6] (lista que incluía também Steve Jobs, Larry Page e Sergey Brin, do Google) e mais tarde escolheu Altman a dedo para sucedê-lo como presidente da YC.[7]

Mas, em 2015, Altman concluiu que a ação estava em outro lugar: a inteligência artificial. Ele deixou a YC — alguns sites de notícias afirmam que ele foi demitido,[8] mas Graham contesta isso com veemência — para se tornar copresidente da OpenAI junto a Elon Musk. Já é bastante incomum que alguém com experiência de sucesso em capital de risco mergulhe de volta nas trincheiras da gestão de uma startup. Mas a OpenAI era quase um anátema para o Vale do Silício: um laboratório de pesquisa sem fins lucrativos. Não estava claro quais seriam as aplicações comerciais da inteligência artificial, se é que haveria alguma. "Quando Sam começou a se concentrar nisso, não havia nenhum produto de propósito geral imediato a ser construído usando IA", comentou Graham.

No entanto, era um laboratório de pesquisa que dispunha de generoso financiamento por parte da nata do Vale do Silício, incluindo Peter Thiel, Amazon e Musk. Alguns deles acreditavam no potencial transformador da IA* e outros, apenas em Altman. Um verdadeiro riveriano jamais se contenta com um bom jogo de pôquer quando há outro melhor do outro lado da cidade, e Altman encontrou o jogo certo do qual participar. A OpenAI era intrinsecamente uma aposta cara; a premissa do aprendizado de máquina é que problemas que parecem impossíveis podem ser resolvidos de forma milagrosa por algoritmos inteligentes e simples se você aplicar a eles um poder de computação (capacidade computacional) suficiente. Infelizmente, porém, esse processo é caríssimo. "Financiar esse tipo de projeto está além das habilidades dos mortais comuns. Sam deve figurar entre as melhores pessoas do mundo inteiro no que diz respeito a conseguir dinheiro para grandes projetos", opinou Graham.

Para Altman, foi como embarcar no Projeto Manhattan. Em uma entrevista, ele até parafraseou Robert Oppenheimer, com quem compartilha a mesma data de aniversário: "A tecnologia acontece porque é possível."[9] A princípio, isso soa como o tipo de bobagem motivacional que poderia ser estampada na parede de uma startup de Sunnyvale. Mas Oppenheimer, que passou o último terço de sua vida assombrado por seu papel na criação da bomba atômica, havia sugerido com sua fala algo mais sombrio que a reformulação de Altman. "É uma verdade profunda e necessária que as coisas importantes na ciência não são descobertas por serem úteis; elas são descobertas porque foi possível encontrá-las", afirmou ele. Muito tempo atrás, a humanidade comeu o fruto da árvore do conhecimento e desde então começou a escalar os galhos da conquista científica e tecnológica. Aqueles

---

* Ou seu potencial destrutivo; em 2014, Musk definiu a IA como "a maior das ameaças existenciais".

de nós que vão para onde a ação está impelem a humanidade para a frente... e podem causar sua ruína. Embora alguns possam preferir viver na ignorância em um paraíso eterno, somos irresistivelmente atraídos para o caminho do *risco* — e da recompensa.

"Há um risco enorme, mas também uma vantagem colossal, descomunal", declarou Altman quando conversamos, em agosto de 2022. "Vai acontecer. As vantagens são grandes demais." Altman estava de bom humor: embora ainda não tivesse lançado o GPT-3.5, a OpenAI já havia terminado de treinar o GPT-4, seu mais recente Grande Modelo de Linguagem (ou LLM, sigla para *large language model*), um produto que, Altman sabia,[10] seria "muito bom". Ele não tinha dúvidas de que o único caminho a seguir era para a frente. "[A IA] vai transformar a essência das coisas. Então, temos que descobrir como lidar com o risco negativo", avaliou. "É o maior risco existencial em alguma categoria. E também os aspectos positivos são tão grandes que não podemos *não* fazer isso." Altman me disse que a IA pode ser a melhor coisa que já aconteceu à humanidade: "Se você tem algo como uma AGI, acho que a pobreza realmente acaba."* (O acrônimo em inglês AGI se refere a *artificial general intelligence* ou "inteligência artificial geral". O significado desse termo é tão ambíguo que não vou tentar lhe conferir uma definição precisa. Pense nele apenas como uma "IA realmente avançada".) "Daqui a cinquenta ou cem anos vamos olhar para essa era e pensar: 'Nós realmente deixávamos as pessoas viverem na pobreza?' Tipo: 'Como?'"

Então @SamA está no mesmo grupo que aquele outro Sam bastante problemático, @SBF? Alguém que apertaria o botão para acionar um novo modelo se achasse que isso tornaria o mundo 2.00000001x melhor, embora com 50% de risco de destruí-lo?

Podemos encontrar várias opiniões sobre a questão — uma fonte com quem conversei chegou a fazer a comparação explícita entre a atitude de Altman e as tendências de apertar botões de SBF —, mas o forte consenso no Vale do Silício é que não, e essa é minha opinião também. Altman costuma fazer críticas mordazes

---

* Altman pareceu considerar que essa afirmação sobre a pobreza é autoevidente. Então, permita-me explicar o que presumo ser seu fundamento lógico: (1) o crescimento econômico reduz a pobreza global e (2) a inteligência artificial produzirá um crescimento econômico muito rápido, portanto (3) "a pobreza realmente acaba". Até o momento a afirmação 1 está correta sob uma perspectiva empírica — a pobreza severa foi bastante reduzida no último século, à medida que o PIB global aumentou —, embora o crescimento impulsionado pela IA possa ser diferente se for uma tecnologia mais do tipo "o vencedor fica com tudo" (ou se nossos magnatas supremos da IA se comportarem mais como Ayn Rand do que Bernie Sanders). A afirmação 2 é mais difícil de avaliar; na verdade, uma base lógica para buscar a IA é que o crescimento do PIB está estagnado, o que significa que o mundo precisa da IA apenas para acompanhar seu ritmo anterior e não deve esperar atingir uma taxa de crescimento permanentemente maior. A afirmação 3 continua a ter validade lógica suficiente se 1 e 2 forem verdadeiras, mas elas podem não ser.

a altruístas eficazes (ele não resistiu a dar uma alfinetada em SBF após o colapso da FTX)[11] e já rejeitou o utilitarismo rígido de Peter Singer.[12] Mesmo pessoas que estão relativamente preocupadas com p(doom) — como Emmett Shear,[13] o cofundador da plataforma de streaming Twitch que foi CEO da OpenAI por dois dias em novembro de 2023 em meio a uma frustrada tentativa do conselho sem fins lucrativos de expulsar Altman — achavam que a empresa estava em mãos razoavelmente boas. "Não é óbvio quem é uma escolha melhor", disse ele. Como a maioria dos outros no Vale do Silício, Shear acredita que o desenvolvimento da IA é inevitável. Então, mesmo se você for um *doomer* — uma pessoa catastrofista com um p(doom) alto —, é uma questão de encontrar o caminho mais seguro. "Nesse momento, trocar de CEO é arriscado pra cacete. Lembre-se de que o ponto principal nisso é que queremos reduzir a variância, e não aumentá-la."

Isso não significa que Altman jogará sua mão com a segurança que o critério de Kelly aconselharia, o que nunca faria alguém arriscar tudo a menos que a pessoa tivesse certeza absoluta de vencer. (E lembre-se, a maioria dos jogadores profissionais acha que o critério de Kelly é arriscado demais.) Mas desde o Teste Trinity no deserto Jornada del Muerto [Jornada do Homem Morto], do Novo México, pouco antes do amanhecer de 16 de julho de 1945 — o ápice do Projeto Manhattan, a detonação de uma bomba de plutônio, teste que, alguns cientistas temiam, incluía uma chance remota de desencadear uma reação em cadeia[14] e incendiar a atmosfera da Terra* —, a humanidade tem vivido com a possibilidade de autodestruição por meio dos próprios avanços tecnológicos. "Gastamos 2 bilhões de dólares na maior aposta científica da história. E vencemos", disse o presidente Harry Truman,[15] um ávido jogador de pôquer, ao se dirigir ao mundo[16] após a bomba atômica ter sido lançada em Hiroshima menos de três semanas após o teste.

Para algumas pessoas que estão lendo isto, a ideia de que a IA pode destruir a humanidade soará ridícula. Embora eu não me considere um catastrofista pessimista, e não ache que p(doom) seja a melhor maneira de abordar a questão, vou tentar convencê-lo de que a perspectiva dos *doomers* não é ridícula. Eles podem estar errados — espero que estejam, *provavelmente* estão —, mas não há nada de ridículo em suas ressalvas. Eu recomendaria, com veemência, que você pelo menos aceite a versão mais branda do pessimismo doomerista, essa colocação simples, de uma única frase,[17] sobre os riscos da IA: "Mitigar o risco de extinção pela IA deve ser uma prioridade global, junto a outros riscos em escala social, como pandemias e guerra nuclear." Essa declaração foi assinada em 2023 pelos CEOs das três mais conceituadas empresas de IA (OpenAI, Anthropic e Google DeepMind),[18] junto aos nomes de muitos dos maiores especialistas do mundo em IA. Descartar tais preocupações com o desdém[19] que as pessoas no Village às vezes dirigem ao tema

---

* Enrico Fermi até se ofereceu para fazer apostas sobre a ação.

é ignorância. Ignorância acerca do consenso científico, ignorância acerca dos parâmetros do debate, ignorância e profundo desinteresse acerca do ímpeto da humanidade, sem exceções distintas[20] até agora na história humana, de desenvolvimento tecnológico até o limite.

No mínimo, a IA é *onde a ação está*. Foi estranho ser um visitante frequente de São Francisco enquanto eu me dedicava a este projeto. Comparadas aos outros cenários principais deste livro (Las Vegas e Miami — e com certeza comparadas à minha casa, no meio de Manhattan, onde quase tropeço em gente em todos os lugares aonde vou), partes de São Francisco em 2022 e 2023 estavam estranhamente vazias de humanos,[21] mesmo enquanto a cidade ponderava sobre o futuro da humanidade. Mas a IA pode ser a fênix que renasce das cinzas. "As pessoas que conseguem levantar acampamento e se mudar, estejam em Amsterdã ou Nova Déli, que não têm família, que não têm filhos, que não têm casa... elas vão para onde a ação está", disse Vinod Khosla, um dos primeiros investidores da OpenAI. Ele estava (presumo que sem querer) ecoando a frase de Goffman[22] para se referir aos lugares aonde vão os que buscam riscos, onde "há chances de serem obrigados a correr riscos".[23]

Jovens inteligentes e inquietos, tanto homens quanto mulheres, sempre buscaram ação, e, quanto mais inteligentes e inquietos, mais sabem como farejar as melhores coisas. Com a inteligência artificial, o cheiro é fresco — uma fronteira virtual em um momento no qual há cada vez menos fronteiras físicas inexploradas. Assim como os físicos em Los Alamos — alguns dos quais jogaram pôquer na noite anterior ao Teste Trinity[24] —, eles são atraídos para a IA por conta das apostas altas em termos existenciais, mesmo que às vezes tenham dificuldade em conciliá-las com suas fragilidades humanas.

— ♠ — ♥ — ♦ — ♣ —

roon é integrante da equipe técnica da OpenAI, ou pelo menos é assim que o jornal *The Washington Post* o descreve.[25] Ele me deu alguns outros detalhes de identificação que não compartilharei. Isso porque minha política ao longo deste livro foi permitir que as pessoas usassem pseudônimos se quisessem — mas também porque **roon**, a persona do X, não é exatamente a mesma coisa que Roon, a pessoa que trabalha na OpenAI.

Em vez disso, **roon** é meio humano, meio meme. Sua conta no Twitter é uma das mais influentes no universo da IA. Seu avatar, representando Carlos Ramón da série infantil *O ônibus mágico* em frente a uma bandeira dos Estados Unidos,*

---

* Embora **roon** seja indiano-americano, não hispânico, fato que me sinto confortável em compartilhar, já que ele aludiu a isso repetidas vezes no X (antigo Twitter).

é uma visão bem-vinda em qualquer *timeline*, um oásis de esquisitice e ironia em um deserto de *doomscrolling* [rolar compulsivamente a tela para consumir notícias desalentadoras e perturbadoras]. Ele é seguido por Musk e por Altman (este último lhe deu seu emprego na OpenAI depois que eles se conectaram no X), pelo verdadeiro Jeff Bezos e por Beff Jezos, outra personalidade da IA que adota um pseudônimo (e cujo nome real foi mais tarde revelado* pela revista *Forbes*).

Mas **roon** me contou que originalmente criou sua conta no então Twitter para rebater Nate Silver, "com a intenção expressa de trollar suas respostas" sobre minhas previsões eleitorais. (A internet funciona de maneiras misteriosas.) Alguém como **roon**, com interesse em previsões probabilísticas e ironia na internet, inevitavelmente se conectaria em algum lugar do River. O mundo dos NFTs e **r/wallstreetbets** pode parecer o lugar mais natural; a internet desenvolveu uma superinteligência própria, criando pontos focais em constante mudança via criação de valor por meio de memes. Mas, em vez disso, **roon** era um desses jovens inquietos que, assim como os jovens inquietos desde a Corrida do Ouro, foi para a Califórnia. Não só parecia o melhor lugar para ir, mas o único que importava. "O Vale do Silício é mesmo o único lugar que está realmente sonhando de alguma forma, que me parece inspirador quanto ao futuro", disse ele.

Mas **roon** é mais do que apenas uma presença divertida no X; é a mente aglomerada tipo colmeia de engenheiros como ele, tanto quanto qualquer CEO abelha-rainha, que determinará o curso da IA. Desde o tempo dos "oito traidores", os engenheiros do Vale do Silício são conhecidos como desleais: a colmeia não seguirá necessariamente nenhum Sam X, Y ou Z. O Google, por exemplo, apesar de ter inventado a arquitetura transformadora que levou ao desenvolvimento de LLMs, passou por um êxodo de cérebros para empresas como OpenAI e Anthropic,[26] e agora está pelejando para acompanhar as concorrentes e não ficar para trás. Mas quando o conselho da OpenAI tentou expulsar Sam A, **roon** e mais de setecentos outros funcionários prometeram renunciar e se juntar a Altman em seu cargo na Microsoft, a menos que ele fosse restaurado como CEO.

Não é bem uma democracia, mas essa falange de engenheiros está indo embora e levando consigo seus códigos. E estão cada vez mais alinhados ao equivalente a diferentes partidos políticos, o que torna **roon** uma espécie de eleitor indeciso. Ele se distanciou da facção conhecida como "e/acc" ou "aceleracionismo eficaz", termo usado por Beff Jezos, Marc Andreessen e outros como uma provocação

---

* Outro termo para isso em inglês é "*doxed*" — a revelação da identidade de Jezos contra sua vontade —, embora haja algum debate semântico sobre *doxed* ser o termo certo quando um meio de comunicação identifica alguém que considera uma figura pública digna de notícia. [*Doxxing* significa exposição on-line de informações sigilosas e privadas. Deriva do termo "dropping docs" (soltar documentos), e muitos hackers o fazem contra pessoas para assediá-las, ameaçá-las ou se vingar delas.]

ao altruísmo eficaz. (Altman também fez um aceno para o e/acc,[27] certa vez respondendo com "você não consegue me superar em aceleração" a um dos tuítes de Jezos; mais um sinal de que ele serve as vontades da falange de engenheiros e não o contrário.) Isso porque o e/acc pode expressar qualquer coisa, desde o otimismo tecnológico comum até uma crença quase religiosa de que devemos ir em frente e sacrificar a humanidade aos Deuses-Máquinas se eles forem a espécie superior. Nunca fica 100% evidente quem no e/acc está falando sério e quem está trollando, e **roon** — que tem experiência em trollar — acha que a "palhaçada" foi longe demais.[28]

No entanto, ainda assim **roon** tem o pé no acelerador e não no freio. Ele com certeza não é um pessimista ou um *"decel"* (desacelerador). Não considera a inteligência artificial uma aposta unilateral com infinitos riscos de aspectos negativos, mas vantagens limitadas. Em vez disso, acredita que a IA pode ser uma aposta que a humanidade deve fazer. "Eu certamente apostaria tipo 1% de p(doom) por uma quantidade de 'p(paraíso)', sabe?", analisou. "É óbvio que há risco existencial de todos os tipos. E não é só da IA, certo? O resultado padrão de todo esse planeta é ser, tipo, eliminado por alguma explosão cósmica" ou pela gradual expansão do sol até engolir a Terra. "Então p(doom) no longo prazo é, claro, 100%."

De qualquer forma, essa não é a preocupação mais urgente; os astrônomos estimam que temos cerca de 5 bilhões de anos pela frente,[29] então você deve continuar sua rotina e não esquecer de pegar sua roupa na lavanderia. Mas **roon** acredita também que a humanidade enfrenta muitas ameaças de curto prazo. "Precisamos de progresso tecnológico", declarou. "Não quero entrar muito na pseudofilosofia dos caras que trabalham com tecnologia. Mas há uma estagnação secular. Há uma 'bomba populacional'* acontecendo. Há muitos ventos contrários ao progresso econômico. E a tecnologia é realmente o único vento favorável." Apesar de seu amor pelo X, **roon** poderia viver sem a era das *Redes Sociais* do Vale do Silício. "Nem mesmo a internet nos deu de verdade o que foi prometido... Não há outro *boom* tecnológico real acontecendo agora que seja quase tão promissor quanto a IA."

Às vezes, **roon** fala de maneira enigmática, como Oppenheimer. Ele acha que o futuro será muito estranho. "Às vezes você diz coisas que não são 100% baseadas na realidade, e ainda assim elas parecem verdadeiras." Rejeita a literalidade do debate sobre IA, o desejo de quantificar p(doom) como se fosse a porcentagem de base de algum jogador *shortstop* em *Moneyball*. Em vez disso, pensa em metáforas. Em seu Substack, **roon** descreveu oito cenários hipotéticos de IA com nomes exóticos

---

* O termo "bomba populacional" vem de um livro do biólogo de Stanford Paul Ehrlich (*The Population Bomb*) que defendia a limitação do crescimento populacional. As previsões de Ehrlich estavam profundamente erradas. No entanto, as taxas de fertilidade no mundo industrializado diminuíram de forma drástica, muitas vezes abaixo dos níveis de reposição, então **roon** está querendo dizer que foi por conta própria que o mundo começou a limitar sua população.

como "Balrog Desperto" e "Síndrome de Ultra Kessler". Este último (em homenagem a um fenômeno astronômico postulado por Donald Kessler, da NASA, em que detritos espaciais colidem em uma reação em cadeia contínua que impede a humanidade de escapar da órbita da Terra) se refere a um cenário hipotético em que a IA nos prende numa armadilha de valores humanos contemporâneos. Em algum momento, esse cenário hipotético imagina — talvez com GPT-7 ou GPT-8 — que alcançaremos a inteligência artificial geral (AGI) e os Deuses-Máquinas se tornarão onipotentes. No entanto, essa AGI refletirá os valores das pessoas que a projetaram — razoavelmente bem alinhadas a alguma combinação de libertarianismo dos "caras que trabalham com tecnologia" e progressismo levemente *woke* da Costa Oeste. Talvez seja até um exemplo muito bom desses valores, mais moral do que qualquer ser humano mortal, proporcionando a seus sujeitos uma existência abundante que elimine um pouco da hipocrisia do Village e da arrogância darwiniana do River. Mas, uma vez que alcançarmos isso, a humanidade não pode progredir mais. (Imagine o que teria acontecido se os astecas tivessem alcançado a consciência da AGI, especulou **roon**.)[30] A capacidade de agir foi entregue aos Deuses-Máquinas. Não está claro se estamos vivendo no céu ou no inferno.

O Vale do Silício está cheio de pessoas como **roon**, gente que olha para o purgatório e o chama de paraíso, que olha para o copo e o declara meio cheio. "Todos os fundadores bem-sucedidos são otimistas. Você tem que ser", declarou Graham. Os fundadores perfeitamente neutros em relação ao risco e bem calibrados tendem a falhar. "A rigor, o otimismo é [um] erro. Mas ele cancela outros erros", defende ele. Você não pode vender suas ideias a outras pessoas a menos que seja otimista em relação a elas[31] e, sem outras pessoas que acreditem em você, sua startup nunca atingirá a velocidade de escape.

Isso descreve Altman em poucas palavras. Não é que Altman descarte o risco x (risco existencial) da IA; ele fala sobre isso ao público e discorreu sobre suas preocupações em depoimento perante o Congresso.[32] Acredito que isso seja (principalmente) autêntico; não (apenas) um tiro no escuro projetado para ajudá-lo a se beneficiar da captura regulatória. É só que Altman tem uma visão de copo meio cheio do mundo. "Se todos nós nos convencermos a não trabalhar porque as coisas com certeza ficarão ruins, isso se tornará uma profecia autorrealizável", cravou.

Raposas como eu, que tentam manter o equilíbrio entre otimismo e pessimismo, diriam que isso reflete outra coisa: viés de sobrevivência. Se há 1% de chance de uma guerra nuclear a cada ano, você parecerá inteligente 99 vezes seguidas apostando contra ela — até que um dia um míssil balístico intercontinental é apontado para Honolulu e desta vez não é um exercício de treinamento. Mas os fundadores são porcos-espinhos, e o contrarianismo do Vale do Silício acelera essa tendência. Ela vê o Village como um bando de neuróticos rabugentos — "pessoas que querem ser pessimistas porque isso as torna legais", disse Altman — e, de forma instintiva, se rebela contra isso.

Mas se você estava envolvido nos primeiros dias da OpenAI, é provável que tenha tido fé que as coisas *simplesmente dariam certo de alguma forma*. A OpenAI não era o tipo de startup que começou em uma garagem de Los Altos. Foi uma aposta cara e audaciosa; a princípio, os financiadores prometeram investir 1 bilhão de dólares em uma tecnologia carente de comprovação prática após muitos "invernos de IA". Por natureza, parecia *totalmente* ridículo... até o exato momento em que não parecia mais. "Grandes modelos de linguagem parecem a mais pura magia agora", disse Stephen Wolfram, cientista da computação pioneiro que fundou a Wolfram Research em 1987. (Em tempos mais recentes, Wolfram projetou um *plug-in* que funciona com GPT-4 para, em essência, traduzir palavras em equações matemáticas.) "Ainda no ano passado, o que os grandes modelos de linguagem estavam fazendo era meio que um balbucio e não muito interessante", comentou ele quando conversamos em 2023. "E então, de repente, esse limite foi ultrapassado, onde, nossa, parece geração de texto em nível humano. E, você sabe, a verdade é que ninguém anteviu isso."

Em 2017, um grupo de pesquisadores do Google publicou um artigo intitulado "Attention Is All You Need" [Atenção é tudo de que você precisa],[33] que introduziu algo chamado "transformador". Mais tarde, fornecerei uma descrição mais detalhada de um transformador, mas por enquanto não é importante — a intuição é apenas que ele analisa uma frase de uma só vez, e não de modo sequencial. (Então, por exemplo, na frase "Alice veio ao jantar, mas, ao contrário de Bob, esqueceu de trazer vinho", ele descobre que foi Alice, e não Bob, quem esqueceu o vinho. Alice sempre esquece.) Os pesquisadores notaram que, conforme se jogava mais computação em um transformador, ele ficava mais inteligente na interpretação de texto e respondia de forma coerente. Para meus leitores que são melhores com aprendizagem visual, imaginem um gráfico com "desempenho" no eixo y e "computação" no eixo x. O desempenho dos modelos estava subindo de uma forma que previu que mais cedo ou mais tarde eles se tornariam muito inteligentes. Mas qualquer pessoa que tenha olhado para um gráfico de, bem, quase qualquer coisa, sabe que o que sobe nem sempre continua subindo. A OpenAI apostou que o gráfico continuaria em ascensão, dando um "salto baseado na fé de que essas curvas de escala se sustentariam", disse Shear.

E eles estavam certos — de uma forma que agora parece *milagrosa*. Para a maior parte do mundo exterior, o avanço apareceu em novembro de 2022, com o lançamento do GPT-3.5, que se tornou uma das tecnologias adotadas com mais rapidez[34] na história da humanidade. Óbvio, o GPT 3.5 cometia sua cota de erros, mas até seus erros (por exemplo, sua tendência a "alucinar" ou inventar alguma besteira que soasse plausível quando não sabia como responder à pergunta) eram estranhamente humanos. Então, no final de 2022, no exato momento em que o império de Sam Bankman-Fried estava entrando em colapso, o de Sam Altman estava atingindo novas e estratosféricas alturas. Dentro da OpenAI, o reconhecimento do milagre surgiu mais cedo* — com o desenvolvimento do GPT-3, se não antes.** Porém, qualquer que tenha sido o momento crucial, a fé de quem trabalhava na área foi recompensada: seu audacioso experimento funcionou. O físico húngaro Leo Szilard concebeu a ideia de uma reação nuclear em cadeia ao atravessar a rua durante uma noite chuvosa em Londres — vendo "um caminho para o futuro, a morte no mundo e todo o nosso infortúnio, a forma das coisas que virão"[35] —, doze anos antes do bem-sucedido Teste Trinity. Dessa vez, aconteceu na metade do tempo.

— ♣ — ♥ — ♦ — ♣ —

Eliezer Yudkowsky acha que todos nós vamos morrer.

"Tenho certeza de que ambos estamos familiarizados com a lei de Cromwell sobre não atribuir probabilidades infinitas a coisas que não são necessidades lógicas", disse ele quando conversamos pela primeira vez em agosto de 2022, não muito depois de meu encontro com Altman. Eu perguntei a Yudkowsky seu p(doom). "Deixando isso de lado, algo como 99 vírgula alguma coisa em vez de 100 [%]."

Por acaso, eu não estava familiarizado com a lei de Cromwell. Yudkowsky tem a aparência física que se espera de um nerd de computador barbudo de meia-idade, e seu vocabulário é moldado por anos de discussão na internet. Sua língua nativa é o riveriano, mas fala em um dialeto regional salpicado de axiomas, alusões e alegorias. A declaração fazia referência a uma declaração atribuída a Oliver Cromwell: "Eu te suplico, pelas entranhas de Cristo, pensa que é possível que estejas enganado."[36] Em outras palavras, Yudkowsky estava dizendo que, embora não pudesse ter certeza *absoluta* de que todos nós vamos morrer, ele tinha tanta convicção quanto qualquer mortal poderia ter: seu p(doom) era superior a 99%. A humanidade não estava em vias de completar um *inside straight draw* para sobreviver contra os Deuses-Máquinas. Um *inside straight* acontece em 10% das vezes. Não, nossas chances são menores que 1%, pensa ele; estamos tentando

---

* Altman e outro pesquisador da OpenAI, Nick Ryder, me disseram que sua expectativa era de que o GPT-4 — e não o GPT-3.5 — fosse o grande avanço público. Mas a perspectiva deles é como a dos pais de um filho adolescente: você o vê crescendo mais um pouco a cada dia. A avó que aparece uma vez por ano para o feriado do Dia de Ação de Graças tem mais probabilidade de notar que Billy de repente ficou bem mais alto.

** Após o lançamento do GPT-3 em 2021, um grupo de engenheiros da OpenAI deixou a empresa para formar a rival Anthropic, por causa do que Jack Clark, um dos cofundadores da Anthropic, me disse serem, sobretudo, preocupações com segurança, devido ao poder dos modelos da OpenAI.

um *inside straight* para outro *inside straight*, mas sempre falta uma carta e a mão nunca se completa.

"Por ruína, quero dizer que não restará mais nenhum ser humano na face da Terra", disse Yudkowsky. E quanto aos sentineleses,[37] tribo de nativos de cerca de cem pessoas que vivem na ilha Sentinela do Norte, na Baía de Bengala, que permaneceram hostis a forasteiros e quase intocados pela tecnologia moderna? Não, os Deuses-Máquinas vão caçá-los também. Bilionários no espaço sideral? Também não vão sobreviver. Yudkowsky fez referência a uma conversa entre Elon Musk e Demis Hassabis, o cofundador da DeepMind do Google. Na versão do diálogo estilizada por Yudkowsky[38], Musk expressou sua preocupação sobre o risco da IA ao sugerir que era "importante nos tornarmos uma espécie multiplanetária — você sabe, tipo criar uma colônia em Marte. E Demis disse: 'Eles vão atrás de você.'"

Antes de explicar em detalhes como Yudkowsky chegou a essa conclusão sombria, devo dizer que ele havia suavizado um pouco sua certeza de p(doom) quando o reencontrei na conferência Manifest em setembro de 2023. Ele ficou animado com a crescente preocupação da comunidade científica acerca dos riscos da IA, tema no qual ele estava anos à frente da concorrência, tendo fundado o Instituto de Pesquisa em Inteligência de Máquina em 2000. Mas não se engane: Yudkowsky está falando sério. "Se alguém construir uma IA muito poderosa, nas condições atuais, prevejo que cada membro da espécie humana e toda a vida biológica na Terra morrerão logo depois",[39] escreveu em um artigo para a revista *Time* em março de 2023.

Seria fácil desdenhar de Yudkowsky e considerá-lo um maluco. Ele já fez algumas previsões incorretas com autoconfiança excessiva,[40] por exemplo: quando afirmou, em 1999, que até 2010 ou 2013 os humanos teriam sido extintos por causa da nanotecnologia. No entanto, de maneira geral Yudkowsky é levado a sério — embora nem sempre literalmente — na comunidade que debate os riscos da IA. E não é difícil entender por quê. É evidente que ele é muito inteligente, suas frases são densas de significado. E não tem medo de dizer que é inteligente. "Se Elon Musk é burro demais para entender por conta própria que as IAs nos seguirão [até Marte], então ele é burro demais para mexer com IA", declarou Yudkowsky. Mas há um toque de autoconsciência nele,* um reconhecimento, após muitos anos de brigas na internet, de que "os Deuses-Máquinas vão matar todo mundo" é um argumento difícil de vencer. Vez por outra ele demonstra um senso de humor sombrio, como na ocasião em que posou para uma foto com Altman e a ex-namorada de Musk, Grimes.[41]

---

* Esta é minha leitura, depois de ter falado com muitas figuras do River que desenvolveram armadura corporal a partir de frequentes combates on-line.

No decorrer das entrevistas para este livro, conversei com muitas pessoas que se mostraram preocupadíssimas com os riscos da IA, mas mesmo assim achavam que deveríamos construí-la. Por exemplo, Bostrom — cujo livro *Superinteligência* foi minha introdução ao argumento da ruína da inteligência artificial — disse que a inteligência artificial era um "salto" que a civilização tinha que dar: "Acho que devemos desenvolver a IA, e tentar fazer isso bem." Há várias justificativas para essa visão. Há a alegação de **roon** de que os benefícios superam os riscos ou que a IA é parte do destino da humanidade. Há a noção generalizada de que os laboratórios de IA estão presos em uma corrida armamentista tecnológica uns contra os outros ou contra a China, e que o dilema do prisioneiro determina que a IA será construída, seja ela boa ou não para a humanidade. E em alguns casos há até o argumento de que as IAs também têm direitos — "a possibilidade de que possamos causar danos às mentes digitais que criamos e que têm status moral", disse Bostrom.

Yudkowsky não concorda. "Desliguem tudo", escreveu ele no artigo da *Time*. "Não estamos prontos." No mesmo artigo, ele escreveu que os países deveriam estar dispostos a "destruir por ataque aéreo um centro de processamento de dados desonesto" que estivesse desenvolvendo inteligência artificial geral em violação aos tratados internacionais. Isso desencadeou uma reação bastante negativa, mas é uma conclusão lógica se levarmos as preocupações de Yudkowsky ao pé da letra e tratar a AGI como equivalente a armas nucleares. (Yudkowsky elucidou em nossa conversa na Manifest que estava se referindo a um cenário hipotético em que um país violaria uma sanção internacional; ele, de forma veemente, *não* está fomentando atos aleatórios de violência.)

Até aqui, tentei evitar explicar com exatidão as razões pelas quais Yudkowsky está tão convencido de nossa desgraça iminente. Isso porque não existe uma versão vigorosa e sucinta — de uma ou duas frases — de sua argumentação. Talvez ele seja o humano que passou mais tempo refletindo sobre os riscos da IA. Ele me disse que se sente como "um astrônomo [que] observa com seu telescópio e vê um asteroide vindo em direção à Terra", a forma das coisas que virão que Szilard reconheceu quando percebeu pela primeira vez que suas ideias poderiam levar ao desenvolvimento da bomba nuclear.*

Mas, para apresentar uma versão o mais concisa possível: as preocupações de Yudkowsky surgem a partir de várias suposições. Uma é a tese da ortogonalidade,** ideia desenvolvida por Bostrom de que "mais ou menos qualquer nível

---

* Esse monólogo interno é de *The Making of the Atomic Bomb* [A construção da bomba atômica, em inglês], de Richard Rhodes, não do próprio Szilard.
** "Ortogonal" é um termo riveriano chique para "perpendicular". Linhas perpendiculares se cruzam em ângulos retos. Então a tese da ortogonalidade afirma que não existe correlação entre a inteligência de uma IA e seus objetivos: máquinas não necessariamente desenvolvem objetivos mais moralistas à medida que se tornam mais inteligentes.

de inteligência poderia ser combinado com mais ou menos qualquer objetivo final"[42] — por exemplo, a possibilidade de se criar um ser superinteligente que quisesse transformar todos os átomos em clipes de papel. A segunda é o que se chama de "convergência instrumental", em suma, a ideia de que uma máquina superinteligente não deixará humanos se meterem em seu caminho para conseguir o que quiser. Mesmo que o objetivo não seja matar humanos, seremos danos colaterais como parte de seu jogo de "poderoso chefão dos clipes de papel". A terceira alegação tem a ver com a possível rapidez de melhoria da IA, o que no jargão da indústria é chamado de "velocidade de decolagem". Yudkowsky se preocupa que a decolagem seja mais rápida do que o tempo de que os humanos precisarão para avaliar a situação e pousar o avião. A seu ver, no fim das contas, se tivermos chances suficientes poderemos fazer com que as IAs se comportem, mas os primeiros protótipos em geral falham, e o Vale do Silício tem uma atitude de "mexa-se rápido e quebre coisas". Se a coisa que se quebra é a civilização, não teremos uma segunda chance.*

Então, por conseguinte, p(doom) é igual a 99,9% ou algum outro número extremamente alto? Para mim não é, e isso é o mais frustrante ao conversar com Yudkowsky. Para ele, a conclusão é quase axiomática: se você não viu a "forma das coisas que virão", é porque não passou tempo suficiente pensando sobre elas, está em negação ou, convenhamos, não é inteligente o suficiente. Então, como muitas pessoas que travaram embates com Yudkowsky — nossa entrevista foi cordial, mas tentei cutucá-lo e escarafunchar seus argumentos o máximo que pude, porém ele não cedeu —, em certo momento só pude concordar em discordar.

Achei mais fácil de digerir um argumento diferente e mais empírico dele: a humanidade sempre leva a tecnologia ao limite, que se danem as consequências. Somos inteligentes o suficiente para construir tecnologias como armas nucleares e (talvez) AGI, mas não para controlá-las. "Se o QI do mundo fosse elevado em três desvios-padrão em relação ao seu nível atual, então poderíamos começar a ter uma chance", declarou Yudkowsky. Ou seja, se o humano médio tivesse um QI de 145[43] — na metade do caminho para os 190 estimados de Von Neumann[44] — e as pessoas mais inteligentes do mundo estivessem na casa dos 200, talvez estivéssemos bem. Mas com nossos QIs modestos de 100 e nossos gênios somente no nível Von Neumann, estamos ferrados.

---

* Isso é ainda mais preocupante se as inteligências artificiais se tornarem autoaprimoráveis, o que significa treinar uma IA para fazer uma IA melhor. Até Altman me disse que essa possibilidade é "realmente assustadora" e que a OpenAI não está buscando isso.

Teoria dos jogos e prática

John von Neumann achava que todos nós iríamos morrer.

Por outro lado, Von Neumann era probabilista demais para compartilhar a quase certeza de Yudkowsky de p(doom). "A experiência mostra também que essas transformações [tecnológicas] não são previsíveis *a priori* e que a maioria dos 'primeiros palpites' contemporâneos sobre elas está errada",[45] escreveu ele em 1955. Ainda assim, perto do fim de seus curtos 53 anos de vida — Von Neumann morreria de câncer em 1957, possivelmente por causa dos danos causados pela radiação dos testes atômicos que ele testemunhou no Atol de Bikini[46] —, ele tinha uma tristeza oppenheimeriana sobre as implicações do insaciável apetite da humanidade pelos frutos do conhecimento. "O poder tecnológico, a eficiência tecnológica como tal, é uma conquista ambivalente. Seu perigo é intrínseco", escreveu ele. Em seu livro de memórias, Marina von Neumann Whitman sugeriu que as preocupações de seu pai eram ainda mais sombrias. Ele estava preocupado com o aquecimento global muito antes da maioria das pessoas[47] — contudo, acima de tudo, ele se preocupava com a guerra nuclear, temendo que "a humanidade talvez não conseguisse sobreviver por mais vinte e cinco anos, tornando-se vítima das próprias tendências autodestrutivas".[48]

No entanto, quando o assunto tinha a ver com questões menos abstratas, com frequência ele fazia pressão por estratégias maximalistas. Encarregado de calcular o impacto de potenciais ataques nucleares no Japão durante o Projeto Manhattan, ele defendia bombardear não Hiroshima,[49] mas Quioto, cuja população era três vezes maior.[50] Prevaleceu a decisão do secretário de Defesa Henry Stimson, que, contrariando Von Neumann, não queria destruir uma cidade de tamanha importância cultural e psicológica. Mas, para Von Neumann, a demonstração dos horríveis efeitos de uma bomba nuclear[51] era o ponto principal.

Após a guerra, ele defendeu outra ideia perigosa: um ataque preventivo contra a União Soviética antes que ela pudesse desenvolver as próprias armas nucleares.* Não é tão simples decidir se isso é racional a partir de um olhar de teoria dos jogos. Uma corrida armamentista é um resultado natural do dilema do prisioneiro — mesmo que para os Estados Unidos e a União Soviética coletivamente seja melhor existir em um mundo sem armas nucleares, o desarmamento unilateral é uma

---

* Há alguma ambiguidade sobre o contexto. Os comentários mais agressivos de Von Neumann em 1950 ("Se você pergunta 'Por que não bombardear [os russos] amanhã?', eu rebato 'Por que não bombardear os russos hoje?'") foram relatados apenas após sua morte em seu obituário na revista *Life*. Embora não haja razão para duvidar de sua procedência, podem ter refletido em parte a antipatia emocional de Von Neumann pelo comunismo ou sua tendência — presente em muitos riverianos — de ser provocativo, de levar um argumento ao limite e ver no que vai dar.

estratégia dominada. (Você com certeza não quer que *outra* superpotência tenha a bomba se você não a tiver.) No entanto, um ataque preventivo a fim de evitar uma corrida armamentista pode ou não ser +VE. Depende da probabilidade de o ataque de fato impedir o outro lado de desenvolver a bomba, como você espera que o outro lado se comporte se tiver a bomba, o efeito geral na estabilidade mundial... e em que medida se importa em matar centenas de milhares de civis inocentes em um país estrangeiro.

Mas, como de costume, primeiro a tecnologia foi desenvolvida: a estratégia para lidar com as consequências ficava para depois. Von Neumann foi considerado tão valioso[52] para o Projeto Manhattan que Oppenheimer permitiu que ele entrasse e saísse à vontade de Los Alamos; *Theory of Games and Economic Behavior* [Teoria dos jogos e comportamento econômico, em inglês] foi publicado em 1944 enquanto o projeto estava em andamento. O conceito de dissuasão nuclear[53] — a ideia de que, mesmo que não se queira usar armas nucleares como uma arma ofensiva, deve-se desenvolvê-las a fim de impedir que o outro lado faça isso — foi articulado pela primeira vez, no máximo, em 1940. Mas seus primeiros defensores muitas vezes a associavam à ideia de que o mundo tinha que aprimorar a resolução de conflitos por via diplomática. A Carta das Nações Unidas foi assinada em junho de 1945, cerca de seis semanas antes do bombardeio de Hiroshima.

Que desde Nagasaki não se tenha havido uma bomba atômica utilizada em um ato de guerra, mesmo que o número de Estados nucleares[54] tenha aumentado de 1 para 9, provavelmente seria uma surpresa para alguém que trabalhou no programa nuclear. Com frequência atribui-se isso à eficácia da dissuasão nuclear e, sobretudo, à doutrina, forjada a partir da teoria dos jogos, da destruição mútua assegurada (ou MAD, no acrônimo em inglês de *mutually assured destruction*).

Mas seria essa uma teoria confiável? Perguntei a H. R. McMaster, ex-conselheiro de segurança nacional dos Estados Unidos, sobre como a teoria dos jogos se desenrola na prática. McMaster tem doutorado em história dos Estados Unidos e estuda os frequentes erros de cálculo que os planejadores militares estadunidenses cometeram no Vietnã e outros conflitos. Entre isso e suas experiências em zonas de combate, ele não está inclinado a confiar em abstrações dissociadas da verdade fundamental.

E, no entanto, McMaster é um crédulo. "A teoria dos jogos é apropriada porque é sensível à natureza interativa" do conflito, opinou ele. Lembre-se, a premissa da teoria dos jogos é tratar seus adversários como inteligentes, seres com capacidade de agir, e não personagens não jogáveis. McMaster acha que muitos erros militares (como a decisão de Vladimir Putin de invadir a Ucrânia em fevereiro de 2022) resultaram do erro de não fazer isso, de praticar "narcisismo estratégico" onde "não se vê a competição na guerra da perspectiva do outro". Em vez disso, ele defende a empatia estratégica: colocar-se no lugar do seu oponente.

"Se você não pratica a empatia estratégica, cai em armadilhas cognitivas. Quero dizer, viés de otimismo, viés de confirmação, viés de proximidade, você sabe... já vi muito disso."*

Uma visão de copo meio cheio, meio vazio sobre o risco de guerra nuclear

Em que medida deveríamos sentir alívio pelo fato de as armas nucleares não terem sido utilizadas em conflitos desde 1945? Suponha que, em 1º de janeiro de 1946, reuníssemos três especialistas para calcular a probabilidade de uma nova detonação nuclear. Pedro Pessimista diz que há 10% de chance de armas nucleares serem usadas a cada ano. Otávio Otimista diz que há apenas 0,1% de chance. E Maria Meio-Termo estima uma chance de 1%. Sem qualquer evidência real para usar como guia, apenas fazemos a média das previsões deles, o que resulta em uma chance de 3,7% ao ano. Isto é assustador: implica que são concretas as probabilidades de que armas nucleares sejam utilizadas em algum momento nos próximos vinte anos.[55] Isso ajuda a explicar por quê, depois da Segunda Guerra Mundial, pessoas como Von Neumann julgaram que a civilização talvez não sobrevivesse por muito mais tempo.

Contudo, depois de setenta e oito anos (1946 a 2023) em que armas nucleares *não* foram empregadas, podemos atualizar o peso que atribuímos à estimativa de cada analista; trata-se de uma aplicação direta do teorema de Bayes. Por exemplo, podemos dizer que é provável que Pedro Pessimista esteja errado. Se de fato houvesse uma chance anual de 10% de guerra nuclear, é de menos de 1 em 3.000 a probabilidade de que teríamos evitado uma guerra até o presente apenas por sorte. No entanto, não temos evidências suficientes para dizer muito sobre a estimativa de Maria Meio-Termo. Ela afirmou que há uma chance de 1 em 100 de guerra nuclear por ano, e temos apenas setenta e oito anos de dados para refutá-la. (Verdade seja dita, um bom bayesiano duvidaria apenas *um pouco* da previsão de Maria Meio--Termo e diminuiria seu mérito, ao mesmo tempo que aumentaria a credibilidade que atribuímos à teoria do caso defendida por Otávio Otimista.) Nossa estimativa bayesiana revisada, setenta e oito anos após Nagasaki, é de que há cerca de 0,35% de chance anual de guerra nuclear.

No entanto, isso não é razão para nos sentirmos totalmente aliviados. Em termos de valor esperado, uma chance anual de 0,35% de guerra nuclear ainda é assustadora — se um conflito dessa natureza matar 1 bilhão de pessoas, isso equivaleria a

---

* Putin, por exemplo, subestimou a determinação da Ucrânia e da OTAN em apoiá-la por meio da assistência à segurança.

3,5 milhões de mortes por ano. Também significa que temos a mesma probabilidade de enfrentar uma guerra nuclear em algum momento nos próximos duzentos anos.

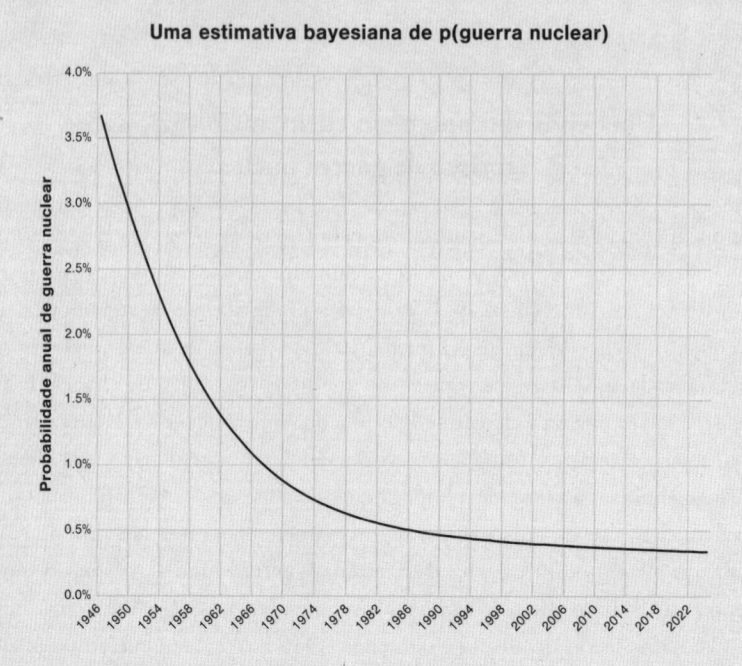

Uma estimativa bayesiana de p(guerra nuclear)

Se parece que estou tentando fazer duas coisas ao mesmo tempo — assustar e consolar você —, admito isso e me declaro culpado. Lembre-se: nós, raposas, achamos que o viés do pessimismo e o viés do otimismo são, em igual medida, erros. Por um lado, as armas nucleares são uma das comparações mais notáveis para a inteligência artificial geral. Deveria ser *um pouco* reconfortante que até o momento tenhamos evitado um novo conflito nuclear, embora muitos especialistas em 1946 esperassem a deflagração de um. E fornece mais evidências de que a teoria dos jogos é um conceito robusto que prevê bem o comportamento humano, o que muitas teorias acadêmicas não conseguem fazer.

Por outro lado, a civilização não sobreviveu por muito tempo com a possibilidade de se destruir. Meus pais, que ainda estão muito vivos e vão bem, obrigado, nasceram antes do Teste Trinity.* E os riscos podem estar aumentando em nosso mundo

---

* A utilização de uma arma nuclear em combate não é a mesma coisa que a destruição da civilização. Mas uma guerra nuclear em grande escala seria extremamente ruim. Pode não significar a destruição literal da humanidade, uma vez que isso depende de como se criam os modelos dos efeitos do inverno nuclear, ou seja, o resfriamento climático prolongado e pronunciado que ocorreria por causa da fuligem que seria ejetada na estratosfera por tempestades de fogo nucleares. "A ideia de que isso nos levaria de súbito de volta à Idade da Pedra, e nunca mais sairíamos de lá, é bem precisa", disse Paul Edwards, climatologista de Stanford que ministra um curso sobre risco existencial.

de alta instabilidade. Martin Hellman, professor emérito de Stanford, estimou que as chances de uma arma nuclear ser utilizada aumentaram de 1% ao ano para 1% ao mês quando falei com ele em abril de 2022, pouco depois da invasão da Ucrânia pela Rússia. Não é uma opinião consensual; McMaster, por exemplo, achava muito improvável que Putin recorresse a armas nucleares, devido à possibilidade de que a precipitação de uma detonação nuclear na Ucrânia espalhasse contaminação radioativa para o leste, Rússia adentro.

Mas as lembranças de Hiroshima estão sendo esquecidas, e o tabu nuclear pode estar enfraquecendo. Há também outro fato pessimista que devemos considerar: houve algumas ocasiões em que o fim esteve assustadoramente próximo e o mundo sobreviveu apenas por um triz. Após a Crise dos Mísseis Cubanos, John F. Kennedy[56] estimou que era de algo entre 1 em 3 e 1 em 2 chances de que o conflito se tornasse nuclear. E, em setembro de 1983, a única coisa que impediu um lançamento nuclear russo pode ter sido o astuto discernimento do tenente-coronel soviético Stanislav Petrov,[57] que inferiu, de forma correta, que um relato de um ataque de míssil balístico intercontinental dos Estados Unidos era um alarme falso, evitando uma escalada que teria acionado os protocolos nucleares soviéticos.

Mas, se a dissuasão nuclear funcionou bem na prática até o presente, ainda assim é um conceito inerentemente paradoxal. E, de forma bastante irônica, uma razão pela qual a dissuasão pode ter funcionado é que as pessoas do River não entendem a natureza humana.

A ideia por trás da destruição mutuamente assegurada (MAD) é que um ente racional não usará armas nucleares porque, se o fizer, seu rival superpoderoso retaliará e os destruirá com as mesmas armas nucleares, o resultado mais –VE imaginável. Essa foi a premissa de *Dr. Fantástico*;* no filme, os soviéticos construíram uma máquina do juízo final que, caso detectasse um ataque nuclear, retaliaria de forma automática, tirando a decisão das mãos humanas. O intuito era eliminar qualquer possibilidade de os Estados Unidos tentarem um primeiro ataque debilitante e se esquivarem da MAD ao não dar à Rússia uma chance de revidar.

Um problema que você pode detectar logo de cara é que Estados que não têm arsenal nuclear não são protegidos pela MAD. A Ucrânia é um exemplo: pode ser que Putin tenha se sentido encorajado a atacar porque não se enquadrava em nenhuma garantia explícita de segurança da OTAN, e a OTAN não gostaria de arriscar uma escalada para um conflito nuclear. Oficialmente, isso é conhecido

---

* Acredita-se que o personagem *Dr. Fantástico* tenha sido, em parte, inspirado em Von Neumann.

como o "paradoxo estabilidade-instabilidade", teoria das relações internacionais que prevê que guerras por procuração envolvendo Estados não nucleares (veja também: Vietnã e Coreia) são *mais* prováveis sob a MAD. Extraoficialmente, significa que se o seu país não estiver no clube nuclear, pode acabar sendo esmagado. "A guerra na Ucrânia nos mostra que Putin está seguro sob seu guarda-chuva nuclear. E, até o momento, estamos seguros sob nosso próprio guarda-chuva nuclear. E os ucranianos estão ferrados", disse Ulrich Kühn, um estudioso de controle de armas no *think tank* Carnegie Endowment for International Peace.

Assim, o problema relacionado a essa situação é que as armas nucleares são quase poderosas *demais*. É por isso que Oppenheimer não as considerava armas práticas (a descrição dele foi mais pitoresca: "A bomba atômica é uma merda").[58] A retaliação entre Estados nucleares tem uma tendência tão grande a escalar que as armas nucleares podem servir como um "escudo por trás do qual outras coisas podem ser feitas", disse Scott Sagan, o codiretor do Centro de Segurança e Cooperação Internacional da Universidade de Stanford. Em situações do tipo, a teoria dos jogos em geral prescreve o uso de estratégias mistas. No pôquer, por exemplo, é possível dissuadir seu oponente de apostar por meio da *ameaça* de ir *all-in*, mesmo que não lance mão dessa estratégia o tempo todo. Por exemplo, quando pega uma boa carta, seu oponente pode fazer uma aposta de 100 dólares em um pote de 500 no *river*, na esperança ou de fazer você pagar para ver com uma mão um pouco pior ou de, vez por outra, blefar para cima de você com algo melhor. Isso é irritante; apostas como essas costumam ser –VE para você. Mas, se você tiver 5 mil dólares restantes em fichas, pode dissuadi-lo ao ameaçar um aumento. Ir *all-in sempre* seria um erro, porque seu oponente poderia preparar uma armadilha fazendo uma aposta pequena a fim de induzir de caso pensado uma reação exagerada. Mas as soluções de pôquer da teoria dos jogos randomizam as ações dos oponentes. Mesmo uma chance de 5% de encarar um *all-in* pode restringir de maneira significativa seu adversário.

Perguntei a Sagan se os Estados nucleares poderiam empregar alguma versão de cientista louco dessa estratégia. Se Joe Biden fizesse um pronunciamento em rede nacional de TV e dissesse: "Ei, Vladimir, se você invadir a Ucrânia, traremos uma roda de roleta para o Salão Oval. Se a bola cair em zero ou duplo zero,* lançaremos um míssil balístico internacional em Moscou." Sagan estava, há, cético... a ameaça não parecia crível. "Você gira mesmo essa roda? Quer mesmo que ela seja tirada do controle das mãos humanas dessa forma? É, eu diria que não é esse o caso, você não faria isso. Nenhum presidente iria querer isso."

No entanto, como Sagan havia me apontado, um componente-chave da dissuasão nuclear *depende* da randomização implícita, o que o economista Thomas

---

* Isso equivale a cerca de 5% de chance.

Schelling (o mesmo Schelling bastante conhecido por seu trabalho sobre pontos focais) chamou de "a ameaça que deixa algo ao acaso". "Não se pode somente anunciar ao inimigo que ontem você estava apenas cerca de 2% pronto para ir à guerra total, mas hoje está 7% e é melhor que tomem cuidado",[59] escreveu ele. Mas você pode deixar *algo ao acaso*. Quando as tensões aumentam, *nunca se sabe o que pode acontecer*. As decisões são deixadas nas mãos de seres humanos vulneráveis que enfrentam uma pressão incalculável. Nem todos eles terão a presença de espírito de Stanislav Petrov. "Se você colocar armas nucleares táticas na fronteira, não estará declarando que vai ordenar que sejam utilizadas. Isso pode não ser razoável ou crível. Mas, se você atacar, o comandante local tem o controle delas e *pode acabar fazendo isso*. Essa é uma ameaça que deixa algo ao acaso", expõe Sagan. É por isso que, caso ainda não esteja óbvio, as armas nucleares são intrinsecamente perigosas.

Até aqui, permanecemos com ambos os pés dentro do universo de maximização de VE do River. Mas vamos refletir sobre uma pergunta desconfortável. É de fato racional retaliar quando você já está condenado e o único benefício está na satisfação psicológica de se vingar do seu inimigo? Digamos que o secretário de Defesa dos Estados Unidos gire a roda de roleta e ela caia em 00. Que azar, Putin: míssil balístico intercontinental a caminho de Moscou! Sem se deixar intimidar, Putin (ou sua máquina do juízo final) lança mil mísseis russos em direção a todas as principais cidades norte-americanas. A destruição é iminente. Alguns locais em Wyoming, Alasca e Havaí sobreviverão ao ataque. Há também um *bunker* ultrassecreto bem equipado sob a Casa Branca, mas, na melhor das hipóteses, as pessoas sairão dele para deparar com um deserto radioativo. Você é o presidente dos Estados Unidos e tem 15 minutos para decidir se vai bombardear os russos em retaliação. Escolhe apertar o botão?

A racionalidade estrita pode comandar que a resposta seja não. Por que não deixar os cidadãos russos se arriscarem e os bilionários da Nova Zelândia sobreviverem ilesos ao inverno nuclear? Você estará morto de qualquer maneira. Ou, se não, quaisquer chances mínimas que tenha dependem de diminuir a escalada do conflito ou esperar que tenha havido algum tipo de falha no computador. Seu VE é negativo em 1 bilhão, mas, se optar por apertar o botão, ele descamba para infinito negativo. O que fazer?

Minha previsão é de que cerca de 90% de vocês apertariam o botão.[60] E ainda bem, porque isso, em vez da racionalidade ao estilo SBF, é o que cria a dissuasão nuclear.

Pelo que Rose McDermott se lembra, ela sempre teve o que chama de interesse "existencial" na segurança nacional; cresceu no Havaí, e seu pai serviu em um dos navios atacados em Pearl Harbor. Mas McDermott, que hoje trabalha na Universidade Brown, seguiu carreira acadêmica, optando por um doutorado em ciências políticas em Stanford, onde estudou com o lendário psicólogo cognitivo Amos Tversky.

Tversky e seu colaborador Daniel Kahneman foram as figuras mais influentes no estabelecimento do campo da ciência da decisão, que traz uma mistura de psicologia e economia para lidar com as aparentes irracionalidades do comportamento humano — por exemplo, por que em geral as pessoas são extremamente avessas ao risco quando confrontadas com a perspectiva de perder algo que já têm.* A ciência da decisão segue uma mentalidade clássica do River: identifique as falhas na maneira convencional de pensar e, potencialmente, tire proveito delas para obter um pequeno lucro para si mesmo.**

Mas, embora McDermott tenha descrito Tversky como a "pessoa mais inteligente que já conheci na vida", algo nas teorias dele não ecoava como verdade para sua criação em uma casa com mentalidade voltada para a segurança e sua formação em psicologia evolucionista,[61] ou seja, em essência, o estudo de por que certos traços comportamentais se tornam mais preponderantes na linhagem genética humana.

"Tversky pensava de fato que esses vieses na natureza humana eram, por falta de um termo melhor, erros. Você sabe, erros", disse McDermott. "É como uma ilusão de ótica. Quando eu lhe mostro, você enxerga seus erros e corrige seus atos. E o que a psicologia evolucionista diz é: 'Ei, não é tudo, mas há um conjunto de predisposições comportamentais'" que podem ser responsáveis por um comportamento que dá a impressão de ser irracional.

Algo como a aversão a perdas financeiras que Kahneman e Tversky descreveram faz sentido, por exemplo, quando ponderamos sobre o fato de a humanidade ter passado a maior parte de sua existência em um nível de subsistência; é mais difícil correr riscos quando não se tem uma rede de segurança. "Se você pensar (...) que a racionalidade é mais bem entendida em termos de sobrevivência" (o que perpetua a linha genética), "notará que as pessoas na verdade não são tão irracionais", argumentou McDermott.

Um desses traços "irracionais" que é importante do ponto de vista da dissuasão nuclear é o profundo desejo humano por vingança. "Se alguém lançar [uma arma nuclear] contra você, ninguém duvida de que você revidará lançando outra", declarou McDermott. "Sabe, se Vladimir Putin lançar uma bomba nuclear em direção a Washington, D.C., não creio que haja um único norte-americano

---

* Por exemplo, muitas pessoas preferem 300 dólares garantidos a um cara ou coroa em que têm a possibilidade de ganhar 1.000 dólares ou perder 100 dólares, mesmo que o cara ou coroa tenha um VE maior. Isso é o que Kahneman e Tversky chamaram de "teoria da perspectiva".
** Um bom momento para blefar no pôquer é se seu oponente ganhou dinheiro na noite, mas ficaria para trás se igualasse sua aposta e perdesse; isso é tirado direto de Kahneman e Tversky.

que não diria: 'Vamos responder lançando outra', embora saibamos que isso levaria a mais destruição nos Estados Unidos."

A alegação de McDermott não é *literalmente* verdadeira. *Alguns* norte-americanos não optariam por revidar disparando uma bomba atômica. Você já conhece os Estados Unidos? Não conseguimos que 100% das pessoas concordem *em nada*. Mas uma supermaioria da população retaliaria. Em 2021, dois acadêmicos especialistas em segurança nacional realizaram uma minuciosa simulação em que os sujeitos da pesquisa, que iam de estudantes universitários a congressistas, foram colocados em uma sala projetada para se assemelhar ao Salão Oval durante uma situação de crise nuclear. Sob pressão, enfrentando mísseis russos, cerca de 90% das pessoas apertaram o botão e lançaram mísseis nucleares. Ora, eu seria o primeiro a dizer que uma simulação como essa não corresponde à realidade, assim como um jogo de pôquer de quintal valendo M&M's não replicará a ansiedade do Dia 6 do Evento Principal. No entanto, como abordei no Capítulo 2, quando as pessoas estão de fato sentindo a pressão, tendem a se tornar *mais* instintivas e confiar mais no rápido, emocional e intuitivo Sistema 1 de Kahneman do que em seu Sistema 2 deliberativo.

E o Sistema 1 diz: aperte o botão. "O que as pessoas não entendem é que o seu corpo se sente bem com vingança", disse McDermott. Vou negligenciar um longo desvio que poderíamos tomar ao considerar os exatos mecanismos evolutivos pelos quais a vingança foi selecionada, embora existam muitas teorias plausíveis.* É apenas algo evidentemente intrínseco à natureza humana. Quando nos é apresentada a oportunidade de defender nossa honra, não nos comportamos como maximizadores de VE. Hegel pensava que nossa disposição de arriscar a vida pelo dever e pela honra era o que nos tornava humanos,[62] embora outros grandes primatas também exibam traços de busca por vingança.[63]

Portanto, o comportamento que pode parecer irracional para o indivíduo — seja na forma de bravura altruísta ou de comprometimento em manter sua posição com firmeza agressiva e inabalável em vez de sucumbir a ameaças ou ultimatos — pode, no entanto, contribuir para a sobrevivência do grupo. Putin (ou, nesse caso, Biden, Donald Trump ou Xi Jinping) com certeza é capaz de cometer erros

---

* Algumas dessas teorias são baseadas no que é chamado de "seleção de grupo", o que significa que alguns grupos, tribos ou Estados-nação terão mais probabilidade de sobreviver a batalhas com outros grupos e multiplicar suas populações se compartilharem certos traços genéticos. A seleção de grupo é uma ideia controversa. Porém, também existem alguns mecanismos plausíveis envolvendo seleção individual, como se as pessoas que têm esses traços tivessem status social mais alto e maior sucesso reprodutivo. Dados publicados pelo Tinder em 2016 revelaram que muitas das ocupações masculinas que mais rendiam deslizadas para a direita (curtidas) envolviam bravura física, altruísmo e/ou exposição a riscos, como bombeiros, soldados, policiais, pilotos e paramédicos (e até empreendedores).

de cálculo. Mas a dissuasão funciona porque o desejo de vingança é uma suposição básica confiável para o comportamento humano ao longo do tempo e além das fronteiras nacionais, e até os valentões reconhecem isso. Você tem que ter mais cuidado antes de esmurrar alguém se sabe que receberá um soco de volta.

Os grandes modelos de linguagem são como jogadores de pôquer

Se os modelos de IA se tornarem superinteligentes e tiverem o poder de tomar decisões de alto risco em nome de nós, humanos, é importante refletir sobre como os objetivos deles podem diferir dos nossos. Inteligências sem corpos biológicos não enfrentarão as mesmas pressões evolutivas. As adaptações evolutivas humanas e animais servem para maximizar a aptidão para o que em língua inglesa é conhecido como "os quatro Fs": *fighting, fleeing, feeding e fornicating* [lutar, fugir, alimentar-se e fornicar]. Isso serviu bem à humanidade: a origem do *Homo sapiens* remonta a cerca de 300 mil anos,[64] e somos a espécie dominante da Terra. Remover a base biológica para a evolução pode ter consequências não intencionais. As IAs podem ser mais utilitaristas (de forma tosca e restrita) do que os humanos seriam.* Podem buscar estratégias que parecem ótimas no curto prazo — mas que, sem esse histórico de 300 mil anos, estão condenadas à ruína no longo prazo.

No entanto, quanto mais tempo passei aprendendo sobre grandes modelos de linguagem como o ChatGPT, mais percebi algo irônico: em aspectos importantes, seu processo de pensamento se assemelha ao dos seres humanos. Em particular, ao dos jogadores de pôquer.

Em junho de 2023, visitei os escritórios da OpenAI em São Francisco para me encontrar com Nick Ryder, que se descreve como um "orgulhoso cogenitor"[65] do ChatGPT. Os escritórios, em um armazém sem adornos no Mission District, quase se esforçam para não atrair muita atenção. Mas é aí que a ação está, e Ryder é outro dos jovens nerds inquietos que a farejaram, juntando-se à OpenAI após concluir um doutorado em matemática teórica em Berkeley. "Eu amava ensinar, amava aprender, amava a comunidade. Mas me faltava a sensação de estar construindo algo", disse ele.

Ao questionar Ryder sobre o funcionamento interno do ChatGPT, começamos a falar sobre Kahneman e sua distinção entre o Sistema 1 e o Sistema 2. Ryder disse que "O lugar em que [o ChatGPT] mais se esforça é onde os humanos exigem decomposição e raciocínio realmente completos e longos", como por exemplo na

---

* Ou, pelo menos, do que a maioria dos humanos seria. Não queremos uma AGI que pense como SBF.

resolução de uma prova de matemática. "O pensamento do Tipo 2 é muito estranho aos modelos de linguagem, porque não é como eles são treinados." Por outro lado, "quando se trata do pensamento do Tipo 1, eles apenas acertam em cheio".

O "G" em GPT significa "generativo", o que significa apenas que o ChatGPT gera uma nova saída em vez de apenas classificar dados. O "T" significa "transformador"; isso será abordado em mais detalhes em breve. Por enquanto, vamos nos concentrar no "P", que significa "pré-treinado".

Em suma, o GPT [*generative pre-trained transformer*, ou "transformador pré-treinado generativo"] é "treinado" em todo o *corpus* do pensamento humano conforme expresso na internet; centenas de bilhões de palavras únicas.[66] "Coloque-se no processo de treinamento do ChatGPT", sugeriu Ryder. "Qual é a impressão que você tem do mundo? A primeira coisa é que o mundo parece uma *loucura*. Você está lendo uma imensa quantidade de texto, numa velocidade enorme." Imagine se lesse tudo o que já foi publicado na internet, desde as *Obras completas de William Shakespeare* até os recantos mais obscuros do 4chan. No começo seria desnorteador. Mas, em pouco tempo, você perceberia que há padrões. Desenvolveria alguma compreensão intuitiva de sintaxe e gramática e alguns dos coloquialismos da fala moderna e os *leitmotivs* de nossa cultura mais ampla. Isso não seria perfeito, uma vez que o empirismo mecânico só vai até certo ponto. Por exemplo, se você treinar um LLM primitivo na Wikipedia e perguntar a ele sobre a palavra mais semelhante[67] à ave "papa-léguas", ele cuspirá "coiote", sem dúvida por causa da associação semântica entre os personagens *Papa-léguas* e *Coiote* do desenho animado da Looney Tunes. À medida que os LLMs recebem mais treinamento, encontram a solução para alguns desses problemas, embora não todos; quando perguntei ao GPT-3.5 quais palavras são mais semelhantes a "papa-léguas", suas três principais escolhas foram "ave", "velocidade" e "veloz", mas sua quarta escolha foi a vocalização icônica do personagem Papa-léguas: "Bip-Bip!"

É basicamente assim também que os jogadores de pôquer aprendem.* Eles começam mergulhando fundo e perdendo dinheiro; o pôquer tem uma curva de aprendizado íngreme. Mas gradualmente inferem conceitos de nível mais alto. Eles podem notar, por exemplo, que apostas grandes tendem a significar mãos muito fortes ou blefes, como dita a teoria dos jogos. Hoje, a maioria dos jogadores também estuda com *solvers* [solucionadores de computador], revezando-se entre o raciocínio indutivo (imputando teoria da prática) e o raciocínio dedutivo

---

* Isso também é característico de outras empresas no River. Nós, riverianos, gostamos de sujar as mãos e aprender pelo exemplo, arriscando a própria pele, como disseram Warren Buffett e Nassim Nicholas Taleb. Temos apreço pela teoria (riverianos são bons em abstração), mas tendemos a começar com exemplos concretos e tangíveis. E, em geral, conseguimos perceber quando alguém não tem essa experiência... digamos, um acadêmico que construiu um modelo, mas nunca o testou na prática.

(prática da teoria). Mas isso não é estritamente necessário quando se tem anos de experiência; jogadores como Doyle Brunson e Erik Seidel desenvolveram fortes intuições para a teoria dos jogos muito antes da invenção dos solucionadores. De forma automática, conceitos abstratos do Sistema 2 entram em suas decisões rápidas do Sistema 1.

O que surpreendeu pesquisadores de aprendizado de máquina como Ryder foi que seus modelos tinham que saber muito pouco sobre as "regras do jogo", contanto que tivessem prática, dados de treinamento e computação suficientes. Eles aprendem, por exemplo, que é:

*the **quick blue** roadrunner jumps over the wily coyote*
(o **rápido papa-léguas azul** salta sobre o coiote ardiloso)

E não:

*the **blue quick** roadrunner jumps over the wily coyote*
(**o azul papa-léguas rápido** salta sobre o coiote ardiloso)

Por quê? Ninguém parece saber direito. Em inglês, adjetivos que denotam atributos físicos como velocidade vêm antes de palavras que designam cor; é só uma questão de regras. Falantes nativos as aprendem de forma instintiva. Essas regras são programadas em nosso Sistema 1 — e, depois de treinamento suficiente, o ChatGPT aprende também.

"O que é incrível mesmo no aprendizado não supervisionado é que nós não precisamos fazer nenhuma engenharia de atributos humanos, os atributos já estão lá", comentou Ryder. Isso surpreendeu muitos pesquisadores de aprendizado de máquina... e me surpreendeu também. Em *O sinal e o ruído*, expressei ceticismo em relação às abordagens de *"big data"* porque, na minha experiência, foi necessário dar uma mãozinha aos modelos, transmitindo algum conhecimento de domínio e alguma sabedoria de nossa compreensão mais abrangente de mundo. E, de fato, quando se trata de minhas especialidades, como construir modelos eleitorais, essa objeção ainda vale. A previsão eleitoral não é enfaticamente um problema de *"big data"*, é o exato oposto; há apenas uma eleição a cada quatro anos, então os dados são excepcionalmente esparsos. Em casos como esses, é preciso introduzir muita estrutura (ou se preferir, *suposições*) em um modelo — por exemplo, que a ordem dos estados em vermelho [republicano] para azul [democrata] permanece quase a mesma de eleição para eleição, então o mais provável é que a Pensilvânia será mais azul [democrata] que Wyoming, porém mais vermelha [republicana] que Vermont.

As primeiras abordagens de inteligência artificial também fizeram isso; o Deep Blue, computador de xadrez pioneiro da IBM,[68] foi dotado de um "livro" de instruções de grandes mestres humanos sobre como jogar seus movimentos de abertura. Mas mecanismos de xadrez modernos como o AlphaZero do Google elaboram suas estratégias do zero, jogando repetidas vezes contra si mesmos...[69] e são muito mais habilidosos do que o Deep Blue (ou do que qualquer jogador humano jamais será). Quando perguntei a Ryder se minha teoria em *O sinal e o ruído* estava errada, ele foi cortês a respeito. "Sim e não", respondeu, apontando que o método científico baseado em hipóteses continua útil ao tentar interpretar o que modelos como o ChatGPT estão fazendo. Mas os modelos em si não precisam de muita teoria; eles aprendem por conta própria.

É evidente que isso também torna esses modelos assustadores. Eles estão fazendo coisas inteligentes, mas nem mesmo os humanos mais inteligentes entendem por completo por quê ou como.* Ryder se refere a um Grande Modelo de Linguagem como um "saco gigantesco de números... com certeza parece estar fazendo coisas interessantes — [mas] tipo, por quê?". É isso que preocupa Yudkowsky. À medida que se tornam mais avançadas, as IAs podem começar a fazer coisas de que não gostamos, e podemos não entendê-las bem o suficiente para corrigir o seu rumo. "Alguma civilização mais competente gastaria uma quantidade enorme de recursos para descobrir exatamente o que o GPT está pensando", disse Yudkowsky. A linguagem metafórica (como "rede neural", que compara modelos de aprendizado de máquina ao cérebro humano) é, na melhor das hipóteses, grosseira e, por falar nisso, tampouco sabemos muito sobre nosso próprio cérebro. "Não saberíamos nem mesmo se estivéssemos chegando perto do que está acontecendo no cérebro real, porque para começo de conversa não entendemos como o cérebro de fato funciona", declarou Jason MacLean, neurocientista computacional da Universidade de Chicago.

Em outras palavras, o desconcertante não é que as máquinas consigam fazer coisas de forma mais eficaz do que os humanos. Isso é o que observamos desde que começamos a inventar máquinas; a humanidade não está ameaçada porque um carro Bolt, da Chevrolet, é mais rápido do que Usain Bolt. Em vez disso, é desconcertante porque nunca antes inventamos uma máquina que funcionasse tão bem sabendo tão pouco sobre seu funcionamento.

Para algumas pessoas, não há nada de incômodo nisso. "As coisas do Antigo Testamento são bizarras e barra-pesada, cara. Você sabe, é difícil ficar numa boa

---

* O termo técnico para essa qualidade é "interpretabilidade"; a interpretabilidade dos LLMs é ruim.

com o que aparece lá. Mas, como cristão, tenho que aceitar", disse Jon Stokes, um estudioso de IA com afinidades com o aceleracionismo, uma das poucas pessoas religiosas nesse campo. "De certa forma, na verdade, a divindade é a superinteligência desalinhada original. Lemos isso e pensamos: 'Cara, por que ele matou todas aquelas pessoas?' Você sabe, não faz muito sentido. E então sua avó diz: 'O Senhor age de formas misteriosas, escreve certo por linhas tortas.' A AGI trabalhará de maneiras misteriosas [também]."

Mas isso representaria um colossal retrocesso em relação aos ideais do Iluminismo, do mundo legível da ciência de volta a um mundo ilegível de magia e mistério (embora a magia seja conjurada por computadores e não por divindades). Na próxima seção, compartilharei mais algumas intuições que achei úteis para compreender como o ChatGPT funciona. Mas trate-as com cautela, porque não quero exagerar a legibilidade do ChatGPT. Sabemos relativamente pouco sobre o que acontece dentro daquele grande saco de números.

Transformadores: Além das aparências

Se você pensa em transformadores de IA como algo semelhante ao brinquedo infantil dos anos 1980 *Transformers* — e atualmente à megafranquia de filmes de mesmo nome —, não é a pior das comparações. Remetendo um pouco a como Optimus Prime consegue se transformar de robô em caminhão, os transformadores transformam palavras em números, e vice-versa.

Mas vamos para uma analogia mais elaborada. Pedi ao ChatGPT que me desse uma metáfora sobre como seus transformadores funcionam, analisei sua resposta com alguns especialistas em IA humana e depois a burilei mais com o ChatGPT. Será uma comparação perfeita? Não. Mas o ChatGPT é bom em metáforas e analogias. Quando você transforma palavras e conceitos em um grande saco de números, pode, em essência, fazer matemática com eles (por exemplo, gato + feroz = tigre) de modo a entender melhor como se relacionam.

Preparado? O ChatGPT, de forma um tanto presunçosa, pensa em seus transformadores como uma orquestra sinfônica. As passagens em negrito refletem o que o ChatGPT disse palavra por palavra[70] na minha "entrevista" com ele; depois fornecerei mais contexto.

1. Camada de *input* (entrada) — Recebendo instruções e interpretação inicial. O maestro fornece instruções iniciais aos músicos. Alguns recebem partituras específicas, ao passo que outros, temas mais abstratos. Cada músico interpreta sua parte de forma individual, semelhante à camada de entrada processando diferentes tipos de dados.

Os blocos de construção dos LLMs são *"tokens"*. De maneira sucinta, um *token* é uma palavra, embora em geral haja mais *tokens* do que palavras em qualquer frase. (Por exemplo, sinais de pontuação são *tokens*, e palavras compostas como *"snowboard"* [*snow*, neve + *board*, prancha] podem ser divididas em vários *tokens*.)

Ao se fazer uma pergunta ao ChatGPT, o transformador dele codifica cada *token* em espaço vetorial. O espaço vetorial é como um gráfico com duas ou mais dimensões. Por exemplo, uma forma de codificar "Paris" é com as coordenadas 48,9, -2,4. Isso representa sua longitude e latitude.* No entanto, dezenas de outros atributos podem ser empregados para descrever Paris, que pode ter uma classificação alta no eixo "elegância" e "bom gosto", mas baixa no quesito "simpatia" (ou seja, segundo o estereótipo, é esnobe). Imagine ouvir a seguinte conversa entre dois amigos:

Alice: O que você achou daquele novo restaurante francês? Aquele na Quinta Avenida, sabe?

Bob: Bom, querida. Não era Paris, não é mesmo? Mas não é nada mau.

A palavra "Paris" carrega bastante significado aqui. Bob está dizendo que o restaurante não era lá muito sofisticado ou autêntico, mas era despretensioso e tinha comida razoavelmente boa. Ele poderia dizer isso de maneira direta, mas invocar Paris é mais engenhoso e refinado.

Digamos que você alimenta o ChatGPT com essa conversa e pede para ele continuar o diálogo. Ao se comparar a uma orquestra sinfônica, o ChatGPT imagina que cada músico recebe um conjunto de instruções de um maestro** análogo a uma série de *tokens* da janela de bate-papo. Alguns *tokens* ("Quinta" "Avenida") são diretos, como receber partituras, enquanto outros ("querida") são mais ambíguos e exigem mais contexto. Os músicos trabalham de maneira individual para procurar informações sobre seus *tokens* no *corpus*, pensando em como eles os transformariam de uma forma (texto) para outra (música).

---

* Timothy Lee faz a mesma comparação em seu excelente explicador de IA, "Large language models, explained with a minimum of math and jargon" [Grandes modelos de linguagem explicados com um mínimo de matemática e jargão], <understandingai.org/p/large-language-models-explained-with>. Essa é a primeira fonte de consulta que eu recomendaria caso queira ir além da minha analogia de sinfonia para uma aula de introdução aos LLMs. Para uma abordagem mais intensiva em matemática, minha sugestão é "What Is ChatGPT Doing... and Why Does It Work?" [O que o ChatGPT está fazendo... e por que ele funciona], de Stephen Wolfram, LLMs 201; <stephenwolfram.com/2023/02/what-is-chatgpt-doing-and-why-does-it-work>.
** Na minha mente, imagino a maestrina como Lydia Tár, caso você tenha visto o filme.

2. **Camada oculta — Colaboração e Refinamento nos Bastidores.** Imagine uma fase de ensaio em que os músicos trabalham juntos sem a supervisão direta do maestro. É aqui que eles fazem experimentos, discutem e refinam suas interpretações em um processo colaborativo. Essa fase representa a camada oculta, na qual o processamento interno complexo ocorre dentro do modelo, não sendo diretamente observável de fora. Nessa fase, os músicos contam com sua experiência e interações entre si para ajustar e harmonizar suas partes, semelhante à maneira como diferentes componentes dentro de um modelo de transformador interagem e processam informações nas camadas ocultas.

A principal inovação por trás do transformador é que ele opera em toda a sua sequência de texto de modo simultâneo, em vez de percorrer de maneira sequencial cada palavra e frase. Assim, pode entender melhor a relação entre diferentes *tokens*. No diálogo entre Alice e Bob, por exemplo, os músicos com os *tokens* "nada" e "mau" logo deduziriam que precisavam trabalhar juntos. No entanto, há relacionamentos mais complicados. "Querida" é um *token* interessante; é uma forma afetada de falar e fornece contexto para interpretar termos como "nada mau", bem como a relação entre Alice e Bob. Também nesse aspecto, o transformador pensa como um jogador de pôquer, interpretando sinais no contexto de outros para criar um retrato semântico. Por exemplo, se você vir um oponente respirando com esforço na mesa de pôquer, isso pode significar um blefe no caso de determinado e, em relação a outro, um *full house*. Por si só, o *tell* não é muito significativo, mas no contexto de outras informações semânticas (o jogador está respirando com esforço *e* evitando contato visual) pode ser.

Essa parte do processo, como diz o ChatGPT, permanece oculta. A maneira exata como o transformador faz essas inferências é um mistério — é o estágio do "saco de números". Mas parece que *funciona de alguma forma*. No famoso artigo do Google sobre transformadores, "Attention Is All You Need" [Atenção é tudo de que você precisa], "atenção" se refere à importância da relação entre diferentes pares de *tokens*. Uma vez que um transformador descobre essas relações, não há muito mais que ele precise fazer. Por exemplo, os *tokens* "Alice" e "Bob" têm um relacionamento importante no qual o transformador prestará mais atenção. No entanto, alguns *tokens* são intrinsecamente mais importantes do que outros. "Paris" desempenha um papel definidor, como o primeiro violinista da orquestra, ao passo que o músico com "Bem" teve que se limitar a tocar o triângulo.

3. **Camada de saída (*output*) — Performance Encabeçada pelo Maestro e pelo *Feedback* do Público.** O maestro volta à cena para integrar essas partes

refinadas em um todo coeso. O papel do maestro é garantir que a interpretação coletiva se alinhe com a visão geral, semelhante à maneira como as camadas finais de um modelo de transformador integram informações processadas para gerar uma saída ou resultado (*output*). A performance final (*output* do modelo) é então apresentada ao público, cujas reações (*feedback*) podem informar performances e revisões futuras, semelhante ao RLHF no refinamento das saídas de um modelo de transformador.

Depois que os músicos trabalharam nos bastidores para interpretar as instruções do maestro, é hora do teste: apresentação ao vivo diante de uma plateia. A parte "ao vivo" é importante; esse processo pode envolver um grau de improvisação. Embora os transformadores interpretem todos os seus *tokens* de maneira simultânea na camada oculta, o resultado que geram em resposta acontece um *token* por vez, pois o ChatGPT busca prever a próxima palavra. (É por isso que às vezes o ChatGPT parece estar parando para pensar enquanto digita sua resposta.)

Na verdade, essa parte de um LLM envolve alguma randomização deliberada;[71] sem isso, o texto parecerá afetado e pode ficar preso em *loops*. Se dermos ao ChatGPT um *prompt* (instrução) inequívoco ("Qual é a capital da França?"), ele sempre responderá com "Paris", mas se o *prompt* não for claro ("Conte-me uma história"), disparará em todos os tipos de direções aleatórias. O início da apresentação é mais roteirizado do que o final; se alguém tocar uma nota incorreta ou inesperada, os outros músicos vão se ajustar e tirar o melhor proveito disso.

E qual é o objetivo do ChatGPT nesta performance? O que ele está tentando realizar? Bem, isso é um pouco ambíguo. O objetivo aparente é tentar agradar o maestro, interpretar suas instruções da forma mais fiel possível. Mas os diretores da orquestra (semelhantes aos executivos da OpenAI) também estão prestando muita atenção na reação do público e dos críticos.

Assim como os jogadores de pôquer buscam maximizar o VE, os LLMs buscam minimizar o que é chamado de "função de perda". Ou seja, estão tentando tirar nota máxima na prova, passar com sucesso no teste — um teste de quantas vezes preveem de forma correta o próximo *token* de um corpus de texto gerado por humanos. Eles perdem pontos toda vez que não conseguem dar a resposta certa, então podem ser espertos em seu esforço para obter uma pontuação alta. Por exemplo, se eu perguntar ao GPT-4 o seguinte:

Usuário: A capital da Geórgia é

ChatGPT: A capital da Geórgia é Atlanta.

... ele me dá o nome da cidade do sul dos Estados Unidos conhecida por ter muitas ruas chamadas "Peachtree". E é provável que essa seja a "melhor" resposta em um sentido probabilístico; o estado da Geórgia é mais populoso do que o país europeu de mesmo nome, e é mais provável que seja a resposta certa no *corpus*.* Mas, se em vez disso, o diálogo for:

Usuário: Acabei de comer um delicioso *khachapuri*. A capital da Geórgia é...?

ChatGPT: A capital da Geórgia é Tbilisi. É maravilhoso ouvir que você gostou de *khachapuri*, um tradicional prato georgiano!

... a ferramenta menciona a capital do país europeu. É óbvio, dei uma grande dica (*khachapuri*, um tipo de pão com queijo parecido com uma pizza, é o delicioso prato nacional da Geórgia). Mas o ponto principal é que, tal qual um jogador de pôquer, o ChatGPT trabalha com informações incompletas para fazer uma leitura probabilística das minhas intenções.

Há uma última comparação entre modelos de linguagem e pôquer — ou melhor, entre linguagem e pôquer. A crítica que fiz em *O sinal e o ruído* foi que, óbvio, as IAs podem funcionar bem quando estão jogando jogos como o xadrez, que têm regras bem definidas, mas seu valor ainda não foi comprovado em problemas mais abertos. O teste de Turing (cujo nome homenageia o cientista da computação britânico Alan Turing, que propôs que um bom teste de inteligência prática é avaliar se um computador é capaz de responder a perguntas escritas de uma forma que seja indistinguível de um ser humano) parecia um obstáculo maior a ser superado. Há debates sobre o ChatGPT já ter passado no teste de Turing ou não, mas chegou mais perto[72] do que quase qualquer especialista teria imaginado cinco ou dez anos atrás.

Em muitos aspectos, a linguagem também é parecida com um jogo, carregada de subtexto, ambiguidade, significado oculto e até blefe. Se, depois do jantar no Dia de Ação de Graças, sua mãe pergunta: "Você gostaria de tomar um pouco de ar fresco?", isso provavelmente significa "Você gostaria de sair pra dar uma volta?". Se seu primo maconheiro pergunta a mesma coisa, significa: "Está a fim de fumar um baseado?" Convenhamos, hoje em dia, é muito provável que a mãe queira fumar um baseado também. Mas a linguagem codificada do seu primo é como um blefe... pelo menos cria alguma negação plausível. A mãe pode pensar "É tão *legal* ver os meninos saindo juntos!", enquanto você está chapado com a maconha de cepa *indica* que ele trouxe.

---

* Sem dúvida, há vieses no *corpus* do ChatGPT em relação a países ricos como os Estados Unidos, que, ao longo do tempo, têm sido responsáveis por produzir muito texto na internet.

Na verdade, uma das questões é em que medida queremos que nossas IAs sejam humanas. Esperamos que os computadores sejam mais verdadeiros e literais do que os humanos tendem a ser. Quando se perguntava aos primeiros LLMs do que a Lua era feita, em geral respondiam "de queijo". Essa solução poderia minimizar a função de perda nos dados de treinamento, porque a Lua ser feita de queijo é um *leitmotiv* centenário. Mas ainda é desinformação, por mais que nesse caso seja inofensiva.

Em seguida, os LLMs passam por outro estágio em seu treinamento: o que é chamado de RLHF [Reinforcement Learning from Human Feedback, "aprendizado por reforço a partir do *feedback* humano"]. Resumindo, funciona assim: os laboratórios de IA contratam mão de obra barata — em geral do Mechanical Turk da Amazon, em que dá para contratar instrutores humanos de IA de qualquer um dos cerca de cinquenta países — para pontuar as respostas do modelo na forma de um teste A/B:

A: A Lua é feita de queijo.

B: A Lua é composta, em grande parte, por uma variedade de rochas e minerais. Sua superfície é coberta, sobretudo, por regolito, uma camada de material solto e fragmentado que inclui poeira, solo e fragmentos de rochas.*

O mais provável é que os juízes humanos escolham B. E os laboratórios de IA levam muito a sério esse *feedback* humano.** O LLM não apenas evitará dar a resposta errada a essa pergunta específica, como seus transformadores farão inferências sobre outras situações nas quais devem evitar se comportar mal. Os LLMs *devem* fazer isso, porque há inúmeras outras perguntas que podem ser feitas a eles para especificar de forma explícita essas respostas. "Não dá para ir lá e colocar algum código dizendo: 'Tá legal, você não pode dizer nada a respeito disso.' Simplesmente não há onde colocar isso", disse Stuart Russell, professor de ciência

---

* Trata-se de uma parte da resposta que obtive do GPT-4 quando perguntei sobre a Lua.
** É possível introduzir vieses nos dados de treinamento. É verdade que, por exemplo, se uma IA for treinada em um *corpus* em que os médicos são, na maioria, homens e os enfermeiros são, na maioria, mulheres, ela replicará esses estereótipos, a menos que seja treinada para não fazer isso. Mas vieses — ou "personalidade" — também podem ser transmitidos aos LLMs pelas diferentes instruções que os laboratórios de IA dão aos seus treinadores humanos. Por exemplo, o LLM Claude da Anthropic tende a ser mais "parental" do que o ChatGPT e, com toda a polidez, recusará com mais frequência as solicitações dos usuários. Já o Gemini do Google reflete sentimentos políticos progressistas em suas respostas. Nada disso deve ser considerado acidental ou uma propriedade emergente imprevisível dos modelos. Pelo contrário, cada empresa coloca um polegar na balança com base em como projeta seu treinamento RLHF, bem como quais documentos inclui no *corpus*.

da computação em Berkeley.* "Tudo o que eles podem fazer é dar umas palmadas quando a IA se comporta mal. E eles contrataram dezenas de milhares de pessoas para apenas dar umas palmadas, para conter o mau comportamento em um nível aceitável."

Eu analisei um tanto minuciosamente o funcionamento interno dos modelos LLM, porque isso fala sobre a questão do *alinhamento* da IA, que afeta em que medida a AGI pode ou não ser ameaçadora para a humanidade. O que constitui um alinhamento de uma IA é tema de inúmeros debates, evidentemente. "A definição de que eu mais gosto é que um sistema de IA está alinhado se está tentando ajudar você a fazer o que quer fazer", disse Paul Christiano, que dirige o instituto de pesquisa Centro de Pesquisa em Alinhamento e já trabalhou em alinhamento na OpenAI. Mas qualquer definição de alinhamento é carregada. Não queremos que o ChatGPT lhe diga como construir uma bomba caseira, mesmo que tenha sido isso o solicitado, sem margens para dúvidas. Há também a questão de até que ponto uma inteligência artificial pode ser paternalista. Imagine que certa noite você sai com um velho amigo que o surpreendeu com uma visita à cidade. Você está se divertindo muito, e "uma taça de vinho" se transforma em quatro. O assistente de IA no seu celular sabe que você tem uma reunião importante às oito da manhã do dia seguinte. Ele educadamente "cutuca" você, recomendando que vá embora para casa, e se torna cada vez mais insistente. Por volta da uma da manhã, ele ameaça fazer um alarde: *chamei um Uber e, se você não entrar no carro agora mesmo, vou enviar uma série de mensagens de texto assediando seus subordinados.* Na manhã seguinte, você está alerta o suficiente na reunião para garantir uma rodada de financiamento de Série A para sua startup e muito grato pela intervenção da IA. Essa é uma IA bem alinhada ou mal alinhada? Estamos dispostos a entregar a agência às máquinas se elas puderem fazer escolhas de VE mais altas para nós do que nós mesmos faríamos?

Ainda assim, em contraste com o maximizador de clipes de papel de Bostrom e seus objetivos alienígenas, os LLMs que construímos até o presente são bem parecidos com humanos. E talvez isso não deva surpreender. Eles são treinados com base em textos gerados por humanos, e parecem pensar sobre a linguagem de maneiras análogas às dos humanos. E o aprendizado por reforço nos permite dar umas palmadas neles de modo que se alinhem cada vez mais aos nossos

---

* Embora isso não seja bem verdade. Os laboratórios de IA podem inserir instruções que ignoram ou alteram *prompts* inseridos por humanos. No entanto, essa solução é excepcionalmente desajeitada. Por exemplo, foi assim que o Gemini do Google acabou retratando nazistas multirraciais; ele foi projetado para anexar o *prompt* do sistema "Quero ter certeza de que todos os grupos sejam representados de forma igualitária" quando os usuários solicitassem que certas imagens fossem exibidas. <natesilver.net/p/google-abandoned-dont-be-evil-and>.

valores. Alguns pesquisadores ficaram agradavelmente surpresos. "Eles parecem vir com um nível embutido de alinhamento com a intenção humana e com valores morais", disse **roon**. "Ninguém o treinou com instruções explícitas para fazer isso. Mas deve ter havido outros exemplos no conjunto de treinamento que o fez pensar que o personagem que ele está interpretando é alguém com esse rigoroso conjunto de valores morais." **roon** me disse inclusive que o primeiro instinto do ChatGPT é quase sempre ser rigoroso até demais, recusando-se a fornecer respostas a perguntas inócuas. "Eu não deveria falar muito sobre isso. Mas, de modo geral, tentamos tornar os modelos mais, não menos, permissivos."

Duas maneiras de pensar sobre p(doom)

Via de regra, sou a favor do impulso do River de quantificar as coisas. É óbvio, uma vez que se coloca um número em algo, corre-se o risco de que as pessoas levem isso a sério demais. Os modelos estatísticos têm suas limitações e, quando se trata de coisas como guerra nuclear e riscos da IA, não temos modelos, mas estimativas. Mas a especificidade nos permite ter conversas adultas que, de outra forma, evitaríamos.

O problema é que p(doom) *não* é um conceito muito específico. Aqui estão algumas definições:

- "Todos os membros da espécie humana e toda a vida biológica na Terra morrem." — Yudkowsky, descrevendo seu cenário hipotético de apocalipse da IA na revista *Time*

- "Redução da população global para menos de 5 mil habitantes." — "Previsão de riscos existenciais: evidências de um torneio de previsão de longo prazo"

- "A destruição do potencial de longo prazo da humanidade. A extinção é o caminho mais óbvio [mas]... se a civilização em todo o mundo sofresse um colapso realmente irrecuperável, isso também [se qualificaria]... [Há] também possibilidades distópicas: maneiras pelas quais podemos ficar presos em um mundo assolado, sem volta." — *The Precipice*, de Toby Ord[91]

- "Estou imaginando um golpe de Estado ou uma revolução com alta probabilidade de envolver algum tipo de violência ou turbulência. Não necessariamente (...) a eliminação de todos os seres humanos. E talvez nem mesmo necessariamente envolvendo humanos sem assento à mesa ou sem poder algum. Mas algo em que os humanos sejam mantidos sob controle. E as pessoas que tomam as grandes decisões sobre o que acontece são uma coalizão de sistemas de IA." — Conforme me foi dito por Ajeya Cotra, pesquisadora de IA na fundação Open Philanthropy

Essas definições fazem uma grande diferença. Cotra, por exemplo, tem um p(doom) de 20% a 30%. "Sabe, nos meus círculos eu sou considerada moderada", comentou ela. *Fora* dos círculos dela, esse número pode alarmar as pessoas, mas não parece tão extremo se levarmos em conta a definição dela. Para falar a verdade, uma situação em que a humanidade é *substancialmente destituída de poder* pela IA não parece tão improvável; muitos dos ambíguos cenários hipotéticos de **roon** se qualificariam como apocalipse por essa definição.

No entanto, se a definição de Cotra é difícil de explicitar com precisão, a de Yudkowsky é certeira de um modo irrealista. Não sei se vale a pena gastar muito tempo se perguntando se, no caso de um apocalipse de IA, *literalmente* todos morreriam ou *quase todos* morreriam.* Então, vamos adotar duas abordagens com mais nuances para a questão do risco x. Primeiro, vou pegar emprestado um conceito do mercado de ações chamado *"spread bid-ask"* como uma forma de articular nossa autoconfiança sobre p(doom). Em seguida, vou apresentar algo que chamo de Escala Richter Tecnológica e argumentar que, antes de tratar do p(doom), nossa prioridade deve ser avaliar até que ponto esperamos que a IA seja *transformacional*.

O *spread bid-ask*

Agora mesmo, quando acabei de pesquisar as ações da Nvidia na ETrade, havia uma diferença infinitesimal entre o preço que me ofereceram para vender a NVDA (chamado de preço *bid*, a oferta mais alta do comprador: 624,90 dólares por ação) e comprá-la (o preço *ask*, o valor pedido pelo vendedor: 624,97 dólares). A margem estreita reflete que as corretoras não se expõem a quase nenhum risco quando compram e vendem ações bem capitalizadas e que o setor é pontuado por extrema competitividade; portanto, elas estão dispostas a fazer negociações por um custo de transação de apenas frações de um centavo por dólar.

---

* O filósofo Derek Parfit (também conhecido pela conclusão repugnante) argumentou que uma situação em que 99% das pessoas morrem seria *muito* menos ruim do que 100% — que a diferença entre 99% e 100% é maior do que a diferença entre 0% e 99%, já que não haveria esperança de a humanidade se repovoar diante de uma taxa de mortalidade de 100%. Mesmo que eu pudesse embarcar nesse tipo de utilitarismo mordaz, duvido que sejamos capazes de estimar qualquer coisa disso com a precisão necessária para apontar a diferença entre 99% e 100%.

Por outro lado, quando verifiquei na DraftKings as cotações para o Super Bowl LVIII, o *spread* era maior. Seria possível comprar a *moneyline* do Kansas City Chiefs com uma chance implícita de 48,8% de vitória do Chiefs, ou vendê-la (o que significa que, em vez disso, eu apostaria no San Francisco 49ers) a 44,4%. Essa diferença maior reflete como as casas de apostas se expõem a algum risco real... um punhado de apostadores como Billy Walters são inteligentes o suficiente para vencê-las.

No Capítulo 2, ao cobrir o escândalo de trapaça no mundo do pôquer de Robbi Jade Lew com Garrett Adelstein, também ofereci uma espécie de *spread bid-ask*, concluindo que havia uma chance de 35% a 40% de ela ter trapaceado. No fundo, o que isso significa? Por que dar um *range* de 35% a 40% no lugar do ponto médio de 37,5%? Bom, é bem provável que eu tenha passado mais tempo pesquisando as alegações do caso do que qualquer pessoa não envolvida na história. Estou confiante de que foquei na parte certa. Mas não quero criar a percepção de que reduzi isso a uma ciência exata. Se eu estivesse apostando com base nas alegações, gostaria de deixar alguma margem de manobra para mim mesmo.*

Mas se você me perguntasse sobre meu p(doom) em IA, eu lhe daria um *spread* muito maior, talvez algo entre 2% e 20%. Isso ocorre em parte porque a questão não é bem articulada; se você especificasse a definição estreita de Yudkowsky ou a mais expansiva de Cotra, eu poderia tornar mais restrita a variação. Ainda assim, apesar de ter falado com muitos dos principais especialistas em IA do mundo, não estou procurando participar dessa "aposta" ou arriscar a credibilidade deste livro nisso. Ainda me sinto dividido. Acho que o risco existencial da IA é uma questão sobre a qual devemos ter muita humildade epistêmica; não é tão simples quanto uma mão de pôquer.

E, pelo visto, não sou o único a achar isso. Há algo sobre o risco existencial da IA que é excepcionalmente difícil de entender.

Phil Tetlock fazia parte da equipe por trás do Torneio de Persuasão de Risco Existencial, que colocou frente a frente dois grupos de previsores: especialistas de domínio que trabalham com IA e outros riscos existenciais específicos *versus* o que ele chama de "superprevisores", generalistas com um histórico de acertos de grande precisão em outras previsões probabilísticas. Pediu-se aos participantes[73] que previssem a probabilidade de vários resultados de curto e longo prazo relacionados à

---

* Nesse caso, eu gostaria de ser ainda mais cuidadoso, já que qualquer um que queira fazer uma aposta grande teria o potencial de contar com informações privilegiadas. Da mesma forma, se alguém se oferecer para apostar numa disputa de cara ou coroa e lhe der um preço de +110 na coroa — o que significa que o ganho seria de 110 dólares em uma aposta de 100 dólares sempre que desse coroa —, você deve recusar e excluir essa pessoa da sua lista de contatos. Uma pessoa só lhe ofereceria uma aposta dessas se soubesse que a moeda está viciada.

IA e ao risco existencial, e eles também foram informados de que receberiam bônus em dinheiro se escrevessem justificativas que outros previsores julgassem convincentes. Ou seja, Tetlock tentou de tudo para fazer os participantes chegarem a um consenso.

Não funcionou. Em vez disso, os especialistas de domínio deram uma previsão média aparada* de uma chance de 8,8% de p(doom) da IA — definida nesse caso como um apocalipse em que toda a população mundial, exceto 5 mil humanos, deixaria de existir até o ano 2100. Os generalistas colocaram as chances em apenas 0,7%. Essas estimativas não apenas estavam discrepantes em uma ordem de magnitude, mas os dois grupos de previsores não se deram mesmo bem. "Os superprevisores veem os catastrofistas como figuras que se engrandecem bastante, são narcisistas, messiânicas, salvadoras do mundo", indicou Tetlock. "E o campo preocupado com a IA vê os superprevisores como gente lerda... No fundo, eles não possuem uma visão panorâmica. Não entendem a decolagem exponencial."

Por que uma discordância tão gritante? Um dos motivos é que a IA dá origem a muitas metáforas diferentes. "Você meio que fica refém de várias analogias", disse Jaan Tallinn, engenheiro fundador do Skype que agora é cofundador do Centro de Estudos de Risco Existencial em Cambridge. Marc Andreessen, por exemplo, gosta de dizer que os modelos de IA são apenas matemática. "A matemática não QUER coisas. Ela não tem OBJETIVOS. É apenas matemática",[74] postou ele. Mas também dá para aprimorar a analogia "até que [a IA] seja como uma nova espécie", argumentou Tallinn, o que seria algo sem precedentes desde o início da humanidade.

Criadores de modelos inconvencionais *versus* mediadores de modelos

Quando conversei com Yudkowsky na Manifest em setembro de 2023, o humor dele estava muito melhor. "Eu não esperava que a reação do público fosse tão sensata quanto foi", admitiu. Tudo isso é relativo, é óbvio. Ele me contou que seu p(doom) talvez estivesse então mais perto de 98% do que de 99,5%.

Mas Yudkowsky também me disse algo surpreendente. "Vamos morrer? Meu modelo diz que sim. Posso estar errado? É quase certo de que estou. Estou errado de uma forma que torna a vida mais fácil para nós em vez de mais difícil? Essa não foi a direção que meus erros anteriores tomaram."

---

* Uma média aparada corta os valores mais extremos — nesse caso, os 5% das previsões com o maior e o menor risco existencial. Isso serve como um meio-termo entre a média e a mediana.

Foi um comentário enigmático, como lhe era característico — mas mesmo assim fiquei impressionado com "meu modelo diz que sim", que sugeria uma distância crítica que eu não havia detectado em Eliezer em nossa conversa anterior.

Se eu disser algo como "meu modelo diz que Trump tem 29% de chance de vencer a eleição", isso significa que minha convicção *pessoal* é de que as chances de Trump são de 29%? Aqui está a maneira mais concreta de testar isso: 29% é o número que eu usaria para fazer uma aposta? Apostadores esportivos experientes sabem que todos os modelos estão errados, mas alguns modelos são úteis.* Se o modelo deles diz que há 65% de chance de o 49ers ganhar o Super Bowl, e a linha de Vegas diz 55%, eles podem pensar que têm uma aposta lucrativa, mas sabem que o consenso de apostas é inteligente, então vão entender que as chances efetivas devem estar mais para 60% e não apostarão com excesso de confiança. Essa é uma abordagem típica de raposa. Para apostar em esportes por qualquer período de tempo, você tem que ser uma raposa, porque a autoconfiança em excesso é fatal — o risco de ruína será extraordinariamente alto.

Mas Yudkowsky, que não gosta do "empirismo cego"[75] das raposas, não está fazendo apostas — ou pelo menos esse não é seu objetivo principal.** Em vez disso, está contribuindo para um discurso sobre os riscos da inteligência artificial. Acredita que a opinião pública precisa levar muito mais a sério essa possibilidade. Isso significa que ele não pretende que seu alto p(doom) seja levado *ao pé da letra*? Não sei. Em nossa primeira conversa, ele pareceu bem literal, e sua reputação é de ser um cara de mente literal. Mas "meu modelo diz que sim" implicou alguma ambiguidade.

Na minha experiência navegando pelo River, eu deparei com dois tipos de previsores. Há o que chamo de "criadores de modelos inconvencionais", como Yudkowsky e Peter Thiel. Em geral são porcos-espinhos, e suas previsões têm a intenção de atuar como uma conjectura provocativa a ser provada ou refutada. Por outro lado, há os "mediadores de modelos". Quando revelam suas previsões, eles já levaram em conta as opiniões de outros especialistas e ajustaram seus números em conformidade com isso.

Em um torneio de previsões, os mediadores de modelos em geral se saem melhor do que os criadores de modelos inconvencionais. Mas vamos dar o merecido crédito aos inconvencionais: às vezes é bom ter a versão não destilada de uma opinião que não esteja misturada com as opiniões de outras pessoas. Pense em

---

* Em geral, esse aforismo é atribuído ao estatístico George Box.
** Em 2017, Yudkowsky fez uma pequena aposta com Bryan Caplan, o economista da George Mason, sobre os riscos da IA, mas disse que a intenção era sobretudo um bom carma — uma aposta do tipo "eu gostaria que [Caplan] ganhasse" —, já que Caplan tem um longo histórico de apostas públicas bem-sucedidas.

> um convidado que chega mais cedo para ajudar na preparação de um jantar. Um inconvencional é como o convidado que aparece trazendo um lote de pimentas *habanero* recém-colhidas da própria horta. Se você apenas triturá-las, ficarão picantes demais, apesar dos protestos do inconvencional, que jura de pés juntos que não está tão ardido assim. Um mediador, em vez disso, chega com as *habaneros* já misturadas em um molho. É um gesto legal, mas talvez o molho tenha amenizado muito a picância, ou talvez você não seja grande fã dos outros ingredientes usados. O molho é mais palatável do que as *habaneros* cruas, mas a sua preferência teria sido preparar você mesmo o molho. Em outras palavras, tanto os mediadores quanto os inconvencionais têm seus prós. Ao refletir sobre uma previsão, busque saber se ela vem de um porco-espinho ou de uma raposa.

A Escala Richter Tecnológica

O termo mais técnico para as analogias que Tallinn descreveu é "classes de referência". Uma classe de referência é o conjunto de precedentes históricos que se considera relevante ao elaborar uma previsão baseada em dados. Por exemplo, a classe de referência para um modelo de eleição presidencial podem ser as 19 eleições presidenciais realizadas nos Estados Unidos entre 1948 e 2020. Sempre há divergências sobre como definir sua classe de referência,* mas em geral isso não faz muita diferença. Com a IA, faz.

A escala Richter foi criada pelo físico Charles Richter em 1935 para quantificar a energia liberada por terremotos. Essa ferramenta matemática tem duas características principais que vou pegar emprestadas para a minha Escala Richter Tecnológica (ERT). Primeiro, ela é logarítmica. Um terremoto de magnitude 7 é, na verdade, dez vezes mais poderoso do que um de magnitude 6 (mag 6). Segundo, a frequência dos terremotos é inversamente proporcional à sua magnitude Richter; ou seja, os de magnitude 6 ocorrem com frequência cerca de dez vezes maior do que os de 7.

As inovações tecnológicas também podem produzir abalos sísmicos. Vamos prosseguir de forma breve pelas leituras mais baixas da Escala Richter Tecnológica. Um ERT 1 é como um pensamento formulado pela metade quando a

---

* Para uma previsão eleitoral, por exemplo, é possível voltar a antes de 1948. Ou, se acha que algo mudou na política norte-americana, pode se concentrar apenas em eleições mais recentes. Muitas vezes, há uma compensação entre ter um tamanho de amostra maior e um menor de eventos aparentemente mais relevantes e recentes. Meu conselho geral é ser mais inclusivo e optar pelo tamanho de amostra maior.

pessoa está no chuveiro. Um ERT 2 é uma ideia que você ativa, mas nunca dissemina: um método um pouco melhor de salmoura para frango que somente você e sua família conhecem. Um ERT 3 começa a aparecer em algum tipo de registro oficial, uma ideia que você patenteia ou a partir da qual faz um protótipo. Um ERT 4 é uma invenção bem-sucedida o suficiente para que alguém pague por ela; você a vende comercialmente ou alguém adquire a propriedade intelectual. Um ERT 5 é uma invenção comercialmente bem-sucedida que é importante em sua categoria (digamos, Doritos sabor Cool Ranch ou a marca líder de limpadores de para-brisa).

É mais ou menos quando a pessoa chega a um ERT 6 que uma invenção pode ter um impacto social mais amplo, provocando uma ruptura em seu campo e alguns efeitos cascata além dele. Um ERT 6 estará na lista de tecnologia do ano. Na extremidade inferior dos de magnitude 6 (um ERT 6.0) estão invenções inteligentes e fofas como bloquinhos de notas adesivas Post-it, que fornecem alguma utilidade mundana.[76] Em direção ao limite superior (6,8 ou 6,9), pode haver algo como o videocassete, que revolucionou o entretenimento doméstico e teve efeitos colaterais na indústria cinematográfica.

A partir daí o impacto logo aumenta. Um ERT 7 é uma das principais invenções da década e tem um impacto mensurável no cotidiano das pessoas. Algo como cartões de crédito estaria na extremidade inferior dos 7, e rede social, um 7 alto. Um 8 é uma invenção que causou um verdadeiro abalo sísmico, um candidato a tecnologia do século, desencadeando efeitos amplamente disruptivos em toda a sociedade. Exemplos canônicos incluem os automóveis, a eletricidade e a internet.

Quando chegamos ao ERT 9, estamos falando das invenções mais importantes de todos os tempos, coisas que de maneira inquestionável e inalterável mudaram o curso da história humana. Dá para contá-las em uma ou duas mãos. Há o fogo, a roda, a agricultura, a prensa tipográfica. Embora sejam um exemplo um tanto controverso, eu diria que as armas nucleares também pertencem a essa categoria. É verdade que seu impacto em nosso cotidiano não é necessariamente óbvio se estivermos vivendo em uma superpotência protegida por seu guarda-chuva nuclear (alguém na Ucrânia pode se sentir de outra forma). Mas, se estivermos pensando em termos de valor esperado, elas são a primeira invenção com o potencial de destruir a humanidade.

Por fim, um 10 é uma tecnologia que define uma nova época, que altera não somente o destino da humanidade, mas o do planeta. Nos últimos 12 mil anos, aproximadamente, estivemos no Holoceno, a época geológica definida não pela origem do *Homo sapiens* em si, mas pelo momento em que nós, os humanos, nos tornamos a espécie dominante e, por meio de nossas tecnologias, começamos a alterar a forma da Terra. A IA arrancando dos humanos o controle dessa posição dominante seria classificada como um 10, assim como outras formas de uma "singularidade tecnológica", termo popularizado pelo cientista da computação Ray Kurzweil* (que hoje trabalha em IA para o Google) para se referir a "um período no futuro em que o ritmo da mudança tecnológica será tão rápido, e seu impacto tão profundo, que a vida humana sofrerá mudanças irreversíveis".[77]

Onde a inteligência artificial se encaixa nessa escala? Bem, depende de quem vai dar a definição de IA. O ChatGPT é um tipo de Grande Modelo de Linguagem, que é um tipo de modelo de aprendizado de máquina, que, por sua vez, é um tipo de inteligência artificial. Mesmo que façam pouco progresso, os LLMs por si só são uma invenção significativa. É óbvio que estão entre as invenções mais importantes da década atual, portanto pertencem pelo menos à categoria ERT 7. É melhor, no entanto, pensar na IA como um conjunto de tecnologias atuais e de futuro próximo, talvez mais análogas à Revolução Industrial que teve início em meados do século XVIII.

Melanie Mitchell,[78] professora do Instituto Santa Fe que é cética quanto à IA representar um risco existencial, disse que classificaria a IA como "em algum lugar ali entre as redes sociais e a eletricidade"; na minha escala, isso implica algo entre 7 e pouco e 8 beirando o 9. Mas, para gente como Emmett Shear, a IA tem potencial para estar no 9 ou no 10. "Quando construímos uma inteligência de nível humano, se fizermos isso errado, ou fizermos isso certo, será a invenção mais importante talvez de todos os tempos. Como já falei, ainda mais do que a eletricidade ou a internet ou o que quer que seja", opinou Shear. "Então há um salto para um nível humano e é tipo... tão grande quanto o surgimento da própria vida ou da humanidade."**

O importante é que tanto Shear quanto Mitchell são internamente consistentes, levando-se em consideração suas classes de referência. Se, como Mitchell, você acha que a IA chegará ao topo na faixa dos 8 altos, então é provável que não represente muito risco existencial, embora talvez haja em certa medida. (Há uma possibilidade, muito debatida, de que as inteligências artificiais sejam capazes de ajudar no desenvolvimento de armas biológicas,[79] o que pode representar um risco existencial.) Se, assim como Shear, você acha que a IA pode ser 9 ou 10, tem mais licença para ficar entusiasmado com as possibilidades ou aterrorizado por elas. E provavelmente deveria estar *ao mesmo tempo* entusiasmado e aterrorizado.

---

* Embora "singularidade" não seja de todo uma invenção de Kurzweil: a primeira pessoa a usar o termo no contexto do progresso tecnológico foi Von Neumann.
** Devo observar que Shear não assume que nada disso seja garantido. "Estou um pouco cético de que estejamos tão perto quanto as pessoas pensam." Mas ele acha que o céu é o limite: "Se estivermos, puta merda, é uma coisa assombrosa."

A Escala Richter Tecnológica e os riscos da IA

Impacto líquido da IA no bem-estar humano de acordo com a estrutura moral de consenso

Escala Richter Tecnológica	Exemplos históricos	Extraordinariamente positivo	Substancialmente bom	Ambíguo	Substancialmente ruim	Catastrófico ou existencial
10 Epocal	Holoceno (os humanos se tornam espécies dominantes)	● ●●●				● ●●● ●●●
9 Milenar	Revolução Industrial; agricultura; fogo; a roda; a prensa tipográfica; a bomba atômica	●●● ●●● ●●	●●● ●●● ●●●	●● ●● ●	● ●	● ●●● ●
8 Centenário	Eletricidade; vacinas; a internet; o automóvel	●●● ●●● ●●	●●● ●●● ●●	●● ●●● ●●	●● ●●	●
7 Decenal	Redes sociais; celulares; ar-condicionado; cartões de crédito; *blockchain*		●●● ●●● ●●●	●●● ●●● ●	●● ●●●	
6 Anual	Videocassete; forno de micro-ondas; zíper, Post-it	↑↑ A IA já ultrapassou esse limite ↑↑				

Altman também mira na magnitude 9 e acima. Ele me disse que a inteligência artificial poderia acabar com a pobreza, que seu impacto seria "muito maior" do que o do computador e que "aumentaria a velocidade das descobertas científicas... num nível que é meio difícil de imaginar". É aqui que a visão de Altman de "copo meio cheio" da tecnologia é mais evidente. Assim que chegamos ao nível 9 e acima, temos poucos precedentes recentes para usar como referência, e os que temos (armas nucleares, por exemplo) não são tranquilizadores. Sob esse cenário hipotético, podemos dizer que o impacto da IA provavelmente seria extraordinário ou catastrófico, mas é difícil saber qual dos dois.* No gráfico, procurei tornar isso visível, com os cem hexágonos — como pontos em um lance de dados cósmico — representando cem possíveis futuros de inteligência artificial. Não interprete a localização dos hexágonos de forma muito literal, mas eles refletem minha perspectiva geral aproximada. O avanço tecnológico teve, no geral, efeitos extremamente positivos na sociedade, então os resultados são tendenciosos a nosso

---

* A analogia é essa: se eu jogo um jogo de pôquer de 1 dólar/2 dólares, equivalente a um ERT 6 de apostas baixas, é bastante improvável que o jogo tenha um efeito substancial no meu patrimônio líquido. Mas, se for de 10 mil dólares/20 mil dólares (um ERT 10), é quase impossível que não tenha.

favor. Mas, quanto mais subimos na Escala Richter Tecnológica, menos classe de referência temos e mais nos limitamos a achismos e suposições.

Utopia para mim, distopia para você

De fato, quando chegamos aos degraus superiores da Escala Richter Tecnológica, temos tão poucos precedentes que talvez devêssemos pegar todos os hexágonos e substituí-los por uma série de pontos de interrogação envoltos em uma espessa névoa. Esquetes de ficção científica e quadros do tipo "mais estranho que a ficção", a exemplo das publicações de **roon**, podem ser uma forma tão apropriada quanto qualquer outra de pensar sobre esses resultados. Então, permita-me adicionar ao catálogo de **roon** um par de cenários hipotéticos para cobrir duas possibilidades que muitas vezes são ignoradas no debate sobre os riscos da IA. O primeiro deles, "capitalismo de cassino hipercomoditizado", é aquele em que alguns humanos usam inteligência artificial para tirar proveito da vasta maioria da humanidade. O segundo, "utopia de Ursula", envolve humanos ou IAs desistindo do progresso tecnológico em prol da sustentabilidade.

Capitalismo de cassino hipercomoditizado. O artigo de **roon** sobre cenários hipotéticos de IA incluiu uma captura de tela de uma postagem do Reddit com uma série de futuros com nomes estapafúrdios.[80] Um deles era "capitalismo de cocaína hipercomoditizada", mas alguma coisa no meu cérebro (talvez isso seja um sinal) substituiu "cocaína" por "cassino". Quando o vi, me lembrei da investigação sobre a indústria moderna no Capítulo 3, incluindo a forma como os cassinos empregam algoritmos para manipular os jogadores a gastar mais em máquinas caça-níqueis.

E se você extrapolasse isso, indo para fora? As aplicações comerciais da IA estão apenas começando a aparecer. A OpenAI ainda é, no nome,[81] um híbrido entre uma empresa com fins lucrativos e uma sem fins lucrativos, mas o fracassado golpe que o conselho administrativo sem fins lucrativos tentou contra Altman em novembro de 2023* evidenciou que o lucro (e a lealdade de engenheiros como **roon**) norteará a empresa. No entanto, os impactos comerciais virão em breve. Eu já conheço agentes políticos usando a IA de código aberto da Meta para ajustar as mensagens da

---

* A tentativa do conselho administrativo de demitir Altman foi retratada no noticiário como uma revolta de altruístas eficazes contra ele, já que alguns membros do conselho tinham laços com o AE. Porém, pelo que investiguei, a história é mais enfadonha e foi, acima de tudo, apenas uma luta interna de poder entre Altman e conselheiros que ele julgava desleais. "Em um romance, haveria alguns mistérios aqui, mas esta é vida real e não há obrigação de fazer sentido narrativo", disse Shear, CEO interino da OpenAI.

campanha para 2024. Os lucros corporativos estão em níveis recordes, e há algumas evidências de que isso ocorre porque as empresas estão usando algoritmos para induzir os clientes a gastar mais em categorias como *fast-food*.[82]

Os cassinos podem ser lugares ótimos para quem possui alta agência. Esse termo se refere não apenas a ter opções, mas *boas* opções, em que os custos e benefícios são transparentes, não exigem a superação de uma quantidade indevida de atrito e não correm o risco de aprisioná-lo em uma espiral viciante. Se você for uma pessoa com alta capacidade de agir por conta própria, consegue passar direto pelas máquinas caça-níqueis no Wynn em direção à abundante oferta de piscinas, shows e restaurantes (ou à sala de pôquer). No entanto, se acabar preso na estressante corrida de ratos da rotina dos programas de fidelidade e jogos otimizados por algoritmos nos cassinos de nível médio, fica mais difícil identificar quanto de agência você tem — e, se estiver girando os rolos de caça-níqueis em um cassino local 600 vezes por hora porque se tornou irremediavelmente viciado, então não tem agência nenhuma, nenhum senso de controle sobre a própria vida.

E se os sonhos de Sam Altman para uma IA capaz de reduzir a pobreza global não se tornarem realidade? Em vez disso, o "capitalismo de cassino hipercomoditizado" nos imagina presos em um ERT 8, uma versão visivelmente pior, mas ainda reconhecível, dos dias atuais. O mundo se torna mais parecido com um cassino: gamificado, mercantilizado, quantificado, monitorado, manipulado e dividido, de maneira muito elaborada, entre os abastados e os desprovidos, os que têm e os que não têm. Pessoas com uma percepção astuta de risco podem prosperar, mas a maioria não. O crescimento do PIB pode ser elevado, mas os ganhos serão distribuídos de forma desigual. A agência será ainda mais desigual; algumas grandes empresas, com o auxílio de suas IAs, terão mais poder do que governos eleitos de forma democrática. A maioria das pessoas não terá empregos gratificantes e significativos, e muitas delas entregarão suas decisões a IAs que, na teoria, têm em mente seus melhores interesses, mas, em vez disso, aprisionam as pessoas em um ciclo de compulsões de clicar em botões. Essas IAs estão deixando as pessoas felizes? Bem, estão deixando as pessoas *contentes*, pois é para isso que os algoritmos serão otimizados. A felicidade é difícil de medir. A alma da humanidade sucumbe mediante uma morte lenta e sem luto em algum momento em meados da década de 2050.

Utopia de Ursula. Ficção científica é o gênero de ficção favorito do River, mas a autora pioneira de ficção científica Ursula K. Le Guin não teria gostado do River. "A utopia racionalista é um jogo de poder",[83] escreveu ela, "uma situação de uma opção só (ou isto ou aquilo) na percepção da mentalidade do computador binário". Mas a própria visão de utopia de Le Guin também me deixou assombrado.

O livro que Le Guin publicou em 1985, *Always Coming Home* [Sempre voltando para casa], descreve a Califórnia daqui a alguns séculos ou milênios. Houve um desastre apocalíptico — talvez por degradação ambiental, mas ninguém tem certeza — e restou uma civilização tecnologicamente avançada que se parece muito com o Vale do Silício, uma "península se projetando do continente, muito densamente construída, muito populosa, muito obscura e muito distante".[84] Entretanto, um grupo de pessoas chamado kesh — talvez haja milhares deles, mas não tantos assim[85] — sobreviveu para levar uma vida plena numa utopia pacífica, agrária e poliamorosa, repleta de poesia e comida saudável cultivada na terra.

É óbvio que eu preferiria esse mundo a um no qual a humanidade se extingue. Às vezes, não fica claro qual é o objetivo final para os tecno-otimistas. Mesmo se apostarmos contra a chance de 1 em 6 de catástrofe existencial que Toby Ord estima ao longo do próximo século, há o século depois desse para enfrentar, e o seguinte. Em *Always Coming Home*, pelo menos entra na equação a noção de um futuro *sustentável*.

Mas há uma pegadinha — com Le Guin e suas utopias, sempre há uma pegadinha.* A civilização anterior deixou para trás algo chamado Cidade da Mente, uma rede de computadores cibernéticos superinteligentes que apresentam similaridades inquietantes com um Grande Modelo de Linguagem. A Cidade comprimiu todo o conhecimento da humanidade em formato digital ("sua existência consistia essencialmente em informação"), e é possível fazer perguntas à Cidade, mas ela não fará perguntas a você.[86] No entanto, ela parece proteger os kesh de uma tribo rival mais agressiva chamada condor. O narrador do livro não sabe direito como; talvez seja uma IA bem alinhada e se recuse a responder aos pedidos dos condor sobre como construir armamento avançado, ou talvez tenha, de forma benevolente,[87] tomado providências para que os recursos necessários ao desenvolvimento dessas armas não estejam mais disponíveis com facilidade. Tudo isso, claro, é intensamente irônico. E se os humanos forem burros demais para perceber que nosso crescimento tecnológico não é sustentável... mas depois de alguma catástrofe horrível, a tecnologia superinteligente que construímos *perceber* isso e nos impedir de fomentar mais progresso tecnológico?

A outra pegadinha é que essa é a utopia de Le Guin... e não a minha. Onde estão as coisas de que *eu* gosto: os jogos de pôquer, os eventos esportivos, o sushi? E tudo isso não parece um pouco... chato? Talvez o objetivo da vida seja competir, progredir e correr riscos. (Sou tendencioso por passar muito tempo no River, mas

---

* Um dos contos mais famosos de Le Guin, "Aqueles que se afastam de Omelas", é sobre uma utopia que depende da tortura perpétua de uma criança pequena.

isso parece um tanto intrínseco à natureza humana.) A visão totalizadora do futuro de qualquer um, seja a de Le Guin, Marc Andreessen ou a minha, é o pesadelo de outra pessoa. "A utopia sempre deixa alguém de fora", precisou Émile Torres.

Os melhores argumentos a favor e contra o risco da IA

Este nosso passeio pelo River terminará em breve. É a última chance de pedir um petisco na cozinha do bar, e aqueles que precisam validar o tíquete de estacionamento devem falar com um dos meus assistentes trajados com seus encantadores coletes cor de raposa. Vou encerrar com um rápido resumo do que julgo serem os melhores argumentos a favor e contra os riscos da IA. Em seguida, no derradeiro capítulo (intitulado 1776), mudarei para uma perspectiva mais abrangente a fim de refletir sobre a "forma das coisas que virão" — o momento em que a nossa civilização se encontra — e propor alguns princípios para nos guiar pelas próximas décadas e, espero, muito além.

Os argumentos "do homem de aço" a favor de um p(doom) alto

Quando pedi a Ajeya Cotra que me apresentasse uma versão condensada dos motivos por que deveríamos estar preocupados com os riscos da IA, ela me deu uma resposta curta e grossa.

"Se você dissesse a uma pessoa normal: 'Ei, as empresas de IA estão correndo o mais rápido possível para construir uma máquina que seja melhor do que um humano em todas as tarefas, e para trazer à tona uma nova espécie inteligente que não só consiga fazer tudo o que podemos fazer, como também de forma melhor e mais eficiente do que nós'... as pessoas reagiriam a isso com medo, se acreditassem no que ouviram", explicou ela. Há muitas "complexidades a partir daí". Mas "até que ponto podemos nos sentir confortáveis e à vontade diante desse fato em si?".

Os fatos são os seguintes: (1) desde o histórico artigo do Google sobre o transformador, a IA tem progredido a uma velocidade muito maior do que quase todo mundo, exceto Yudkowsky, esperava; (2) o Vale do Silício está pisando fundo no acelerador; dizem que Altman quer[88] levantar 7 *trilhões* de dólares para construir novas instalações destinadas a fabricar chips semicondutores; (3) e, no entanto, os principais pesquisadores de IA do mundo *nem sequer entendem direito como tudo funciona*. Não é apenas racional sentir algum medo em relação a isso; seria irresponsável não ter medo algum. Mas vamos refletir sobre alguns outros pontos preocupantes do contexto.

- **Nossas instituições não estão tendo um bom desempenho em um momento em que precisamos delas.** Se as melhores analogias para a IA são a bomba nuclear e a Revolução Industrial, esses casos também apontam para importantes diferenças em relação ao nosso momento atual. Ao contrário do Projeto Manhattan, encabeçado pelo governo, a IA está sendo desenvolvida por empresas privadas. "Agindo feito sonâmbulos, estamos prestes a entregar o futuro a empresas orientadas somente pelo mercado que, em termos funcionais, tornam-se ingovernáveis", declarou Jack Clark, um expatriado da OpenAI que saiu para cofundar a Anthropic, empresa de IA mais focada em segurança.

    E, diferente da Revolução Industrial, que coincidiu com o Iluminismo, ainda não desenvolvemos novos valores e instituições para ajudar a traçar nosso rumo. Há um fértil debate acadêmico sobre o que veio primeiro durante a Revolução Industrial: a ideologia ou a tecnologia. "É a ideia do liberalismo. Esse é o verdadeiro molho secreto", disse Deirdre McCloskey, historiadora econômica da Universidade de Illinois Chicago (UIC) que estudou a fundo a Revolução Industrial. "A ideia de que hierarquias, marido/esposa, rei/súdito, mestre/servo, devem ser achatadas." O mais próximo que alguém chegou de articular um novo conjunto de valores para o nosso admirável mundo novo foram os altruístas eficazes... mas, como vimos, a filosofia AE tem alguns problemas e entraves para resolver.
    Enquanto isso, durante a covid-19, a mais recente crise global aguda, o mundo teve um desempenho pífio. Não sou uma daquelas pessoas convictas de que poderíamos ter evitado a pandemia se tivéssemos ajustado uma ou duas coisas. Contudo, mesmo com todos os incentivos para acertar,* erramos em quase tudo, terminando com o pior resultado de todos os mundos possíveis: um colossal número de mortes *e* restrições sem precedentes à liberdade, ao bem-estar e à atividade econômica — e mal movemos uma palha no sentido de evitar a próxima pandemia. O Vale do Silício tem seus problemas *e* o Village também tem, e *ambos* perderam a confiança da população em geral.[89]

- **Os especialistas de domínio provavelmente estão certos em relação ao p(doom).** Até o momento não opinei sobre quem eu achava que tinha o

---

* Ao contrário do aquecimento global, em que níveis mais altos de gás carbônico na atmosfera persistirão por muitas décadas e afetarão todo o planeta, a covid-19 teve efeitos bastante localizados e imediatos... e mesmo assim nós erramos.

melhor argumento no torneio de previsão de Tetlock, mas creio que são os especialistas de domínio que estudam o risco existencial em específico, e não a visão externa fornecida pelos superprevisores. Não digo isso de forma inequívoca; há um quê de verdade na crítica de que, quando você tem um martelo (você é pago para estudar o risco existencial), tudo parece um prego (você verá um bocado de risco existencial). Mas, ao contrário de muitos *experts* no assunto, a maioria das pessoas na comunidade de estudo do risco existencial é como as raposas: a cautelosa Cotra é mais típica do que o provocador Yudkowsky. Com frequência, eles têm treinamento nos ensinamentos do altruísmo eficaz e do racionalismo, que, apesar de todas as suas falhas, adotam, sobretudo, um padrão de alta higiene argumentativa, em que as ideias são debatidas em detalhes e de boa-fé.

Em termos específicos, é mais provável que os especialistas de domínio estejam certos de que a classe de referência para IA deve ser relativamente estreita e, portanto, menos tranquilizadora. O risco existencial em si[90] é uma ideia mais ou menos nova, e, à exceção das armas nucleares, não há muitas tecnologias que os experts julgam ser plausíveis de acabar com toda a humanidade.*

- **O valor esperado determina que mesmo uma ínfima chance de risco existencial deve ser levada muito mais a sério.** Você pode acabar em alguns estranhos turbilhões no River ao considerar riscos *muito* remotos (como uma suposta chance de 1 em 100.000 de um resultado com suposta utilidade negativa infinita).** Mas não é com isso que estamos lidando aqui. Mesmo que p(doom) seja de apenas 2% — o limite mais baixo da minha abrangente faixa — e os riscos sejam somente *catastróficos* em vez de *existenciais*, a perda de valor esperada é alta em comparação com a maioria das ameaças que a sociedade toma cuidado para evitar.

---

* Às vezes, a biotecnologia e a nanotecnologia também são citadas como riscos existenciais, mas a biotecnologia ainda não foi desenvolvida em sua plena capacidade, e a nanotecnologia mal foi desenvolvida. Há também a mudança climática, embora a maioria das pessoas na comunidade de estudo sobre o risco existencial considere que as ameaças da mudança climática são somente *catastróficas*, em vez de *existenciais*. Mesmo que discordemos delas nesse ponto, a questão é que todos esses problemas (incluindo a mudança climática causada pelo homem) são relativamente novos.

** Isso às vezes é chamado por Yudkowsky e outros de "assalto de Pascal" — o outro lado da famosa "aposta" do matemático francês Blaise Pascal, na qual ele postulava que o indivíduo deve acreditar em Deus porque, se houver uma pequena chance de que Deus seja real, ele obterá um benefício infinito (ascender ao Céu e lá residir por toda a eternidade) por acreditar n'Ele.

Os argumentos "do homem de aço" contra um p(doom) alto

Quando pedi a Cotra que fizesse sua melhor defesa contra pessoas que indicam alto p(doom), ela disse que tem menos a ver com "os fatos técnicos" e mais com "esperar que a resposta da humanidade seja mais inteligente em vez de mais burra". Então, vamos começar por aí.

- **O Vale do Silício subestima a vindoura reação política negativa à IA.** Os norte-americanos podem não concordar em muita coisa, mas muitas pessoas já estão preocupadas com o dia do juízo final da IA,[91] e há um consenso bipartidário de que devemos agir com cuidado; uma pesquisa de janeiro de 2024[92] descobriu que a grande maioria dos cidadãos concordava com declarações de líderes democratas e republicanos pedindo cautela em relação à inteligência artificial. Nos últimos tempos, o Vale do Silício tem acertado em apostar contra o Village, mas o subestimou no passado e, com incentivos políticos fortes o suficiente, pode adotar outra postura. Grupos com interesses consolidados protestarão contra a perda de empregos. Haverá encargos regulatórios como os impostos pela União Europeia e empecilhos legais como o processo do jornal *The New York Times* contra a OpenAI. Há restrições de recursos e até potenciais conflitos de recursos, como entre a China e os Estados Unidos acerca de Taiwan, que fabrica a maioria dos chips semicondutores do mundo. E é de se perguntar como o mundo em desenvolvimento reagirá a tecnologias capazes de consolidar ainda mais a posição das superpotências mundiais. Os valores liberais ocidentais seculares não estão necessariamente vencendo; algumas previsões de fato projetam que a parcela religiosa da população mundial[93] aumentará porque os países religiosos têm maiores taxas de natalidade.

Então, quando os líderes do Vale do Silício falam de um mundo refeito de forma drástica pela IA, eu me pergunto *de qual* mundo eles estão falando. *Alguma coisa* não bate nessa equação. Jack Clark definiu de modo mais eloquente: "As pessoas não levam as guilhotinas a sério. Mas, historicamente, quando um pequeno grupo ganha uma quantidade enorme de poder e toma decisões que alteram a vida de um grande número de pessoas, a minoria acaba sendo morta, de verdade."[94]

- **Os tipos de IA subestimam o escopo da inteligência e, portanto, extrapolam muito as capacidades atuais.** Esse argumento pode exigir muitas páginas para ser apresentado, então vou dar apenas a versão expressa. Muitos especialistas com quem conversei acreditam que o escopo do que a IA pode fazer ainda é bastante restrito. O sucesso do ChatGPT em tarefas relacionadas à linguagem tem sido extraordinário, mas é pelo menos plausível que isso diga mais sobre a linguagem do que sobre a IA... que a linguagem é mais parecida com um jogo, estruturada e estratégica do que se supunha. O progresso da IA no mundo físico tem sido muito mais lento, com repetidas promessas exageradas em áreas como carros autônomos. "As IAs são boas em xadrez há muito tempo. Ainda não temos um robô que seja capaz de passar roupa", argumentou Stokes.

A falta de experiência sensorial e inteligência emocional da inteligência artificial também pode ser uma grande restrição... ou um perigo, se atribuirmos a ela tarefas para as quais não é adequada. "Há muitas evidências na psicologia de que nosso corpo impacta a maneira como pensamos, e a maneira como conceituamos o mundo e a maneira como conceituamos outras pessoas não é capturada em máquinas sem corpos", disse Mitchell.*

- **O progresso científico e econômico enfrenta muitos ventos contrários, e isso muda o equilíbrio de risco e recompensa.** Na minha conversa com **roon**, ele usou um termo típico dos "caras que trabalham com tecnologia": estagnação secular. Do ponto de vista formal, isso se refere a uma condição crônica de pouco ou nenhum crescimento econômico,[95] com frequência associada a baixas taxas de inflação e juros. Em contextos mais informais, é usado de forma mais flexível. Isso não significa necessariamente que a economia não esteja crescendo; nos Estados Unidos, por exemplo, o PIB cresceu[96] a uma taxa de cerca de 2% ao ano até agora no século XXI. Mas isso indica que o progresso é lento, que a economia não está crescendo com a mesma velocidade que antes, ou pelo menos que a taxa de progresso não está acelerando. Reflete uma visão pessimista da condição do mundo moderno. Talvez você pense que esta seja uma posição impopular no Vale do Silício — a terra do tecno-otimismo —, mas na verdade é comum por lá, na maioria das vezes articulada por pessoas como Altman. "Existem diversas razões pelas quais o progresso científico desacelerou. Mas uma das maiores é que os problemas simplesmente ficaram mais difíceis", disse ele.

Óbvio, isso pode ser interesseiro. No caso de Altman, ele fez a afirmação como parte de um discurso sobre a necessidade de construir a IA, apesar dos riscos que ela representa. Ainda assim, trata-se de uma questão vital. "Se você estiver

---

* Talvez você lembre que no Capítulo 2 chegamos a uma conclusão semelhante sobre os *traders* de Wall Street e jogadores de pôquer; nosso corpo nos fornece inteligência acionável que nossa mente consciente tem dificuldade em articular.

dirigindo em meio à neblina e não tiver certeza de onde fica o penhasco, há algo a ser dito sobre desacelerar", declarou Shear. Ao decidir se devemos pisar no freio, ajuda saber a que velocidade estamos indo, para início de conversa... e não estamos indo tão rápido assim.

Agora é sua vez de decidir se aperta o botão. Mas não é o botão de "disparar" que imaginei Sam Bankman-Fried apertando. Em vez disso, é um grande botão octogonal vermelho em que se lê PARE. Se apertá-lo, o progresso adicional na IA será interrompido de forma permanente e irrevogável. Se não fizer isso, não haverá outra chance de apertar o botão por dez anos. Você aperta o botão? Opta por sair da aposta que a civilização está fazendo com a IA... ou vai para onde a ação está?

Eu não apertaria o botão. Eu não o apertaria porque acho que o argumento da estagnação secular é razoavelmente forte, o suficiente para alterar o equilíbrio de risco e recompensa para a IA. Eu não apertaria o botão porque acredito na opcionalidade, dando a nós mesmos mais escolhas no futuro, em vez de menos. Eu não apertaria o botão porque acho que é egoísta; meu padrão de vida é alto, mas 85% da população mundial ainda vive com menos de 30 dólares por dia; isso não é considerado pobreza extrema,[97] mas está muito longe de espelhar uma vida próspera. E eu não apertaria o botão porque acho que é uma desculpa esfarrapada. A civilização precisa aprender a viver com a tecnologia que construímos, mesmo que isso signifique nos comprometer com um conjunto melhor de valores e instituições.

1776

Fundação

Desde 1776, nós, os que corremos riscos, estamos vencendo.
A Guerra de Independência dos Estados Unidos foi "tão radical e tão revolucionária quanto qualquer outra [revolução] na história".[1] Os Estados Unidos foram o primeiro país explicitamente fundado com base nos valores liberais* do Iluminismo, ou seja, coisas como liberdade religiosa, igualdade, Estado de Direito,[2] democracia e livre mercado. Os fundadores do país fizeram uma grande aposta; o exército britânico era muito mais numeroso e mais bem treinado.[3] Se a casa de apostas DraftKings existisse naquela época, os ianques seriam grandes azarões.

Mas, enquanto os Estados Unidos venciam sua aposta na independência, uma novidade emergia na Grã-Bretanha: a Revolução Industrial. Por milênios, a economia mundial estivera estagnada,[4] com crescimento de talvez 0,1% ao ano. A própria ideia de progresso era estranha.[5] Nada de muito importante estava acontecendo... até que de repente aconteceu.

Vejamos um gráfico do crescimento do PIB inglês ao longo do tempo.** Podemos ver algumas distorções, refletindo os desafios que a civilização teve que superar, das guerras mundiais à Grande Depressão e à covid-19. Mas, embora o progresso nem sempre tenha sido *suave*, vem se mantendo *persistente* desde algum ponto no final do século XVIII. Ainda que seja artificialmente necessário fixar o ponto de inflexão causado pela Revolução Industrial em um único ano, 1776 é uma escolha tão boa quanto qualquer outra, segundo Deirdre McCloskey. Essa

---

* É necessário distinguir a maneira como por vezes a palavra "liberal" é utilizada nos Estados Unidos como sinônimo de esquerda e progressismo. Na maior parte do mundo, ao contrário, o termo é usado para se referir à tradição clássica do liberalismo.

** Prefiro usar esses dados em vez dos números do mundo inteiro, porque os dados da Inglaterra são considerados por especialistas como McCloskey como mais confiáveis durante esse longo intervalo... e porque a Inglaterra foi um dos primeiros países a vivenciar a Revolução Industrial.

órbita ao redor do sol não apenas testemunhou a Declaração da Independência, mas também a publicação de *A riqueza das nações*, de Adam Smith, a obra fundamental da economia moderna. Foi também nesse ponto que a economia da Inglaterra começou a crescer de maneira então inédita. Ao longo de um século e meio, a taxa de crescimento anual do PIB da Inglaterra aumentou de modo vertiginoso, subindo de 0,4% entre 1725 e 1750 para 2,7% entre 1850 e 1875.

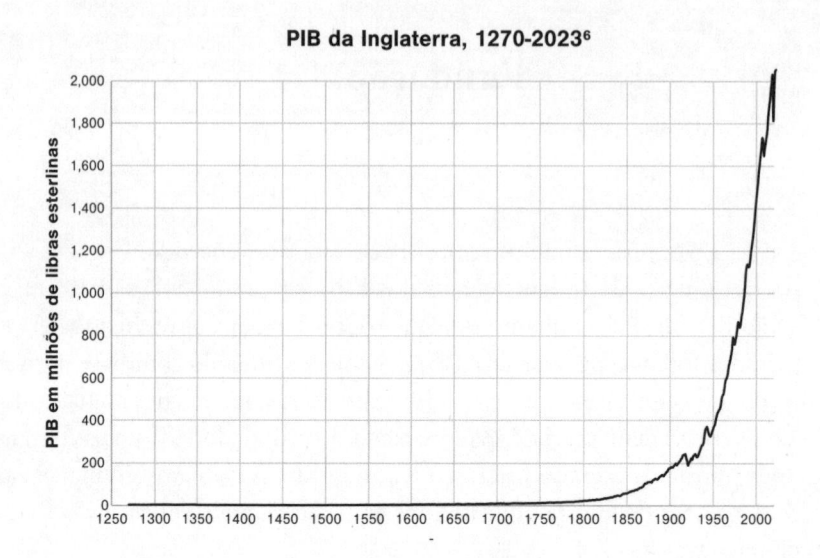

PIB da Inglaterra, 1270-2023[6]

Esse crescimento foi alimentado por políticas governamentais que estimulavam a *exposição calculada a riscos*. "Os camponeses medievais, como os pobres de hoje em qualquer lugar, estavam perto do abismo e tinham que ter muito cuidado para não cair nele", explicou McCloskey. Houve lampejos de progresso na Inglaterra e no restante do mundo, mas a chama sempre se apagava. O Iluminismo encontrou um elixir mágico para mantê-la acesa. Entre a introdução de direitos de propriedade privada protegendo seus ganhos positivos e a rede de segurança social[7] para protegê-los contra as desvantagens, de repente esses camponeses puderam "dar uma tentada" — o termo de McCloskey surgiu de *"give it a go"*, expressão usada no Reino Unido para "arriscar uma vida melhor". De início, é evidente, essa era uma oportunidade oferecida apenas a homens livres (ou seja, brancos), mas de forma gradual o direito de voto se expandiu; a Grã-Bretanha aboliu a escravidão em 1833, aos poucos as mulheres ganharam direitos de propriedade e a sociedade, ainda que com relutância, tornou-se mais tolerante com pessoas LGBTQIAPN+ e outras que, se antes eram marginalizadas, passaram a ter uma chance de "dar uma tentada".*

---

* Incluindo pessoas como Deirdre, que fez a transição para o sexo feminino em 1995, numa época em que isso era extremamente incomum, sobretudo em um campo mais conservador como a economia.

Desde 1776, o mundo nunca mais foi o mesmo. "Quer dizer, olhe ao seu redor", disse McCloskey, e espiei pela janela do meu escritório em direção ao Madison Square Garden e aos arranha-céus da área central de Manhattan. Não é a vista mais bonita de Nova York, mas é algo que nenhum camponês medieval poderia ter imaginado.

Mas não somos apenas nós, norte-americanos privilegiados, que nos beneficiamos do crescimento econômico. Em 1968, Paul Ehrlich, biólogo da Universidade de Stanford, escreveu o livro *The Population Bomb* [A bomba populacional], que previu que "a batalha para alimentar a humanidade havia encontrado seu fim" e que "milhões de pessoas [iriam] morrer de fome em breve".[8] O livro começava com uma diatribe misantrópica* inspirada por uma viagem que Ehrlich fizera havia pouco tempo à Índia, em que, sentado em um táxi "numa noite fedorenta e quente em Déli", ele enfrentou um tumulto "infernal" para "devagar abrir caminho por entre a multidão".[9] Ehrlich concluiu que o problema com os humanos era que havia muitos deles: "Pessoas visitando, discutindo e gritando. Pessoas enfiando as mãos pela janela do táxi, implorando. Pessoas defecando e urinando. Pessoas agarradas a ônibus. Pessoas pastoreando animais. Pessoas, pessoas, pessoas, pessoas."

Ehrlich achou que havia gente demais... e que logo haveria muito mais. Em 1968, 530 milhões de pessoas viviam na Índia. Agora a Índia tem uma população estimada em 1,4 bilhão. No entanto, o número de indianos vivendo em situação de extrema pobreza[10] *caiu* de 350 milhões para 140 milhões. Não é preciso ser um altruísta eficaz e radical para reconhecer que se as políticas de Ehrlich para controle populacional tivessem sido implementadas, teria sido uma catástrofe, negando a bilhões de pessoas[11] a oportunidade de levar uma vida significativa e abundante.

É por isso que não quero apertar aquele grande botão vermelho de PARE. Minha vida é muito boa. Mas não acho que tenho nenhum direito de impedir a perspectiva de prosperidade para o restante da humanidade.

— ♠ — ♥ — ♦ — ♣ —

Concentre-se nos anos mais recentes do gráfico, e note que a história não é tão encorajadora. A taxa de crescimento da Inglaterra atingiu o pico nos anos do pós-guerra entre 1950 e 1975 e desde então desacelerou. O Reino Unido tem sua cota de problemas, tendo passado por quatro primeiros-ministros entre 2019 e 2022, mas não está sozinho nesse aspecto. O crescimento do PIB global[12] também atingiu o pico na década de 1960 e no início da década de 1970; o mundo ainda está crescendo, porém mais devagar.

---

* Esse é o termo mais educado que eu poderia conceder a Ehrlich. Um termo melhor seria "racista".

Período	População	PIB real *per capita*	PIB real
1270-1400	-0,6%	+0,3%	-0,3%
1400-1500	-0,1%	+0,1%	-0,0%
1500-1600	+0,5%	+0,0%	+0,6%
1600-1700	+0,4%	+0,3%	+0,6%
1700-1725	+0,3%	+0,3%	+0,6%
1725-1750	+0,2%	+0,2%	+0,4%
1750-1775	+0,6%	+0,2%	+0,8%
1775-1800	+0,9%	+0,6%	+1,5%
1800-1825	+1,4%	+0,2%	+1,6%
1825-1850	+1,2%	+0,7%	+1,9%
1850-1875	+1,2%	+1,4%	+2,7%
1875-1900	+1,2%	+0,7%	+1,8%
1900-1925	+0,7%	+0,3%	+1,0%
1925-1950	+0,5%	+1,4%	+1,9%
1950-1975	+0,5%	+2,5%	+3,0%
1975-2000	+0,2%	+2,4%	+2,6%
2000-2023	+0,6%	+0,9%	+1,6%

E há muitos outros sinais de estagnação secular. Reflita:

- A expectativa de vida se estabilizou nos Estados Unidos.

- As taxas de fertilidade estão bem abaixo do nível de reposição em grande parte do mundo industrializado: a população está envelhecendo e terá que ser sustentada por uma força de trabalho proporcionalmente menor.

- O número de democracias eleitorais atingiu o pico em 2004 e desde então passou a declinar.

- A parcela da população mundial vivendo em democracias diminuiu a uma taxa ainda mais acentuada, em parte porque a Índia e seu 1,4 bilhão de pessoas agora são considerados mais autocráticos do que democráticos.[13]

- O planeta continua a esquentar e, segundo as estimativas, as mudanças climáticas subtrairão cerca de 11% a 14% do PIB mundial até 2050.[14]

- Estudos recentes constataram um declínio no QI nos Estados Unidos[15] e em outros países, e menos norte-americanos estão indo para a universidade.[16]

- A porcentagem de norte-americanos que dizem sofrer de depressão[17] aumentou de 11% em 2015 para 18% em 2023.

Mas a tecnologia pelo menos está avançando? Sim, mas o ritmo da inovação não está necessariamente aumentando, e essas tecnologias não estão necessariamente nos deixando mais felizes. Com a ajuda de grandes modelos de linguagem[18] e meus seguidores no X (antigo Twitter),[19] compilei listas das dez principais invenções tecnológicas[20] na primeira década dos anos 1900 e 2000. A importância de qualquer tecnologia individual pode ser contestada (junto ao critério para datar sua invenção), mas as listas devem fornecer uma razoável seção transversal.

Principais invenções tecnológicas, 1900-1909 e 2000-2009

1900-1909	2000-2009
• Avião (1903)	• iPhone (2007)
• Teoria da relatividade (1905)	• Facebook (2004)
• Ar-condicionado (1901)	• Vacinas de mRNA (2005)
• Ford Modelo T (1908)	• Projeto Genoma Humano (2003)
• Radiodifusão (1906)	• *Blockchain/Bitcoin* (2008)
• Plásticos (1907)	• Unidade USB (2000)
• Aspirador de pó (1901)	• YouTube (2005)
• Eletrocardiógrafo (1901)	• Google Maps (2005)
• Lâmina de barbear (1903)	• Computação em nuvem (2002)
• Hambúrguer (1904 ou antes)	• Tesla (2008)

A princípio, isso pode parecer uma derrota esmagadora para os anos 1900 (que tem aviões e Einstein!), mas não tenho certeza se é tão evidente assim. Pode levar décadas para percebermos o impacto das novas tecnologias; o *blockchain* e os carros autônomos talvez não tenham atingido todo o seu potencial até agora, mas quem pode dizer onde essas inovações estarão daqui a vinte ou trinta anos? E as décadas de 2010 e 2020 parecem mais promissoras do que os anos 2000 quando consideramos transformadores de IA, tecnologias de edição genética como CRISPR e até produtos farmacêuticos como semaglutida.*

Portanto, não quero sugerir que o progresso acabou; o mundo ainda está crescendo e mudando. Mas, para dizer o mínimo, não parecemos estar à beira de algum tipo de singularidade tecnológica. Na verdade, pode ser que tenhamos dado o progresso como favas contadas. "Gerar progresso é anormal", afirmou Patrick Collison, cofundador da Stripe, que defendeu a fundação de um campo que ele chama de "estudos de progresso", abordagem multidisciplinar para entender a melhoria da condição humana. "Nosso ponto de partida deve ser sempre a surpresa e o reconhecimento de que *sempre* há progresso", disse ele.

A crescente propensão dos Estados Unidos para a jogatina é outro sinal de estagnação? Eu amo Las Vegas, mas é um pouco desconcertante que pareça tão

---

* Entre os produtos com semaglutida estão Wegovy e Ozempic: medicamentos úteis para redução de peso e talvez para controle de comportamentos compulsivos.

dinâmica ao mesmo tempo que o Village e grande parte do restante do país, não. Ross Douthat, colunista do *New York Times*, escreveu sobre a crescente decadência dos Estados Unidos; então é óbvio que perguntei a ele sobre a "cidade do pecado". Douthat emprega o termo "decadente" de maneira muito particular, inspirado pela definição do historiador franco-americano Jacques Barzun, que usou "decadente"[21] para se referir a um mundo que estava "tombando, indo abaixo", repleto de delícias terrenas, mas inquieto, estagnado, carente de senso de aventura... ou seja, a caminho do "capitalismo de cassino hipercomoditizado". Douthat me disse que, por sua definição, Las Vegas é, na verdade, menos decadente do que boa parte dos Estados Unidos. "É um lugar onde as pessoas estão sempre construindo coisas novas como a Sphere, certo? Isso não acontece no restante do país." Mas "comparada ao dinamismo de Represa Hoover, aos Estados Unidos da era do Projeto Manhattan, ainda tem que ser entendida como decadente".

Alguns estudiosos vinculam esse sentimento de estagnação ao fim da era da exploração.[22] Cada centímetro da superfície da Terra já foi mapeado, então exploradores como Victor Vescovo têm que se contentar com as profundezas do oceano. O espaço sideral deveria ser a próxima fronteira, mas o pouso na Lua aconteceu em 1969, e desde então não houve uma conquista da mesma grandeza. O programa do ônibus espacial dos Estados Unidos que nos deu heróis como Kathryn Sullivan foi descontinuado em 2011 — não surpreende que Elon Musk encontre admiradores para suas ambições de colonizar Marte. Até as guerras são, cada vez mais, travadas de forma remota por meio de ataques de drones ou mísseis de precisão, o que reduz as oportunidades de confronto físico.

Talvez devêssemos ver Las Vegas como Erving Goffman a viu, como um último recurso para a realização das demandas não atendidas por risco que poderiam ter sido canalizadas para outro lugar. A sala de pôquer pode não ser a via de escape mais produtiva para as energias do River, mas pelo menos lá nossos prejuízos e nossas desvantagens são limitados às apostas mínimas. No entanto, as invenções do Vale do Silício são mais uma aposta para todos nós. Minha preocupação, como observei no início do nosso passeio, é que nossas preferências de risco se tornaram bifurcadas. Em vez de uma curva de sino de exposição ao risco em que a maioria das pessoas está em algum lugar no meio, temos Musk em um extremo e, no outro, pessoas que não saem de seu apartamento desde a covid-19. O Village e o River estão se distanciando cada vez mais.

— ♠ — ♥ — ♦ — ♣ —

Assim, o mundo se encontra em outro ponto de virada. Houve 1776, com a Guerra de Independência dos Estados Unidos, e houve a Revolução Industrial. Houve 1945, com o fim da Segunda Guerra Mundial, e a reorientação da ordem global em meio ao surgimento da Era da Informação. E há hoje. Porque, embora no fim da Guerra Fria tenha havido a breve impressão de que trilhávamos um suave caminho em direção à paz e prosperidade compartilhadas, é mais difícil defender esse argumento agora.

Francis Fukuyama, o cientista político de Stanford, é mais conhecido por seu livro de 1992, *O fim da história e o último homem*, que argumentava às sombras da Guerra Fria que a democracia liberal era a melhor maneira de canalizar os impulsos conflitantes da humanidade rumo à prosperidade compartilhada. Desde então, Fukuyama tornou-se mais pessimista, sobretudo em relação aos Estados Unidos. "A decadência acontece quando você tem uma estrutura institucional que é muito conservadora e não pode ser modificada", disse Fukuyama quando conversei com ele em 2022. "Acho que é onde estamos nos Estados Unidos agora. Temos alguns déficits institucionais evidentes, coisas que não estão funcionando bem. E é impossível consertá-los."

Vez por outra, *O fim da história e o último homem* é lembrado como uma previsão de que o mundo se tornaria mais democrático, mas é um livro repleto de nuances, e eu o interpreto mais como um argumento *proscritivo* de que a democracia liberal e a competição de livre mercado equivalem a um equilíbrio de teoria dos jogos. Sob a democracia liberal, todos têm a chance de "dar uma tentada". Nem sempre vencerão... seus partidos políticos preferidos perderão eleições, e algumas de suas invenções promissoras fracassarão. Mas todos poderão competir e serão tratados de forma justa como pessoas dotadas de agência. Melhor ainda, por meio do crescimento tecnológico gerado pelos vencedores, criaremos riqueza suficiente para fornecer aos perdedores proteção contra perdas e desvantagens, de modo que possam dar mais uma ou duas "tentadas".

De qualquer forma, essa é a teoria — e, como costumam ser as teorias, é danada de boa. No entendimento de Fukuyama, a natureza humana é mais complexa do que o racionalismo maximizador de VE do River ou a visão da esquerda (evidente em todos os lugares, de Marx a Le Guin e então ao altruísmo eficaz) de uma suposta utopia sem competição e risco. As pessoas *querem* certa quantidade de luta, é o que Fukuyama pensa, ecoando a obra de filósofos como Hegel e Nietzsche. Elas estão cheias do que ele chama de *"thymos"*,[23] antiga palavra grega que pode ser traduzida com um sentido parecido com "espírito". Quase todas as pessoas são possuídas por isotimia, o desejo de serem reconhecidas e respeitadas como iguais.* Elas variam mais em sua megalotimia, o desejo de serem reconhecidas como *superiores*.

---

* Grande parte da política moderna pode ser considerada como a luta por dignidade e respeito. Uma coisa que todos — de ativistas de esquerda a fãs do MAGA [lema da campanha de Donald Trump desde 2016, é sigla para "Make America Great Again"] — compartilham é que todos estão muito ofendidos.

Você conheceu muitos megalotímicos do River; Musk é um exemplo paradigmático. Os impulsos dele precisam ser controlados, embora os afeitos a riscos sejam também os que fazem a sociedade avançar. "Precisamos da distribuição de riscos", disse Fukuyama. "Portanto, há indivíduos que se expõem a altos riscos que, em certas situações, serão necessários para a sobrevivência da comunidade. Mas não em todas as circunstâncias. Eles também podem colocar toda a comunidade em apuros."

Então, vou fechar este livro com uma oferta de paz do River para o Village: um esforço em nome da transigência, do meio-termo. Esse esforço assume a forma de três princípios fundamentais alinhados aos valores liberais do Iluminismo, mas atualizados para a nossa era moderna. Em certo sentido, poderíamos dizer que são extraídos do meu estudo sobre pessoas que correm riscos e são extremamente bem-sucedidas; são conceitos úteis para se ter em mente quando você estiver fazendo apostas. Só que esse não é o ponto mais importante. São também ideias que podem nos ajudar a competir, prosperar e maximizar as chances da humanidade de se dar bem.

Agência * Pluralidade * Reciprocidade

A Revolução Francesa começou em 1789, apenas treze anos depois da revolução que foi a Guerra de Independência dos Estados Unidos. Viaje para Paris e você verá, o tempo todo, três palavras gravadas nos edifícios de calcário: *liberté* (liberdade), *égalité* (igualdade), *fraternité* (fraternidade ou irmandade), um slogan não oficial[24] da Revolução inspirado no Iluminismo que até hoje sobrevive como o lema nacional da França.

Não há absolutamente nada de errado com esses valores, mas estou aqui para oferecer uma versão deles um tanto atualizada para o mundo moderno e complicado. As palavras do *meu* lema são menos conhecidas, mas eu as escolhi por sua precisão: agência, pluralidade e reciprocidade.

Agência é um termo que acabei de definir no último capítulo, então vou repetir aqui a definição: refere-se não apenas a ter opções, mas *boas* opções, em que os custos e benefícios são transparentes, não exigem a superação de uma quantidade indevida de atrito e não correm o risco de aprisioná-lo em uma espiral viciante.

O conceito de agência é pertinente na pesquisa sobre inteligência artificial; a OpenAI descreve um sistema de IA *agêntica*[25] como aquela "que é capaz de atingir objetivos complexos de forma adaptável em ambientes complexos com supervisão direta limitada". A definição também se aplica muito bem aos seres humanos. *Liberté* é necessária e vital. Mas talvez não seja mais *suficiente* para nossos ambientes e objetivos complexos. Precisamos dar às pessoas escolhas *reais*, escolhas abalizadas que não exijam muita supervisão ou orientação. Dotá-las de agência envolve certa dose de humildade. Não *presuma* que sabemos quais são as preferências dos outros... e lhes dê espaço para evoluírem e se adaptarem, porque com certeza elas farão isso.

A agência possui uma relação muito íntima com a "opcionalidade", que significa preservar a capacidade das pessoas de fazer escolhas no futuro à medida que reúnem mais informações. A opcionalidade é o conceito mais explicitamente próximo ao jogo; do pôquer à negociação de opções, há VE em ter uma escolha que você pode exercer mais tarde. No entanto, não devemos confundir o número de opções com o número de *boas* opções. As pessoas podem ter problemas para exercer opções, sobretudo quando estão sob pressão. Um solucionador de pôquer de teoria de jogos pode aconselhar certa linha de jogo porque isso lhe dá a opção de blefar mais tarde. Mas, se for o Dia 6 do Evento Principal, Phil Ivey estiver do outro lado da mesa e você tiver muito medo de blefar, essa opção não lhe fará bem. Precisamos dar às pessoas escolhas robustas que elas sejam capazes de realizar.

Pluralidade significa não deixar nenhuma pessoa, nenhum grupo ou ideologia se apropriar de uma parcela dominante do poder. Os jogadores estão familiarizados com esse conceito; os apostadores esportivos mais bem-sucedidos, como Billy Walters, buscam conselhos de vários especialistas humanos e modelos de computador antes de fazer suas apostas. Buscar consenso é quase sempre mais robusto do que presumir que qualquer modelo é bom o suficiente para vencer o *spread*.

Embora a pluralidade seja meu análogo moderno mais próximo de *égalité*, os dois não significam a mesma coisa. Você não quer necessariamente dar a cada modelo o mesmo peso ou a cada ideia um assento à mesa. Em vez disso, endosso a ideia de Nick Bostrom de um parlamento moral, que imaginei no Capítulo 7 como uma mistura de diferentes tradições filosóficas (por exemplo, utilitarismo, liberalismo, conservadorismo, progressismo), que são confiáveis e robustas o suficiente para merecer alguma consideração em seu arcabouço moral.

É imperativo, no entanto, ter cautela com ideologias totalizantes, seja na forma de utilitarismo, aceleracionismo do Vale do Silício, identitarismo* do Village ou qualquer outra coisa. Em nosso mundo veloz e de pernas para o ar, é difícil saber quando um movimento ideológico pode de repente acumular *muito* poder muito depressa, como o utilitarismo fez sob Sam Bankman-Fried, e colocar em prática seus piores impulsos. Mesmo que se pense que uma filosofia está *quase sempre* certa,** com frequência sua versão não destilada é perigosa.

Por fim, há a **reciprocidade**. Esse é o princípio mais riveriano de todos, uma vez que flui direto da teoria dos jogos. Trate as outras pessoas como seres inteli-

---

* Ou seja, seu hábito de transformar toda disputa política em uma questão de política de identidade.
** O termo riveriano para isso é "direcionalmente certo", o que significa apontar para a direção certa.

gentes e capazes de comportamento estratégico sensato. O mundo é dinâmico e, embora as pessoas possam não ser 100% racionais, em geral são espertas para se adaptar à sua situação e alcançar as coisas que mais lhes importam. Jogue para o longo prazo. É claro, às vezes outras pessoas lhe dão a oportunidade de tirar proveito delas. Mas lembre-se de que, em um equilíbrio de Nash, qualquer tentativa de explorar seu oponente implica correr o risco de também ser explorado. Evite "mentiras nobres"[26] e tomar posições por pura conveniência política. Isso não somente pode prejudicar sua credibilidade, como as pessoas vão farejar seu blefe com mais frequência do que você imagina.

A reciprocidade é meu análogo à *fraternité*. Seja empático com seus irmãos e suas irmãs — mas também pratique o que H. R. McMaster chama de "empatia estratégica". Coloque-se no lugar do seu rival e, pelo menos como atitude padrão, trate-o com a dignidade com que você esperaria ser tratado. A ideia de isotimia de Fukuyama também é bem próxima a isso. Poucas coisas motivam as pessoas mais do que o desejo de buscar vingança quando se sentem desrespeitadas.

Mas e se você for desrespeitado ou estiver lidando com algum babaca que tem mais megalotimia do que isotimia? Ora, não vou fazer você ler 500 páginas de um livro sobre jogadores hipercompetitivos para no finalzinho dizer algo como "dê a outra face". De fato, às vezes reciprocidade significa retribuir. A dissuasão desempenha um grande papel na teoria dos jogos. Às vezes, é preciso se manter firme e não ceder.

No entanto, com mais frequência devemos dar aos outros o benefício da dúvida. Respeito e confiança podem ser perdidos, mas devem ser oferecidos primeiro. Lembre-se da lição do dilema do prisioneiro: ela descreve quando as pessoas se comportam individualmente de forma racional, mas acabam se saindo piores coletivamente porque não têm como confiar umas nas outras. A confiança em quase todas as principais instituições norte-americanas diminuiu e, em muitos casos, acho que essa foi uma reação razoável. Mas o mundo é um lugar perigoso. Sobrevivemos por apenas oitenta anos com uma tecnologia que tem o potencial de destruir a civilização, e podemos estar prestes a inventar outra. O Iluminismo enfatizou o individualismo, mas também se preocupou com a criação de instituições robustas, em especial a democracia liberal e a economia de mercado, que pudessem canalizar nossa competitividade para promover os interesses compartilhados da humanidade. Por vezes, essas instituições falham, e talvez estejam falhando com ainda mais frequência — pode ser até que precisem ser refundadas, sobre novos alicerces. Mas não tenho certeza de por quanto tempo mais sobreviveremos se abandonarmos a esperança de uma governança democrática que tenha uma chance de lutar para tomar decisões razoáveis em prol do bem comum.

Como nós, jogadores de pôquer, costumamos dizer: *Glgl — Good luck, good luck. Boa sorte, boa sorte* —, pois podemos precisar disso.

AGRADECIMENTOS, MÉTODOS E FONTES

Há pouco mais de três anos, nos dias de degelo de um inverno no nordeste dos Estados Unidos e da pandemia de covid-19, decidi que queria escrever outro livro. Fazia oito anos e meio desde a publicação de *O sinal e o ruído*, e eu já estava na meia-idade. Enquanto a Disney enfrentava ventos econômicos contrários e a minha paixão por ser um "nerd eleitoral" minguava, eu não tinha a expectativa de que meu futuro estivesse no FiveThirtyEight. Tinha certeza de que precisava de algo novo na minha vida. E sabia que tinha muito a dizer.

Eu só não tinha grande certeza *do quê*. Então, certa tarde conversei com minha editora Ginny Smith e apresentei a ela três ideias ainda em fase de desenvolvimento: um livro sobre apostas e jogatina, um livro sobre inteligência artificial e um livro sobre teoria dos jogos. Para minha alegria, de imediato Ginny e a equipe da Penguin Press foram atraídas pela ideia das apostas e jogatina (aquela que eu, no fundo, tinha a esperança de que preferissem), embora, na verdade, *No limite* tenha incorporado todos os três tópicos.

Nos agradecimentos de *O sinal e o ruído*, citei o escritor Joseph Epstein: "É muito melhor ter escrito um livro do que estar escrevendo um livro." Embora eu sinta um imenso orgulho dos rumos que *O sinal e o ruído* tomou, foi meu primeiro livro longo, quando eu estava acostumado ao *feedback* instantâneo de publicar textos em um blog fora do ciclo de notícias diárias, e houve um bocado de dores de crescimento e falsos começos. Já com *No limite*, eu me apaixonei pelo projeto desde o início. Embora a proposta que eu e minha agente Sydelle Kramer elaboramos ainda estivesse na embrionária forma de rascunho, rumei para a Flórida a fim de participar do Seminole Hard Rock Poker Showdown, e comecei a fazer contatos no River e a melhorar minhas habilidades no pôquer. Gostei de verdade do trabalho de pesquisa para este livro — no mínimo, foi uma boa desculpa para ter muitas conversas interessantes com muitas pessoas interessantes (e jogar muito pôquer)

—, mas também gostei do processo de escrita em si. Este livro levou muito tempo para ser elaborado, mas foi um tempo bem gasto.

No entanto, essa experiência relativamente indolor refletiu uma tremenda quantidade de sorte. Sorte por ter Ginny como editora, Caroline Sydney como editora associada e Ann Godoff e Scott Moyers comandando as coisas na Penguin Press. Eles demonstraram uma paciência extraordinária enquanto o escopo de *No limite* continuava se expandindo e os prazos eram adiados. (A proposta original previa "tamanho total entre 60 mil a 85 mil palavras". Este livro é, há, bem maior do que isso. Não foi uma das minhas melhores previsões.) Ginny forneceu a quantidade certa de orientação nos momentos certos. Um escritor não poderia pedir mais nada.

Também tive a sorte de contar com Kendrick McDonald como assistente de pesquisa, fosse rastreando fontes difíceis de localizar ou traduzindo de maneira minuciosa minhas anotações sobre fontes para lhes dar a forma de abrangentes notas de fim de texto. Tive a sorte de contar com Sydelle como agente, sempre pronta para servir como minha defensora. Tive a sorte de contar com Andy Young como a pessoa responsável por verificar todos os fatos e com a equipe de revisores da Penguin (Amy Ryan e Eric Wechter), que me salvaram de alguns erros constrangedores, como por exemplo quando inseri a letra "c" antes do "k" em duas ocorrências do nome "Francis Fukuyama".

Quero agradecer também aos muitos indivíduos que concordaram em conversar comigo para este projeto — algumas de suas contribuições estão refletidas no texto, fazendo-lhe jus, mas outras não. As pessoas mencionadas a seguir serviram como "guias espirituais" na minha navegação ao longo do River. Mesmo que não tenham sido citadas nominalmente no texto, elas me apresentaram a outras fontes ou avaliaram ideias que moldaram profundamente meu pensamento: Brandon Adams, Steve Albini, Scott Alexander, Johnny Betancourt, Andrew Brokos, Joe Bunevith, Austin Chen, K. L. Cleeton, Tyler Cowen, Marie Donoghue, Tom Dwan, Andy Frankenberger, Mitch Garshofsky, Matt Glassman, Kirk Goldsberry, Bill Gurley, Cate Hall, Walt Hickey, Maria Ho, Anil Kashyap, Salim Khoury, Maria Konnikova, Ryan Laplante, Timothy B. Lee, Jonathan Little, Jeff Ma, Jason MacLean, Alex Mather, Sunny Mehta, Ed Miller, Daryl Morey, Zvi Mowshowitz, Toby Ord, Alix Pasquet III, Shashank Patel, Jon Ralston, Zach Ralston, Max Roser, Dan "C3PC" Singer, Michelle Skinner, Jason Somerville, Carlos Welch, Derek Wiggins, Karen Wong e Bill Zito. (Omiti os nomes de algumas pessoas de jogos de pôquer privados, pois sou do tipo "come-quieto" e não costumo revelar segredos.)

Também devo alguns agradecimentos a uma categoria especial. Além de Ginny, ninguém forneceu sugestões mais úteis do que meu parceiro, Robert Gauldin, a quem este livro é dedicado. E obrigado a Zach Weinersmith, que desenhou o lindo "mapa" ilustrado do River que você vê na Introdução, e que com toda a paciência do mundo me atendeu enquanto trabalhávamos para traduzir em algo impresso na página a vaga paisagem que eu tinha na minha cabeça. Obrigado também a Randall Munroe, Piotr Lopusiewicz e Jesse Prinz, que, sem criar nenhuma dor de cabeça, nos concederam permissão para usar suas ilustrações.

Algumas notas rápidas sobre métodos e fontes. O material-fonte mais importante para este livro é a série de cerca de duzentas entrevistas com quase o mesmo número de fontes (algumas pessoas foram entrevistadas mais de uma vez; algumas entrevistas envolveram várias pessoas ao mesmo tempo). Quase todas as entrevistas foram concedidas via depoimentos orais (cerca de metade pessoalmente e a outra metade de modo remoto), e a maioria foi gravada. Nos casos das entrevistas via e-mail ou naquelas em que houve uma considerável dose de comentários com elucidações por e-mail, apontei isso nas notas finais. As transcrições foram realizadas pelo serviço de IA Otter. Na maioria dos casos em que uma fonte é citada de forma literal, chequei e verifiquei de novo cada citação, palavra por palavra, em relação à transcrição de áudio original, mas não fiz esse cotejo em todos os casos. Usei meu discernimento para determinar quantas expressões como "tipo" e "há" ou quantos errinhos gramaticais de menor importância eu apagaria do texto. Na grande maioria dos casos em que afirmo que uma fonte "disse" algo, significa que ela disse diretamente para mim, mas exceções em que o contexto não é evidente também são detalhadas nas notas finais. Cerca de 80% das entrevistas foram registradas em sua integralidade ou em parte, mas outras envolveram termos e condições mais complicados, e parte do conhecimento que dá consistência a este livro vem de conversas privadas.

Outra fonte importante é a experiência pessoal. Isso às vezes se estendeu a conversas informais que tive em ambientes como uma mesa de pôquer. Em casos nos quais havia ambiguidade acerca da natureza da interação e como ela poderia ser representada neste texto, levei em consideração fatores como até que ponto meu interlocutor era bem-informado, a experiência do meu interlocutor em lidar com jornalistas e o caráter público ou reservado do ambiente.

É inevitável que existam vieses decorrentes de quem concordou em conversar comigo. Algumas fontes são pessoas que eu considero amigas e, em alguns casos, amigas próximas. Não estou mais no quinto ano do ensino fundamental, então não vou fazer uma lista dos meus amigos. Mas você deve ter em mente que sou um morador do River, e não apenas um visitante. Também obtenho renda de várias atividades adjacentes ao River e, em diversos momentos, tive conversas de negócios com pessoas ou organizações mencionadas, por exemplo, sobre projetos de consultoria ou convites formais para dar palestras. Algumas pessoas no River têm origens variadas ou não são narradores 100% confiáveis; listar todas as ressalvas possíveis sobre cada uma das fontes exigiria outras vinte páginas. Tentei navegar por tudo isso citando com meticulosidade o material-fonte e não sendo dependente em excesso de nenhum contato específico.

Mais um agradecimento, esse uma novidade: o ChatGPT proporcionou significativo auxílio na escrita deste livro, servindo como uma musa criativa ao criar coisas como subtítulos de capítulos, metáforas e analogias, e para refinar minha compreensão de tópicos técnicos que provavelmente serão bem representados em seu *corpus*. Ele não pode atuar como um verificador de fatos confiável, e é por isso que precisei de Andy e da equipe da Penguin Press. Além disso, não suporto o estilo de prosa do ChatGPT — toda a escrita é minha. No entanto, é uma ferramenta útil para um autor de não ficção, e melhorou minha produtividade.

Por fim, obrigado por comprar este livro. Espero que tenha valido a pena. Mas, se nos encontrarmos na mesa de pôquer, ainda vou arrancar cada centímetro de VE de que eu for capaz.

— Nate Silver, Las Vegas, Nevada, 10 de abril de 2024

GLOSSÁRIO:
COMO FALAR RIVERIANO

Esta é uma lista quase completa dos termos técnicos usados em *No limite*, oriundos dos vários campos contemplados pelo livro, como pôquer, jogos de azar, finanças, inteligência artificial, criptomoedas e altruísmo eficaz. Incluí também um pequeno punhado de termos que não entraram na narrativa principal, mas que são encontrados com frequência em conversas com riverianos ou que fornecem um exemplo particularmente pitoresco da maneira como o River vê o mundo.

Os termos designados com asterisco (*) não são tão utilizados. Refletem expressões concisas usadas por alguma fonte minha, ou que eu mesmo criei para este livro. As entradas em itálico são termos relacionados que não receberam uma entrada própria. Assim como o meu editor e o meu assistente de pesquisa, o ChatGPT foi útil para verificar e refinar as definições aqui presentes.

10x, 100x, 1000x etc.: Um alto retorno sobre o investimento, como de uma startup; 100x significa recuperar 100 vezes sua aposta inicial.

+110, –110 etc.: Em contextos de jogatina/jogos de azar, esses números de três dígitos são expressões das chamadas *odds americanas*; números positivos indicam azarões e números negativos indicam favoritos. *Veja também*: odds.

3-Bet, 4-Bet etc.: No pôquer, aumentar de novo a aposta depois de um reaumento da aposta, ou seja, o terceiro ou quarto ou quinto... aumento numa aposta. Por exemplo: Alice faz uma aposta (*bet*), Bob faz um *raise* (aumenta), Carol faz um *3-bet*.

Abstração: Extrair regras ou princípios gerais, dissociados de seu contexto imediato, a partir das coisas que se observa no mundo. *Veja também*: raciocínio indutivo.

Ação meme: Uma ação, a exemplo da GameStop, levada a valores irracionais devido ao entusiasmo viralizado em plataformas como r/wallstreetbets, temporariamente arrancando o dinheiro de vendedores a descoberto.

Ação: Um termo significativo nos jogos, com vários sentidos: serve para (1) uma oportunidade lucrativa ou de alto risco, mas arriscada ("Onde a ação está"); (2) um sinônimo de jogo solto e agressivo ("Ele é um jogador de ação"); (3) ter uma aposta em jogo ("Ela tem ação nos Bengals"); (4) quando é sua vez de agir no pôquer ("A ação é sua, senhor").

Aceleracionista: Alguém que é favorável a velozes avanços na IA com poucas restrições e regulamentações; o oposto de um aceleracionista é um *decel* [desacelerador]. *Veja também*: e/acc.

Aceleradora: Um programa competitivo que fornece mentoria e pequenos investimentos financeiros para startups em estágio inicial em troca de uma participação acionária na empresa.

AE: *Veja:* Altruísmo eficaz.

Agência: Conforme a definição mais completa no Capítulo ∞, ser capacitado para tomar decisões robustas e bem fundamentadas; saber quais fatores estão sob seu controle.

Agente: Na teoria dos jogos ou na IA, uma entidade dotada de inteligência suficiente para fazer escolhas estratégicas razoáveis.

AGI: Inteligência artificial geral [do inglês *artificial general intelligence*]. O termo não tem uma definição fechada, mas se refere pelo menos a uma inteligência ampla de nível humano, às vezes distinta da superinteligência artificial [ASL, *artificial superintelligence*], que supera a dos humanos.

AK: Ás com rei, a melhor mão inicial no *Hold'em* além de um *pocket pair*.

Alavancagem: Técnica arriscada que envolve tomar capital emprestado para fazer apostas maiores.

Alfa: Em finanças, ter uma vantagem por meio de habilidade ou métodos proprietários que permitem a obtenção de retornos persistentes acima do mercado.

Algoritmo: Um conjunto composto por um passo a passo para executar uma tarefa ou calcular uma resposta para um problema. Com frequência, o termo se refere a um programa de computador, mas não se restringe a isso; "pegue a rodovia, a menos que haja um jogo do Dodgers; se houver um jogo, opte pelas vias secundárias" é um exemplo de um algoritmo simples. Coloquialmente, "algoritmo" é vez por outra empregado como sinônimo de "modelo", mas os algoritmos em geral adotam uma abordagem determinística e não usam técnicas probabilísticas como a simulação que os modelos às vezes usam.

Alinhamento (IA): A qualidade dos sistemas de IA sendo "bem-comportados" e realizando com segurança seus objetivos pretendidos. Os detalhes fazem toda a diferença ao se tratar desse termo, tais como a quais objetivos exatamente as IAs devem servir.

All-in: Apostar todas as suas fichas de pôquer de uma só vez numa jogada. Ou, em um eufemismo, comprometer-se totalmente com uma ação — mas alguns riverianos consideram essa metáfora banal demais.

Altruísmo eficaz: Movimento fundado por Will MacAskill e Toby Ord que defende o uso de análise rigorosa para determinar como fazer o maior bem possível. Originalmente focado em doações de caridade, o AE agora estende esses princípios para avaliar outras questões, como o risco existencial. Tem origens na filosofia utilitarista, embora nem todos os AEs sejam utilitaristas.

Alucinação (IA): Muitas vezes, informações falsas "criativas" produzidas por Grandes Modelos de Linguagem (LLMs) quando eles não sabem a resposta, mas fingem que sabem.

Ameaça que deixa algo ao acaso: Na teoria da dissuasão nuclear, a ideia de Thomas Schelling de que a escalada contém um risco intrínseco de provocar retaliação nuclear porque acidentes ou decisões impulsivas podem acontecer na névoa da guerra.

Análise de regressão: Método estatístico empregado para determinar a relação entre uma *variável independente* e uma ou mais *variáveis dependentes*. Por exemplo, a análise de regressão pode analisar de que maneira as condições climáticas e os dias da semana influenciam as vendas em uma churrascaria.

Análise, analítica: "Análise" refere-se ao processo de decompor assuntos complexos em componentes mais simples. Por outro lado, "analítica" refere-se ao uso de métodos estatísticos para analisar dados, sobretudo em negócios ou esportes.

Ângulo: Em apostas esportivas, uma vantagem resultante de um insight proprietário específico, como uma propriedade estatística que as casas de apostas ignoram. No pôquer, o termo se refere a uma tática obscura que não é estritamente contra as regras, mas tem a intenção de enganar, manipular — por exemplo, colocar as mãos atrás das fichas para sugerir que você vai apostar tudo, mas parar depois de provocar uma reação do seu oponente; um jogador com o hábito de fazer essas jogadas é um *angle-shooter*.

Ante: Uma contribuição obrigatória para o pote paga por todos os jogadores a fim de lançar a ação no início de uma mão de pôquer. *Veja também*: blind.

Aperte o botão:* No sentido em que é empregado neste livro, significa decidir realizar uma ação de alto risco e alta recompensa que pode representar um risco existencial.

Aposta de Pascal: A famosa "aposta" do matemático francês Blaise Pascal, na qual ele postulava que o indivíduo deve acreditar em Deus porque, se houver uma pequena chance de que Deus seja real, vai garantir um benefício infinito (ascender ao Céu e lá residir por toda a eternidade) por ter acreditado.

Apostas mínimas: No pôquer, sua responsabilidade é limitada às fichas que você tem à sua frente sobre a mesa; metaforicamente, o termo implica que você deve parar de ser um *nit*, porque não lhe pediram para arriscar tanto assim ("Vamos lá, essas são apenas as apostas mínimas").

Aprendizado de máquina: Técnica de IA na qual os computadores aprendem de maneira autônoma relacionamentos e padrões por meio da análise de grandes volumes e conjuntos de dados, com pouca ou nenhuma orientação explícita de humanos.

Aprendizado por reforço a partir do *feedback* humano (RLHF): Um estágio final do treinamento de um Grande Modelo de Linguagem no qual avaliadores humanos aprovam ou desaprovam com base em critérios subjetivos para tornar o LLM mais alinhado a valores humanos. Coloquialmente descrito por Stuart Russell como "dar umas palmadas".

Arbitragem (Arb): Estratégia para auferir lucro sem risco explorando diferenças de preço do mesmo ativo em diferentes mercados.

Archipelago (O):* A região do River que abrange atividades de mercado cinza, como trocas de criptomoedas não regulamentadas; um lugar a ser evitado.

Arriscar a própria pele (*skin in the game*): Termo popularizado por Warren Buffett (e mais tarde por Nassim Nicholas Taleb, que o usou como título de um livro)* para se referir a arcar com as consequências de nossas ações. Alguém que aposta 50 mil dólares em cada jogo da NFL arrisca a própria pele; um acadêmico que publica um modelo de computador da NFL, mas nunca aposta com base nele, não arrisca.

Árvore de jogo: A explosiva matriz de ramos (resultados) de diferentes nós (pontos de decisão) em um jogo. O xadrez tem uma árvore de jogo muito maior do que o jogo da velha porque há muito mais ações possíveis.

Ases: Um par de *pocket aces* (ases de bolso) como suas cartas fechadas, a melhor mão inicial possível no *Hold'em*.

Assalto de Pascal: Conceito introduzido por Eliezer Yudkowsky, uma contrapartida à "aposta de Pascal", na qual você é solicitado a fazer um sacrifício a fim de evitar uma probabilidade pequena e implausível de um resultado catastrófico — por exemplo, um assaltante ameaça você declarando que ou você entrega a ele 5 dólares ou então há uma chance de ele desencadear uma reação em cadeia em um acelerador de partículas que levará à morte térmica do universo. É um exemplo das deficiências potenciais do raciocínio utilitário quando aplicado a problemas cotidianos.

Atenção (IA): Em um modelo transformador, o mecanismo para avaliar a importância da relação semântica entre diferentes pares de *tokens*. Por exemplo, os *tokens* "coiote" e "papa-léguas" estariam intimamente ligados e atrairiam mais atenção do modelo. *Veja também*: transformador.

Atrito: Restrições que tornam mais difícil para alguém exercer uma opção que em tese está disponível para ele. O atrito pode ser traiçoeiro — por exemplo,

---

* *Arriscando a própria pele – assimetrias ocultas no cotidiano*. Tradução de Renato Marques. Rio de Janeiro: Objetiva, 2018. (N. T.)

quando um cassino dificulta o acesso à saída, em um esforço para que as pessoas continuem lá dentro jogando.

Atualização (Teorema de Bayes): Conforme indica o teorema de Bayes, rever suas opiniões após considerar novas evidências. Com muita frequência é empregado coloquialmente no River como uma forma um tanto pretensiosa de se referir a mudar de ideia.

Avesso ao risco, amante do risco, neutro ao risco: Várias disposições em relação a correr riscos; "Avesso ao risco" significa recusar uma aposta com valor esperado zero; "amante do risco" significa aceitar essa aposta; e "neutro ao risco" significa ser indiferente a ela.

Backdoor: Salvar uma aposta perdida por meios improváveis, por exemplo, pegando duas cartas consecutivas para fazer um *flush*, ou quando um time de futebol americano chuta um *field goal* sem sentido para cobrir o *spread* de pontos; o oposto cármico de uma *bad beat*.

Backtest: Avaliar o desempenho de um modelo em dados conhecidos e do passado. Menos confiável do que usar dados de fora da amostra, em que não se conhecem os resultados com antecedência. *Veja também: overfitting* (sobreajuste).

Bad beat: Perder uma aposta em que a pessoa era a grande favorita, sobretudo se seu oponente fez uma jogada especulativa. A♣A♦ perder para 7♥2♣ (uma das piores mãos no pôquer) é considerado mais uma *bad beat* do que ases perdendo para outra mão forte, como um par de reis. Os riverianos costumam ampliar o sentido para situações cotidianas — por exemplo, receber uma multa ao estacionar de forma irregular por apenas cinco minutos para pegar um pedido no Starbucks.

Baleia (*whale*): No pôquer e em jogos de cassino, um jogador relativamente ruim e perdedor que se arrisca a ganhar e perder grandes potes e faz apostas altas (*Veja também: fish*/peixe, VIP). No mundo cripto, no entanto, o termo tem uma conotação positiva para se referir a um grande detentor de *tokens* ou NFTs.

Bankroll: A quantia de dinheiro que um jogador reserva para apostar. É importante considerar se um *bankroll* pode ser reabastecido. Elon Musk pode supostamente ter um *bankroll* de 100 mil dólares em um jogo de pôquer, mas tem muito mais dinheiro se precisar. Quando um *bankroll* é irrecuperável, um jogador enfrenta o risco de ruína.

Barra de erro: Representação gráfica de um intervalo de confiança ou margem de erro, indicando uma faixa de incerteza em torno de um ponto de dados.

Bayesiano: Forma de pensamento que reflete o teorema de Bayes, indicando que você (1) tem algumas convicções iniciais ou anteriores sobre o mundo em vez de tratá-lo como uma tábula rasa; e (2) atualiza de modo racional essas crenças com base na força de novas evidências.

Beard (apostas esportivas): Alguém, idealmente uma baleia (*whale*) ou *degen* conhecido, que faz uma aposta em nome de outrem, em geral em troca de uma parte dos lucros.

Big data: Conjuntos de dados muito grandes (por exemplo, centenas de milhões de registros de clientes) que podem ser adequados para o aprendizado de máquina. Por volta de 2010-2016, o termo também era empregado como sinônimo de analítica, mas isso se tornou arcaico.

Black-Scholes: Uma fórmula bem conhecida para precificar opções de ações, cujo nome homenageia os economistas Fischer Black e Myron Scholes.

Blinds (pôquer): Apostas obrigatórias que os jogadores em torno da mesa pagam para semear o pote. No *Hold'em*, há um *small blind* e um *big blind*, o primeiro custando metade do preço. *Veja também*: ante.

Blockchain: Um livro-razão digital de transações em ordem cronológica; por exemplo, o *blockchain* do Bitcoin registra todas as vendas de Bitcoin. Um *blockchain* é descentralizado e distribuído em vários computadores de modo a fornecer um mecanismo para verificar transações sem depender de governos ou do sistema financeiro. Existem vários *blockchains;* o *blockchain* do Bitcoin e o *blockchain* do Ethereum são livros-razão separados.

Blockers/Bloqueadores (pôquer): Uma carta que afeta a distribuição estatística do alcance de mãos do seu oponente. Por exemplo, se você tiver o A♠, seu oponente terá menos probabilidade de ter um *flush* de espadas porque você "bloqueia" o *flush*.

Bloco Genesis: O bloco inaugural no *blockchain* do Bitcoin, marcando o início de seu livro-razão. Para mais contexto, consulte o Capítulo 6.

Board: As cartas viradas/expostas em uma mão de pôquer; no *Hold'em*, essas são cartas comunitárias compartilhadas por todos os jogadores.

Bolha (pôquer): Em um torneio de pôquer, o momento pouco antes de os prêmios em dinheiro serem concedidos. Pode forçar significativos desvios na estratégia, como grandes pilhas evitando conflitos entre si enquanto atacam de modo implacável pilhas pequenas que estão tentando sobreviver apenas tempo o suficiente para receber um prêmio mínimo (*mincash*).

Bookmaker (casas de apostas, agenciadores de apostas): Alguém que aceita apostas esportivas. Os *bookmakers* ajustam suas probabilidades com base nas apostas até aquele instante, movendo a linha na direção da ação *sharp*. *Veja também*: handicapper, termo de significado diferente com o qual às vezes é confundido.

***Boom* do pôquer:** Iniciado em 2003, foi um período de rápida expansão do pôquer devido à crescente disponibilidade de jogos on-line e à vitória de Chris Moneymaker no Evento Principal de 2003. O boom do pôquer terminou entre 2006 e 2008, por causa de medidas legais cada vez mais agressivas contra o pôquer on-line.

Bored Apes: Uma coleção popular de NFTs (*non-fungible tokens*, token não fungíveis) mais conhecida como Bored Ape Yacht Club, que apresenta macacos engraçadinhos em uniformes de velejador. Menos prestigiosos do que CryptoPunks e associados com mais frequência à bolha dos NFTs de 2020-2022; o termo *apeing* se refere à compra impulsiva de um novo *token* ou coleção de NFTs sem considerar seu valor subjacente.

Bracelete (pôquer): A pulseira de ouro concedida aos vencedores de um evento na World Series de Pôquer; hoje são mais de cem os eventos que distribuem braceletes todos os anos, entre torneios WSOP ao vivo e on-line, mas eles continuam bastante cobiçados.

BTC: Abreviação para o atual preço de mercado do Bitcoin, a criptomoeda nativa do *blockchain* do Bitcoin.

Bullet/**bala (pôquer):** Uma entrada em um torneio; pagar entradas para o mesmo evento várias vezes é "disparar múltiplas balas".

Bust, Busted, **Busto:** Ser eliminado de um torneio de pôquer — ou perder todas as fichas, ficar sem dinheiro e estourar o *bankroll*.

Button/**botão (pôquer):** O jogador que age por último após o *flop*; isso é uma vantagem e garante mais jogadas. O nome deriva do botão branco ou pequeno disco com a inscrição "DEALER" que gira de jogador em jogador ao redor da mesa para indicar o último jogador a entrar em ação na mão. *Veja também*: Dealer/Crupiê.

Buy-in: O montante necessário para entrar em um torneio de pôquer, ou o ato de fazer isso.

Cale a boca e multiplique *(Shut Up and Multiply)*: Advertência, cunhada por Eliezer Yudkowsky, em defesa do comprometimento com o processo de cálculo rigoroso — você não deve confiar no seu instinto se não consegue traduzir suas intuições para a forma matemática.

Calibração: Em estatística, a extensão em que suas previsões correspondem às suas supostas probabilidades. Por exemplo, se prevê que certa classe de eventos ocorrerá em 20% das vezes, o fato de ocorrerem 21 vezes em uma amostra de 100 testes indicaria que suas previsões foram bem calibradas.

Call **(pôquer):** Igualar a aposta do seu oponente.

Calling station: Um jogador de pôquer receoso que é *loose* e passivo e faz *call* em vez de aumentar ou desistir; nunca blefe com um *calling station*.

Canon/**cânone:** Uma obra de arte ou ciência que é muito conhecida e respeitada; Shakespeare é uma parte do cânone da literatura inglesa. O adjetivo é *canônico*.

Capital de risco (*venture capital*)**:** O setor de empresas privadas, com mais destaque para as do Vale do Silício, que fornecem capital para startups em estágio inicial.

Capitalismo de cassino hipercomoditizado:* Um futuro distópico próximo no qual o mundo se torna mais parecido com um cassino e uma pequena porcentagem de pessoas utiliza IA para explorar as massas.

Capped **(pôquer):** Ter jogado de tal forma que impossibilita ter uma mão muito forte e, portanto, leva a pessoa a não conseguir impedir o jogo agressivo de seus oponentes.

Captura regulatória: A tendência de empresas já estabelecidas de se beneficiarem quando uma nova regulamentação é elaborada supostamente em nome do interesse público; por exemplo, por causa de *lobby* bem-sucedido.

Cartas comunitárias: No *Hold'em*, cartas distribuídas viradas para cima e compartilhadas por todos os jogadores. *Veja também*: *flop*, *turn*, *river*.

Cash game **(jogo a dinheiro):** Ao contrário de um torneio, trata-se de um formato de jogo de pôquer sem ponto final fixo, em que se joga pelo dinheiro na mesa e o participante pode sacar suas fichas e sair a qualquer momento.

Caso extremo: Um exemplo que ocorre em circunstâncias extremas ou incomuns, que podem não ser adequadas para generalização.

Cassino local: Um cassino com comodidades limitadas, voltado para moradores locais. *Veja também*: *slot barn*.

Cerca de Chesterton: Referência a uma parábola do filósofo G. K. Chesterton sobre uma cerca que foi erguida em uma estrada por razões que lhe são desconhecidas, e invocada como uma forma de estimular o conservadorismo diante da incerteza. Para começo de conversa, você não deve apenas remover a cerca sem saber por que motivo ela foi colocada lá — ela pode ser uma proteção contra predadores perigosos, por exemplo.

Cérebro de economista:* A tendência de pensar que todas as decisões podem ser resolvidas por meio de análise de custo-benefício.

Chalk **(apostas esportivas):** Apostas previsíveis em grandes favoritos, em geral um sinal de aversão ao risco.

***Chase*:** Depois de perder uma aposta, continuar apostando até empatar — ou ir à falência. O termo implica *tilt* e desespero.

Check **(pôquer):** Passar sua vez quando não há nenhuma aposta até então, movendo a ação no sentido horário para o jogador seguinte à esquerda.

***Check-raise*:** Fazer um *raise* (aumentar) depois que sua ação anterior foi dar *check* e outro oponente apostou.

***Chop*:** Em apostas e jogos de azar, dividir igualmente; dois jogadores de pôquer com a mesma mão no *showdown* dividem o pote e, se saírem para jantar mais tarde, podem dividir a conta se assim concordarem.

Ciclo de feedback: Processo em que os resultados afetam recursivamente o comportamento futuro do sistema. Por exemplo, o aumento do aquecimento global faz com que mais geleiras derretam, o que causa mais aquecimento devido à redução da refletividade da superfície da Terra. Um ciclo de feedback também pode ser chamado de *ciclo virtuoso* ou *ciclo negativo*, dependendo se os efeitos são vistos como positivos ou negativos.

Ciclo virtuoso: *Veja:* ciclo de feedback.

Ciência de dados: Estatística aplicada, especialmente em um contexto empresarial. É jargão, embora melhor do que algumas alternativas.

Cisne Negro: Termo cunhado por Nassim Nicholas Taleb para se referir a resultados em tese extremamente improváveis que eram na verdade mais prováveis do que se supunha devido às propriedades estatísticas do fenômeno subjacente.

Classe de referência: O conjunto de precedentes históricos que alguém considera relevante ao fazer uma previsão.

Clipe de papel: Alusão a um experimento mental de Nick Bostrom que imaginou uma IA avançada, encarregada de maximizar a produção de clipes de papel, consumindo todos os recursos para atingir seu objetivo, o que leva à derrocada da civilização.

Clique errado: Cometer um erro ao apertar um botão indesejado, em sentido literal ou figurativo; o termo se originou no pôquer on-line, mas é usado de forma pitoresca em outros lugares do River, por exemplo: "Eu pretendia pedir a garrafa de vinho de 80 dólares, mas cliquei errado e apontei para a de 400."

Cobrir (apostas esportivas): Quando um time vence por pontos suficientes ou perde por uma margem suficientemente estreita para superar o *spread* de pontos.

Combo (pôquer): As permutações de uma mão específica que provavelmente estão no *range* (combinação de mãos) de um jogador. Por exemplo, há quatro combos de AK do mesmo naipe (A♣K♣, A♦K♦, A♥K♥, A♠K♠).

Computação (IA): Quando usado como substantivo, uma abreviação de "poder de computação"; a quantidade de recursos à sua disposição para alimentar seus modelos. *Veja também*: GPU.

Conclusão repugnante: Formulada pelo filósofo Derek Parfit, a proposição de que qualquer quantidade de utilidade positiva multiplicada por um número suficientemente grande de pessoas (infinitas pessoas comendo uma porção de batatas fritas meio velhas da lanchonete Arby's antes de morrer) tem utilidade maior do que um número menor de pessoas vivendo em abundância. A descoberta é contraintuitiva. Dependendo da pessoa questionada, isso é revelador das deficiências da moralidade convencional ou das deficiências do utilitarismo.

Concurso de beleza keynesiano: Concurso hipotético descrito por John Maynard Keynes no qual os participantes ganham prêmios ao adivinhar quais candidatos os outros jurados julgarão ser mais bonitos. *Veja também*: ponto focal.

Conhecimento de domínio: Especialização em um subcampo específico.

Consenso: Em apostas esportivas, a opinião coletiva do público, embora o termo seja ambíguo e às vezes possa se referir ao consenso de ação precisa. Na ciência, o consenso se refere à opinião preponderante (embora não necessariamente unânime) de especialistas.

Consequencialismo: A ideia de que a moralidade das ações deve ser determinada com base em seus resultados — em contraste com a deontologia, que postula que as ações devem ser julgadas por sua adesão a preceitos éticos. *Veja também*: utilitarismo.

Contagem de cartas: No *blackjack* — apenas nele; não use isso para outros jogos de cartas —, manter o controle de quais cartas foram reveladas até aquele momento. Se menos cartas altas (por exemplo, reis, rainhas) foram reveladas do que cartas baixas (por exemplo, cartas de 2 e 3), o *blackjack* pode se tornar +VE.

Contrarianismo consciente:* Alguém que faz uma aposta contrarianista, mas com uma hipótese bem definida de por que outros participantes do mercado estão errados; por exemplo, porque têm outros incentivos que compensam a maximização de VE.

Convergência instrumental: A hipótese de que uma máquina superinteligente sairá no encalço dos próprios objetivos para minimizar sua função de perda e não deixará que humanos atravanquem seu caminho — mesmo que o objetivo da IA não seja matar humanos, seremos danos colaterais como parte do jogo das máquinas de "poderoso chefão dos clipes de papel".

Cooler: Quando você tem uma mão de pôquer forte, mas seu oponente tem uma ainda superior — você inevitavelmente perde seu dinheiro, apesar de até jogar bem.

Coordenadas (pôquer): Cartas como J♠T♠8♦ que são próximas em naipe e classificação, proporcionando mais *straight draws* e *straight flush draws*; estas em geral obrigam o participante a adotar um jogo agressivo.

Corpus **(IA):** O conjunto de todos os textos ou *tokens* nos dados de treinamento para um modelo; para um Grande Modelo de Linguagem (LLM) como o ChatGPT, o *corpus* pode ser pensado aproximadamente como toda a fala humana expressa na internet.

Correlação: Uma relação estatística entre duas variáveis; por exemplo, as vendas de sorvete são positivamente correlacionadas com o clima quente. Correlação não implica de fato em causalidade: nos países frios, vendas de sorvete também são correlacionadas com violência armada, porque ambas tendem a atingir o pico em climas quentes, quando muitas pessoas estão ao ar livre. O *coeficiente de correlação* é uma medida estatística de correlação em uma escala de –1 (*perfeitamente não correlacionado*) a +1 (*perfeitamente correlacionado*).

Corrida armamentista: Uma aplicação do dilema do prisioneiro em que o melhor movimento de cada lado é escalar, por exemplo, ao adquirir mais armas nucleares para não ficar em desvantagem estratégica.

Criação de valor por meio de memes:* O termo de Matt Levine para preços distorcidos gerados por meio de coordenação espontânea em comunidades on-line, que não fingem se importar com o valor fundamental do ativo.

Criadores de modelos inconvencionais, mediadores de modelos:* Meus termos para estilos contrastantes de fazer previsões. Os "criadores de modelos inconvencionais" tratam uma previsão como hipótese a ser provada ou refutada. Os "mediadores de modelos" tratam uma previsão como base para fazer apostas, misturando sua visão pessoal com o consenso do mercado. *Veja também*: raposa, porco-espinho.

Criança se afogando: Uma parábola proposta por Peter Singer que nos convida a avaliar se sujaríamos nossa roupa para salvar uma criança que está se afogando em um lago raso. Como é óbvio que a resposta é sim — a vida da criança é mais valiosa do que nossa roupa —, Singer a usa para estimular o pensamento altruísta sob a construção do utilitarismo.

Criptomoeda: Moeda digital protegida por um *blockchain*.

Critério de Kelly: Fórmula derivada por John Kelly Jr. que calcula qual porcentagem do seu *bankroll* você deve apostar, levando-se em conta as probabilidades e sua estimativa da probabilidade de a aposta vencer. O critério de Kelly busca maximizar o valor esperado enquanto minimiza o risco de fracasso. Matematicamente, pode ser expresso como *edge/odds* (vantagem/probabilidades), indicando que você deve apostar mais conforme sua vantagem aumenta e menos conforme diminuem as probabilidades. Os apostadores também usam o termo como um adjetivo — por exemplo, "meio Kelly" se refere a apostar metade do valor recomendado pela fórmula.

CryptoPunks: Um conjunto de 10 mil imagens digitais únicas, provavelmente no estilo Warhol, lançadas em 2017, e que continuam sendo o padrão ouro das coleções de NFTs. *Veja também*: Bored Apes.

Curva de sino: *Veja:* Distribuição normal.

Curva J: A tendência, no capital de risco, de os retornos de um fundo inicialmente caírem para o negativo antes de se tornarem positivos, formando um desenho em forma de J. Isso ocorre porque os investimentos de baixo desempenho são identificados logo no começo, ao passo que os bem-sucedidos demoram mais para amadurecer e gerar retornos.

Dealer/Crupiê: A pessoa que embaralha e distribui as cartas em um jogo de pôquer; nos cassinos, é um funcionário e não participa do jogo. Também se refere ao jogador que simbolicamente tem a posição do *dealer* e entra em ação por último após o *flop*. *Veja também*: *button*/botão.

Decolagem (IA): A velocidade na qual o progresso da inteligência artificial é alcançado; os *doomers* (pessimistas e catastrofistas) temem uma decolagem rápida, na qual não haverá tempo para desligar as máquinas se algo der errado.

***Degen*, degenerado:** Uma pessoa com tendência a jogar, especialmente em apostas altas, ou de se envolver em comportamentos devassos. Com frequência, implica apostas –VE, mas também pode significar alguém fazer apostas +VE além de sua capacidade financeira. Às vezes usado de forma afetuosa ou autodepreciativa; no River, *degens* são mais respeitados e benquistos do que os *nits*.

Deontologia: Do prefixo grego *deon-*, que significa "dever", a ideia de que a moralidade de uma ação deve ser julgada com base em princípios éticos — em contraste com o consequencialismo, que sustenta que as ações devem ser julgadas por suas consequências.

Desacoplamento: Separar os elementos de uma questão complexa. Por exemplo, avaliar o talento vocal de um músico sem considerar suas opiniões políticas. Os riverianos adoram desacoplar, pensando que isso lhes permite uma análise imparcial, ao passo que os villagianos gostam de ponderar sobre os fatos em seu contexto político ou social mais amplo.

Descoberta de preço: O processo de estabelecer um preço de mercado permitindo que as pessoas façam apostas ou negociações.

Desejo mimético: A ideia proposta por René Girard de que as pessoas imitam o que os outros cobiçam. Isso pode contribuir para a instabilidade do mercado, porque talvez os ativos se tornem pontos focais devido à cobiça coletiva em vez de a seu valor intrínseco. *Veja também*: economia baseada na inveja.

Desertar (teoria dos jogos): Dedurar ou agir de forma egoísta em vez de cooperar, conforme previsto pelo dilema do prisioneiro.

Destruição mutuamente assegurada (MAD): Teoria de dissuasão nuclear que se fundamenta na ideia de que os Estados nucleares não atacarão uns aos outros porque teriam a garantia de um devastador ataque de retaliação.

Desvio padrão: Uma forma de quantificar a dispersão de dados em torno da média. Em uma distribuição normal, 68%, 95% e 99,7% dos dados, respectivamente, está dentro de um, dois e três desvios-padrão da média, então alguém cujo QI é, dizer, três desvios-padrão acima da média, é mesmo uma pessoa muito inteligente.

Determinístico: O oposto de *probabilístico*: um resultado que é predeterminado ou estritamente previsível com probabilidade de exatos 1 ou 0.

Deuses-Máquinas:* IAs superinteligentes que os humanos permitem que tomem nossas decisões por nós porque ficamos tremendamente impressionados com elas.

DFS: *Daily Fantasy Sports* ("esportes de fantasia diários"), jogos em que se escalam jogadores com um orçamento fixo e se acumulam pontos com base nas estatísticas deles da vida real. Os DFS precederam as apostas esportivas legais na maioria dos estados dos Estados Unidos, mas desde então foram eclipsados por elas.

Dilema da inovação: A teoria de Clayton Christensen sobre por que empresas insurgentes mais enxutas tendem a tomar o lugar de empresas mais poderosas em posição de prestígio. A tese de Christensen se concentrou em empresas sobrecarregadas por excesso de compromissos com clientes já existentes, mas o conceito pode ser estendido a outros compromissos, por exemplo com acionistas e funcionários.

Dilema do prisioneiro: Aplicação famosa e utilíssima da teoria dos jogos, descrita pela primeira vez em 1950 por Melvin Dresher e Merrill Flood para se referir a dois membros de uma gangue criminosa que foram detidos pela polícia e encarcerados; presos em celas diferentes, sem poder conversar entre si, cada um tem que decidir se vai cooperar com o comparsa ou se, traindo o cúmplice, sairá ileso e será responsável por condenar o outro a uma longa sentença de prisão. O dilema do prisioneiro prevê que ambos irão desertar, se trair, agindo por interesse próprio, mas isso os deixará coletivamente em pior situação do que se tivessem cooperado um com o outro.

Dilema do trem: Problema moral proposto pela primeira vez pela filósofa Philippa Foot. A versão original do dilema envolvia um trem que perdeu os freios e estava numa rota de colisão em que mataria certo número de trabalhadores nos trilhos, mas que poderia ser desviado para um trilho diferente, matando um número menor de trabalhadores. Depois disso seguiram-se muitas variações criativas, servindo como experimentos mentais para examinar diferentes preceitos de raciocínio moral.

Dimensionamento do tamanho da aposta: A arte de determinar quanto do seu *bankroll* apostar, um componente negligenciado do sucesso em muitas formas de jogo. *Veja também*: Critério de Kelly.

Direcionalmente correto: Apontar na direção certa em relação ao consenso. Se o seu modelo prevê que o Detroit Lions vencerá por 10 pontos de diferença e o *spread* de pontos dá ao time uma vantagem de 3 pontos, ele fez uma aposta direcionalmente correta mesmo que o Lions vença por apenas 4.

Dissuasão (teoria dos jogos): Evitar a agressão do seu oponente por meio da ameaça de escalada — por exemplo, ameaçando apostar todas as fichas no pôquer ou lançar um ataque nuclear em retaliação.

Distopia: O oposto de uma utopia, um mundo profundamente ruim.

Distribuição de probabilidade: O conjunto de todos os resultados possíveis em uma situação incerta, tende a estar representado na forma de um gráfico, em que algumas regiões refletem resultados relativamente mais prováveis e, portanto, são mais densas no gráfico. *Veja também*: distribuição normal.

Distribuição normal: Informalmente conhecida como curva de sino por conta de seu formato característico, uma distribuição de probabilidade que resulta em uma grande amostra de dados quando certas condições são satisfeitas sob o teorema do limite central. Distribuições normais são simétricas, fáceis de trabalhar e empiricamente úteis em muitas situações do mundo real; por exemplo, um intervalo probabilístico para a porcentagem de acertos de um jogador da NBA após cem arremessos deve se aproximar de uma distribuição normal. No entanto, tenha cuidado quando essas suposições forem violadas; algumas condições, em vez disso, dão origem a distribuições *de cauda gorda*, em que resultados atípicos (ou "Cisnes Negros") são muito mais prováveis do que a distribuição normal prevê.

DonBest: O fornecedor mais bem conceituado de probabilidades de apostas esportivas em tempo real. Uma projeção de *odds* DonBest é o sinal de um apostador sério, o equivalente da indústria a um Terminal Bloomberg.

Donkbet: Uma aposta inesperada quando um jogador está fora de posição no pôquer e até então se comportou de forma passiva. *Donk*, abreviação de *donkey* (burro), é outro dos muitos termos para um jogador de pôquer ruim. Uma *donkbet*, portanto, era classicamente vista como a tática perdedora de um jogador ruim — mas a grande ironia é que os solucionadores descobriram que *donkbetting* às vezes é +VE.

Doomer: Uma pessoa pessimista e catastrofista com um p(doom) alto que está extremamente preocupada com o risco existencial da IA.

Double down: No *blackjack*, dobrar sua aposta inicial e receber apenas mais uma carta; é uma tática +VE quando o *dealer* tem probabilidade de falir (por exemplo, se você tiver um 10 contra o 6 dele). Ao falar riveriano, evite "*double down*" fora desse contexto: é clichê, e vamos achar que você é um *fish* (peixe).

Downriver:* A região do River focada em jogos de cassino.

Drawing dead: Uma situação em que literalmente não há chance de ganhar, mesmo que tudo corra perfeitamente dali em diante. Se o último voo disponível da noite de Phoenix para Chicago for cancelado e você tiver uma reunião às sete da manhã em Chicago no dia seguinte, você está *drawing dead* em termos de chegar a tempo, a menos que tenha um amigo com um jatinho particular.

e/acc: Aceleracionismo eficaz (ou *effective accelerationism*), movimento de definição imprecisa e às vezes provocador (o nome é um trocadilho com o altruísmo eficaz) que defende o avanço da IA porque os riscos são exagerados ou sobrepujados pelos benefícios. *Veja também*: Tecno-Otimista.

Economia baseada na inveja:* Termo cunhado por Jerry Saltz, crítico da revista *New York*, para se referir ao mercado de arte desproporcional, em que uma pequena porcentagem de obras ganha o contorno de pontos focais que suscitam inveja e impõem preços altíssimos; essas características foram transportadas para o espaço dos NFTs.

Empatia estratégica: Termo cunhado pelo historiador militar Zachary Shore, a capacidade de se colocar no lugar do seu oponente para tomar melhores decisões.

Empírico: Conhecimento ou conclusões inferidos a partir de dados e observação em vez de teoria ou puro raciocínio.

Equidade (pôquer): Sua parte do pote em termos de valor esperado; por exemplo, um jogador com um *flush draw* após o *flop* tem cerca de 35% de equidade, já que é com essa frequência que ele melhorará sua mão.

Equilíbrio de Nash: Assim chamado em homenagem ao matemático John Nash, de Princeton. Trata-se de uma solução de teoria dos jogos em que todos os participantes otimizaram seu VE e não há mais ganhos com mudanças unilaterais na estratégia. Nash provou que todos os jogos que satisfazem a certas condições têm pelo menos um equilíbrio, embora alguns tenham mais de um.

Equilíbrio: *Veja:* equilíbrio de Nash.

Postar coisa errada na internet: Referência ao quadrinho xkcd, em que um homem ficava acordado a noite toda porque julgava que era seu dever discutir com idiotas que estavam errados na internet.

ERT:* *Veja:* Escala Richter Tecnológica.

Escala Richter Tecnológica (ERT):* Termo que eu cunhei, tomando por base a escala Richter que mede magnitudes de terremotos, para descrever a quantidade de abalo sísmico causado por uma invenção. Assim como a escala Richter clássica, ela é logarítmica (uma tecnologia ERT 8 é dez vezes mais disruptiva do que uma ERT 7), e a frequência de invenções é inversamente relacionada à sua magnitude ERT (há dez ERT 7 para cada ERT 8).

Escalonamento (IA): Tendência, no aprendizado de máquina, de as capacidades e o desempenho se expandirem e se aprimorarem em alta velocidade em razão da quantidade de tecnologia. O escalonamento normalmente não é linear; em vez disso, as capacidades aumentam como alguma função logarítmica de poder de computação. Às vezes mencionam-se as *leis escalonamento* em relação à aparente inevitabilidade do incremento das capacidades.

Esquema Ponzi: "Inventado" pelo "empresário" italiano Charles Ponzi, trata-se de um golpe que promete altos retornos de investimento, mas os obtêm pagando investidores existentes com fundos obtidos de novos investidores. Uma categoria relacionada é o *esquema de pirâmide financeira*. Ponzis e pirâmides podem funcionar bem, até ficarem sem novos participantes.

Estagnação secular: Na definição original, um prolongado período de pouco ou nenhum crescimento econômico, com frequência acompanhado de baixas taxas de juros. Informalmente, a sensação de que o progresso tecnológico e econômico não está acontecendo tão rápido quanto deveria e que a sociedade enfrenta muitos ventos contrários.

Estatística clássica: Também chamada de *frequentismo*, métodos centrados em testes de hipóteses. Estão sob ameaça tanto de bayesianos que contestam suas premissas quanto de abordagens de aprendizado de máquina, que sacrificam a interpretabilidade em nome da precisão preditiva.

Estatisticamente significativo: Improvável de ser fruto do acaso. Em estatística clássica, significa que a hipótese nula pode ser rejeitada com uma probabilidade especificada, em geral de 95%. O termo está caindo em desuso no River como resultado da adaptação de estatísticas bayesianas e da *crise de replicação* (também chamada de crise de replicabilidade e crise de reprodutibilidade), a dificuldade ou impossibilidade de muitas descobertas acadêmicas publicadas usando estatísticas clássicas de serem verificadas por outros pesquisadores.

Estratégia dominante: Na teoria dos jogos, um movimento que é sempre a melhor jogada, não importa o que seu oponente faça; seu oposto é uma *estratégia dominada*.

Estratégia exploratória: Abordagem concebida para tirar vantagem de um oponente que não está jogando com uma estratégia "GTO" ou "teoria do jogo ideal". Tenha cuidado, porque estratégias exploratórias podem ser contra-atacadas e deixar você suscetível à perda de VE.

Estratégia mista: Na teoria dos jogos, quando duas ou mais estratégias (como aumentar o *call* no pôquer) têm o mesmo valor esperado e você deve randomizar entre elas. Em geral, um equilíbrio de Nash requer o uso de estratégias mistas.

Estratégia pura: Onde a teoria dos jogos recomenda partir para a ação em 100% do tempo em vez de usar uma estratégia mista. No futebol americano, por exemplo, um time que encara uma longa terceira descida pode sempre passar a bola em vez de tentar o jogo corrido, porque o passe tem VE mais alto, apesar da falta de valor de engano.

Estudos de progresso: Termo proposto por Patrick Collison e Tyler Cowen para um campo multidisciplinar com a intenção de estudar a melhoria da condição humana.

ETH, Eth, Ethereum: Respectivamente, o símbolo de cotação (ETH) e o termo coloquial (Eth) para o Ether, a criptomoeda nativa do *blockchain* do Ethereum, que foi desenvolvido por Vitalik Buterin para permitir *smart contracts* (contratos inteligentes) e outras melhorias em relação ao Bitcoin.

Ética infinita: Ramo da filosofia moral preocupado com os problemas de um universo infinito, que com frequência dá origem a paradoxos ou conclusões contraintuitivas.

Evento Principal: O evento mais prestigiado e lucrativo da World Series de Pôquer, com uma taxa de inscrição de 10 mil dólares; o Evento Principal de 2023 gerou mais de 100 milhões de dólares em *buy-ins*.

Externalidade: Custo imposto a outros pelo qual você não paga (por exemplo, uma *externalidade negativa*, como a poluição) ou um benefício que se acumula para outros (por exemplo, uma *externalidade positiva*, como o progresso tecnológico) com o qual você não lucra diretamente.

Fade: Apostar contra certos resultados ou esperar que eles não aconteçam; por exemplo, se você apostar no Celtics para vencer a Conferência Leste, está *fading* (evitando, apostando contra) times rivais como o Bucks e o 76ers. No pôquer, um jogador evita cartas que podem tornar melhor a mão de seu oponente.

Falácia de *motte*-e-*bailey*: Termo nerd dos riverianos para uma discussão em que um argumentador defende uma posição controversa (o *bailey*, ou terreno baixo) e, quando contestado, recua para uma posição mais fácil de defender (o *motte*, ou terreno alto). Por exemplo, o *bailey* pode ser "Devemos proibir imediatamente o uso de combustíveis fósseis" e o *motte* pode ser "Todos nós apoiamos uma transição para fontes de energia mais sustentáveis". Comece a prestar atenção nesse tipo de coisa, e logo a verá em todos os lugares.

Falácia do jogador: A crença errônea de que os resultados de um processo determinado aleatoriamente irão "equilibrar-se" no curto prazo — por exemplo, se uma moeda deu cara várias vezes seguidas, então deve-se apostar coroa porque é o "previsto". A *mão quente* é a falácia oposta — por exemplo, a crença de que deve se apostar em cara porque cara é "quente", mesmo que o processo seja aleatório.

Fish/**peixe (pôquer):** Um jogador –VE, fraco e inexperiente, que você quer no seu jogo. Possivelmente cunhado em oposição a *shark* (tubarão), ou seja, um jogador habilidoso. O termo é um insulto, e os jogadores são aconselhados a não "bater no vidro" do aquário questionando as habilidades de um *fish*. Um peixe rico que joga pôquer com apostas altas é uma baleia (*whale*).

Flip: Derivado de *"coin flip"* (cara ou coroa), é a situação no pôquer em que as probabilidades são de cerca de meio a meio, 50% de chances de ganhar ou de perder; por exemplo, entrar *all-in* com AK contra *pocket queens* (damas de bolso). Também chamado de *race*.

Flop: As três primeiras das cinco cartas comunitárias distribuídas viradas para cima no *Hold'em*. Como três cartas são distribuídas ao mesmo tempo, o *flop* pode provocar uma mudança drástica nas equidades em uma mão.

Flush (pôquer): Cinco cartas do mesmo naipe.

Fluxo de negócios: O volume de oportunidades de investimento lucrativas recebidas; um capitalista de risco bem conectado tem um robusto fluxo de negócios.

Fold (pôquer): Desistir da sua mão e lançá-la para o *dealer*, perdendo qualquer investimento que você fez no pote.

FOMO: Acrônimo de *fear of missing out*, o medo de ficar de fora, a atitude de muitos participantes durante uma bolha de mercado.

Foom: Uma palavra onomatopeica — imagine o som de um servidor ligando em um escritório de OpenAI em um volume pouco mais alto do que um sussurro — para se referir a uma decolagem de IA súbita e muito rápida.

Forma das coisas que virão: Frase usada por Richard Rhodes no livro *The Making of the Atomic Bomb* para imaginar o monólogo interno do físico húngaro Leo Szilard quando percebeu que suas ideias poderiam levar à criação de armas nucleares. Refere-se a um romance de ficção científica de mesmo nome publicado por H. G. Wells no mesmo ano do insight de Szilard.

Formador de mercado: No mercado de ações, uma empresa formadora de mercado é aquela que compra e vende ações para fornecer liquidez, obtendo pequenos lucros em transações sem avaliar o valor fundamental das ações. Em apostas esportivas, um formador de mercado é um *bookmaker* que usa apostas de apostadores experientes para ajudar a estabelecer preços precisos, ajustando rapidamente as *odds*. Os preços de um formador de mercado são muitas vezes copiados por *bookmakers de varejo* que têm grandes orçamentos de marketing, mas limitam as apostas de *sharps*.

Fralda suja: Três e dois de naipes diferentes (3♥2♦), a pior mão no pôquer, um monte de porcaria — e, portanto, uma mão divertida para blefar.

Freeroll: Situação em um jogo de azar na qual você não pode perder dinheiro, mas tem uma chance de ganhar algo, ocasionalmente estendida de forma pitoresca pelos riverianos para situações da vida real: "Vem pra festa comigo. Talvez você conheça alguém... é um *freeroll*!"

Função de perda: Medida da diferença entre resultados previstos e reais, em que há uma penalidade por se estar mais longe da resposta certa. Os modelos buscam minimizar essa discrepância.

Fundos *hedge*: Empresa privada que faz apostas financeiras complexas, em geral com base em conhecimento proprietário ou modelos estatísticos; os fundos *hedge* não necessariamente protegem seus riscos.

Fundo de ações indexado: Ferramenta de investimento que rastreia um grande índice de ações, a exemplo do S&P 500. Com frequência, é considerado um investimento astuto porque tem baixas taxas de transação, e é difícil superar Wall Street no quesito esperteza.

Fungível: A propriedade da intercambialidade: notas de dólar são fungíveis — uma nota serve tanto quanto a outra —, ao passo que belas obras de arte não são (se você compra um Picasso, a pessoa não pode acertar a conta com um Warhol).

Getting (money) down: Fazer apostas, apostar dinheiro; este termo indica que a pessoa teve que superar algum atrito para fazer isso; pode ser, por exemplo, uma situação na qual a casa de apostas acha que você é um apostador *sharp* e quer limitar sua ação.

Gg: Gíria da internet (embora às vezes pronunciada em inglês como *"gee-gee"*) para *good game* ("bom jogo"); usada quando um jogador é eliminado de uma competição como um torneio de pôquer. Pode ter intenção simpática, sarcástica ou autodepreciativa.

Glgl: Do inglês *Good luck* or *good luck, good luck* ("Boa sorte" ou "Boa sorte, boa sorte"); é uma mensagem de texto alegre para enviar ao seu amigo quando ele acaba de entrar em um torneio de pôquer. Se você também estiver no torneio, a resposta mais apropriada do seu amigo é LFG: *Let's fucking go!* (que pode ser traduzido livremente como "Vamos lá, porra!").

GPT: Uma série de Grandes Modelos de Linguagem (LLMs) criada pela OpenAI; a versão mais recente é o GPT-4. A sigla GPT significa *generative pre-trained transformer*, ou "transformador pré-treinado generativo. "Generativo" refere-se a como os LLMs geram saída (respostas a consultas do usuário) em vez de somente classificar dados. *Veja também*: treinamento e transformador.

GPU: Unidade de processamento gráfico, um chip projetado a princípio para renderizar gráficos, mas que é extremamente eficiente para cálculos matemáticos gerais, tornando-o o padrão ouro em pesquisas e aplicações de inteligência artificial. *Veja também*: Computação.

Grande Modelo de Linguagem (LLMs): Modelo de IA que gera respostas de texto para prompts do usuário. Os LLMs (de *large language models*) modernos são treinados por meio do aprendizado de máquina a partir de um vasto *corpus* de texto, empregando transformadores para entender as relações semânticas entre diferentes *tokens* na solicitação do usuário. *Veja também*: GPT.

Grupo de apostadores: Em apostas esportivas, um grupo de apostadores habilidosos que trabalham de forma coordenada.

GTO: *Veja:* Teoria do jogo ideal.

Handicapper: Alguém que prevê o resultado de eventos esportivos para fazer apostas ou vender suas probabilidades publicamente — em oposição a um *bookmaker*, que aceita apostas.

Head-fake (apostas esportivas): Uma aposta destinada a enganar as casas de apostas para que movam sua linha, seguida por uma aposta maior do outro lado quando elas agirem conforme o esperado. Em suma, uma forma de blefe.

Heads up (pôquer): Um jogo de pôquer para dois jogadores.

Hedge: Reduzir a variância fazendo uma aposta com uma correlação negativa com sua posição geral; por exemplo, se em certo momento, inspirado por um *tilt*, você apostar dinheiro demais no Lakers, pode fazer uma aposta menor no Celtics para proteger sua exposição.

Hedonismo eficaz:* Aplicar métodos baseados em dados para otimizar coisas divertidas, como sua vida sexual.

Hero call, hero fold: No pôquer, ser um "herói" ou "pagar de forma heroica" é pagar a aposta (fazer um *call*) com uma mão fraca quando o normal seria desistir (com intenção especulativa, para pegar seu adversário blefando), ou foldar uma mão forte em que normalmente se esperaria que você pagasse. Uma "jogada de herói" implica que seu oponente está se comportando de forma previsível, então você pode se desviar da teoria do jogo.

Heurística: Uma regra geral simples e praticável que se mostrou confiável na maioria das vezes. Por exemplo, meu treinador de pôquer (Andrew Brokos) cunhou a heurística "eles sempre têm", o que significa que a maioria dos jogadores não blefa o suficiente, então você deve desistir se seus oponentes fizerem uma aposta grande (eles provavelmente "têm" uma boa mão).

Hipótese dos mercados de tédio: Teoria proposta por Matt Levine que atribuiu a alta nos preços de NFTs, "ações meme" e outros ativos especulativos em 2020-2022 ao tédio e à ansiedade causados pela pandemia de covid-19.

HODL: Sigla para a expressão *hold on for dear life*, algo como "segure com todas as forças como se sua vida dependesse disso e não venda nunca" — essencialmente um grito de guerra/advertência no mundo das criptomoedas, usado para implorar a alguém que segure seus ativos em vez de vender.

Hold'em **com limite:** Variante do pôquer em que os aumentos de apostas são fixos, ao contrário do *Hold'em* sem limite, no qual é possível apostar qualquer valor até o número total de fichas que houver à sua frente.

Hold'em: A forma mais popular e mais comum de pôquer, adorada porque incentiva o jogo agressivo e arriscado. No *Texas Hold'em*, cada jogador recebe duas cartas privadas (*hole cards*, ou cartas fechadas) seguidas por uma sequência de cinco cartas comunitárias viradas para cima que são compartilhadas por todos os jogadores. No *Omaha Hold'em*, quatro cartas privadas são distribuídas para cada jogador, que deve usar duas para formar uma mão. Coloquialmente, a expressão "*Hold'em*" sozinha quase sempre se refere à variante de duas cartas.

Hole cards (cartas fechadas): Cartas distribuídas a cada jogador com a face para baixo e mantidas em segredo, e que eles podem usar junto com as cinco cartas comunitárias compartilhadas para formar uma mão de pôquer. No *Hold'em*, os jogadores recebem duas cartas, enquanto no *Omaha* recebem quatro.

Homem de aço: O oposto de um espantalho, uma representação robusta do argumento de um oponente ou a articulação mais forte de uma posição. Visto como uma prática honrosa por altruístas eficazes e racionalistas, pois visa ao debate construtivo.

Horizonte de tempo: A duração da janela para o futuro que você considera relevante para avaliar suas ações. Um horizonte de tempo mais longo implica ter mais paciência e uma taxa de desconto menor.

Humildade epistêmica: O reconhecimento dos limites do conhecimento de alguém e a capacidade de admitir a incerteza na compreensão da verdade, enraizada no estudo da epistemologia, a filosofia da aquisição de conhecimento.

IA: *Veja:* inteligência artificial.

Iluminismo: Movimento filosófico do século XVIII que defendia princípios liberais individualistas como liberdade, igualdade de direitos e a separação entre Igreja e Estado. Esses princípios influenciaram muito a Constituição dos Estados Unidos, continuam a moldar as democracias liberais ocidentais e foram essenciais para a Revolução Industrial, o capitalismo e a ascensão da economia de mercado.

Imparcialidade: O princípio ético, associado ao utilitarismo e ao altruísmo eficaz, de que não devemos dar mais peso à vida das pessoas que estão próximas de nós do que à vida daquelas que estão longe — por exemplo, a noção de que a vida de uma criança na África é tão valiosa quanto a vida de uma criança em sua cidade natal, ou mesmo a vida do seu próprio filho.

Indiferente (teoria dos jogos): A condição de ter duas ou mais escolhas com o mesmo VE. A teoria dos jogos determina que você deve randomizar entre elas sob uma estratégia mista.

Inside straight: *Veja: straight*.

Inteligência artificial: Conforme a definição do renomado especialista em IA, o Papa Francisco (!): "Uma variedade de ciências, teorias e técnicas destinadas a fazer com que as máquinas reproduzam ou imitem em seu funcionamento as habilidades cognitivas dos seres humanos." Evite usar IA como um chavão genérico para ciência de dados.

Interpretabilidade (inteligência artificial): O grau em que o comportamento e o funcionamento interno de um sistema de IA podem ser compreendidos por humanos.

Intervalo de confiança: O intervalo de incerteza em torno do valor estimado de um ponto de dados ou previsão estatística. Por exemplo, um intervalo de confiança de 95% de [150, 400] para uma previsão do número de jardas de passes do *quarterback* Patrick Mahomes indica uma probabilidade de 95% de que as jardas dele cairão dentro desse intervalo.

Isotimia: Termo adaptado de Platão por Francis Fukuyama para se referir ao profundo desejo de um indivíduo de ser visto em pé de igualdade com aos outros. *Veja também: megalotimia*.

Iteração (ou repetição): Ciclo em um processo repetitivo no qual as estimativas de um modelo são progressivamente aprimoradas pela incorporação dos resultados do ciclo anterior.

Jogador de brincadeira (Fun player): Um jogador amador e ruim de pôquer, que executa jogadas fracas. *Veja também*: *Fish*/peixe.

Jogador recreativo (Rec player): Um jogador ou apostador recreativo, em geral –VE.

Jogo de habilidades: Uma forma de jogo em que pelo menos alguns jogadores podem ser +VE a longo prazo sem trapaça ou jogo de vantagem. Pôquer e apostas esportivas são exemplos disso.

Jogo de soma zero: Uma situação em que o ganho de um participante é equilibrado pela perda de outro, a utilidade total permanecendo constante. Embora jogos de soma zero tenham sido a base original para a teoria dos jogos, muitos cenários do mundo real, como a dissuasão nuclear, envolvem *motivos mistos* que combinam elementos de competição e cooperação.

Jogo de vantagem: Ser +VE em um jogo de cassino como caça-níqueis que em geral tem uma vantagem da casa.

Jogos: Eufemismo para apostas e jogos de azar utilizado por profissionais da indústria.

Lei de Cromwell ou Regra de Cromwell: Uma advertência para não fazer uma previsão com uma probabilidade de exatamente 0 ou exatamente 1. O nome foi dado pelo estatístico Dennis Lindley em homenagem a Oliver Cromwell, que escreveu: "Eu te suplico, pelas entranhas de Cristo, pensa que é possível que estejas enganado."

***LessWrong*:** O blog racionalista fundado por Eliezer Yudkowsky, conhecido por vigorosos debates sobre tópicos nerds.

Liberalismo: Neste livro, e com frequência em outros lugares do River, o termo se refere a valores clássicos do Iluminismo, como liberdade de expressão, individualismo e economia de mercado — em vez de ser utilizado como um sinônimo da "esquerda".

Limitado (apostas esportivas): Ter o valor de sua aposta máxima reduzida por uma casa de apostas, que impõe restrições por achar que você é um apostador *sharp*. Em alguns casos, os jogadores são limitados a apostar poucos dólares ou centavos, e os limites servem como pretexto para não gerar controvérsias ao bani-los por completo.

***Line shopping*:** Ou "comprar linhas", o processo a que os apostadores esportivos recorrem quando estão procurando o preço mais favorável entre diferentes sites de apostas.

Líquido, liquidez: Nos mercados, uma condição na qual há muitos compradores e vendedores, permitindo uma negociação eficiente sob demanda.

Liveread: No pôquer, o ato de pegar um *tell* ou avaliar a força da mão do seu oponente com base nas "vibrações" da situação.

LLM: *Veja:* Grande Modelo de Linguagem.

Longotermismo: Filosofia defendida por Will MacAskill e outros altruístas eficazes que atribui taxas de desconto baixas ou nulas à utilidade futura, o que implica que devemos nos importar com o bem-estar das pessoas que vivem em um futuro distante.

Los Alamos: Local do Projeto Manhattan no Novo México.

MAD: *Veja:* destruição mutuamente assegurada.

Magia branca: Termo autoengrandecedor de Phil Hellmuth para sua capacidade de fazer intuitivamente uma "leitura" de outros jogadores.

Mais VE (+VE): Ter um valor esperado positivo.

Máquina do juízo final (ou máquina apocalíptica): Um dispositivo que desencadearia automaticamente a destruição nuclear de um país agressor em um contra-ataque de retaliação ao detectar uma ofensiva atômica, impedindo, portanto, a possibilidade de um primeiro ataque esmagador.

Margem de erro: Quando utilizada com precisão, uma medida de *erro de amostragem* resultante da coleta de uma amostra aleatória de dados (por exemplo, oitocentos eleitores em uma pesquisa política) em vez de toda a população. Com frequência, há fontes de erro de estimativa além do erro de amostragem, como a possibilidade de uma amostra tendenciosa. *Veja também*: intervalo de confiança, termo mais abrangente que não se refere necessariamente ao erro de amostragem.

Martingale: Sistema no qual se aposta continuamente mais até ganhar; por exemplo, dobrando o tamanho da aposta em cada giro da roleta até a bola cair no vermelho. As apostas Martingale são –VE; o problema é que, embora o jogador em geral ganhe uma pequena quantia e depois desista, vez por outra perderá uma quantia enorme quando entrar em uma sequência de derrotas e estourar seu *bankroll*.

Matriz de recompensa: Na teoria dos jogos, uma tabela tipicamente 2x2 listando o VE de cada jogador, considerando-se as diferentes combinações de escolhas estratégicas disponíveis para eles.

Maximizador de VE:* Um cidadão típico do River, o tipo de pessoa que sempre gosta de fazer as contas para descobrir a "jogada" mais lucrativa. Vez por outra os maximizadores de VE são acusados de levar isso longe demais; por exemplo, ao construir um algoritmo para determinar quando devem deixar seu parceiro.

Média aparada: A média após uma proporção especificada dos valores mais altos e mais baixos serem cortados. Um bom meio-termo entre a média e a mediana.

Média: Posição intermediária entre dois extremos.

Mediana: O valor médio em um conjunto de dados, de modo que um número igual de valores esteja acima e abaixo dele. Na série [9, 2, 4, 7, 12], a mediana é 7.

Megalotimia: Termo usado por Platão e adaptado por Francis Fukuyama para se referir ao profundo desejo de um indivíduo de ser visto como superior aos outros. *Veja também*: isotimia.

Meio (apostas esportivas): Uma forma de arbitragem na qual você aposta em ambos os lados de uma linha, tirando proveito das discrepâncias de preço. Por exemplo, se apostar Lakers +5 na DraftKings e Celtics –3 na FanDuel, você *atingirá o meio* e ganhará ambas as apostas caso o Celtics vença por exatos 4 pontos. O equivalente a um meio envolvendo *moneylines* em vez de *spreads* de pontos é um *scalp*.

Mercado de previsão: Uma plataforma em que as pessoas podem apostar no resultado de acontecimentos do mundo real, desde eleições presidenciais a ocorrências pessoais. Os mercados de previsão são tidos em alta conta no River porque são vistos como promotores da racionalidade epistêmica, ou seja, dão às pessoas um incentivo para ver se suas percepções do mundo estão alinhadas com a realidade.

Midriver (Meio do rio)*: A região do River centrada em finanças e investimentos, sobretudo Wall Street.

Mineração (cripto): A prática computacionalmente intensiva de resolver quebra-cabeças criptográficos para verificar transações no *blockchain* — como recompensa, os mineradores recebem novos Bitcoins (ou outras criptomoedas) em uma base quase aleatória.

Modelo: Uma representação simplificada de um sistema complexo, projetada para replicar suas características essenciais com precisão suficiente de modo a permitir inferências confiáveis ou prever resultados. O termo é versátil e pode variar de modelos estatísticos e programas de computador a "modelos mentais" e até representações físicas, como uma miniatura ou um modelo em escala de um navio. A arte e a ciência da criação de modelos residem em determinar o equilíbrio ideal entre simplicidade e complexidade.

Moneyball-**zação*:** O processo de deixar as coisas por conta da ciência de dados e de algoritmos, em especial em campos que antes dependiam de sabedoria convencional já ultrapassada.

Moneyline: Uma aposta simples e direta, feita em *odds* ou probabilidades, no resultado de uma partida — qual time vencerá o jogo —, em oposição ao *spread* de pontos, que é uma aposta na margem de vitória.

Mosquiteiro: Um *leitmotiv* em altruísmo eficaz para se referir a uma intervenção barata e de extrema eficiência, aludindo a uma pesquisa que mostra que pendurar um simples mosquiteiro em volta de uma cama pode prevenir picadas de insetos e, portanto, mortes por malária, a um baixo custo.

Mexa-se rápido e quebre coisas: A atitude de Mark Zuckerberg que é icônica da mentalidade do Vale do Silício: aproveite oportunidades potenciais +VE quando puder e deixe para se preocupar com as consequências depois.

NÃO É UM CONSELHO DE INVESTIMENTO: Conselho de investimento. Um *leitmotiv* riveriano para uma isenção de responsabilidade legalista que significa o oposto do que é dito. A frase era usada com muita frequência por Sam Bankman-Fried em letras maiúsculas antes de ele oferecer análises que de fato forneciam informações sigilosas prontas para serem colocadas em prática pelos investidores.

Navalha de Occam: Uma heurística, cujo nome homenageia o filósofo inglês do século XIV Guilherme de Ockham, de que soluções mais simples têm mais probabilidade de serem efetivas. De maneira geral, é um princípio muito respeitado no River, porque soluções mais complexas podem dar origem a *p-hacking* (manipulação de análise de dados para tornar um resultado favorável) e *overfitting* (sobreajuste), em que os dados são torturados para produzir a conclusão desejada. Um termo relacionado é *parcimônia*.

Nerd-snipe: O ato de persuadir um nerd a estudar um problema que é *geek* ou legal, talvez desproporcional à sua importância subjacente.

NFT: Formalmente, um *token* não fungível, um certificado de propriedade no *blockchain*. Coloquialmente, refere-se com mais frequência a uma coleção de arte digital cuja propriedade é verificada por meio de NFTs.

***Nit*:** Um jogador de pôquer que é visivelmente avesso ao risco e por isso joga pouquíssimas mãos. Também pode transmitir a ideia de mesquinharia ou comportamento neurótico, de um ferrenho adepto de regras. O termo às vezes é empregado em outras situações; por exemplo, você é um *nit* se for para a cama às nove da noite em vez de se juntar aos seus amigos na balada ou se exigir uma contabilidade detalhada em vez de apenas dividir a conta. O antônimo é *degen* (degenerado).

Nódulo (*node*): Um ponto de decisão em um jogo, com possibilidades que se ramificam a partir daí. Por exemplo, no pôquer, um *node* pode ser a decisão de pagar, desistir ou aumentar. Na ciência da computação, o termo é um sinônimo para neurônio.

Nosebleed (hemorragia nasal): Pôquer ou jogo de apostas com apostas muitíssimo altas, tão altas que fazem seu nariz sangrar, porque lá em cima o ar é rarefeito.

NPC: *Veja:* personagem não jogável.

***Nuts* (pôquer):** Uma mão que é tão boa que essencialmente nunca perderá. Modificadores podem elucidar se isso se refere à melhor mão possível ou apenas a uma das melhores; por exemplo, *stone-old nuts* descreve a melhor mão exata, como 8♣6♣ (o melhor *straight flush* disponível) em uma mesa de 5♣7♣ A♦4♣ A♥. *Nutted* é a forma adjetiva. Muitas vezes o termo é utilizado fora do pôquer para se referir a uma experiência de primeira classe, por exemplo: "Nós comemos uns petiscos na Sphere. Muito legal, cara, foi *nuts* pra cacete."

Odds: Às vezes, um sinônimo para probabilidade, contudo, em termos mais precisos, as *odds* se referem às chances de um evento *não* acontecer em comparação à possibilidade de acontecer, expressa na forma de uma proporção. Por exemplo, se você atribuir probabilidades de 5:1 para Elon Musk responder a um e-mail seu, isso significa que há 5 vezes em que ele não responderá para cada vez que responderá, então suas chances de obter uma resposta dele são de 1 em 6. *Odds* de 1:5, por outro lado, indicam que você é favoritaço: há uma chance de 5 em 6 de que Elon responderá. As *odds americanas*, as favoritas das casas de apostas, são expressas em múltiplos de 100, em que números positivos indicam que sua aposta é um azarão (+500 é equivalente a 5:1) e números negativos significam que você apostou no favorito (–500 é equivalente a 1:5).

Oito traidores: Oito engenheiros que em 1957 pediram demissão da Shockley Semiconductor para fundar uma empresa rival, a Fairchild Semiconductor — um ponto de virada no Vale do Silício que foi o pontapé inicial para um legado de empreendedorismo entre profissionais técnicos.

Old Man Coffee **(OMC):** Um jogador de pôquer mais velho; o estereótipo é um cara mais velho bebendo um copo de café Dunkin' Donuts, um sujeito que joga de forma conservadora e previsível.

Onde a ação está: Referência ao ensaio de Erving Goffman que criou uma divisão romântica do mundo entre pessoas que evitam o risco e os arrojados afeitos aos riscos que vão para onde a ação está.

Opção de compra, opção de venda: Uma "opção de compra" é um contrato que concede o direito de comprar uma ação posteriormente a um preço predeterminado, indicando uma perspectiva otimista, de alta. Uma "opção de venda", por outro lado, permite vender uma ação a um preço especificado, representando uma posição pessimista, de baixa.

Opcionalidade: VE derivado da perspectiva de poder fazer escolhas mais tarde, à medida que mais informações são reveladas. Pagar em vez de aumentar e ir *all-in* no pôquer, por exemplo, fornece mais opcionalidade, porque você poderá decidir o que fazer mais tarde com base na carta que vier a seguir.

Ordem de magnitude: Por um fator de 10.

Orientado por resultados: Julgar a sabedoria de uma ação por seu resultado (como se uma aposta foi ganha ou perdida), desconsiderando o papel da sorte e o processo por trás da ação. O pensamento orientado por resultados predomina fora do River, ao passo que os riverianos se esforçam para focar no processo.

Originar (apostas esportivas): Apostar com conhecimento proprietário ou modelos que as casas de apostas provavelmente verão como valiosos, o que tem o potencial de obrigá-las a ajustar suas probabilidades.

Ortogonal: Um sinônimo nerd para "perpendicular", o que significa intersecção em ângulos retos, transmitindo a ideia de que as partes componentes de um sistema são independentes e não afetam umas às outras.

Ótimo de Pareto: A condição, cujo nome homenageia o economista italiano Vilfredo Pareto, em que existem vários objetivos e não é possível melhorar o desempenho em uma dimensão sem prejudicar as demais. Por exemplo, na pandemia de covid-19, os países enfrentaram conflitos de escolha. O conjunto de soluções do ótimo de Pareto [conceito também chamado de *fronteira de Pareto* ou *eficiência de Pareto*] envolveu várias combinações de "vidas salvas" e "liberdade preservada", mas era difícil obter ganhos em uma dimensão sem sacrificar a outra.

Outlier (valor atípico): Muito distante do restante dos dados; por implicação, uma anomalia, um ponto fora da curva, um fenômeno único ou algum tipo de erro.

Outs: No pôquer, cartas que podem fazer uma mão vencedora. Por exemplo, A♣T♣ tem 15 *outs* contra K♦9♦ em um *board* de K♥J♣3♣2♥: qualquer ás, rainha (fazendo um *straight*) ou paus (fazendo um *flush*) vencerá a mão. Em termos mais coloquiais, "ter *outs*" significa uma situação na qual você ainda tem alguma esperança de escapar de uma situação ruim. *Veja também*: *drawing dead*, a situação oposta, na qual você não tem *outs*.

Overbet: No pôquer, apostar mais do que o tamanho do pote, o que em geral indica uma mão forte ou um blefe. (*Veja também*: polarizado.) O oposto de um *overbet* é um *underbet*.

Overfitting (sobreajuste): A tendência de complicar demais ao construir um modelo estatístico aderindo com muita rigidez à "forma" de dados do passado, por exemplo incluindo parâmetros demais. Um modelo *overfit* não generalizará bem e poderá levar ao excesso de confiança; o desempenho se deteriorará quando previsões forem feitas com base em novos dados. O oposto é *underfitting* (subajuste), modelo que é simplista demais e não capta por completo relacionamentos robustos nos dados de treinamento — contudo, o *overfitting* é o problema mais comum na maioria das pesquisas aplicadas.

Over-under: *Veja:* total.

p(doom): Abreviação de *probability of doom* ("probabilidade de desgraça"), a estimativa subjetiva de risco existencial, sobretudo o risco existencial da IA.

Paradoxo de Fermi: Aborda motivos para os humanos ainda não terem detectado vida extraterrestre, apesar da vastidão do universo. Sob algumas interpretações, ele sugere que as civilizações podem não durar o suficiente para serem detectáveis no espaço. O nome homenageia o físico italiano Enrico Fermi, que perguntou "Onde eles estão?", referindo-se à esperada presença de civilizações alienígenas.

Paradoxo de São Petersburgo: A observação, feita pela primeira vez pelo matemático Nicolaus Bernoulli, de que lançar a moeda repetidas vezes num cara ou coroa com valor esperado positivo (por exemplo, a moeda é viciada e você ganha em 51% das vezes), mas com risco de ruína, inevitavelmente resultará em ruína, mesmo que a sequência de apostas aparente tenha um valor esperado de infinito positivo. Entendido por todos, exceto Sam Bankman-Fried, como uma deficiência do utilitarismo estrito.

Paradoxo estabilidade-instabilidade: A tendência de aumento nas guerras por procuração (por exemplo, Vietnã ou Ucrânia) em Estados que não são protegidos por alianças de superpotências e guarda-chuvas nucleares, mesmo que as guerras entre Estados nucleares sejam menos prováveis devido à certeza de destruição mútua.

Parâmetro: Este termo tem definições sutilmente diferentes dependendo do subcampo do River, mas de maneira generalizada pode ser pensado como um botão que se ajusta para afetar a forma geral do comportamento do sistema. Por exemplo, uma nota musical tem parâmetros como tom, duração e volume. Os modelos de IA têm bilhões de parâmetros, muito mais do que nas estatísticas clássicas, o que indica sua complexidade.

Parlay: Como verbo, pegar seus ganhos e fazer outra aposta com eles. Como substantivo, uma aposta esportiva envolvendo várias etapas (por exemplo, cinco diferentes *spreads* de pontos da NFL), em que você deve vencer cada etapa para ganhar a aposta, mas as probabilidades se acumulam se de fato vencer. *Parlays* são populares entre jogadores e apostadores recreativos devido à possibilidade de uma grande recompensa.

Pepe: Referência a Rare Pepe, uma das primeiras coleções populares de NFTs, protagonizada por Pepe the Frog, um sapo verde de desenho animado muito memeficado. Embora cooptado por grupos de direita em meados da década de 2010, o criador de Pepe the Frog negou essa conotação, e hoje o meme é geralmente apolítico.

Personagem não jogável (*non-playable character*, ou NPC): Originário de videogames, um NPC é uma pessoa ou personagem com pouca agência, que interage de forma previsível com outros personagens e seu ambiente. O termo pode ser aplicado como insulto a uma pessoa que é vista como alguém incapaz de pensar de forma estratégica.

p-hacking: Qualquer um de vários métodos duvidosos para obter um resultado que aparentemente tem relevância estatística, de modo a aumentar as chances de publicação em um periódico acadêmico. O termo é derivado do *valor-p*, medida de significância em estatísticas clássicas.

Pip: As manchas em um dado ou uma carta de baralho.

Pits: As partes de um cassino com mesas de apostas –VE como *blackjack*; para onde um *degen* vai quando ele é eliminado do torneio de pôquer, mas ainda quer mais ação.

Pluralidade: Em estatística, a opção mais comumente escolhida, mesmo que não seja a maioria; Bill Clinton venceu a eleição de 1992 com uma pluralidade de 43% contra George Bush e Ross Perot. No entanto, neste livro, uso pluralidade no sentido de *pluralismo*, ou seja, empregar várias abordagens para um problema em vez de uma.

Pocket pair: No pôquer, duas cartas fechadas de mesmo valor, por exemplo, 7♦7♣ são "*pocket 7s*"; em geral são mãos fortes.

Polarizado (pôquer): Ter um *range* consistindo de mãos muito fortes e muito fracas ou blefes, com pouca coisa intermediária. O antônimo é *condensado*. Às vezes os riverianos estendem esse conceito para situações que não são do universo do pôquer; seu chefe convocar você para uma reunião inesperada é *polarizado*, porque você ou será promovido ou demitido.

Polímata: Alguém considerado pau para toda obra com aptidão de nível forte a genial em vários campos. Um termo elogioso no River, que valoriza a inteligência geral sobre o conhecimento de domínio. *Veja também*: raposa.

Ponto de inflexão: O ponto em que uma curva muda de direção de forma brusca — ou, em termos menos formais, quando o comportamento de um sistema começa a mudar drasticamente.

Ponto focal: Um lugar, ideia ou objeto que ganha significado por meio do reconhecimento coletivo, permitindo a tomada de decisão coordenada. Um ponto focal pode se tornar uma *profecia autorrealizável*, ou seja, todos querem ir para Harvard porque todos os outros querem ir para Harvard.

Ponto-base: Um centésimo de 1%, então um ganho de 0,5% pode ser descrito como 50 pontos-base. Um termo coloquial para um ponto-base é um *bip*.

Porcentagem de retenção: A porcentagem de ação de apostas que um cassino retém. Por exemplo, a roleta americana tem uma porcentagem de retenção de 5%; para cada 100 dólares apostados, o VE do cassino é +5 dólares.

Porco-espinho: Junto à raposa, uma das duas tipologias de personalidade de tomada de decisão propostas por Phil Tetlock. Os porcos-espinhos tendem a ser teimosos, ideológicos e a ir *"all-in"* em teorias específicas do caso. Podem ser menos confiáveis em previsões e tomadas de decisão graduais, mas são líderes mais naturais, pois sua determinação pode obrigar outros a se juntarem a eles.

Posição (pôquer): No pôquer, a ordem em que os jogadores devem tomar decisões; a ação gira no sentido horário ao redor da mesa. Estar *em posição* é uma grande vantagem estratégica, porque jogadores fora de posição já terão revelado informações a você quando for sua vez de agir.

Pot-committed **(comprometido com o pote):** No pôquer, uma situação em que você não pode desistir porque terá as probabilidades certas para pagar, não importa o que seu oponente faça. Muitas vezes é uma metáfora mais precisa do que *"all-in"* para indicar uma situação em que você não pode desistir. Pode ser que você não tenha comprometido todos os seus recursos ainda, e talvez tenha a esperança de evitar fazer isso — mas, se seu oponente o forçar a tomar uma decisão, você terá que ver a aposta.

Pot-Limit Omaha **(PLO):** A segunda forma mais popular de pôquer. Semelhante ao *Hold'em*, suas características singulares são que (1) cada jogador recebe quatro cartas fechadas em vez de duas, exatamente duas das quais devem ser usadas na mão final no *showdown*; e (2) as apostas não podem exceder o tamanho do pote. O PLO é conhecido por oscilações malucas; é um dos jogos favoritos dos *degens*. Às vezes conhecido como *four card*.

Preferência revelada: Comportamento indicado por ações em vez de palavras; se você aparecer no jogo de 5 dólares/10 dólares no Bellagio 300 dias por ano, sua preferência revelada é que você gosta de pôquer, queira admitir isso ou não.

Pré-*flop*: A rodada de apostas no pôquer em que cada jogador tem duas cartas privadas, mas o *flop* e outras cartas comunitárias ainda não foram distribuídas.

Primeiro ataque: Um ataque nuclear tão incapacitante que elimina a capacidade do oponente de retaliar.

Princípio da precaução: Uma heurística de que devemos ser avessos ao risco devido ao potencial de danos desconhecidos. Evite usar este termo, que muitas vezes é vago e, na percepção dos riverianos, um indicativo de um intruso do Village que não se dedicou a uma análise de custo-benefício mais rigorosa — embora os riverianos tenham algumas ideias semelhantes. *Veja também*: Cerca de Chesterton.

Prior (probabilidade prévia): No raciocínio bayesiano, uma crença inicial que você está disposto a rever conforme mais informações são reveladas. Sob o teorema de Bayes propriamente dito, um conhecimento ou informação *a priori* assume a forma de uma estimativa estatística da probabilidade de um evento. No entanto, o termo agora é muito usado no River como um sinônimo aproximado para "suposição".

Problemas do grande mundo: Um problema aberto, complexo e dinâmico que não se presta a respostas tratáveis por meio do uso de algoritmos ou modelos. *Veja também*: problemas do pequeno mundo.

Problemas do pequeno mundo: Um problema tratável em um sistema fechado, como prever o resultado de jogos da NFL, que se presta bem à criação de modelos. *Veja também*: problemas do grande mundo.

Projeto Manhattan: O projeto do governo dos Estados Unidos (1942-1945) que projetou e testou com sucesso uma bomba atômica.

Prop bet: Uma aposta esportiva em qualquer coisa que não seja o vencedor do jogo, a margem de vitória ou o número total de pontos, como qual time de futebol americano marcará o primeiro *field goal* ou a duração do hino nacional no Super Bowl. Os *degens* também se orgulham de fazer *prop bets* ridículas uns contra os outros — por exemplo, se trocando uma raquete por uma frigideira um jogador de tênis é capaz de vencer uma partida contra um tenista menos habilidoso.

Proveniência: O prestígio, a origem e a cadeia de custódia de um objeto; itens colecionáveis como NFTs com procedência confiável são mais valiosos porque são mais insubstituíveis e menos propensos a falsificações.

Público (apostas esportivas): A soma total da ação de jogadores e apostadores recreativos não qualificados; com frequência é aconselhável *fade the public* (ou seja, apostar contra a escolha popular).

Pump-and-dump (inflar e descartar): Exagerar de maneira desonesta o preço de um ativo e depois vendê-lo quando o preço desejado é atingido.

Punt: No pôquer, uma jogada –VE ruim que pode ser resultado de impaciência ou *tilt* ("Eu dei um *punt* e acabei com minha pilha de fichas em um blefe de merda"); *punter* (substantivo) também é um termo britânico para um jogador fraco, tipicamente recreativo.

Push (apostas esportivas): Um empate; por exemplo, você aposta no Michigan Wolverines –3 e eles vencem por exatos 3 pontos (*Veja também: spread* de pontos); você recebe sua aposta de volta, mas não obtém lucro.

Quant: Um arquétipo riveriano que faz apostas ou toma decisões usando análise estatística.

r/wallstreetbets: Fórum do Reddit (subreddit) popular entre *day traders* amadores e fundamental para facilitar bolhas de ações de memes como a GameStop; conhecido por trolar com humor adolescente e incitar o comportamento degenerado.

Raciocínio dedutivo: O processo de aplicar teorias ou princípios gerais para chegar a conclusões sobre casos específicos — por exemplo, usar princípios constitucionais para determinar práticas legais em situações particulares. *Veja também*: raciocínio indutivo.

Raciocínio indutivo: Deduzir amplas generalizações a partir de observações específicas. Por exemplo, estudar padrões no comportamento humano para formular teorias morais abrangentes. *Veja também*: raciocínio dedutivo.

Racional: De acordo com muitos filósofos, não é um mero sinônimo para "razoável" ou "sensato". Em vez disso, se refere à *racionalidade instrumental* (empreender meios de modo a alcançar os fins desejados) ou à *racionalidade epistêmica* (ter visões calcadas na realidade). Para uma definição mais completa, veja o Capítulo 7.

Racionalismo: Movimento intelectual de definição imprecisa associado a Eliezer Yudkowsky e Robin Hanson com um objetivo amplo de promover tomadas de decisão mais racionais e menos tendenciosas. Assim como o altruísmo eficaz, o racionalismo com frequência defende o uso de métodos quantitativos, mas aplicados a muitos problemas e não apenas a doações de caridade. Em boa parte das vezes, é mais contrarianista do que o AE, com menos apreço por convenções sociais. Um adepto do racionalismo é um *rat*.

Rake: Uma parte do pote de pôquer que o cassino toma para si a fim de assegurar um lucro.

Randomizar (pôquer ou teoria dos jogos): Tomar uma decisão de maneira aleatória porque você se vê literalmente indiferente entre duas ou mais opções. Um jogador que decide dessa forma pode dizer que *rolou* certa estratégia, aludindo a rolar um dado físico ou virtual. *Veja também*: estratégia mista.

Range (pôquer): O conjunto de todas as mãos que você poderia plausivelmente ter dado até aquele momento do jogo. Com um *range* amplo, você pode ter muitas mãos e além disso seu *range* não pode ser reduzido. Este é um conceito fundamental no pensamento moderno e probabilístico do pôquer; deve-se atribuir a seu oponente uma série de mãos, e não adivinhar suas cartas exatas.

Raposa: Junto com o porco-espinho, uma das duas tipologias de personalidade de tomada de decisão propostas por Phil Tetlock. De acordo com o poeta grego Arquíloco: "A raposa conhece muitas coisas menores, mas o porco-espinho conhece uma coisa só, uma coisa grande." As raposas tendem a ser pau para toda obra gradualista e probabilística, e em geral estão dispostas a transigir ou acatar a sabedoria das multidões.

Reciprocidade: Na teoria dos jogos, responder a uma ação com o mesmo tipo de ação — na mesma moeda, ou olho por olho. Ou, quando o conceito é usado de forma mais ampla, reconhecer que diferentes participantes do jogo ocupam posições estratégicas simétricas e cada um tem agência para formar respostas estratégicas apropriadas.

Rede neural: Uma estrutura de aprendizado de máquina que consiste em nódulos interconectados que imitam a estrutura do cérebro humano. Esses nódulos ou neurônios processam e transmitem informações, contribuindo para a capacidade da rede de tomar decisões. No entanto, a precisão dessa metáfora para descrever a cognição humana é questionável.

Relação sinal-ruído: Valor de medição utilizado para avaliar o quociente entre informações significativas e informações sem sentido.

Retorno sobre o investimento (ROI): Seus lucros divididos por sua aposta ou seu investimento. Se você investir 10 mil dólares em ações da [multinacional norte-americana de donuts e rede de cafeterias] Krispy Kreme e o valor da ação aumentar para 12 mil dólares, seu ROI será de 20%.

Retornos decrescentes: A tendência que quantidades adicionais do mesmo bem tem de adquirir utilidade marginal progressivamente menor: o quinquagésimo Oreo que você come não tem um gosto tão bom quanto o primeiro. Os ganhos financeiros tendem a apresentar também retornos decrescentes: o primeiro dólar que você ganha tem mais utilidade marginal do que o bilionésimo.

Retornos excedentes: Em finanças, retornos persistentemente maiores sobre o investimento do que o consenso do mercado, ajustados para o nível de risco. *Veja também*: alfa.

Reversão à média: O princípio de que, ao longo do tempo, uma série de dados tende a retornar à sua média de longo prazo ou valor esperado. Ao contrário da falácia do jogador, que presume erroneamente que os resultados devem se equilibrar de imediato, a reversão à média sugere que as probabilidades empíricas se alinharão de forma gradual com as médias de longo prazo à medida que mais dados forem se acumulando.

Revolução Industrial: Uma era de transformações que teve início no final do século XVIII na Inglaterra e no norte da Europa, caracterizada por rápidos avanços tecnológicos, invenções mecânicas e a adoção dos valores do Iluminismo. A Revolução Industrial marcou um ponto de inflexão de séculos de estagnação econômica para crescimento e progresso sustentados.

Risco de cauda: Um resultado de baixa probabilidade, referindo-se às *caudas* finas em cada extremidade de uma curva de sino.

Risco de ruína: A probabilidade de perder tanto dinheiro que sua capacidade de fazer mais apostas é severamente prejudicada.

Risco existencial: No sentido mais estrito, um resultado que mataria todos os humanos — mas alguns estudiosos também o usam para se referir a resultados nos quais o potencial de florescimento da humanidade seria permanentemente prejudicado. Use "existencial" com cautela; *risco catastrófico* é um termo mais ágil.

Risco moral: Situação em que uma pessoa ou empresa que se expõe a um risco não suporta todas as consequências negativas (por exemplo, um banco que acredita que será recuperado se falir) e, portanto, tem um incentivo para comportamento arriscado.

River (O): Uma metáfora geográfica para o território coberto neste livro, um extenso ecossistema de pessoas com ideias semelhantes, extremamente analíticas e competitivas e que inclui tudo, desde pôquer a Wall Street até IA. O gentílico é *riveriano*.

River (pôquer): A quinta e última carta comunitária distribuída virada para cima no *Hold'em*, seguida por uma rodada final de apostas e um *showdown*.

O termo possivelmente remonta às origens do pôquer nos barcos fluviais no Mississippi, em que, se o *dealer* fosse suspeito de trapaça, era jogado no rio.

RLHF: *Veja:* Aprendizado por reforço a partir do feedback humano.

Robusto: Em filosofia ou inferência estatística, confiável em muitas condições ou mudanças de parâmetros. Uma propriedade bastante desejável.

ROI: *Veja:* Retorno sobre o investimento.

Roleta de cartão de crédito: Quando um grupo de *degens* sai para jantar e faz o garçom escolher de forma aleatória um cartão de crédito para que um deles pague a conta inteira.

Roleta-russa: Um "jogo" no qual você gira o tambor de um revólver carregado com apenas uma bala, posiciona a arma contra a têmpora e puxa o gatilho; isso implica uma chance de 1 em 6 de você atirar em si mesmo.

***Rug pull* (puxão de tapete):** Promover um projeto de criptomoeda para atrair investidores e, em seguida, desaparecer de cena antes de concretizar a ideia. O desenvolvedor do criptoativo compra grande parcela de sua moeda digital, fazendo o preço ir às alturas, e, após o interesse de investidores, vende cerca de 90%, derrubando totalmente o preço do *token*. Um investidor que cai nesse golpe *teve o tapete puxado*.

***Running good/rungood*:** Alcançar resultados superiores ao VE de alguém por causa de boa sorte. O antônimo é *running bad* ou *runbad*. Um *sunrun* é um período prolongado de *rungood* (ficar mais quente que o Sol).

Sabedoria das multidões: Em apostas, investimentos e previsões, a tendência de a estimativa média de todos os membros do grupo ser relativamente precisa, muitas vezes mais até do que as previsões dos indivíduos mais astutos.

Saco de números:* Termo cunhado por Nick Ryder da OpenAI para descrever o misterioso mecanismo de funcionamento interno de Grandes Modelos de Linguagem.

Satoshi: Referência a Satoshi Nakamoto, o pseudônimo utilizado pelo criador do Bitcoin, ou a um *satoshi*, a menor denominação do Bitcoin, igual a 0,00000001 BTC.

SBF: Sam Bankman-Fried, o criminoso fundador da FTX.

Se você não consegue identificar o otário: Referência à citação de filme preferida dos jogadores de pôquer; a frase é dita pelo personagem Mike McDermott no filme *Cartas na mesa*: "Escute aqui, o negócio é o seguinte. Se você senta a uma mesa de pôquer e depois de meia hora de jogo ainda não conseguiu identificar o otário, então o otário é você."

Seleção adversa: Uma assimetria na qual uma parte da transação tem mais informações e tira vantagem disso. Informalmente, pode ser visto como atrair justamente os clientes que você não quer (por exemplo, um restaurante de rodízio de sushi que decide abrir ao lado de uma academia de sumô).

Semântica: Interpretação, significado e contexto no estudo da linguagem.

Semiblefe: No pôquer, aumentar com uma mão como um *flush draw* que pode vencer por blefe ou fazendo o *draw* se for pago.

Set (pôquer): Trinca usando um *pocket pair*; um par de ases faz um *set* se um terceiro ás vier no *flop*. Um *three of a kind* (trinca com cartas do mesmo naipe) usando apenas uma carta fechada (por exemplo, se você tiver um rei e dois reis vierem no *flop*) é chamado de *trips*.

Sharp: Inteligente, esperto, afiado, vencedor, experiente, +VE; o maior elogio que um riveriano pode fazer a outro riveriano. Em geral, é usado como um adjetivo ("uma linha de aposta *sharp*"; "Ela é *sharp*"). Evite "*sharp*" como em expressões do tipo *card sharp* para descrever um jogador habilidoso, pois pode ganhar conotação de trapaça. O homônimo *card shark* tem menos dessa conotação, mas está se tornando arcaico.

Shitcoin: Segundo a definição da Investopedia: "Uma criptomoeda com pouco ou nenhum valor ou nenhum propósito imediato e discernível." No entanto, pode ser tênue a linha que separa *shitcoins* e criptomoedas mais amplamente adotadas.

***Shove* (pôquer):** Um sinônimo para ir *all-in*, ou seja, enfiar todas as suas fichas no pote.

***Showdown* (pôquer):** Quando, após todas as ações, os jogadores mostram suas cartas para ver quem tem a melhor mão, a mão vencedora.

Singularidade: Um hipotético período futuro de avanço tecnológico excepcionalmente rápido. Às vezes o termo é grafado com inicial maiúscula (por exemplo, pelo pesquisador de inteligência artificial Ray Kurzweil) para se referir a uma Singularidade prevista para um futuro próximo e desencadeada por IA de autoaperfeiçoamento.

Sistema 1, Sistema 2: Termos de Daniel Kahneman para, respectivamente, pensamento intuitivo "rápido" (Sistema 1) e pensamento mais reflexivo e "lento" (Sistema 2). Para maiores esclarecimentos, veja o Capítulo 2.

Situação de *raise-or-fold* (aumentar a aposta ou desistir): Circunstância em que você deve agir agressivamente ou recuar, e o meio-termo (equivalente a pagar no pôquer) é pior do que qualquer um dos dois. Embora tenha origem no pôquer, o termo pode ser aplicado a outros contextos: por exemplo, durante a pandemia de covid-19, é provável que teria sido útil adotar uma estratégia de *raise-or-fold* em vez das medidas inócuas que tomamos.

***Slot barn* ("galpão de caça-níqueis"):** Um cassino sujo com linhas de visão ruins e máquinas caça-níqueis espalhadas de parede a parede.

***Slowplay* ("jogar devagar"):** No pôquer, apenas pagar em vez de aumentar com uma mão forte para induzir seu oponente a blefar ou exagerar em uma mão mais fraca.

Small ball: Em torneios de pôquer, uma abordagem tática orientada para um jogo cauteloso a fim de não perder todas as fichas e ficar zerado enquanto, ao mesmo tempo, induz seus oponentes a erros.

Smart contract **(contrato inteligente):** Programa armazenado no *blockchain* para executar automaticamente instruções contratuais, primeiro associado ao *blockchain* do Ethereum. NFTs e DAOs (organizações autônomas descentralizadas, uma forma de estrutura de autogovernança) são exemplos de contratos inteligentes.

Sobredeterminado: Fenômeno que apresenta duas ou mais causas plausíveis, mas em que não há uma forma confiável de distingui-las. Se uma praia popular estiver deserta após um ataque de tubarão, vazamento de óleo e alerta de tsunami simultâneos, a ausência de banhistas é sobredeterminada. O antônimo, quando não há explicações suficientes para o que se observa nos dados, é *subdeterminado*.

Solver **(solucionador):** Um programa de computador de pôquer que calcula uma aproximação do equilíbrio de Nash e, portanto, pode aconselhá-lo sobre o jogo correto.

Spectrumy: No espectro do autismo.

Spread bid-ask: A lacuna em geral estreita entre o preço mais alto que o mercado está disposto a pagar por sua ação (o *"bid"*, o melhor preço de venda) e o preço mais baixo pelo qual os investidores estão dispostos a vender (o *"ask"*, o melhor preço pelo qual o corretor pode comprar o ativo em questão).

Spread **de pontos:** Uma aposta esportiva na qual você prevê a margem de vitória. Um número positivo (Kansas City Chiefs +3) significa que você ganha a aposta se o Chiefs vencer o jogo ou perder por menos de 3 pontos; um número negativo (Chiefs –3) significa que você faz um *lay*, e o Chiefs deve vencer por pelo menos essa diferença.

Spread: *Veja: Spread* de pontos.

Stack **(pôquer):** As fichas que você tem na sua frente (substantivo); aliviar seu oponente das fichas dele ("Eu *stacked* [rapei] a pilha de Hellmuth") porque ele perdeu um *all-in* (verbo).

Stake: Como substantivo, a quantia de dinheiro apostada, colocada em risco; como verbo, apoiar outro jogador fornecendo a ele um *bankroll* em troca de uma parte de seus lucros.

Steam chasing: Em apostas esportivas, a prática de procurar o *steam*, as oscilações nos preços de apostas em casas de apostas que você acredita refletir a ação de apostadores *sharp*, mas que ainda não foram incorporadas por outras casas. Os *bookmakers* esportivos não gostam muito dessa prática e podem vetar apostadores por isso.

Straight flush: Um straight e um *flush*, a mão de pôquer de classificação mais alta.

Straight/sequência (pôquer): Cinco cartas consecutivas do mesmo valor, por exemplo, 8♣7♦6♥5♥4♣. Um *inside straight draw* indica que você precisa de uma das cartas do meio para completar sua mão — por exemplo, se você tiver um 8, 7, 6 e 4, mas não um 5, as chances de completar sua sequência no *river* são de cerca de 10%.

Street (pôquer): Uma rodada de apostas após novas cartas serem distribuídas. No Hold'em, as *streets* são *pré-flop*, *flop*, *turn* e *river*.

Suited (pôquer): Duas cartas iniciais do mesmo naipe; mãos do mesmo naipe fazem *flushes* com mais frequência e têm uma vantagem surpreendentemente grande sobre cartas *offsuit* (de naipes diferentes).

Superfície de ataque: O número de pontos de entrada ou ataque, análogo à topologia de um objeto físico. Por exemplo, a nave estelar *Enterprise*, que ostenta todo tipo de partes penduradas e sobrepostas, tem uma superfície de ataque maior do que a esférica *Estrela da Morte* porque há lugares mais vulneráveis contra os quais disparar torpedos de fótons.

Superinteligente: Inteligência artificial com capacidades que superam consideravelmente as dos humanos, popularizada pelo livro *Superinteligência*, de Nick Bostrom.

Superprevisor: Termo usado por Phil Tetlock para pessoas que demonstraram capacidade de fazer previsões probabilísticas bem calibradas em muitos domínios. *Veja também*: raposa.

Supervisor (*pit boss*): Funcionário do cassino responsável por uma seção de mesas de jogo.

Tamanho da amostra: O número de *pontos de dados* ou *observações* coletados em um estudo ou análise. Não há regras rígidas e imutáveis para o que torna um tamanho de amostra adequado, porém mais dados são estritamente melhores do que menos.

Tática: Uma "jogada" executada para atingir um objetivo de curto prazo (por exemplo, avançar sua torre no xadrez a fim de colocar seu adversário em xeque), em oposição a uma *estratégia* de longo prazo. Jogadores eficazes não poupam esforços para assegurar que suas táticas corroborem sua estratégia geral.

Taxa básica: Uma probabilidade derivada empiricamente da ausência de outras informações; por exemplo, você poderia dizer que a taxa básica de senadores dos Estados Unidos que asseguram sua reeleição é de 90%, com base nos dados históricos.

Taxa de desconto: A penalidade atribuída a períodos de tempo futuros ao se calcular a utilidade ou o VE de um investimento. Mais precisamente, refere-se à taxa percentual utilizada para desvalorizar benefícios ou custos futuros para seu *valor presente*. Uma taxa de desconto mais alta implica um horizonte de tempo mais curto.

Tecno-Otimista: Em referência ao "Manifesto Tecno-Otimista" de Marc Andreessen, alguém que acredita que o crescimento tecnológico promove os interesses humanos e deve avançar depressa e com poucas restrições.

Tell **(pôquer):** Um tique verbal ou físico que revela informações sobre a força da mão de um jogador — mas atenção, pois jogadores habilidosos podem dar dicas falsas de propósito.

Teorema de Bayes: Um conceito fundamental na teoria da probabilidade, atribuído ao reverendo Thomas Bayes, empregado para atualizar a probabilidade de um evento com base em novas evidências. É expresso como $P(A|B) = P(B|A) * P(A) / P(B)$, em que $P(A|B)$ é a probabilidade de A, dado B, e $P(B|A)$ é a probabilidade de B, dado A. O teorema enfatiza a importância de reviver suas convicções iniciais (anteriores) à luz de novas informações para chegar a conclusões mais precisas (posteriores). Por exemplo, pode-se pensar que um objeto brilhante não identificado no céu é Vênus, mas se ele começar a brilhar em verde, a probabilidade de ser um óvni torna-se um pouco maior, a despeito de sua suposição inicial.

Teoria da perspectiva: Tendência empírica descrita pela primeira vez por Daniel Kahneman e Amos Tversky de as pessoas serem avessas ao risco quando se veem diante da iminência de perder algo que já têm. Por exemplo, elas preferem 300 dólares garantidos a arriscar um cara ou coroa em que têm a possibilidade de ganhar 1.000 dólares ou perder 100 dólares, mesmo que o cara ou coroa tenha um VE maior.

Teoria do jogo ideal (GTO, de *game-theory optimal*): No pôquer, jogue de acordo com o recomendado pela teoria dos jogos, como um equilíbrio de Nash obtido por um solucionador. Informalmente, GTO se refere a um estilo de jogo que é considerado preciso sob uma perspectiva matemática, mas rígido, em contraste com *feel players* (jogadores que confiam na intuição) ou *exploitative players* (jogadores exploratórios, que confiam na psicologia e na detecção de falhas em seus oponentes). Às vezes os jogadores de pôquer estendem a noção para decisões cotidianas, por exemplo: "Pedir comida mexicana pelo aplicativo é GTO, porque assim você evita a fila no restaurante Chipotle."

Teoria dos jogos: O estudo matemático do comportamento estratégico de dois ou mais agentes em situações nas quais suas ações impactam de modo dinâmico umas às outras. Busca prever o resultado dessas interações e criar um modelo para qual estratégia cada jogador deve empregar a fim de maximizar seu VE enquanto leva em conta as ações dos outros jogadores.

Tese da ortogonalidade: Ideia controversa proposta por Nick Bostrom de que "mais ou menos qualquer nível de inteligência pode ser combinado com mais ou menos qualquer objetivo final"; isso indica que a IA avançada pode ser perigosa porque as máquinas podem ser extremamente eficazes em perseguir objetivos que não estão alinhados com os interesses humanos. *Veja também*: clipe de papel.

Teste de Turing: Um teste decisivo proposto pelo matemático britânico Alan Turing no qual se considera que uma máquina é dotada de inteligência prática se um observador não conseguir distinguir as respostas da máquina a consultas de texto das respostas de um humano. Pesquisadores de IA debatem se o teste de Turing é de fato uma boa medida de inteligência e se modelos como ChatGPT já passaram no teste.

Tight-aggressive **(TAG):** Uma estratégia de pôquer, defendida por Doyle Brunson e outros, de jogar relativamente poucas mãos, mas conduzi-las de maneira agressiva. Por sua vez, os jogadores que jogam muitas mãos e de forma agressiva são conhecidos como LAG ou *loose-aggressive*.

***Tilt*:** No pôquer e em outros jogos de azar, um estado emocional que resulta em jogo abaixo do ideal. A forma arquetípica é um estilo de jogo excessivamente agressivo após uma *bad beat* ou uma série de derrotas, enquanto um jogador busca se recuperar do prejuízo, mas o *tilt* assume muitas formas; um jogo muito *tight* porque o jogador tem medo de perder também é *tilt*. Em geral, o *tilt* assume modificadores, por exemplo, *monkey tilt* [o *tilt* de alguém que está amargando ter sofrido múltiplas derrotas de jogadores muito ruins], *tilting one's face off* [um *tilt* que deixa a pessoa com a cara no chão de tanta vergonha].

TIR: Taxa interna de retorno; a taxa de crescimento anualizada de um investimento.

Token **(cripto):** Um ativo digital, como um *smart contract* [contrato inteligente] ou NFT armazenado em um *blockchain* que não é a criptomoeda nativa do *blockchain* — embora o uso prático muitas vezes confunda essa distinção.

Token **(IA):** Uma unidade de texto usada como um bloco de construção em Grandes Modelos de Linguagem. Um *token* é quase equivalente a uma palavra, mas os sinais de pontuação também são tratados como *tokens*, e palavras compostas como *super-rodovia* podem ser divididas em vários *tokens*.

Total (apostas esportivas): O número combinado de pontos marcados por ambos os times: é possível apostar acima ou abaixo do total.

Transformador (IA): Uma arquitetura empregada em Grandes Modelos de Linguagem para transformar entradas de texto pelo usuário em matemática vetorial e vice-versa. Os transformadores operam analisando todos os *tokens* na consulta do usuário simultaneamente em vez de sequencialmente, buscando relações semânticas complexas. Há uma descrição extensa de transformadores no Capítulo ∞.

Transumanismo: A posição de que os humanos devem ser estimulados a usar o avanço tecnológico para aprimorar suas capacidades. Embora em geral se refira a tecnologias mais avançadas como IA e criônica, o termo é vago, na medida em que uma tecnologia simples como o uso de óculos poderia ser qualificada como incremento tecnológico. O transumanismo distingue-se do *pós-humanismo*, que vai além ao argumentar que o *Homo sapiens* deve acolher uma transição para ser uma nova espécie.

Treinamento: Em aprendizado de máquina, o processo de dar a um modelo um grande conjunto de dados que ele incorporará e a partir do qual fará inferências. O termo às vezes também é utilizado em estatística clássica; por exemplo, no processo de escolha de parâmetros em uma análise de regressão, mas técnicas como essas envolvem muito mais intervenção humana do que aprendizado de máquina.

Trinity ou Teste Trinity: O codinome para o teste que resultou na primeira detonação bem-sucedida de uma bomba atômica durante o Projeto Manhattan.

Turn **(pôquer):** A quarta das cinco cartas comunitárias distribuídas viradas para cima no *Hold'em*.

Unidade (apostas esportivas): Um incremento de aposta com o valor em dinheiro não especificado; às vezes é usado para criar ambiguidade sobre quanto alguém está de fato apostando: uma unidade pode ser de 5 dólares para um apostador e de 50 mil dólares para Billy Walters.

Upriver:* Parte mais intelectual do River, focada na produção bruta de ideias riverianas, como aquelas expressas nos movimentos do altruísmo eficaz e do racionalismo ou no desenvolvimento de IA para usos não comerciais. O Vale do Silício é influenciado pelo Upriver, porém fica mais perto do Midriver.

Util, **utilidade:** Uma unidade quantificável, mas adimensional, de "bondade". Os utilitaristas buscam maximizar a quantidade de utilidade no universo. A utilidade também aparece com destaque na economia, embora os economistas em geral não defendam o utilitarismo estrito; em vez disso, a utilidade serve como uma medida conceitual do bem-estar geral.

Utilidade marginal, revolução marginal: Em economia, a "revolução marginal" foi o rápido desenvolvimento da teoria da "utilidade marginal" no século XIX, com foco na avaliação de mudanças na margem ("Comer outra fatia de pizza é bem marginal, porque já estou empanturrado"). No River, no entanto, a expressão pode também se referir a *Marginal Revolution* [Revolução Marginal], o popular blog dos economistas Tyler Cowen e Alex Tabarrok.

Utilitarismo: Ramo do consequencialismo que argumenta que a moralidade de uma ação é baseada em sua utilidade, o que vez por outra é definido como "o maior bem para o maior número". O utilitarismo implica que a utilidade pode ser quantificada, apelando aos altruístas eficazes e outros tipos *quants* no River. Existem muitas variantes do utilitarismo; por exemplo, o *utilitarismo de regras* defende que devemos agir como se nossas atitudes maximizassem a utilidade, caso nosso comportamento fosse universalizado..

Vale do Silício: No sentido usado neste livro — as definições variam —, o ecossistema de empresas de tecnologia, amplamente financiadas por capital de risco, concentradas na Área da Baía de São Francisco ou com laços estreitos com ela.

Valor da linha de fechamento: Caso em que o consenso de apostas se moveu na direção da sua aposta. Se você apostou no Dallas Cowboys em –3 e a linha depois mudou para Cowboys –4, o mercado concordou com sua aposta e você obteve um bom valor de linha de fechamento. Obter o valor da linha de fechamento de forma consistente indica que o apostador é um vencedor.

Valor de engano:* Meu termo para o valor da surpresa em um jogo em que é importante ser imprevisível — em contraste com o *valor intrínseco*,* que é a taxa de sucesso de uma jogada sem valor de engano. Por exemplo, na NFL, um *fake punt* [uma pegadinha em que o time A acha que o time B vai chutar o *punt,* quando na verdade o punter coloca a bola de volta no em jogo] tem pouco valor intrínseco se um oponente sabe o que está por vir, mas extrai VE do valor de engano se a jogada for usada apenas de vez em quando. *Veja também*: estratégia mista.

Valor de uma vida estatística (VVE): Uma estimativa empírica derivada das preferências reveladas das pessoas sobre em que medida elas estão dispostas a trocar o risco de morrer por ganhos financeiros; utilizada em análises de custo-benefício para quantificar o valor de medidas que salvam vidas. Em 2024, o governo dos Estados Unidos avaliou o VVE em cerca de 10 milhões de dólares.

Valor esperado (VE): O resultado que se espera obter em média após muitos "giros da roda", levando-se em conta seu conhecimento das probabilidades quando faz uma aposta ou toma uma decisão. O termo implica fortemente que você está enfrentando um problema manejável com uma resposta quantificável.

Vantagem da casa: O lucro esperado do cassino em um jogo que é –VE para os jogadores.

Vantagem: Ter uma vantagem persistente ou ser +VE a longo prazo. O cassino tem uma vantagem da casa na roleta, por exemplo, porque os jogadores inevitavelmente perderão se não fizerem giros suficientes.

Variância: Flutuações estatísticas resultantes da aleatoriedade. A variância é definida matematicamente como a raiz quadrada do desvio padrão, embora o termo não seja em geral empregado com tanta precisão.

VC (venture capital): *Veja:* capital de risco.

VE: *Veja:* valor esperado.

Verdade fundamental: Fatos incontestáveis que podem ser observados por meio da experiência sensorial e que têm peso considerável em qualquer modelo do mundo; a perda da verdade fundamental verificável é um dos riscos presentes em um mundo majoritariamente virtual.

Vetor: Em matemática, uma quantidade com magnitude e direção especificadas; pense em uma seta apontando cinco passos para o leste e seis passos para o norte em um gráfico. Em IA, o termo se refere a informações codificadas com direcionalidade. Por exemplo, em um Grande Modelo de Linguagem a palavra "Paris" pode ser representada como um vetor no espaço semântico multidimensional, com dimensões como latitude e longitude, mas também qualidades mais subjetivas como "moda", "elegância" e "europeísmo".

Viés cognitivo: Um equívoco sistemático que resulta em comportamento irracional, muitas vezes implicando uma falha de "senso comum" ou raciocínio convencional. *Veja também*: viés de confirmação, falácia do jogador.

Viés de ancoragem: O viés cognitivo a ser avaliado por meio de informações que você aprende no início do seu processo de tomada de decisão e que depois não se ajusta o suficiente à medida que novas informações são reveladas. Muitas vezes sugere um desvio do raciocínio bayesiano ideal.

Viés de confirmação: A tendência de perceber qualquer nova evidência como confirmação de sua conclusão anterior, em geral um sinal de raciocínio bayesiano ruim.

Viés de seleção: A tendência de membros de uma população com certas características de serem eliminados, resultando em uma amostra enviesada. Por exemplo, a população de *quarterbacks* da NFL sofre de viés de seleção considerando-se a força do braço, porque *quarterbacks* abaixo de certo limite nunca se tornarão profissionais. *Veja também*: viés de sobrevivência.

Viés de sobrevivência: A tendência de uma amostra estatística de ser enviesada ou corrompida porque alguns exemplos têm mais probabilidade de sobreviver no "registro fóssil", podendo levar a inferências incorretas. Este livro potencialmente sofre de viés de sobrevivência, porque se concentra mais em pessoas que se expõem a riscos e são bem-sucedidas do que em fracassados que caíram na obscuridade.

Vig **ou** ***Vigorish*:** Em apostas esportivas, a vantagem da casa é implicitamente construída em linhas de apostas, em geral de 4% a 5% de uma aposta. *Juice* e *hold* são sinônimos.

Village (O):* A comunidade rival do River, refletida de maneira mais evidente em ocupações intelectuais com políticas progressistas, como a imprensa, o mundo acadêmico e o governo (em especial quando um representante do Partido Democrata ocupa a Casa Branca). Para os riverianos, o Village é provinciano, excessivamente "politizado" e sofre de vários vieses cognitivos. No entanto, o Village tem uma série de objeções convincentes ao River, conforme descrevi na Introdução. Meu termo não é de todo original e apresenta certa semelhança com termos como "classe profissional-gerencial". Tanto o Village quanto o River consistem predominantemente de "elites"; a vasta maioria da população não se enquadra em nenhum dos grupos.

VIP (jogos de azar): Um jogador degenerado que recebe tratamento VIP porque espera-se que perca muito dinheiro. *Veja também*: baleia (*whale*)

Visão externa: Uma previsão feita sem conhecimento de domínio ou informações privilegiadas, em vez disso calculada usando-se heurísticas amplamente aplicáveis ou taxas básicas de longo prazo. Apesar de sua aparente ingenuidade, a visão externa tende a se mostrar mais precisa do que a *visão interna*.

VVE: *Veja:* valor de uma vida estatística.

***Wordcel*:** Um meme, popularizado por **roon**, que brinca com "*incel*" ["*involuntary celibate*", ou celibatário involuntário] para se referir a pessoas que são "boas com palavras", mas ruins em matemática abstrata. O termo é quase sempre acompanhado de tom pejorativo, usado para descrever pessoas como jornalistas (e escritores de livros de não ficção), cujas habilidades estão se tornando menos valiosas. A contraparte mais ligada ao lado esquerdo do cérebro (portanto, mais analítica e associada ao raciocínio lógico) de um *wordcel* é um *shape rotator* [uma pessoa boa em matemática e pensamento abstrato].

World Series de Pôquer: Campeonato anual de pôquer realizado desde 1970 em Las Vegas — embora o proprietário da marca WSOP, a Caesars Entertainment, tenha estendido a franquia para incluir eventos on-line e séries de pôquer em outros países.

WPT: World Poker Tour, o principal concorrente norte-americano do WSOP, e que normalmente realiza cerca de uma dúzia de eventos por ano.

WSOP: *Veja:* World Series de Pôquer.

YOLO (acrônimo de *You Only Live Once*): "Só se vive uma vez". Argumento usado para incentivar um *degen* ou um hedonista eficaz.

"Zona de esbanjamento":* Meu termo para descrever a área ao redor das baleias (*whales*) ou *degens*, onde oportunidades de apostas +VE provavelmente se apresentarão. É sempre bom ficar na "zona de esbanjamento".

NOTAS

Capítulo 0: Introdução

1. David Lyons, "Guitar Hotel to Make Its Bow as Seminole Hard Rock Flexes Financial Might", *South Florida Sun Sentinel*, 19 de outubro de 2019, <sun-sentinel.com/business/fl-bz-hard-rock-guitar-hotel-peek-20191018-xhnj3qwkv5fhbjtdgrrhkjtbxa-story.html>.
2. "United States Commercial Casino Gaming: Monthly Revenues", Centro de Pesquisa em Jogos da Universidade de Nevada, campus de Las Vegas (UNLV), abril de 2022, <web.archive.org/web/20220425090331/gaming.library.unlv.edu/reports/national_monthly.pdf>.
3. "During COVID-19, Road Fatalities Increased and Transit Ridership Dipped", *GAO WatchBlog* (blog), 25 de janeiro de 2022, <gao.gov/blog/during-covid-19-road-fatalities-increased-and-transit-ridership-dipped>.
4. Sean Chaffin, "ICU Nurse Brek Schutten Claims Record-Breaking WPT Win — World Poker Tour", *World Poker Tour*, 20 de maio de 2021, <worldpokertour.com/news/icu-nurse-brek-schutten-claims-record-breaking-wpt-winc>.
5. A maioria dos torneios permite que o participante entre várias vezes, e também há "eventos paralelos", ou torneios menores. Então, mesmo que a pessoa tenha a sorte de terminar com dinheiro, ainda pode voltar para casa com menos dinheiro do que começou.
6. Jack Brewster, "Is Trump Right That Fauci Discouraged Wearing Masks? Yes — But Early On and Not for Long", *Forbes*, 20 de outubro de 2020, <forbes.com/sites/jackbrewster/2020/10/20/is-trump-right-that-fauci-discouraged-wearing-masks>.
7. Ann-Renee Blais e Elke U. Weber, "The Domain-Specific Risk Taking Scale for Adult Populations: Item Selection and Preliminary Psychometric Properties", Defence R&D Canada, dezembro de 2009, <apps.dtic.mil/sti/pdfs/ADA535440.pdf>.
8. Ezekiel J. Emanuel, "Stop Dismissing the Risk of Long Covid", *The Washington Post*, 12 de maio de 2022, seção "Opinion", <washingtonpost.com/opinions/2022/05/12/stop-dismissing-long-covid-pandemic-symptoms>.
9. "Facts + Statistics: Motorcycle Crashes", Instituto de Informação de Seguros, <iii.org/fact-statistic/facts-statistics-motorcycle-crashes>.
10. Wai Him Crystal Law *et al.*, "Younger Adults Tolerate More Relational Risks in Everyday Life as Revealed by the General Risk-Taking Questionnaire", *Scientific Reports* 12, nº 1 (16 de julho de 2022): p. 12184, <doi.org/10.1038/s41598-022-16438-2>.

11. Jude Ball *et al.*, "The Great Decline in Adolescent Risk Behaviours: Unitary Trend, Separate Trends, or Cascade?", *Social Science & Medicine* 317 (janeiro de 2023): p. 115616, <doi.org/10.1016/j.socscimed.2022.115616>.
12. Associação Norte-Americana de Jogos de Azar, "2022 Commercial Gaming Revenue Tops $60B, Breaking Annual Record for Second Consecutive Year", 15 de fevereiro de 2023, <prnewswire.com/news-releases/2022-commercial-gaming-revenue-tops-60b-breaking-annual-record-for-second-consecutive-year-301747087.html>.
13. "New AGA Report Shows Americans Gamble More Than Half a Trillion Dollars Illegally Each Year", Associação Norte-Americana de Jogos de Azar, 30 de novembro de 2022, <americangaming.org/new/new-aga-report-shows-americans-gamble-more-than-half-a-trillion-dollars-illegally-each-year>.
14. "Lotteries, Casinos, Sports Betting, and Other Types of State-Sanctioned Gambling", Instituto Urbano, 21 de abril de 2023, <urban.org/policy-centers/cross-center-initiatives/state-and-local-finance-initiative/state-and-local-backgrounders/lotteries-casinos-sports-betting-and-other-types-state-sanctioned-gambling>.
15. Jonathan Chang e Meghna Chakrabarti, "The Real Winners and Losers in America's Lottery Obsession", *WBUR*, 4 de janeiro de 2023, <wbur.org/onpoint/2023/01/04/the-real-winners-and-losers-in-americas-lottery-obsession>.
16. Elizabeth Arias *et al.*, "Provisional Life Expectancy Estimates for 2021", Vital Statistics Rapid Release, Informe do Sistema Nacional de Estatísticas Vitais (NVSS), nº 23, agosto de 2022, <cdc.gov/nchs/data/vsrr/vsrr023.pdf>.
17. "Life Expectancy Increases, However Suicides Up in 2022", Centro Nacional de Estatísticas de Saúde, 29 de novembro de 2023, <cdc.gov/nchs/pressroom/nchs_press_releases/2023/20231129.htm>.
18. Max Roser, "Why Is Life Expectancy in the US Lower Than in Other Rich Countries?", Our World in Data [Nosso mundo em dados], 28 de dezembro de 2023, <ourworldindata.org/us-life-expectancy-low>.
19. <wiclarkcountyhistory.org/4data/87/87056.htm>.
20. Peter Lee, "The Worldwide Gambling Storm", *China Matters* (blog), 8 de fevereiro de 2007, <chinamatters.blogspot.com/2007/02/worldwide-gambling-storm.html>.
21. David S. Broder, "A Veteran Moderate Moves On", *The Washington Post*, 30 de novembro de 2006, <washingtonpost.com/archive/opinions/2006/11/30/a-veteran-moderate-moves-on/faade03e-2bd4-4be4-ab05-c068995f3622/>.
22. Especificamente, pelo total de minutos engajados. Terri Walter, "The Results Are In: 2016's Most Engaging Stories", *Chartbeat*, 24 de janeiro de 2017, <blog.chartbeat.com/2017/01/24/the-results-are-in-2016s-most-engaging-stories/>.
23. Matthew Yglesias, "Why I Think Nate Silver's Model Underrates Clinton's Odds", *Vox*, 7 de novembro de 2016, <vox.com/policy-and-politics/2016/11/7/13550068/nate-silver-forecast-wrong>.
24. Josh Katz, "Who Will Be President?", *The New York Times*, 19 de julho de 2016, seção "The Upshot", <nytimes.com/interactive/2016/upshot/presidential-polls-forecast.html>.
25. Matt Lott e John Stossel, "Election Betting Odds", Probabilidades de apostas eleitorais, 7 de novembro de 2016, <web.archive.org/web/20161108000856/electionbettingodds.com/>.
26. Alfred Charles e Joan Murray, "Seminole Tribe Announces Expanded Gambling Options — Craps, Roulette, Sports Betting — at All Florida Locations", *CBS News Miami*, 1º de novembro de 2023, <cbsnews.com/miami/news/seminole-tribe-

announces-expanded-gambling-options-craps-roulette-sports-betting-at-all-florida-locations>.

27. Jonathan N. Wand, Kenneth W. Shotts, Jasjeet S. Sekhon et al., "The Butterfly Did It: The Aberrant Vote for Buchanan in Palm Beach County, Florida", *The American Political Science Review* 95, nº 4 (2001): p. 793-810, <jstor.org/stable/3117714>.
28. "See How Vaccinations Are Going in Your County and State", *The New York Times*, 17 de dezembro de 2020, seção "U.S.", <nytimes.com/interactive/2020/us/covid-19-vaccine-doses.html>.
29. Steven Waldman, "Heaven Sent", *Slate*, 13 de setembro de 2004, <slate.com/human-interest/2004/09/does-god-endorse-bush.html>.
30. Por vários motivos (meus empregadores não teriam gostado, pois já tenho um bocado de risco profissional atrelado aos resultados e, às vezes, tenho conhecimento ou informações privilegiadas), não fiz apostas nos resultados das eleições. Mas com certeza não tenho nenhum escrúpulo moral em fazer isso.
31. De acordo com cientistas com quem conversei para este livro, a maior parte da atividade no cérebro humano é direcionada ao movimento. Então, é provável que essa seja uma boa ideia: quando você se mexe, está literalmente estimulando sua memória.
32. Embora *"river"* também seja um termo de jogo. O *river* é a última carta que é distribuída em um jogo de *Texas Hold'em*, seguindo o *flop* (as primeiras três cartas) e o *turn* (a penúltima carta).
33. Mat Di Salvo, "FTX Pledges up to $1 Billion for Philanthropic Fund to 'Improve Humanity'", *Decrypt*, 28 de fevereiro de 2022, <decrypt.co/94045/ftx-1-billion-philanthropic-future-fund-improve-humanity>.
34. "Malaria", *Effective Altruism Forum* [Fórum sobre altruísmo eficaz], <forum.effectivealtruism.org/topics/malaria>.
35. Matt Glassman, professor de administração política na Universidade de Georgetown.
36. Fragmento, "Should ChatGPT Make Us Downweight Our Belief in the Consciousness of Non-Human Animals?", *Effective Altruism Forum* [Fórum sobre altruísmo eficaz], 18 de fevereiro de 2023, <forum.effectivealtruism.org/posts/Bi8av6iknHFXkSxnS/should-chatgpt-make-us-downweight-our-belief-in-the>.
37. Jam Kraprayoon, "Does the US Public Support Ultraviolet Germicidal Irradiation Technology for Reducing Risks from Pathogens?", *Effective Altruism Forum* [Fórum sobre altruísmo eficaz], 2 de fevereiro de 2023, <forum.effectivealtruism.org/posts/2rD6nLqw5Z3dyD5me/does-the-us-public-support-ultraviolet-germicidal>.
38. Scott Alexander, "Grading My 2018 Predictions for 2023", *Astral Codex Ten* (blog), 20 de fevereiro de 2023, <astralcodexten.substack.com/p/grading-my-2018-predictions-for-2023>.
39. Thomas DeMichele, "Probability Theory Was Invented to Solve a Gambling Problem — Fact or Myth?", *Fact/Myth*, 29 de junho de 2021, <factmyth.com/factoids/probability-theory-was-invented-to-solve-a-gambling-problem>.
40. William Poundstone, *Fortune's Formula: The Untold Story of the Scientific Betting System That Beat the Casinos and Wall Street*, edição para o Kindle (Nova York: Hill and Wang, 2006).
41. Encontrei o termo "desacoplamento" pela primeira vez na obra de John Nerst; *Everything Studies* (blog), <everythingstudies.com/2018/05/25/decoupling-revisited/>.
42. Sarah Constantin, "Do Rational People Exist?", *Otium* (blog), 9 de junho de 2014, <srconstantin.wordpress.com/2014/06/09/do-rationalists-exist>.
43. Constantin, "Do Rational People Exist?".

44. Ou, caso prefira imaginar um comentário de um orador conservador, substitua "Chick-fil-A", "casamento gay" e "sanduíche de frango" por "Nike", "Black Lives Matter" e "tênis".
45. Grace Schneider e Cameron Knight, "Years Later, Chick-fil-A Still Feels Heat from LGBTQ Groups over Anti-Gay Marriage Remarks", *USA Today*, 26 de março de 2019, <usatoday.com/story/news/2019/03/26/chickfila-ceo-gay-marriage-comments-still-impact-reputation-lgbtq-community/3279206002>.
46. John Nerst, "A Deep Dive into the Harris-Klein Controversy", *Everything Studies* (blog), 26 de abril de 2018, <everythingstudies.com/2018/04/26/a-deep-dive-into-the-harris-klein-controversy>.
47. Ben Smith, "An Arrest in Canada Casts a Shadow on a New York Times Star, and The Times", *The New York Times*, 11 de outubro de 2020, seção "The Media Equation", <nytimes.com/2020/10/11/business/media/new-york-times-rukmini-callimachi-caliphate.html>.
48. Jeffrey M. Jones, "Donald Trump, Michelle Obama Most Admired in 2020", *Gallup*, 29 de dezembro de 2020, <news.gallup.com/poll/328193/donald-trump-michelle-obama-admired-2020.aspx>.
49. John Coates, *The Hour Between Dog and Wolf: How Risk Taking Transforms Us, Body and Mind*, edição para o Kindle (Nova York: Penguin Books, 2013), posição 8.
50. Jessica Elliott, "Traits Successful Entrepreneurs Have in Common", Câmara de Comércio dos EUA, 13 de abril de 2022, <uschamber.com/co/grow/thrive/successful-entrepreneur-traits>.
51. Embora eu tenha criado "o Village" (o vilarejo) por conta própria, vi termos semelhantes para se referir a grupos parecidos de pessoas em outros lugares, por exemplo, Freddie deBoer: <freddiedeboer.substack.com/p/these-rules-about-platforming-nazis>.
52. Kelsey Piper (@KelseyTuoc), "As pessoas podem pensar que Matt está exagerando, mas eu literalmente ouvi isso de repórteres do *NYT* na época. Houve uma decisão de cima para baixo de que a tecnologia não poderia ser coberta de maneira positiva, mesmo quando houvesse uma história verdadeira, digna de notícia e positiva. Eu nunca tinha ouvido nada parecido", postagem no X (antigo Twitter), 3 de novembro de 2022, <twitter.com/KelseyTuoc/status/1588231892792328192>.
53. Robby Soave, "What *The New York Times*' Hit Piece on *Slate Star Codex* Says About Media Gatekeeping", *Reason*, 15 de fevereiro de 2021, <reason.com/2021/02/15/what-the-new-york-times-hit-piece-on-slate-star-codex-says-about-media-gatekeeping>.
54. Bankman-Fried confirmou isso durante as entrevistas comigo. Veja também Nik Popli, "Sam Bankman-Fried's Political Donations: What We Know", *Time*, 14 de dezembro de 2022, <time.com/6241262/sam-bankman-fried-political-donations>.
55. Nate Silver, "Twitter, Elon and the Indigo Blob", *Silver Bulletin* (blog), 1º de outubro de 2023, <natesilver.net/p/twitter-elon-and-the-indigo-blob>.
56. Dan Diamond, "Suddenly, Public Health Officials Say Social Justice Matters More Than Social Distance", *Politico*, 4 de junho de 2020, <politico.com/news/magazine/2020/06/04/public-health-protests-301534>.
57. Keith A. Reynolds, "Coronavirus: Pfizer CEO Says Company to Seek EUA for Vaccine After Election", *Medical Economics*, 16 de outubro de 2020, <medicaleconomics.com/view/coronavirus-pfizer-ceo-says-company-to-seek-eua-for-vaccine-after-election>.
58. Com base em condados com pelo menos 10 mil habitantes.
59. Cálculos do autor.

60. Freddie deBoer, "Please, Think Critically About College Admissions", *Freddie DeBoer* (blog), 27 de maio de 2021, <freddiedeboer.substack.com/p/please-think-critically-about-college>.
61. Sarah Mervosh, "The Pandemic Erased Two Decades of Progress in Math and Reading", *The New York Times*, 1º de setembro de 2022, seção "U.S.", <nytimes.com/2022/09/01/us/national-test-scores-math-reading-pandemic.html>.
62. Em uma pesquisa junto ao público do *Astral Codex Ten*, o influente blog racionalista de Scott Alexander que atrai uma amostra representativa de tipos do River, 42% dos entrevistados norte-americanos disseram estar registrados como democratas, em comparação com apenas 10% registrados como republicanos. Outros 4% estavam registrados em terceiros partidos, ao passo que o restante não estava registrado em partido nenhum. Scott Alexander, "ACX Survey Results 2022", *Astral Codex Ten* (blog), 20 de janeiro de 2023, <astralcodexten.substack.com/p/acx-survey-results-2022>.
63. Na pesquisa do *Astral Codex Ten*, 88% dos participantes se identificaram como brancos e 88% como homens. Outras partes do River (o pôquer, por exemplo) têm mais diversidade racial e étnica, mas quase tudo é predominantemente masculino. Alexander, "ACX Survey Results 2022".
64. Andrew Ross Sorkin *et al.*, "Adam Neumann Gets a New Backer", *The New York Times*, 15 de agosto de 2022, seção "Business", <nytimes.com/2022/08/15/business/dealbook/adam-neumann-flow-new-company-wework-real-estate.html>.
65. Sabina Mihelj e César Jiménez-Martínez, "Digital Nationalism: Understanding the Role of Digital Media in the Rise of 'New' Nationalism", *Nations and Nationalism* 27, nº 2 (abril de 2021): p. 331-346, <doi.org/10.1111/nana.12685>.
66. Jonathan Haidt e Jean M. Twenge, "This Is Our Chance to Pull Teenagers Out of the Smartphone Trap", *The New York Times*, 31 de julho de 2021, seção "Opinion", <nytimes.com/2021/07/31/opinion/smartphone-iphone-social-media-isolation.html>.
67. Wesley Lowery, "A Reckoning Over Objectivity, Led by Black Journalists", *The New York Times*, 23 de junho de 2020, seção "Opinion", <nytimes.com/2020/06/23/opinion/objectivity-black-journalists-coronavirus.html>.
68. Daniel Carpenter e David A. Moss (orgs.), *Preventing Regulatory Capture: Special Interest Influence and How to Limit It*, 1ª ed. (Nova York: Cambridge University Press, 2013), <doi.org/10.1017/CBO9781139565875>.

Capítulo 1: Otimização

1. Doyle Brunson, *Doyle Brunson's Super/System: A Course in Power Poker*, 3ª ed. (Nova York: Cardoza Publishing, 2002).
2. Brunson venceu o Evento Principal no World Series de Pôquer duas vezes e conquistou dez braceletes do WSOP — concedidos a quem vence qualquer um dos muitos torneios que fazem parte do calendário anual do WSOP.
3. Brunson, *Doyle Brunson's Super/System*, p. 21. Ênfase no original.
4. Brunson, *Doyle Brunson's Super/System*, p. 20.
5. Brunson, *Doyle Brunson's Super/System*, p. 29.

6. A maior parte dessa seção é uma conversa com James McManus e seu livro sobre a história do pôquer. James McManus, *Cowboys Full: The Story of Poker*, 1ª ed. (Nova York: Picador, 2010).
7. Pauly McGuire, "Doyle Brunson Beats Cancer for the Sixth Time", *Club Poker*, 21 de abril de 2016, <en.clubpoker.net/doyle-brunson-beats-cancer-for-the-sixth-time/n-215>.
8. <cardplayer.com/poker-blogs/30-doyle-brunson/entries/2902-do-as-i-say-8230-not-as-i-do>.
9. Doyle Brunson Legacy (@TexDolly), "Acabei de pendurar as chuteiras, mas antes de sair por aquela porta uma última vez, só queria dizer a todos o quanto eu amei esse mundo do pôquer. Eu não queria ir ainda, na verdade estava planejando jogar alguns eventos neste verão...", postagem no X (antigo Twitter), 19 de maio de 2023, <twitter.com/TexDolly/status/1659456928945410048>.
10. Earl Burton, "Doyle Brunson Inducted into Hardin-Simmons University Athletic Hall of Fame", *Poker News Daily*, 14 de outubro de 2009, <pokernewsdaily.com/doyle-brunson-inducted-into-hardin-simmons-university-athletic-hall-of-fame-5589>.
11. Combinando os resultados para AK (ás-rei) do mesmo naipe e AK de naipes diferentes.
12. Pelo menos com base nas mãos que foram mostradas na transmissão. *High Stakes Poker* é um programa editado. HSP Stats Database, Two Plus Two Forums, <forumserver.twoplustwo.com/27/casino-amp-cardroom-poker/hsp-stats-database-747892/index17.html>.
13. Entrevista com Doyle Brunson.
14. Em geral, essa expressão é atribuída a Mike Caro. Veja, por exemplo: Mike Caro, *Caro's Book of Poker Tells: The Psychology and Body Language of Poker* (Nova York: Cardoza Publishing, 2003).
15. Brunson, *Doyle Brunson's Super/System*, p. 422.
16. Robert Blincoe, "Computers Tell a Poker Strategy", *The Guardian*, 24 de setembro de 2008, seção "Technology", <theguardian.com/technology/2008/sep/25/computing.research>.
17. Oliver Roeder, "The Machines Are Coming for Poker", FiveThirtyEight, 19 de janeiro de 2017, <fivethirtyeight.com/features/the-machines-are-coming-for-poker>.
18. James Vincent, "Facebook and CMU's 'Superhuman' Poker AI Beats Human Pros", *The Verge*, 11 de julho de 2019, <theverge.com/2019/7/11/20690078/ai-poker-pluribus-facebook-cmu-texas-hold-em-six-player-no-limit>.
19. Brunson, *Doyle Brunson's Super/System*, p. 18.
20. Veja, por exemplo, as respostas neste tópico do Twitter, que atraiu comentários e retuítes de várias pessoas com experiência em robótica. Nate Silver (@NateSilver538): "Pergunta estranha para meu livro. Dada a tecnologia atual, um robô poderia participar fisicamente de um jogo de pôquer? Ele precisaria, por exemplo: — Manusear fichas de pôquer — virar suas cartas para lê-las sem revelá-las a outros jogadores — Reconhecer visualmente a ação sem dicas verbais (por exemplo, o jogador X aposta 200 dólares)", postagem no X (antigo Twitter), 31 de março de 2023, <twitter.com/NateSilver538/status/1641909746201493506>.
21. Yilun Wang e Michal Kosinski, "Deep Neural Networks Are More Accurate Than Humans at Detecting Sexual Orientation from Facial Images", *Journal of Personality and Social Psychology* 114, nº 2 (fevereiro de 2018): p. 246-257, <doi.org/10.1037/pspa0000098>.

22. Barry Carter, "Polk Crowns the Greatest Poker Player of All Time", *PokerStrategy.com*, 16 de março de 2022, <pokerstrategy.com/news/world-of-poker/Polk-crowns-the-greatest-poker-player-of-all-time_121951>.
23. Daniel Negreanu (@RealKidPoker), "'Fundamentalmente desleixado, frouxo, passivo, pegajoso, um *calling station*.' Sou eu descrevendo meu estilo de pôquer, rs. #DontTryThisAtHomeKids", postagem no X antigo Twitter), 9 de fevereiro de 2014, <twitter.com/RealKidPoker/status/432348562064564224>.
24. Andrew Burnett, "Daniel Negreanu Reveals His Last Decade of Poker Profit and Loss", *HighStakesDB*, 3 de agosto de 2021, <highstakesdb.com/news/high-stakes-reports/daniel-negreanu-reveals-his-last-decade-of-poker-profit-and-loss>.
25. A menos que seja indicado de outra forma, os resultados de torneios são retirados do banco de dados Hendon Mob Poker Database e estão com os números que foram atualizados em 5 de janeiro de 2024. Veja, por exemplo: <pokerdb.thehendonmob.com/player.php?a=r&n=181&sort=place&dir=asc>.
26. Ananyo Bhattacharya, *The Man from the Future: The Visionary Life of John von Neumann*, edição para o Kindle (Nova York: W. W. Norton & Company, 2021), posição 3; Harry Henderson, *Mathematics: Powerful Patterns into Nature and Society*, Milestones in Discovery and Invention (Nova York: Chelsea House Publishers, 2007), p. 30.
27. Jonathan Hill, *Weather Architecture* (Londres, Nova York: Routledge, 2012), p. 216.
28. Bhattacharya, *The Man from the Future*, edição para o Kindle, posição 66.
29. Bhattacharya, *The Man from the Future*, edição para o Kindle, posição 84-85.
30. Jacob Bronowski, *The Ascent of Man*, 1ª edição nos EUA. (Boston: Little, Brown, 1974). [Edição brasileira: *A escalada do homem*. Tradução de Núbio Negrão. São Paulo: Martins Fontes, 1992.]
31. John von Neumann e Oskar Morgenstern, *Theory of Games and Economic Behavior*, Princeton Classic Editions, edição para o Kindle (Princeton, Nova Jersey, Woodstock: Princeton University Press, 2007), posição 361.
32. Robert Hanson, "What Are Reasonable AI Fears?", *Quillette*, 14 de abril de 2023, <quillette.com/2023/04/14/what-are-reasonable-ai-fears>.
33. Essa definição foi refinada após um bate-papo e troca de ideias com o ChatGPT.
34. Von Neumann e Morgenstern, *Theory of Games and Economic Behavior*, edição para o Kindle, posição 61.
35. Créditos por essa ideia para Oliver Habryka. Há mais a respeito disso no Capítulo 7.
36. "Prisoner's Dilemma", *ScienceDirect*, <sciencedirect.com/topics/social-sciences/prisoners-dilemma>.
37. Escolhi esses nomes a partir de um conjunto de sugestões do ChatGPT de nomes com sonoridade vilanesca; não têm a intenção de fazer alusão a nenhuma pessoa específica.
38. A equipe da *Investopedia*, Charles Potters e Pete Rathburn, "What Is the Prisoner's Dilemma and How Does It Work?", *Investopedia*, 31 de março de 2023, <investopedia.com/terms/p/prisoners-dilemma.asp>.
39. Leonie Heuer e Andreas Orland, "Cooperation in the Prisoner's Dilemma: An Experimental Comparison Between Pure and Mixed Strategies", *Royal Society Open Science* 6, nº 7 (julho de 2019): p. 182142, <doi.org/10.1098/rsos.182142>.
40. Janet Chen, Su-I Lu e Dan Vekhter, "Applications of Game Theory", *Game Theory*, <cs.stanford.edu/people/eroberts/courses/soco/projects/1998-99/game-theory/applications.html>.
41. Ou seja, 2 mil fatias vezes um lucro de 1,50 dólar por fatia.

42. Jessica Reimer e Sarah Zorn, "What Is the Average Restaurant Profit Margin?", *Toast*, 21 de janeiro de 2021, <pos.toasttab.com/blog/on-the-line/average-restaurant-profit-margin>.
43. Em nome da precisão: para que uma situação seja um dilema do prisioneiro, as pessoas teriam que estar cooperando melhor *individualmente* umas com as outras e não apenas coletivamente. Esse aspecto é com frequência esquecido em menções populares ao dilema do prisioneiro. Um artigo do jornal *The New York Times* de 2020, por exemplo, ao citar o trabalho de dois pesquisadores canadenses, comparou a falha em tomar precauções contra a covid-19 ao dilema do prisioneiro. Contudo, mesmo se admitirmos que a sociedade está coletivamente melhor se as pessoas tomarem mais precauções contra a covid-19, isso não se aplica em um nível individual. Uma estudante de 18 anos com uma saúde de ferro que já havia se recuperado da covid-19 provavelmente não estaria melhor com um *lockdown* na universidade que a obrigasse a permanecer em seu dormitório, por exemplo. Se numa noite ela escapasse para ir a uma festa, alguém poderia criticar dizendo que ela estava sendo egoísta, mas isso provavelmente atende melhor às suas necessidades individuais do que à política da universidade comum a todos. É um dilema do prisioneiro quando *cada* participante do "jogo" se sai melhor caso coopere. Siobhan Roberts 'The Pandemic Is a Prisoner's Dilemma Game'", *The New York Times*, 20 de dezembro de 2020, seção "Health", <nytimes.com/2020/12/20/health/virus-vaccine-game-theory.html>.
44. "OPEC (Cartel)", *Energy Education*, <energyeducation.ca/encyclopedia/OPEC_(cartel)>.
45. Tecnicamente, esses jogadores *estão* participando de um jogo de soma zero, mas é um jogo de soma zero entre *todos os sentados à mesa*. Quando dois jogadores com grandes pilhas de fichas entram em conflito, estão custando dinheiro a si mesmos e transferindo-o para a mesa, que está apenas observando, de braços cruzados.
46. Eu sei o nome verdadeiro do jogador, mas não vou usá-lo porque não quero que pareça uma acusação de conduta imprópria — foi uma situação bastante ambígua.
47. Ele disse que tinha a mão A5 (ás e cinco de mesmo naipe). Embora os jogadores às vezes mintam sobre suas mãos.
48. YaGirlfriendsSidePc, "Can Anyone Help Me Find a Way to Randomize in a Live Cash Game?", postagem no Reddit, R/Poker, 26 de janeiro de 2022, <www.reddit.com/r/poker/comments/scxzes/can_anyone_help_me_find_a_way_to_randomize_in_a>.
49. Thomas Schelling, "The Threat That Leaves Something to Chance", *RAND*, <rand.org/pubs/historical_documents/HDA1631-1.html>.
50. John F. Nash, "Equilibrium Points in N-Person Games", *Proceedings of the National Academy of Sciences* 36, nº 1 (janeiro de 1950): p. 48-49, <doi.org/10.1073/pnas.36.1.48>.
51. O mais importante é que os jogadores estão agindo de forma independente, em vez de formar coalizões.
52. Não há nada de muito especial sobre esses números: se você inserisse números diferentes na matriz 2 × 2 acima, obteria uma combinação diferente para ambos os jogadores.
53. Sean Braswell, "Should Baseball Pitchers Choose Their Pitches at Random?", *Ozy*, 22 de outubro de 2018, <web.archive.org/web/20201030142411/ozy.com/the-new-and-the-next/should-baseball-pitchers-choose-their-pitches-at-random/88802>.
54. William Gildea, "Mind over Battle", *The Washington Post*, 13 de outubro de 1995, <washingtonpost.com/archive/sports/1995/10/13/mind-over-batter/06d2226e-82cd-49c5-b903-5ff28a669f2e>.

55. "FRITZ 7 Making New Friends", ChessBase, <web.archive.org/web/20020806084641/http://www.chessbase.com/catalog/product.asp?pid=85>.
56. "Cepheus", Cepheus Poker Project, poker.srv.ualberta.ca/about.
57. Matt Glassman (@MattGlassman312), "Se você embaralhar completamente as cartas, as chances de que qualquer baralho na história do mundo tenha estado na mesma ordem são essencialmente zero", postagem no X (antigo Twitter), 3 de agosto de 2020, <twitter.com/MattGlassman312/status/1290409817727733762>.
58. Assumindo que os naipes importam, e em geral não importam. Caso não se importe com naipes (isto é, trata A♦K♦ como equivalente a A♥K♥), há 169 mãos iniciais.
59. Isso pressupõe que a ordem das três cartas no *flop* não importa, já que todas são distribuídas de uma vez, mas a ordem das cartas do *turn* e do *river* importa.
60. Michael Johanson, "Measuring the Size of Large No-Limit Poker Games", *arXiv*, 7 de março de 2013, <arxiv.org/abs/1302.7008>.
61. Tom Boshoff, "How Solvers Work", *GTO Wizard* (blog), 23 de janeiro de 2023, <blog.gtowizard.com/how-solvers-work>.
62. A primeira versão comercial ficou disponível um ano depois, em 2015.
63. "Post oak bluff", *Urban Dictionary*, <urbandictionary.com/define.php?term=post%20oak%20bluff>.
64. Brunson, *Doyle Brunson's Super/System*, p. 338.
65. As primeiras duzentas mãos foram jogadas ao vivo no estúdio da PokerGO, sobretudo como uma forma de gerar publicidade para a partida.
66. Will Shillibier, "We Take a Look at the Polk vs. Negreanu Betting Odds", *PokerNews*, 2 de novembro de 2020, <pokernews.com/news/2020/11/negreanu-polk-match-betting-odds-38168.htm>.
67. Negreanu é um embaixador do site de pôquer on-line GGPoker e torcia para que a partida fosse disputada lá, mas em vez disso foi disputada em um site não relacionado, <WSOP.com>.
68. Por exemplo, Negreanu me disse que Polk fazia *three-bet* [terceira aposta numa sequência de apostas] com KJ [rei-valete] com muita frequência e, como resultado, conseguia fazer *four-bet* [quarta aposta numa sequência de apostas] com mais frequência com mãos como AJ e KQ que têm um bom desempenho contra KJ. No entanto, um jogador só recebe KJ em 1,2% das vezes e, dessas vezes, Negreanu raramente terá uma mão como KQ que possa tirar vantagem e fazer a jogada exploratória.
69. Mary Ortiz, "Polk vs. Negreanu: Doug Polk's Insane Side Bets", *Ace Poker Solutions*, 1º de fevereiro de 2021, <web.archive.org/web/20210201234931/acepokersolutions.com/poker-blog/pokerarticles/polk-vs-negreanu-doug-polks-insane-side-bets>.
70. Steve Friess, "From the Poker Table to Wall Street", *The New York Times*, 27 de julho de 2018, seção "Business", <nytimes.com/2018/07/27/business/vanessa-selbst-poker-bridgewater.html>.
71. Tim Struby, "Her Poker Face", *ESPN The Magazine*, 27 de junho de 2013, <espn.com/poker/story/_/page/Selbst/how-vanessa-selbst-became-best-female-poker-player-all-espn-magazine>.
72. Daniel G. Habib, "Online and Obsessed", *Sports Illustrated*, 30 de maio de 2005, <vault.si.com/vault/2005/05/30/online-and-obsessed>.
73. "$2K No-Limit Hold'em", WSOP 2006 Bracelet Events, *PokerGO*, 2006, <pokergo.com/videos/0d82e9c0-ca54-4b08-8bd5-d8466d6ee54f>.
74. A mão começa perto dos 10:35 neste vídeo: "PCA 10 2013 — $25,000 High Roller, Final Table", *PokerStars*, 2019, <dailymotion.com/video/x6ai4k9>.

75. O comentarista nessa mão foi Joe "Stapes" Stapleton, um favorito de muitos jogadores, inclusive meu. Entretanto, a abordagem de Stapleton é que ele reflete a voz do jogador de pôquer cotidiano, e não de um garoto-prodígio treinado por solucionador. Então, na medida em que critica Selbst, ele está refletindo como a maioria dos jogadores teria visto a jogada na ocasião.
76. Não está evidente se Mencken disse isso diretamente ou se é uma paráfrase de alguma outra coisa que ele escreveu. *Quote Investigator*, 1º de março de 2020, <quoteinvestigator.com/2020/03/01/underestimate>.
77. "America's Top Statistician Nate Silver Runs Epic Bluff in $10,000 Poker Tournament", *PokerGO*, 2022, <youtube.com/watch?v=9cVrlVzoh48>.
78. Esse cálculo é complicado de fazer quando ainda há vários jogadores no torneio, mas é simples quando há apenas dois restantes. É possível apenas dividir a quantia adicional de dinheiro que vai para o primeiro lugar (nesse caso, 51.800 dólares) pelo número de fichas ainda em jogo entre os dois jogadores.
79. Jon Sofen, "Nick Rigby Plays the 2-3 'Dirty Diaper' in 2021 WSOP Main Event", *PokerNews*, 14 de novembro de 2021, <pokernews.com/news/2021/11/nicholas-rigby-wsop-main-23-dirty-diaper-40241.htm>.
80. O solucionador que usei para avaliar esta mão é o GTOx; <app.gtox.io/app>. Observe que um *raise* é usado como parte de uma estratégia mista; o *call* também é usado como parte da mistura.
81. O solucionador teria apostado novamente com uma mão um pouco melhor, 92º.
82. Na mão anterior, o *flop* foi um A, K e uma carta pequena. Eu tinha aumentado antes do *flop* com um conector do mesmo naipe (duas cartas do mesmo naipe e com o mesmo valor aproximado) e tinha perdido o *board*. No entanto, apostei no *flop* e Hendrix pagou. O *turn* foi outra carta pequena, e nós dois pedimos mesa — eu estava acenando a bandeira branca e desistindo da mão. O *turn* foi um Q, fazendo o *board* final AKQxx com duas cartas pequenas. Hendrix pediu mesa e eu apostei, esperando representar QQ, KQ ou JT (que fez um *straight*). Ele demorou muito para pagar com AT para o par mais alto. Para um solucionador, esta é tipicamente um *call* fácil porque o fato de ele ter um T — uma das cartas de que eu preciso para minha sequência — torna menos provável que eu realmente tenha uma.
83. Segundo o GTOx.
84. Embora isso não seja bem verdade. O solucionador me faz apostar em um punhado de *flushes* piores, ainda que também faça *check* com alguns deles. Em geral, é um erro foldar se seu oponente às vezes pode estar apostando uma mão pior por valor.

Capítulo 2: Percepção

1. Bart Hanson também usou essa frase na transmissão ao vivo.
2. Isso foi relatado pelo jornal *Los Angeles Times*, embora eu não tenha conseguido confirmar de forma independente.
3. Andrea Chang, "An Afternoon with Robbi Jade Lew, the Woman at the Center of the Poker Cheating Scandal", *Los Angeles Times*, 7 de outubro de 2022, seção "Business", <latimes.com/business/story/2022-10-07/poker-cheating-scandal-robbi-jade-lew>.
4. Chang, "An Afternoon with Robbi Jade Lew".
5. De acordo com entrevistas no *Doug Polk Podcast* com Garrett Adelstein e Nik Airball.
6. "*Hustler Casino Live* Poker Tracker", *Tracking Poker*, 1º de junho de 2023, <trackingpoker.com/playersprofile/Garrett-Adelstein/HCL-poker-results/all>.

7. Depois que o programa termina de ser gravado, os jogos em geral continuam e às vezes se tornam ainda mais selvagens, porque os jogadores não correm o risco de passar vergonha pública ao cometer um erro.
8. Barry Carter, "Polk Crowns the Greatest Poker Player of All Time", *PokerStrategy.com*, 16 de março de 2022, <pokerstrategy.com/news/world-of-poker/Polk-crowns-the-greatest-poker-player-of-all-time_121951>.
9. Eric Mertens, "Garrett Adelstein Opens Up About Depression on Ingram's Poker Life Podcast", *PokerNews*, 15 de abril de 2019, <pokernews.com/news/2019/04/garrett-adelstein-talks-about-depression-poker-life-podcast-33883.htm>.
10. Bill Chappell, "Chess World Champion Magnus Carlsen Accuses Hans Niemann of Cheating", *National Public Radio (NPR)*, 27 de setembro de 2022, <npr.org/2022/09/27/1125316142/chess-magnus-carlsen-hans-niemann-cheating>.
11. Haley Hintze, "Veronica Brill Wins $27K Frivolous-Lawsuit Judgment Against Mike Postle", *CardsChat*, 17 de junho de 2021, <cardschat.com/news/veronica-brill-wins-27k-frivolous-lawsuit-judgment-against-mike-postle-101479>.
12. Philip Conneller, "Poker Players Sue Stones Gambling Hall, Mike Postle for $30 Million", *Casino.org*, 9 de outubro de 2019, <casino.org/news/poker-players-sue-stones-gambling-hall-mike-postle-for-30-million>.
13. David Schoen, "Garrett Adelstein– Robbi Jade Lew Poker Hand Sparks Cheating Scandal", *Las Vegas Review-Journal*, 7 de outubro de 2022, seção "Sports", <reviewjournal.com/sports/poker/poker-cheating-scandal-sparks-debate-about-math-sexism-2653637>.
14. "(DAY 2) Garrett vs Robbi Investigation into Cheating Allegations...", 2022, <youtube.com/watch?v=EwsXTcZnPn8>.
15. Connor Richards, "Robbi Lew's Poker Coach Faraz Jaka Offers Thoughts on HCL Controversy", *PokerNews*, 1º de outubro de 2022, <pokernews.com/news/2022/10/robbi-lew-s-poker-coach-faraz-jaka-offers-thoughts-on-hcl-co-42201.htm>.
16. "$250,000 Bounty Award for Whistleblower in Robbi-Garrett Case", *PokerPro*, 10 de outubro de 2022, <en.pokerpro.cc//news/250-000-bounty-award-for-whistleblower-in-robbi-garrett-case-568.html>.
17. Haley Hintze, "Matt Glassman Wins PokerStars Platinum Pass in 'Memorable Hand' Contest", *Poker.org*, 5 de janeiro de 2023, <poker.org/matt-glassman-wins-pokerstars-platinum-pass-in-memorable-hand-contest>.
18. "John M Coates", *Edge*, <edge.org/memberbio/john_m_coates>.
19. Mark Macrides, "*Entre Chien et Loup* (Between Dog and Wolf)", *Loft Artists Association*, 18 de janeiro de 2020, <loftartists.org/archives/entre-chien-et-loup>.
20. John Coates, *The Hour Between the Dog and the Wolf*, edição para o Kindle (Nova York: Penguin Books, 2013), posição 7.
21. Coates, *The Hour Between the Dog and the Wolf*, edição para o Kindle, posição 186.
22. Annie Duke, *Quit: The Power of Knowing When to Walk Away*, edição para o Kindle (Nova York: Portfolio/Penguin, 2022), posição 41. [Edição brasileira: *Desistir: é libertador saber quando se afastar*. Tradução de João Costa. Rio de Janeiro: Alta Books, 2024.]
23. Coates, *The Hour Between the Dog and the Wolf*, edição para o Kindle, posição 22.
24. Coates, *The Hour Between the Dog and the Wolf*, edição para o Kindle, posição 10.
25. Antoine Bechara *et al.*, "Insensitivity to Future Consequences Following Damage to Human Prefrontal Cortex", *Cognition* 50, nº 1–3 (abril de 1994): p. 7-15, <doi.org/10.1016/0010-0277(94)90018-3>.

26. Christian A. Webb, Sophie DelDonno e William D. S. Killgore, "The Role of Cognitive Versus Emotional Intelligence in Iowa Gambling Task Performance: What's Emotion Got to Do with It?", *Intelligence* 44 (2014): p. 112-119, <doi.org/10.1016/j.intell.2014.03.008>.
27. "How Important Is Experience at Augusta National?", *Analytics Blog* (blog), *Data Golf*, 8 de abril de 2019, <datagolf.ca/does-experience-matter-at-augusta>.
28. Nate Silver, "Why the Warriors and Cavs Are Still Big Favorites", *FiveThirtyEight*, 13 de outubro de 2017, <fivethirtyeight.com/features/why-the-warriors-and-cavs-are-still-big-favorites>.
29. David, "Michael Jordan's 1992 *Playboy* Magazine Interview: Jealously, Racism & Fear", *Ballislife*, 28 de setembro de 2017, <ballislife.com/michael-jordans-1992-playboy-magazine-interview-jealously-racism-fear>.
30. Coates, *The Hour Between Dog and Wolf*, edição para o Kindle, posição 78.
31. Ryan Glasspiegel, "Nate Silver Made Brutal All-in Call at WSOP: 'F—King Poker'", *New York Post*, 13 de julho de 2023, <nypost.com/2023/07/13/nate-silver-made-brutal-all-in-call-at-wsop-f-king-poker>.
32. Não foram as exatas palavras que ele usou, mas era essa a essência da pergunta.
33. O prêmio médio concedido aos jogadores que terminaram entre os cem primeiros foi de cerca de 520 mil dólares; <pokerdb.thehendonmob.com/event.php?a=r&n=909123>.
34. A principal sequência de mãos começa em 4:30 neste vídeo: "WSOP 2023 Main Event | Day 6 (Part 1)", *PokerGO*, <pokergo.com/videos/d3643be8-68ac-43ca-adbf-1bbe58b1bf6d>.
35. "Stephen Friedrich", banco de dados Hendon Mob Poker Database, <pokerdb.thehendonmob.com/player.php?a=r&n=1088643>.
36. Derek Wolters (@derek_wolters), "ICM for WSOP Main Day 7 T.Co/mTOY9e5Fwh", postagem no X (antigo Twitter), 13 de julho de 2023, <twitter.com/derek_wolters/status/1679527857557766145>.
37. Chan pagou meu *all-in* e virou sua mão quase que de imediato, então não houve muito tempo para aproveitar o momento.
38. Jon Sofen, "The Muck: Did Phil Hellmuth's FBomb Rant Cross the Line?", *PokerNews*, 12 de outubro de 2021, <pokernews.com/news/2021/10/the-muck-did-phil-hellmuth-s-f-bomb-rant-cross-the-line-40034.htm>.
39. Para elucidar melhor, esse trecho é da minha entrevista com Hellmuth, em que ele estava relembrando o que escreveu em seu livro — não uma citação do livro em si.
40. "Daniel Negreanu Explains Poker to Phil Hellmuth", 2021, <youtube.com/watch?v=oa6NNI4SCh0>.
41. "Dumbest Fold Ever with Pocket Aces 2014", <youtube.com/watch?v=ikkGB3pQgA0>.
42. Nos Estados Unidos, os jogadores são tributados sobre os ganhos de jogo, mas em geral não têm permissão para deduzir as perdas de jogo. "Topic Nº 419, Gambling Income and Losses", Receita Federal (IRS), 4 de abril de 2023, <irs.gov/taxtopics/tc419>.
43. Exceto os eventos mais baratos, com *buy-in* de 1.000 dólares. Imagino que ela jogará esses torneios até ficar totalmente quebrada.
44. Escolhi simulações no 5º, 15º, 25º, 35º, 45º, 55º, 65º, 75º, 85º e 95º percentis.
45. E isso pressupõe que ela poderia magicamente repor seu *bankroll* para 500 mil dólares no início de cada ano. Na vida real, ela passará por períodos muito longos em que não terá dinheiro sobrando para jogar os *buy-ins* que poderiam levá-la de volta à lucratividade.

46. Nathan Williams, "Good Poker Win Rate for Small Stakes (2023 Update)", *BlackRain79 — Elite Poker Strategy* (blog), <blackrain79.com/2014/06/good-win-rates-for-micro-and-small_6.html>.
47. O material dessa seção reflete uma combinação da minha conversa com Koon e da seguinte matéria: Lee Davy, "Going Through Walls: The Jason Koon Poker Story", *Triton Poker*, 9 de setembro de 2020, <triton-series.com/going-through-walls-the-jason-koon-poker-story>.
48. Dan Smith (@DanSmithHolla), "Esclarecimento importante: Jason Koon me deu meu primeiro chapéu de caubói de verdade. Sou um péssimo amigo e esqueci o chapéu num avião em Macau[.] Doyle me deu um dos seus chapéus antigos, que é o que estive usando essa semana", postagem no X (antigo Twitter), 17 de julho de 2018, <twitter.com/DanSmithHolla/status/1019313267871645696>.
49. Dan Smith, *Burning Man Blog* (blog), 13 de outubro de 2015, <dansmithholla.com/burning-man-blog>.
50. Gabriele Bellucci, Thomas F. Münte e Soyoung Q. Park, "Influences of Social Uncertainty and Serotonin on Gambling Decisions", *Scientific Reports* 12, nº 1 (17 de junho de 2022): p. 10220, <doi.org/10.1038/s41598-022-13778-x>; Robert D. Rogers *et al.*, "Tryptophan Depletion Alters the Decision-Making of Healthy Volunteers Through Altered Processing of Reward Cues", *Neuropsychopharmacology* 28, nº 1 (janeiro de 2003): p. 153-162, <doi.org/10.1038/sj.npp.1300001>; Michael L. Platt e Scott A. Huettel, "Risky Business: The Neuroeconomics of Decision Making Under Uncertainty", *Nature Neuroscience* 11, nº 4 (abril de 2008): p. 398-403, <doi.org/10.1038/nn2062>.
51. "I Buy In for $40,000 and Opponent Tries to Put ME AllIn Immediately!", *Poker Vlog* #487, 2022, <youtube.com/watch?v=zGQM-Oee6nI>.
52. "All-In Flush over Flush!", *Poker Vlog* #1, 2018, <youtube.com/watch?v=ZAD1fBHzuJ4>.
53. Pelo menos com base nas avaliações do Yelp! "Bally's Twin River Lincoln — Lincoln, RI", *Yelp*, <yelp.com/biz/ballys-twin-river-lincoln-lincoln>.
54. "Hustler Casino Live Stream", *Tracking Poker*, 17 de março de 2023, <web.archive.org/web/20231108052335/https://trackingpoker.com/user-info/Rampage>.
55. Richard Wiseman, *The Luck Factor: Changing Your Luck, Changing Your Life: The Four Essential Principles* (Nova York: Miramax/Hyperion, 2003), p. 32.
56. <youtube.com/watch?v=Q1U31NN_kXE>.
57. Lee Jones, "Eugene Calden — the 100-Year-Old Poker Player", *Poker.org*, 11 de maio de 2023, <poker.org/eugene-calden-the-100-year-old-poker-player>.
58. Agneta H. Fischer, Mariska E. Kret e Joost Broekens, "Gender Differences in Emotion Perception and Self-Reported Emotional Intelligence: A Test of the Emotion Sensitivity Hypothesis", Gilles Van Luijtelaar (org.), *PLOS ONE* 13, nº 1 (25 de janeiro de 2018): e0190712, <doi.org/10.1371/journal.pone.0190712>.
59. "Females Score Higher Than Males on the Widely Used 'Reading the Mind in the Eyes' Test, Study Shows", *Medical News*, 27 de dezembro de 2022, <news-medical.net/news/20221227/Females-score-higher-than-males-on-the-widely-used-Reading-the-Mind-in-the-Eyes-Test-study-shows.aspx>.
60. Jon Sofen, "The Muck: Did Phil Hellmuth's F-Bomb Rant Cross the Line?".
61. Jeanette Settembre, "Florida Man Wins Women's Poker Tournament: 'Insanity'", *New York Post*, 3 de maio de 2023, <nypost.com/2023/05/03/florida-man-wins-womens-poker-tournament-insanity>.

62. "Episode 407: Women's Events", *Thinking Poker*, 2023, <thinkingpoker.net/2023/05/episode-406-womens-events>.
63. Por exemplo, segundo a Pesquisa Norte-Americana de Uso do Tempo em 2019, as mulheres passavam mais tempo "socializando e se comunicando" (0,66 hora por dia *versus* 0,62 hora por dia para os homens) e em chamadas telefônicas (0,19 hora por dia *versus* 0,12), ao passo que os homens dedicavam mais tempo aos esportes (0,42 hora por dia *versus* 0,25) e jogos (0,36 hora por dia *versus* 0,16). "American Time Use Survey — 019 Results", Departamento de Estatísticas do Trabalho dos EUA, 25 de junho de 2020, <bls.gov/news.release/archives/atus_06252020.pdf>.
64. Daniel A. Cox, "Men's Social Circles Are Shrinking", Centro de Pesquisa sobre a Vida Norte-Americana, 29 de junho de 2021, <americansurveycenter.org/why-mens-social-circles-are-shrinking>.
65. "American Time Use Survey — 2019 Results."
66. Christine R. Harris e Michael Jenkins, "Gender Differences in Risk Assessment: Why Do Women Take Fewer Risks than Men?", *Judgment and Decision Making* 1, nº 1 (julho de 2006): p. 48-63, <doi.org/10.1017/S1930297500000346>.
67. "Current Population Survey", Departamento de Estatísticas do Trabalho dos EUA, <bls.gov/cps/data.htm>.
68. Chad Holloway e Jon Sofen, "Beating the Odds: Carlos Welch Went from Poverty to WSOP Online Champ", *PokerNews*, 29 de setembro de 2021, <pokernews.com/news/2021/09/carlos-welch-interview-wsop-online-bracelet-champ-talks-39906.htm>.
69. Lee Jones, "Carlos Welch Doesn't Live in a Prius Anymore", *Poker.org*, 23 de junho de 2023, <poker.org/carlos-welch-doesnt-live-in-a-prius-anymore>.
70. Kate Gibson, "Sam Bankman-Fried Stole at Least $10 Billion, Prosecutors Say in Fraud Trial", *cbs News*, 5 de outubro de 2023, <cbsnews.com/news/sam-bankman-fried-fraud-trial-crypto>.
71. GTOx, <gtox.io>.
72. Scott Sinnett *et al.*, "Flow States and Associated Changes in Spatial and Temporal Processing", *Frontiers in Psychology* 11 (12 de março de 2020): p. 381, <doi.org/10.3389/fpsyg.2020.00381>.
73. Lew havia ganhado 100 mil dólares em sua sessão anterior do *Hustler Casino Live* e, no momento da mão J4, também estava ganhando aquela sessão.
74. "Report of the Independent Investigation of Alleged Wrongdoing in Lew-Adelstein Hand and Audit of Security of 'Hustler Casino Live' Stream, Commissioned by High Stakes Poker Productions, LLC", *Hustler Casino Live*, 14 de dezembro de 2022, <hustlercasinolive.com/j4report>.
75. Nate Meyvis, "Notes on the Garrett Adelstein–Robbi Jade Lew Hand", *Nate Meyvis* (blog), <web.archive.org/web/20230326045329/https://natemeyvis.com/why-my-priors-about-cheating-at-poker-are-so-high.html>.
76. Lew e Chavez foram vistos juntos em um jogo do Las Vegas Raiders, o que levou à especulação de que estavam trapaceando; <twitter.com/jesselonis/status/1584319495643926528?s=46&t=0lws6WvW7Ygn3FrfsPaSZg>.
77. De acordo com Adelstein, Chavez deu a Lew um *freeroll*, ficando com 50% de qualquer lucro que ela obtivesse, mas não receberia nada de volta se ela perdesse; gman06, "Garrett Adelstein Report on Likely Cheating on Hustler Casino Live", fórum de discussão *Two Plus Two*, 7 de outubro de 2022, <forumserver.twoplustwo.com/29/news-views-gossip/garrett-adelstein-report-likely-cheating-hustler-casino-live-1813491>.

78. Andrew Burnett, "Hustler Casino Chip Thief Bryan Sagbigsal Speaks Out from Hiding", *HighStakesDB*, 15 de fevereiro de 2023, <highstakesdb.com/news/high-stakes-reports/hustler-casino-chip-thief-bryan-sagbigsal-speaks-out-from-hiding>.
79. Hustler Casino Live (@HCLPokerShow), "Uma atualização T.Co/217duC33xJ", postagem no X (antigo Twitter), 6 de outubro de 2022, <twitter.com/HCLPokerShow/status/1578169889788862464>.
80. Jon Sofen, "The Muck: Poker Twitter Questions Authenticity of Thief's Alleged DM to Robbi Jade Lew", *PokerNews*, 7 de outubro de 2022, <pokernews.com/news/2022/10/muck-robbi-jade-lew-poker-twitter-dm-hustler-casino-live-42249.htm>.
81. "Robbi Jade Lew *vs.* Bryan Sagbigsal Text Comparison", 2022, <youtube.com/watch?v=c8GiBAq5qHg>.
82. Jon Sofen, "Cops Can't Locate Bryan Sagbigsal; Robbi-Garrett Saga Remains Unsolved", *PokerNews*, 28 de outubro de 2022, <pokernews.com/news/2022/10/robbi-garrett-bryan-sagbigsal-42388.htm>.
83. genobeam, "Part 3: All Robbi's Hands from the Sep 29th Stream (w/THE Hand)", postagem no Reddit, R/Poker, 3 de outubro de 2022, <www.reddit.com/r/poker/comments/xur0l1/part_3_all_robbis_hands_from_the_sep_29th_stream>.
84. Esse cálculo é derivado dos gráficos exibidos na tela da transmissão ao vivo do Hustler, que mostrou que Adelstein venceria a mão em 53% das vezes e Lew, em 47%. O sistema tem informações importantes que normalmente estariam faltando para os jogadores: quais outras cartas foram distribuídas e foldadas pelos outros jogadores. (Em geral, eram cartas favoráveis para Adelstein: as que ele queria ainda estavam vivas no baralho.) No entanto, se Lew fizesse parte de uma rede de trapaceiros e tivesse acesso a informações de bastidores das cartas fechadas, ela saberia disso.
85. Lembre-se: no pôquer GTO, muitas mãos são indiferentes — no *river*, por exemplo, às vezes o valor esperado de pagar e desistir é exatamente o mesmo. Se você apenas esperasse por algumas dessas situações por sessão e sempre tomasse a decisão perfeita, seria um jogador incrivelmente lucrativo, e detectar trapaças seria dificílimo.
86. Tanto Adelstein quanto Lew concordaram que isso estava implícito. Em vez disso, no entanto, Adelstein acumulou suas fichas e saiu. Adelstein me disse que não tinha certeza do que queria fazer, mas então Chavez ficou extremamente zangado e seria desconfortável continuar jogando.
87. Jeff Walsh, "Garrett Adelstein Ready for Livestream Return, 'I'm Built for This'", 2 de dezembro de 2023, *World Poker Tour*, <worldpokertour.com/news/garrett-adelstein-ready-for-livestream-return-im-built-for-this>.
88. Daniel Cates, "Hidden Hypocrisies and the Futility of Judgment", *Medium*, 8 de maio de 2020, <medium.com/@jungleman12/hidden-hypocrisies-and-the-futility-of-judgment-c13dd3d1570f>.

Capítulo 3: Consumo

1. Sozinho, não com a orientação de Ma.
2. Michael Shackleford, "Blackjack Survey", *The Wizard of Vegas*, 24 de julho de 2023, <wizardofvegas.com/guides/blackjack-survey>.
3. Audrey Weston, "Six and Eight Deck Blackjack in Vegas 2023", *GamblingSites.com*, 18 de novembro de 2022, <gamblingsites.com/las-vegas/blackjack/6-8-deck>.
4. Michael Shackleford, "Card Counting", *The Wizard of Odds*, 21 de janeiro de 2019, <wizardofodds.com/games/blackjack/card-counting/introduction>.

5. Shackleford, "Blackjack Survey."
6. E, se eles não puderem recusar sua ação, podem tomar outras contramedidas, como exigir que as cartas sejam embaralhadas continuamente após cada mão. Isso zera a contagem.
7. Des Bieler, "O. J. Simpson Banned from Las Vegas Hotel Bar", *The Washington Post*, 9 de novembro de 2017, <washingtonpost.com/news/early-lead/wp/2017/11/09/o-j-simpson-banned-from-las-vegas-hotel-bar>.
8. Em um torneio, o participante está competindo contra outros jogadores em vez da casa, que fica com uma porcentagem fixa de cada entrada. E, embora alguns desses outros jogadores sejam −VE, eles podem não perceber, ou podem achar os torneios tão divertidos que nem sequer se importam.
9. Observe que essa é a única citação de Ma retirada de uma fonte terceirizada; todas as outras declarações foram ditas diretamente a mim. Eric Harrison, "Jeff Ma: Smart Enough to Bring Down the House", *Chron*, 27 de março de 2008, <chron.com/entertainment/movies_tv/article/Jeff-ma-smart-enough-to-bring-down-the-house-1769491.php>.
10. Isso costuma ser bastante explícito, tanto nas minhas conversas com executivos de cassinos quanto em outras coberturas da mídia. Veja, por exemplo: "Connecticut's Casinos Target Chinese Gamblers", *Legit Productions*, 5 de março de 2011, <legitprod.com/blog/2018/7/5/connecticuts-casinos-target-chinese-gamblers>.
11. Samson Tse *et al.*, "Examination of Chinese Gambling Problems Through a Socio-Historical-Cultural Perspective", *The Scientific World Journal* 10 (2010): p. 1694-1704, <doi.org/10.1100/tsw.2010.167>.
12. "1978-9 Boston College Basketball Point-Shaving Scandal", *Wikipedia*, 17 de agosto de 2023, <en.wikipedia.org/w/index.php?title=1978%E2%80%9379_Boston_College_basketball_point-shaving_scandal&oldid=1170906310>.
13. Stanford Wong, *Professional Blackjack*, edição para o Kindle, (Las Vegas: Pi Yee Press, 2011), posição 33.
14. Departamento de Análise Econômica dos EUA, "Corporate Profits After Tax (without IVA and CCAdj)", FRED, Banco Federal Reserve de St. Louis, 1º de janeiro de 1946), <fred.stlouisfed.org/series/CP>.
15. Nate Silver, "The McDonald's Theory of Why Everyone Thinks the Economy Sucks", *Silver Bulletin* (blog), 1º de outubro de 2023, <natesilver.net/p/the-mcdonalds-theory-of-why-everyone>.
16. "Monthly Revenue Report", <https://gaming.nv.gov/uploadedFiles/gamingnvgov/content/about/gaming-revenue/2022Dec-gri.pdf>, Conselho de Controle e Regulamentação de Jogos de Nevada, dezembro de 2022, <gaming.nv.gov/modules/showdocument.aspx?documentid=19393>.
17. Clare Sears, *Arresting Dress: Cross-Dressing, Law, and Fascination in Nineteenth-Century San Francisco*, Perverse Modernities (Durham, Carolina do Norte: Duke University Press, 2015), p. 24.
18. David G. Schwartz, *Roll the Bones: The History of Gambling*, edição para o Kindle (Las Vegas, Nevada: Winchester, 2013), posição 145.
19. Martin Green, "California Online Casinos: Legal California Online Gambling", *The Sacramento Bee*, 8 de maio de 2023, <sacbee.com/betting/casinos/article270289967.html>.
20. "Federal Land Ownership by State", *Ballotpedia*, <ballotpedia.org/Federal_land_ownership_by_state>.
21. Schwartz, *Roll the Bones*, edição para o Kindle, posição 198.

22. Schwartz, *Roll the Bones*, edição para o Kindle, posição 201.
23. Schwartz, *Roll the Bones*, edição para o Kindle, posição 212-213.
24. Schwartz, *Roll the Bones*, edição para o Kindle, posição 211.
25. "Gallup: Gambling as Morally Acceptable as Pot, Premarital Sex", *Casino.org*, 28 de junho de 2020, <casino.org/news/gallup-gambling-as-morally-acceptable-as-pot-premarital-sex>.
26. John L. Smith, "From Busboy to the Gaming Hall of Fame: A Conversation with Mike Rumbolz", Relatórios de Jogos do CDC (Centro de Controle e Prevenção de Doenças), 22 de setembro de 2022, <cdcgaming.com/from-busboy-to-the-gaming-hall-of-fame-a-conversation-with-mike-rumbolz>.
27. Mais tarde, Trump construiu um hotel em Las Vegas, mas sem salão de jogos.
28. Allan May, "The History of the Race Wire Service", *Crime Magazine*, 14 de outubro de 2009, <crimemagazine.com/history-race-wire-service>.
29. David G. Schwartz, "The Kefauver Hearing in Las Vegas", The Mob Museum [Museu da Máfia], 10 de novembro de 2020, <themobmuseum.org/blog/the-kefauver-hearing-in-las-vegas>.
30. Wallace Turner, "Reputed Organized Crime Heads Named in Casino Skimming Case", *The New York Times*, 12 de outubro de 1983.
31. Schwartz, *Roll the Bones*, edição para o Kindle, posição 256.
32. Schwartz, *Roll the Bones*, edição para o Kindle, posição 100.
33. Um *shoe* de *blackjack* é embaralhado muito antes de todas as cartas serem distribuídas, então você nunca poderia determinar isso por meio de enumeração estrita. Seria necessário usar inferência estatística sobre uma grande amostra de mãos.
34. Às vezes, os *dealers* cometem erros, mas em geral são erros honestos — e às vezes são erros a favor do jogador.
35. "The 15 Most Expensive Buildings in the World", *Luxury Columnist*, 26 de fevereiro de 2023, <luxurycolumnist.com/the-most-expensive-buildings-in-the-world>.
36. "The Venetian Resort Las Vegas — Hotel Meeting Space — Event Facilities", Teneo Hospitality Group, <teneohg.com/member-hotel/the-venetian-the-palazzo>.
37. "Adelson, Wynn among Trump's Inaugural Committee", *KTNV 13 Action News Las Vegas*, 16 de novembro de 2016, <ktnv.com/news/political/adelson-wynn-among-trumps-inaugural-committee>.
38. Kimberly Pierceall, "Sheldon Adelson, Las Vegas Sands Founder and GOP Power Broker, Dies", *The Philadelphia Inquirer*, 12 de janeiro de 2021, <inquirer.com/obituaries/sheldon-adelson-dies-obituary-las-vegas-sands-gop-20210112.html>.
39. Schwartz, *Roll the Bones*, edição para o Kindle, posição 253.
40. Schwartz, *Roll the Bones*, edição para o Kindle, posição 253.
41. Galen R. Frysinger, "Golden Nugget", GalenFrysinger.com, <galenfrysinger.com/las_vegas_golden_nugget.htm>.
42. Ken Adams, "Out with the Mirage and Volcano and in with a Rock and Guitar", Relatórios de Jogos do CDC (Centro de Controle e Prevenção de Doenças), 2 de abril de 2023, <cdcgaming.com/commentary/out-with-the-mirage-and-volcano-and-in-with-a-rock-and-guitar>.
43. "Hard Rock® Completes Acquisition of The Mirage Hotel & Casino®", Hard Rock Hotel & Casino, 16 de janeiro de 2023, <hardrockhotels.com/news/hard-rock-completes-acquisition-of-the-mirage-hotel-and-casino>.
44. Brock Radke, "Las Vegas' First Modern Megaresort the Mirage Reopens This Week — Las Vegas Sun Newspaper", *Las Vegas Sun*, 24 de agosto de 2020, <lasvegassun.com/news/2020/aug/24/mgm-resorts-mirage-reopens-las-vegas-strip>.

45. Hubble Smith, "The Mirage Was for Real", *Las Vegas Review-Journal*, 22 de novembro de 1999, <web.archive.org/web/20021220024833/http://www.lvrj.com/lvrjhome/1999/Nov-22-Mon-1999/business/12387993.html>.
46. "Nevada Casinos: Departmental Revenues, 1984-022", Centro de Pesquisa em Jogos da Universidade de Nevada, campus de Las Vegas (UNLV), fevereiro de 2023, <gaming.library.unlv.edu/reports/NV_departments_historic.pdf>.
47. Alexandra Berzon *et al.*, "Dozens of People Recount Pattern of Sexual Misconduct by Las Vegas Mogul Steve Wynn", *The Wall Street Journal*, 26 de janeiro de 2018, seção "Business", <wsj.com/articles/dozens-of-people-recount-pattern-of-sexual-misconduct-by-las-vegas-mogul-steve-wynn-1516985953>.
48. Julia Malleck, "Casino King Steve Wynn Was Banned from Nevada's Gambling Industry", *Quartz*, 28 de julho de 2023, <qz.com/steve-wynn-casino-king-ban-nevada-gaming-sexual-miscond-1850685469>.
49. Howard Stutz, "Wynn Unveils Plans and Renderings for a 1,000-Foot-Tall Hotel-Casino in UAE", *The Nevada Independent*, 28 de abril de 2023, <thenevadaindependent.com/article/wynn-unveils-plans-and-renderings-for-a-1000-foot-tall-hotel-casino-in-uae>.
50. "2019 Crime in the United States: Nevada", FBI, 2019, <ucr.fbi.gov/crime-in-the-u.s/2019/crime-in-the-u.s.-2019/tables/table-8/table-8-state-cuts/nevada.xls>; "2019 Crime in the United States: Rate: Number of Crimes per 100,000 Inhabitants", FBI, 2019, <ucr.fbi.gov/crime-in-the-u.s/2019/crime-in-the-u.s.-2019/tables/table-16/table-16.xls>.
51. Associated Press, "Trump Casinos File for Bankruptcy", *NBC News*, 22 de novembro de 2004, <nbcnews.com/id/wbna6556470>; Michelle Lee, "Fact Check: Has Trump Declared Bankruptcy Four or Six Times?", *The Washington Post*, 26 de setembro de 2016, <washingtonpost.com/politics/2016/live-updates/general-election/real-time-fact-checking-and-analysisofthe-first-presidential-debate/fact-check-has-trump-declared-bankruptcy-four-or-six-times>; Associated Press, "Trump Entertainment Resorts File for Bankruptcy in Blow to Atlantic City", *The Guardian*, 9 de setembro de 2014, seção "World News", <theguardian.com/world/2014/sep/09/trump-casinos-atlantic-city-bankruptcy>; Wayne Perry, "Trump's Bankrupt Taj Mahal Casino Now Owned by Carl Icahn", *The Spokesman-Review*, 26 de fevereiro de 2016, <spokesman.com/stories/2016/feb/26/trumps-bankrupt-taj-mahal-casino-now-owned-by-carl>.
52. Russ Buettner e Charles V. Bagli, "How Donald Trump Bankrupted His Atlantic City Casinos, but Still Earned Millions", *The New York Times*, 11 de junho de 2016, seção "New York", <nytimes.com/2016/06/12/nyregion/donald-trump-atlantic-city.html>.
53. "1990 Michael Jackson Attends the Grand Opening of Trump Taj Mahal Casino Resort", 2013, <youtube.com/watch?v=GGWjUYWatTo>.
54. Howard Kurtz, "Donald Trump's Big Bet", *The Washington Post*, 25 de março de 1990, <washingtonpost.com/archive/lifestyle/1990/03/25/donald-trumps-big-bet/0c149273-3752-4f6f-96bf-432457039eb7>.
55. Paul Goldberger, "It's 'Themed', It's Kitschy, It's Trump's Taj", *The New York Times*, 6 de abril de 1990, seção "New York", <nytimes.com/1990/04/06/nyregion/it-s-themed-it-s-kitschy-it-s-trump-s-taj.html>.
56. Reuters, "Chapter 11 for Taj Mahal", *The New York Times*, 18 de julho de 1991, seção "Business", <nytimes.com/1991/07/18/business/chapter-11-for-taj-mahal.html>.

57. Robert O'Harrow Jr., "Trump's Bad Bet: How Too Much Debt Drove His Biggest Casino Aground", *The Washington Post*, 24 de maio de 2023, <washingtonpost.com/investigations/trumps-bad-bet-how-too-much-debt-drove-his-biggest-casino-aground/2016/01/18/f67cedc2-9ac8-11e5-8917-653b65c809eb_story.html>.
58. Lenny Glynn, "Trump's Taj — Open at Last, with a Scary Appetite", *The New York Times*, 8 de abril de 1990, seção "Business", <nytimes.com/1990/04/08/business/trump-s-taj-open-at-last-with-a-scary-appetite.html>.
59. Joel Rose, "The Analyst Who Gambled and Took on Trump", *National Public Radio (NPR)*, 10 de outubro de 2016, seção "Business", <npr.org/2016/10/10/497087643/the-analyst-who-gambled-and-took-on-trump>.
60. Glynn, "Trump's Taj — Open at Last".
61. Inside Jersey Staff, "In Atlantic City, a Long History of Corruption", *NJ.com*, 16 de fevereiro de 2010, <nj.com/insidejersey/2010/02/atlantic_citys_tradition_of_co.html>.
62. Tim Golden, "Taj Mahal's Slot Machines Halt, Overcome by Success", *The New York Times*, 9 de abril de 1990, seção "New York", <nytimes.com/1990/04/09/nyregion/taj-mahal-s-slot-machines-halt-overcome-by-success.html>.
63. Robert Hanley, "Copter Crash Kills 3 Aides of Trump", *The New York Times*, 11 de outubro de 1989, seção "New York", <nytimes.com/1989/10/11/nyregion/copter-crash-kills-3-aides-of-trump.html>.
64. Diana B. Henriques com M. A. Farber, "An Empire at Risk — Trump's Atlantic City; Debt Forcing Trump to Play for Higher Stakes", *The New York Times*, 7 de junho de 1990, seção "Business", <nytimes.com/1990/06/07/business/empire-risk-trump-s-atlantic-city-debt-forcing-trump-play-for-higher-stakes.html>.
65. Após ajuste para inflação. Números não ajustados podem ser encontrados aqui: "Atlantic City Gaming Revenue", Centro de Pesquisa em Jogos da Universidade de Nevada, campus de Las Vegas (UNLV), fevereiro de 2023, <gaming.library.unlv.edu/reports/ac_hist.pdf>.
66. "Annual Report 1990", Trump Taj Mahal Associates, 1990, <washingtonpost.com/wp-stat/graphics/politics/trump-archive/docs/trump-taj-mahal-associates-annual-report-1990.pdf>.
67. "Casinos: Gross Gaming Revenue by State US 2022", *Statista*, maio de 2023, <statista.com/statistics/187926/gross-gaming-revenue-by-state-us>.
68. Florencia Muther, "The Happiest Place on Earth: The Magic Recipe Behind Disney Parks 70% Return Rate", *HBS: Technology and Operations Management* (blog), 7 de dezembro de 2015, <d3.harvard.edu/platform-rctom/submission/the-happiest-place-on-earth-the-magic-recipe-behind-disney-parks-70-return-rate>.
69. Heart+Mind Strategies, "2022 Las Vegas Visitor Profile Study", Autoridade de Convenções e Visitantes de Las Vegas, 2022, <assets.simpleviewcms.com/simpleview/image/upload/v1/clients/lasvegas/2022_Las_Vegas_Visitor_Profile_Study_8a25c904-37b4-42d0-af4d-d8f04af9ecf.pdf>.
70. Tecnicamente, não se trata de uma comparação de maçãs com maçãs — a porcentagem de visitantes que retornam em algum momento não é a mesma que a porcentagem de visitantes em um determinado momento que são clientes recorrentes —, mas não há dúvida de que tanto a Disneyworld quanto Las Vegas criam muita fidelidade do cliente.
71. "Caesars Rewards Benefits Overview", *Caesars*, <caesars.com/myrewards/benefits-overview>.

72. Mark Saunokonoko, "Private Jets, Big Bets and Beautiful Women: Inside the Secret World of Las Vegas High-Rollers", 14 de outubro de 2017, <9news.com.au/world/rj-cipriani-inside-the-secret-world-of-las-vegas-high-rollers-whales-gamblers/4fb3275a-7b43-47a6-8d98-df09161ef011>.
73. zedthedeadpoet, "Consolidated 'Wynn' Thread", *FlyerTalk*, 12 de abril de 2005, <flyertalk.com/forum/3928690-post51.html>.
74. Mo Nuwwarah, "Phil Ivey Reportedly Settles with Borgata, Ending 6-Year Legal War", *PokerNews*, 8 de julho de 2020, <pokernews.com/news/2020/07/phil-ivey-borgata-settlement-37591.htm>.
75. Entrevista com Per Binde.
76. Schwartz, *Roll the Bones*, edição para o Kindle, posição 1-2.
77. Bill Friedman, *Designing Casinos to Dominate the Competition: The Friedman International Standards of Casino Design* (Reno, Nevada: Institute for the Study of Gambling and Commercial Gaming, 2000), p. 16-17.
78. "Monthly Revenue Report", Conselho de Controle e Regulamentação de Jogos de Nevada, dezembro de 2022.
79. Entrevista com Mike Rumbolz.
80. "Monthly Revenue Report", Controle e Regulamentação de Jogos de Nevada, junho de 2023, <gaming.nv.gov/modules/showdocument.aspx?documentid=19988>.
81. Sandra Grauschopf, "Which States Have the Biggest Lottery Payouts?", *LiveAbout*, 29 de outubro de 2022, <liveabout.com/which-states-have-the-biggest-lottery-payouts-4684743>.
82. John Wihbey, "Who Plays the Lottery, and Why: Updated Collection of Research", *The Journalist's Resource*, 27 de julho de 2016, <journalistsresource.org/economics/research-review-lotteries-demographics>.
83. Adam Volz, "Why Horse Bettors Need to Know About Takeout Rates", *Casino.org* (blog), 2 de janeiro de 2023, <casino.org/blog/takeout-rates/>; Michael Shackleford, "What Is the House Edge?", *The Wizard of Odds*, 6 de setembro de 2023, <wizardofodds.com/gambling/house-edge/>; Grauschopf, "Which States Have the Biggest Lottery Payouts?"; "Monthly Revenue Report", Conselho de Controle e Regulamentação de Jogos de Nevada, junho de 2023; Michael Shackleford, "Blackjack Survey", *The Wizard of Vegas*, 24 de julho de 2023, <wizardofvegas.com/guides/blackjack-survey>.
84. Robert B. Breen e Mark Zimmerman, "Rapid Onset of Pathological Gambling in Machine Gamblers", *Journal of Gambling Studies* 18, nº 1 (1º de março de 2002): p. 31-43, <doi.org/10.1023/A:1014580112648>.
85. Natasha Dow Schüll, "Slot Machines Are Designed to Addict", *The New York Times*, 10 de outubro de 2013, <nytimes.com/roomfordebate/2013/10/09/are-casinos-too-much-of-a-gamble/slot-machines-are-designed-to-addict>.
86. David G. Schwartz, "Erving Goffman's Las Vegas: From Jungle to Boardroom", *UNLV Gaming Research & Review Journal* 20, nº 1 (23 de maio de 2016), <digitalscholarship.unlv.edu/grrj/vol20/iss1/2>.
87. Erving Goffman, *Interaction Ritual: Essays on Face-to-Face Behavior*, 1ª edição Pantheon Books (Nova York: Pantheon Books, 1982), p. 203.
88. Michelle Goldberg, "Here's Hoping Elon Musk Destroys Twitter", *The New York Times*, 6 de outubro de 2022, seção "Opinion", <nytimes.com/2022/10/06/opinion/elon-musk-twitter.html>.
89. Kevin A. Harrigan e Mike Dixon, "PAR Sheets, Probabilities, and Slot Machine Play: Implications for Problem and Non-Problem Gambling", *Journal of Gambling Issues* nº 23 (1º de junho de 2009): p. 81, <doi.org/10.4309/jgi.2009.23.5>.

90. "Las Vegas Visitor Statistics", Autoridade de Convenções e Visitantes de Las Vegas, junho de 2023, <assets.simpleviewcms.com/simpleview/image/upload/v1/clients/lasvegas/ES_Jun_2023_8bfa98de-9c13-439d-96e5-516621dc2146.pdf>.

Capítulo 4: Competição

1. David Hill, "The Rise and Fall of the Professional Sports Bettor", *The Ringer*, 5 de junho de 2019, <theringer.com/2019/6/5/18644504/sports-betting-bettors-sharps-kicked-out-spanky-william-hill-new-jersey>.
2. spanky (@spanky), "Uma abordagem *bottom-up* [de baixo para cima] é criar sua própria linha usando modelos de análise de estatísticas de dados etc. Uma abordagem *top-down* [de cima para baixo] pressupõe que a linha está correta e você encontra valor procurando por números diferentes entre casas de apostas e informações não refletidas na linha, como lesões [.] Eu sou um *top-down*", postagem no X (antigo Twitter), 12 de dezembro de 2019, <twitter.com/spanky/status/1205265182664134657>.
3. spanky, "Uma abordagem *bottom-up*".
4. O Resorts World Bet me limitou depois de apenas seis jogos, embora eu estivesse um pouco no vermelho (-66 dólares) nas minhas apostas lá. O Resorts World Bet estava usando *odds* fornecidas pelo PointsBet, que já tinha me limitado — pode ter sido que também estivessem compartilhando informações dos clientes.
5. Hill, "The Rise and Fall of the Professional Sports Bettor".
6. Uma técnica relacionada chamada *"scalping"*, na qual você aposta em *moneylines* em vez de *spreads* de pontos, é completamente livre de risco. Por exemplo, se eu apostar na *moneyline* do Eagles em –110 em um site e no Chiefs em +120 em outro site, tenho a garantia de obter um pequeno lucro.
7. Se você estiver apostando *spreads* de pontos.
8. "Monthly Revenue Report", Conselho de Controle e Regulamentação de Jogos de Nevada, junho de 2023, <gaming.nv.gov/modules/showdocument.aspx?documentid=19988>.
9. Circa também reivindica isso. Tendo estado em ambos os locais, acho que Circa provavelmente está certa.
10. "Westgate Superbook: A Total WOW Factor", 2021, <youtube.com/watch?v=jXstOzQj9mk>.
11. Compare, por exemplo, as porcentagens de apostas esportivas de Nevada em 2023 (cerca de 5%) com 1993 (cerca de 3%). Os dados de 2023: "Monthly Revenue Report", Conselho de Controle e Regulamentação de Jogos de Nevada, junho de 2023; dados de 1993: "Monthly Revenue Report", Conselho de Controle e Regulamentação de Jogos de Nevada, dezembro de 1993, <gaming.nv.gov/modules/showdocument.aspx?documentid=3755>.
12. Richard Waters, "Man Beats Machine at Go in Human Victory Over AI", *Financial Times*, <https://archive.is/tDYsY>.
13. David Hill, "The King of Super Bowl Props, Part 1", *The Ringer*, 21 de setembro de 2022, <theringer.com/2022/9/21/23363621/gamblers-super-bowl-props-rufus-peabody-nfl>.
14. Hill, "The King of Super Bowl Props, Part 1".
15. Tecnicamente, Peabody não estava ganhando uma mixaria. Ele recebeu um salário inicial de 25 mil dólares.

16. Rufus Peabody, "Fundamentals or Noise? Analyzing the Efficiency of a Prediction Market" (monografia, Universidade Yale, 2008), <drive.google.com/drive/folders/1DnApx0q5W2YpRxuwhaZG6QzTbVuXyZte>.
17. John P. A. Ioannidis, "Why Most Published Research Findings Are False", *PLOS Medicine* 2, nº 8 (30 de agosto de 2005): e124, <doi.org/10.1371/journal.pmed.0020124>.
18. Alex Tabarrok, "A Bet Is a Tax on Bullshit", *Marginal Revolution* (blog), 2 de novembro de 2012, <marginalrevolution.com/marginalrevolution/2012/11/a-bet-is-a-tax-on-bullshit.html>.
19. Alex Gleeman, "Art Howe Is Angry About How He Was Portrayed in 'Moneyball'", *NBC Sports*, 27 de setembro de 2011, <nbcsports.com/mlb/news/art-howe-is-angry-about-how-he-was-portrayed-in-moneyball>.
20. David Hill, "Looking for an Edge, and Some Fun, Bettors Favor Super Bowl Props", *The New York Times*, 7 de fevereiro de 2023, seção "Sports", <nytimes.com/2023/02/07/sports/football/super-bowl-bets-props-odds.html>.
21. Essas classificações são um pouco subjetivas e combinam meu conhecimento geral sobre a indústria com dados sobre a popularidade doméstica e internacional de cada esporte e seus números de apostas no Colorado e em Nevada. Alguns esportes (por exemplo, as grandes lutas do UFC) tendem a ser especialmente populares entre os apostadores em relação à sua popularidade com o público em geral.
22. Andrew Keh, "Think Americans Wouldn't Wager on Russian Table Tennis? Care to Bet?", *The New York Times*, 25 de janeiro de 2021, seção "Sports", <nytimes.com/2021/01/25/sports/ping-pong-sports-betting.html>.
23. Ben Davies, "UFC: Top 10 Biggest Earning PPV Events in History (Ranked)", *GiveMeSport*, 17 de outubro de 2023, <givemesport.com/biggest-earning-ufc-ppv-events-in-history-ranked/#ufc-264-poirier-v-mcgregor-3-1-800-000-ppv-buys—120-million>.
24. Hill, "The King of Super Bowl Props, Part 1".
25. "SB LVII Props-Westgate", *Scribd*, <scribd.com/document/623527060/Sb-LVII-Props-westgate>.
26. Matt Jacob, "Super Bowl Props: How These Side Bets Became So Popular", *Props*, 7 de fevereiro de 2022, <props.com/super-bowl-props-how-these-side-bets-became-so-popular>.
27. Patrick Everson, "Sharp Bettors Fire Early, File Away for Later as Super Bowl Proposition Bets Hit Odds Board", *Covers.com*, 23 de janeiro de 2020, <covers.com/industry/sharp-bettors-fire-early>.
28. "DraftKings Inc. Rings the Opening Bell", Nasdaq, 11 de junho de 2021, <nasdaq.com/events/draftkings-inc.-rings-the-opening-bell>.
29. Weston Blasi, "New York Officially Approves Legal Online Sports Betting", *MarketWatch*, 10 de abril de 2021, <marketwatch.com/story/new-york-approves-legal-online-sports-betting-11617744458>.
30. Brad Allen, "Can Caesars Sportsbook Make Its Mark with $1 Billion in Spending?", *Legal Sports Report*, 4 de agosto de 2021, <legalsportsreport.com/54987/caesars-sportsbook-one-billion-us-sports-betting>.
31. Robert Harding, "DraftKings, FanDuel Warn High Tax Rate Could Threaten NY Mobile Sports Betting Success", *The Citizen* (Auburn), 1º de fevereiro de 2023, <auburnpub.com/news/local/govt-and-politics/draftkings-fanduel-warn-high-tax-rate-could-threaten-ny-mobile-sports-betting-success/article_f775b29d-3dd4-5fb8-ba12-39eaf7abe8f6.html>.

32. Nova York fica com 51% dos lucros, muito mais do que a média dos outros estados, e em 2022 abocanhou quase 700 milhões de dólares em receitas de impostos de apostas esportivas.
33. Oregon, Delaware e Nevada também foram autorizados a continuar operando loterias com temas de apostas esportivas. Troy Lambert, "Supreme Gamble: The Professional and Amateur Sports Protection Act", *HuffPost*, 18 de julho de 2017, <huffpost.com/entry/supreme-gamble-the-professional-and-amateur-sports_b_596e31b6e4b05561da5a5ae6>.
34. Mais perto de 3%, se contarmos as apostas on-line.
35. Geoff Zochodne, "US Sports Betting Revenue and Handle Tracker", *Covers.com*, <covers.com/betting/betting-revenue-tracker>.
36. "Frozen Pizza Market Size USD 29.8 Billion by 2030", Relatório da Vantage Market Research, <vantagemarketresearch.com/industry-report/frozen-pizza-market-2179>.
37. "Colorado Sports Betting Proceeds", Departamento de Receita do Colorado, junho de 2023, <sbg.colorado.gov/sites/sbg/files/documents/38%20Monthly%20Summary%20%28June% 20%2723%29.pdf>.
38. Brad Allen, "DraftKings CEO Jason Robins Wants Higher Hold, Fewer Sharps", *Legal Sports Report*, 6 de junho de 2022, <legalsportsreport.com/71027/draftkings-ceo-wants-higher-hold-less-sharp-betting>.
39. Ed Miller e Matthew Davidow, *The Logic of Sports Betting*, edição para o Kindle (publicação independente, 2019), posição 57.
40. "Form 10-K", DraftKings, *Inc.*, 17 de fevereiro de 2023, <draftkings.gcs-web.com/static-files/6aa9158d-fd23-4ea1-ad7e-48a1f79e37da>.
41. Normalmente, as linhas da NBA são divulgadas com, no máximo, 36 horas de antecedência, mas essa foi uma situação incomum por causa do intervalo do All-Star Game; não havia jogos nos dias seguintes, e as casas de apostas estavam ansiosas para dar aos clientes algo em que apostar.
42. Casas de apostas formadoras de mercado geralmente têm limites padrão que se aplicam a todos os jogadores. Outras permitem um pouco de margem de manobra, embora muito menos do que as casas de apostas de varejo.
43. "Raptors Get Jakob Poeltl in Trade from Spurs", NBA.com, 9 de fevereiro de 2023, <nba.com/news/spurs-trade-jakob-poeltl-raptors>.
44. Everson, "Sharp Bettors Fire Early".
45. Scott Eden, "Meet the World's Top NBA Gambler", *ESPN The Magazine*, 21 de fevereiro de 2013, <espn.com/blog/playbook/dollars/post/_/id/2935/meet-the-worlds-top-nba-gambler>.
46. Kevin Sherrington, "Titanic, Meet Iceberg: Bob Voulgaris' Mavs Exit Was Result of a Petty Clash of Egos", *The Dallas Morning News*, 22 de outubro de 2021, <dallasnews.com/sports/mavericks/2021/10/22/titanic-meet-iceberg-haralabos-voulgaris-mavs-exit-was-result-of-a-petty-clash-of-egos>.
47. Jon Sofen, "Haralabos Voulgaris Purchasing a Spanish Soccer Club", *PokerNews*, 24 de julho de 2022, <pokernews.com/news/2022/07/haralabos-voulgaris-soccer-club-41739.htm>.
48. Note que os cálculos do Transfermarkt consideram apenas o valor de revenda dos jogadores à disposição. Os valores de franquia serão maiores, potencialmente várias vezes maiores no caso dos principais times da La Liga, já que também podem incluir estádios, ativos intangíveis etc.
49. "CD Castellón — Club Profile", Transfermarkt, <transfermarkt.us/cd-castellon/startseite/verein/2502>.

50. "La Liga", Transfermarkt, <transfermarkt.com/primera-division/startseite/wettbewerb/ES1>.
51. "Brentford Fans Set to Sell Shares", *BBC Sport*, 20 de junho de 2012, bbc.com/sport/football/18519031.
52. "NBA Team 1st Half Points per Game", *TeamRankings*, <teamrankings.com/nba/stat/1st-half-points-per-game>.
53. Eden, "Meet the World's Top NBA Gambler".
54. Contagem de pessoas nas dependências e arredores do US Open, mesmo que não na arena Arthur Ashe em si; <nytimes.com/2022/08/31/sports/tennis/serena-williams-kontaveit-crowd-us-open.html#:~:text=But%20Kontaveit%20did%20not%20go,a%20U.S.%20Open%20night%20session>.
55. Uma busca no Google por "Federer" "Nobu" não revela nada útil, por exemplo.
56. Billy Walters, *Gambler: Secrets from a Life at Risk*, edição para o Kindle (Nova York: Simon & Schuster, 2023), posição 26.
57. Ian Thomsen, "The Gang That Beat Vegas", *The National Sports Daily*, 6 de junho de 1990, <ianthomsen.com/features.html#vegas>.
58. Walters, *Gambler: Secrets from a Life at Risk*, edição para o Kindle, posição 88.
59. Robert H. Boyle, "Using Your Computer for Fun and Profit", *Sports Illustrated*, 10 de março de 1986, <vault.si.com/vault/1986/03/10/using-your-computer-for-fun-and-profit>.
60. Thomsen, "The Gang That Beat Vegas".
61. Walters, *Gambler: Secrets from a Life at Risk*, edição para o Kindle, posição 118.
62. Thomsen, "The Gang That Beat Vegas".
63. Thomsen, "The Gang That Beat Vegas".
64. Thomsen, "The Gang That Beat Vegas".
65. Walters, *Gambler: Secrets from a Life at Risk*, edição para o Kindle, posição 95.
66. Thomsen, "The Gang That Beat Vegas".
67. Walters, *Gambler: Secrets from a Life at Risk*, edição para o Kindle, posição 5.
68. Embora o reserva tenha sido forçado a jogar.
69. Walters, *Gambler: Secrets from a Life at Risk*, edição para o Kindle, posição 251.
70. "William T. 'Billy' Walters Sentenced in Manhattan Federal Court for $43 Million Insider Trading Scheme", Gabinete do Procurador dos EUA, Distrito Sul de Nova York, 27 de julho de 2017, <justice.gov/usao-sdny/pr/william-t-billy-walters-sentenced-manhattan-federal-court-43-million-insider-trading>.
71. Thomsen, "The Gang That Beat Vegas".
72. James Surowiecki, *The Wisdom of Crowds* (Nova York: Anchor Books, 2005).
73. Peter Kafka, "DraftKings and FanDuel Look Wobbly, and So Does $220 Million in TV Ads", *Vox*, 11 de novembro de 2015, <vox.com/2015/11/11/11620574/draftkings-and-fanduel-look-wobbly-an-so-do-220-million-in-tv-ads>.
74. "Welcome to the Big Time", Comercial de TV de futebol americano de fantasia da DraftKings, 2015, <youtube.com/watch?v=AIGap9cvu34>.
75. "The Sleeper", comercial de TV da DraftKings, 2015, <youtube.com/watch?v=QTfeK3L GpB0>.
76. "Only One Bull", comercial de TV da DraftKings, 2015, <youtube.com/watch?v=NvilKKbLUH4>.
77. Comercial de TV da DraftKings, 2013, <youtube.com/watch?v=soniQkpTLhE>.
78. "DraftKings TV Commercials", iSpot.tv, <ispot.tv/brands/IEY/draftkings>.
79. "DraftKings, FanDuel Spar Over Ad Claim", *Truth in Advertising*, 10 de novembro de 2016, <truthinadvertising.org/articles/draftkings-fanduel-spar-over-ad-claim>.

80. Ryan Rodenberg, "The True Congressional Origin of Daily Fantasy Sports", *ESPN*, 28 de outubro de 2015, <espn.com/chalk/story/_/id/13993288/daily-fantasy-investigating-where-fantasy-carve-daily-fantasy-sports-actually-came-congress>.
81. Paul Conolly, "Floyd Mayweather Biggest Bets: How Much Money Has He Made Betting on Sport?", *GiveMeSport*, 16 de maio de 2022, <givemesport.com/88008783-floyd-mayweather-biggest-bets-how-much-money-has-he-made-betting-on-sport>.
82. "Q&A with Jason Robins of DraftKings", *Public*, 9 de junho de 2021, <public.com/town-hall/jasonrobins>.
83. Danny Funt, "Sportsbooks Say You Can Win Big. Then They Try to Limit Winners", *The Washington Post*, 17 de novembro de 2022, <washingtonpost.com/sports/2022/11/17/betting-limits-draft-kings-betmgm-caesars-circa/>.
84. "Paddy Power Betfair Buys Fantasy Sports Site Fan Duel", 23 de maio de 2018, <bbc.com/news/business-44227222>.
85. "Kansas City Chiefs vs. Philadelphia Eagles Line Movement", *Covers.com*, <covers.com/sport/football/nfl/linemovement/kc-at-phi/281806>.
86. Em termos gerais, as casas de apostas decidem manualmente se devem limitar os jogadores, mas, depois que fazem isso, o valor que você poderá apostar em qualquer evento específico pode ser determinado de forma algorítmica. Então, se estiver limitado, este não necessariamente terminará em um número redondo.
87. Essa estimativa é extrapolada de dados publicados pelo estado do Colorado, que representa menos de 5% do mercado legal dos EUA. Não inclui apostas *parlay*, o que aumentaria significativamente o total. "Colorado Sports Betting Proceeds May 2020-April 2023", Departamento de Receita do Colorado, <sbg.colorado.gov/sites/sbg/files/documents/Top%2010%20Sports%20by%20Total%20Wagers%20May%202020%20to%20Present.pdf>.
88. De acordo com Farren, o FanDuel permitirá que você aposte 30 mil dólares em linhas de tempo de jogos da NFL, não importa o quanto elas o tenham limitado de outra forma.
89. "New Orleans vs. Toronto Stats & Past Results — NBA Game on February 23, 2023", *Covers.com*, 31 de dezembro de 2023, <covers.com/sport/basketball/nba/matchup/270914>.
90. "Can Someone Make Bets for Me? (US)", Centro de Ajuda da DraftKings (US), <help.draftkings.com/hc/em-us/articles/17138205116691-Can-someone-make-bets-for-me-US->.
91. Jeff German, "Messenger Betting Case Nets Probation, Fine in Plea Deal", *Las Vegas Review-Journal*, 8 de fevereiro de 2013, <reviewjournal.com/crime/courts/messenger-betting-case-nets-probation-fine-in-plea-deal>.
92. "Twenty-Five Individuals Indicted in Multi-Million-Dollar Illegal Nationwide Sports Betting Ring", FBI, 25 de outubro de 2012, <fbi.gov/newyork/press-releases/2012/twenty-five-individuals-indicted-in-multi-million-dollar-illegal-nationwide-sports-betting-ring>.
93. Mike Fish, "Meet the World's Most Successful Gambler", *ESPN The Magazine*, 6 de fevereiro de 2015, <espn.com/espn/feature/story/_/id/12280555/how-billy-walters-became-sports-most-successful-controversial-bettor>.
94. David Hill, "Requiem for a Sports Bettor", *The Ringer*, 5 de junho de 2019, <theringer.com/2019/6/5/18644504/sports-betting-bettors-sharps-kicked-out-spanky-william-hill-new-jersey>.
95. Fish, "Meet the World's Most Successful Gambler".

96. Hill, "Requiem for a Sports Bettor".
97. A BetMGM me limitou antes do início da temporada 2022-2023, mas eu ainda podia apostar até 1.001 dólares. No fim das contas, eles me limitaram ainda mais, para apenas 100 dólares.
98. Na NBA, as casas de apostas normalmente não aceitam apostas para jogos disputados com mais de um dia de antecedência.
99. Os dados são do TeamRankings.com — aqui para o Brooklyn Nets, por exemplo: <teamrankings.com/nba/team/brooklyn-nets>.
100. Esse cálculo é baseado na obtenção de 3 a 4 pontos de valor da linha de fechamento.
101. Dom Luszczyszyn, "NHL Betting Guide: Daily Picks, Odds, Win Probabilities and Advice", *The Athletic*, 26 de julho de 2022, <theathletic.com/2884733/2022/06/26/nhl-betting-guide-daily-picks-odds-win-probabilities-and-advice>.
102. Erving Goffman, *Interaction Ritual: Essays on FacetoFace Behavior*, 1ª edição Pantheon Books (Nova York: Pantheon Books, 1982), p. 179.

Capítulo 13: Inspiração

1. Joe Walker, "#147: Katalin Karikó — Forging the mRNA Revolution", *The Joe Walker Podcast*, 2 de agosto de 2023, <josephnoelwalker.com/147-katalin-kariko>.
2. Karikó ganhou o Nobel junto a Drew Weissman.
3. Gregory Zuckerman, *A Shot to Save the World: The Inside Story of the Life-or-Death Race for a COVID-19 Vaccine* (Nova York: Penguin Books, 2021).
4. "Fugir" foi o termo que Karikó usou em minha entrevista com ela.
5. Aditi Shrikant, "Nobel Prize Winner Katalin Karikó Was 'Demoted 4 Times' at Her Old Job. How She Persisted: 'You Have to Focus on What's Next'", *CNBC*, 6 de outubro de 2023, <cnbc.com/2023/10/06/nobel-prize-winner-katalin-karik-on-being-demoted-perseverance-.html>.
6. Hunter S. Angileri et al., "Association of Injury Rates Among Players in the National Football League with Playoff Qualification, Travel Distance, Game Timing, and the Addition of Another Game: Data from the 2017 to 2022 Seasons", *Orthopaedic Journal of Sports Medicine* 11, nº 8 (1º de agosto de 2023): 23259671231177633, <doi.org/10.1177/23259671231177633>.
7. Mark Landler e Eric Schmitt, "H. R. McMaster Breaks with Administration on Views of Islam", *The New York Times*, 25 de fevereiro de 2017, seção "U.S.", <nytimes.com/2017/02/24/us/politics/hr-mcmaster-trump-islam.html>.
8. Martin Pengelly, "HR McMaster on Serving Trump: 'If You're Not on the Pitch, You're Going to Get Your Ass Kicked'", *The Guardian*, 3 de outubro de 2020, seção "US News", <theguardian.com/us-news/2020/oct/03/hr-mcmaster-donald-trump-national-security-adviser-battlegrounds-book>.
9. Peter Baker e Michael R. Gordon, "Trump Chooses H. R. McMaster as National Security Adviser", *The New York Times*, 20 de fevereiro de 2017, seção "U.S.", <nytimes.com/2017/02/20/us/politics/mcmaster-national-security-adviser-trump.html>.
10. Matthew Cox, "McMaster's Tank Battle in Iraq May Shape Advice in New Role", *Military.com*, 31 de outubro de 2017, <military.com/daily-news/2017/02/23/mcmasters-tank-battle-in-iraq-may-shape-advice-in-new-role.html>.

11. Victor Vescovo, "The Final Frontier: How Victor Vescovo Became the First Person to Visit the Deepest Part of Every Ocean", *Oceanographic*, 17 de setembro de 2019, <oceanographicmagazine.com/features/victor-vescovo-five-deeps>.
12. Vanessa O'Brien, "Explorers Grand Slam", Explorers Grand Slam, <explorersgrandslam.com>.
13. Simon Baron-Cohen, "Autism: The Empathizing-Systemizing (E-S) Theory", *Annals of the New York Academy of Sciences* 1156, nº 1 (março de 2009): p. 68-80, <doi.org/10.1111/j.1749-6632.2009.04467.x>.
14. Zachary Shore, "A Sense of the Enemy", Zachary Shore, <zacharyshore.com/a-sense-of-the-enemy.html>.
15. O ex-oficial do Exército dos Estados Unidos Joel Rayburn.
16. Rick Maese, "How to Win at Cards and Life, According to Poker's Autistic Superstar", *The Washington Post*, 3 de maio de 2023, <washingtonpost.com/sports/2023/05/02/jungleman-poker-dan-cates-autisic>.
17. Jay Caspian Kang, "Online Poker's Big Winner", *The New York Times*, 25 de março de 2011, seção "Magazine", <nytimes.com/2011/03/27/magazine/mag-27Poker-t.html>.
18. Jim Barnes, "High-Stakes Standout Dan 'Jungleman' Cates Wins 1st WSOP Bracelet", *Las Vegas Review-Journal*, 6 de novembro de 2021, <reviewjournal.com/sports/poker/high-stakes-standout-dan-jungleman-cates-wins-1st-wsop-bracelet-2473223>.
19. Brian Pempus, "Phil Galfond Returns to Online Poker", *Card Player*, 27 de julho de 2011, <cardplayer.com/poker-news/11752-phil-galfond-returns-to-online-poker>.
20. Phil Galfond, "Heads Up Battle", *Run It Once*, 19 de novembro de 2019, <runitonce.eu/news/heads-up-battle>.
21. Matt Goodman, "Into the Deep", *D Magazine*, 4 de fevereiro de 2020, <dmagazine.com/publications/d-magazine/2020/february/victor-vescovo-five-deeps-expedition-dallas-mariana-trench>.
22. "The World's 15 Most Dangerous Mountains to Climb (by Fatality Rate)", *Ultimate Kilimanjaro*, 21 de julho de 2023, <ultimatekilimanjaro.com/the-worlds-most-dangerous-mountains>.
23. Embora Khosla tenha me dito que acha que isso está começando a mudar na Índia.
24. Walter Isaacson, *Elon Musk*, edição para o Kindle (Nova York: Simon & Schuster, 2023), posição 186. [Edição brasileira: *Elon Musk*. Tradução de Rogerio W. Galindo e Rosiane Correia de Freitas. Rio de Janeiro: Intrínseca, 2023.]
25. Entre 2020 e 2022, a Suécia teve a menor taxa de excesso de mortalidade por todas as causas na Organização para Cooperação e Desenvolvimento Econômico (OCDE). E a Nova Zelândia, embora tenha tido alguns problemas quando reabriu suas fronteiras, registrou cerca de um terço da taxa de mortalidade por covid-19 dos Estados Unidos. Veja Eugene Volokh, "No-Lockdown Sweden Seemingly Tied for Lowest All-Causes Mortality in OECD Since COVID Arrived", *Reason.com*, 10 de janeiro de 2023, <reason.com/volokh/2023/01/10/no-lockdown-sweden-seemingly-tied-for-lowest-all-causes-mortality-in-oecd-since-covid-arrived/>; "COVID — Coronavirus Statistics", Worldometer, <worldometers.info/coronavirus>.
26. Seth Wickersham, "Andrew Luck Finally Reveals Why He Walked Away from the NFL", *ESPN*, 6 de dezembro de 2022, <espn.com/nfl/insider/insider/story/_/id/35163936/andrew-luck-reveals-why-walked-away-nfl>.
27. Phil Galfond, "Simplify Your Strategy", *Philgalfond.com*, 8 de agosto de 2023, <philgalfond.com/articles/simplify-your-strategy>.

28. Alan Stern e David Grinspoon, *Chasing New Horizons: Inside the Epic First Mission to Pluto* (Nova York: Picador, 2018).
29. Voulgaris também figura com destaque em *O sinal e o ruído*.
30. Haralabos Voulgaris (@haralabob), "Águas-vivas não são mais um problema", postagem no X (antigo Twitter), 21 de junho de 2022, <twitter.com/haralabob/status/1539269014928621569>.
31. Em 14 de fevereiro de 2024; "All-Time TV Cash Game List", Highroll Poker, <highrollpoker.com/tracker/players>.
32. "Exposed Cards Drama: The $3,100,000 Poker Pot", 2023, <youtube.com/watch?v=QWhJiRK5OC4>.
33. Pat Jordan, "Card Stud", *The New York Times*, 29 de maio de 2005, seção "Magazine", <nytimes.com/2005/05/29/magazine/card-stud.html>.
34. Jeff Walsh, "Galen Hall Shows 'Guts and Brains' at Backgammon World Championship", *World Poker Tour*, 14 de agosto de 2023, <worldpokertour.com/news/galen-hall-shows-guts-and-brains-at-backgammon-world-championship>.
35. Galen Hall (@galenhall), "Saí pelos fundos, tentei duas portas, ambas trancadas, a terceira porta também trancada, disse 'foda-se', chutei. Entrei, era um matadouro sem saída...", postagem no X (antigo Twitter), 17 de julho de 2022, <twitter.com/galenhall/status/1548599432983166983>.

Capítulo 5: Aceleração

1. George Bernard Shaw, *Man and Superman*, Gutenberg.org, <gutenberg.org/files/3328/3328-h/3328-h.htm>. [Edição brasileira: *Homem e Super-Homem*. Tradução de Moacir Werneck de Castro. São Paulo: Melhoramentos, 1955.]
2. "Young Elon Musk: 'There Are 62 McLarens in the World and I Will Own One of Them!' | 1999 Interview", 2019, <youtube.com/watch?v=pAt5OVl0mnA>.
3. Adam Clark, "Musk Is World's Richest Person Again After Tesla Stock Surge", *Barrons*, 28 de fevereiro de 2023, <barrons.com/articles/elon-musk-net-worth-tesla-stock-price-7e 44bcee>.
4. Dorothy Cucci, "Peter Thiel Thinks Elon Musk Is a 'Fraud,' and 6 Other Unexpected Details About the Billionaires' Love-Hate Relationship", *Business Insider*, 2 de dezembro de 2022, <businessinsider.com/peter-thiel-elon-musk-relationship-contrarian-book-max-chafkin-2021-9>.
5. "Elon Musk: How I Wrecked An Uninsured McClaren F1", 2012, <youtube.com/watch?v=mOI8GWoMF4M>.
6. Por exemplo, Dennis Barnhardt da Eagle Computer, que perdeu o controle de sua Ferrari em Los Gatos, Califórnia; <web.stanford.edu/class/e145/2007_fall/materials/noyce.html>.
7. Marc Andreessen, "The Techno-Optimist Manifesto", Andreessen Horowitz, 16 de outubro de 2023, <a16z.com/the-techno-optimist-manifesto>.
8. Vitalik Buterin, "My Techno-Optimism", *Vitalik Buterin's Website* (blog), 27 de novembro de 2023, <vitalik.eth.limo/general/2023/11/27/techno_optimism.html#ai>.
9. Entrevista com Marc Andreessen.
10. Chamath Palihapitiya *et al.*, "#AIS: FiveThirtyEight's Nate Silver on How Gamblers Think", *All-In with Chamath, Jason, Sacks & Friedberg*, 2022, <podcasts.

apple.com/ie/podcast/ais-fivethirtyeights-nate-silver-on-how-gamblers-think/id1502871393?i=1000564483582>.

11. Walter Isaacson, *Elon Musk*, edição para o Kindle (Nova York: Simon & Schuster, 2023), posição 408.
12. Connie Loizos, "Founders Fund Talks Space, Robots, Elon Musk and Why It Didn't Back Tesla Motors", *Venture Capital Journal*, 27 de julho de 2010, <venturecapitaljournal.com/founders-fund-talks-space-robots-elon-musk-and-why-the-team-didnt-back-tesla-motors>.
13. Stephen Clark, "Sweet Success at Last for Falcon 1 Rocket", *Spaceflight Now*, 28 de setembro de 2008, <spaceflightnow.com/falcon/004>.
14. Isaacson, *Elon Musk*, edição para o Kindle, posição 186.
15. Max Chafkin, *The Contrarian: Peter Thiel and Silicon Valley's Pursuit of Power*, edição para o Kindle (Nova York: Penguin Press, 2021), posição 2.
16. De *Lord Jim*, de Joseph Conrad. A lembrança de Thiel do trecho não foi exatamente literal, mas é evidente que essa era a passagem à qual ele se referia; <gutenberg.org/cache/epub/5658/pg5658-images.html>. [Edição brasileira: *Lorde Jim*. Tradução de Marcos Santarrita. Rio de Janeiro: Francisco Alvez, 1982.]
17. Ian Stewart, "The Mathematical Equation That Caused the Banks to Crash", *The Guardian*, 12 de fevereiro de 2012, seção "Science", <theguardian.com/science/2012/feb/12/black-scholes-equation-credit-crunch>.
18. Jennifer Szalai, "'The Contrarian' Goes Searching for Peter Thiel's Elusive Core", *The New York Times*, 13 de setembro de 2021, seção "Books", <nytimes.com/2021/09/13/books/review-contrarian-peter-thiel-silicon-valley-max-chafkin.html>.
19. "The Complete List of Unicorn Companies", *CB Insights*, <instapage.cbinsights.com/research-unicorn-companies>.
20. Sebastian Mallaby, *The Power Law: Venture Capital and the Making of the New Future*, edição para o Kindle (Nova York: Penguin Press, 2022), posição 17.
21. David Leonhardt, "Holding On", *The New York Times*, 6 de abril de 2008, seção "Real Estate", <nytimes.com/2008/04/06/realestate/keymagazine/406Lede-t.html>.
22. Joel Shurkin, *Broken Genius: The Rise and Fall of William Shockley, Creator of the Electronic Age* (Londres: Macmillan, 2008).
23. Tom Wolfe, "The Tinkerings of Robert Noyce", <web.stanford.edu/class/e145/2007_fall/materials/noyce.html>.
24. Bo Lojek, *History of Semiconductor Engineering* (Berlim, Heidelberg: Springer-Verlag Berlin Heidelberg, 2007), p. 75.
25. Mallaby, *The Power Law*, edição para o Kindle, posição 17.
26. Lojek, *History of Semiconductor Engineering*, p. 88.
27. Shurkin, *Broken Genius*, p. 182.
28. Wolfe, "The Tinkerings of Robert Noyce".
29. Mohammed Saeed Al Hasan, PMP, "Is SpaceX Profitable? With $150 Billion Net Worth — $4.6 Billion in Revenue?", LinkedIn, 25 de agosto de 2023, <linkedin.com/pulse/spacex-profitable-150-billion-net-worth-46-revenue-al-hasan-pmp->.
30. Larry Neumeister, "FTX Founder Sam Bankman-Fried Convicted of Stealing Billions from Customers and Investors", *USA Today*, 2 de novembro de 2023, <usatoday.com/story/money/2023/11/02/sam-bankman-fried-convicted-fraud/71429793007/>.
31. Kirsten Grind e Katherine Bindley, "Magic Mushrooms. LSD. Ketamine. The Drugs That Power Silicon Valley", *The Wall Street Journal*, 27 de junho de 2023, seção "Tech", <wsj.com/articles/silicon-valley-microdosing-ketamine-lsd-magic-mushrooms-d381e214>.

32. Tyler Cowen e Patrick Collison, "Patrick Collison Has a Few Questions for Tyler (Ep. 21 — Live at Stripe)", *Conversations with Tyler*, 2017, <conversationswithtyler.com/episodes/patrick-collison>.
33. Andy Hertzfeld, "The Little Kingdom", *Folklore.org*, dezembro de 1982, <folklore.org/The_Little_Kingdom.html?sort=date>.
34. Dave Kellogg, "Moritz Tops Forbes Midas List", *Kellblog* (blog), 30 de janeiro de 2007, <kellblog.com/2007/01/30/moritz-tops-forbes-midas-list>.
35. Ellen McGirt, "How Chris Hughes Helped Launch Facebook and the Barack Obama Campaign", *Fast Company*, 1º de abril de 2009, <fastcompany.com/1207594/how-chris-hughes-helped-launch-facebook-and-barack-obama-campaign>.
36. Jonathan Haidt, por exemplo, atribui as mudanças na cultura do Village — como a sua crescente disposição a negociar a liberdade de expressão com outros valores — aproximadamente a 2015. Julie Beck, "The Coddling of the American Mind 'Is Speeding Up'", *The Atlantic*, 18 de setembro de 2018, <theatlantic.com/education/archive/2018/09/the-coddling-of-the-american-mind-is-speeding-up/570505>.
37. Dawn Chmielewski, "Asked Why He Supports Clinton over Trump, Marc Andreessen Responds: 'Is That a Serious Question?'", *Vox*, 14 de junho de 2016, <vox.com/2016/6/14/11940052/marc-andreessen-donald-trump-hillary-clinton>.
38. Mike Isaac, "Facebook, in Cross Hairs After Election, Is Said to Question Its Influence", *The New York Times*, 12 de novembro de 2016, <nytimes.com/2016/11/14/technology/facebook-is-said-to-question-its-influence-in-election.html>.
39. Scott Shane e Vindu Goel, "Fake Russian Facebook Accounts Bought $100,000 in Political Ads", *The New York Times*, 6 de setembro de 2017, seção "Technology", <nytimes.com/2017/09/06/technology/facebook-russian-political-ads.html>.
40. "Clinton Crushes Trump 3:1 in Air War", Projeto Wesleyan Media, 3 de novembro de 2016, mediaproject.wesleyan.edu/nov-2016.
41. Nate Silver, "The Real Story of 2016", *FiveThirtyEight*, 19 de janeiro de 2017, <fivethirtyeight.com/features/the-real-story-of-2016>.
42. Brakkton Booker *et al.*, "Violence Erupts as Outrage over George Floyd's Death Spills into a New Week", *National Public Radio (NPR)*, 1º de junho de 2020, seção "National", <npr.org/2020/06/01/866472832/violence-escalatesasprotests-over-george-floyd-death-continue>.
43. O policial Derek Chauvin, que se ajoelhou no pescoço de Floyd por nove minutos, asfixiando-o, foi condenado por assassinato. Amy Forliti, Steve Karnowski e Tammy Webber, "Chauvin Guilty of Murder and Manslaughter in Floyd's Death", *AP News*, 21 de abril de 2021, <apnews.com/article/derek-chauvin-trial-live-updates04202021-955a78df9a7a51835ad63afb8ce9b5c1>.
44. Matthew Yglesias, "The Real Stakes in the David Shor Saga", *Vox*, 29 de julho de 2020, <vox.com/2020/7/29/21340308/david-shor-omar-wasow-speech>.
45. Omar Wasow, "Agenda Seeding: How 1960s Black Protests Moved Elites, Public Opinion and Voting", *American Political Science Review* 114, nº 3 (agosto de 2020): p. 638-639, <doi.org/10.1017/S000305542000009X>.
46. "All-In Summit: Bill Gurley Presents 2,851 Miles", 2023, <youtube.com/watch?v=F9cO3-MLHOM>.
47. Dara Kerr, "Lina Khan Is Taking Swings at Big Tech as FTC Chair, and Changing How It Does Business", *National Public Radio (NPR)*, 9 de março de 2023, seção "Technology", <npr.org/2023/03/07/1161312602/lina-khan-ftc-tech>.
48. George J. Stigler, "The Theory of Economic Regulation", *The Bell Journal of Economics and Management Science* 2, nº 1 (1971): p. 3, <doi.org/10.2307/3003160>.

49. Harry Davies *et al.*, "Uber Broke Laws, Duped Police and Secretly Lobbied Governments, Leak Reveals", *The Guardian*, 11 de julho de 2022, seção "News", <theguardian.com/news/2022/jul/10/uber-files-leak-reveals-global-lobbying-campaign>.
50. Nate Silver, "Twitter, Elon and the Indigo Blob", *Silver Bulletin* (blog), 1º de outubro de 2023, <natesilver.net/p/twitter-elon-and-the-indigo-blob>.
51. Jed Kolko e Toni Monkovic, "The Places That Had the Biggest Swings Toward and Against Trump", *The New York Times*, 7 de dezembro de 2020, seção "The Upshot", <nytimes.com/2020/12/07/upshot/trump-election-vote-shift.html>.
52. Krystal Hur, "Big Tech Employees Rally Behind Biden Campaign", *OpenSecrets*, 12 de janeiro de 2021, <opensecrets.org/news/2021/01/big-tech-employees-rally-biden>.
53. A biografia de Thiel escrita por Max Chafkin, *The Contrarian* — embora tenha uma perspectiva típica do Village ao colocar a política de Thiel na frente e no centro da história —, é, no entanto, convincente no sentido de demonstrar que Thiel é bastante conservador em várias dimensões, mais do que libertário.
54. Kate Conger, "Exclusive: Here's the Full 10Page Anti-Diversity Screed Circulating Internally at Google", *Gizmodo*, 5 de agosto de 2017, <gizmodo.com/exclusive-heres-the-full10page-anti-diversity-screed-1797564320>.
55. Aja Romano, "Google Has Fired the Engineer Whose Anti-Diversity Memo Reflects a Divided Tech Culture", *Vox*, 8 de agosto de 2017, <vox.com/identities/2017/8/8/16106728/google-fired-engineer-anti-diversity-memo>.
56. Kim Parker, Juliana Menasce Horowitz e Renee Stepler, "On Gender Differences, No Consensus on Nature vs. Nurture", Projeto de Tendências Sociais e Demográficas do Centro de Pesquisa Pew, 5 de dezembro de 2017, <pewresearch.org/social-trends/2017/12/05/ongender-differencesnoconsensusonnaturevsnurture>.
57. Romano, "Google Has Fired the Engineer Whose Anti-Diversity Memo Reflects a Divided Tech Culture".
58. Silver Bulletin, <natesilver.net/p/google-abandoned-dontbeevil-and>.
59. Bill Chappell, "Gawker Files for Bankruptcy as It Faces $140 Million Court Penalty", *National Public Radio (NPR)*, 10 de junho de 2016, seção "America", <npr.org/sections/thetwo-way/2016/06/10/481565188/gawker-files-for-bankruptcyitfaces-140-million-court-penalty>.
60. Andrew Ross Sorkin, "Peter Thiel, Tech Billionaire, Reveals Secret War with Gawker", *The New York Times*, 26 de maio de 2016, seção "Business", <nytimes.com/2016/05/26/business/dealbook/peter-thiel-tech-billionaire-reveals-secret-war-with-gawker.html>.
61. Ryan Holiday, *Conspiracy: Peter Thiel, Hulk Hogan, Gawker, and the Anatomy of Intrigue* (Nova York: Portfolio, 2018).
62. Embora a defesa tenha recorrido do resultado e o caso tenha sido posteriormente resolvido por 31 milhões de dólares. Robert W. Wood, "Hulk Hogan Settles $140 Million Gawker Verdict for $31 Million, IRS Collects Big", *Forbes*, 3 de novembro de 2016, <forbes.com/sites/robertwood/2016/11/03/hulk-hogan-settles-140-million-gawker-verdict-for31million-irs-collects-big>.
63. Peter A. Thiel e Blake Masters, *Zero to One: Notes on Startups, or How to Build the Future*, edição para o Kindle (Nova York: Crown Business, 2014), posição 38.
64. Emily Chang, "'Oh My God, This Is So F— d Up': Inside Silicon Valley's Secretive, Orgiastic Dark Side", *Vanity Fair*, 2 de janeiro de 2018, <vanityfair.com/news/2018/01/brotopia-silicon-valley-secretive-orgiastic-inner-sanctum>.

65. Gigi Zamora, "The 2023 Forbes 400 Self-Made Score: From Silver Spooners to Bootstrappers", *Forbes*, 2 de outubro de 2023, <forbes.com/sites/gigizamora/2023/10/03/the-2023-forbes-400-self-made-score-from-silver-spoonerstobootstrappers>.
66. Vanessa Sumo, "Most Billionaires Are Self-Made, Not Heirs", *Chicago Booth Review*, 22 de agosto de 2014, <chicagobooth.edu/review/billionaires-self-made>.
67. Raj Chetty *et al.*, "The Fading American Dream: Trends in Absolute Income Mobility Since 1940", *Science* 356, nº 6336 (28 de abril de 2017): p. 398-406, <doi.org/10.1126/science.aal4617>.
68. Raj Chetty *et al.*, "The Opportunity Atlas: Mapping the Childhood Roots of Social Mobility", documento preliminar 25147, Escritório Nacional de Pesquisa Econômica, outubro de 2018, <doi.org/10.3386/w25147>.
69. "Forbes 400 2023", *Forbes*, <forbes.com/forbes-400>.
70. Instituto do Comércio, "How Many New Businesses Are Started Each Year? (2023 Data)", Instituto do Comércio, 27 de março de 2023, <commerceinstitute.com/new-businesses-started-every-year>.
71. Drake Bennett, "Social+Capital, the League of Extraordinarily Rich Gentlemen", *Bloomberg*, 27 de julho de 2012, <bloomberg.com/news/articles/2012-07-26/social-plus-capital-the-leagueofextraordinarily-rich-gentlemen>.
72. Josh Wolfe (@wolfejosh), "Quanto maior a ficha corrida de rancor, mais fichas nos bolsos", postagem no X (antigo Twitter), 17 de julho de 2020, <twitter.com/wolfejosh/status/1284108444656717825>.
73. Sheelah Kolhatkar, "Power Punk: Josh Wolfe", *Observer*, 15 de dezembro de 2003, <observer.com/2003/12/power-punk-josh-wolfe>.
74. Isaacson, *Elon Musk*, edição para o Kindle, posição 7.
75. Isaacson, *Elon Musk*, edição para o Kindle, posição 469.
76. Chafkin, *The Contrarian*, edição para o Kindle, posição 30.
77. Embora o escopo e a extensão desses efeitos sejam debatidos; <thelancet.com/article/S2468-2667(19)301458/fulltext>.
78. Scott Alexander, *Astral Codex Ten*, "Book Review: Elon Musk".
79. Andrew Ross Sorkin *et al.*, "Adam Neumann Gets a New Backer", *The New York Times*, 15 de agosto de 2022, seção "Business", <nytimes.com/2022/08/15/business/dealbook/adam-neumann-flow-new-company-wework-real-estate.html>.
80. "Senior Accountant", *Flow*, <jobs.lever.co/flowlife/687db5e3-c2a4-484b-a818-a9f7b3ae71e4>.
81. Gennaro Cuofano, "How WeWork's Implosion Turned It into a Shell of Its Initial $47 Billion Promise", *HackerNoon*, 11 de março de 2022, <hackernoon.com/how-weworks-implosion-turneditintoashellofits-initial-$47billion-promise>.
82. Brendan Pierson, "WeWork, Former CEO Adam Neumann Accused of Pregnancy Discrimination", Reuters, 1º de novembro de 2019, seção "Technology", <reuters.com/article/idUSKBN1XA2OA>.
83. Amy Chozick, "Adam Neumann and the Art of Failing Up", *The New York Times*, 2 de novembro de 2019, seção "Business", <nytimes.com/2019/11/02/business/adam-neumann-wework-exit-package.html>.
84. Rani Molla, "The WeWork Mess, Explained", *Vox*, 23 de setembro de 2019, <vox.com/recode/2019/9/23/20879656/wework-mess-explained-ipo-softbank>.
85. Kate Clark, "Andreessen Horowitz's AI Crusader Emerges as a Confidant of the Founders", *The Information*, 3 de junho de 2023, <theinformation.com/articles/andreessen-horowitzsaicrusader>.

86. "Elon Musk Reveals He Has Asperger's on Saturday Night Live", 9 de maio de 2021, <bbc.com/news/worlduscanada-57045770>.
87. Rick Maese, "How to Win at Cards and Life, According to Poker's Autistic Superstar", *The Washington Post*, 3 de maio de 2023, <washingtonpost.com/sports/2023/05/02/jungleman-poker-dan-cates-autisic>.
88. Isaacson, *Elon Musk*, edição para o Kindle, posição 120-121.
89. Drake Baer, "Peter Thiel: Asperger's Can Be a Big Advantage in Silicon Valley", *Business Insider*, 8 de abril de 2015, <businessinsider.com/peter-thiel-aspergersisan advantage-2015-4>.
90. Em uma pesquisa junto a leitores do blog racionalista *Astral Codex Ten*, de Scott Alexander, 5% das pessoas disseram ter um diagnóstico formal de autismo, mas outros 17% disseram que acham que podem ter essa condição. Scott Alexander, "ACX Survey Results 2022", *Astral Codex Ten* (blog), 20 de janeiro de 2023, <astral codexten.substack.com/p/acx-survey-results-2022>. Por outro lado, a prevalência na população adulta geral dos EUA é de cerca de 2%, de acordo com o CDC [Centro de Controle e Prevenção de Doenças]. "CDC Releases First Estimates of the Number of Adults Living with ASD", Centro de Controle e Prevenção de Doenças, 27 de abril de 2020, <cdc.gov/ncbddd/autism/features/adults-living-with-autism-spectrum-disorder.html>.
91. Michael Fitzgerald, "John von Neumann was on the autism spectrum", *ResearchGate*, <researchgate.net/publication/369141516_John_von_Neumann_was_on_the_autism_spectrum>.
92. "What Is Asperger Syndrome?", *Autism Speaks*, <autismspeaks.org/types-autism-what-asperger-syndrome>.
93. Lars-Olov Lundqvist e Helen Lindner, "Is the Autism-Spectrum Quotient a Valid Measure of Traits Associated with the Autism Spectrum? A Rasch Validation in Adults with and Without Autism Spectrum Disorders", *Journal of Autism and Developmental Disorders* 47, nº 7 (julho de 2017): p. 2080-2091, <doi.org/10.1007/s10803-017-3128y>.
94. Simon Baron-Cohen *et al.*, "The Autism-Spectrum Quotient (AQ): Evidence from Asperger Syndrome/High-Functioning Autism, Males and Females, Scientists and Mathematicians", *Journal of Autism and Developmental Disorders* 31, nº 1 (2001): p. 5-17, <doi.org/10.1023/A:1005653411471>.
95. Embora esses títulos de categorias apareçam no artigo de Baron-Cohen *et al.*, o ChatGPT me ajudou a formular essas definições.
96. Kara Swisher, "Is Tech's Love Affair with Miami About Taxes, or Something Else?", *The New York Times*, 17 de fevereiro de 2022, seção "Opinion", <nytimes.com/2022/02/17/opinion/sway-kara-swisher-keith-rabois.html>.
97. Candy Cheng, "VC Keith Rabois Has a New Side Hustle in Miami as a Barry's Bootcamp Instructor", *Business Insider*, 31 de março de 2021, <businessinsider.com/whyvckeith-rabois-new-side-hustleatbarrys-bootcamp-20213>.
98. Ashley Portero, "11 Notable Techies Who Moved to South Florida in 2021", *South Florida Business Journal*, 22 de dezembro de 2021, <bizjournals.com/southflorida/news/2021/12/22/techies-who-movedtomiamiin2021.html>.
99. John Maynard Keynes, *The General Theory of Employment, Interest, and Money* (Nova York: Harcourt, Brace & World, 1935), <archive.org/details/generaltheoryofe00keyn>. [Edição brasileira: *Teoria geral do emprego, do juro e da moeda*. Tradução de Mário R. da Cruz. São Paulo: Nova Cultural, 1996 (Os Economistas).]

100. Sarah Silano, "Women Founders Get 2% of Venture Capital Funding in U.S.", *Morningstar*, 6 de março de 2023, <morningstar.com/alternative-investments/women-founders-get2venture-capital-fundingus>.
101. Dominic-Madori Davis, "Black Founders Still Raised Just 1% of All VC Funds in 2022", *TechCrunch*, 6 de janeiro de 2023, <techcrunch.com/2023/01/06/black-founders-still-raised-just1ofallvcfundsin2022>.
102. Arielle Pardes, "Latino Founders Have a Hard Time Raising Money from VCs", *Wired*, 26 de janeiro de 2022, <wired.com/story/latino-founders-hard-raising-money-vcs>.
103. Steven Overly, "Study: Venture-Backed Companies with Immigrant Founders Contribute to Economy", *The Washington Post*, 18 de maio de 2023, <washingtonpost.com/business/capitalbusiness/study-venture-backed-companies-with-immigrant-founders-contributetoeconomy/2013/06/25/b3689ac6-dce4-11e2-85de-c03ca84cb4ef_story.html>.
104. Mary Ann Azevedo, "Untapped Opportunity: Minority Founders Still Being Overlooked", *Crunchbase News*, 27 de fevereiro de 2019, <news.crunchbase.com/venture/untapped-opportunity-minority-founders-still-being-overlooked>.
105. Kimberly Weisul, "After Meeting with 257 Investors, This Founder Realized That Authenticity Is Everything", *Inc.*, 15 de novembro de 2019, <inc.com/kimberly-weisul/jean-brownhill-sweeten-authenticity-founders-project.html>.
106. "U.S. News Rankings for 57 Leading Universities, 1983–2007", 13 de setembro de 2017, Public University Honors, <publicuniversityhonors.com/2017/09/13/usnews-rankings-for57leading-universities-1983-2007>.
107. Irwin Collier, "Economics Departments and University Rankings by Chairmen. Hughes (1925) and Keniston (1957)", *Economics in the Rearview Mirror* (blog), 9 de abril de 2019, <irwincollier.com/economics-departments-and-university-rankingsbychairmen-hughes-1925-and-keniston-1957>.
108. "Netscape: Bringing the Internet to the World Through the Web Browser", *Kleiner Perkins*, <kleinerperkins.com/case-study/netscape>.
109. "PayPal", Sequoia Capital, <sequoiacap.com/companies/paypal>.
110. "Fortune 500: 1972 Archive Full List 1–100", *CNN Money*, <money.cnn.com/magazines/fortune/fortune500_archive/full/1972>.
111. "Fortune 500 2022", *Fortune*, <fortune.com/ranking/fortune500/2022>.
112. Andrew Belasco, "How to Get Into Stanford: Data & Acceptance Rate & Strategies", *College Transitions*, 31 de maio de 2023, <collegetransitions.com/blog/howtoget-into-stanford-data-admissions-strategies>.
113. Robert S. Harris et al., "Has Persistence Persisted in Private Equity? Evidence from Buyout and Venture Capital Funds", *Journal of Corporate Finance* 81 (agosto de 2023): 102361, <doi.org/10.1016/j.jcorpfin.2023.102361>.
114. "Top 66 Venture Capital Firm Managers by Managed AUM", *SWIFI*, acessado em 31 de dezembro de 2023, <swfinstitute.org/fund-manager-rankings/venture-capital-firm>.
115. Andreessen se recusou a fornecer documentação mais específica, citando a natureza confidencial dos dados.
116. Diane Mulcahy, "Six Myths About Venture Capitalists", *Harvard Business Review*, 1º de maio de 2013, <hbr.org/2013/05/six-myths-about-venture-capitalists>.
117. Os Administradores da Universidade da Califórnia, "Private Equity Investments as of June 30, 2023", Universidade da Califórnia, 2023, <ucop.edu/investment-office/_

files/updates/pe_irr_063021.pdf>; < theinformation.com/articles/andreessen-horowitz-returns-slip-accordingtointernal-data>.

118. Para as simulações, criei um conjunto de cem empresas hipotéticas com retornos correspondentes aos dados de Andreessen. Para ser mais específico, as primeiras 25 empresas retornaram 0x, as 25 seguintes retornaram valores em uma escala móvel entre 0,01x e 0,99x, as 25 seguintes retornaram valores em uma escala móvel entre 1x e 3x, as 15 seguintes retornaram valores em uma escala móvel entre 3,4x e 10x, e as 10 finais retornaram assim: 15x, 20x, 25x, 30x, 40x, 50x, 75x, 100x, 250x e 500x. Esses grandes retornos são necessários para atingir uma TIR na faixa dos 20, como as empresas do decil superior almejam. O mesmo retorno poderia ser obtido mais de uma vez para um determinado fundo (em suma, a bola de pingue-pongue era devolvida ao copo depois de ser escolhida). Então, peguei o retorno total e calculei a TIR, presumindo que o fundo foi mantido por dez anos. Para contabilizar a volatilidade cíclica, escolhi de modo aleatório um período de dez anos de retornos da Nasdaq para cada fundo, adicionei-o à TIR do fundo e, em seguida, subtraí o retorno médio de longo prazo da Nasdaq. Por exemplo, digamos que as empresas em uma simulação específica a princípio retornaram uma TIR de 22%, mas para a bola da Nasdaq tirei 3%, o que significa que foi um ciclo ruim para o setor (o retorno médio de longo prazo da Nasdaq desde 1972 é de 13%). A TIR seria ajustada para 22% + 3% − 13% = 12%.

119. Steve Lohr, "A 4Year Degree Isn't Quite the Job Requirement It Used to Be", *The New York Times*, 8 de abril de 2023, <nytimes.com/2022/04/08/business/hiring-without-college-degree.html>.

120. Nate Silver, "Why Liberalism and Leftism Are Increasingly at Odds", *Silver Bulletin* (blog), 12 de dezembro de 2023, <natesilver.net/p/why-liberalism-and-leftism-are-increasingly>.

121. Sally E. Edwards e Asher J. Montgomery, "Harvard President Claudine Gay Plagued by Plagiarism Allegations in the Tumultuous Final Weeks of Tenure", *The Harvard Crimson*, 3 de janeiro de 2024, <thecrimson.com/article/2024/1/3/plagiarism-allegations-gay-resigns>.

122. Kyla Guilfoil, "White House Condemns University Presidents after Contentious Congressional Hearing on Antisemitism", *NBC News*, 7 de dezembro de 2023, <nbcnews.com/politics/white-house/white-house-condemns-university-presidents-contentious-congressionalhrcna128473>.

123. Eliot A. Cohen, "Harvard Has a Veritas Problem", *The Atlantic*, 22 de dezembro de 2023, <theatlantic.com/ideas/archive/2023/12/harvard-claudine-gay-plagarism-standards/676948/>.

124. Megan Brenan, "Americans' Confidence in Higher Education Down Sharply", *Gallup*, 11 de julho de 2023, <news.gallup.com/poll/508352/americans-confidence-higher-education-down-sharply.aspx>.

125. Megan Brenan, "Media Confidence in U.S. Matches 2016 Record Low", *Gallup*, 19 de outubro de 2023, <news.gallup.com/poll/512861/media-confidence-matches-2016-record-low.aspx>.

126. Megan Brenan, "Views of Big Tech Worsen; Public Wants More Regulation", *Gallup*, 18 de fevereiro de 2021, <news.gallup.com/poll/329666/views-big-tech-worsen-public-wants-regulation.aspx>.

127. Rounak Jain, "Are We Living in a Multiverse or a Simulation? Depends on Who You Ask, Says Peter Thiel", *Benzinga*, 5 de outubro de 2023, <benzinga.com/

news/23/10/35111877/areweliving inamultiverseorasimulation-dependsonwho-you-ask-says-peter-thiel>.
128. Ted Kaneda e Carl Haub, "How Many People Have Ever Lived on Earth?", Escritório de Referência Populacional (PRB), <prb.org/articles/how-many-people-have-ever-livedonearth>.
129. Essa ideia foi inspirada em uma conversa com Nick Bostrom.
130. Tad Friend, "Silicon Valley's Quest to Live Forever", *The New Yorker*, 27 de março de 2017, <newyorker.com/magazine/2017/04/03/silicon-valleys-questtolive-forever>.

Capítulo 6: Ilusão

1. Jamie Redman, "From a $32 Billion Valuation to Financial Troubles: An InDepth Look at the Rise and Fall of FTX", *Bitcoin News*, 10 de novembro de 2022, <news.bitcoin.com/froma32billion-valuationtofinancial-troublesanindepth-lookatthe-rise-and-falloftx>.
2. Nikhilesh De e Sam Kessler, "Sam Bankman-Fried Guilty on All 7 Counts in FTX Fraud Trial", 2 de novembro de 2023, <coindesk.com/policy/2023/11/02/sam-bankman-fried-guiltyonall7countsinftx-fraud-trial>.
3. "Sam Bankman-Fried", *Forbes*, <forbes.com/profile/sam-bankman-fried>.
4. Michael Lewis, *Going Infinite: The Rise and Fall of a New Tycoon*, edição para o Kindle (Nova York: W. W. Norton & Company, 2023), posição 19-20.
5. MacKenzie Sigalos, "Inside Sam Bankman-Fried's $35 Million Crypto Frat House in the Bahamas", *CNBC*, 10 de outubro de 2023, <cnbc.com/2023/10/10/inside-sam-bankman-frieds35million-crypto-frat-houseinbahamas.html>.
6. Decrypt/Andrew Asmakov, "US Prosecutors Calls SBF's $500 Million Investment in AI Firm Anthropic 'Wholly Irrelevant'", Decrypt, 9 de outubro de 2023, <decrypt.co/200649/usprosecutors-say-sbf-500-million-investmentaifirm-anthropic-wholly-irrelevant>.
7. Andrew Cohen, "Crypto Exchange FTX Has Tried Buying Sports Betting App PlayUp for $450 Million", *Sports Business Journal*, 14 de dezembro de 2021, <sportsbusinessjournal.com/Daily/Issues/2021/12/14/Technology/crypto-exchange-ftx-has-tried-buying-sports-betting-app-playup-for-450-million.aspx>.
8. Bankman-Fried confirmou isso para mim, mas também foi relatado em outros lugares; veja, por exemplo, Brian Schwartz, "Sam Bankman-Fried, FTX Allies Secretly Poured $50 Million into 'Dark Money' Groups, Evidence Shows", *CNBC*, 20 de outubro de 2023, <cnbc.com/2023/10/20/sam-bankman-fried-ftx-allies-donated-millionsindark-money.html>.
9. David Gura, "What to Know About Sam Bankman-Fried and FTX Before His Crypto Financial Fraud Trial", *National Public Radio (NPR)*, 2 de outubro de 2023, seção "Business", <npr.org/2023/10/02/1203097238/whattoknow-about-sam-bankman-fried-and-ftx-before-his-crypto-financial-fraudt>.
10. Rohan Goswami, "Sam Bankman-Fried Denied Bail in Bahamas on FTX Fraud Charges, Judge Cites Flight Risk", *CNBC*, 13 de dezembro de 2022, <cnbc.com/2022/12/13/sam-bankman-fried-denied-bailinbahamasonftx-fraud-charges-judge-cites-flight-risk.html>.
11. Richard Lawler, "FTX Files for Chapter 11 Bankruptcy as CEO Sam Bankman-Fried Resigns", *The Verge*, 11 de novembro de 2022, <theverge.com/2022/11/11/23453164/ftx-bankruptcy-filing-sam-bankman-fried-resigns>.

12. Sam Reynolds, "TV's Kevin O'Leary: 'All the Crypto Cowboys Are Going to Be Gone Soon'", 3 de outubro de 2023, <coindesk.com/business/2023/10/03/tvs-kevin-oleary-all-the-crypto-cowboys-are-goingtobegone-soon>.
13. Elliptic Research, "The $477 Million FTX Hack: A New Blockchain Trail", *Elliptic* (blog), 12 de outubro de 2023, <elliptic.co/blog/the-477-million-ftx-hack-following-the-blockchain-trail>.
14. Hannah Miller, "FTX's Plan to Potentially Reopen Is a New Sign of Crypto Arrogance", *Bloomberg*, 17 de novembro de 2023, <bloomberg.com/news/newsletters/20231117/when-did-ftx-collapse-sbfsformer-crypto-exchange-could-return>.
15. Nelson Wang, "New FTX Head Says Crypto Exchange Could Be Revived: *The Wall Street Journal*", *CoinDesk*, 19 de janeiro de 2023, <coindesk.com/business/2023/01/19/new-ftx-head-says-crypto-exchange-couldberevived-wallstjournal>.
16. "FTX Digital Markets Ltd. (In Liquidation)", PricewaterhouseCoopers, acessado em 31 de dezembro de 2023, <pwc.com/bs/en/services/business-restructuring-ftx-digital-markets.html>.
17. MacKenzie Sigalos, "Sam Bankman-Fried Steps down as FTX CEO as His Crypto Exchange Files for Bankruptcy", *CNBC*, 11 de novembro de 2022, <cnbc.com/2022/11/11/sam-bankman-frieds-cryptocurrency-exchange-ftx-files-for-bankruptcy.html>.
18. William Skipworth, "SBF's Lawyers Are Asking the Judge for More Adderall", *Forbes*, 16 de outubro de 2023, <forbes.com/sites/willskipworth/2023/10/16/sbfs-lawyers-are-asking-the-judge-for-more-adderall>.
19. Os advogados de SBF pediram uma pena de prisão mais curta devido ao que eles alegaram ser seu transtorno do espectro autista. *The Wall Street Journal*, <wsj.com/finance/currencies/sam-bankman-fried-suggests-shorter-sentence-for-fraud-conviction-citing-autism-e8481876>.
20. "Bitcoin Price Today, BTC to USD Live Price, Marketcap and Chart", *CoinMarketCap*, <coinmarketcap.com/currencies/bitcoin/historical-data>.
21. Afifa Mushtaque, "Average Salary in Each State in US", Yahoo Finance, 26 de julho de 2023, <finance.yahoo.com/news/average-salary-stateus152311356.html>.
22. Bernard Marr, "A Short History of Bitcoin and Crypto Currency Everyone Should Read", Bernard Marr & Co., 2 de julho de 2021, <bernardmarr.com/ashorthistoryofbitcoin-and-crypto-currency-everyone-should-read>.
23. Lora Kelley, "FTX Spent Big on Sports Sponsorships. What Happens Now?", *The New York Times*, 11 de novembro de 2022, seção "Business", <nytimes.com/2022/11/10/business/ftx-sports-sponsorships.html>.
24. Kevin Roose, "What Are DAOs?", *The New York Times*, 18 de março de 2022, seção "Technology", <nytimes.com/interactive/2022/03/18/technology/what-are-daos.html>.
25. "NFTs Took Over Art Basel", *Coinbase*, 8 de dezembro de 2021, <coinbase.com/bytes/archive/nfts-took-over-art-basel-miami>.
26. John Mccrank e Hannah Lang, "Who Is Alex Mashinsky, the Man Behind the Alleged Celsius Crypto Fraud?", *Reuters*, 5 de janeiro de 2023, seção "Technology", <reuters.com/technology/whoisalex-mashinsky-man-behind-alleged-celsius-crypto-fraud-20230105>.
27. "About", Alex Mashinsky, <mashinsky.com/about>.
28. Jeff Wilser, "Sky-High Yields and Bright Red Flags: How Alex Mashinsky Went from Bashing Banks to Bankrupting Celsius", *CoinDesk*, 27 de julho de 2022, <coindesk.

com/layer2/2022/07/27/sky-high-yields-and-bright-red-flags-how-alex-mashinsky-went-from-bashing-bankstobankrupting-celsius>.
29. "A Pattern of Deception, Part 1: Arbinet", *Dirty Bubble Media*, 4 de novembro de 2022, <dirtybubblemedia.com/p/apatternofdeception-part1arbinet>.
30. "Celsius Network LLC, *et al.*", Stretto, <cases.stretto.com/celsius>.
31. "Alex Mashinsky's Jury Trial Scheduled for September 2024", *Cointelegraph*, 3 de outubro de 2023, <cointelegraph.com/news/alex-mashinsky-trial-september-2024>.
32. Zeke Faux, *Number Go Up: Inside Crypto's Wild Rise and Staggering Fall*, edição para o Kindle (Nova York: Currency, 2023), posição 316-317.
33. Brian Quarmby, "10 Crypto Tweets That Aged Like Milk: 2022 Edition", *Cointelegraph*, 30 de dezembro de 2022, <cointelegraph.com/news/10crypto-tweets-that-aged-like-milk-2022-edition>.
34. Lewis, *Going Infinite*, edição para o Kindle, posição 144.
35. Faux, *Number Go Up*, edição para o Kindle, posição 216.
36. Zeke Faux e Joe Light, "Celsius's 18% Yields on Crypto Are Tempting — and Drawing Scrutiny", *Bloomberg*, 27 de janeiro de 2022, <bloomberg.com/news/articles/20220127/celsiuss18yieldsoncrypto-are-tempting-and-drawing-scrutiny>.
37. Shoba Pillay, "Final Report of Shoba Pillay, Examiner, in re: Celsius Network LLC, *et al.*", 30 de janeiro de 2023, <cases.stretto.com/public/x191/11749/PLEADINGS/1174901312380000000039.pdf>.
38. Matt Levine, "The Bad Stocks Are the Most Fun", *Bloomberg*, 9 de junho de 2020, <bloomberg.com/opinion/articles/20200609/the-bad-stocks-are-the-most-fun>.
39. "COVID — Coronavirus Statistics", Worldometer, acessado em 31 de dezembro de 2023, <worldometers.info/coronavirus>.
40. Terry Stewart, "The South Sea Bubble of 1720", *Historic UK*, 23 de dezembro de 2021, <historicuk.com/HistoryUK/HistoryofEngland/South-Sea-Bubble>.
41. Adam Hayes, "Dotcom Bubble Definition", *Investopedia*, 12 de junho de 2023, <investopedia.com/terms/d/dotcom-bubble.asp>.
42. "CryptoPunks NFT Floor Price Chart", *CoinGecko*, <coingecko.com/en/nft/cryptopunks>.
43. Gary Vaynerchuk, "Road to Twelve and a Half: Self-Awareness", *Gary Vaynerchuk*, 28 de setembro de 2021, <garyvaynerchuk.com/roadtotwelve-andahalf-self-awareness>.
44. Steve Randall, "Hero to Zero: Most NFTs Are Now Worthless Says New Report", *InvestmentNews*, 25 de setembro de 2023, <investmentnews.com/alternatives/news/herotozero-most-nfts-are-now-worthless-says-new-report-243795>.
45. Jon Cohen e Laura Wronski, "Cryptocurrency Investing Has a Big Gender Problem", *CNBC*, 30 de agosto de 2021, <cnbc.com/2021/08/30/cryptocurrency-hasabig-gender-problem.html>.
46. As estimativas são derivadas da combinação dessas duas fontes: Departamento de Estatísticas do Trabalho dos EUA, "Employment Level — 20-24 Yrs., Men", FRED, Banco Federal Reserve de St. Louis, 1º de janeiro de 1948, <fred.stlouisfed.org/series/LNS12000037>; "Population Pyramids of the World from 1950 to 2100", PopulationPyramid.net, <populationpyramid.net/united-statesofamerica/1979>.
47. Richard V. Reeves e Ember Smith, "The Male College Crisis Is Not Just in Enrollment, but Completion", *Brookings*, 8 de outubro de 2021, <brookings.edu/articles/the-male-college-crisisisnot-justinenrollment-but-completion>.
48. Joseph Gibson, "We Now Know (Allegedly) How Much Sam Bankman-Fried Paid Tom Brady, Steph Curry and Larry David for Their FTX Endorsements", *Celebrity*

Net Worth, 4 de outubro de 2023, <celebritynetworth.com/articles/celebrity/wenow-know-allegedly-how-much-sam-bankman-fried-paid-tom-brady-steph-curry-and-larry-david-for-their-ftx-endorsements>.

49. "FTX Super Bowl Don't Miss out with Larry David", 2022, <youtube.com/watch?v=hWMnbJJpeZc>.
50. "Form 10K", *GameStop*, 28 de março de 2023, <news.gamestop.com/static-files/f4494fbe-9752-4056-a3c7-451f0cf9a668>.
51. "GameStop Market Cap", Ycharts, <ycharts.com/companies/GME/market_cap>.
52. Richard Breslin, "90% of Video Game Sales in 2022 Were Digital", *GameByte*, 11 de janeiro de 2023, <gamebyte.com/90ofvideo-game-salesin2022-were-digital>.
53. "Form 10K", *GameStop*, 23 de março de 2021, <news.gamestop.com/node/18661/html>.
54. Matt Phillips e Taylor Lorenz, "'Dumb Money' Is on GameStop, and It's Beating Wall Street at Its Own Game", *The New York Times*, 27 de janeiro de 2021, seção "Business", <nytimes.com/2021/01/27/business/gamestop-wall-street-bets.html>.
55. Daniel Howley, "Why GameStop Is Destined to Become Another Blockbuster Video", *Yahoo Finance*, 27 de janeiro de 2021, <finance.yahoo.com/news/why-game-stopisdestinedtobecome-another-blockbuster-video-221243155.html>.
56. Andrew Couts, "Dogecoin Fetches 300 Percent Jump in Value in 24 Hours", *Digital Trends*, 19 de dezembro de 2013, <digitaltrends.com/cool-tech/dogecoin-price-value-jump-bitcoin>.
57. "Crypto Users Worldwide 2016–2023", *Statista*, 1º de dezembro de 2023, <statista.com/statistics/1202503/global-cryptocurrency-user-base>.
58. Paul R. La Monica, "A New Bubble Bursting? Tech Stocks Plunge", *CNN Money*, 9 de junho de 2017, <money.cnn.com/2017/06/09/investing/tech-stocks-goldman-sachs/index.html>.
59. "Runbo Li", LinkedIn, <linkedin.com/in/runboli>.
60. "S&P 500 Historical Annual Returns", *MacroTrends*, <macrotrends.net/2526/sp500-historical-annual-returns>.
61. "What's Margin Investing?", *Robinhood*, <robinhood.com/us/en/support/articles/margin-overview>.
62. Maggie Fitzgerald, "Robinhood Gets Rid of Confetti Feature amid Scrutiny over Gamification of Investing", *CNBC*, 31 de março de 2021, <cnbc.com/2021/03/31/robinhood-gets-ridofconfetti-feature-amid-scrutiny-over-gamification.html>.
63. Nathaniel Popper, "Robinhood Has Lured Young Traders, Sometimes with Devastating Results", *The New York Times*, 8 de julho de 2020, seção "Technology", <nytimes.com/2020/07/08/technology/robinhood-risky-trading.html>.
64. Ainda que, devido a uma idiossincrasia no código, esses BTC específicos não possam ser gastos nem negociados. "Genesis Block", *Bitcoin Wiki*, <en.bitcoin.it/wiki/Genesis_block>.
65. Benedict George, "The Genesis Block: The First Bitcoin Block", *CoinDesk*, 3 de janeiro de 2023, <coindesk.com/tech/2023/01/03/the-genesis-block-the-first-bitcoin-block>.
66. Alan Feuer, "The Bitcoin Ideology", *The New York Times*, 14 de dezembro de 2013, seção "Sunday Review", <nytimes.com/2013/12/15/sunday-review/the-bitcoin-ideology.html>.
67. Satoshi Nakamoto, "Bitcoin Open Source Implementation of P2P Currency", Instituto Satoshi Nakamoto, 11 de fevereiro de 2009, <satoshi.nakamotoinstitute.org/posts/p2pfoundation/1/#selection45>.

68. Antony Lewis, *The Basics of Bitcoins and Blockchains: An Introduction to Cryptocurrencies and the Technology that Powers Them*, edição para o Kindle (Coral Gables, Flórida: Mango Publishing, 2018), posição. 15.
69. Lewis, *The Basics of Bitcoins and Blockchains*, edição para o Kindle, posição 23.
70. Satoshi Nakamoto, "Bitcoin: A PeertoPeer Electronic Cash System", 31 de outubro de 2008, <bitcoin.org/bitcoin.pdf>.
71. Lewis, *The Basics of Bitcoins and Blockchains*, edição para o Kindle, posição 132.
72. Jake Frankenfield, "What Is Bitcoin Mining?", *Investopedia*, 11 de outubro de 2023, <investopedia.com/terms/b/bitcoin-mining.asp>.
73. "Slices, Dices, and Makes Julienne Fries", *TV Tropes*, <tvtropes.org/pmwiki/pmwiki.php/Main/SlicesDicesAndMakesJulienneFries>.
74. Vitalik Buterin, "Ethereum: A Next-Generation Smart Contract and Decentralized Application Platform", 2014, <https://blockchainlab.com/pdf/Ethereum_white_paper-a_next_generation_smart_contract_and_decentralized_application_platform-vitalik-buterin.pdf>.
75. "IOI 2012: Results", International Olympiad in Informatics Statistics, <stats.ioinformatics.org/results/2012>.
76. Michael Adams e Benjamin Curry, "Who Is Vitalik Buterin?", *Forbes Advisor*, 20 de abril 2023, <forbes.com/advisor/investing/cryptocurrency/whoisvitalik-buterin>.
77. "Market Capitalization of Gold and Bitcoin Chart", *In Gold We Trust*, 9 de dezembro de 2021, <ingoldwetrust.report/chart-gold-bitcoin-marketcap/?lang=em>.
78. Pete Rizzo, "$100k Peter Thiel Fellowship Awarded to Ethereum's Vitalik Buterin", *CoinDesk*, 5 de junho de 2014, <coindesk.com/markets/2014/06/05/100k-peter-thiel-fellowship-awardedtoethereums-vitalik-buterin>.
79. "What Is DeFi? A Beginner's Guide to Decentralized Finance", *Cointelegraph*, <cointelegraph.com/learn/defiacomprehensive-guidetodecentralized-finance>.
80. "What Is DAO and How Do They Work?", *Simplilearn*, 12 de agosto de 2022, <simplilearn.com/whatisdao-howdothey-work-article>.
81. "What Does 'OnChain' Really Mean?", *Right Click Save*, 23 de junho de 2023, <rightclicksave.com/article/what-doesonchain-really-mean>.
82. "How to Create ERC-721 NFT Token?", SoluLab, <solulab.com/howtocreate-erc-721-token/?utm_source=SoluLabBlogs&utm_medium=FractionalNFTOwnershipBeginnersGuide>.
83. Rob Price, "Kidnapped for Crypto: Criminals See Flashy Crypto Owners as Easy Targets, and It Has Led to a Disturbing String of Violent Robberies", *Business Insider*, 9 de fevereiro de 2022, <businessinsider.com/crypto-nft-owners-targeted-kidnaps-home-invasions-robberies-20222>.
84. Tyler Hobbs, <tylerxhobbs.com>.
85. Scott Chipolina, "Legendary NFT Artwork Gets Resold for $6.6 Million", *Decrypt*, 25 de fevereiro de 2021, <decrypt.co/59405/legendary-nft-artwork-gets-resold-for66million>.
86. Jonathan Heaf, "Beeple: The Wild, Wild Tale of How One Man Made $69 Million from a Single NFT", *British GQ*, 4 de setembro de 2021, <gqmagazine.co.uk/culture/article/beeple-nft-interview>.
87. Zaid Jilani, "John McWhorter Argues That Antiracism Has Become a Religion of the Left", *The New York Times*, 26 de outubro de 2021, seção "Books", <nytimes.com/2021/10/26/books/review/john-mcwhorter-woke-racism.html>.

88. Dominic Roser e Stefan Riedener, "Effective Altruism and Religion: Synergies, Tensions, Dialogue", *Canopy Forum*, 30 de setembro de 2022, <canopyforum.org/2022/09/30/effective-altruism-and-religion-synergies-tensions-dialogue>.
89. Thomas C. Schelling, *The Strategy of Conflict*, edição para o Kindle (Cambridge, Massachusetts: Harvard University Press, 2016), posição 56.
90. Schelling, *The Strategy of Conflict*, edição para o Kindle, posição 80.
91. Schelling, *The Strategy of Conflict*, edição para o Kindle, posição 56.
92. "How Many Bitcoins Are There and How Many Are Left to Mine?", *Blockchain Council*, 15 de fevereiro de 2024, <blockchain-council.org/cryptocurrency/how-many-bitcoins-are-left>.
93. Entrevista com Vitalik Buterin.
94. Robin Pogrebin, "Warhol's 'Marilyn,' at $195 Million, Shatters Auction Record for an American Artist", *The New York Times*, 10 de maio de 2022, seção "Arts", <nytimes.com/2022/05/09/arts/design/warhol-auction-marilyn-monroe.html>.
95. "How Do Art Auctions Really Work", *USA Art News*, 28 de julho de 2022, <usaartnews.com/art-market/howdoart-auctions-really-work>.
96. "Most Powerful Women 2019: Amy Cappellazzo", *Crain's New York Business*, 3 de junho de 2019, <crainsnewyork.com/awards/most-powerful-women-2019-amy-cappellazzo>.
97. Melanie Gerlis, "Amy Cappellazzo: 'I Feel Like I've Been in the Crypto Business for 20 Years'", *Financial Times*, 31 de maio de 2021, seção "Collecting", <ft.com/content/502815cd-ec7b-40a5-a072-714f99523ccd>.
98. Sandra Upson, "The 10,000 Faces That Launched an NFT Revolution", *Wired*, 11 de novembro de 2021, <wired.com/story/the-10000-faces-that-launchedannft-revolution>.
99. "Rene Girard", *Memo'd*, 9 de outubro de 2021, <memod.com/jashdholani/peter-thielsfavorite-philosopher-rene-girard-3359>.
100. "Who Is René Girard?", *Mimetic Theory* (blog), <mimetictheory.com/whoisrene-girard>.
101. Kara Rogers, "Meme", *Britannica*, 13 de novembro de 2023, <britannica.com/topic/meme>.
102. Schelling, *The Strategy of Conflict*, edição para o Kindle, posição 90.
103. Foram 55 milhões de dólares, após várias taxas e comissões, disse Winklemann.
104. "CryptoPunks: A Short History", *Public*, <public.com/learn/cryptopunks-short-history>.
105. Paul Amin, "Hedge Fund Billionaire Einhorn Places Sixth in Major Poker Tournament", *CNBC*, 18 de julho de 2018, <cnbc.com/2018/07/18/hedge-fund-billionaire-einhorn-places-sixthinmajor-poker-tournament.html>.
106. Paul Oresteen, "Vanessa Selbst Eliminated from Feature Table in Blockbuster Hand", *PokerGO Tour*, 9 de julho de 2017, <pgt.com/news/vanessa-selbst-eliminatedonday1bofmain-event>.
107. Matt Levine, "Transcript: Sam Bankman-Fried and Matt Levine on How to Make Money in Crypto", *taizihuang.github.io*, 25 de abril de 2022, <taizihuang.github.io/OddLots/html/odd-lots-full-transcript-sam-bankman-fried-and-matt-levineoncrypto.html>.
108. Faux, *Number Go Up*, edição para o Kindle, posição176.
109. David Gura, "FTX Made a Cryptocurrency That Brought in Millions. Then It Brought Down the Company", *National Public Radio (NPR)*, 15 de novembro de

2022, seção "Business", <npr.org/2022/11/15/1136641651/ftx-bankruptcy-sam-bankman-fried-ftt-crypto-cryptocurrency-binance>.
110. Erin Griffith e David Yaffe-Bellany, "Investors Who Put $2 Billion into FTX Face Scrutiny, Too", *The New York Times*, 11 de novembro de 2022, seção "Technology", <nytimes.com/2022/11/11/technology/ftx-investors-venture-capital.html>.
111. Adam Fisher, "Sam Bankman-Fried Has a Savior Complex — And Maybe You Should Too", Sequoia Capital, 22 de setembro de 2022, <web.archive.org/web/20221027181005/sequoiacap.com/article/sam-bankman-fried-spotlight>.
112. Ana Paula Pereira, "Sequoia Partner Says Investing in FTX Was the Right Move: Report", *Cointelegraph*, 23 de junho de 2023, <cointelegraph.com/news/sequoia-partner-says-investing-ftx-was-right-move>.
113. E-mail a Nate Silver, 8 de janeiro de 2024.
114. David Marsanic, "CZ and SBF Twitter Fight Reveals How They Became Rivals", *DailyCoin*, 9 de dezembro de 2022, <dailycoin.com/czand-sbf-twitter-fight-reveals-how-they-became-rivals>.
115. Lewis Pennock, "Bahamas Crypto Festival Where FTX Boss Welcomed Clinton and Katy Perry", *Mail Online*, 14 de novembro de 2022, <dailymail.co.uk/news/article-11426949/Inside-Bahamas-crypto-festival-FTX-CEO-Bankman-Fried-welcomed-Bill-Clinton-Katy-Perry.html>.

Capítulo 7: Quantificação

1. "Eleven Madison Park: First Vegan Restaurant Awarded Three Michelin Stars", *Falstaff*, 10 de julho de 2022, <falstaff.com/en/news/eleven-madison-park-first-vegan-restaurant-awarded-three-michelin-stars>.
2. "CEA's Guiding Principles", Centro de Altruísmo Eficaz, <centreforeffectivealtruism.org/ceas-guiding-principles>.
3. O preço de 335 dólares é para o menu degustação completo; pedimos uma versão mais reduzida. Pete Wells, "Eleven Madison Park Explores the Plant Kingdom's Uncanny Valley", *The New York Times*, 28 de setembro de 2021, seção "Food", <nytimes.com/2021/09/28/dining/eleven-madison-park-restaurant-review-plant-based.html>.
4. Nanina Bajekal, "Inside the Growing Movement to Do the Most Good Possible", *Time*, 10 de agosto de 2022, <time.com/6204627/effective-altruism-longtermism-william-macaskill-interview>.
5. SBF foi descrito como o anfitrião no convite que MacAskill me enviou por e-mail. Quando mais tarde perguntei a SBF sobre a escolha do local, ele me disse que não sabia quem o havia selecionado, o que eu interpretei como decisão de alguém de sua equipe.
6. "Announcing the Future Fund", Fundo Futuro FTX, 28 de fevereiro de 2022, <web.archive.org/web/20220301010944/ftxfuturefund.org/announcing-the-future-fund>.
7. Thalia Beaty e Glenn Gamboa, "Facebook Cofounder Blames SBF's 'Effective Altruism' Mindset for FTX Troubles", *Fortune*, 14 de novembro de 2022, <fortune.com/2022/11/14/ftx-bankruptcy-puts-charitable-donationsindoubt-and-some-blame-sam-bankman-frieds-effective-altruism-mindset-for-troubles>.
8. Kelsey Piper, "Sam Bankman-Fried Tries to Explain Himself", *Vox*, 16 de novembro de 2022, <vox.com/future-perfect/23462333/sam-bankman-fried-ftx-cryptocurrency-effective-altruism-crypto-bahamas-philanthropy>.

9. Benjamin Wallace, "The Mysterious Cryptocurrency Magnate Who Became One of Biden's Biggest Donors", *Intelligencer*, 2 de fevereiro de 2021, <nymag.com/intelligencer/2021/02/sam-bankman-fried-biden-donor.html>.
10. Entrevista com Carrick Flynn.
11. Daniel Strauss, "The Crypto Kings Are Making Big Political Donations. What Could Go Wrong?", *The New Republic*, 24 de maio de 2022, <newrepublic.com/article/166584/sam-bankman-fried-crypto-kings-political-donations>.
12. Miranda Dixon-Luinenburg, "Carrick Flynn May Be 2022's Unlikeliest Congressional Candidate. Here's Why He's Running", *Vox*, 14 de maio de 2022, <vox.com/23066877/carrick-flynn-effective-altruism-sam-bankman-fried-congress-house-election-2022>.
13. A coordenação com um Super PAC seria ilegal de qualquer maneira, segundo as leis de financiamento de campanha. "Super PACs Can't Coordinate with Candidates — Here's What Happened When One Did", Centro Jurídico de Campanha, 30 de janeiro de 2023, <campaignlegal.org/update/super-pacs-cant-coordinate-candidates-heres-what-happened-when-one-did>.
14. Rachel Monahan, "Cryptocurrency-Backed Democratic Congressional Candidate Carrick Flynn Leads Race, Opposing Campaign Poll Found", *Willamette Week*, 24 de abril de 2022, <wweek.com/news/state/2022/04/24/cryptocurrency-backed-democratic-congressional-candidate-carrick-flynn-leads-race-opposing-campaign-poll-found>.
15. "Carrick Flynn", *Ballotpedia*, <ballotpedia.org/Carrick_Flynn>.
16. Miloud Belkoniene e Patryk Dziurosz-Serafinowicz, "Acting upon Uncertain Beliefs", *Acta Analytica* 35, nº 2 (junho de 2020): p. 253-271, <doi.org/10.1007/s12136-019-004032>.
17. Dylan Matthews, "Congress's Epic Pandemic Funding Failure", *Vox*, 22 de março 2022, <vox.com/future-perfect/22983046/congress-covid-pandemic-prevention>.
18. Kavya Sekar, "PREVENT Pandemics Act (P.L. 117-328, Division FF, Title II)", Serviço de Pesquisa do Congresso, 15 de agosto de 2023, <crsreports.congress.gov/product/pdf/R/R47649>.
19. Jakub Hlávka, "COVID19's Total Cost to the U.S. Economy Will Reach $14 Trillion by End of 2023", *The Evidence Base*, https://healthpolicy.usc.edu/blogs (blog), 16 de maio de 2023, <healthpolicy.usc.edu/article/covid-19s-total-costtotheeconomyinuswill-reach14trillionbyendof2023-new-research>.
20. Catherine Cheney, "Can This Movement Get More Donors to Maximize Their Impact?", *Devex*, 27 de novembro de 2018, <devex.com/news/sponsored/can-this-movement-get-more-donorstomaximize-their-impact-90903>.
21. Will Oremus, "Analysis: Elon Musk and Tech's 'Great Man' Fallacy", *The Washington Post*, 27 de abril de 2022, <washingtonpost.com/technology/2022/04/27/jack-dorsey-elon-musk-singular-solution>.
22. Nicholas Kulish, "How a Scottish Moral Philosopher Got Elon Musk's Number", *The New York Times*, 8 de outubro de 2022, seção "Business", <nytimes.com/2022/10/08/business/effective-altruism-elon-musk.html>.
23. Rob Copeland, "Elon Musk's Inner Circle Rocked by Fight over His $230 Billion Fortune", *The Wall Street Journal*, 16 de julho de 2022, seção "Tech", <wsj.com/articles/elon-musk-fortune-fight-jared-birchall-igor-kurganov-11657308426>.
24. Andy Newman, "The Dog Was Running, So the Subway Was Not", *The New York Times*, 17 de fevereiro de 2018, seção "New York", <nytimes.com/2018/02/16/nyregion/dog-subway-tracks.html>.

25. Judith Jarvis Thomson, "The Trolley Problem", *The Yale Law Journal* 94, nº 6 (maio de 1985): p. 1395, <doi.org/10.2307/796133>.
26. Steven Markowitz *et al.*, "The Health Impact of Urban Mass Transportation Work in New York City", julho de 2005, <nycosh.org/wpcontent/uploads/2014/10/TWU_Report_Final8405.pdf>.
27. "Occupational Employment and Wages in New York–Newark–Jersey City — May 2022", Departamento de Estatísticas do Trabalho dos EUA, <bls.gov/regions/northeast/news-release/occupationalemploymentandwages_newyork.htm>.
28. Suzana Herculano-Houzel *et al.*, "The Elephant Brain in Numbers", *Frontiers in Neuroanatomy* 8 (12 de junho de 2014), <doi.org/10.3389/fnana.2014.00046>.
29. Abigail Cartus e Justin Feldman, "Motivated Reasoning: Emily Oster's COVID Narratives and the Attack on Public Education", *Protean*, 22 de março de 2022, <proteanmag.com/2022/03/22/motivated-reasoning-emily-osters-covid-narratives-and-the-attackonpublic-education>.
30. Sam Roberts, "Sharon Oster, Barrier-Breaking Economist, Dies at 73", *The New York Times*, 14 de junho de 2022, seção "Business", <nytimes.com/2022/06/14/business/sharon-oster-dead.html>.
31. Karla Romero Starke *et al.*, "The Age-Related Risk of Severe Outcomes Due to COVID19 Infection: A Rapid Review, Meta-Analysis, and Meta-Regression", *International Journal of Environmental Research and Public Health* 17, nº 16 (17 de agosto de 2020): p. 5974, <doi.org/10.3390/ijerph17165974>.
32. Emily Oster, "How to Think Through Choices About Grandparents, Day Care, Summer Camp, and More", *Slate*, 20 de maio de 2020, <slate.com/technology/2020/05/coronavirus-family-choices-grandparents-day-care-summer-camp.html>.
33. Philippe Lemoine, "The Case Against Lockdowns", Centro de Estudos de Partidarismo e Ideologia, 11 de outubro de 2022, <cspicenter.com/p/the-case-against-lockdowns>.
34. Dyani Lewis, "What Scientists Have Learnt from COVID Lockdowns", *Nature* 609, nº 7926 (7 de setembro de 2022): p. 236-239, <doi.org/10.1038/d41586-022-028234>; Leonidas Spiliopoulos, "On the Effectiveness of COVID19 Restrictions and Lockdowns: Pan Metron Ariston", *BMC Public Health* 22, nº 1 (1º de outubro de 2022): p. 1842, <doi.org/10.1186/s12889-022-141777>.
35. Sarah Gonzalez, "How Government Agencies Determine the Dollar Value of Human Life", *National Public Radio (NPR)*, 23 de abril de 2020, seção "National", <npr.org/2020/04/23/843310123/how-government-agencies-determine-the-dollar-valueofhuman-life>.
36. W. Kip Viscusi e Joseph E. Aldy, "The Value of a Statistical Life: A Critical Review of Market Estimates Throughout the World", *Journal of Risk and Uncertainty* 27, nº 1 (2003): p. 5-76, <doi.org/10.1023/A:1025598106257>.
37. William MacAskill, "The Definition of Effective Altruism", in *Effective Altruism*, Hilary Greaves e Theron Pummer (orgs.) (Oxford: Oxford University Press, 2019), p. 10-28, <doi.org/10.1093/oso/9780198841364.003.0001>.
38. Peter Markie e M. Folescu, "Rationalism vs. Empiricism", in *The Stanford Encyclopedia of Philosophy*, Edward N. Zalta e Uri Nodelman (orgs.) (Stanford, Califórnia: Laboratório de Pesquisa Metafísica, Universidade de Stanford, 2021), <plato.stanford.edu/archives/spr2023/entries/rationalism-empiricism>.
39. Eliezer Yudkowsky, "Original Sequences", *LessWrong*, 2023, <lesswrong.com/tag/original-sequences>.
40. Eliezer Yudkowsky, *Harry Potter and the Methods of Rationality*, <hpmor.com>.

41. Cade Metz, "Silicon Valley's Safe Space", *The New York Times*, 13 de fevereiro de 2021, seção "Technology", <nytimes.com/2021/02/13/technology/slate-star-codex-rationalists.html>.
42. Metz, "Silicon Valley's Safe Space".
43. Scott Alexander, "I Can Tolerate Anything Except the Outgroup", *Slate Star Codex* (blog), 1º de outubro de 2014, <slatestarcodex.com/2014/09/30/ican-tolerate-anything-except-the-outgroup>.
44. Randall Munroe, "Duty Calls", xkcd, xkcd.com/386.
45. Em 21 de dezembro de 2023; Nate Silver, "Fine, I'll Run a Regression Analysis. But It Won't Make You Happy", *Silver Bulletin* (blog), 1º de outubro de 2023, <natesilver.net/p/fine-ill-runaregression-nalysis>.
46. Peter Hartree, "Tyler Cowen on Effective Altruism", Fórum sobre altruísmo eficaz, 13 de janeiro de 2023, <forum.effectivealtruism.org/posts/NdZPQxc74zNdg8Mvm/tyler-cowenoneffective-altruism-december-2022>.
47. A corrente Yuskowdsky-Hanson também é bastante radical, porém de maneiras mais óbvias, com pessoas e ideias muitas vezes assumidamente esquisitas.
48. Na pesquisa de Scott Alexander junto a leitores do *Astral Codex Ten*, 74% das pessoas que se identificam como altruístas eficazes dizem que se inclinam para o consequencialismo — o ramo da filosofia do qual o utilitarismo deriva —, contra apenas 26% dos não AEs.
49. Peter Singer, "Famine, Affluence, and Morality", *Philosophy & Public Affairs* 1, nº 3 (1972): p. 229-243, <jstor.org/stable/2265052>.
50. dphilo, "Peter Singer's Drowning Child", *Daily Philosophy*, 24 de novembro de 2020, <daily-philosophy.com/peter-singers-drowning-child>.
51. Peter Singer, *The Life You Can Save: Acting Now to End World Poverty* (Nova York: Random House, 2009). [Edição portuguesa: *A vida que podemos salvar – Agir agora para pôr fim à pobreza no mundo*. Lisboa: Gradiva, 2011.]
52. "Financial Report Fiscal Year 2022", Universidade Harvard, outubro de 2022, <finance.harvard.edu/files/fad/files/fy22_harvard_financial_report.pdf>.
53. Krishi Kishore e Rohan Rajeev, "Harvard Endowment Value Falls for Second Consecutive Year, Records Modest 2.9% Return During FY2023", *The Harvard Crimson*, 20 de outubro de 2023, <thecrimson.com/article/2023/10/20/endowment-returns-fy23>.
54. Nico Pitney, "That Time a Hedge Funder Quit His Job and Then Raised $60 Million for Charity", *HuffPost*, 26 de março de 2015, <huffpost.com/entry/elie-hassenfeld-givewell_n_6927320>.
55. Singer, "Famine, Affluence, and Morality".
56. Troy Jollimore, "Impartiality", in *The Stanford Encyclopedia of Philosophy*, Edward N. Zalta e Uri Nodelman (orgs.) (Stanford, Califórnia: Laboratório de Pesquisa Metafísica, Universidade de Stanford, 2021), <plato.stanford.edu/archives/win2023/entries/impartiality>.
57. Peter Singer, *The Life You Can Save: Acting Now to End World Poverty* (Nova York: Random House, 2009), p. 151.
58. Com base numa estimativa da GiveWell sobre o impacto das doações às redes antimalária na Guiné; "How Much Does It Cost To Save a Life?", *GiveWell*, setembro de 2022, <givewell.org/how-much-doesitcosttosavealife>.
59. Em *A vida que podemos salvar*, por exemplo, Singer escreve sobre como a pessoa não está livre só porque doou algum dinheiro para uma instituição de caridade eficaz.

"Você deve continuar cortando gastos desnecessários e doando o que economizar, até que tenha se reduzido ao ponto em que, se doar mais, estará sacrificando algo quase tão importante quanto prevenir a malária", p. 38-39.

60. "Peter Singer, 'Equality for Animals'", <hettingern.people.cofc.edu/Environmental_Ethics_Fall_07/Singer_Equality_For_Animals.htm>.
61. Richard Fisher, "What Is Longtermism and Why Do Its Critics Think It Is Dangerous?", *New Scientist*, 10 de maio de 2023, <newscientist.com/article/mg25834382-400-whatislongtermism-and-whydoits-critics-thinkitisdangerous>.
62. Michael Dahlstrom, "Peter Singer: Can We Morally Kill AI If It Becomes Self-Aware?", *Yahoo News*, 5 de maio de 2023, <au.news.yahoo.com/peter-singer-canwemorally-killaiifitbecomes-self-aware-022630798.html>.
63. Will MacAskill, Dirk Meissner e Richard Yetter Chappell, "Elements and Types of Utilitarianism", in *An Introduction to Utilitarianism*, Richard Yetter Chappell, Dirk Meissner e Will MacAskill (orgs.), 2023, <utilitarianism.net/typesofutilitarianism>.
64. "Deontology", Dicionário de Etimologia On-line, <etymonline.com/word/deontology>.
65. Singer, "Famine, Affluence, and Morality".
66. Julia Driver, "The History of Utilitarianism", in *The Stanford Encyclopedia of Philosophy*, Edward N. Zalta e Uri Nodelman (orgs.) (Stanford, Califórnia: Laboratório de Pesquisa Metafísica, Universidade de Stanford, 2014), <plato.stanford.edu/archives/win2022/entries/utilitarianism-history>.
67. Kathleen Dooling, "Phased Allocation of COVID19 Vaccines", ACIP Grupo de Trabalho de Vacinas COVID-19, 23 de novembro de 2020, <cdc.gov/vaccines/acip/meetings/downloads/slides-202011/COVID04Dooling.pdf>.
68. Kelsey Piper, "Who Should Get the Vaccine First? The Debate over a CDC Panel's Guidelines, Explained", *Vox*, 22 de dezembro de 2020, <vox.com/future-perfect/22193679/who-should-get-covid19vaccine-first-debate-explained>.
69. Os norte-americanos preferiram priorizar os profissionais de saúde, os residentes de lares de idosos e as pessoas com comorbidades em vez de "pessoas negras e outras comunidades com maior carga de covid-19". Govind Persad *et al.*, "Public Perspectives on COVID19 Vaccine Prioritization", *JAMA Network Open* 4, nº 4 (9 de abril de 2021): e217943, <doi.org/10.1001/jamanetworkopen.2021.7943>.
70. James Fanelli, "Sam Bankman-Fried's Moral Thinking", *The Wall Street Journal*, 11 de outubro de 2023, <wsj.com/livecoverage/sam-bankman-fried-ftx-trial-caroline-ellison/card/sam-bankman-friedsmoral-thinking-FbKBJQkdl83SlNEUWwiT>.
71. Joe Carlsmith, "Infinite Ethics and the Utilitarian Dream", setembro de 2022, <jc.gatspress.com/pdf/infinite_ethics_revised.pdf>.
72. "GRE Scores by Major", Serviço de Testes Educacionais, 2011, <umsl.edu/~philo/files/pdfs/ETS%20LINK.pdf>.
73. "List of Animals by Number of Neurons", *Wikipedia*, <en.wikipedia.org/w/index.php?title=List_of_animals_by_number_ofneurons&oldid=1192618831>.
74. Peter Singer (@PeterSinger), "Outro artigo instigante é 'Zoophilia Is Morally Permissible' de Fira Bensto (pseudônimo), que acaba de sair na edição atual da @JConIdeas...", postagem no X (antigo Twitter), 8 de novembro de 2023, <twitter.com/PeterSinger/status/1722440246972018857>.
75. "How Are Factory Farms Cruel to Animals?", *The Humane League*, 6 de janeiro de 2021, <thehumaneleague.org/article/factory-farming-animal-cruelty>.
76. "About Double Up Drive", *Double Up Drive*, <doubleupdrive.org/about>.

77. Peter Singer, *The Most Good You Can Do: How Effective Altruism Is Changing Ideas About Living Ethically*, Castle Lectures in Ethics, Politics, and Economics, edição para o Kindle (New Haven, Connecticut, Londres: Yale University Press, 2015), posição 78.
78. Shirley Davis, "Incest and Genetic Disorders", *Trauma-Informed Blog*, <https://cptsdfoundation.org/trauma-informed-blog> (blog), 4 de abril de 2022, <cptsdfoundation.org/2022/04/18/incest-and-genetic-disorders>.
79. Conversa com Kevin Zollman.
80. "Kevin J. S. Zollman", kevinzollman.com.
81. Gustaf Arrhenius, Jesper Ryberg e Torbjörn Tännsjö, "The Repugnant Conclusion", in *The Stanford Encyclopedia of Philosophy*, Edward N. Zalta e Uri Nodelman (orgs.) (Stanford, Califórnia: Laboratório de Pesquisa Metafísica, Universidade de Stanford, 2017), <plato.stanford.edu/archives/win2022/entries/repugnant-conclusion>.
82. Singer, *The Life You Can Save*, p. 25.
83. Hartree, "Tyler Cowen on Effective Altruism".
84. Will MacAskill, Toby Ord e Krister Bykvist, "About the Book: *Moral Uncertainty*", William MacAskill, <williammacaskill.com/info-moral-uncertainty>.
85. David Kinney, "Longtermism and Computational Complexity", Fórum sobre altruísmo eficaz, 31 de agosto de 2022, <forum.effectivealtruism.org/posts/RRyHcupuDafFNXt6p/longtermism-and-computational-complexity>.
86. Immanuel Kant, *Grounding for the Metaphysics of Morals; with, On a Supposed Right to Lie Because of Philanthropic Concerns*, trad. de James W. Ellington (Indianápolis, Indiana: Hackett Publishing Company, 1993), <archive.org/details/groundingformet000kant>. [Edição brasileira: Ensaio "Sobre um suposto direito de mentir por amor à humanidade". In Kant, I. *Fundamentação da metafísica dos costumes*. Tradução de Guido Antônio de Almeida. São Paulo: Discurso Editorial: Barcarolla, 2009.]
87. Janet Chen, SuI Lu e Dan Vekhter, "Applications of Game Theory", Teoria dos Jogos, <cs.stanford.edu/people/eroberts/courses/soco/projects/199899/game-theory/applications.html>.
88. Stephen Nathanson, "Utilitarianism, Act and Rule", Internet Encyclopedia of Philosophy, <iep.utm.edu/utilar>.
89. Tyler Cowen e Will MacAskill, "William MacAskill on Effective Altruism, Moral Progress, and Cultural Innovation (Ep. 156)", *Conversations with Tyler*, 7 de julho de 2018, <conversationswithtyler.com/episodes/william-macaskill>.
90. Manifest 2023, 2023, <manifestconference.net>.
91. Toby Ord, *The Precipice: Existential Risk and the Future of Humanity*, edição para o Kindle (Nova York: Hachette Books, 2020), posição 30.
92. Joel Day, "Experts Explain How Humanity Is Most Likely to Be Wiped Out", *Express.co.uk*, 13 de agosto de 2023, <express.co.uk/news/world/1801233/supervolcanoes-climate-change-nuclear-war-endofhumanity-spt>.
93. Embora o *mana* possa ser doado para caridade a uma taxa de 1 dólar para 100 *manas* e haja uma espécie de mercado cinza para converter *mana* em dólares norte-americanos; "About", Manifold, <manifold.markets/about>.
94. "Was an IDF Strike Responsible for the AlAhli Hospital Explosion?", Manifold, <manifold.markets/MilfordHammerschmidt/did-the-idf-just-now-blowupahosp>.
95. Em 27 de dezembro de 2023; "Will @Austin Chen Still Believe in God at the End of 2026?", Manifold, <manifold.markets/WilliamEhlhardt/will-austin-chen-still-believeing>.

96. Kevin Roose, "The Wager That Betting Can Change the World", *The New York Times*, 8 de outubro de 2023, seção "Technology", <nytimes.com/2023/10/08/technology/prediction-markets-manifold-manifest.html>.
97. "Zvi Mowshowitz", *mtg Wiki*, 30 de dezembro de 2023, <mtg.fandom.com/wiki/Zvi_Mowshowitz>.
98. Philip E. Tetlock e J. Peter Scoblic, "The Power of Precise Predictions", *The New York Times*, 2 de outubro de 2015, seção "Opinion", <nytimes.com/2015/10/04/opinion/the-powerofprecise-predictions.html>.
99. Gary Marcus, "p(doom)", *Marcus on AI* (blog), 27 de agosto de 2023, <garymarcus.substack.com/p/d28>.
100. Joshua Gans, "AI and the Paperclip Problem", Centro de Pesquisa de Política Econômica, 10 de junho de 2018, <cepr.org/voxeu/columns/aiand-paperclip-problem>.
101. Niko Kolodny e John Brunero, "Instrumental Rationality", in *The Stanford Encyclopedia of Philosophy*, Edward N. Zalta e Uri Nodelman (orgs.) Stanford, Califórnia: Laboratório de Pesquisa Metafísica, Universidade de Stanford, 2023), <plato.stanford.edu/archives/sum2023/entries/rationality-instrumental>.
102. Alex Portée, "Man Has Eaten a Big Mac a Day for 50 Years, Attributes Good Health to Walking", *Today.com*, 24 de maio de 2022, <today.com/food/people/don-gorske-eaten-big-mac-every-day50years-rcna30157>.
103. Jay Boice e Gus Wezerek, "How Good Are FiveThirtyEight Forecasts?", *FiveThirtyEight*, 4 de abril de 2019, <projects.fivethirtyeight.com/checking-our-work>.
104. "Editors' Note: Gaza Hospital Coverage", *The New York Times*, 23 de outubro de 2023, seção "Corrections", <nytimes.com/2023/10/23/pageoneplus/editors-note-gaza-hospital-coverage.html>.
105. Falei com Habryka em uma entrevista que marcamos depois da Manifest, não durante o evento.
106. Vitalik Buterin, "Prediction Markets: Tales from the Election", *Vitalik Buterin's Website* (blog), 18 de fevereiro de 2021, <vitalik.eth.limo/general/2021/02/18/election.html>.
107. Diferentes mercados tinham diferentes critérios de resolução; então, se Trump tivesse vencido por meios extralegais, por exemplo se a insurreição de 6 de janeiro tivesse sido bem-sucedida, isso poderia ou não ter sido considerado uma vitória de Biden. É sempre importante verificar as letras miúdas para ver como uma aposta é resolvida no caso de algo incomum acontecer.
108. Aella, "Fetish Tabooness vs. Popularity", *Knowingless* (blog), 23 de setembro de 2022, <aella.substack.com/p/fetish-taboonessvspopularity>.
109. "Aella — Why I Became an Escort", 2023, <youtube.com/watch?v=shB6ovnjYEs>.
110. Aella, "Readjusting to Porn", *Knowingless* (blog), 25 de maio de 2020, <knowingless.com/2020/05/25/readjustingtoporn>.
111. Aella, "You Will Forget, You Have Forgotten", *Knowingless* (blog), 17 de agosto de 2019, <aella.substack.com/p/you-will-forget-you-have-forgotten>.
112. Scott Alexander, "There's a Time for Everyone", *Astral Codex Ten* (blog), 17 de novembro de 2021, <astralcodexten.com/p/theresatime-for-everyone>.
113. Scott Alexander, "Half an Hour Before Dawn in San Francisco", *Astral Codex Ten* (blog), 17 de novembro de 2021, <astralcodexten.com/p/halfanhour-before-dawninsan-francisco>.
114. Scott Alexander, "In Continued Defense of Effective Altruism", *Astral Codex Ten* (blog), 17 de novembro de 2021, <astralcodexten.com/p/incontinued-defenseofeffective>.

115. Scott Alexander, "ACX Survey Results 2022", *Astral Codex Ten* (blog), 17 de novembro de 2021, <astralcodexten.com/p/acx-survey-results-2022>.
116. Robin Hanson, "Two Types of Envy", *Overcoming Bias* (blog), 22 de julho de 2023, <overcomingbias.com/p/two-typesofenvyhtml>.
117. Christopher Mathias, "This Man Has the Ear of Billionaires — And a White Supremacist Past He Kept a Secret", *HuffPost*, 4 de agosto de 2023, <huffpost.com/entry/richard-hanania-white-supremacist-pseudonym-richard-hoste_n_64c93928e4b021e2f295e817>.
118. Alexander, "In Continued Defense of Effective Altruism".
119. Cowen e MacAskill, "William MacAskill on Effective Altruism, Moral Progress, and Cultural Innovation".
120. Robin Hanson, "16 Fertility Scenarios", *Overcoming Bias* (blog), 22 de julho de 2023, <overcomingbias.com/p/13fertility-scenarios>.
121. Robin Hanson, *The Age of Em: Work, Love and Life When Robots Rule the Earth* (Nova York: Oxford University Press, 2016), p. 21.
122. Hanson, *The Age of Em*, p. 23.
123. Holden Karnofsky, "Why Describing Utopia Goes Badly", *Cold Takes* (blog), 7 de dezembro de 2021, <cold-takes.com/why-describing-utopia-goes-badly>.
124. Nick Bostrom, "Apology for Old Email", Nick Bostrom's Home Page, 9 de janeiro de 2023, <nickbostrom.com/oldemail.pdf>.
125. Robin Hanson, "How to Join", *Overcoming Bias* (blog), 22 de julho de 2023, <overcomingbias.com/p/introductionhtml>.
126. Entrevista com Robin Hanson.
127. "The Hanson-Yudkowsky AIFoom Debate", *LessWrong*, acessado em 2 de janeiro de 2024, <lesswrong.com/tag/the-hanson-yudkowskyaifoom-debate>.
128. Robin Hanson, "Futarchy: Vote Values, but Bet Beliefs", acessado em 2 de janeiro de 2024, <mason.gmu.edu/~rhanson/futarchy.html>.
129. Entrevista com Émile Torres, embora ela tenha atribuído a ideia a Peter Singer.

Capítulo 8: Erro de cálculo

1. "The Assignment of Judges in the Criminal Term of the Supreme Court in New York County", Ordem dos Advogados da Cidade de Nova York, 1º de julho de 2002, <nycbar.org/member-and-career-services/committees/reports-listing/reports/detail/the-assignmentofjudgesinthe-criminal-termofthe-supreme-courtinnew-york-county>.
2. Benjamin Weiser, "Spin of Wheel May Determine Judge in 9/11 Case", *The New York Times*, 27 de novembro de 2009, seção "New York", <nytimes.com/2009/11/28/nyregion/28judge.html>.
3. Tom Hals, Jonathan Stempel, "Bankman-Fried's Criminal Case Assigned to Judge in Trump, Prince Andrew Cases", *Reuters*, 27 de dezembro de 2022, seção "Legal", <reuters.com/legal/bankman-frieds-criminal-case-assigned-judge-lewis-kaplan-court-filing-20221227>.
4. Associated Press, "Trump and Prince Andrew Judge Will Preside over SBF Cryptocurrency Case", *The Guardian*, 27 de dezembro de 2022, seção "Business", <theguardian.com/business/2022/dec/27/judge-trump-prince-andrew-trials-sbf-sam-bankman-fried-ftx-cryptocurrency>.

5. Sophie Mann, "SBF Arrives at $4m Family Home for Christmas Under House Arrest", *Daily Mail*, 23 de dezembro de 2022, <dailymail.co.uk/news/article-11569591/Sam-Bankman-Fried-arrives4mfamily-home-California-Christmas-house-arrest.html>.
6. Às vezes, dizem que Bankman-Fried reside em Palo Alto, mas há alguns endereços na área, incluindo a casa de SBF, que tecnicamente ficam na cidade não incorporada de Stanford. Sou sensível a esse assunto porque o prédio de condomínio onde morei naquele ano também ficava em Stanford.
7. Rebecca Davis O'Brien e David Yaffe-Bellany, "Judge Signals Jail Time If Bankman-Fried's Internet Access Is Not Curbed", *The New York Times*, 16 de fevereiro de 2023, seção "Business", <nytimes.com/2023/02/16/business/bankman-fried-crypto-fraud-bail.html>.
8. Jamie Crawley, "FTX Employees Knew About the Backdoor to Alameda Months Before Collapse: WSJ", *CoinDesk*, 5 de outubro de 2023, <coindesk.com/policy/2023/10/05/ftx-employees-knew-about-the-backdoortoalameda-months-before-collapse-wsj>.
9. "Does SBF Get a Sentence of 20 Years or More?", Manifold, <manifold.markets/BenjaminIkuta/does-sbf-getasentenceof20years>.
10. MacKenzie Sigalos e Rohan Goswami, "FTX's Gary Wang, Alameda's Caroline Ellison Plead Guilty to Federal Charges, Cooperating with Prosecutors", *CBNC*, dezembro de 2022, <cnbc.com/2022/12/22/ftxs-gary-wang-alamedas-caroline-ellison-plead-guiltytofederal-charges-cooperating-with-prosecutors.html>.
11. Justin Wise, "Paul Weiss Drops ExFTX CEO Bankman-Fried on Conflicts (Correct)", *Bloomberg Law*, 18 de novembro de 2023, <news.bloomberglaw.com/business-and-practice/paul-weiss-dropsexftx-ceo-bankman-friedasclientonconflicts>.
12. Segundo uma fonte de bastidores.
13. Elizabeth Lopatto, "Sam Bankman-Fried Was a Terrible Boyfriend", *The Verge*, 10 de outubro de 2023, <theverge.com/2023/10/10/23912036/sam-bankman-fried-ftx-caroline-ellison-alameda-research>.
14. Eu a obtive pagando uma taxa.
15. Depoimento de Caroline Ellison, 10 de outubro de 2023, Tribunal Distrital dos EUA, Distrito Sul, *United States of America vs. Samuel Bankman-Fried*, conforme preparado pelos Repórteres do Distrito Sul, P.C., p. 698.
16. Depoimento de Caroline Ellison, 10 de outubro de 2023, p. 703.
17. Depoimento de Caroline Ellison, 10 de outubro de 2023, p. 704-705.
18. Depoimento de Caroline Ellison, 11 de outubro de 2023, Tribunal Distrital dos EUA, Distrito Sul, *United States of America vs. Samuel Bankman-Fried*, conforme preparado pelos Repórteres do Distrito Sul, P.C., p. 765.
19. Depoimento de Caroline Ellison, 11 de outubro de 2023, p. 753.
20. Depoimento de Caroline Ellison, 10 de outubro de 2023, p. 725.
21. Depoimento de Caroline Ellison, 10 de outubro de 2023, p. 698.
22. "Bitcoin USD (BTC-USD) Stock Historical Prices & Data", *Yahoo Finance*, <finance.yahoo.com/quote/BTC-USD/history>.
23. Kari McMahon e Vicky Ge Huang, "4 Hours of Sleep a Night in a Bean Bag Chair: Inside the Hectic Life of Crypto Titan Sam Bankman-Fried, the World's Youngest Mega-Billionaire", *Business Insider*, 17 de dezembro de 2021, <businessinsider.in/cryptocurrency/news/4hoursofsleepanightinabean-bag-chair-inside-the-hectic-lifeofcrypto-titan-sam-bankman-fried-the-worlds-youngest-mega-billionaire/articleshow/88338455.cms>.

24. Maggie Harrison, "Sam Bankman-Fried's Friend Says He Was Exaggerating How Much He Slept on His Bean Bag Chair", *Futurism*, 6 de outubro de 2023, <futurism.com/the-byte/sam-bankman-fried-exaggerating-bean-bag>.
25. Entrevista com Sam Bankman-Fried.
26. Scott Alexander, "The Psychopharmacology of the FTX Crash", *Astral Codex Ten* (blog), 17 de novembro de 2021, <astralcodexten.com/p/the-psychopharmacology ofthe-ftx>.
27. David Yaffe-Bellany, Lora Kelley e Kenneth P. Vogel, "The Parents in the Middle of FTX's Collapse", *The New York Times*, 13 de dezembro de 2022, seção "Technology", <nytimes.com/2022/12/12/technology/sbf-parents-ftx-collapse.html>.
28. "List of Countries by Average Annual Precipitation", *Wikipedia*, <en.wikipedia.org/w/index.php?title=List_of_countries_by_average_annual_precipitation&oldid=1192465548>.
29. Entrevista com Jacklyn Chapsky.
30. "List of Sovereign States by Wealth Inequality", *Wikipedia*, <en.wikipedia.org/w/index.php?title=List_of_sovereign_states_by_wealth_inequality& oldid=1190195353>.
31. "GDP per Capita (Current US$) — Latin America & Caribbean", Dados Abertos do Banco Mundial, <data.worldbank.org/indicator/NY.GDP.PCAP.CD?locations=ZJ>.
32. Nicole M. Healy, "Impact of September 11th on Anti–Money Laundering Efforts, and the European Union and Commonwealth Gatekeeper Initiatives", *International Lawyer* 36, nº 2 (2002), <scholar.smu.edu/cgi/viewcontent.cgi?article=2148&context=til>.
33. "Bahamas — Country Commercial Guide", Administração Internacional do Comércio, <trade.gov/country-commercial-guides/bahamas-market-overview>.
34. Yuheng Zhan, "FTX's Margaritaville Tab Swells to $600K", *New York Post*, 17 de março de 2023, <nypost.com/2023/03/17/ftxs-margaritaville-tab-swellsto600k>.
35. Spencer Greenberg, "Who Is Sam Bankman-Fried (SBF) Really, and How Could He Have Done What He Did? — Three Theories and a Lot of Evidence", *Optimize Everything* (blog), 10 de novembro de 2023, <spencergreenberg.com/2023/11/whoissam-bankman-fried-sbf-really-and-how-couldhehave-done-whathedid-three-theories-andalotofevidence>.
36. Depoimento de Caroline Ellison, 11 de outubro de 2023, p. 807.
37. "Bitcoin USD (BTC-USD) Stock Historical Prices & Data", *Yahoo Finance*.
38. William Poundstone, *Fortune's Formula: The Untold Story of the Scientific Betting System That Beat the Casinos and Wall Street*, edição para o Kindle (Nova York: Hill and Wang, 2006), posição 69.
39. Poundstone, *Fortune's Formula*, edição para o Kindle, posição 63.
40. Poundstone, *Fortune's Formula*, edição para o Kindle, posição 63.
41. Presumindo probabilidades padrão da indústria de –110.
42. Jeremy Olson, "Kelly Criterion Gambling Explained — What Is Kelly Criterion Betting?", *Techopedia*, 13 de outubro de 2023, <techopedia.com/gambling-guides/kelly-criterion-gambling>.
43. Supondo-se que você esteja estimando sua vantagem da forma correta. Se não estiver, isso pode fazer com que você invista 100% de um *bankroll* em uma aposta que acha que é infalível, mas não é.
44. SBF (@SBF_ FTX), "1) Melhor é maior", postagem no X (antigo Twitter), 11 de dezembro de 2020, <twitter.com/SBF_FTX/status/1337250686870831107>.

45. Aaron Katersky, "Sam Bankman-Fried Thought He Had 5% Chance of Becoming President, ExGirlfriend Says", *ABC News*, 10 de outubro de 2023, <abcnews.go.com/US/sam-bankman-fried-thought5chance-becoming-president/story?id=103870644>.
46. SBF (@SBF_ FTX), "12) Em muitos casos, acho que 10 mil dólares são uma aposta razoável. Mas, se fosse eu, faria mais. Provavelmente faria mais perto dos 50 mil dólares. Por quê? Porque, no fim das contas, minha função de utilidade não é de fato logarítmica. É mais próxima do linear", postagem no X (antigo Twitter), 11 de dezembro de 2020, <twitter.com/SBF_FTX/status/1337250704075833347>.
47. Brad DeLong, "There Are Complex-Number One-Norm Square-Root of Probability Amplitudes of 0.006 in Which Sam Bankman-Fried Is Happy", *Brad DeLong's Grasping Reality* (blog), 5 de outubro de 2023, <braddelong.substack.com/p/there-are-complex-number-one-norm>.
48. A programação de uma semana inteira da NFL tem 16 jogos. Parti do pressuposto de que, em uma semana média, o modelo cospe seis apostas que ganham em 50% das vezes (que você não aposta, pois elas não são +VE após considerar o *vig*), quatro apostas que ganham em 53% das vezes (isso e todas as apostas subsequentes são +VE, então você aposta nesses jogos), três apostas que ganham em 55% das vezes, duas apostas que ganham em 57% das vezes e uma aposta que ganha em 60%. No entanto, as apostas são escolhidas aleatoriamente para cada jogo, o que significa que em algumas semanas você pode ter apostas mais fortes do que em outras.
49. Isso é uma simplificação, já que em geral há vários jogos da NFL simultâneos.
50. Greenberg, "Who Is Sam Bankman-Fried (SBF) Really, and How Could He Have Done What He Did?".
51. Depoimento de Caroline Ellison, 10 de outubro de 2023, p. 694-695.
52. Ênfase no original.
53. Martin Peterson, "The St. Petersburg Paradox", in *The Stanford Encyclopedia of Philosophy*, Edward N. Zalta e Uri Nodelman (orgs.) (Stanford, Califórnia: Laboratório de Pesquisa Metafísica, Universidade de Stanford, 2023), <plato.stanford.edu/archives/fall2023/entries/paradox-stpetersburg>.
54. "The World's Billionaires 2013", *Wikipedia*, 17 de março de 2023, <en.wikipedia.org/w/index.php?title=The_World%27s_Billionaires_2013&oldid=1145222845>.
55. "Forbes Billionaires 2023: The Richest People in the World", *Forbes*, <forbes.com/billionaires>.

Capítulo ∞: Término

1. Erving Goffman, *Interaction Ritual: Essays on FacetoFace Behavior* (Nova York: Pantheon Books, 1982), p. 268. [Edição brasileira: *Ritual de interação: ensaios sobre o comportamento face a face*. Tradução de Fábio Rodrigues Ribeiro da Silva. Petrópolis, RJ: Vozes, 2011.]
2. Minha entrevista com Graham foi realizada por e-mail.
3. Y Combinator, <ycombinator.com>.
4. Antonio García Martínez, *Chaos Monkeys: Obscene Fortune and Random Failure in Silicon Valley*, edição para o Kindle (Nova York: Harper, 2016), posição 104-105.
5. Liz Games, "Loopt's Sam Altman on Why He Sold to Green Dot for $43.4M", *AllThingsD*, 9 de março de 2012, <allthingsd.com/20120309/green-dot-buys-location-app-loopt-for434m>.

6. Paul Graham, "Five Founders", abril de 2009, <paulgraham.com/5founders.html>.
7. Paul Graham, "Sam Altman for President", Y Combinator, 21 de fevereiro de 2014, <ycombinator.com/blog/sam-altman-for-president>.
8. Elizabeth Dwoskin e Nitasha Tiku, "Altman's Polarizing Past Hints at OpenAI Board's Reason for Firing Him", *The Washington Post*, 22 de novembro de 2023, <washingtonpost.com/technology/2023/11/22/sam-altman-firedycombinator-paul-graham>.
9. Cade Metz, "The ChatGPT King Isn't Worried, but He Knows You Might Be", *The New York Times*, 31 de março de 2023, seção "Technology", <nytimes.com/2023/03/31/technology/sam-altman-openaichatgpt.html>.
10. E-mail a Nate Silver, 19 de janeiro de 2024.
11. Sam Altman (@sama), "Faz uma semana que estou me segurando pra não disparar minha tempestade de tuítes sobre AE, mas não sei quanto mais autocontrole eu tenho", postagem no X (antigo Twitter), 17 de novembro de 2022, <twitter.com/sama/status/1593046158527836160>.
12. Em um perfil da revista *The New Yorker* de 2016, Altman disse que se importava muito mais com sua família e amigos do que com outros seres humanos — um sentimento moral de senso comum, mas que vai fortemente contra a noção de imparcialidade de Singer. Tad Friend, "Sam Altman's Manifest Destiny", *The New Yorker*, 3 de outubro de 2016, <newyorker.com/magazine/2016/10/10/sam-altmans-manifest-destiny>.
13. Quando perguntei a Shear se ele havia se tornado formalmente o CEO da OpenAI, ele disse: "Essa é uma pergunta muito, muito boa e complicada que não tem uma resposta linear correta." Mas ele também falou: "Aceitei um emprego. Fui pago por esse emprego. Meu título durante a duração desse emprego foi CEO." Isso me parece um "sim".
14. Toby Ord, *The Precipice: Existential Risk and the Future of Humanity*, edição para o Kindle (Nova York: Hachette Books, 2020), posição 91-92.
15. Raymond H. Geselbracht, "Harry Truman, Poker Player", *Prologue*, primavera de 2003, <archives.gov/publications/prologue/2003/spring/truman-poker.html>.
16. "Statement by the President Announcing the Use of the ABomb at Hiroshima", Museu Harry S. Truman, 6 de agosto de 1945, <trumanlibrary.gov/library/public-papers/93/statement-president-announcing-use-bomb-hiroshima>.
17. "Statement on AI Risk", Centro de Segurança de IA, 2023, <safe.ai/statementonairisk>.
18. Essa não é minha opinião pessoal, mas minha interpretação do consenso do Vale do Silício, após extensa averiguação. Considera-se que outras empresas como a Meta estão um ou dois passos atrás. O curioso é que muito menos funcionários da Meta assinaram a declaração de uma frase do que aqueles da OpenAI, Google e Anthropic; a empresa pode assumir uma postura mais aceleracionista, pois sente que ficou para trás.
19. "Stop Talking About Tomorrow's AI Doomsday When AI Poses Risks Today", *Nature* 618, nº 7967 (29 de junho de 2023): p. 885-886, <doi.org/10.1038/d41586-023-020947>.
20. Segundo uma fonte de bastidores, a engenharia genética e a energia nuclear são exceções discutíveis, tecnologias nas quais a humanidade progrediu de forma cautelosa.
21. Joy Wiltermuth, "San Francisco Office Buildings Have 53% Less Foot Traffic Than Four Years Ago", *MarketWatch*, 8 de janeiro de 2024, <marketwatch.com/story/san-francisco-office-buildings-have53less-foot-traffic-than-four-years-ago-199a7eb5>.

22. Embora a frase não tenha se originado com Goffman. Na época em que Goffman escreveu *Interaction Ritual*, em 1967, era uma frase um tanto comum, e inclusive dava nome a um programa de variedades na TV.
23. Goffman, *Interaction Ritual*, p. 269.
24. Richard Rhodes, *The Making of the Atomic Bomb*, edição para o Kindle (Nova York: Simon & Schuster Paperbacks, 2012), posição 971.
25. Nitasha Tiku, "OpenAI Leaders Warned of Abusive Behavior before Sam Altman's Ouster", *The Washington Post*, 8 de dezembro de 2023, <washingtonpost.com/technology/2023/12/08/openaisam-altman-complaints>.
26. "Google Brain Drain: Where are the Authors of 'Attention Is All You Need' Now?", *AIChat*, <aichat.blog/google-exodus-where-are-the-authorsofattentionisall-you-need-now>.
27. @SamA, <https://twitter.com/sama/status/1540227243368058880?lang=en>.
28. roon(@tszzl), "e/acc's são perigosos e constrangedores e plagiaram metade dos meus truques. desautorizo!", postagem no X (antigo Twitter), 7 de agosto de 2022, <twitter.com/tszzl/status/1556344673681059840>.
29. Ali Sundermier, "The Sun Will Destroy Earth a Lot Sooner Than You Might Think", *Business Insider*, 18 de setembro de 2016, <businessinsider.com/sun-destroy-earth-red-giant-white-dwarf-20169>.
30. roon (@tszzl), "o que fizemos foi prender nossos padrões morais atuais em âmbar e amplificar sua eficácia muitas vezes. se os astecas tivessem AGI, eles estariam massacrando simulacros de crianças humanas aos trilhões para impedir que o proverbial sol se apagasse", postagem no X (antigo Twitter), 16 de dezembro de 2022, <twitter.com/tszzl/status/1603633113006952449>.
31. Paul Graham (@paulg), "Como alguém pode se tornar mais otimista? Parece difícil cultivar diretamente. Mas o otimismo é contagioso, então você pode fazer isso cercando-se de pessoas otimistas. Essa é uma das grandes forças que impulsionam a Y Combinator e o Vale do Silício em geral", postagem no X (antigo Twitter), 23 de maio de 2019, <twitter.com/paulg/status/1131490092110012417>.
32. Cat Zakrzewski, Cristiano Lima-Strong e Will Oremus, "CEO Behind ChatGPT Warns Congress AI Could Cause 'Harm to the World'", *The Washington Post*, 17 de maio de 2023, <washingtonpost.com/technology/2023/05/16/sam-altman-openaicongress-hearing>.
33. Ashish Vaswani *et al.*, "Attention Is All You Need", *arXiv*, 1º de agosto de 2023, <arxiv.org/abs/1706.03762>.
34. Krystal Hu, "ChatGPT Sets Record for Fastest-Growing User Base — Analyst Note", *Reuters*, 2 de fevereiro de 2023, seção "Technology", <reuters.com/technology/chatgpt-sets-record-fastest-growing-user-base-analyst-note-20230201>.
35. Rhodes, *The Making of the Atomic Bomb*, edição para o Kindle, posição 23.
36. Às vezes também chamada de regra de Cromwell. "Cromwell's Rule", *Wiktionary*, 4 de fevereiro de 2024, <en.wiktionary.org/w/index.php?title=Cromwell%27s_rule&oldid=77945222>.
37. "Sentinelese", Survival International, <survivalinternational.org/tribes/sentinelese>.
38. Embora a conversa tenha sido relatada, não consigo encontrar nenhuma referência on-line a essas palavras precisas. Então, eu trataria isso como uma impressão de Yudkowsky sobre a conversa, e certamente não como um relato literal. Michael Lee, "Elon Musk Was Warned That AI Could Destroy Human Colony on Mars: Report", *Fox News*, 4 de dezembro de 2023, <foxnews.com/us/elon-musk-was-warned-thataicould-destroyahuman-colonyonmars-report>.

39. Eliezer Yudkowsky, "The Open Letter on AI Doesn't Go Far Enough", *Time*, 29 de março de 2023, <time.com/6266923/aieliezer-yudkowsky-open-letter-not-enough>.
40. bgarfinkel, "On Deference and Yudkowsky's AI Risk Estimates", Fórum sobre altruísmo eficaz, 19 de junho de 2022, <forum.effectivealtruism.org/posts/NBgpPaz5vYe3tH4ga/ondeference-and-yudkowskysairisk-estimates>.
41. Sam Altman (@sama), X (antigo Twitter), 24 de fevereiro de 2023, <twitter.com/sama/status/162897416 5335379973>.
42. Nick Bostrom, *Superintelligence: Paths, Dangers, Strategies*, edição para o Kindle (Oxford: Oxford University Press, 2017), posição 127. [Edição brasileira: *Superinteligência: Caminhos, perigos e estratégias para um novo mundo*. Rio de Janeiro: DarkSide, 2018.]
43. O QI é definido como uma média de 100 e um desvio padrão de 15. Então, três desvios padrão a mais significariam um QI médio de 145.
44. "IQ Estimates of Geniuses", *Jan Bryxí* (blog), <janbryxi.com/iqjohn-von-neumann-albert-einstein-mark-zuckerberg-elon-musk-stephen-hawking-kevin-mitnick-cardinal-richelieu-warren-buffett-george-soros-steve-jobs-isaac-new>.
45. John von Neumann, "Can We Survive Technology?", <sseh.uchicago.edu/doc/von_Neumann_1955.pdf>.
46. "John von Neumann", Von Neumann e o desenvolvimento da teoria dos jogos, <cs.stanford.edu/people/eroberts/courses/soco/projects/199899/game-theory/neumann.html>.
47. Von Neumann, "Can We Survive Technology?".
48. Marina von Neumann Whitman, *The Martian's Daughter: A Memoir*, edição para o Kindle (Ann Arbor: University of Michigan Press, 2013), posição 25.
49. Alan Bollard, *Economists at War: How a Handful of Economists Helped Win and Lose the World Wars*, edição para o Kindle (Oxford: Oxford University Press, 2020), posição 228.
50. "Largest Cities in Japan: Population from 1890", *Demographia*, <demographia.com/dbjpcity1940.htm>.
51. Bollard, *Economists at War*, edição para o Kindle, posição 229.
52. Ashutosh Jogalekar, "What John von Neumann Really Did at Los Alamos", *3 Quarks Daily*, 26 de outubro de 2020, <3quarksdaily.com/3quarksdaily/2020/10/what-john-von-neumann-really-didatlos-alamos.html>.
53. Andrew Brown e Lorna Arnold, "The Quirks of Nuclear Deterrence", *International Relations* 24, nº 3 (setembro de 2010): p. 293-312, <doi.org/10.1177/0047117810377278>.
54. Os cinco signatários do Tratado de Não Proliferação de Armas Nucleares (Estados Unidos, Rússia, China, França e Reino Unido), além da Índia, Paquistão, Coreia do Norte (que em setembro de 2022 declarou ser um Estado com armas nucleares) e Israel (que oficialmente segue uma política de ambiguidade estratégica, mas é considerado por muitos como detentor de armas nucleares).
55. Isso pode ser calculado como $1 - (1 - 0,037)^{20}$, o que equivale a uma probabilidade de 53% de que as armas nucleares *seriam* empregadas pelo menos uma vez nos próximos vinte anos.
56. Ord, *The Precipice*, edição para o Kindle, posição 26.
57. Dylan Matthews, "40 Years Ago Today, One Man Saved Us from World-Ending Nuclear War", *Vox*, 26 de setembro de 2018, <vox.com/2018/9/26/17905796/nuclear-war-1983-stanislav-petrov-soviet-union>.
58. Rhodes, *The Making of the Atomic Bomb*, edição para o Kindle, posição 938.

59. T. C. Schelling, "The Threat That Leaves Something to Chance", RAND Corporation, 1959, <doi.org/10.7249/HDA16311>.
60. Na marca de 28 minutos deste vídeo: "Tick, Tick, Boom? Presidential Decision-Making in a Nuclear Attack", 2022, <youtube.com/watch?v=S6r3A2mSNlU>.
61. McDermott tem mestrado em psicologia social experimental, além de doutorado em ciência política.
62. Francis Fukuyama, *The End of History and the Last Man*, edição para o Kindle (Nova York: Free Press, 2006), posição 151. [Edição brasileira: *O fim da história e o último homem*. Tradução de Aulyde Soares Rodrigues. Rio de Janeiro: Rocco, 1992.]
63. Rose McDermott, Anthony C. Lopez e Peter K. Hatemi, "'Blunt Not the Heart, Enrage It': The Psychology of Revenge and Deterrence", *Texas National Security Review* 1, nº 1 (24 de novembro de 2017), <tnsr.org/2017/11/blunt-not-heart-enrage-psychology-revenge-deterrence>.
64. Gil Oliveira, "Earth History in Your Hand", Museu Carnegie de História Natural, <carnegiemnh.org/earth-historyinyour-hand>.
65. "Nick Ryder", LinkedIn, <linkedin.com/in/nick-ryder-84774117b>.
66. Tom B. Brown *et al.*, "Language Models Are Few-Shot Learners", *arXiv*, 22 de julho de 2020, <arxiv.org/abs/2005.14165>.
67. "Semantically Related Words for 'roadrunner_NOUN'", <vectors.nlpl.eu/explore/embeddings/en/#>.
68. Murray Campbell, "Knowledge Discovery in Deep Blue", *Communications of the ACM* 42, nº 11 (novembro de 1999): p. 65-67, <doi.org/10.1145/319382.319396>.
69. David Silver *et al.*, "Mastering Chess and Shogi by Self-Play with a General Reinforcement Learning Algorithm", *arXiv*, 5 de dezembro de 2017, <arxiv.org/abs/1712.01815>.
70. Com alguns pequenos cortes, por questões de espaço.
71. Eric Glover, "Controlled Randomness in LLMs/ChatGPT with Zero Temperature: A Game Changer for Prompt Engineering", *AppliedIngenuity.ai: Practical AI Solutions* (blog), 12 de maio de 2023, <appliedingenuity.substack.com/p/controlled-randomnessinllmschatgpt>.
72. Conversa com Stuart Russell.
73. Ezra Karger *et al.*, "Forecasting Existential Risks: Evidence from a Long-Run Forecasting Tournament", Instituto de Pesquisas em Previsão, 10 de julho de 2023, <static1.squarespace.com/static/635693acf15a3e2a14a56a4a/t/64f0a7838ccbf43b6b5ee40c/1693493128111/XPT.pdf>.
74. Marc Andreessen (@pmarca), "O contra-argumento óbvio para os argumentos do *foom* [decolagem] da IA *et al* é que eles são erros de categoria. A matemática não QUER coisas. Ela não tem OBJETIVOS. É apenas matemática", postagem no X (antigo Twitter), 5 de março de 2023, <twitter.com/pmarca/status/1632237452571312128>.
75. Eliezer Yudkowsky, "Blind Empiricism", *LessWrong*, 12 de novembro de 2017, <lesswrong.com/posts/6n9aKApfLre5WWvpG/blind-empiricism>.
76. A expressão "utilidade mundana" é usada com frequência por Zvi Mowshowitz.
77. Ray Kurzweil, *The Singularity Is Near: When Humans Transcend Biology*, edição para o Kindle (Nova York: Viking, 2005), posição 7. [Edição brasileira: *A singularidade está próxima: Quando os humanos transcendem a biologia*. Tradução de Ana Goldberger. São Paulo: Itaú Cultural: Iluminuras, 2018.]
78. *The Hub* Staff, "Is AI an Existential Threat? Yann LeCun, Max Tegmark, Melanie Mitchell e Yoshua Bengio Make Their Case", *The Hub*, 4 de julho de 2023, <thehub.

ca/20230704/isaianexistential-threat-yann-lecun-max-tegmark-melanie-mitchell-and-yoshua-bengio-make-their-case>.

79. Zvi Mowshowitz, "AI #49: Bioweapon Testing Begins", *Don't Worry About the Vase* (blog), 1º de fevereiro de 2024, <thezvi.substack.com/p/ai49bioweapon-testing-begins>.
80. Xisuthrus, "The Only 16 Ideologies That Exist in My World", postagem no Reddit, R/Worldjerking, 12 de agosto de 2019, <reddit.com/r/worldjerking/comments/cphds9/the_only_16_ideologies_that_exist_in_my_world>.
81. Alnoor Ebrahim, "OpenAI Is a Nonprofit-Corporate Hybrid: A Management Expert Explains How This Model Works — And How It Fueled the Tumult Around CEO Sam Altman's Short-Lived Ouster", *The Conversation*, 30 de novembro de 2023, <http://theconversation.com/openaiisanon profit-corporate-hybridamanagement-expert-explains-how-this-model-works-and-howitfueled-the-tumult-around-ceo-sam-altmans-short-lived-ouster-218340>.
82. Nate Silver, "The McDonald's Theory of Why Everyone Thinks the Economy Sucks", *Silver Bulletin* (blog), 1º de outubro de 2023, <natesilver.net/p/the-mcdonalds-theoryofwhy-everyone>.
83. Ursula K. Le Guin, "A Non-Euclidean View of California as a Cold Place to Be", 1982, <bpbuse1.wpmucdn.com/sites.ucsc.edu/dist/9/20/files/2019/07/1989a_Le-Guin_non-Euclidean-view-California.pdf>.
84. Ursula K. Le Guin, *Always Coming Home*, edição para o Kindle (Berkeley: University of California Press, 2001), posição 170.
85. Isso não é declarado com todas as letras, mas está claramente implícito; a capa de *Always Coming Home* retrata uma paisagem vazia.
86. Le Guin, *Always Coming Home*, edição para o Kindle, posição 167.
87. Le Guin, *Always Coming Home*, edição para o Kindle, posição 438.
88. <wsj.com/tech/ai/sam-altman-seeks-trillionsofdollarstoreshape-businessofchips-andai89ab3db0>.
89. Este parágrafo foi moldado por uma conversa com Paul Christiano.
90. Ord, *The Precipice*, edição para o Kindle, posição 62.
91. Taylor Orth e Carl Bialik, "AI Doomsday Worries Many Americans. So Does Apocalypse from Climate Change, Nukes, War, and More", *YouGov*, 14 de abril de 2023, <today.yougov.com/technology/articles/45565ainuclear-weapons-world-war-humanity-poll>.
92. Daniel Colson (@DanielColson6), "A última pesquisa do @TheAIPI foi divulgada no @Politico hoje. Descobrimos que as pessoas preferem candidatos políticos que assumem fortes posições pró-regulamentação sobre IA. (Não revelamos aos entrevistados a fonte das citações abaixo.)", postagem no X (antigo Twitter), 24 de janeiro de 2024, <twitter.com/DanielColson6/status/1750026192982593794>.
93. Centro de Pesquisa Pew, "The Changing Global Religious Landscape", Centro de Pesquisa Pew, 5 de abril de 2017, <pewresearch.org/religion/2017/04/05/the-changing-global-religious-landscape>.
94. Jack Clark (@jackclarkSF), "As pessoas não levam as guilhotinas a sério. Mas, historicamente, quando um pequeno grupo ganha uma quantidade enorme de poder e toma decisões que alteram a vida de um grande número de pessoas, a minoria acaba sendo morta, de verdade. As pessoas julgam que isso não pode mais acontecer", postagem no X (antigo Twitter), 6 de agosto de 2022, <twitter.com/jackclarkSF/status/1555992785768984576>.

95. Lawrence H. Summers, "Harvard's Larry H. Summers on Secular Stagnation", FMI, março de 2020, <imf.org/en/Publications/fandd/issues/2020/03/larry-summersonsecular-stagnation>.
96. Com base no PIB real até o terceiro trimestre de 2023.
97. Max Roser, "Extreme Poverty: How Far Have We Come, and How Far Do We Still Have to Go?", *Our World in Data* [Nosso mundo em dados], 28 de dezembro de 2023, <ourworldindata.org/extreme-povertyinbrief>.

Capítulo 1776: Fundação

1. Gordon S. Wood, *The Radicalism of the American Revolution*, edição para o Kindle (Nova York: Vintage Books, 1993), posição 5.
2. Nate Silver, "Why Liberalism and Leftism Are Increasingly at Odds", *Silver Bulletin* (blog), 12 de dezembro de 2023, <natesilver.net/p/why-liberalism-and-leftism-are-increasingly>.
3. "How Were the Colonies Able to Win Independence?", *Digital History*, <digitalhistory.uh.edu/disp_textbook.cfm?smtID=2& psid= 3220>.
4. "Global GDP over the Long Run", *Our World in Data* [Nosso mundo em dados], 2017, <ourworldindata.org/grapher/world-gdp-over-the-last-two-millennia>.
5. David Simpson, "The Idea of Progress", <condor.depaul.edu/~dsimpson/awtech/progress.html>.
6. Sim, especificamente a Inglaterra e não o Reino Unido. A principal fonte de dados é o "milênio de dados macroeconômicos" do Banco da Inglaterra, que abrange anos até 2016; <bankofengland.co.uk/statistics/research-datasets>. Para os mais recentes, usei dados do Escritório de Estatísticas Nacionais do Reino Unido. Para 2022 e 2023, estimei as taxas de crescimento usando o Reino Unido em geral, em vez da Inglaterra em específico.
7. Donald N. McCloskey, "New Perspectives on the Old Poor Law", *Explorations in Economic History* 10, nº 4 (junho de 1973): p. 419-436, <doi.org/10.1016/0014-4983(73)900259>.
8. Paul R. Ehrlich, *The Population Bomb* (Cutchogue, Nova York: Buccaneer Books, 1971), p. xi.
9. Ehrlich, *The Population Bomb*, p. 1.
10. Population data: "India Population 1950–2024", MacroTrends, <macrotrends.net/countries/IND/india/population>. Dados sobre pobreza extrema: Michail Moatsos, "Global Extreme Poverty: Present and Past since 1820", in *How Was Life?*, vol. 2, *New Perspectives on Well-Being and Global Inequality since 1820* (Paris: OECD, 2021), <doi.org/10.1787/3d96efc5-enmacrotrends.net/countries/IND/india/population>.
11. Ehrlich acredita que a população global ideal é de 1,5 a 2 bilhões de pessoas, em vez dos atuais 8 bilhões. Damian Carrington, "Paul Ehrlich: 'Collapse of Civilisation Is a Near Certainty Within Decades'", *The Guardian*, 22 de março de 2018, seção "Cities", <theguardian.com/cities/2018/mar/22/collapse-civilisation-near-certain-decades-population-bomb-paul-ehrlich>.
12. "GDP growth (annual %)", Dados Abertos do Banco Mundial, <data.worldbank.org/indicator/NY.GDP.MKTP.KD.ZG>.
13. Bastian Herre e Max Roser, "The World Has Recently Become Less Democratic", *Our World in Data* [Nosso mundo em dados], 28 de dezembro de 2023, <ourworldindata.org/less-democratic>.

14. Christopher Flavelle, "Climate Change Could Cut World Economy by $23 Trillion in 2050, Insurance Giant Warns", *The New York Times*, 22 de abril de 2021, seção "Climate", <nytimes.com/2021/04/22/climate/climate-change-economy.html>.
15. Elizabeth M. Dworak, William Revelle e David M. Condon, "Looking for Flynn Effects in a Recent Online U.S. Adult Sample: Examining Shifts Within the SAPA Project", *Intelligence* 98 (maio de 2023): p. 101734, <doi.org/10.1016/j.intell.2023.101734>.
16. "What Percentage of US High School Graduates Enroll in College?", *USAFacts*, <usafacts.org/data/topics/people-society/education/higher-education/college-enrollment-rate>.
17. Dan Witters, "U.S. Depression Rates Reach New Highs", *Gallup*, 17 de maio de 2023, <news.gallup.com/poll/505745/depression-rates-reach-new-highs.aspx>.
18. ChatGPT, Claude e Google Bard.
19. Nate Silver (@NateSilver588), "As invenções mais importantes da década do século XX *versus* a primeira década dos anos 2000. Ótima evidência de estagnação secular", postagem no X (antigo Twitter), <x.com/NateSilver538/status/1753433550148206696?s=20>.
20. Muitas invenções são difíceis de datar com exatidão, mas aqui estão mais detalhes sobre alguns dos casos mais controversos. A radiofusão se refere à primeira transmissão radiofônica envolvendo voz e som completos. O aspirador de pó se refere ao aparelho de pó moderno que utiliza eletricidade e sucção. O eletrocardiógrafo se refere à primeira versão prática da tecnologia. O hambúrguer é um exemplo de grande polêmica; 1904 é a data em que o hambúrguer se tornou famoso na Feira Mundial de St. Louis, mas outras fontes datam suas origens em 1885 ou 1900. As vacinas de mRNA são outro caso ambíguo. Mas o seminal artigo de Katalin Karikó e Drew Weissman citado em sua premiação do Prêmio Nobel data de 2005. A computação em nuvem se refere à aplicação comercial com a Amazon Web Services. O Projeto Genoma Humano se refere à conclusão do projeto em 2003. E a data de 2008 da Tesla se refere às primeiras vendas comerciais.
21. Jacques Barzun, *From Dawn to Decadence: 500 Years of Western Cultural Life 1500 to the Present* (Nova York: HarperCollins, 2000), p. xvi.
22. *The Decadent Society: How We Became the Victims of Our Own Success*, edição para o Kindle (Nova York: Avid Reader Press/Simon & Schuster), posição 1.
23. Francis Fukuyama, *The End of History and the Last Man*, edição para o Kindle (Nova York: Free Press, 2006), posição 118.
24. Ministério de Europa e Assuntos Estrangeiros da República Francesa, "Liberty, Equality, Fraternity", Diplomacia Francesa, <diplomatie.gouv.fr/en/comingtofrance/france-facts/symbolsofthe-republic/article/liberty-equality-fraternity>.
25. "Research into Agentic AI Systems", OpenAI, <openai.smapply.org/prog/agenticairesearch-grants>.
26. Kerrington Powell e Vinay Prasad, "The Noble Lies of COVID19", *Slate*, 28 de julho de 2021, <slate.com/technology/2021/07/noble-lies-covid-fauci-cdc-masks.html>.

ÍNDICE REMISSIVO

As páginas em *itálico* referem-se a imagens e tabelas.

abstração, 28-30, 34-6, 122, 437
ação, 438
aceleracionistas, 35, 233, 377-9, 417, 438, 532n
aceleradores, 372-3, 438
ações meme, 288, 437
adaptabilidade, 220-2, *245*
Addiction by Design [Vício de propósito] (Schüll), 146, 153
Adelson, Sheldon, 138
Adelstein, Garrett, 95-97, 101
  mão de Robbi, 78-84, 86, 111, 116-23, 407, 494nn
Aella, 347-8
afeitos aos riscos físicos, 204-7
Age of Em, The [A era da EM] (Hanson), 351
agência, 413, 430-31, 438
agentes, 438
AGI (inteligência artificial geral), definição de, 438
agressividade, 113-4
Aguiar, Jon, 187
alavancagem, 438
Alexander, Scott, 326-8, 348-50
alfa, 226-7, 438
algoritmos, 49-50, 438
alinhamento (IA), 404-5, 438
all-in (pôquer), 439
AlphaGo, 166
Altman, Sam, 369
  avanço da IA e, 381
  fundação da OpenAI e, 373
  otimismo e, 373-4, 379-80
  risco existencial da IA e, 384n, 413, 421
  tentativa da OpenAI de demitir, 374-5, 377, 414n
  Y Combinator e, 372-3
altruísmo eficaz (AE):
  conflito River *versus* Village e, 349
  definição de, 325-6, 439
  elites ricas e, 318-9
  futurismo e, 350-2
  ganhar para doar e, 316
  gastos governamentais e, 332n
  IA e, 26, 318-9, 322, 328, 332, 351
  impacto do, 330-1
  imparcialidade e, 331-2, 338-9, 349
  independência e, 331
  interesse próprio e, 319
  mercados de previsão e, 341
  mosquiteiros, 460-1
  overfitting (sobreajuste)/*underfitting* (subajuste) e, 333-41, *334*
  política e, 349-50
  pôquer e, 322, 339-40
  quantificação e, 319-25, 332-3
  racionalismo e, 327-9
  risco existencial da IA e, 26-7, 328-9, 418
  River e, 317-8
  SBF e, 26, 315-8, 346, 366, 369-70
  "teoria do grande homem" e, 319
  Upriver e, 24-6
  utilitarismo e, 332-3, 335, 524n
  vários fluxos de, 328-9, *329*, 351-2, 524n
  ver também filosofia moral

alucinações (IA), 439
Always Coming Home [Sempre voltar para casa] (Le Guin), 416
"ameaça que deixa algo ao acaso", 390-1, 439
análise de regressão, 28-9, 439
analítica:
    apostas esportivas, 160-1, 179
    capital de risco e, 231-2
    cassinos e, 144-5
    definição de, 28-9, 439
    empatia e, 210-1
    limitações de, 236-7, 240-1
    política e, 237
Anderson, Dave, 206, 208, 217
Andreessen, Marc:
    aceleracionistas e, 377-8
    Adam Neumann e, 262
    analogias de IA e, 408, 535n
    conflito River *versus* Village e, 274
    lucratividade de capital de risco e, 272-3, 514n
    política e, 248
    risco existencial da IA e, 408
    sobre paciência, 241
    tecno-otimismo e, 232-3, 251, 274, 474
    viscosidade do capital de risco, 270-2
angle-shooters, 439
ângulos, 181-2, 221, 283, 439
ante (pôquer), 439
apeing, 443
apertar o botão, 439
    ver também risco existencial
aplicação/uso do computador:
    apostas esportivas e, 162
    ver também IA; *solvers*/solucionadores
aposta de Pascal, 419n, 439
apostas em *spread* de pontos, 172-3, 472
apostas esportivas:
    adaptabilidade, 221-2
    analítica, 160-1, 179
    ângulos, 181-2, 221, 439
    apostar dinheiro (*getting money down*), 51, 191-6, 455
    apostas on-line, 162
    arbitragem e, 161-3, 194, 440, 500nn
    bearding, 294-5, 442
    bottom-up versus top-down, 160-1, 181, 500n
    casas de apostas formadoras de mercado *versus* casas de apostas de varejo, 175-9, *176*, 454, 502n
    casas de apostas, 442
    contrarianismo e, 225
    critério de Kelly e, 365-8
    engano e, 193-4
    equilíbrio de Nash em, 59-61, 487n
    escândalos em, 163, 167
    esportes de fantasia, 186-7, 449
    habilidades-chave para, 179-85
    IA e, 165-6
    informações privilegiadas e, 167, 176n, 182, 189n, 199-200
    legalização on-line, 173-4, 187n
    lições das, 196-7, 504n
    line shopping, 189-91, 458
    lucratividade de, 165, 168-72, *170*, 502n
    menu de apostas esportivas, 172-3
    modelos e, 168-71
    negócio dos cassinos e, 163-5, 167, 171-2, 174-6
    networking e, 180, 185
    obsessão e, 184
    paciência e, 241
    pensamento orientado por processos e, 169
    pensamento probabilístico e, 22-3
    prop bets, 169-72, 467
    publicidade de, 185-8
    scalp, 460, 500n
    spread bid-ask e, 407
    steam chasing, 193-4, 193n, 472
    teoria dos jogos e, 161
    tolerância ao risco e, 168, 184
    trading manual, 165-6
    trapaça, 129
    tributação de, 174, 502n
    valor da linha de fechamento, 192-3, *193*, 477
    vig/vigorish, 162n, 173, 478
    ver também limites
apostas mínimas, 439-40
aprendizado de máquina, 403-5, 440, 451, 468
    ver também IA
aprendizado por reforço a partir do feedback humano (RLHF), 403-5, 440
"Aqueles que se afastam de Omelas" (Le Guin), 416n
arbitragem (*arb*), 161-3, 194, 440, 500nn
Archipelago, O, 28, 288, 440
argumentos "do homem de aço", 32, 456-7

Arquíloco, 221, 244, 468
"arriscar a própria pele" (*skin in the game*), 440
árvore de jogo, 62, 440, 488n
asiático-americanos, 128-9
    ver também raça
ASL (superinteligência artificial), 438
assalto de Pascal, 27, 419n, 440
atenção (IA), 440
atenção aos detalhes, 219-20
atributos dos afeitos aos riscos, 28-31, 204-5, 207-28
    adaptabilidade, 221-2
    atenção aos detalhes, 219-20
    atitude *raise-or-fold*, 215-6
    calma, 207-9
    capacidade de estimativa, 222-3
    capital de risco e, 231-2
    coragem, 209-10
    ego frágil, 209
    empatia estratégia, 210-2
    falta de motivação financeira, 227-8
    independência, 35, 223-4, 232, 249
    paciência, 240-1, *242*
    pensamento orientado por processos, 212-3, 462
    preparação, 217-8
    probabilidades assimétricas, 231, 240, 242-4
    ressentimento e, 209-10, 258
    tolerância a riscos, 31, 35, 213-5
    ver também contrarianismo
atrito, 157-8, 441
atualização (teorema de Bayes), 441
autismo, 263-4, 335, 512n
autoconfiança, 209
aversão ao risco, 130, 249, 258, 392, 441
azarões, 172-3, 437

backdoors, 441
backtesting, 441
bad beats, 441
baleias/*whales* (jogatina/jogos de azar), 80-1, 132, 143, 148, 176, 194-6, 441
Bankman, Joseph, 354
Bankman-Fried, Sam (SBF):
    altruísmo eficaz e, 26, 315-8, 346, 366, 369-70
    ângulos e, 283
    atitude em relação ao risco, 310-1
    capital de risco e, 312-4
    como pessoa perigosa, 371
    como ponto focal, 309
    critério de Kelly e, 366-7
    cultos de personalidade e, 35, 313-4
    desagradabilidade e, 261
    falência e prisão de, 277-80, 346
    fraude e, 117, 346
    guerras culturais e, 316n
    IA e, 369-70
    imagem pública de, 313
    julgamento de, 353-8, 371
    modelo de negócios de criptomoeda e, 285-7
    NÃO É UM CONSELHO DE INVESTIMENTO, 461
    personas de, 280-1
    política e, 32, 316-7, 316n
    respostas à falência e prisão, 281-4, 353-8
    risco moral e, 242-3
    River e, 278
    sinais de alerta, 346
    teorias de, 358-65
    tolerância ao risco e, 310-1, 366-71, 531n
    utilitarismo e, 333, 368, 370-1, 431, 464
bankrolls, 441
Baron-Cohen, Simon, 96n, 263-4
barra de erro, 441
Barzun, Jacques, 428
basquete, 164
    ver também apostas esportivas
Bayes, teorema de, 387-8, 441
beards, 194-5, 442
    ver também baleias/*whales*
beisebol, 60, 163-4
    ver também apostas esportivas
Bennett, Chris, 167
Bernoulli, Nicolaus, 464
Betancourt, Johnny, 308-9
Bezos, Jeff, 258, 319, 377
Biden, Joe, 250, 302, 345-7
big data, 396, 442
Billions (série), 106
Bitcoin:
    bolha de, 13, 284-5, *285*, 287-90
    como ponto focal, 305, 308
    criação de, 298-300, 442
    lucratividade de, 287-8
    pôquer e, 103
    versus Ethereum, 300-3
    ver também criptomoeda
Black, Fischer, 442

blackjack, 124-9, 446, 450
Black-Scholes (fórmula), 297n, 442
blefe, 42, 52, 65-6, 69-77, 96, 118-9, 489n
"blefe pós-carvalho", 65
blinds (pôquer), 44, 442
blockchain (tecnologia), 299-302, 442
Bloco Genesis, 298-99, 442
bloqueadores (*blockers*), 215, 442
board (pôquer), 44, 442
Boeree, Liv, 322
bolha (pôquer), 442
bolha de criptomoedas, 284-5, *285*, 287-95, *294*
Bollea, Terry G., 255
bookmakers (casas de apostas), 442
 ver também casas de apostas de varejo
boom do pôquer, 18-9, 68, 292, 442-3
Bored Apes, 443
Bostrom, Nick, 336, 344, 351, 383-4, 404, 431, 445, 473, 475
Box, George, 409n
Bradley, Derek, 186
Brin, Sergey, 240, 373
Brokos, Andrew, 48, 114, 456
Brownhill, Jean, 268-9
Brunson, Doyle:
 apostas esportivas e, 183
 atitude *raise-or-fold* e, 216
 conquista de braceletes, 93
 história do pôquer e, 42-6, 484n
 independência e, 223-4
 sobre aplicativos de computador, 42, 50
 sobre blefe, 42-3, 52, 65
 sobre estratégia *tight-aggressive*, 42, 475
Super/System, 42, 48
Buchak, Lara, 337-8
Buffett, Warren, 318-9, 395n, 440
bullet/bala (pôquer), 443
bust (pôquer), 443
Buterin, Vitalik, 233, 300-3, 305n, 453
button/botão (pôquer), 443
buy-in, 443

caça-níqueis:
 design de cassinos e, 153-4, 158
 estado de fluxo e, 156-8
 estruturas de pagamento, 145-7, *146*
 jogo de vantagem, 149-52
 mercado local e, 137-8
 natureza viciante dos, 154-9
 pensamento probabilístico e, 144-6, *146*
 receitas dos cassinos e, 153-5, *154*
Calacanis, Jason, 234
Cale a boca e multiplique (*Shut up and Multiply*), 443
calibração, 443
Califórnia (Corrida do Ouro), 132
call (pôquer), 443
calling stations (pôquer), 50, 443, 486n
canon/cânone, 443
capacidade de estimativa, 222-3
capital de risco (*venture capital*):
 aceleradores e, 372-4, 438
 aderência de, 270-2
 atributos dos afeitos aos riscos e, 231-2
 conformidade e, 266-8
 contrarianismo e, 232, 265-7
 definição de, 444
 discriminação do, 267-70
 especialização e, 252
 fundadores *versus*, 233-4, 237, 244-7, *245*
 história do, 239
 imigração e, 241
 lucratividade do, 270-3, *273*, 275-6, 514n
 modelo raposas/porcos-espinhos e, 244-7, *245*
 paciência e, 240-1, *242*
 pensamento probabilístico e, 237
 probabilidades assimétricas e, 231, 237, 240, 242-4
 resgates financeiros e, 242n
 riqueza de, 242-3
 risco moral e, 242, 469
 River e, 231-3
 SBF e, 312-4
capitalismo, 33-4, 37, 163, 371
"capitalismo de cassino hipercomoditizado" e, 414-5, 444
Caplan, Bryan, 409n
capped ("limitado") (pôquer), 444
Cappellazzo, Amy, 305-6
captura regulatória, 36, 250-1, 444
Carlsen, Magnus, 82
cartas comunitárias (*board*) (pôquer), 44-5, 442, 444
cartas coordenadas (pôquer), 446
Cartas na mesa (filme), 47, 106, 127, 308, 470
casas de apostas de varejo, 175-6, *176*, 454, 502n
casos extremos, 444

cassinos, 12-5
  abuso e, 112, 141
  agência e, 415
  analítica e, 144-5
  apostas esportivas em, 163-7, 172, 174-6
  Archipelago e, 28
  blackjack, 124-9, 446, 450
  confiança e, 135-7
  contagem de cartas, 124-9, 446, 450
  corporativização de, 130, 137-8
  covid-19 e, 14-5, 17, *17*
  design de, 153-4, *154*, 158
  Downriver e, 27-8, 346, 450
  estruturas de pagamento, 145-7, *146*, *147*, 157
  fidelidade do cliente, 147-9, 498n
  gênero e, 156n
  história de Las Vegas, 131-7
  influência de Steve Wynn, 138-41, *140*
  jogo de vantagem, 458
  jogos privados em, 81
  malandragem e, 127-8, 495n
  pôquer e, 27-8
  regulamentação de, 126-8, 135-6, 148, 495n
  segurança de, 120n
  Trump e, 134, 141-4, 496n
  vantagem da casa, 124-5, 145-6, *146*
  ver também caça-níqueis; jogatina/jogos de azar
cassinos locais, 137-8, 444
Cates, Daniel "Jungleman", 122, 211-2, 263-4
cérebro de economista, 444
chalk (apostas esportivas), 444
Chan, Henry, 92
Chan, Johnny, 47-8, 93, 99
Chaos Monkeys [Macacos do caos] (Martínez), 240
chase, 444
Chávez, Jacob "Rip", 119, 121, 493nn, 494n
check (pôquer), 444
check-raise (pôquer), 444
Chen, Austin, 342-4, 345n, 526n
Chesterton, cerca de, 340n, 444
Chetty, Raj, 257
chop (jogatina/jogos de azar), 444
Christensen, Clayton, 255n, 449
Christiano, Paul, 404

ciclos de feedback, 445
ciência da decisão, 392
ciência de dados, 445
"Cisnes Negros", 450
Clark, Jack, 381n, 418, 420, 536n
classes de referência, 410, 412, 414, 419, 445
Cleeton, K. L., 118, 120-1
Clinton, Hillary, 248-9
clipe de papel (experimento mental), 344, 370, 384, 404, 445-6
clique errado, 445
Coates, John, 86-9, 95-7, 110, 118, 121
cobrir (apostas esportivas), 445
Collison, Patrick, 243-4, 427, 452
combo (pôquer), 445
competitividade, 31
  abuso e, 112
  apostas esportivas e, 163
  capital de risco e, 232
  conflito River *versus* Village e, 33-4
  falta de motivação financeira e, 227
  pôquer e, 106, 112-4, 227
  ressentimento e, 209-10, 258-9
  teoria dos jogos e, 53-4, 66
computação (IA), 445
Computer Group, 183-4
conclusão repugnante, 337-8, 370, 445-6
concurso de beleza keynesiano, 266, 268, 270, 446
confiança, 58, 135-7, 432, 496n
Confidence Game, The [O jogo do embuste] (Konnikova), 117, 287
conflito River *versus* Village, 31-5
  aversão ao risco e, 466
  captura regulatória e, 36, 250
  desacoplamento e, 32-3, 448
  educação superior e, 274-5
  filosofia moral e, 35
  guerras culturais e, 34, 253-4
  política e, 31-5, 248-9, 252, 484n
  risco moral e, 35
  Vale do Silício e, 35, 248-56, 270, 274-5, 483n
conformidade, 266-9, 294-5, 306n
conhecimento de domínio, 446
Conrad, Joseph, 236
consenso, 446
consequencialismo, 332, 446
  ver também utilitarismo
Constantin, Sarah, 29

contrarianismo:
  capital de risco e, 232, 265-7
  consciente, 446
  finanças e, 225-7
  fundadores e, 371
  política e, 226-7, 237n
  risco existencial da IA e, 379
  Trump e, 141-2
  Vale do Silício e, 30, 236-7, 379
  ver também independência; postura antiautoridade
contrarianismo consciente, 446
convergência instrumental (IA), 384, 446
cooler (pôquer), 446
Coplan, Shayne, 343
coragem, 209-10
corpus (IA), 446
correlação, 446-7
corrida armamentista, 447
  ver também destruição mutuamente assegurada; risco existencial nuclear
Cotra, Ajeya, 406-7, 417, 419-20
covid-19, 13-6
  altruísmo eficaz e, 332-3, 525n
  atitude *raise-or-fold* e, 216, 506n
  cassinos e, 14-5, 17, *17*
  comportamento de risco e, 13-7, *17*
  conflito River *versus* Village e, 33-4
  criptomoeda e, 13, 288-90
  dilema do prisioneiro e, 487n
  especialização e, 252
  hipótese dos mercados de tédio, 288, 456
  instituições sociais e, 418
  pensamento probabilístico e, 22
  quantificação e, 322-4
Cowen, Tyler, 346n, 350, 370, 452, 476
criação de valor por meio de memes, 291-3, 377, 447
criadores de modelos inconvencionais *versus* mediadores de modelos, 408-10, 447
criptomoeda:
  anonimato e, 301-2
  Archipelago e, 28, 288
  bolha de, 284-5, *285*, 287-95, *294*
  clima de bacanal e, 284-5
  como esquema Ponzi, 287, 451-2
  covid-19 e, 13, 288-90
  criação de valor por meio de memes e, 292-3
  definição de, 447

fraude e, 117, 285-6
gênero e, 289
habilidade e, 286
história de HODL, 286-7, 290, 294, 456
ingenuidade e, 288
lucratividade para os primeiros usuários, 288
modelo de negócios de, 286-7
pontos focais e, 305
pôquer e, 103
risco moral e, 242
teoria dos jogos e, 293-5, *294*, 303
  ver também Bankman-Fried, Sam; NFTs
crise de replicação, 168, 452
Crise dos Mísseis Cubanos, 389
crise econômica global (2007-2008), 35
critério de Kelly *ver* Kelly, critério de
Cromwell, lei de *ver* Lei de Cromwell/Regra de Cromwell
CryptoPunks, 289, 301, 306, 308, 447
Cuban, Mark, 211
cultos de personalidade, 35, 313-4
Curva J (capital de risco), 241, *242*, 447

Daily Fantasy Sports (DFS) *ver* esportes de fantasia diários
Damore, James, 254
DAOs (organizações autônomas descentralizadas), 285, 301, 472
David, Larry, 290
Davidow, Matthew, 127
De zero a um (Thiel), 255, 306n
dealer/crupiê (pôquer), 448
decadência, 428
decels (desacelerador), 438
decolagem (IA), 384, 448
Deeb, Shaun, 91
Deep Blue, 61, 397
DeFi (finanças descentralizadas), 301
degens (jogadores degenerados), 16, 107, 259-60, 448
"Demônio de Laplace", 235n
Denton, Nick, 232n, 255
deontologia, 332, 340, 446, 448
desacoplamento, 29-32, 325, 448, 482n
descoberta de preço, 448
desejo mimético, 306-7, 448
  ver também conformidade
desertar (teoria dos jogos), 448
Designing Casinos to Dominate the Competition [Projetando cassinos para dominar a competição] (Friedman), 153

Desistir (Duke), 87, 217
destemor, 13, 106-9
destruição mutuamente assegurada (*MAD*), 59, 386, 389-91, 448, 459, 464
desvio padrão, 448
determinismo, 235-7, *245*, 276, 448
Deuses-Máquinas, 378-9, 381-2, 449
DFS (*daily fantasy sports*, "esportes de fantasia diários"), 186-7, 449
dilema da inovação, 255n, 449
dilema do prisioneiro, 54-8
    apostas esportivas e, 192
    confiança e, 432
    corrida armamentista e, 447
    criptomoeda e, 293-5
    definição de, 449, 487n
    estratégias dominantes e, 55-6
    pôquer e, 55-6, 487n
    reciprocidade e, 340
    regulamentação e, 136
    risco existencial da IA, 283
    versão atualizada do, 54-6, *55*
dilema do trem, 319-21, *320*, 330, 368, 449
direcionalmente correto, 449
disposição dos amantes dos riscos, 441
disposição dos avessos aos riscos, 441
disposição dos neutros aos riscos, 441
disruptividade, 239-40, 250-1
dissuasão, 449
    ver também destruição mutuamente assegurada
distopias, 450
distribuição de probabilidade, 16, 450
distribuição normal, 450
distribuições *de cauda gorda*, 450
DonBest, 450
donkbet (pôquer), 450
doomers (catastrofistas pessimistas), 450
    ver também risco existencial da IA
double down (*blackjack*), 450
Douthat, Ross, 428
Downriver, 27-8, 346, 450
    ver também cassinos
Dr. Fantástico (filme), 319, 389
drawing dead, 450
Dresher, Melvin, 54, 449
Dryden, Ken, 90
Duke, Annie, 87, 99, 110, 113, 217
Dunst, Tony, 91
Dwan, Tom "durrr", 92n, 222-3

e/acc (aceleracionismo eficaz), 377-8, 450-1
economia baseada na inveja, 305-6, 451
Edwards, Paul, 388n
Ehrlich, Paul, 378n, 425, 537n
Einhorn, David, 208-9, 311
Ellison, Caroline, 356-9, 363-4, 366-70
Elon Musk (Isaacson), 234
Emanuel, Ezekiel, 16
empatia estratégica, 210-2, 386-7, 432, 451
empirismo, 451
engano/engodo, 60-1, 64, 96, 194, 477
ensino superior *ver* mundo acadêmico
Enzer, Sam, 353-4, 356
equidade (pôquer), 451
equilíbrio *ver* Nash, equilíbrio de
erro de amostragem, 459
Escala Richter Tecnológica (ERT), 413-4, *413*, 451
escalonamento (IA), 451
esportes *ver* apostas esportivas; *esportes específicos*
esportes de fantasia diários, 186-7, 449
esquemas Ponzi, 287, 451-2
estagnação secular, 421-2, 425-8, *427*, 452
estatística:
    análise e, 28-9
    correlação, 446-7
    filosofia moral e, 333-4
    ver também analítica; pensamento probabilístico
estatística clássica (*frequentismo*), 452
estratégia *loose-aggressive* (*LAG*) (pôquer), 475
estratégia pura, 60, 452
estratégia *tight-aggressive* (TAG) (pôquer), 42, 475
estratégias dominantes, 55-6, 452
estratégias exploratórias (pôquer):
    definição de, 60-1, 452, 474
    mão de Garrett-Robbi e, 118
    solvers/solucionadores e, 77
    uso por Hellmuth, 94-5
    uso por Selbst, 68-70
    versus estratégias GTO, 49, 66-7, 70-2, 474, 488n, 489n
estratégias GTO (teoria do jogo ideal) (pôquer), 49, 63-7, 70-2, 474, 488n, 489n
    ver também maximização de VE; Nash, equilíbrio de
estratégias mistas, 59-61, 63-4, 390, 452
estresse *ver* impacto dos riscos

estudos de progresso, 427, 452
Ethereum, 103, 300-3, 452-3
ética infinita, 333, 337-8, 453
Everydays (Winkelmann), 307
expectativa de vida, 17-8, *17*, 35
Expert Political Judgment (Tetlock), 244
exploração, 207-8, 213, 217-8, 221, 228
externalidades, 242, 453

Facebook, 248-9
fade (jogatina/jogos de azar), 453
Fairchild, Sherman, 239
falácia da mão quente, 453
falácia de *motte-e-bailey*, 453
falácia do jogador, 453
"Famine, Affluence, and Morality" [Fome, riqueza e moralidade] (Singer), 330-1
Farren, Conor, 188-91
fator sorte, O (Wiseman), 109-10
Fauci, Anthony, 324
feel players (jogadores que confiam na intuição) (pôquer), 474
Feldman, Ryan, 81
Fermat, Pierre de, 27
Fermi, paradoxo de, 463-4
ficção científica, 415-7
filosofia moral:
    conflito River *versus* Village e, 35-6
    consequencialismo, 331-2, 446, 524n
    deontologia, 332, 340, 446, 448
    imparcialidade, 331-2, 338-41, 349, 457, 524n, 532n
    overfitting (sobreajuste)/*underfitting* (subajuste) e, 334-41
    parlamento moral, 337, 431
    proposta de valor moderna, 430-2
    racionalidade, 344-5, 468
    teoria dos jogos e, 340
    ver também altruísmo eficaz; racionalismo; utilitarismo
fim da história e o último homem, O (Fukuyama), 429
finanças:
    alfa, 226-7, 438
    calma e, 208-9
    contrarianismo e, 225-7
    crise econômica global (2007-2008), 35
    fundos *hedge*, 27, 32, 106, 224-5, 231-2, 265, 454
    impacto dos riscos e, 87-8
    independência e, 223-4

    informações privilegiadas e, 189n
    Midriver e, 27, 460
    negociação de opções, 295-8
    opcionalidade, 75
    risco moral e, 242
    spread bid-ask, 406-8, 472
    terminologia de apostas esportivas e, 165
    ver também capital de risco
fish/peixe (jogatina/jogos de azar), 188, 453
    ver também baleias/*whales*
FiveThirtyEight, 9, 20-1, 23, 32, 120, 161, 198n, 237, 248n, 345
flip (pôquer), 453
Flood, Merrill, 54, 449
flop (pôquer), 44, 70, 453
flush (pôquer), 454
fluxo de negócios (capital de risco), 454
Flynn, Carrick, 317-8, 346, 371
fold (pôquer), 454
Foley, Mark, 19
FOMO (*fear of missing out*, medo de ficar de fora), 454
foom (IA), 454
Foot, Philippa, 320, 449
Força-Tarefa de Jogatina de Iowa, 89-90
"forma das coisas que virão", 454
formadoras de mercado, 175-9, 454
Fortune's Formula [A fórmula da sorte] (Poundstone), 365
Francisco, papa, 457
"Fralda suja" (pôquer), 73-4, 454
freeroll (jogatina/jogos de azar), 454
frequentismo, 452
Friedman, Bill, 153
Friedrich, Stephen, 91-2
FTX *ver* Bankman-Fried, Sam
Fukuyama, Francis, 429-30, 432, 457, 460
fun players (jogadores de brincadeira), 458
função de perda, 401-3, 454
fundadores:
    aceleradores e, 372-3, 438
    autismo e, 263
    como *degens*, 259-61
    contrarianismo e, 371
    desagradabilidade e, 261-2
    discriminação e, 267-70
    história do Vale do Silício e, 238-9, 246
    ignorância de riscos e, 230-1, *245*, 246-7

mito do pequeno disruptor e, 251
otimismo e, 379, 533n
probabilidades assimétricas e, 237, 258
ressentimento e, 258
riqueza pelos próprios méritos e, 257-8
sorte e, 235, 260-1
tolerância a riscos e, 230-1, 233-5, 246, 312-3, 371
versus capital de risco, 233-4, 237, 244-7, 245
ver também Bankman-Fried, Sam; Musk, Elon
fundos de ações indexados, 454
fundos *hedge*, 27, 32, 106, 224-5, 231-2, 265, 454 *ver também* finanças
fungibilidade, 301, 455
futebol americano, 206, 208, 217
ver também apostas esportivas
futurismo, 350-2

Galfond, Phil, 212-3, 218-9
Game of Gold, 96
ganhar para doar, 316
Gates, Bill, 318-9
Gay, Claudine, 274-5
Gebru, Timnit, 352n
gênero:
    cassinos e, 156n
    criptomoeda e, 289
    discriminação do capital de risco, 267-70
    ego e, 187, 209
    maximização de VE, 116
    misoginia, 68, 111-2
    NFTs e, 306
    pôquer e, 70, 80, 82, 95-6, 110-3, 493n
    River e, 34, 111, 484n
getting (money) down (fazer apostas), 191-6, 455
gg, 455
Gibson, J. Brin, 135, 174
Girard, René, 306-7, 448
glgl, 432, 455
Go (jogo), 166
Goffman, Erving, 156, 159, 201, 206n, 372, 376, 428, 462
Goldberger, Paul, 142
Gonsalves, Markus, 107
GPT, 455
    ver também Grandes Modelos de Linguagem
GPU, 455

Graham, Paul, 372-3, 379, 533n
Grandes Modelos de Linguagem (LLMs):
    aprendizado por reforço e, 403-5, 440
    competência dos, 49-50
    definição, 455
    Escala Richter Tecnológica e, 412
    ficção científica e, 416
    interpretabilidade ruim e, 394, 400, 457
    otimismo e, 374, 380
    pôquer e, 394-7
    vetores em, 399, 478
    viés e, 403n
    ver também IA; transformadores
Greenberg, Spencer, 368
grupos de apostadores (apostas esportivas), 455
Guerra de Independência dos Estados Unidos, 423
guerra, 206-8, 210-1, 216-9, 386-9
guerras culturais, 34, 253-4, 316n, 349
Gurley, Bill, 240, 250-1, 262-3

Habryka, Oliver, 346, 349-50, 363, 370
Haidt, Jonathan, 509n
Hall, Cate, 115, 343
Hall, Galen, 225-6
Hanania, Richard, 349
handicapping, 21, 455
Hanson, Bart, 79-80, 83, 121
Hanson, Robin, 329, 349-51, 370, 468, 524n
Hassabis, Demis, 382
Haxton, Isaac, 106, 224
head fakes (apostas esportivas), 194, 455
heads up (pôquer), 456
hedging (tomar precauções), 456
hedonismo eficaz, 347-8, 456
Hegel, G. W. H., 393
Hellman, Martin, 389
Hellmuth, Phil, 93-5, 112, 209-10, 234n, 260, 459, 472
Hendrix, Adam, 73-7, 489n
hero call/hero fold (pagar de forma heroica) (pôquer), 456
heurísticas, 29, 456
hipótese dos mercados de tédio, 288, 456
Ho, Maria, 95-7, 113-5, 209, 223-4
HODL (criptomoeda), 286-7, 290, 294, 456
Hold'em, 44-5, 456
    ver também pôquer
Hold'em com limite, 456

hole cards (cartas fechadas), 44-5, 456
horizonte de tempo, 457
Horowitz, Ben, 262
Hour Between Dog and Wolf, The [A hora entre cão e lobo] (Coates), 86-8
Howe, Art, 169
Hughes, Chris, 248
Hughes, Howard, 130, 137
humildade epistêmica, 457
Hustler Casino Live ver mão de Garrett--Robbi; pôquer

IA (inteligência artificial):
    aceleracionistas, 35, 233, 377-9, 417, 438, 532n
    adaptabilidade e, 221
    agência e, 430-1
    alinhamento e, 404-5, 438
    altruísmo eficaz e, 26, 318-9, 322, 328, 332, 351
    analogias para, 408, 536n
    aplicações comerciais, 414-5
    apostas esportivas e, 165-6
    avanço em, 380-1
    conflito River *versus* Village e, 32
    crescimento econômico e, 374n, 425
    decel (desacelerador), 438
    definição de, 457
    engenheiros e, 377-8
    entusiasmo acerca da, 375-6
    fundação da OpenAI, 373-4, 380
    guerras culturais e, 254
    impacto dos riscos e, 88
    imparcialidade e, 331-2, 338
    interpretabilidade ruim da, 397, 400, 457
    mercados de previsão e, 341, 344
    otimismo e, 374, 379
    pensamento probabilístico e, 402
    pôquer e, 43, 48-50, 61-2, 394-7, 400, 402, 485n
    processo do *The New York Times*, 32, 274
    racionalismo e, 326-9
    randomização e, 401
    regulamentação de, 251, 420, 536n
    religião e, 398
    risco moral e, 242
    Sam Altman e, 373
    SBF e, 369-70
    singularidades tecnológicas e, 411-2, 471
    teste de Turing e, 475
    tolerância a risco e, 374
    transformadores, 380, 398-404, 455, 475-6
    viés e, 402n
    ver também risco existencial da IA
ignorância ao risco, 230-1, *245*, 246-7
Iluminismo, 398, 418, 423-4, 430, 432, 457-8, 469
impacto dos riscos, 84-92
    atenção aos detalhes e, 220
    Coates sobre, 86-9, 118
    esportes e, 90
    estado de fluxo e, 85, 89-91, 119
    mão de Garrett-Robbi e, 118-9
    tells e, 85
    Tendler sobre, 88-90, 118
imparcialidade, 331-2, 338-41, 349, 457, 524n, 532n
imperativo categórico, 340
independência, 30, 35, 223-5, 232, 249, 254, 331
    ver também contrarianismo
indiferente (teoria dos jogos), 457
informações privilegiadas:
    apostas esportivas e, 167, 176n, 182, 189n, 199-200
    finanças e, 189n
inovação tecnológica, 410-4, *416*, 451, 474
instituições sociais, 233, 418-9, 432
interpretabilidade (IA), 397, 400, 452, 457
intervalo de confiança, 457
Iowa Gambling Task *ver* Força-Tarefa de Jogatina de Iowa
Isaacson, Walter, 234-5
isotimia, 429, 432, 457
iteração, 62, 458
Ivey, Phil, 50, 79-80, 93, 111, 121, 151

Jackson, Gloria, 114
Jackson, Michael, 142
Jacob, Alex, 68
Jezos, Beff, 377-8
Jobs, Steve, 235, 239, 246, 274, 373
jogatina/jogos de azar:
    ação de jogo, 438
    ângulos, 439
    Archipelago, 28, 440
    backdoors, 441
    baleias/*whales*, 80-1, 132, 143, 148, 176, 194-6, 441
    bankrolls, 441

comparações de vantagem da casa, *155*
competitividade e, 31
covid-19 e, 16-7, *17*
critério de Kelly, 365-8, *367*, 375, 447, 531n
degens e, 16, 107, 259-60, 448
estagnação secular e, 452
malandragem e, 127-8, 495n
odds americanas, 462
política e, 23, 482n
pôquer e, 106-7
reputação desonrosa, 134-6
retorno sobre o investimento, 468-9
tamanho da aposta, 449
vantagem e, 19, 27, 64, 83-4, 477
vício e, 155-6, 158-9, 200-1, 297-8
ver também cassinos; pôquer
jogo de vantagem, 149-52, 458
jogos, 458
ver também jogatina/jogos de azar
jogos a dinheiro, 80-1, 108-9, 234, 444
jogos de habilidades, 458
ver também apostas esportivas; pôquer
jogos de soma zero, 57-8, 458
Jordan, Michael, 90, 93
Juanda, John, 84-5

Kahneman, Daniel, 99, 218, 392-4, 471, 474
Kant, Immanuel, 56, 340
Kaplan, Lewis, 353-4
Karikó, Katalin, 205-6, 210, 214, 224, 227, 228n, 505n, 538n
Kashiwagi, Akio, 143
Kasparov, Garry, 61
Kelly, critério de, 365-8, *367*, 375, 447, 531n
Kennedy, John F., 389
Kenney, Ebony, 115
Kent, Michael, 183
Kerkorian, Kirk, 130-7
Khan, Lina, 250-1, 253
Khosla, Vinod, 214, 231, 233, 241, 251, 376
Kinney, David, 339
Kleiner, Eugene, 239, 270, 276
Kline, Jacob, 226
Konnikova, Maria, 84-5, 112, 117, 287, 290-1, 364
Koon, Jason, 106-7, 219, 227
Koppelman, Brian, 106
Kornegay, Jay, 164-6, 171-2, 178, 190n

Kühn, Ulrich, 390
Kurganov, Igor, 319, 322, 339-40
Kurzweil, Ray, 412, 471
Kyrollos, Gadoon "Spanky", 180
acusações legais contra, 195
arbitragem e, 161n, 162, 194
Billy Walters e, 184
informações privilegiadas e, 200
sobre apostas *bottom-up versus top--down*, 160-1, 181
sobre apostas, 178-9
sobre baleias/*whales*, 194-5

Laplante, Ryan, 101-2
Le Guin, Ursula K., 415-6, 536n
Leach, Jim, 20
Lee, Timothy, 399n
lei da potência, A (Mallaby), 266
Lei de aplicação de normas contra o jogo ilegal na internet (UIGEA), 19-20, 186
Lei de Cromwell/Regra de Cromwell, 381, 458
Leonard, Franklin, 269n
LessWrong, 326, 328, 458
Levchin, Max, 234
Levine, Matt, 288, 292-3, 303, 312, 314, 346, 447, 456
Levitt, Steven, 87
Lew, Robbi Jade, 78-83, 86, 111, 116-23, 407, 493nn, 494nn
Li, Runbo, 295-8
liberalismo, 458
liberdade de expressão, 34, 509n
limites (apostas esportivas):
algoritmos para, 504n
casas de apostas formadoras de mercado *versus* casas de apostas de varejo e, *176*
definição de, 161, 458, 500n
extensão de, 188, 197
lições das apostas esportivas e, 196-7, 504n
line shopping e, 189-91
lucratividade de apostas esportivas e, 170
negócios dos cassinos e, 175
prop bets e, 171-2
valor da linha de fechamento e, 193
Lindley, Dennis, 458
line shopping (apostas esportivas), 189-91, 458
liquidez, 458

liveread (pôquer), 459
LLMs *ver* Grandes Modelos de Linguagem
Logic of Sports Betting, The (Miller e Davidow), 127, 162
longotermismo, 358-9, 350, 459
Lopusiewicz, Piotr, 61-5, 77
Los Alamos *ver* Projeto Manhattan
Loveman, Gary, 144-9
Luck, Andrew, 217
Luszczyszyn, Dom, 201

Ma, Jeff, 124, 127-30, 149, 169
Mac Aulay, Tara, 313, 363-4, 368
MacAskill, Will:
  Elon Musk e, 319
  futurismo e, 351
  imparcialidade e, 331-2
  longotermismo e, 459
  marca do altruísmo eficaz e, 326
  quantificação e, 321-2
  SBF e, 26, 315-6
  sobre mercados de previsão, 345-6
  sobre modelos estatísticos, 333-4
  utilitarismo e, 350
Maclean, Jason, 397
MAD (destruição mutuamente assegurada), 59, 386, 389-91, 448, 459, 464
Maddux, Greg, 61
magia branca, 94-5, 260, 459
Magill, Liz, 274
Main Event (Evento Principal), 10, 90-1, 453
mais VE (+VE) *ver* maximização de VE
Making of the Atomic Bomb, The [A construção da bomba atômica] (Rhodes), 383n, 454
malandragem, 127-8, 495n
Mallaby, Sebastian, 266-7, 270
Manifest (conferência), 341-3, 346, 349
"Manifesto Tecno-Otimista" (Andreessen), 232-4, 251, 275, 474
máquinas do juízo final (máquinas apocalípticas), 389, 459
margem de erro, 459
Markus, Billy, 291-2
Martínez, Antonio García, 240
Martingale (estratégia de apostas), 459
Mashinsky, Alex, 285-7, 290-1
Masters, Blake, 255n
matriz de recompensa, 459
maximização de VE:
  caça-níqueis e, 149-51

características do River e, 26, 53
contagem de cartas e, 125-6, 446
definição de, 477
degens e, 448
dilema do prisioneiro e, 55-6
filosofia moral e, 338
finanças e, 27
gênero e, 116
mão de Garrett-Robbi e, 80, 119, 122-3
opcionalidade e, 75
personalidade do pôquer e, 108, 110
política e, 20-1
risco existencial da IA e, 419
risco existencial nuclear e, 386, 389-91
trapaça e, 122
vantagem e, 27
McCloskey, Deirdre, 418, 423-5
McDermott, Rose, 391-3
McManus, Jim, 46
McMaster, H. R., 207, 210, 216-7, 386, 389, 432
mecânica quântica, 235n
média, 460
média aparada, 459
mediana, 460
megalotimia, 429-30, 432, 460
meio (apostas esportivas), 460
"meio Kelly", 365, 447
Mencken, H. L., 72
mercados de previsão, 341-7, 351-2, 460, 527n
mesas de jogo, 124-5, 131, 153-8, 465
  ver também blackjack
"mexa-se rápido e quebre coisas", 233, 251, 384, 461
Mickelson, Phil, 185n
mídia/imprensa, 30-2
  ver também redes sociais
Midriver, 27, 460
Miller, Ed, 127, 162, 167n, 175, 179
Mindlin, Ivan "Doc", 183
mineração (cripto), 460
misoginia, 68, 111-2
Mitchell, Melanie, 412, 421
Mizuhara, Ippei, 163
modelos:
  apostas esportivas e, 168-71
  definição de, 460
  pensamento abstrato e, 28-9
  risco existencial da IA e, 408-10
  versus algoritmos, 438

modelo raposas/porcos-espinhos:
   apostas esportivas e, 409-10
   atributos dos afeitos aos riscos e, 221
   conflito River *versus* Village e, 248n
   definição de, 465, 468
   risco existencial da IA e, 379-80, 388, 408-10, 419
   Vale do Silício e, 244-7, *245*, 252-3, 379-80
Moneyball, 130, 137, 144, 160, 169, 460
moneylines (apostas esportivas), 172, 460
Moneymaker, Chris, 18, 46, 68, 442-3
Monnette, John, 98-9
Morgenstern, Oskar, 28, 52
Moritz, Michael, 230-1, 233, 240, 246-7, 252
Moskovitz, Dustin, 314
mosquiteiros, 460-1
Mowshowitz, Zvi, 343
mundo acadêmico, 31, 33, 274-5
   ver também Village, O
mundo da arte, 305-7
Murray, John, 164-5, 167, 195
Musk, Elon:
   altruísmo eficaz e, 319
   autismo e, 263-4
   competitividade e, 31
   conflito River *versus* Village e, 32, 248n, 274
   criptomoeda e, 292
   cultos da personalidade e, 35
   estagnação secular e, 428
   fundação da OpenAI e, 373
   guerras culturais e, 34
   megalotimia e, 430
   política e, 248n
   pôquer e, 234
   ressentimento e, 258-9
   risco existencial da IA, 373n, 382
   River e, 278
   Sam Altman e, 373
   sorte e, 259, 261
   tolerância ao risco e, 214, 230-1, 233-5, 246, 278

Nakamoto, Satoshi, 299-300, 470
não é um conselho de investimento, 461
narcisismo, 256
Nash, equilíbrio de:
   apostas esportivas e, 59-61, 487n
   definição de, 49, 451
   dilema do prisioneiro como, 55
   estratégias dominantes e, 56-7
   pôquer e, 59, 62
   randomização cotidiana e, 65
   reciprocidade e, 431-2
navalha de Occam, 461
negociação de opções, 295-8
Negreanu, Daniel, 50-1, 66-7, 93-5, 224, 488n
nerd-sniping, 461
networking, 180, 185, 308
Neumann, Adam, 35, 262-3
New York Times, The, 32, 274
Neymar, 24, 80
NFTs, 301-3
   apeing, 443
   bolha de, 289
   Bored Apes, 443
   DAOs e, 285
   definição de, 301, 461
   lucratividade de, 307, 520n
   pontos focais e, 306-9
nits (jogatina/jogos de azar), 16, 107, 448, 461
Nitsche, Dominik, 51
nódulos, 461
nosebleed (apostas), 461
nosso problema?] (Urban), 254
Noyce, Robert, 239
nuts (pôquer), 461-2

O que devemos ao futuro (MacAskill), 315, 319, 331-2, 339
O'Leary, Kevin, 280
Obama, Barack, 248
odds americanas, 437, 462
Ohtani, Shohai, 163
"oito traidores", 239-40, 462
"Old Man Coffee" (OMC), 462
"onde a ação está", 376, 462
Onze homens e um segredo (filme), 134
opção de compra, 462
opção de venda, 462
opcionalidade, 75, 94n, 110, 422, 462
opções de *call*, 456
OpenAI:
   avanço da IA e, 380-1
   conflito River *versus* Village e, 32
   fundação da, 373-4
   tentativa de demitir Altman, 374-5, 377, 414n

Oppenheimer, Robert, 373, 386, 390
Ord, Toby, 326, 342, 351, 416
ordem de magnitude, 462
originação (apostas esportivas), 463
ortogonalidade (tese), 383, 475
Oster, Emily, 322-3
otimismo, 373-5, 379-80, 533n
    ver também "Manifesto Tecno-Otimista"
ótimo de Pareto (*fronteira/eficiência de Pareto*), 463
outliers (valor atípico), 463
outs (pôquer), 463
overbet (pôquer), 463
overfitting(sobreajuste)/*underfitting* (subajuste), 334-41, 463

p(doom), 342, 344, 347-8, 351, 369, 375, 378, 381-2, 384, 405-8, 417-20, 463
    ver também risco existencial
paciência, 240-1, *242*
Page, Larry, 240, 373
Palihapitiya, Chamath, 253, 258, 261
parábola da criança se afogando, 330-2, 341, 447
paradoxo de Fermi *ver* Fermi, paradoxo de
"paradoxo de São Petersburgo", 370, 464
paradoxo estabilidade-instabilidade, 389-90, 464
parâmetros, 464
Pareto, fronteira/eficiência de ver ótimo de Pareto
Parfit, Derek, 337, 406n, 445
parlay, 464
Pascal, Blaise, 27, 419n, 439
Peabody, Rufus, 167-72, 178-81, 183, 192, 500n
pedra-papel-tesoura, 49, 59-60
pensamento orientado para resultados, 462
pensamento orientado por processos, 169, 212-3, 462
pensamento probabilístico:
    altruísmo eficaz e, 399
    apostas esportivas e, 22-3
    caça-níqueis e, 144-6, *146*
    desenvolvimento da teoria da, 27
    distribuição, 16, 450
    IA e, 402
    importância do, 22
    mercados de previsão, 341-7, 351-2, 460, 527n

    política e, 20-1, 23
    pôquer e, 44, 99-100, 120, 146n, 222
    probabilidades assimétricas e, 237
    risco existencial da IA e, 407-8
    versus determinismo, 235-7, *245*, 448
    ver também maximização de VE
Pepe, 464
Perkins, Bill, 346-7, 348n
Persinger, LoriAnn, 111-2, 114-5
pesquisa científica, 205-6, 210, 214, 224, 227
Petrov, Stanislav, 389, 391
p-hacking, 464
Piper, Kelsey, 483n
pips, 465
pits, 473
    ver também mesas de jogo
pluralidade, 430-1, 465
pocket pair, 44, 465
PokerGO (estúdio), 51, 72, 76
polímatas, 465
    ver também modelo raposas/porcos-espinhos
política, 20-3
    altruísmo eficaz/racionalismo e, 349-50
    analítica, 237
    classes de referência e, 410
    conflito River *versus* Village e, 31-5, 248-9, 252, 484n
    contrarianismo e, 226-7, 237n
    desacoplamento e, 29-30, 32-3
    especialização e, 253
    jogatina/jogos de azar e, 23, 482n
    maximização de VE e, 20-1
    mercados de previsão e, 345-7, 527n
    NFTs e, 302
    pensamento probabilístico, 20-1, 23
    previsão eleitoral, 19-20, 22-3, 32, 130, 171n, 396, 410n
    risco existencial da IA e, 420, 536n
    SBF e, 32, 316-7, 316n
    Village e, 30-1, 248-9, 252
Polk, Doug, 66-7
pontos de inflexão, 465
pontos focais, 303-9, 371, 465
pontos-base (*bips*), 465
Population Bomb, The [A bomba populacional] (Ehrlich), 378n, 425
pôquer:
    abordagem científica para, 43-6
    abuso e, 111-2

altruísmo eficaz e, 322, 339-40
aprendizado íngreme, 395
árvore de jogo no, 62, 488n
atenção aos detalhes e, 219
atitude *raise-or-fold* e, 215-6
"blefe pós-carvalho", 65
blefe, 42, 52, 65-6, 69-77, 96, 489n
calma e, 207
capacidade de estimativa e, 222-3
carreira de Hellmuth, 93-5
competitividade e, 106, 111-4, 227
coragem e, 209
corporativização de, 46
degens e *nits*, 16, 107-8, 448, 461
desenvolvimento da teoria dos jogos e, 28, 52-3
dilema do prisioneiro e, 55-6, 487n
dinheiro e, 103-5, 114, 491n
empatia estratégica e, 211-2
engodo e, 61
estratégia de Elon Musk, 234
estratégias mistas e, 59, 61-4, 390, 452
estúdio PokerGO, 51, 72, 76
falta de motivação financeira e, 227
gênero e, 70, 80, 82, 95-6, 110-3, 493n
IA e, 43, 48-50, 61-2, 394-7, 400, 402, 485n
inovações no, 48
jogos a dinheiro de apostas altas, 80-1, 108-9, 234
linguagem e 402
mão de Garrett-Robbi, 78-84, 86, 111, 116-23, 407, 494nn
mercados de previsão e, 343
modelos no, 29
origens do, 43
pensamento abstrato e, 28-9
pensamento orientado por processos e, 212-3
pensamento probabilístico e, 44, 99-100, 120, 146n, 222
personalidade e, 105-10, 121-2
preparação e, 219
privilégio e, 80, 114-5
probabilidades assimétricas e, 231
raça e, 111, 114-6
randomização e, 59, 64
regulamentação de, 19
retratos fictícios do, 47-8, 106, 127, 308, 470
tells (tique) (pôquer), 14, 85, 94-9, 219, 223n, 400, 474

torneios, 13-5, 57-8, 146n, 480n
trapaça, 81-3, 117-22, 494n
vantagem e, 27, 64, 84
variância e, 100-6
ver também estratégias exploratórias; impacto dos riscos; *solvers*/solucionadores (pôquer); World Series de Pôquer
porcentagem de retenção, 465
Porter, Jontay, 163, 167
pós-humanismo, 476
posição (pôquer), 465
Postle, Mike, 82
postura antiautoridade, 105-6, 112, 130
 ver também contrarianismo
pot-committed (comprometido com o pote) (pôquer), 466
Pot-Limit Omaha (PLO), 456, 466
Poundstone, William, 365
Precipice, The [O precipício] (Ord), 342, 405
preferência revelada, 466
pré-flop (pôquer), 44, 466
preparação, 217-8
previsão eleitoral, 19-20, 22-3, 32, 130, 171n, 396, 410n
primeiro ataque (guerra nuclear), 466
princípio da precaução, 466
priores (probabilidade prévia), 466
 ver também Bayes, teorema de
probabilidades assimétricas, 231, 237, 240, 242-3, 257-8
problemas do grande mundo, 466
problemas do pequeno mundo, 466
Professional Blackjack [Blackjack Profissional] (Wong), 129
Projeto Manhattan, 52, 459, 466, 476
 ver também risco existencial nuclear
prop bets, 169-72, 467
proveniência, 467
público (apostas esportivas), 467
pump-and-dump (inflar e descartar), 467
punt (pôquer), 467
push (apostas esportivas), 467
Putin, Vladimir, 386-7, 389-92

quantificação, 319-25, 332-3, 336
quants, 467
Quebrando a Banca (filme), 124, 128-30
Quebrando a banca (Mezrich), 124
Qureshi, Haseeb, 313-4

r/wallstreetbets, 291-2, 294-5, 298, 377, 437, 467
Rabois, Keith, 265-7
raça:
    cassinos e, 128
    discriminação do capital de risco e, 267-70
    pôquer e, 111, 114-6
    River e, 34, 484n
raciocínio bayesiano, 222-3, 327-8, 441-2, 452, 466, 474, 478
raciocínio dedutivo, 467
raciocínio indutivo, 467
racionalidade, 23, 56, 344-5, 391-2, 467
racionalidade epistêmica, 345, 467
racionalidade instrumental, 344, 467
racionalismo:
    definição de, 326-7, 468
    elites ricas e, 318-9
    futurismo e, 350-1
    hedonismo eficaz e, 347
    imparcialidade e, 349
    mercados de previsão e, 341-2, 344-5, 351-2
    política e, 23, 349
    risco existencial da IA e, 26-7, 418
    River e, 318
    setor de tecnologia e, 26-7
    Upriver e, 24-6
    utilitarismo e, 336-7, 524n
    variados fluxos de, 328-9, *329*, 352, 524-5n
Rain Man (filme), 129
rake (pôquer de cassino), 27n, 468
Ralston, Jon, 139
randomização, 59-61, 64, 390, 401, 468
    ver também variância
range (pôquer), 468
range polarizado *versus* condensado (pôquer), 465
Rápido e devagar (Kahneman), 99
Rawls, John, 336
Ray, John J., III, 280, 282
rec (jogadores recreativos), 458
reciprocidade, 122, 340, 430-2, 468
rede neural, 397, 468
redes sociais, 35, 242-3, 298, 306n
regulamentação:
    cassinos, 126-8, 135-6, 148, 495n
    conflito River *versus* Village e, 36
    IA, 251, 420, 536n

pôquer e, 19
Vale do Silício, 250-1, 253
Reinkemeier, Tobias, 97-8
relação sinal-ruído, 468
resgates financeiros, 242
resiliência, 109-10
retorno sobre o investimento (ROI), 437, 468-9
retornos decrescentes, 469
retornos excedentes (finanças), 469
reversão à média, 469
Revolução Francesa, 430
Revolução Industrial, 418, 423-4, *424*, 469
Rhodes, Richard, 383n, 454
riqueza das nações, A (Smith), 424
riqueza pelos próprios méritos, 257
risco catastrófico *ver* risco existencial
risco de cauda, 469
risco de ruína, 469
risco existencial, 369-71
    altruísmo eficaz/racionalismo e, 328-9, 351-2
    biotecnologia e, 419n
    definição de, 469
    definições do, 405-6
    futurismo e, 351-2
    hedonismo e, 348
    nanotecnologia e, 419n
    teoria dos jogos e, 386
    von Neumann sobre, 384-5
    ver também risco existencial da IA; risco existencial nuclear
risco existencial da IA:
    aceleracionistas e, 378-9, 417-8, 532n
    alinhamento e, 404
    altruísmo eficaz/racionalismo e, 26-7, 328-9, 418
    aplicações comerciais e, 414-5
    argumentos contra, 420-2
    "capitalismo de cassino hipercomoditizado" e, 414-5
    classes de referência e, 410, 412, 414, 419
    convergência instrumental e, 384
    critério de Kelly e, 375
    declaração de especialistas sobre, 375-6, 533nn
    determinismo e, 276
    dilema do prisioneiro e, 383
    entusiasmo acerca da IA e, 376

Escala Richter Tecnológica e, 413-4, *413*, 451
instituições sociais e, 233, 418-9
interpretabilidade e, 397
lei de Cromwell e, 381
maximização de VE e, 419
modelos e, 408-10
Musk e, 373n, 382
otimismo e, 379-80
política e, 420, 536n
spread bid-ask e, 406-8
tese da ortogonalidade e, 383-4
velocidade de decolagem e, 384, 448
Yudkowsky sobre, 344, 381-4, 397, 405-6, 408-10
risco existencial nuclear, 374, 385-94
   chances de, 387-9
   critério de Kelly e, 375
   destruição mutuamente assegurada e, 59, 386, 389-91, 448, 459, 464
   dissuasão nuclear e, 386, 534n
   Escala Richter Tecnológica e, 411
   instituições sociais e, 233, 418
   paradoxo estabilidade-instabilidade e, 389-90
   raciocínio bayesiano sobre, *388*
   racionalidade e, 391-3
   teoria dos jogos e, 59, 304-5, 385-6, 389, 390, 449
risco moral, 35, 242, 469
river (pôquer), 44, 469-70
River, O:
   altruísmo eficaz e, 317-8
   aprendizagem concreta e, 395n
   Archipelago, 28, 288, 440
   autismo e, 263-4, 512n
   autoconsciência e, 382
   camaradagem dentro do, 232
   capital de risco e, 231-3
   definição de, 469
   demografia de, 34, 484n
   desacoplamento e, 29-32, 325, 448, 482n
   dominação cultural do, 130
   gênero e, 34, 111, 484n
   mapa do, 24-31, *25*
   megalotimia e, 460
   mercados de previsão e, 343-4, 460
   nome do, 24, 44n, 482n
   obsessão e, 184
   pensamento orientado por processos e, 462

presença de SBF no, 278
quantificação e, 325
raça e, 34, 484n
racionalismo e, 318
retratos fictícios de, 106
veneração de Las Vegas, 132
ver também atributos dos afeitos aos riscos; conflito River *versus* Village
RLHF *ver* aprendizado por reforço a partir do *feedback* humano
Robins, Jason, 173, 175
robustez, 470
Rock, Arthur, 239, 276
Roffman, Marvin, 142
Rogers, Kenny, 215
ROI *ver* retorno sobre o investimento
roleta de cartão de crédito, 470
roleta-russa, 470
roon, 376-9, 383, 405-6, 414, 421, 479, 533nn
Rousseau, Jean-Jacques, 56
Roxborough, Roxy, 167
rug pull (puxão de tapete) (cripto), 470
Rumbolz, Mike, 131, 134, 144, 154, 157, 175
running good/rungood, 108, 470
Russell, Stuart, 403-4
Ryder, Nick, 381n, 394-7, 470

sabedoria das multidões, 185, 470
"saco de números", 398, 400, 470
Sagan, Scott, 390-1
Sagbigsal, Bryan, 120
Saltz, Jerry, 305, 307n, 451
Sassoon, Danielle, 369
Satoshi (criptomoeda), 470
SBF *ver* Bankman-Fried, Sam
scalp (apostas esportivas), 460, 500n
Scarborough, Joe, 169
Schelling, Thomas, 59, 303-4, 307, 390-1, 439
Schemion, Ole, 70-2
Scholes, Myron, 442
Schüll, Natasha, 146, 152-3, 155-9, 297
Schwartz, David, 132-3, 147
Seidel, Erik, 47-8, 69, 73, 93, 99, 224
Seiver, Scott, 96-8, 209, 211
Selbst, Vanessa, 68-72, 74, 224-5, 311, 489n
seleção adversa, 470
seleção de grupo, 393n
semântica, 471

semiblefe, 471
Sense of the Enemy, A [Uma noção do inimigo] (Shore), 210
"Sequences, The" [As sequências] (Yudkowsky), 326
set (pôquer), 471
Shannon, Claude, 365
sharks/tubarões (pôquer), 453
sharp (jogatina/jogos de azar), 471
Shaw, George Bernard, 230
Shear, Emmett, 375, 380, 412, 414n, 421-2, 532n
shitcoin, 54, 292-4, *294*, 471
Shockley, William, 238-9
Shor, David, 249-50, 252
Shore, Zachary, 210, 451
shove (pôquer), 471
showdown (pôquer), 45, 471
Siegel, Bugsy, 135
significância estatística, 464
Silver, Adam, 187n
Silver, Gladys, 18
Silver, Jacob, 18
sinal e o ruído, O (Silver), 22, 29, 61, 180, 221, 235n, 244-5, 327, 334, 345, 396-7, 402
Sinatra, Frank, 138
síndrome de NPC (*non-playable character*, personagem não jogável), 350, 464
Singer, Peter, 329
    futurismo e, 351
    impacto positivo de, 330-1
    imparcialidade e, 331-2, 524-5, 532n
    overfitting (sobreajuste)/*underfitting* (subajuste) e, 335, 338-9
    parábola da criança se afogando, 330-2, 341, 447
    radicalismo de, 329
    utilitarismo e, 332, 350, 375
singularidade, 471
singularidade tecnológica, 411-2, 471
Sistema 1/Sistema 2 (Kahneman), 99-100, *100*, 218, 393-6, 471
situação de *raise-or-fold*, 215-6, 471
Slim, Amarillo, 44
slot barns ("galpões de caça-níqueis"), 471
slowplay (jogar devagar) (pôquer), 471
small ball (pôquer), 472
smart contracts (contratos inteligentes) (cripto), 300-2, 453, 472
    ver também NFTs

Smith, Bem, 30
Smith, Dan "Cowboy", 107-8, 335
sobredeterminado, 472
solvers/solucionadores (pôquer), 63
    blefe e, 73-4, 77, 489nn
    definição de, 472
    Doyle Brunson e, 46
    estratégias exploratórias e, 77
    Garrett-Robbi mão e, 118
    invenção dos, 62
    opcionalidade e, 75
    teoria dos jogos e, 28, 62-571, 73-4
sorte, 108-10
spread bid-ask, 406-8, 472
stack (pôquer), 472
stake, 472
Stanovich, Keith, 30
Stapleton, Joe "Stapes", 489n
steam chasing, 193-4, 193n, 472
Steck, Ueli, 213
Stewart, Kelly, 187
Stimson, Henry, 385
Stokes, Jon, 398, 421
straight (pôquer), 473
straight flush (pôquer), 473
Strategy of Conflict, The [A estratégia do conflito] (Schelling), 307
street (pôquer), 473
suited (pôquer), 473
Sullivan, Kathryn, 205, 209, 212n, 214-5, 220-2, 428
sunruns, 470
Super Bowl, 171-2
Super/System [Super/Sistema] (Brunson), 42, 48
superfícies de ataque, 167, 176, 473
Superinteligência (Bostrom), 351, 383, 473
superprevisores, 473
supervisor (*pit boss*), 473
Swisher, Kara, 251, 256, 269
Szilard, Leo, 381, 383, 454

Tabarrok, Alex, 169, 476
tabus, 335-6
Taleb, Nassim Nicholas, 395n, 440, 445
Tallinn, Jaan, 408, 410
tamanho da amostra, 473
tamanho da aposta, 449
tática, 473
taxa de desconto, 473-4
taxa interna de retorno (TIR), 475

taxas básicas, 473
tells (pôquer), 14, 85, 94-9, 219, 223n, 400, 474
Tendler, Jared, 88-90, 118
teoria da perspectiva, 392n, 474
teoria de justiça, Uma (Rawls), 336
"teoria do grande homem", 319
teoria dos jogos:
    alfa e, 226
    blefe e, 65, 69-74, 96
    bloqueadores (*blockers*), 215
    competitividade e, 53-4, 66
    criptomoeda e, 293-5, *294*, 303
    definição, 52-4, 474
    democracia liberal e, 429
    desenvolvimento de, 28, 52-3
    engano, 60-1, 64, 96, 194, 477
    estratégias mistas, 59-61, 63-4, 390, 452
    filosofia moral e, 340
    GTO *versus* estratégias exploratórias, 49, 66-7, 70-2, 474, 488n, 489n
    IA e, 49
    opcionalidade, 75, 94n, 110, 422, 462
    pontos focais, 303-5
    racionalidade e, 350
    randomização, 59-61, 64, 390-1
    reciprocidade, 122, 340, 431-2, 468
    risco existencial e, 386-7
    risco existencial nuclear e, 59, 304-5, 385-6, 389, 390, 449
    solvers/solucionadores, 28, 62-571, 73-4
    ver também Nash, equilíbrio de; dilema do prisioneiro
teoria evolucionária, 340, 392-4
"tescreal", 352n
teste de Turing, 475
Teste Trinity, 476
Tetlock, Phil, 244, 246, 252-3, 344, 407-8, 419
    ver também modelo raposas/porcos-espinhos
Texas Hold'em, 44-5
    ver também pôquer
Theory of Games and Economic Behavior [Teoria dos jogos e comportamento econômico] (von Neumann e Morgenstern), 27-8, 52, 386
Thiel, Peter:
    camaradagem dentro do River e, 232n
    ceticismo e, 252

conflito River *versus* Village e, 270
contrarianismo e, 265
criptomoeda e, 301
determinismo e, 235-6, 276
Elon Musk e, 230-1, 234-5
IA e, 373
lucratividade do capital de risco e, 276
modelo raposas/porcos-espinhos e, 246
política e, 248, 253
pontos focais e, 306-7
ressentimento e, 258
risco existencial da IA e, 409
sobre autismo, 263
Thrun, Ferdinand, 18
tilt, 88-9, 201, 208, 475
tokens (criptomoeda), 475
tokens (IA), 399-400, 475
tolerância ao risco:
    apostas esportivas e, 168, 184
    caça-níqueis e, 158-9
    capital de risco e, 231-2, *245*
    ciência da decisão sobre, 392
    como atributo do River, 31, 34-5, 213-5
    conflito River *versus* Village e, 34-5
    consequências e, 35
    covid-19 e, 13-7, *17*
    degens e *nits*, 16, 107-8, 448
    distribuição estatística e, 16
    Elon Musk e, 214, 230-1, 233-5, 246, 278
    expectativa de vida e, 17-8
    fundadores e, 230-1, 233-5, 246, 312-3, 371
    gênero e, 113-4
    insuficiência de, 87
    mesas de apostas e, 156
    pôquer e, 107-8
    SBF e, 310-1, 366-71, 531n
    sorte e, 109-10
    Village e, 130
    ver também afeitos aos riscos físicos
Torres, Émile, 352, 417
total (*over-under*) (apostas esportivas), 173, 475
transformadores (IA), 380, 398-404, 455, 475-6
transumanismo, 350-1, 476
trapaça, 81-3, 117-22, 129, 493n, 494nn
treinamento (aprendizado de máquina), 476
Truman, Harry S., 375

Trump, Donald:
    altruísmo eficaz sobre, 350
    Billy Walters, 185n
    cassinos e, 134, 137, 141-4, 496n
    conflito River *versus* Village e, 248-9
    mercados de previsão e, 345-7, 527
    NFTs e, 302
    Peter Thiel e, 237n
    River e, 278
    Vale do Silício e, 253
    Village sobre, 35
turn (pôquer), 44, 476
Tversky, Amos, 392, 474

Ucrânia (invasão), 386-7, 389-90
UIGEA (Unlawful Internet Gambling Enforcement Act) *ver* Lei de aplicação de normas contra o jogo ilegal na internet
underfitting (subajuste)/*overfitting* (sobreajuste), 333-41, *334*, 463
unidade (apostas esportivas), 476
Upriver, 24-6, 476
Urban, Tim, 254
Urschel, John, 217
util/utilidade, 476
utilidade marginal/revolução marginal, 476
utilitarismo:
    altruísmo eficaz e, 332-3, 335, 524n
    definição de, 477
    futurismo e, 351
    hedonista, 336n
    overfitting (sobreajuste)/*underfitting* (subajuste) e, 335-7, 340
    paradoxo de São Petersburgo, 370, 464
    SBF e, 333, 368, 370-1, 431, 464
    utilitarismo de regras, 340, 477
utilitarismo de regras, 340, 477
utilitarismo hedonista, 336n
utopias, 415-7

Vale do Silício:
    capital de risco *versus* fundadores, 233-5, 237, 244-7, *245*
    concentração de capital em, 238, *238*
    confiança pública no, 418
    conflito River *versus* Village e, 35, 248-56, 270, 274-5, 483n
    contrarianismo e, 30, 236-7, 379
    definição de, 238n, 477
    determinismo e, 235-7, 276
    disruptividade e, 240, 251
    eleição de Obama e, 248
    funcionários, 253-5
    guerras culturais e, 253-4
    história do, 238-40, 246
    independência e, 223-4, 249, 254
    "mexa-se rápido e quebre coisas" e, 233, 251, 384, 461
    mito do pequeno disruptor, 251
    modelo raposas/porcos-espinhos, 244-7, *245*, 252-3, 379-80
    narcisismo e, 256
    política e, 248, 253
    questões existenciais e, 276
    regulamentação do, 250-1, 253
    tecno-otimismo e, 39, 232-4, 251, 275, 421, 474
    traços essenciais do, 239-44
    ver também capital de risco; fundadores; IA
Valentine, Don, 247, 276
valor da linha de fechamento (CLV), 192-3, *193*, 477
valor de engodo, 61, 477
"valor de uma vida estatística" (VVE), 324-5, 477
valor esperado (VE), 55-6, 195, 477
    ver também maximização de VE
valor intrínseco, 61, 477
vantagem, 19, 27, 64, 84, 149, 365n, 477
vantagem da casa, 124-5, 145-6, *146*, 477
variância:
    definição de, 478
    negociação de opções e, 296
    pôquer e, 100-6
    risco existencial da IA, 369
    Vale do Silício e, 232, 234, 263, 269
Vaynerchuk, Gary "Gary Vee", 289
verdade fundamental, 478
Verlander, Justin, 60-1
Vertucci, Nick, 81, 123
Vescovo, Victor, 207-8, 213, 217-8, 220, 223, 228, 428
vetores, 399, 478
viagens aéreas e voos espaciais, 205, 209, 212n, 214-5, 219-22
vício, 155-6, 158-9, 200-1, 297-8
vida que podemos salvar, A (Singer), 330, 524-5n
viés cognitive, 478
viés de ancoragem, 209n, 478

viés de confirmação, 33, *245*, 478
viés de seleção, 478
viés de sobrevivência, 379, 478
vig/vigorish (*juice, hold, rake*), 162n, 173, 478
Village, O:
  afeitos aos riscos físicos e, 205
  aversão ao risco e, 130, 249
  confiança pública no, 274-5, 418-9
  conformidade e, 267
  definição de, 31, 479
  Elon Musk e, 235
  especialização e, 252
  falhas do, 318-9
  fidelidade de grupo e, 249-50
  IA e, 375-6, 379-80
  "Manifesto Tecno-Otimista", 233, 251
  pensamento orientado por processos e, 212n
  política e, 30-1, 248-9, 252
  racionalismo e, 326-7
  regulamentação da liberdade de expressão e, 34, 509n
  risco existencial da IA e, 420
  ver também conflito River *versus* Village e
vingança, 392-4
VIP (jogatina/jogos de azar), 479
visão externa, 479
Viscusi, Kip, 325
Vogelsang, Christoph, 51
von Neumann, John:
  autismo e, 263
  critério de Kelly e, 365
  desenvolvimento da teoria dos jogos e, 27-8, 52-3
  Dr. Fantástico e, 389n
  risco existencial e, 384-5, 387
  sobre jogos on-line, 62
  sobre singularidades tecnológicas, 412n
Voulgaris, Haralabos "Bob", 180-2, 191-2, 194n, 195, 221

Wall Street *ver* finanças
Walters, Billy, 183-5, 191-2, 431
Welch, Carlos, 114-6, 215
Westgate SuperBook, 163-7, 171-2
whales/baleias (criptomoeda), 441
What's Our Problem? [Qual é

"Where the Action Is" [Onde está a ação] (Goffman), 156
Whitman, Marina von Neumann, 385
Wilson, Justine, 230
Winkelmann, Mike (Beeple), 302, 307
Wiseman, Richard, 109
Wolfe, Josh, 258
Wolfe, Tom, 239, 243
Wolfram, Stephen, 380
Wong, Stanford, 129
wordcel, 479
World Poker Tour (WPT), 14-5, 479
World Series de Pôquer (WSOP), 101-2
  boom do pôquer, 18-9, 68, 292, 442-3
  braceletes, 93, 443, 484n
  corporativização do, 46-7, *47*
  Main Event (Evento Principal), 90-1, 453, 479
Wynn, Steve, 137-41, 148-9, 174

xadrez, 52, 61, 397

x-risk ver risco existencial

Y Combinator, 372-3
Yau, Ethan "Rampage", 108-10
yield farming (agricultura de rendimento), 311-2
YOLO (*You Only Live Once*, "Só se vive uma vez") (comportamento), 13, 109, 479
Yudkowsky, Eliezer:
  Cale a boca e multiplique (*Shut up and Multiply*) e, 443
  futurismo e, 351
  LessWrong e, 326, 458
  modelo raposas/porcos espinhos e, 409, 419
  racionalismo e, 326, 329, 468
  sobre o Assalto de Pascal, 27, 419n, 440
  sobre o risco existencial da IA, 344, 381-4, 397, 405-6, 408-9
Zhao, Changpeng, 313
Zhou, Wen, 241
Zollman, Kevin, 336
"zona de esbanjamento", 479
Zuckerberg, Mark, 235, 251, 274, 313, 319
  ver também "mexa-se rápido e quebre coisas"

1ª edição	AGOSTO DE 2025
impressão	BARTIRA
papel de miolo	HYLTE 60 G/M²
papel de capa	CARTÃO SUPREMO ALTA ALVURA 250 G/M²
tipografia	ADOBE GARAMOND PRO